Achim Trogisch
Mario Reichel

**Planungshilfen Lüftungstechnik**

**Diesen Titel zusätzlich als E-Book erwerben und 60 % sparen!**

Als Käufer dieses Buchs haben Sie Anspruch auf ein besonderes Angebot. Sie können zusätzlich zum gedruckten Werk das E-Book zu 40 % des Normalpreises erwerben.

**Zusatznutzen:**
- Vollständige Durchsuchbarkeit des Inhalts zur schnellen Recherche.
- Mit Lesezeichen und Links direkt zur gewünschten Information.
- Im PDF-Format überall einsetzbar.

**Laden Sie jetzt Ihr persönliches E-Book herunter:**
- **www.vde-verlag.de/ebook** aufrufen.
- **Persönlichen, nur einmal verwendbaren E-Book-Code** eingeben:

494885DP2DSV4A4X

- E-Book zum Warenkorb hinzufügen und zum Vorzugspreis bestellen.

Hinweis: Der E-Book-Code wurde für Sie individuell erzeugt und darf nicht an Dritte weitergegeben werden. Mit Zurückziehung des Buchs wird auch der damit verbundene E-Book-Code ungültig.

Achim Trogisch · Mario Reichel

# Planungshilfen Lüftungstechnik

7., überarbeitete und erweiterte Auflage

VDE VERLAG GMBH

ICS: 91.140.30; 13.040.20; 27.200

Das Werk ist urheberrechtlich geschützt. Jede Verwertung außerhalb der engen Grenzen des Urheberrechtsgesetzes ist ohne Zustimmung des Verlags unzulässig und strafbar. Die Wiedergabe von Gebrauchsnamen, Handelsnamen, Warenbeschreibungen etc. berechtigt auch ohne besondere Kennzeichnung nicht zu der Annahme, dass solche Namen im Sinne der Markenschutz-Gesetzgebung als frei zu betrachten wären und von jedermann benutzt werden dürfen. Aus der Veröffentlichung kann nicht geschlossen werden, dass die beschriebenen Lösungen frei von gewerblichen Schutzrechten (z. B. Patente, Gebrauchsmuster) sind. Eine Haftung des Verlags für die Richtigkeit und Brauchbarkeit der veröffentlichten Programme, Schaltungen und sonstigen Anordnungen oder Anleitungen sowie für die Richtigkeit des technischen Inhalts des Werks ist ausgeschlossen. Die gesetzlichen und behördlichen Vorschriften sowie die technischen Regeln (z. B. das VDE-Vorschriftenwerk) in ihren jeweils geltenden Fassungen sind unbedingt zu beachten.

**Bibliografische Information der Deutschen Nationalbibliothek**
Die Deutsche Nationalbibliothek verzeichnet diese Publikation in der Deutschen Nationalbibliografie; detaillierte bibliografische Daten sind im Internet über *http://dnb.dnb.de* abrufbar.

ISBN 978-3-8007-4885-3 (Buch)
ISBN 978-3-8007-4886-0 (E-Book)

Alle Rechte vorbehalten.

© 2021 VDE VERLAG GMBH · Berlin · Offenbach
Bismarckstr. 33, 10625 Berlin

Satz: iii-satz GbR, Husby
Druck: CPI books GmbH, Leck
Printed in Germany 2020-11

# Vorwort zur 7. Auflage

Das Fach Lüftungs- bzw. Klimatechnik ist in der Ausbildung von Architekten und Bauingenieuren nur ein Teilgebiet im Gegensatz zur Ausbildung von Ingenieuren der Technischen Gebäudeausrüstung bzw. der Ver- und Entsorgungstechnik. Besonders die Lüftung und ihre Komponenten können einen nicht unerheblichen Einfluss auf die innere und äußere Gestaltung des Gebäudes bzw. des Raums, deren Nutzung und vor allem auf die Gewährleistung der Raumparameter sowohl im Winter als auch im Sommer haben.

Die moderne Technik des Lüftens, Heizens, Kühlens und Be- bzw. Entfeuchtens in Gebäuden ist und wird zukünftig bestimmt sein durch

- optimale Behaglichkeit für den Nutzer,
- Gewährleistung nutzungsspezifischer Parameter,
- Minimierung des energetischen Aufwands,
- Optimierung der Investitionskosten unter Berücksichtigung der Nachhaltigkeit und der Lebenszykluskosten (LCC),
- große Nutzungsvariabilität,
- rechnergestützte Berechnung von Lasten, Bedarf und Verbrauch,
- Berücksichtigung bauklimatischer Aspekte (d. h. dem Petzold'schen bauklimatischen Lehrsatz: „Erst klimagerecht bauen und dann bauwerksgerecht klimatisieren." folgend) sowie
- integrale technische Lösungen unter Einbeziehung der Gebäudeautomation und der Informationstechnologien.

Dabei wird es nicht „die technische Lösung", sondern immer „Systemlösungen" in Abhängigkeit vorgegebener Randbedingungen geben. Geprägt werden die modernen Systeme vor allem durch:

- Gewährleistung optimaler Nutzungsbedingungen unter Beachtung der Behaglichkeit und Raumströmung,
- Einsatz von Leistungselektronik,
- optimierte Gebäudeautomation,
- gesetzliche Vorgaben zur Minimierung des Energieverbrauchs – sowohl gebäudeseits als auch seitens der Anlagentechnik,

- Nutzung regenerativer (erneuerbarer) Energien und der Wärmerückgewinnung,
- Kraft-Wärme-Kopplung (Wärmepumpen) und
- Nutzung der Speicherung im Gebäude, in der Umwelt und in Systemen.

Eine Überarbeitung und Erweiterung der 6. Auflage erschien notwendig, um die konstruktiven Hinweise von Fachkollegen und von Lesern zu berücksichtigen, neue Erkenntnisse aus Praxis und Theorie einzuarbeiten sowie die neuen Normen und technischen Regeln infolge der Anpassung an die europäische Normung einschließlich der zum Teil geänderten Formelzeichen und Indizes aufzunehmen. Aus diesem Grund wurde eine kurze Übersicht über die veränderten Bezeichnungen aufgenommen. Infolge der europäischen Normung werden keine verbindlichen Werte, sondern Standard- und Orientierungswerte für die Dimensionierung von raumlufttechnischen Anlagen ausgewiesen, die nicht mehr unbedingt als verbindlich zu werten sind, sondern als Grundlage für die vom Planer und Architekten bzw. Bauherrn u. a. in einem Pflichtenheft zu vereinbarenden bzw. vertraglich zu regelnden Parameter dienen.

Insbesondere durch die Harmonisierung der europäischen Normung im Zusammenhang sowohl mit der Bewertung der Behaglichkeit und den zahlreichen technischen Möglichkeiten, um diese zu gewährleisten, als auch mit der Umsetzung der europäischen Gebäudeeffizienzrichtlinie (EPBD) von 2010 in der Energieeinsparverordnung EnEV und der damit verbundenen energetischen Bewertung nach DIN V 18599 ist eine Erweiterung und Ergänzung der Grundlagen und der Klassifizierung erforderlich.

Mit dem vorliegenden Buch soll in anschaulicher Weise die Wechselwirkung zwischen der Lüftungstechnik des Gebäudes und dessen Nutzung so dargestellt werden, dass der Leser Zusammenhänge und physikalische Hintergründe erkennt, in einer frühen Bearbeitungsphase eines Projekts über Vorbemessungsverfahren verfügt und Abschätzungen über die Größenordnung z. B. der Kühllasten, Druckverluste, Luftvolumenströme, des Platzbedarfs und der Kosten der RLT-Zentralen und der zu erwartenden sommerlichen Raumlufttemperaturen vornehmen kann. Die Vorbemessungsverfahren sollen und dürfen nicht die exakten Berechnungsverfahren und -möglichkeiten (PC-Programme, Simulationsberechnungen) in den Planungsphasen und Entscheidungsprozessen ersetzen.

Bewusst wurde auf die Themen der „Kühllast", der „Feuchten Luft", des sommerlichen Wärmeschutzes, der Vorbemessung der Raumlufttemperatur, der Aspekte der natürlichen (Freien) Lüftung und der „Raumströmung" eingegangen, weil sich aus diesem Wissen Schlussfolgerungen sowohl für ein klimagerechtes Bauen und ein bauwerksgerechtes Klimatisieren als auch die Investitions- und Betriebskosten von RLT-Anlagen ableiten lassen. Die Aspekte der Behaglichkeit wurden zum besseren Verständnis durch ein Beispiel untersetzt.

Um einerseits neue und ergänzende Informationen zur Lüftungstechnik aufzunehmen und andererseits den Umfang des Buchs nicht zu vergrößern, wurden in einigen Kapiteln gegenüber der 6. Auflage Kürzungen und Komprimierungen vorgenommen.

Neue Lösungen in der Lüftungstechnik, wie z. B. hybride Lüftungssysteme, die Multisplittechnik, dezentrale Fassadenlüftungssysteme und alternative Kühlsysteme in Kopplung mit der Lüftung, werden komprimiert vorgestellt, wobei für detaillierte Aussagen auf die entsprechende aktuelle Fachliteratur verwiesen wird. Die Problematik der Schwimmhallenlüftung wird in dem Kapitel 8 behandelt, da diese sich sowohl von der Dimensionierung, der technischen Konzeption als auch der Anlagentechnik von den allgemein beschriebenen lüftungstechnischen Systemen unterscheidet.

Produktionsgebäude benötigen heute sowohl zur Sicherung des erforderlichen Raumklimas für die Technologie als auch zur Minimierung der Schadstoffbelastung entsprechende RLT-Anlagen. Deshalb wurde ein ergänzender Text zur Lüftung industrieller Fertigungsstätten als Kapitel 9 aufgenommen. Unter Berücksichtigung der EnEV 2014 bzw. der EPBD 2010 wird die Inspektion von RLT-Anlagen ausführlicher behandelt.

Bei der Lüftung von Wohnungen wird sowohl auf die Herausforderungen im Zusammenhang mit der Behaglichkeit, den Lüftungsregularien und Feuchteschäden als auch auf Lösungen der kontrollierten Wohnungslüftung, insbesondere dezentrale Systeme, hingewiesen und praktische und juristische Erkenntnisse aus der Anwendung der DIN 1946-6 ergänzt bzw. die Darstellungen der Systemlösungen aktualisiert.

Bei Ausführungen zur Lüftungs- bzw. Klimatechnik erscheint ein Bezug zur Kältetechnik notwendig. Deshalb werden Aspekte der Kälteerzeugung, der Kälteanlagen, der alternativen Kühlprozesse und der Kälte- und Wärmespeicherung in gestraffter Form dargestellt. Auf neuartige Lösungen, wie den Einsatz von PCM (Latentspeicher) und die Anwendung von Schotterspeichern in Verbindung mit RLT-Anlagen und der Erdwärmenutzung, wird ausführlicher eingegangen.

Schallschutz und Brandschutz sind bei der Planung raumlufttechnischer Anlagen immer zu beachten. Deshalb werden in zwei Grundlagenkapiteln wesentliche Aspekte behandelt und auf Richtlinien und Grundlagendokumentationen verwiesen (Kapitel 1.6 und 1.7).

Ein weiteres ergänzendes Kapitel zu speziellen Anwendungsgebieten widmet sich der Museumsklimatisierung (Kapitel 2.10).

Da durch die europäische Normung einige nationale Richtlinien abgelöst werden, aber deren Inhalte zum Teil nicht übernommen wurden, wird es als notwendig erachtet, Bilder und Tabellen weiterhin aufzunehmen und zu zitieren, da sich diese in der Praxis in Deutschland bewährt haben und deren Angaben in Pflichtenheften auch vertraglich vereinbart werden können. Dieses betrifft vor allem die DIN EN 13779, die durch die DIN EN 16798-1 (Entwurf) und DIN EN 16798-3 ersetzt wurde.

Die nicht mehr gültigen Richtlinien werden im Literaturverzeichnis gesondert dokumentiert, da diese u. U. im Zusammenhang von Begutachtungen an Anlagenlösungen für bestimmte Lösungsansätze benötigt werden und auch über den Beuth-Verlag bezogen werden können. Allerdings sei darauf hingewiesen, dass durch die Anwendung von zurückgezogenen Normen keine Rechtssicherheit gegeben ist.

Für die aktive Mitgestaltung und Erstellung von Beiträgen gilt mein besonderer Dank den Herren Prof. Dr.-Ing. habil. J. Seifert und Dipl.-Ing. Lars Schinke, TU Dresden, Institut Energietechnik, LG Heizungs- und Raumlufttechnik (Kapitel 1.2 und teilw. 2.2.8); den Herren Dipl.-Ing. H.-P. Thiele (Berlin) und Dr.-Ing. P. Vogel, INNIUS GTD GmbH (Kapitel 2.10, teilw.); Herrn Dr.-Ing. U. Arndt und seinem Koautor Herrn Dipl.-Wirt.-Ing. S. Schwarze, KKU Kälte-Klima-Umwelttechnik GmbH (Kapitel 3); den Herren Dipl.-Ing. (FH) Martin Baumeister, Dipl.-Ing. (FH) Rainer Flitz, Dipl.-Ing. (FH) Martin Lenz und Frau Dipl.-Ing. (FH) Sandra Schönberger, Fa. TROX GmbH (Kapitel 4); den Herren Dipl.-Ing. Tobias Lackmann und Dipl.-Ing. Ralph Berger, Fa. Menerga GmbH (Kapitel 8); Herrn Dipl.-Ing. D. Makulla, Fa. Caverion (Kapitel 9, teilw.).

Die Bereitstellung von Werksunterlagen und fotografischen Dokumentationen von namhaften Herstellern ermöglichte eine anschauliche Behandlung der Themen. Dafür sei ausdrücklich gedankt.

An der Erarbeitung der 7. Auflage hat Prof. Dr.-Ing. Mario Reichel aktiv mitgewirkt, um zukünftig eine Aktualisierung des Buchs zu gewährleisten.

Dem Verlag, insbesondere Herrn Hansemann, sei für die kooperative und konstruktive Zusammenarbeit gedankt.

Dresden

*Prof. Dr.-Ing. Achim Trogisch*

*Prof. Dr.-Ing. Mario Reichel*

## Wichtiger Hinweis für die Leser

DIN EN 16798 liegt – außer DIN EN 16798 Teil 1 – als Weißdruck vor.

DIN EN 16798-1 ersetzt vorrangig DIN EN 15251 und z. T. DIN EN 13779. Der Weißdruck liegt gegenwärtig nur in der englischen Fassung vor.

# Symbole, Indizes und Einheiten

Die Symbole und Indizes werden den in den europäischen Normen verbindlichen angepasst, wobei es innerhalb der nationalen Regeln (DIN EN) für Heizlast (DIN EN 1283-1), die Lüftung (DIN EN 12792 bzw. DIN EN 16798-3), der Behaglichkeit (DIN EN ISO 7730 bzw. DIN EN 15251 (zukünftig DIN EN 16798-1)) und der energetischen Bewertung von Gebäuden (DIN V 18559) Unterschiede gibt. Die folgende Übersicht ist weitestgehend identisch mit der VDI 4700 Bl. 3 und ergänzt durch Formelzeichen aus der VDI 3802. Einige alte Symbole werden beibehalten, die aus den Grundlagen der Thermodynamik stammen (z. B. der Wärmeübergangskoeffizient $\alpha$).

| Symbol | | Benennung | Einheit |
|---|---|---|---|
| **neu** | **alt** | | |
| $A$ | | Fläche | $m^2$ |
| $A_{ABL}$ | | Querschnittsfläche der Abluftöffnung | $m^2$ |
| $A_B$ | | Nettogrundfläche, Bodenfläche | $m^2$ |
| $A_{HK}$ | | Heizkörperfläche | $m^2$ |
| $A_m$ | | mittlere wärmeübertragende Fläche | $m^2$ |
| $A_N$ | | Nutzfläche | $m^2$ |
| $A_w$ | | Fensterfläche | $m^2$ |
| $A_{ZUL}$ | | Querschnittsfläche der Zuluftöffnung | $m^2$ |
| $A_1$ | | Querschnittsfläche der unteren Öffnung | $m^2$ |
| $A_2$ | | Querschnittsfläche der oberen Öffnung | $m^2$ |
| $a$ | | Fensterfugendurchlasskoeffizient | $m^2/s$ |
| $a$ | $a$ | Temperaturleitfähigkeit | $m^2/s$ |
| $a_S$ | | Absorptionsvermögen, Absorptionsgrad | |

| Symbol | | Benennung | Einheit |
|---|---|---|---|
| neu | alt | | |
| $\vec{B}$ | | Wärmeabsorptionskoeffizient | $W/(m^2 K)$ |
| $b$ | | Wärmeeindringkoeffizient | $J/(m^2 K s^{0,5})$ |
| $C$ | $W$ | Wärmekapazität | J/K oder Wh/K |
| $C$ | | Strahlungszahl | $W/(m^2 K^4)$ |
| $C_{wirk}$ | | wirksame Speicherkapazität | J/K oder Wh/K |
| $c$ | $c$ | spezifische Wärmekapazität | W/(kg K) |
| $c$ | $k$ | Konzentration | $g/m^3$ |
| $c_{p,L}$ | | spezifische Wärmekapazität der Luft | W/(kg K) |
| $d$ | | Durchlassgrad | |
| $d_{SP}$ | | speicherwirksame Dicke | m |
| $d_T$ | | wirksame Dicke | m |
| $E$ | | Energieverbrauch bzw. Energiebedarf | J (MJ, GJ) |
| $\dot{E}$ | $G$ | Solarstrahlung | $W/m^2$ |
| $E_n$ | | Beleuchtungsstärke | lx |
| $e_{Wind}$ | | Windschutzkoeffizient | |
| $F_c$ | $z$ | Abminderungsfaktor für Sonnschutz | |
| $f$ | | Primärenergiefaktor | |
| $f_A$ | | Auslastungsfaktor | |
| $f_G$ | | Gleichzeitigkeitsfaktor | |
| $f_{h,i}$ | | Raumhöhenkorrekturfaktor | |
| $g$ | | Gesamtenergiedurchlassgrad | |
| $H$ | | spezifischer Wärmeverlust | W/h |
| $H$ | | Höhe der Halle | m |
| $H_T$ | | spezifischer Transmissionswärme-verlustkoeffizient | W/K |
| $H_V$ | | spezifischer Lüftungswärmeverlust-koeffizient | W/K |
| $h$ | | Höhe | m |
| $h$ | $h$ | spezifische Enthalpie | J/kg |

| Symbol | | Benennung | Einheit |
|---|---|---|---|
| neu | alt | | |
| $h$ | $\alpha$ | Oberflächen Wärmeübergangskoeffizient | $W/(m^2 K)$ |
| $h_c$ | $\alpha_K$ bzw. $\alpha_{Konv}$ | konvektiver Wärmeübergangskoeffizient | $W/(m^2 K)$ |
| $h_r$ | $\alpha_S$ bzw. $\alpha_{Strahl}$ | Strahlungs-Wärmeübergangskoeffizient | $W/(m^2 K)$ |
| $h_{ZUL}$ | | mittlere Höhe der Außen- bzw. Zuluftöffnung | m |
| $L$ | | Schallpegel | dB |
| $L_i$ | | Schallintensitätspegel | dB |
| $L_p$ | | Schalldruckspegel | dB |
| $L_w$ | | Schallleistungspegel | dB |
| $L$ | | Leckagezahl | |
| $L_1$ | | Leckagezahl Fortluftvolumenstrom | |
| $L_2$ | | Leckagezahl Außenluftvolumenstrom | |
| $l$ | | Fugenlänge | m |
| $m_A$ | | flächenbezogene Masse | $kg/m^2$ |
| $m_B$ | | spezifische Bauwerksmasse | $kg/m^2$ |
| $m_{sp}$ | | spez. speicherwirksame Bauwerksmasse | $kg/m^2$ |
| $N_a$ | | Jahresdeckungsgrad | |
| $n$ | $\lambda$ bzw. $\beta$ | Luftwechsel | $h^{-1}$ |
| $n_{50}$ | | Außenluftwechsel bei einer Druckdifferenz von $\Delta p = 50$ Pa | $h^{-1}$ |
| $P$ | $P$ | Leistung | W |
| $P$ | | Schallleistung | dB |
| $p$ | | Schalldruck | Pa |
| $P_{el}$ | | elektrische Wirkleistung bzw. elektrische Antriebsleistung | W |
| $Q$ | $Q$ | Wärmemenge<br>Energiebedarf (DIN V 18599) | J<br>kWh/a |
| $Q_P$ | | maximal nutzbare Nutzenergie der WRG | J<br>kWh/a |
| $Q_{RLT}$ | | Lüftungswärmebedarf | J<br>kWh/a |

| Symbol | | Benennung | Einheit |
|---|---|---|---|
| neu | alt | | |
| $Q_{WRG}$ | | thermische Nutzenergie der WRG | J<br>kWh/a |
| $Q''_P$ | | Jahres-Primärenergiebedarf | kWh/(a m$^2$) |
| $Q''_{P,c}$ | | Jahres-Primärenergiebedarf bei gekühlter Raumluft | kWh/(a m$^2$) |
| $q_m$ | $\dot{m}$ | Massestrom | kg/s oder kg/h |
| $q_{m,1-2}$ | | Umluftleckage von Fortluft- nach Außenluftvolumenstrom | kg/s oder kg/h |
| $q_{m,2-1}$ | | Umluftleckage von Außenluft- nach Fortluftvolumenstrom | kg/s oder kg/h |
| $q_V$ | $\dot{V}_L$ | Volumenstrom | m$^3$/s oder m$^3$/h |
| $R$ | | Wärmdurchgangswiderstand | (m$^2$ K)/W |
| $R_i$ | | innerer Wärmeübergangswiderstand | (m$^2$ K)/W |
| $R_e$ | | äußerer Wärmeübergangswiderstand | (m$^2$ K)/W |
| $R_\lambda$ | | Wärmeleitwiderstand | (m$^2$ K)/W |
| $r$ | | Reflexionsgrad | |
| $r$ | | Abstand | m |
| $S_n$ | | Wärmespeicherkoeffizient | W/(m$^2$ K) |
| $s$ | | Dicke | m |
| $T$ | | Absoluttemperatur | K |
| $T_1$ | | Lufteintrittstemperatur (Außenlufttempertatur) | K |
| $T_2$ | | Luftaustrittstemperatur (Hallenlufttemperatur an der Abströmöffnung) | K |
| $t$ | $\tau$ | Zeit | s |
| $U$ | $k$ | Wärmedurchgangskoeffizient | W/(m$^2$ K) |
| $U$ | | Umluftzahl | |
| $V$ | $V$ | Volumen | m$^3$ |
| $V_e$ | | Volumen der Gebäudehülle | m$^3$ |
| $V_i$ | | Raumvolumen | m$^3$ |
| $v$ | $c$ | Geschwindigkeit | m/s |

| Symbol | | Benennung | Einheit |
|---|---|---|---|
| neu | alt | | |
| $v_x$ | | Raumluftgeschwindigkeit an der Stelle x | m/s |
| $W_{el}$ | | elektrische Energie | W |
| $w_L$ | | Luftgeschwindigkeit | m/s |
| $w_2$ | | Luftaustrittsgeschwindigkeit in der oberen Öffnung | m/s |
| $x$ | $x$ | absolute Feuchte | g/kg bzw. kg/kg |
| $\vec{Y}_n$ | | thermische Admittanz | W/(m$^2$ K) |
| $\alpha_1$ | | Kontraktionsziffer der oberen Öffnung (Zuströmöffnung) | |
| $\alpha_2$ | | Kontraktionsziffer der unteren Öffnung (Abströmöffnung) | |
| $\beta$ | | Raumausdehnungskoeffizient | |
| $\chi_m$ | | flächenbezogen wirksame Speicherkapazität | W/(m$^2$ K) |
| $\Delta\theta$ bzw. $\Delta T$ | $\Delta\vartheta$ bzw. $\Delta T$ | Temperaturdifferenz | K |
| $\Delta t$ | | Temperaturdifferenz | K |
| $\Delta t_{ARB}$ | | Mittlere Temperaturdifferenz im Arbeitsbereich | |
| $\Delta p$ | | Druckdifferenz | Pa |
| $\varepsilon$ | | Emissionsvermögen | |
| $\varepsilon$ | | Leistungszahl | |
| $\varepsilon_a$ | | Jahresarbeitszahl | |
| $\phi$ | | Einstrahlzahl | |
| $\Phi$ | $\dot{Q}$ | Wärmestrom (thermische Leistung) Wärme- oder Kühllast | W |
| $\Phi_a$ | | Jahrestemperaturänderungsgrad | |
| $\Phi_B$ | | Beleuchtungslast | W |
| $\Phi_E$ | | Innere Wärmebelastung | W |
| $\Phi_{HL}$ | | Heizlast | W |
| $\Phi_K$ | | Wärmestrom durch Konvektion | W |
| $\Phi_{KL}$ | | Kühllast | W |

| Symbol | | Benennung | Einheit |
|---|---|---|---|
| neu | alt | | |
| $\Phi_L$ | | Lüftungsheizlast | W |
| $\Phi_M$ | | technologische Last | W |
| $\Phi_{N,m}$ | | mittlere nutzungsbedingte Last | W |
| $\Phi_P$ | | Wärmelast der Produktion | W |
| $\Phi_P$ | | maximal nutzbares thermisches Potenzial | W |
| $\Phi_S$ | | Strahlungslast | W |
| $\Phi_S$ | | Wärmestrom durch Strahlung | W |
| $\Phi_T$ | | Transmissionslast | W |
| $\Phi_T$ | | Transmissionsheizlast | W |
| $\Phi_t$ | | Temperaturänderungsgrad | |
| $\Phi_{t,f}$ | | Temperaturänderungsgrad bei nasser Oberfläche | |
| $\Phi_{t,K}$ | | Temperaturänderungsgrad bei Kondensation | |
| $\Phi_{WRG}$ | | Leistung der WRG | W |
| $\Phi_x$ | | Feuchteänderungsgrad | |
| $\eta$ | | Wirkungsgrad | - |
| $\eta_a$ | | Jahreswirkungsgrad | |
| $\eta_B$ | | Teilnutzungsgrad für Verluste der Außenbauteile | |
| $\eta_C$ | | Teilnutzungsgrad für Raumtemperaturregelung | |
| $\eta_{c,oe}$ | | Gesamtnutzungsgrad Kühlung | |
| $\eta_{h,oe}$ | | Gesamtnutzungsgrad Heizung | |
| $\eta_L$ | | Teilnutzungsgrad für vertikales Lüftungsprofil | |
| $\eta_{Motor}$ | | Motorwirkungsgrad | - |
| $\eta_{WRG}$ | | Wirkungsgrad der WRG | |
| $\varphi$ | $\dot{q}$ | Wärmestromdichte | W/m$^2$ |
| $\varphi_D$ | $\varphi$ | relative Feuchte | - |

| Symbol | | Benennung | Einheit |
|---|---|---|---|
| neu | alt | | |
| $\varphi^*_{HL}$ | | spezifische Heizlast | W/m$^2$ |
| $\varphi_{Str}$ | | spezifische Strahlungswärme | |
| $\varphi_T$ | | spezifische Transmissionswärme | W/m$^2$ |
| $\varphi_V$ | | spezifische Verdunstungswärme | W/m$^2$ |
| $\mu_t$ | | Raumbelastungsgrad | |
| $\lambda$ | $\lambda$ | Wärmeleitfähigkeit | W/(m K) |
| $\nu$ | | kinematische Zähigkeit | |
| $\theta$ | $\vartheta$ | Celsiustemperatur | °C |
| $\theta_a$ | $\vartheta_R$ oder $\vartheta_{\text{int}}$ | Lufttemperatur im Raum | °C |
| $\theta_e$ | $\vartheta_e$ | Außenlufttemperatur | °C |
| $\theta_{e,O}$ | | Sonnenlufttemperatur | °C |
| $\theta_{\text{int}}$ | $\vartheta_{\text{int}}$ bzw. $\vartheta_i$ | Rauminnentemperatur | °C |
| $\theta_{Him}$ | | Temperatur des Himmels | °C |
| $\theta_O$ | $\vartheta_E$ | operative Temperatur)<br>(Empfindungstemperatur | °C |
| $\theta_S$ | | Sonnenlufttemperatur | °C |
| $\theta_r$ | $\bar{\vartheta}_{o,i}$ | Strahlungstemperatur<br>(mittlere Oberflächentemperatur) | °C |
| $\rho$ | $\rho$ | Dichte | kg/m$^3$ |
| $\Theta_b$ | | Temperaturfaktor | K$^{-3}$ |
| $\vec{\Theta}_n$ | | Temperaturschwingung | °C |
| $\hat{\Theta}_n$ | | Temperaturamplitude | °C oder K |
| $\tau$ | | Zeitabschnitt | s, min oder h |
| $\tau_P$ | | Schwingungsdauer | h |
| $\tau$ | | Zeitkonstante | s |
| $\Psi$ | | Feuchteänderungsgrad | |
| $\zeta$ | | auf $w_2$ bezogener Druckverlust-beiwert der innerhalb der Halle auf-tretenden Druckverluste | |

## Indizes

| Indizes | Benennung |
|---|---|
| neu | |
| *a* | Innen, Raum |
| *B* | Gebäude |
| C | Kälte |
| *c* | Kühlung |
| *E* | Emission |
| *EHA* | Fortluft |
| *ETA* | Abluft |
| *e* | außen |
| *ex* | Abluft |
| *ex* | Fortluft |
| *FOL* | Fortluft |
| G | Fußboden (Nettofläche) |
| *g* | Erdreich |
| *HL* | Heizlast |
| *i* bzw. *j* | beheizter Raum |
| inf | Infiltration |
| *IDA* | Raumluft |
| *INF* | Infiltration |
| int | innen |
| *KL* | Kühllast |
| *LEA* | Leckluft |
| *MIA* | Mischluft |
| *m* | mittel |
| *m* | Masse |
| max | maximal |
| *mech* | mechanisch |
| min | minimal, mindest |

| Indizes | Benennung |
|---|---|
| neu | |
| *nat* | natürlich (Freie Lüftung) |
| *ODA* | Außenluft |
| *P* | Person |
| *p* | Primärluft |
| *p* | Druck |
| *RCA* | Umluft |
| *SEC* | Sekundärluft |
| *SUP* | Zuluft |
| *s* | Sekundärluft |
| *su* bzw. inf | Zuluft |
| *T* | Transmission |
| *tr* | Transmission |
| *tot* | gesamt |
| *V* | Lüftung |
| *Vl* | Leckluft |
| *WRG* | Wärmerückgewinnung |
| w | Wasser |
| *w* | Fenster |
| | Außenwand |
| | Deckenfläche |
| | verglaste Fläche |
| | Grundfläche |
| | Luft |
| | Oberfläche |
| | Anfang, Beginn |
| | Strahlung |

## Symbolverzeichnis für Kapitel 1.2 entsprechend ISO EN 7730

| Symbol | Benennung | Einheit |
|---|---|---|
| $A_m$ | Oberfläche des bekleideten Menschen | $m^2$ |
| $A_{m,n}$ | Oberfläche des nackten Menschen | $m^2$ |
| $A_S$ | strahlungswirksame Fläche des Menschen | $m^2$ |
| $DR$ | Zugluftrisiko | % |
| $f_{Kl}$ | Bekleidungsflächenfaktor ($A_m$ / $A_{m,n}$) | |
| $f_S$ | Strahlungsflächenfaktor ($A_S$ / $A_m$) | |
| $n$ | Wichtungsfaktor | |
| $PD$ | Prozentsatz von unzufrieden Raumnutzern infolge von lokalem Diskomfort | % |
| $PMV$ | Predicted Mean Vote | |
| $PPD$ | Predicted Percentage of Dissatisfied | % |
| $\dot{q}_A$ | spez. Wärmestrom durch Atmung auf $A_{m,n}$ bezogen | $W/m^2$ |
| $\dot{q}_D$ | spez. Wärmestrom durch unspürbare Verdunstung auf $A_{m,n}$ bezogen | $W/m^2$ |
| $\dot{q}_K$ | spez. Wärmestrom durch Konvektion auf $A_{m,n}$ bezogen | $W/m^2$ |
| $\dot{q}_{Kl}$ | spez. Wärmestrom infolge Wärmeleitung durch Kleidung auf $A_{m,n}$ bezogen | $W/m^2$ |
| $\dot{q}_S$ | spez. Wärmestrom durch Strahlung auf $A_{m,n}$ bezogen | $W/m^2$ |
| $\dot{q}_M$ | spez. Gesamtwärmeentwicklung des Menschen auf $A_{m,n}$ bezogen | $W/m^2$ |
| $\dot{q}_{Br}$ | spez. Bruttoenergieumsatz = f (Belastung des Menschen) | $W/m^2$ |
| $\dot{q}_V$ | spez. Wärmestrom durch spürbare Verdunstung auf $A_{m,n}$ bezogen | $W/m^2$ |
| $\dot{q}_{V,b}$ | behaglicher spez. Wärmestrom durch spürbare Verdunstung auf $A_{m,n}$ bezogen | $W/m^2$ |
| $\sum \dot{q}_{ab}$ | Summe der spez. Wärmeabgabeströme | $W/m^2$ |
| $\sum \dot{q}_{ab,b}$ | Summe der behaglichen spez. Wärmeabgabeströme | $W/m^2$ |
| $Tu$ | Turbulenzgrad der Raumluftströmung | % |
| $w_L$ | mittlere Luftgeschwindigkeit | m/s |
| $x$ | Berechnungsparameter | |
| $x$ | Wasserdampfgehalt (absolute Feuchte) der Raumluft | g/kg |

| Symbol | Benennung | Einheit |
|---|---|---|
| $y$ | Berechnungsparameter | |
| $z$ | Höhenkoordinate | m |
| $z$ | Berechnungsparameter | |
| $\alpha_K$ | Wärmeübergangskoeffizient. - Konvektion | $W/(m^2 K)$ |
| $\alpha_S$ | Wärmeübergangskoeffizient - Strahlung | $W/(m^2 K)$ |
| $\delta$ | Schichtdicke | m |
| $\lambda$ | Wärmeleitfähigkeit | W/(m K) |
| $\vartheta_H$ | mittlere Hauttemperatur des Menschen | °C |
| $\vartheta_{H,b}$ | behagliche mittlere Hauttemperatur des Menschen | °C |
| $\vartheta_L$ | Lufttemperatur | °C |
| $\Delta\vartheta_{L,1,1-0,1}$ | Lufttemperaturgradient | K |
| $\vartheta_M$ | mittlere Oberflächentemperatur des bekleideten Menschen | °C |
| $\vartheta_M^*$ | charakteristische Oberflächentemperatur der für Zugluft empfindlichen Körperpartien ($\vartheta_M^*$=34 °C) | °C |
| $\vartheta_{OF}$ | Oberflächentemperatur des Fußbodens | °C |
| $\vartheta_{op}$ | operative Raumtemperatur (Empfindungstemperatur) | °C |
| $\vartheta_S$ | mittlere Strahlungstemperatur der Umgebung | °C |
| $\Delta\vartheta_S$ | Strahlungsasymmetrie | K |
| $\varphi$ | relative Feuchte | % |
| $\varphi$ | Einstrahlzahl | |
| $\eta$ | Wirkungsgrad des Menschen | |

## Index

| Index | |
|---|---|
| i | Laufvariable |
| j | Laufvariable |
| max | maximal |
| min | minimal |

## Formelzeichen des Kapitels 1.4.2.2 (Abschätzverfahren nach VDI 2078)

| Symbol | Benennung |
|---|---|
| $A_{AW}$ | Außenwandfläche |
| $A_{BT}$ | Fläche des Bauteils (inklusive virtueller Bauteile – virtueller Raumbegrenzungsflächen z. B. im Großraum) |
| $A_{Hüll}$ | Hüllfläche: gleich der Raumumschließungsfläche, wobei nicht vorhandene Trennwände als virtuelle Flächen zu berücksichtigen sind |
| $A_i$ | Fläche des Bauteils $i$ mit $i = op,AW$ (opake Fläche der Außenwand), $i = op,DA$ (opake Fläche des Dachs) und $i = tr$ (transparente Bauteilfläche) |
| $A_{NR}$ | Wandfläche zum Nachbarraum |
| $a$ | Strahlungsabsorptionskoeffizient |
| $C_{wirk,Hüll}$ | die auf die Hüllfläche $A_{Hüll}$ bezogene wirksame Wärmespeicherfähigkeit der Gebäudezone, nach der mittleren Dichte der Hüllfläche gemäß Gleichung 5 klassifiziert. Die Klassifizierung erfolgt gemäß Hüllfläche $\rho_{m,Hüll}$ |
| $a_R$ | Raumtiefe |
| $b_R$ | Raumbreite |
| $c_{p,a}$ | spezifische Wärmekapazität der Luft |
| $d_{BT}$ | Dicke des Bauteils |
| $d_{Schicht,j}$ | Dichte der $j$-ten Schicht im Bauteil $i$ |
| $\overline{E}_m$ | Wartungswert der Beleuchtungsstärke |
| $F_F$ | Abminderungsfaktor für den Rahmenanteil = Glasanteil = (1- Rahmenanteil) |
| $F_f$ | Formfaktor zwischen Bauteil und Himmel; $F_f = 1$ für waagerechte Bauteile bis zu einer Neigung von 45°; $F_f = 0{,}5$ für senkrechte Bauteile ab einer Neigung von 45° |
| $F_V$ | Verschmutzungsfaktor, in der Regel 1,0 |
| $g_{tot}$ | Gesamtenergiedurchlassgrad nach den Kennwerttabellen oder nach Herstellerangaben |
| $H_{V,\inf}$ | Wärmetransferkoeffizient für Infiltration, ohne mechanische Lüftung |
| $h_{Ne}$ | Höhe der Nutzebene über dem Fußboden |
| $h_{Pe}$ | Höhe der Leuchtenebene über dem Fußboden |
| $h_r$ | äußerer Abstrahlungskoeffizient |
| $I_{S,\max}$ | maximale stündliche solare Einstrahlung am Auslegungstag |
| $k$ | Raumindex |

| Symbol | Benennung |
|---|---|
| $k_A$ | Minderungsfaktor zur Berücksichtigung des Bereichs der Sehaufgabe |
| $k_L$ | Anpassungsfaktor Lampe für nicht stabförmige Leuchtstofflampen |
| $k_R$ | Anpassungsfaktor Raum |
| $\dot{m}_{Pers,Wasserdampf}$ | Wasserdampfabgabe in g/(h Pers) |
| $n$ | Luftwechsel (LW); Standardwert für den stündlichen Luftwechsel infolge Infiltration: $n$ = 0,1 1/h. |
| $P_j$ | spezifische elektrische Bewertungsleistung |
| $p_{j,lx}$ | flächenbezogene elektrische Bewertungsleistung je lx |
| $\dot{Q}$ | sensible Wärmeabgabe in W/Pers |
| $\dot{Q}_{S,op}$ | solarer Wärmeeintrag über opake Bauteile |
| $\dot{Q}_{Str}$ | solarer Wärmeeintrag über transparente Bauteile |
| $\dot{Q}_{I,sink}$ | interne Wärmesenken |
| $\dot{Q}_{I,source}$ | interne Wärmequellen |
| $\dot{Q}_S$ | solarer Wärmeeintrag |
| $\dot{Q}_{sink,max}$ | Summe der internen Wärmesenken am Auslegungstag innerhalb der betrachteten Gebäudezone |
| $\dot{Q}_{source,max}$ | Summe der Wärmequellen am Auslegungstag innerhalb der betrachteten Gebäudezone |
| $\dot{Q}_T$ | Transmissionswärmequellen bzw. -senken |
| $\dot{Q}_V$ | Lüftungswärmequellen bzw. -senken |
| $t_{C,wirk,bez}$ | Bezugszeit, für Kühllastzone 1, 2 und 3 $t_{C,wirk,bez}$ = 60 h, für Kühllastzone 4 $t_{C,wirk,bez}$ = 85 h |
| $t_{c,op,d}$ | tägliche Betriebsdauer der Kühlanlage |
| $U_{AW}$ | Wärmedurchgangskoeffizient der Außenwand |
| $U_i$ | Wärmeübergangskoeffizient des Bauteils $i$ mit $i = AW$ (Außenwand), $i = DA$ (Dach) und $i = tr$ (transparentes Bauteil) |
| $U_{NR}$ | Wärmedurchgangskoeffizient der Wand zum Nachbarraum |
| $V_Z$ | Luftvolumen der Zone |
| $\dot{V}_{z,d}$ | im Tagesmittel aus der benachbarten Zone eintretende Volumenstrom |

| Symbol | Benennung |
|---|---|
| $\alpha_a$ | äußere Wärmeübergangskoeffizient |
| $\varepsilon$ | Emissionsgrad für Wärmestrahlung der Außenfläche |
| $\Delta\vartheta$ | zugelassene Schwankung der Innentemperatur; es gilt: 3 K $\leq \Delta\vartheta \leq$ 6 K; wenn $\Delta\vartheta$ > 6 K, ist $\Delta\vartheta$ = 6 zu setzen; für $\Delta\vartheta$ < 3 darf das Schätzverfahren nicht angewendet werden; Empfehlung: $\Delta\vartheta$ = 4 (22 °C $\leq \vartheta \leq$ 26 °C) |
| $\Delta\vartheta_{AW}$ | $\left(\vartheta_{a,mittel,CDD} - \vartheta_{i,c,\max,d}\right) > 4\ K$; bei Wärmequellen von außen<br>$\left(\vartheta_{i,c,\max,d} - \vartheta_{a,mittel,CDD}\right) > 4\ K$; bei Wärmesenken gegen außen |
| $\Delta\vartheta_{ar}$ | mittlere Differenz zwischen der Temperatur der Umgebungsluft und der scheinbaren Temperatur des Himmels für das Abschätzverfahren gilt: $\Delta\vartheta_{ar}$ = 10 K |
| $\Delta\vartheta_{NR}$ | $\left(\vartheta_{NR} - \vartheta_{i,c,\max,d}\right) > 4\ K$; bei Wärmequellen aus Nachbarräumen, Erdreich etc.<br>$\left(\vartheta_{i,c,\max,d} - \vartheta_{NR}\right) > 4\ K$; bei Wärmesenken gegen Nachbarräumen, Erdreich etc |
| $\Delta\vartheta_{L}$ | $\left(\vartheta_{a,mittel,CDD} - \vartheta_{i,c,\max,d}\right)$ bei Wärmequellen<br>$\left(\vartheta_{i,c,\max,d} - \vartheta_{a,mittel,CDD}\right)$ bei Wärmesenken |
| $\vartheta_{a,mittel,CDD}$ | Tagesmittel der Außenlufttemperatur der Klimazone am Auslegungstag |
| $\vartheta_{i,c,\max}$ | maximal zulässige Innentemperatur am Auslegungstag |
| $\vartheta_{i,c,max,d}$ | Tagesmittelwert der Innentemperatur bei Auslegung |
| $\vartheta_{i,c,soll}$ | Raumsolltemperatur |
| $\vartheta_{P,D}$ | Auslegungstemperatur (Designwert) |
| $\rho_a$ | Dichte der Luft ($c_{p,a} \cdot \rho_a = 0{,}34\ Wh/(\mathrm{m}^3 \cdot K)$ |
| $\rho_{m,Hüll}$ | mittlere Dichte der Hüllfläche |
| $\rho_{Schicht}$ | Rohdichte der Schicht |
| $\tau$ | Zeitkonstante der Gebäudezone |

# Inhaltsverzeichnis

# 1 Grundlagen

## 1.1 Einführung

Aufgabe der Lüftung in Räumen und Gebäuden ist:

- die Gewährleistung der thermischen, hygienischen, akustischen und visuellen Behaglichkeit,
- die Einhaltung von thermischen Grenzwerten (z. B. Raumlufttemperaturen) und Schadstoffgrenzwerten (u. a. MAK-Werte, $CO_2$-Maßstab, Geruchsgrenzwerte) und
- die Zuführung von Verbrennungsluft oder nutzungsabhängigen Luftvolumenströmen.

Der Nutzer eines Raums empfindet das „Klima" behaglich, wenn die in Abbildung 1.1-1 vier genannten Randbedingungen erfüllt sind.

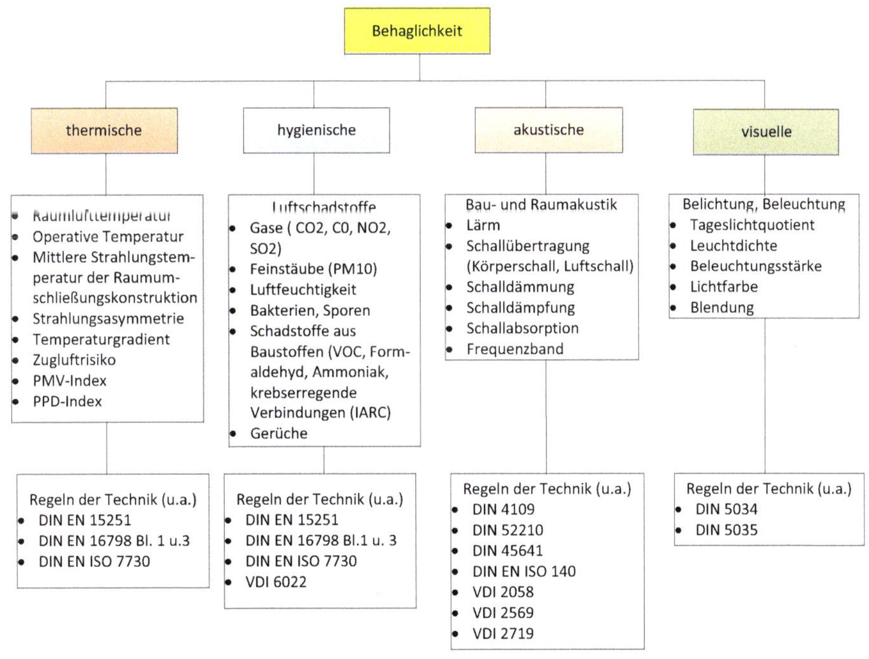


**Abb. 1.1-1** Übersicht zur Behaglichkeit, charakteristischen Begriffen und wichtigen Regeln der Technik

Als ein wichtiges Maß für die *thermische Behaglichkeit* (s. a. Kapitel 1.2) wird insbesondere die operative (empfundene) Temperatur $\theta_O = \vartheta_E$ in Ansatz gebracht. Sie ist u. a. eine Funktion der Bekleidung (clo) und der Arbeitsaktivität. Der Behaglichkeitsbereich als Funktion der Außenlufttemperatur ist im $h,x$-Diagramm in Abbildung 1.1-2 erkennbar.

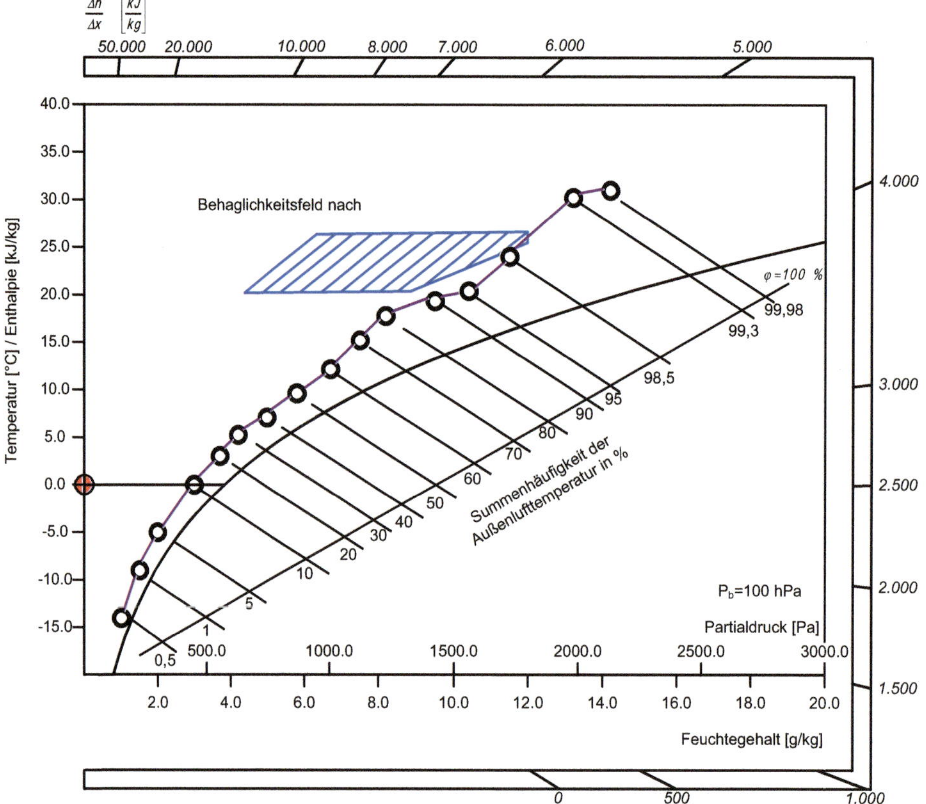


**Abb. 1.1-2** Behaglichkeitsbereich und Summenhäufigkeit der Außenlufttemperatur (Potsdam) im $h,x$-Diagramm

Die *hygienische Behaglichkeit* wird insbesondere durch Schadstoffe in der Luft (Außenluft, Raumluft) wie Gase (besonders $CO_2$), Luftfeuchte (Wasserdampf), Schadstoffe aus Baustoffen und von Menschen sowie Feinstaub geprägt.

Der $CO_2$-Belastung wird dabei schon seit fast 100 Jahren besondere Aufmerksamkeit gewidmet (Pettenkofer-Maßstab), da eine längere Konzentrationsüberschreitung von 1.000 ppm zu Müdigkeit und Konzentrationseinschränkungen führt. Aus diesem Maßstab leitet sich u. a. auch der dem Raum zuzuführende Mindestaußenluftvolumenstrom $q_{v,AUL,\min}$ ab.

Bei der *akustischen Behaglichkeit* sind der Schall und die Schallübertragung die wesentlichen Aspekte. Es gilt, den Schalldruckpegel (mit dem Ohr wahrgenommener Schall) so zu gestalten, dass weder das Wohlbefinden noch die Leistungsfähigkeit des Menschen beeinträchtigt werden. Dazu sollte der Schallleistungspegel (Körperschall, Luftschall) einer Schallquelle, hervorgerufen durch den Nutzer, die Nutzung oder Anlagen der Technischen Gebäudeausrüstung (TGA), weitestgehend minimiert oder durch akustische Maßnahmen (Schalldämpfer, Schallkompensatoren, Schallabsorptionsflächen im Raum) reduziert werden.

Für die hygienische und thermische Behaglichkeit gibt es in Abhängigkeit von den Personen und der Nutzung einzuhaltende Mindestwerte für den erforderlichen Außenluftvolumenstrom (Mindestaußenluftvolumenstrom $q_{v,AUL,\min}$).

In der lüftungstechnischen Praxis wird im Allgemeinen mit dem Luftvolumenstrom $q_V$ gerechnet. Für exakte Berechnungen ist es aber besser, den Luftmassenstrom $q_m$ in den Ansatz zu bringen. Der Luftvolumenstrom ist im Allgemeinen die entscheidende Größe für die Dimensionierung der raumlufttechnischen Anlage, der erforderlichen Leistung und Größe der Luftaufbereitungsgeräte, der Kanalquerschnitte, des Leistungsbedarfs für die Ventilatoren und des Platzbedarfs für die RLT-Zentralen.

Die Grundbeziehungen zur Ermittlung des Luftvolumenstroms sind:

- beim Bezug auf die thermische Last $\Phi$

  $$q_V = \Phi / (\rho \cdot |\Delta h|)$$

  Weit verbreitet, jedoch ungenau bei größeren Feuchtelasten, ist die Beziehung:

  $$q_V = \Phi / (\rho \cdot c_{p,L} \cdot |\Delta \theta|)$$

- beim Bezug auf eine stoffliche Last $q_{m,E}$ (z. B. Feuchte, Schadstoffe)

  $$q_V = q_{m,E} / (c_{Schadstoff} - c_{ZUL})$$

- beim Bezug auf den Luftwechsel $n$ (dieser Wert ist ein Erfahrungs- und Orientierungswert)

  $$q_V = n \cdot V_{Raum}$$

Weitere wichtige Grundbeziehungen sind:

$$A_k = q_V / v_L$$

$$\Delta p \cong \rho \cdot v_L^2 / 2$$

$$P_{Vent} \cong q_V \cdot \Delta p / \eta_{Motor}$$

$$P_{SFP} = P_{vent} / q_V \text{ (spezifische Ventilatorleistung = SFP-Wert)}$$

***Zu beachten ist*** beim Luftwechsel, auf welchen Luftvolumenstrom der Wert bezogen wird (z. B. Außenluft, Zuluft) und dass es sich um eine „freie" effektive Querschnittsfläche $A_k$ handelt. Diese ist – außer bei Kanälen – im Allgemeinen kleiner als die „konstruktive" Fläche.

Aus den letzteren Beziehungen wird die Bedeutung der Größe des Luftvolumenstroms auf die Dimensionierung der RLT-Anlage, d. h., die Investitionskosten und die Betriebskosten (z. B. Elektroenergieverbrauch), deutlich. Deshalb sollte darauf geachtet werden, dass

- der zu fördernde Luftvolumenstrom $q_V$ so klein wie möglich bzw. nötig ist,
- die Luftgeschwindigkeiten $v_L$ in den Luftleitungen und den Luftbehandlungsgeräten ebenfalls gering sind und
- der zu fördernde Luftvolumenstrom geregelt werden kann.

Dies gilt auch im Zusammenhang mit der zukünftigen energetischen Bewertung von Gebäuden nach DIN V 18599. Der Zuluftvolumenstrom $q_{V,ZUL}$ (s. a. Kapitel 2.1) ist jedoch nicht losgelöst von einer stabilen Raumströmung, d. h. Zuluftzuführung und Ablufterfassung, und der Einhaltung der Behaglichkeitsparameter im Aufenthaltsbereich (z. B. $v_x$ , $\Delta\theta_x$ ) zu sehen. Dies bedeutet u. a., dass ein ausreichender Zuluftimpuls $I_{O,ZUL} = \rho \cdot A_{k,O} \cdot v_O^2$ vorhanden sein muss.

Einer Minimierung von $q_V$ durch Vergrößerung von $\Delta h$ bzw. $\Delta\theta$ sind sowohl durch die Gewährleistung der Behaglichkeit im Aufenthaltsbereich als auch durch die Luftdurchlässe Grenzen gesetzt. Deshalb wird heute im Allgemeinen darauf orientiert, die thermischen Lasten so zu kompensieren, dass

- dem Raum nur der hygienisch notwendige Mindestaußenluftvolumenstrom $q_{V,AUL,\min}$ bzw. der für eine stabile Raumströmung erforderliche Zuluftvolumenstrom $q_{V,ZUL}$ zugeführt wird und
- eine Flächenkühlung bzw. -heizung über den Wärmeträger „Wasser" oder „Luft" (s. a. Kapitel 2.3.5) zur Anwendung gelangt.

Der Vorteil dieser Lösung mit dem Wärmeträger „Wasser" ist in den wesentlichen Unterschieden der Dichte ($\rho_L \approx$ 1,2 kg/m³; $\rho_W \approx$ 1000 kg/m³) und in der spezifischen Wärme ( $c_L \approx$ 1,02 kJ/(kg K) und $c_W \approx$ 4,2 kJ/(kg K)) begründet.

Nach DIN EN 16798-3 gelten die Bezeichnungen für die Luftvolumenströme in Abbildung 1.1-3 bzw. Tabelle 1.1-1.

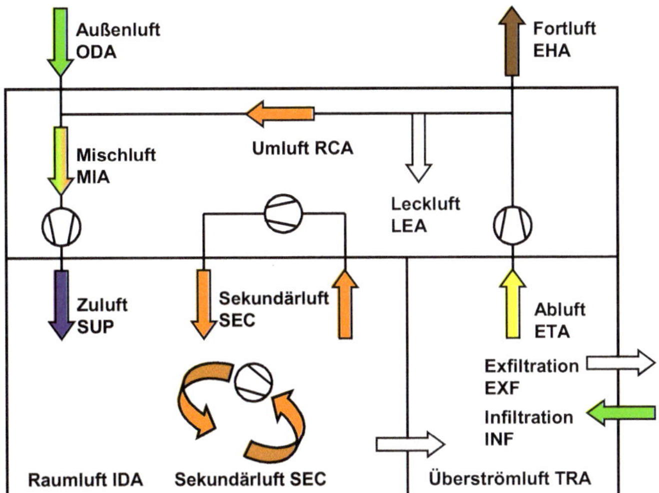


**Abb. 1.1-3** Definitionen gemäß DIN EN 16798-3

**Tab. 1.1-1** Festlegung der Luftarten nach DIN EN 16798-3

| Nr. nach Abb. 1.1-3 | Luftart | Abkürzung neu | Abkürzung alt | Farbe | Definition |
|---|---|---|---|---|---|
| 1 | Outdoor air | ODA | AUL | Grün | Unbehandelte Luft, die von außen in die Anlage oder in eine Öffnung strömt |
| 2 | Supply air | SUP | ZUL | | Luftstrom, der in den behandelten Raum eintritt, oder Luft, die in die Anlage eintritt, nachdem er behandelt wurde |
| 3 | Indoor air | IDA | RAL | Grau | Luft im behandelten Raum oder Bereich |
| 4 | Transferred air | TRA | ÜSL | Grau | Raumluft, die vom behandelten Raum in einen anderen behandelten Raum strömt |
| 5 | Extract air | ETA | ABL | Gelb | Luftstrom, der den behandelten Raum verlässt |
| 6 | Recirculation air | RCA | UML | Orange | Abluft, die der Luftbehandlungsanlage wieder zugeführt wird und als Zuluft wiederverwertet wird |
| 7 | Exhaust air | EHA | FOL | Braun | Luftstrom, der ins Freie strömt |
| 8 | Secondary air | SEC | SEK | Orange | Luftstrom, der einem Raum entnommen wird und nach Behandlung demselben Raum wieder zugeführt wird |

**Tab. 1.1-1** Festlegung der Luftarten nach DIN EN 16798-3 (Forts.)

| Nr. nach Abb. 1.1-3 | Luftart | Abkürzung neu | Abkürzung alt | Farbe | Definition |
|---|---|---|---|---|---|
| 9 | Leakage air | LEA | LEC | Grau | Unbeabsichtigter Luftstrom durch undichte Stellen der Anlage |
| 10 | Infiltration | INF | INF | Grün | Lufteintritt in das Gebäude über Undichtheiten der Gebäudehülle. |
| 11 | Exfiltration | EXF | EXF | Grau | Luftaustritt aus dem Gebäude über Undichtheiten der Gebäudehülle |
| 12 | Mixed air | MIA | MIL | | Luft, die zwei oder mehr Luftströme enthält |

Zur Ermittlung der Belastungen bzw. Lasten gibt es ausreichende Berechnungsverfahren; angefangen bei Handrechenverfahren bzw. Abschätzverfahren bis zu aufwändigen PC-Programmen und Simulationsberechnungen. Für den technischen Planungsprozess ist es aber notwendig, schon zu einem frühen Zeitpunkt die Größenordnung der Belastung bzw. Last zu kennen und auf mögliche Einflussgrößen (z. B. bauliche, nutzungsspezifische) hinzuweisen. In den ersten Planungsphasen „Grundlagenermittlung“ und „Vorentwurf“ liegen neben den in gesetzlichen Vorgaben ausgewiesenen Daten nur ungenaue Eingangsdaten sowohl für die Baukonstruktion als auch für die Nutzung vor.

Deshalb wird insbesondere auf praktikable Vorbemessungs- oder Abschätzverfahren zur Ermittlung der thermischen Belastung bzw. Last (Kühllast, Heizlast) eingegangen, die in keiner Weise exakte Berechnungen in den Planungsphasen „Entwurf“ und „Ausführungsplanung“ ersetzen können und dürfen.

Während für den „Winterfall“ die einzuhaltenden Raumlufttemperaturen $\theta_{RAL}$ bzw. auch operativen Temperaturen $\vartheta_E$ in den technischen Regeln in Abhängigkeit von der Nutzung vorgegeben sind, stellt die sich im „Sommerfall“ einstellende Raumlufttemperatur als ein Qualitätskriterium für die Baukonstruktion und die raumlufttechnische Anlage bzw. notwendige Lüftung dar. Die Bewertung der Raumlufttemperatur erfolgt im Zusammenhang mit dem sommerlichen Wärmeschutz. Über die vorgestellten Vorbemessungsverfahren können die zu erwartenden sommerlichen Raumlufttemperaturen in ihrer Größenordnung ermittelt werden. Dies ist ausreichend für die Planungsphasen „Grundlagenermittlung“ und „Vorentwurf“. Für die Planungsphasen „Entwurf“ und „Ausführungsplanung“ und für genauere Untersuchungen sollten heute grundsätzlich vorhandene qualifizierte PC- bzw. Simulationsprogramme zur Anwendung gelangen, wie z. B. auf der Grundlage von VDI 2078.

Nur mit Kenntnis der Zusammenhänge bezüglich der zu gewährleistenden Behaglichkeit, insbesondere der thermischen (ISO DIN 7730) und hygienischen Behaglichkeit (s. a. DIN EN 15251), der thermischen und stofflichen Belastungen bzw. Lasten und der sich einstellenden Raumlufttemperatur kann eine zweckmäßige und funktionsfähige lüftungstechnische Lösung erarbeitet werden.

Mit der europäischen Harmonisierung der Normen ist weiterhin verbunden, dass die planungstechnischen Eingangsgrößen zukünftig vereinbart und fortgeschrieben werden müssen und zum Vertragsbestandteil werden. Im Gegensatz zur bisher üblichen Praxis, dass die technischen Regeln und/oder Normen einzuhaltende Werte vorgegeben wurden, geben die in den Normen und auch in den folgenden Kapiteln ausgewiesenen und z. T. den Normen entnommenen Tabellen die im Allgemeinen üblichen Bereiche und Standardwerte der Auslegungsbedingungen an. Die Annahme abweichender Werte wird zukünftig prinzipiell zugelassen. Dies erfordert jedoch eine eindeutige, schriftliche vertragliche Fixierung und setzt eine entsprechende Beratung zu den Konsequenzen durch den gebäudetechnischen Planer und auch Architekten voraus. Dieser Aspekt wertet die o. g. Vorbemessungsverfahren auf.

Da die Raumlufttemperatur $\theta_a$ für den Nutzer die einzige messtechnisch nachvollziehbare Temperatur ist, aber z. T. anders empfunden werden kann und auch empfunden werden, weisen die Normen für die Auslegung der Heizungsanlage (DIN EN 12831-1 bzw. DIN V 18599) und der Lüftungsanlage (DIN EN 16798-3) eindeutig auf die operative, empfundene Temperatur $\theta_O$ und deren Gewährleistung in einem definierten Aufenthaltsbereich hin (Tabelle 1.1-2 und Tabelle 1.1-4). Der Messpunkt für operative Temperatur wurde nach DIN EN 15251 mit 0,6 m über OK Fußboden auf der Raummittelachse festgelegt, wobei diese normal durch den Schwerpunkt der Bodenfläche der Aufenthaltszone verläuft.

Die charakteristischen und sinnvollen Messstellen für die thermische Behaglichkeit sind nach DIN EN 15726 definiert (s. a. Abbildung 1.1-5), stehen jedoch im Widerspruch zu DIN EN 15251.

Diese empfundene Temperatur $\theta_O$

- sollte im Allgemeinen nicht mehr als 2 bis 3 K von der Raumlufttemperatur abweichen,
- ergibt sich überschlägig aus dem arithmetischen Mittel der Raumlufttemperatur und der mittleren Strahlungstemperatur der Raumumschließungsflächen $\theta_r$ und
- kann u. U. erheblich von der Raumlufttemperatur abweichen (Strahlungsasymmetrie) und somit zu Unbehaglichkeiten führen.

Für die Auslegung, die Regelung und Fahrweise der RLT-Anlage sind sowohl die Lufttemperaturen, wie z. B. die Raumlufttemperatur $\theta_a = \theta_{RAL}$, die Außenlufttemperatur $\theta_e$, die Zu- ($\theta_{ZUL}$) und/oder Ablufttemperatur ($\theta_{ABL}$), als auch die Schadstoffbelastungen bzw. Schadstoffkonzentrationen der Außenluft und der Raumluft entscheidende messtechnischen Größen bzw. Datenpunkte.

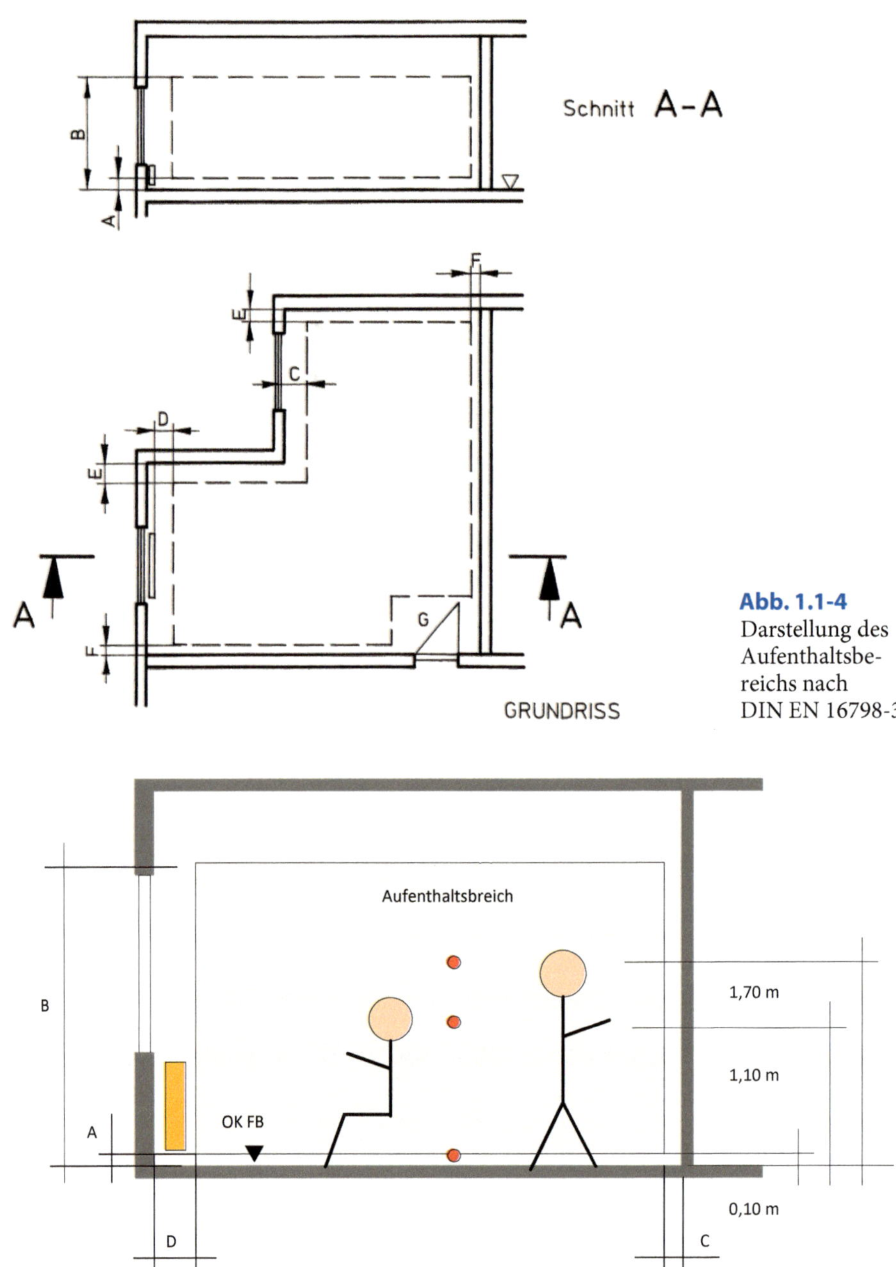


**Abb. 1.1-4** Darstellung des Aufenthaltsbereichs nach DIN EN 16798-3

**Abb. 1.1-5** Aufenthaltsbereich nach DIN V 18599 bzw. DIN EN 16798-3

**Tab. 1.1-2** Maße zur Definition des Aufenthaltsbereichs nach DIN EN 16798-3 für Abbildung 1.1-4

| Abstand von der folgenden Innenfläche | | Üblicher Bereich in m | Standardwert in m |
|---|---|---|---|
| Fußboden (untere Begrenzung) | A | 0,0 bis 0,20 | 0,05 |
| Fußboden (obere Begrenzung) | B | 1,30 bis 2,00 | 1,80 |
| Außenfenster und -türen | C | 0,50 bis 1,50 | 1,00 |
| Heiz- und/oder Klimageräte | D | 0,50 bis 1,50 | 1.00 |
| Außenwand | E | 0,15 bis 0,75 | 0,50 |
| Innenwand | F | 0,15 bis 0,75 | 0,50 |
| Türen, Durchgangsbereiche usw. | G | Besondere Vereinbarung | |

# 1.2 Behaglichkeit

Technische Anlagen und speziell heizungs- und raumlufttechnische Anlagen werden in Gebäuden installiert, um definierte wärmephysiologische und hygienische Parameter zu sichern. Als Nebenbedingung sollen die benannten Parameter dabei bei niedrigstem energetischem Aufwand erfüllt werden, wodurch sie entsprechend Abbildung 1.2-1 in Wechselwirkung miteinander treten.

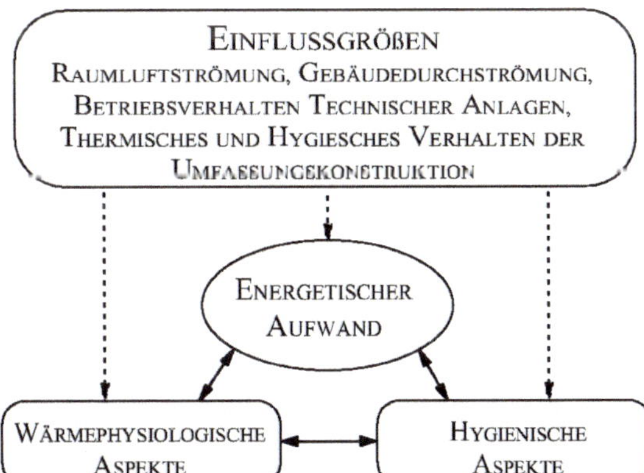


**Abb. 1.2-1** Wechselbeziehung zwischen wärmephysiologischen / hygienischen und energetischen Aspekten mit den wichtigsten Einflussgrößen [1]

Es ist daher nicht verwunderlich, dass schon in der Vergangenheit nach Kriterien gesucht wurde, mit denen es möglich ist, sowohl wärmephysiologische, d. h. thermisch behagliche, sowie hygienische Zustände zu beschreiben. Als ein praxisnaher Parameter für die wärmephysiologische Charakterisierung hat sich über viele Jahre die operative Raumtemperatur ($\vartheta_{op}$) etabliert, die auch als Empfindungstemperatur bezeichnet wird. Aus hygienischer Sicht haben sich Bewertungsmaßstäbe basierend auf Schadstoffkonzentrationen durchgesetzt. Speziell jedoch für moderne Baukonstruktionen ist die operative Temperatur zur wärmephysiologischen Bewertung nur bedingt geeignet, da sie die Luftgeschwindigkeit vereinfacht berücksichtigt. Für eine umfassende Bewertung sind eine ganze Reihe zusätzlicher Kriterien zu beachten, die in den nachfolgenden Abschnitten näher betrachtet werden sollen.

### 1.2.1 Kriterien der thermischen Behaglichkeit

Der Begriff der „thermischen Behaglichkeit" ist als der Zustand definiert, bei dem der Körper die geringsten thermoregulatorischen Aufwendungen vornehmen muss, um eine konstante Körperkerntemperatur aufrechtzuerhalten (Abbildung 1.2-2). Dabei erfolgt die lebensnotwendige Wärmeabgabe unspürbar und anstrebungslos. Subjektiv ist der Mensch mit den raumklimatischen Verhältnissen zufrieden, d. h., die Bedingungen werden als nicht zu kühl oder zu warm empfunden [4].

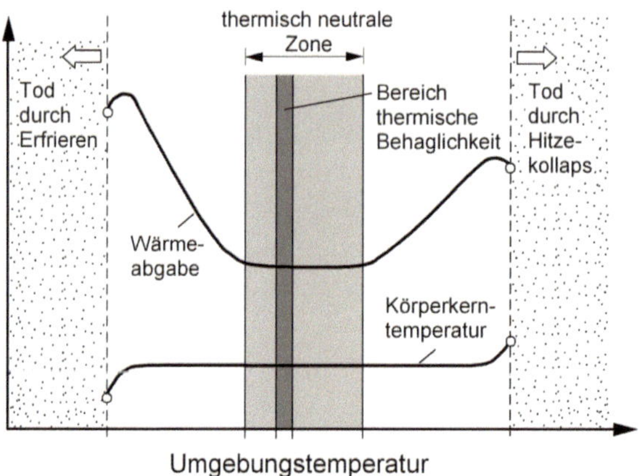


**Abb. 1.2-2** Schematische Darstellung der Abhängigkeit der Wärmeabgabe des menschlichen Organismus von der Umgebungstemperatur

Das Empfinden des Menschen ist dabei abhängig von einer ganzen Reihe von Kriterien. Zu ihnen gehören:

- physikalische Umweltbedingungen
- physiologische Bedingungen
- sowie intermediäre Bedingungen

Abbildung 1.2-3 zeigt einzelne Parameter, die den genannten Kriterien zugeordnet werden können. Erfüllt werden müssen die genannten Kriterien zum einen für den Gesamtenergiehaushalt des menschlichen Organismus („Globales thermisches Behaglichkeitskriterium"). Zum anderen müssen sie jedoch auch für einzelne Körperregionen eingehalten werden („Partikuläres Behaglichkeitskriterium"). In den nachfolgenden Abschnitten sollen beide Behaglichkeitskriterien detailliert erläutert werden.

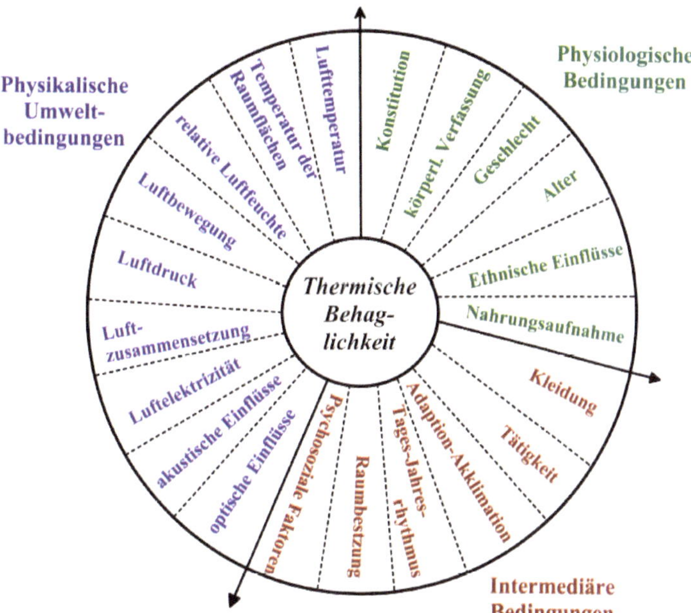


**Abb. 1.2-3** Einflussfaktoren auf die thermische Behaglichkeit beim Menschen

## 1.2.2 Globales thermisches Behaglichkeitskriterium

Wie schon in den einführenden Bemerkungen in Kapitel 1.2 benannt, stellt das globale thermische Behaglichkeitskriterium eine notwendige, jedoch nicht hinreichende Bedingung für das Wohlbehagen des Menschen im Raum dar. In rein mathematischer Form charakterisiert dieses Kriterium die Wärmebilanz des Menschen. Die heute oftmals verwendete Schreibweise geht dabei auf Fanger [5] zurück, der mittels einer großen Anzahl von Testpersonen durch Klimakammerexperimente die grundlegenden biophysikalischen Bedingungen detektierte, die zur Gewährleistung einer globalen thermischen Behaglichkeit gleichzeitig eingehalten werden müssen. Sie können wie folgt formuliert werden:

1. Gleichheit von Wärmeproduktion und Wärmeabgabe, charakterisiert durch die Prozesse Atmung, unspürbare und spürbare Verdunstung, Strahlung und Konvektion

$$\dot{q}_M = (1-\eta) \cdot \dot{q}_{Br} \equiv \sum \dot{q}_{ab} = \dot{q}_A + \dot{q}_D + \dot{q}_V + \dot{q}_K + \dot{q}_S$$

2. Einhaltung einer behaglichen mittleren Hauttemperatur als Funktion der Gesamtwärmeproduktion

$$\vartheta_{H,b} = 35{,}7 - 0{,}0275 \cdot \dot{q}_M = 35{,}7 - 0{,}0275 \cdot (1-\eta) \cdot \dot{q}_{Br}$$

3. Berücksichtigung einer behaglichen Wärmeabgabe durch spürbare Schweißverdunstung in Abhängigkeit der Gesamtwärmeproduktion

$$\dot{q}_{V,b} = 0{,}42 \cdot (\dot{q}_M - 58)$$

Führt man diese drei Bedingungen zusammen, so entsteht das erstmals von Fanger formulierte Gleichungssystem für die Wärmebilanz des menschlichen Körpers:

$$\dot{q}_M - \dot{q}_A - \dot{q}_D - \dot{q}_V = \dot{q}_{Kl} = \dot{q}_K + \dot{q}_S$$

wobei der Wärmestrom durch die Kleidung sowie der Strahlungs- und Konvektionswärmestrom wie folgt bestimmbar sind[1]:

$$\dot{q}_A = \dot{q}_{Br} \cdot (0{,}149 - 1{,}128 \cdot 10^{-3} \cdot \vartheta_L - 1{,}72 \cdot 10^{-5} \cdot p_{D,L})$$

$$\dot{q}_D = 3{,}07 \cdot 10^{-3} \cdot [5766 - 7{,}04 \cdot \dot{q}_{Br} - (1 - \eta_M) - p_{D,L}]$$

$$\dot{q}_V = 0{,}42 \cdot [\dot{q}_{Br} \cdot (1 - \eta) - 58]$$

$$\dot{q}_{Kl} = \left[\frac{\lambda}{\delta}\right]_{Kl} \cdot (35{,}7 - 0{,}028 \cdot \dot{q}_{Br} \cdot (1 - \eta) - \vartheta_M)$$

$$\dot{q}_K = \alpha_K \cdot f_{Kl} \cdot (\vartheta_M - \vartheta_L)$$

$$\dot{q}_S = 3{,}96 \cdot 10^{-8} \cdot f_{Kl} \cdot (T_M^4 - \overline{T}_S^4)$$

Aus der Differenz zwischen realer aktivitätsabhängiger Wärmeabgabe und der bei den vorliegenden raumklimatischen und physiologischen Verhältnissen bestimmbaren behaglichen Wärmeabgabe lässt sich die mittlere subjektive Klimabewertung der Raumnutzer (PMV-Index) ermitteln.

$$PMV = \left(e^{-0,036 \cdot \dot{q}_M} + 0,0275\right) \cdot (\dot{q}_M - \sum \dot{q}_{ab,b})$$

Interpretierbar ist der PMV-Index als ein dimensionsloser Maßstab der thermischen Empfindung der Raumnutzer. Eingeteilt wird er nach einem Vorschlag der ASHRAE [6] in sieben Klimakategorien, entsprechend Tabelle 1.2-1.

1 Index „Kl" steht für die Koppelbeziehung der Wärmeleitung.

**Tab. 1.2-1** Zuordnung der thermischen Empfindung zum PMV-Index nach [6]

| PMV-Index | −3 | −2 | −1 | 0 | 1 | 2 | 3 |
|---|---|---|---|---|---|---|---|
| Empfindung | kalt | kühl | mäßig kühl | neutral | mäßig warm | warm | heiß |

Direkt ableitbar aus dem PMV-Index ist der PPD-Index, der den Prozentsatz von Raumnutzern darstellt, die mit den vorhandenen raumklimatischen Verhältnissen nicht zufrieden sind.

$$PPD = 100 - 95 \cdot e^{(-0{,}3353 \cdot PMV^4 - 0{,}2179 \cdot \mathrm{PMV}^2)}$$

Betrachtet man den PPD-Verlauf, wie er in Abbildung 1.2-4 dargestellt ist, so ist festzustellen, dass aufgrund der individuellen Unterschiede der Raumnutzer auch bei einem optimalen PMV-Index (PMV=0, d. h. neutrale Bewertung) mindestens noch 5 % der Nutzer mit dem Raumklima nicht zufrieden sind.

Für eine einfache, praktische Handhabung dieses globalen thermischen Behaglichkeitskriteriums werden in der aktuellen DIN EN ISO 7730 die einzelnen Kriterien sogenannten Behaglichkeitskategorien zugeordnet. Dabei steht die Kategorie A für eine hohe thermische Behaglichkeit, die Kategorie B für eine mittlere und die Kategorie C für eine mäßige thermische Behaglichkeit. Speziell für den PMV und den PPD-Index sind in der zitierten Norm die in Tabelle 1.2-2 dokumentierten Parameter zu finden.

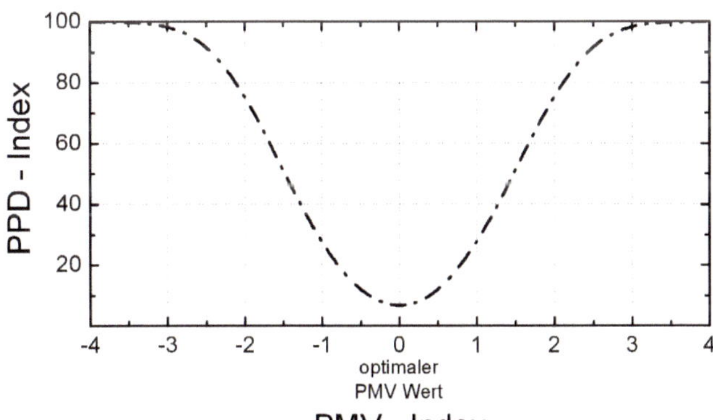


**Abb. 1.2-4** PPD-Index in Abhängigkeit des PMV-Maßstabs

**Tab. 1.2-2** Komfortkategorien für den PMV- und den PPD-Index nach DIN EN ISO 7730

| Kategorie | PMV-Index | PPD-Index in % |
|---|---|---|
| A (hoch) | −0,2 < PMV < +0,2 | < 6 |
| B (mittel) | −0,5 < PMV < +0,5 | < 10 |
| C (mäßig) | −0,7 < PMV < +0,7 | < 15 |

Analysiert man den PMV- und somit auch den PPD-Index, so zeigt sich, dass z. B. die relative Luftfeuchte lediglich einen geringen Einfluss besitzt und für eine große Anzahl von praktischen Fällen in guter Näherung als konstanter Mittelwert ( $\varphi$ = 50 %) angenommen werden kann. Berücksichtigt man dies, so lässt sich das Raumklima näherungsweise mit der operativen Temperatur (Empfindungstemperatur) beschreiben. Die einfachste Definition der operativen Temperatur geht dabei von einer Mittelwertbildung von Lufttemperatur ( $\vartheta_L$ bzw. $\theta_{RAL}$) und Strahlungstemperatur ( $\vartheta_S$ bzw. $\theta_r$ ) aus. Ein detaillierter Zusammenhang bezieht die örtlichen Luftgeschwindigkeiten in stärkerem Maße mit ein und ist wie folgt definiert:

$$\vartheta_{op} = n \cdot \vartheta_L + (1-n) \cdot \vartheta_S$$
$$w_L < 0{,}2 m/s \rightarrow n = 0{,}5$$
$$0{,}2 m/s < w_L < 0{,}6 m/s \rightarrow n = 0{,}6$$
$$w_L > 0{,}6 m/s \rightarrow n = 0{,}7$$

## 1.2.3 Lokales thermisches Behaglichkeitskriterium

Neben der Einhaltung des globalen wärmephysiologischen Kriteriums ist es notwendig, auch an lokalen Stellen des menschlichen Körpers Wärmestromdichten nicht zu groß oder zu klein werden zu lassen, da dies zu Diskomfort führen kann. Als lokale Kriterien haben sich dabei in der Vergangenheit

- das Zugluftrisiko DR (engl.: draught rating),
- die Strahlungsasymmetrie $\Delta\,\vartheta_S$, $\Delta\,\vartheta_{L,I,I\,-\,0,1}$,
- der vertikale Raumlufttemperaturgradient $\Delta\,\vartheta_{L,1,1\,-\,0,1}$,
- die zulässigen Oberflächentemperaturen $\vartheta_{OF}$ sowie die
- Schwülegrenze

als sinnvoll erwiesen. Sie werden oftmals auch als partikuläre Behaglichkeitskriterien bezeichnet.

### 1.2.3.1 Zugluftrisiko

Das partikuläre Behaglichkeitskriterium „Zugluftrisiko“ wird für die Begrenzung zu hoher konvektiver Wärmestromdichten an besonders sensiblen Körperstellen des menschlichen Organismus verwendet. Hierzu zählen insbesondere die Knöchel und Nackenpartien. In Abhängigkeit der Lufttemperatur, der Luftgeschwindigkeit, des Turbulenzgrades sowie der Aktivität gibt das Zugluftrisiko DR den Prozentsatz der Raumnutzer an, die über Zugerscheinungen klagen. Es kann wie folgt bestimmt werden:

$$DR = (\vartheta_M^* - \vartheta_L) \cdot (w_L - 0{,}05)^{0{,}6223} \cdot (3{,}14 + 0{,}37 \cdot w_L \cdot Tu).$$

Wertet man diese Gleichung für praktisch relevante Wertepaare von Lufttemperatur und Luftgeschwindigkeit unter Berücksichtigung des Turbulenzgrads aus, so ergeben sich die in Abbildung 1.2-5 dargestellten Kurvenzüge.

Wie schon für den PMV- sowie für den PPD-Index sind auch für das Kriterium des Zugluftrisikos Grenzwerte für die einzelnen Behaglichkeitskategorien in der DIN EN ISO 7730 benannt. So sind für die Kategorie A Werte kleiner als 10 %, für die Kategorie B kleiner als 20 % und für das Erreichen der Kategorie C Werte kleiner als 30 % einzuhalten.

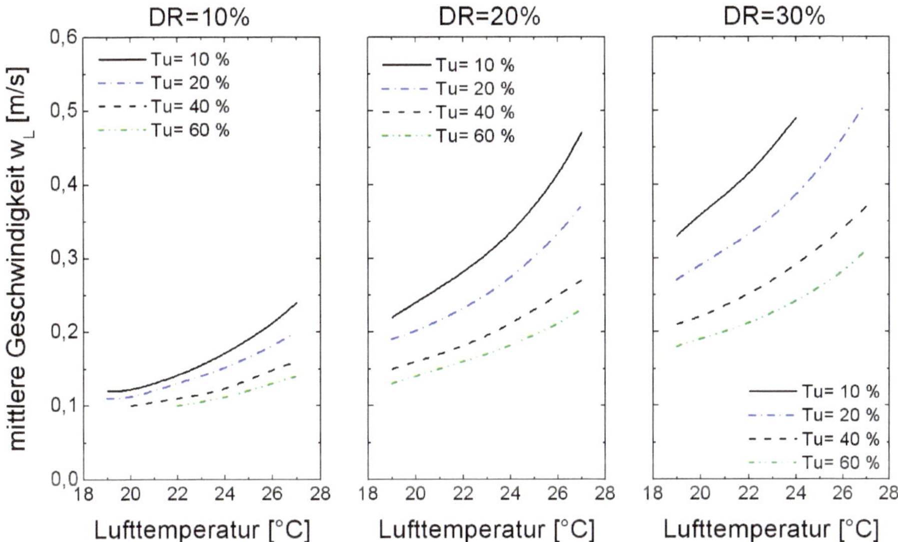


**Abb. 1.2-5** Zulässige mittlere Luftgeschwindigkeit innerhalb der Aufenthaltszone als Funktion des Zugluftrisikos, der Lufttemperatur und des Turbulenzgrads

## 1.2.3.2 Strahlungsasymmetrie

Ein weiterer Parameter, der zu den partikulären Behaglichkeitskriterien gezählt wird, stellt die Strahlungsasymmetrie ($\Delta \vartheta_S$) dar. Sie ist ein Maß für die Unterschiede der lokalen Verteilung der Strahlungswärmeabgabe. Diese kommen zustande, wenn im Raum stark von der mittleren Strahlungstemperatur der Umgebung ( $\vartheta_U$ bzw. $\theta_r$ ) abweichende einzelne Oberflächentemperaturen auftreten. Nach einem Vorschlag von Glück [7] kann die Strahlungsasymmetrie entsprechend der folgenden Gleichungen beschrieben werden.

$$\vartheta_{S,i} = \left[ \sum_j \varphi_{i,j} \cdot (\vartheta_j + 273{,}15)^4 \right]^{0{,}25} - 273{,}15$$

$$\Delta \vartheta = (\vartheta_{s,i})_{\max} - (\vartheta_{s,i})_{\min}$$

Hierbei ist $\varphi_{ij}$ die Einstrahlzahl der Fläche i eines würfelförmigen Elements auf die Umfassungsfläche j und $\vartheta_j$ die Oberflächentemperatur der jeweils betrachteten Umfassungsfläche. Eine weitere Definition der Strahlungsasymmetrie stellt der Zusammenhang dar, bei dem jeweils nur die beiden Halbräume betrachtet werden. Rein mathematisch ist dies eine Vereinfachung der oben beschriebenen Beziehung und soll daher hier nicht weiter betrachtet werden, s. DIN 4108-2.

Als Grenzwerte für die Strahlungsasymmetrie werden in der DIN EN ISO 7730 Prozentangaben von unzufriedenen Nutzern benannt (Kategorie A: PD < 5 %, Kategorie B < 5 % sowie Kategorie C < 10 %):

$$PM = \frac{100}{1 + e^{x - y \cdot \Delta \vartheta_S}}$$

Die Faktoren x, y, z werden dabei in Abhängigkeit der Oberflächentemperaturverteilung im Raum nach Tabelle 1.2-3 bestimmt.

**Tab. 1.2-3** Parameter zur Ermittlung des Prozentsatzes von Unzufriedenen infolge von Strahlungsasymmetrie nach DIN EN ISO 7730

| | x | y | z | $< \Delta\vartheta_S$ |
|---|---|---|---|---|
| warme Decke | 2,84 | 0,174 | 5,5 | 23 |
| kalte Wand | 6,61 | 0,345 | 0,0 | 15 |
| kalte Decke | 9,93 | 0,50 | 0,0 | 15 |
| warme Wand | 3,72 | 0,052 | 3,5 | 35 |

### 1.2.3.3 Vertikaler Lufttemperaturgradient

Das Kriterium vertikaler Lufttemperaturgradient soll zu große Differenzen der konvektiven Wärmestromdichte zwischen Kopf (beim sitzenden Menschen z = 1,1 m über dem Fußboden) sowie den Füßen (z = 0,1 m Höhe) vermeiden. Als Grenzwerte werden für die Kategorie A PD-Werte von kleiner als 3 %, für die Kategorie B < 5 % sowie für die Kategorie C < 10 % in der schon mehrfach zitierten Norm angegeben. Als Bestimmungsgleichung für den Prozentsatz an unzufriedenen Raumnutzern kann die folgende Beziehung verwendet werden (Gültigkeitsbedingung $\Delta\vartheta_{L,1,1-0,1m} < 8$ K):

$$PD = \frac{100}{1 + e^{5,76 - 0,856 \cdot \Delta\vartheta_{L1,1-0,1m}}}$$

Besondere Aufmerksamkeit ist dem partikulären Behaglichkeitskriterium „vertikaler Lufttemperaturgradient“ zu schenken, wenn große Raumlufttemperaturgradienten vorliegen, wie z. B. bei vorwiegend konvektiv wirkenden Heiz- und Kühlsystemen.

### 1.2.3.4 Oberflächentemperatur

Ein weiteres, speziell für Flächenheiz- bzw. Kühlsysteme relevantes Behaglichkeitskriterium stellt die Begrenzung der Oberflächentemperaturen dar. Hintergrund dieses Kriteriums ist, dass auch unter Nutzungsbedingungen eine Wärmeabgabe über die Füße gewährleistet werden muss (Heizfall) bzw. diese nicht zu groß seine darf (Kühlfall). Ausschlaggebendes Kriterium ist hierbei die Oberflächentemperatur des Fußbodens. Als Grenzwerte werden in der Literatur z. B. Oberflächentemperaturen von $\vartheta_{OF}$ = 19 °C – 26 °C für Daueraufenthaltsräume angegeben. Speziell bei Fußbodenheizungen wurden diese Werte auf $\vartheta_{OF}$ = 29 °C bzw. $\vartheta_{OF}$ = 35 °C in den Randzonen (kein Aufenthaltsbereich) sowie $\vartheta_{OF}$ = 33 °C in den Bädern angehoben. Darüber hinaus existieren Angaben von Fanger [8], der in Daueraufenthaltsräumen einen Wert von $\vartheta_{OF}$ = 33 °C angibt.

Die aktuelle DIN EN ISO 7730 benennt als Grenzwerte für den Prozentsatz an Unzufriedenen für die Kategorie A PD-Werte < 5 %, für die Kategorie B PD < 10 % sowie für die Kategorie C PD < 15 %. Der PD-Wert ist dabei entsprechend der folgenden Gleichung zu bestimmen:

$$PD = 100 - 94 \cdot e^{(-1{,}387 + 0{,}118\vartheta_{OF} - 0{,}0025\vartheta_{OF}^2)}$$

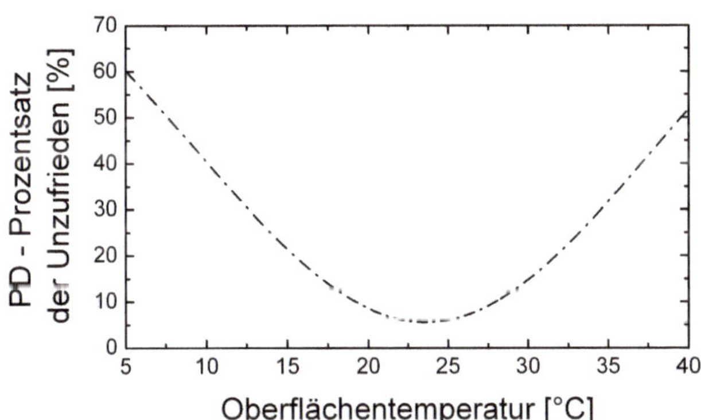


**Abb. 1.2-6** Prozentsatz der unzufriedenen Raumnutzer in Abhängigkeit der Fußbodenoberflächentemperatur nach DIN EN ISO 7730

In Abbildung 1.2-6 ist die o. g. Gleichung ausgewertet. Auffällig ist dabei, dass entsprechend des mathematischen Zusammenhangs warme Fußböden vom Menschen eher akzeptiert werden als kalte Fußböden.

### 1.2.3.5 Schwülegrenze

Das Kriterium der Schwülegrenze bezieht sich auf die Begrenzung des maximal zulässigen Wasserdampfgehalts der Raumluft, sodass keine spürbare Behinderung der feuchten Wärmeabgabe auftreten kann. Anwendung findet dieses Kriterium dann, wenn prozessbedingt mit hohen relativen Feuchten der Raumluft zu rechnen ist. Als Grenzwerte sind in der Literatur Werte von $\varphi$ = 65 – 70 % und x = 10,5 – 12 g/kg zu finden [9].

### 1.2.4 Verfahren zur Gesamtbewertung

Alle bisher erläuterten Kenngrößen können bei separater Einhaltung noch nicht für eine optimale Behaglichkeit im Raum bzw. in der Aufenthaltszone garantieren. Sie müssen, wie zu Beginn dieses Kapitels beschrieben, immer in Kombination gesehen werden. Erste Vorschläge, wie diese Kombination erfolgen kann, werden in der DIN EN ISO 7730 vorgenommen, bei der die operative Temperatur an die mittleren maximalen Luftgeschwindigkeiten gekoppelt wird. Hierdurch ist es möglich, die für die Wärmphysiologie entscheidenden Parameter Lufttemperatur, Umgebungstemperatur sowie maximale, mittlere Luftgeschwindigkeit erstmals kombiniert zu betrachten. Auszugsweise sind die entsprechenden Wertpaare in Tabelle 1.2-4 dokumentiert.

**Tab. 1.2-4** Bemessungskriterien für Räume in unterschiedlichen Gebäudetypen nach DIN EN ISO 7730

| Gebäude-/ Raumtyp | Aktivität in met | Kategorie | Operative Temperatur in °C | | max. mittlere Luftgeschwindigkeit in m/s | |
|---|---|---|---|---|---|---|
| | | | Kühlperiode | Heizperiode | Kühlperiode | Heizperiode |
| Büro Restaurant Klassenraum | 1,2 | A | 24,5 ± 1,0 | 22,0 ± 1,0 | 0,12 | 0,10 |
| | | B | 24,5 ± 2,0 | 22,0 ± 2,0 | 0,19 | 0,16 |
| | | C | 24,5 ± 3,0 | 22,0 ± 3,0 | 0,24 | 0,21 |
| Kindergarten | 1,4 | A | 23,5 ± 1,0 | 20,0 ± 1,0 | 0,11 | 0,10 |
| | | B | 23,5 ± 2,0 | 20,0 ± 2,5 | 0,18 | 0,15 |
| | | C | 23,5 ± 2,5 | 20,0 ± 3,5 | 0,23 | 0,19 |
| Kaufhaus | 1,6 | A | 23,0 ± 1,0 | 19,0 ± 1,5 | 0,16 | 0,13 |
| | | B | 23,0 ± 2,0 | 19,0 ± 3,0 | 0,20 | 0,15 |
| | | C | 23,0 ± 3,0 | 19,0 ± 4,0 | 0,23 | 0,18 |

Über diesen Ansatz hinaus gibt es weitere Vorschläge zur kombinatorischen Betrachtung der verschiedenen Behaglichkeitskriterien. Richter schlägt in [10] z. B. die Bildung einer summativen thermischen Behaglichkeit vor. Der Ansatz ist dabei so gewählt, dass, basierend auf den Komfortkategorien der DIN EN ISO 7730, die Gesamtbewertung eines Raums sich aus einem Vergleich der jeweiligen Teilbewertungen ergibt, wobei grundsätzlich verschiedene Richtungen möglich sind. Einen Eindruck über die Vorgehensweise bei der Bildung der summativen thermischen Behaglichkeit liefert Tabelle 1.2-5.

Entscheidender Vorteil dieser Definition ist, dass es nunmehr nur noch ein Kriterium gibt und somit eine Einschätzung der wärmephysiologischen Raumsituation sehr schnell möglich ist. Nachteilig ist jedoch, dass aus dem kombinierten Kriterium bei Diskomfort keine Rückschlüsse auf dessen Ursache gezogen werden können.

**Tab. 1.2-5** Definition der summativen thermischen Behaglichkeit – Beispiel – (konservative Betrachtung, schlechteste Kategorie entscheidet über die Gesamtbewertung)

| Kriterium | Kategorie | | Kombination | Kategorie |
|---|---|---|---|---|
| PMV, PPD<br>max. Strahlungsasymmetrie<br>vert. Lufttemp.-Gradient<br>Zugluftrisiko | A<br>B<br>A<br>C | ⇒ | summative<br>thermische<br>Behaglichkeit | C |

In DIN EN 16798-3 werden informativ Innentemperaturen angegeben bzw. empfohlen (Tabelle 1.2-6). Diese sind operative Temperaturen $\theta_o \equiv \vartheta_{op}$. Im Allgemeinen können mittlere „Raumlufttemperaturen" $\theta_a$ für die Auslegung von lüftungs- und heizungstechnischen Anlagen verwendet werden. Weichen jedoch die Raumlufttemperaturen signifikant von der Raumlufttemperatur ab, so sollten die operativen Temperaturen verwendet werden.

**Tab. 1.2-6** Empfohlene Auslegungswerte der Innentemperatur für den Entwurf von Gebäuden und RLT-Anlagen nach DIN EN 16798-3

| Gebäude- bzw. Raumtyp | Kategorie | Operative Temperatur $\theta_o$ in °C | |
|---|---|---|---|
| | | Heizperiode (Winter) ≈ 1,0 clo | Kühlperiode (Sommer) ≈ 0,5 clo |
| Wohngebäude: Wohnräume (Schlafzimmer, Empfangsraum, Küche usw.)<br>Sitzend: ≈ 1,2 met | A<br>B<br>C | 21,0<br>20,0<br>18,0 | 25.5<br>26,0<br>27,0 |
| Wohngebäude: andere Räume: (Lagerräume, Dielen bzw. Vorräume usw.)<br>Stehend, gehend: ≈ 1,6 met | A<br>B<br>C | 18,0<br>16,0<br>14,0 | |
| Einzelbüro (Zellenbüro)<br>Sitzend: ≈ 1,2 met | A<br>B<br>C | 21,0<br>20,0<br>19,0 | 25.5<br>26,0<br>27,0 |
| Großraumbüro (Bürolandschaft)<br>Sitzend: ≈ 1,2 met | A<br>B<br>C | 21,0<br>20,0<br>19,0 | 25.5<br>26,0<br>27,0 |
| Konferenzraum<br>Sitzend: ≈ 1,2 met | A<br>B<br>C | 21,0<br>20,0<br>19,0 | 25.5<br>26,0<br>27,0 |

**Tab. 1.2-6** Empfohlene Auslegungswerte der Innentemperatur für den Entwurf von Gebäuden und RLT-Anlagen nach DIN EN 16798-3 (Forts.)

| Gebäude- bzw. Raumtyp | Kategorie | Operative Temperatur $\theta_o$ in °C | |
|---|---|---|---|
| | | Heizperiode (Winter) ≈ 1,0 clo | Kühlperiode (Sommer) ≈ 0,5 clo |
| Hör- bzw. Zuschauerraum<br>Sitzend: ≈ 1,2 met | A<br>B<br>C | 21,0<br>20,0<br>19,0 | 25.5<br>26,0<br>27,0 |
| Cafeteria/Restaurant<br>Sitzend: ≈ 1,2 met | A<br>B<br>C | 21,0<br>20,0<br>19,0 | 25.5<br>26,0<br>27,0 |
| Klassenraum<br>Sitzend: ≈ 1,2 met | A<br>B<br>C | 21,0<br>20,0<br>19,0 | 25,0<br>26,0<br>27,0 |
| Kindergarten<br>Sitzend: ≈ 1,4 met | A<br>B<br>C | 19,0<br>17,5<br>16,8 | 24,5<br>25,5<br>26,0 |
| Kaufhaus<br>Sitzend: ≈ 1,6 met | A<br>B<br>C | 17,5<br>16,0<br>15,0 | 24,0<br>25,0<br>26,0 |

**Tab. 1.2-7** Temperaturbereich für die stündliche Berechnung der Kühl- und Heizenergie für drei Kategorien des Innenraumklimas nach DIN EN 16798-3

| Gebäude- bzw. Raumtyp | Kategorie | Operative Temperatur $\theta_o$ in °C | |
|---|---|---|---|
| | | Heizperiode (Winter) ≈ 1,0 clo | Kühlperiode (Sommer) ≈ 0,5 clo |
| Wohngebäude: Wohnräume (Schlafzimmer, Empfangsraum, Küche, usw.)<br>Sitzende Aktivitäten: ≈ 1,2 met | A<br>B<br>C | 21,0 – 25,0<br>20,0 – 25,0<br>18,0 – 25,0 | 23,5 – 25,5<br>23,0 – 26,0<br>22,0 – 27,0 |
| Wohngebäude: andere Räume: (Lagerräume, Dielen bzw. Vorräume usw. )<br>Stehende, gehende Aktivitäten: ≈ 1,5 met | A<br>B<br>C | 18,0 – 25,0<br>16,0 – 25,0<br>14,0 – 25,0 | |
| Büros und ähnlich genutzte Räume (Einzelbüros, Bürolandschaften, Konferenzräume, Hör- bzw. Zuschauersäle, Cafeterien, Restaurants, Klassenräume<br>Sitzende Aktivitäten: ≈ 1,2 met | A<br>B<br>C | 21,0 – 23,0<br>20,0 – 24,0<br>19,0 – 25,0 | 23,5 – 25,5<br>23,0 – 26,0<br>22,0 – 27,0 |
| Kindergarten<br>Stehende, gehende Aktivitäten: ≈ 1,4 met | A<br>B<br>C | 19,0 – 21,0<br>17,5 – 22,5<br>16,5 – 23,5 | 22,5 – 24,5<br>21,5 – 25,5<br>21,0 – 26,0 |

Tab. 1.2-7 Temperaturbereich für die stündliche Berechnung der Kühl- und Heizenergie für drei Kategorien des Innenraumklimas nach DIN EN 16798-3 (Forts.)

| Gebäude- bzw. Raumtyp | Kategorie | Operative Temperatur $\theta_o$ in °C | |
|---|---|---|---|
| | | Heizperiode (Winter) ≈ 1,0 clo | Kühlperiode (Sommer) ≈ 0,5 clo |
| Kaufhaus<br>Stehende, gehende Aktivitäten:<br>≈ 1,6 met | A<br>B<br>C | 17,5 – 20,5<br>16,0 – 22,0<br>15,0 – 23,0 | 22,0 –24,0<br>21,0 – 25,0<br>20,0 – 26,0 |

## 1.2.5 Beispiel

Im Nachfolgenden sollen zur Vertiefung der oben erläuterten Kriterien und Bewertungsverfahren für zwei ausgewählte Beispiele einzelne wärmephysiologische Kriterien dargestellt und kommentiert werden. Zurückzuführen sind die gezeigten Grafiken auf Arbeiten von Richter ([2], [10]).

### 1.2.5.1 Fall 1 (Heizfall) und Fall 2 (Kühlfall)

- Fall 1 (Heizfall)

Die dokumentierten Grafiken zeigen sehr gut, dass lokal große Unterschiede in den wärmephysiologischen Kriterien zu erwarten sind. Für die in der Praxis als typisch anzusehende Situation zeigen die Parameter sehr gute Werte für den PMV- bzw. PPD-Index sowie für die Strahlungsasymmetrie. Kritisch speziell für Flächenheizsysteme ist jedoch das Einbringen von Frischluft im Raum, wie aus dem Kriterium Zugluftrisiko hervorgeht. Im Bereich des Lufteintritts kann es dabei zu deutlichen Zugerscheinungen kommen, die sich auch im PMV-Index widerspiegeln.

Betrachtet man abschließend das Kriterium der summativen thermischen Behaglichkeit, so wird für weite Bereiche des Raums die Komfortkategorie A erreicht. Lediglich am Fußboden ist ein lokal begrenzter Bereich mit der Kategorie B nachzuweisen. Die Gesamtsituation im Raum und speziell in der Aufenthaltszone (weiße Markierung) ist jedoch als sehr gut einzuschätzen.

- Fall 2 (Kühlfall)

Für sommerliche Untersuchungen soll im Nachfolgenden exemplarisch eine Kühldecke betrachtet werden. Wesentlich stärker als beim Heizfall sind beim Kühlfall jedoch instationäre Randbedingungen, wie z. B. solare Strahlung, Dynamik des Gebäudes, innere Lasten, zu beachten. Die dokumentierten Werte stellen daher lediglich eine Momentaufnahme eines einzelnen ungünstigen Zeitausschnitts dar. Für weitere vertiefende Aussagen sei auf [10] verwiesen. Der betrachtete Fall kann wie folgt beschrieben werden:

Fußbodenheizung, NEH, Luftwechsel über Außenluftdurchlasselement $n = 0{,}25\ h^{-1}$

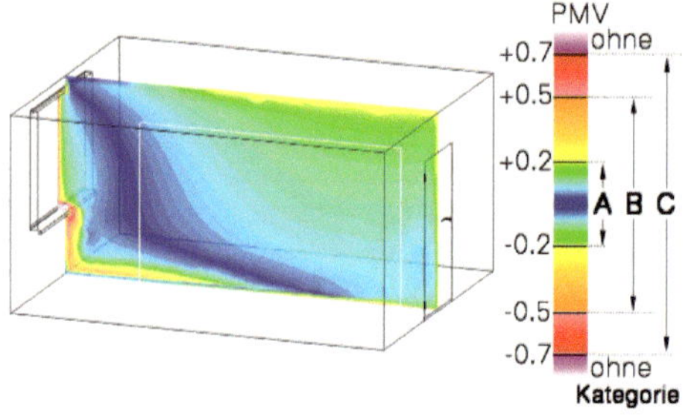


PMV-Index in einer vertikalen Ebene senkrecht zur Außenwand

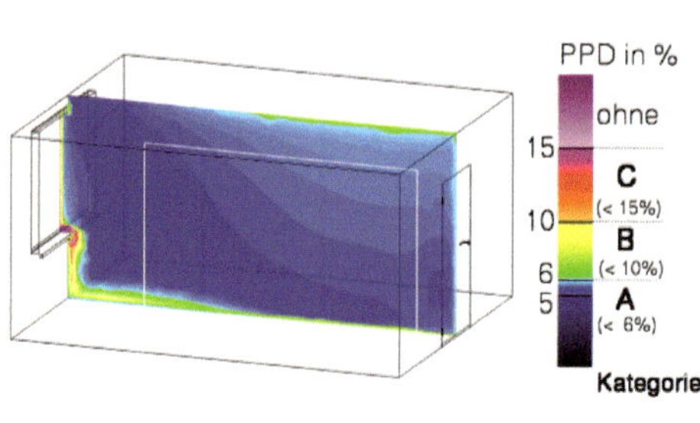


PPD-Index in einer vertikalen Ebene senkrecht zur Außenwand

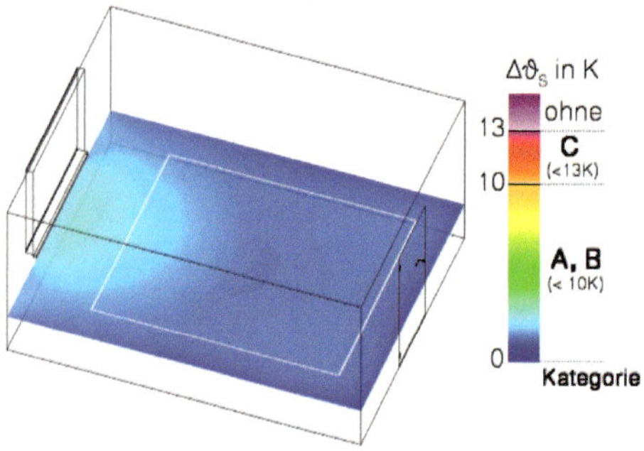


Maximale Strahlungsasymmetrie $\Delta\vartheta_S$ in einer horizontalen Ebene (z = 0,6 m)

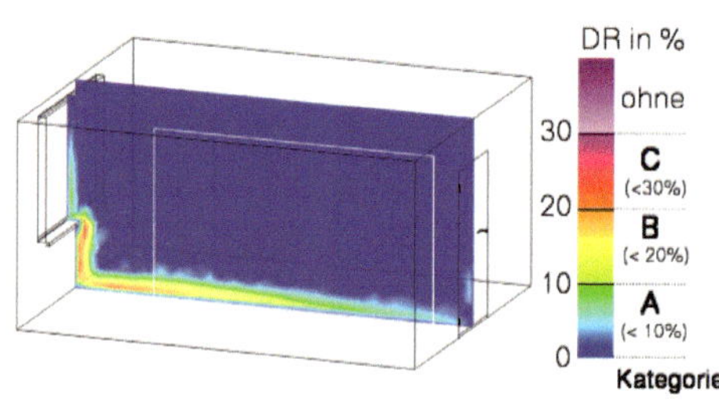


Zugluftrisiko DR in einer vertikalen Ebene senkrecht zur Außenwand

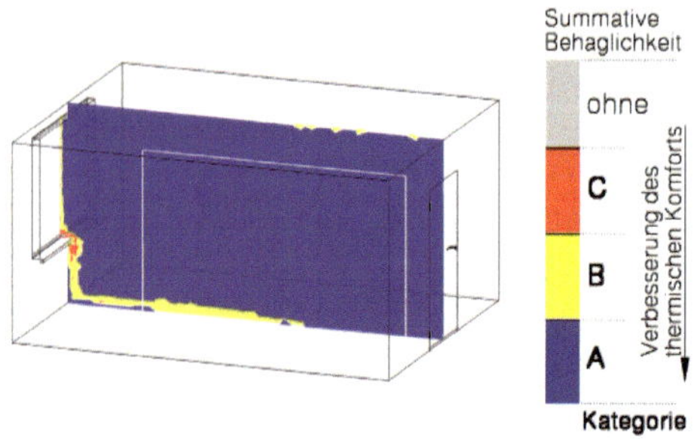


Summative thermische Behaglichkeit in einer vertikalen Ebene senkrecht zur Außenwand

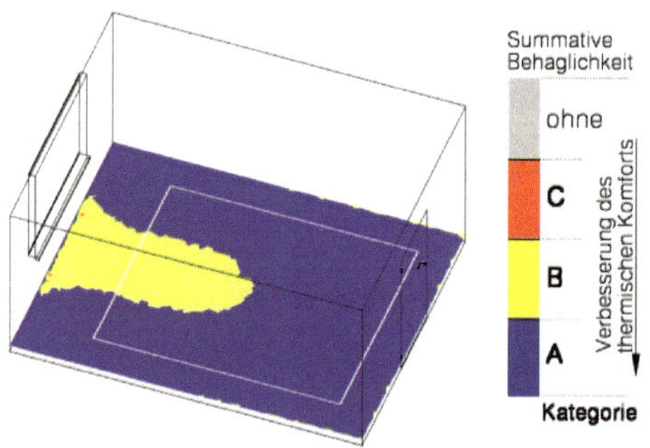


Summative thermische Behaglichkeit in einer horizontalen Ebene (z = 0,1 m)

**Abb. 1.2-7** Behaglichkeitskriterien für ein Flächenheizsystem unter winterlichen Verhältnissen

Deckenkühlung, NEH, hochsommerliche Periode, kein Luftwechsel

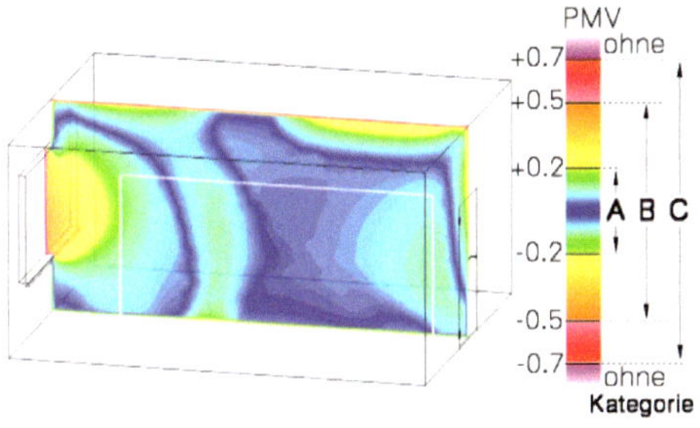


PMV-Index in einer vertikalen Ebene senkrecht zur Außenwand

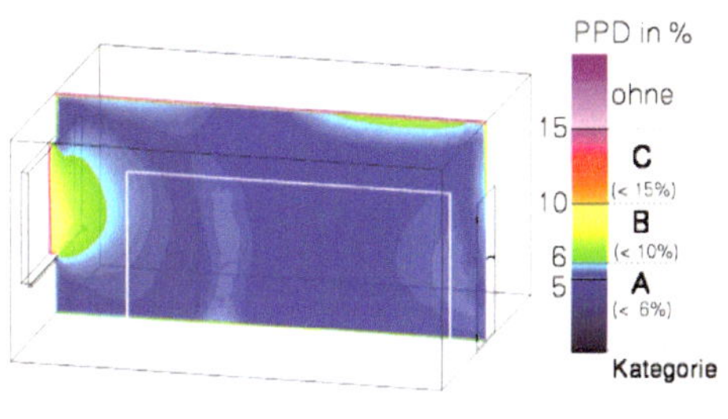


PPD-Index in einer vertikalen Ebene senkrecht zur Außenwand

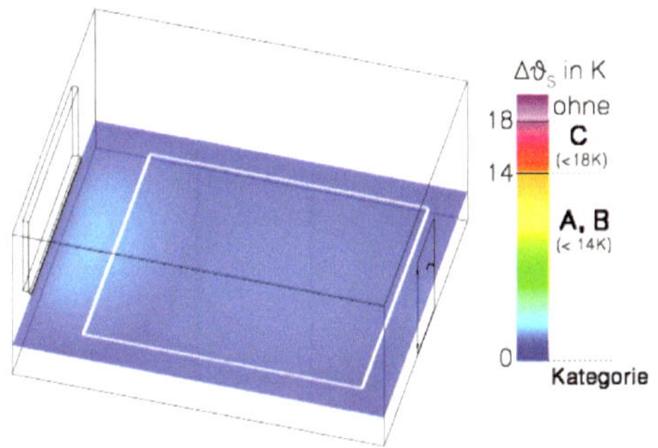


Maximale Strahlungsasymmetrie $\Delta\,\vartheta_S$ in einer horizontalen Ebene (z = 0,6 m)

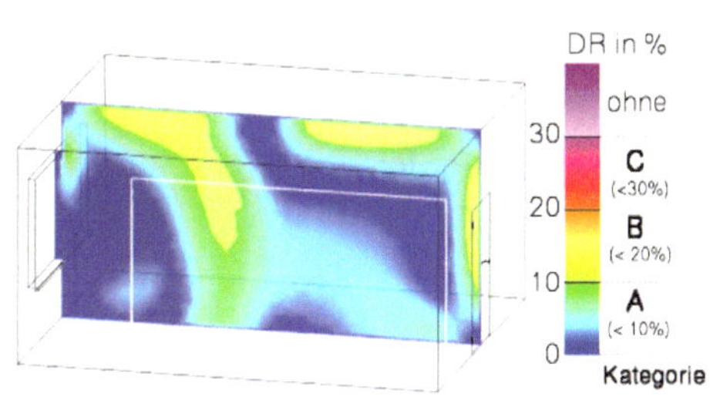


Zugluftrisiko DR in einer vertikalen Ebene senkrecht zur Außenwand

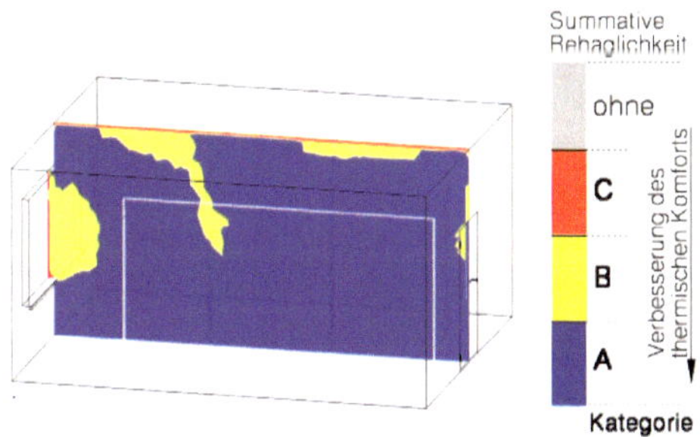


Summative thermische Behaglichkeit in einer vertikalen Ebene senkrecht zur Außenwand

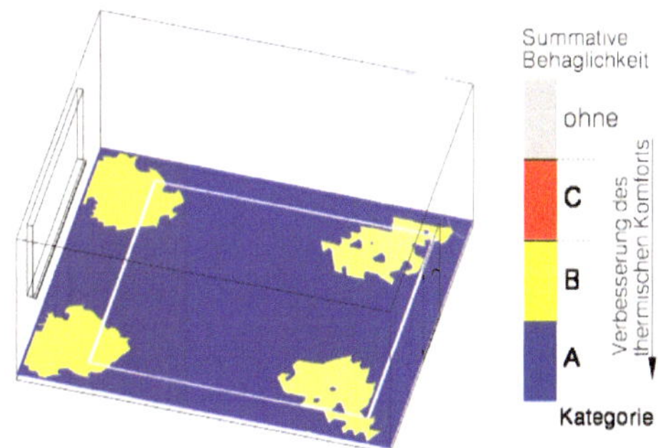


Summative thermische Behaglichkeit in einer horizontalen Ebene (z = 0,1 m)

**Abb. 1.2-8** Behaglichkeitskriterien für eine Flächenkühlung (Decke) unter hochsommerlichen Verhältnissen

Wie schon im Heizfall zeigt sich für dieses ausgewählte Beispiel des Kühlfalls, dass die globalen thermischen Behaglichkeitskriterien für eine Beurteilung der wärmephysiologischen Raumsituation nicht ausreichen. Speziell unter sommerlichen Kriterien ist das Zugluftrisiko als die kritische Größe für Flächenkühlverfahren einzuschätzen. Dies zeigt sich ganz besonders deutlich auch im Kriterium der summativen thermischen Behaglichkeit. Als Planer ist diesem Kriterium eine größere Aufmerksamkeit zu widmen.

### 1.2.5.2 Berechnungsbeispiel

Für einen sitzenden Menschen in einem Büro ist mithilfe der Behaglichkeitsgleichung nach Fanger die mittlere Strahlungstemperatur der Umfassungsflächen zu bestimmen. Folgende Werte sind gegeben:

| | |
|---|---|
| Raumlufttemperatur | $\vartheta_L = 22\ °C$ |
| Dampfdruck der Raumluft | $p_{D,L} = 1180\ Pa$ |
| sitzende Tätigkeit ohne große körperliche Anstrengung | $\dot{q}_{Br} = 58\ W/m^2 = 1{,}0\ met$ |
| Wirkungsgrad | $\eta = 0$ |
| leichte Bekleidung | $I_{cl} = 0{,}155\ (m^2\,K)/W = \frac{\delta}{\lambda}$ |
| Oberflächenverhältnis | $f_{kl} = 1{,}15$ |
| konvektiver Wärmeübergangskoeffizient | $\alpha_K = 2{,}38 \cdot (\vartheta_M - \vartheta_L)^{0{,}25}$ |

**Lösungsweg:**

Der erste Term der Bilanzgleichung stellt die trockene Wärmeabgabe des Menschen dar.

$$\dot{q}_M - \dot{q}_A - \dot{q}_D - \dot{q}_V = \dot{q}_{M,trocken}$$

Verwendet man diese Gleichung unter Berücksichtigung der Bestimmungsgleichungen für die Wärmeabgabe durch Atmung, Diffusion und Verdunstung

$$\dot{q}_A = \dot{q}_{Br} \cdot (0{,}149 - 1{,}128 \cdot 10^{-3} \cdot \vartheta_L - 1{,}72 \cdot 10^{-5} \cdot p_{D,L})$$

$$\dot{q}_D = 3{,}07 \cdot 10^{-3} \cdot [5766 - 7{,}04 \cdot \dot{q}_{Br} - (1 - \eta_M) - p_{D,L}]$$

$$\dot{q}_V = 0{,}42 \cdot [\dot{q}_{Br} \cdot (1 - \eta) - 58]$$

sowie

$$\dot{q}_M = \dot{q}_{Br} \cdot (1-\eta),$$

so lässt sich die trockene Wärmeabgabe des Menschen wie folgt schreiben:

$$\begin{aligned}\dot{q}_{M,trocken} = {} & \dot{q}_B \cdot (1-\eta) - \dot{q}_{Br} \cdot (0{,}149 - 1{,}128 \cdot 10^{-3} \cdot \vartheta_L - 1{,}72 \cdot 10^{-5} \cdot p_{D,L} \\ & - 3{,}07 \cdot 10^{-3} \cdot [5766 - 7{,}04 \cdot \dot{q}_{Br} - (1-\eta) - p_{D,L} \\ & - 0{,}42 \cdot [\dot{q}_{Br} \cdot (1-\eta) - 58].\end{aligned} \quad (1)$$

Diese trockene Wärmeabgabe des Menschen muss identisch sein mit dem Wärmestrom, der durch die Kleidung des Menschen übertragen wird.

$$\dot{q}_{M,trocken} = \left[\frac{\lambda}{\delta}\right]_{Kl} \cdot (35{,}7 - 0{,}028 \cdot \dot{q}_{Br} \cdot (1-\eta) - \vartheta_M) \quad (2)$$

Setzt man beide Terme gleich und stellt nach der Oberflächentemperatur des bekleideten Menschen ($\vartheta_M$) um, so ergibt sich:

$$\begin{aligned}\vartheta_M = {} & 35{,}7 - 0{,}028 \cdot \dot{q}_{Br} \cdot (1-\eta) \\ & - \left[\frac{\delta}{\lambda}\right]_{Kl} \cdot (\dot{q}_{Br} \cdot (1-\eta) - 3{,}07 \cdot 10^{-3} \cdot (5766 - 7{,}04 \cdot \dot{q}_{Br} - p_{D,L}) \\ & - 0{,}42 \cdot [\dot{q}_{Br} \cdot (1-\eta) - 58] \\ & - \dot{q}_{Br} \cdot (0{,}149 - 1{,}128 \cdot 10 - 3 \cdot \vartheta_L - 1{,}72 \cdot 10^{-5} \cdot p_{D,L}))\end{aligned}$$

Einsetzen der gegebenen Zahlenwerte liefert:

$$\begin{aligned}\vartheta_M = {} & 35{,}7 - 0{,}028 \cdot 58 \cdot (1-0) \\ & - 0{,}155 \cdot (58 \cdot (1-0) - 3{,}07 \cdot 10^{-3} \cdot (5766 - 7{,}04 \cdot 58 - 1180) \\ & - 0{,}42 \cdot (58 \cdot (1-0) - 58) \\ & - 58 \cdot (0{,}149 - 1{,}128 \cdot 10 - 3 \cdot 22 - 1{,}72 \cdot 10^{-5} \cdot 1180) = 28°C\end{aligned}$$

Mithilfe der so ermittelten Oberflächentemperatur des bekleideten Menschen kann durch Gleichsetzen der Bilanzgleichung Wärmestrom Bekleidung – Umgebung die entsprechende Strahlungstemperatur bestimmt werden. Die entsprechenden Zusammenhänge lauten:

$$\dot{q}_{M,trocken} = \dot{q}_{Kl} = \dot{q}_K + \dot{q}_S$$

$$\dot{q}_{M,trocken} = \left[\frac{\lambda}{\delta}\right]_{Kl} \cdot (35{,}7 - 0{,}028 \cdot \dot{q}_{Br} \cdot (1-\eta) - \vartheta_M) =$$
$$= \alpha_K \cdot f_{Kl} \cdot (\vartheta_M - \vartheta_L) + 3{,}96 \cdot 10^{-8} \cdot f_{Kl} \cdot (T_M^4 - \overline{T}_S^4)$$

Durch Einsetzen der bekannten Größen unter Berücksichtigung von T = t + 273,15 K lässt sich die mittlere Strahlungstemperatur der Umfassungsflächen bestimmen.

$$T_S = \sqrt[4]{\frac{\left[\frac{\delta}{\lambda}\right]_{Kl}^{-1} \cdot (35{,}7 - 0{,}0275 \cdot \dot{q}_{Br} \cdot (1-\eta_M) - \vartheta_M) - \alpha_K \cdot f_{Kl} \cdot (\vartheta_M - \vartheta_L)}{3{,}97 \cdot 10^{-8} \cdot f_{Kl}} + T_M^4}$$

$$T_S = \sqrt[4]{\frac{0{,}155^{-1} \cdot (35{,}7 - 0{,}0275 \cdot 58 \cdot (1-0) - 28) - 3{,}72 \cdot 1{,}15 \cdot (28-22)}{3{,}97 \cdot 10^{-8} \cdot 1{,}15} + (28 + 273{,}15)^4}$$
$$= 298{,}36\,K = 25{,}2\,°C$$

## 1.3 DIN EN 15251: Parameter für das Raumklima: Raumluftqualität, Temperatur, Licht und Akustik

DIN EN 15251 gilt für Wohn- und Nichtwohngebäude und gibt Eingangsparameter für die Auslegung von Gebäuden, Heizungs-, Kühl-, Lüftungs- und Beleuchtungsanlagen an. Sie schreibt keine Auslegungsverfahren vor, jedoch legt sie die relevanten Parameter für das Innenraumklima fest, die sich auf die Gesamtenergieeffizienz von Gebäuden auswirken, und beschreibt Verfahren für die Langzeitbewertung des erhaltenen Innenraumklimas anhand von Berechnungen oder Messungen.

Die Norm enthält Kriterien für Messungen, die bei Inspektionen oder bei der Überwachung des Innenraumklimas in bestehenden Gebäuden anzuwenden sind. Zur Vereinfachung der Kommunikation werden darüber hinaus verschiedene Kategorien des Innenraumklimas (Tabelle 1.3-1) definiert. **Es ist grundsätzlich von Kategorie II auszugehen, wenn nichts anderes schriftlich vereinbart wird.**

Für diese Kategorien enthält DIN EN 15251 im Anhang A Auslegungswerte für Innenraumtemperaturen für die Auslegung von RLT-Anlagen (Tabelle 1.3-2) und liefert darüber hinaus auch Auslegungswerte für empfohlene Innentemperaturen (! operative Temperaturen ( $\theta_o = 0{,}5 \cdot (\theta_a + \theta_r)$)) für Gebäude ohne mechanische Kühlanlagen.

**Tab. 1.3-1** Kategorien für das Innenraumklima nach DIN EN 15251

| Kategorie | Beschreibung | PPD | PMV |
|---|---|---|---|
| | | % | nach DIN EN ISO 7730 |
| I | Höchste Anforderung; empfohlen für Räume, in denen besonders empfindliche Personen arbeiten | < 6 | −0,2 < PMV < +0,2 |
| *II* | *Normale Anforderung; empfohlen für neue Gebäude und im Rekonstruktionsbereich* | *< 10* | *−0,5 < PMV < +0,5* |
| III | Akzeptabler Anforderungsbereich für bestehende Gebäude | < 15 | −0,7 < PMV < +0,7 |
| IV | Die Anforderungen sind außerhalb der hier genannten Kriterien. Die Nutzung sollte auf wenige Stunden im Jahr beschränkt sein. | > 15 | PMV < −0,7 oder PMV > +0,7 |

Tabelle 1.3-3 zeigt die empfohlenen Auslegungswerte für die relative Feuchte in Aufenthaltsbereichen bei installierten Be- und Entfeuchtungsanlagen.

Anhang B liefert Kriterien für die Raumluftqualität und die resultierenden Lüftungsraten. Dabei wird bei allen aufgeführten Auslegungsverfahren in personenabhängige und gebäudeabhängige Mindestaußenluftvolumenströme $q_{v,AUL,\mathrm{min}} = q_{v,ODA,\mathrm{min}}$ bzw. Mindestaußenluftwechsel $n_{\mathrm{AUL,min}}$ unterschieden; oft wird die unkorrekte Bezeichnung *Lüftungsrate* verwendet. Erstmals muss sich der Planer damit auch mit den Schadstoffen auseinandersetzen, die vom Gebäude selbst, also aus Baustoffen und Materialien emittiert werden, für deren Planung in der Regel der Architekt zuständig ist. Hinweise für Grenzwerte und die zugehörige Klassifizierung liefert die Norm (Tabelle 1.3-4).

**Tab. 1.3-2** Empfohlene Auslegungswerte der Innenraumtemperatur für die Auslegung von Gebäuden und RLT-Anlagen nach DIN EN 15251 (Auszug)

| Gebäude- bzw. Raumtyp | Kategorie | Operative Temperatur | |
|---|---|---|---|
| | | Mindestwert: Heizperiode (Winter), ≈ 1,0 clo | Mindestwert: Kühlperiode (Sommer), ≈ 0,5 clo |
| Wohngebäude: Wohnräume, Schlafzimmer, Empfangsraum, Küche usw. sitzend: ≈ 1,2 met | I | 21 | 25,5 |
| | II | 20 | 26 |
| | III | 18 | 27 |
| Einzelbüro: z. B. Zellenbüro sitzend: ≈ 1,2 met | I | 21 | 25,5 |
| | II | 20 | 26 |
| | III | 19 | 27 |

**Tab. 1.3-2** Empfohlene Auslegungswerte der Innenraumtemperatur für die Auslegung von Gebäuden und RLT-Anlagen nach DIN EN 15251 (Auszug) (Forts.)

| Gebäude- bzw. Raumtyp | Kategorie | Operative Temperatur | |
|---|---|---|---|
| | | Mindestwert: Heizperiode (Winter), ≈ 1,0 clo | Mindestwert: Kühlperiode (Sommer), ≈ 0,5 clo |
| Kaufhaus<br>Stehend, gehend: ≈ 1,2 met | I | 17,5 | 24 |
| | II | 16 | 25 |
| | III | 15 | 26 |

**Tab. 1.3-3** Empfohlene Auslegungswerte für die Feuchte in Aufenthaltsbereichen nach DIN EN 15251

| Art des Gebäudes bzw. Raums | Kategorie | Auslegungswert der relativen Luftfeuchte $\varphi_D$ in % für Entfeuchtung | Auslegungswert der relativen Luftfeuchte $\varphi_D$ in % für Befeuchtung |
|---|---|---|---|
| Räume, für die die Luftfeuchtekriterien durch Belegung durch Personen bestimmt werden | I | 50<br>(max. $x$ = 12 g/kg) | 30 |
| | II | 60<br>(max. $x$ = 12 g/kg) | 25 |
| | III | 70<br>(max. $x$ = 12 g/kg) | 20 |

Anhand der ermittelten Schadstoffemissionsklasse des Gebäudes muss ein zusätzlicher schadstoffabhängiger Luftvolumenstromanteil berücksichtigt werden, der die Verunreinigungen durch die Gebäudeemissionen kompensiert. Die Summe aus personenbezogenem und gebäudeabhängigem Luftstrom ergibt den Gesamtaußenluftvolumenstrom.

Für das Einzelbüro in einem schadstoffarmen Gebäude ergibt sich nach DIN EN 15251 (50 m³/h) eine Erhöhung des Luftvolumenstromes um 25 % gegenüber der zurückgezogenen DIN 1946-2 (40 m³/h). Das bedeutet gleichzeitig auch eine 25%ige Erhöhung der Kanal- und Schachtquerschnitte, die der Haustechnikplaner beim Architekten durchsetzen muss. Alternativ müsste der Architekt davon überzeugt werden, ein sehr schadstoffarmes Gebäude zu errichten. Hier liegt der erforderliche Außenluftvolumenstrom $q_{V,ODA,\min}$ mit 36 m³/h genau 10 % unter den Werten nach DIN 1946-2.

**Tab. 1.3-4** Schadstoffklassifizierung von Gebäuden nach DIN EN 15251 (Anhang C)

| Maximale Schadstoffemission | Schadstoffarmes Gebäude | Sehr schadstoffarmes Gebäude |
|---|---|---|
| Flüchtige organische Verbindungen VOC`s | 0,2 mg/(m² h) | 0,1 mg/(m² h) |
| Formaldehyd | 0,05 mg/(m² h) | 0,02 mg/(m² h) |
| Ammoniak | 0,03 mg/(m² h) | 0,01 mg/(m² h) |

**Tab. 1.3-4** Schadstoffklassifizierung von Gebäuden nach DIN EN 15251 (Anhang C) (Forts.)

| Maximale Schadstoffemission | Schadstoffarmes Gebäude | Sehr schadstoffarmes Gebäude |
|---|---|---|
| Krebserregende Verbindungen (IARC) | 0,005 mg/(m² h) | 0,002 mg/(m² h) |
| Materialgeruch | PPD < 15 | PPD > 10 |

In Anhang D und E finden sich darüber hinaus Empfehlungswerte für die Beleuchtung und Innenlärmpegel.

**Tab. 1.3-5** Empfohlene Lüftungsraten (= Mindestaußenluftvolumenstrom $q_{V,ODA,\min}$) für Einzelbüro (10 m²/Pers – Standardwert) nach DIN EN 15251

| Kategorie | Person | sehr schadstoffarmes Gebäude | | schadstoffarmes Gebäude | | nicht schadstoffarmes Gebäude | | Zugabe bei Rauchen |
|---|---|---|---|---|---|---|---|---|
| | | ohne Person | mit Person | ohne Person | mit Person | ohne Person | mit Person | |
| | m³/h | m³/h | m³/h | m³/h | m³/h | m³/h | m³/h | m³/h |
| I | 36 | 18 | 54 | 36 | 72 | 72 | 108 | 25 |
| II | 25 | 11 | 36 | 25 | 50 | 50 | 75 | 18 |
| III | 14,4 | 7,2 | 21,6 | 14,4 | 28,8 | 28,8 | 43,2 | 11 |

## 1.3.1 Kriterien für das Raumklima

Die Kriterien beziehen sich im Allgemeinen auf die Kategorie II, wobei bekannt ist, dass einerseits diese thermische Behaglichkeit nicht bei hohen bis sehr hohen Kühllasten (s. a. Kapitel 1.4.2) eingehalten werden kann und andererseits die Kategorie II als Basis für den Neubau und sanierte Gebäude für die Planung und Auslegung empfohlen wird. Sie gilt für Wohnräume, Arbeitsräume bzw. Besprechungsräume in Verwaltungs- und Bürogebäuden bzw. ähnlichen Nutzungen wie z. B. Schulen, Kindergärten, Alten- und Pflegeräumen.

Die Angaben zum Raumklima beziehen sich ausschließlich auf die Aufenthaltszone (s. a. Kapitel 1.1), wobei von einer geringen Aktivität der Nutzer (1,2 met) ausgegangen wird.

Die Richtlinie behandelt die operative Raumtemperatur $\theta_O$, die lokalen Luftgeschwindigkeiten und die Luftfeuchte, wobei für die anderen Kriterien die Angaben der DIN EN ISO 7730 gelten. Die Werte der operativen Temperatur beziehen sich auf die Aufenthaltszone, wobei als typischer Bezugspunkt der thermische Raummittelpunkt in Höhe von 0,6 m über OK Fußboden nach DIN EN 15251 anzusetzen ist. Der Mittelpunkt entspricht bei einem rechteckigen Raum (oder ähnlicher Form) dem Schwerpunkt der Bodenfläche der Aufenthaltszone.

Abbildung 1.3-1 weist empfohlene operative Raumtemperaturen für den Heiz- und Kühlfall mit einem Toleranzbereich von ± 1 K aus und bezieht sich auf die aktuelle Außenlufttemperatur $\theta_e$.

Abweichend von der DIN EN 15251 wird das Zugluftrisiko auf 15 % (DR =15 %) begrenzt. Abbildung 1.3-2 weist zulässige Raumluftgeschwindigkeiten als Funktion der Raumlufttemperatur $\theta_a$ in der Aufenthaltszone aus, wobei in Abhängigkeit der Luftführungssysteme (s. a. Kapitel 2.5) bei Mischlüftung mit einem Turbulenzgrad von 40 % und bei Quelllüftung von 20 % gerechnet werden kann. Auf die Grenzwerte der relativen Feuchte und ihren Einfluss auf die Wärmeabgabe des Menschen bzw. die operative Raumtemperatur wird verwiesen.

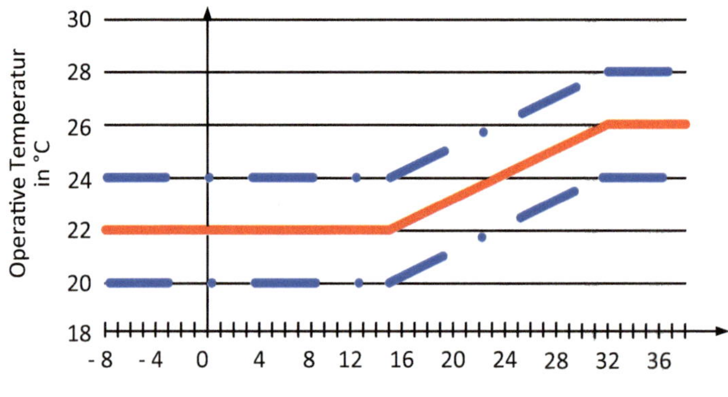


**Abb. 1.3-1** Zulässige bzw. empfohlene operative Temperatur als Funktion der aktuellen Außenlufttemperatur nach DIN EN 15251

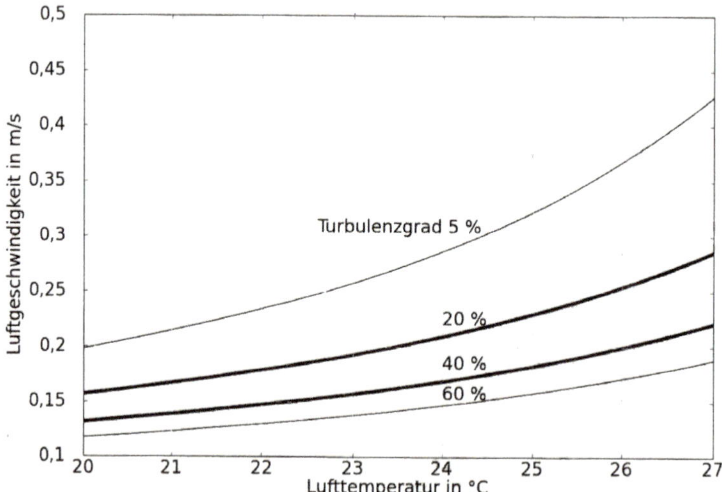


**Abb. 1.3-2** Zulässige mittlere Raumluftgeschwindigkeiten in der Aufenthaltszone (DR = 15 %) nach DIN EN 15251

Bei der Beurteilung der Luftqualität mit ihren unterschiedlichsten Einflussgrößen und Kriterien wird auf eine Reihe von Richtlinien und Normen verwiesen und versucht, die drei in DIN EN 15251 genannten Klassifizierungen „nicht schadstoffarm", „schadstoffarm" und „sehr schadstoffarm" zu definieren und zu interpretieren.

## 1.3.2 Allgemeine empfohlene Raumklimawerte

Bei Nichtwohngebäuden gibt es die unterschiedlichsten Nutzungen und entsprechende, technologisch einzuhaltende Raumklimawerte. Die in der Tabelle 1.3-6 ausgewiesenen Werte sind Orientierungswerte, die im speziellen Fall auch abweichen können.

**Tab. 1.3-6** Temperatur- und Feuchtebereich in verschiedenen Nutzungsbereichen (Orientierungswerte)

| Nutzung bzw. Industriezweig | Art der Nutzung | Raum(luft)-temperatur $\theta_{RAL}$ in °C | Relative Raumluft-feuchte $\varphi_{RAL}$ in % |
|---|---|---|---|
| Bäckerei | Mehllager | 15 bis 25 | 50 bis 60 |
| | Hefelager | 0 bis 5 | 60 bis 75 |
| | Teigherstellung | 23 bis 25 | 50 bis 60 |
| Bibliotheken | Zuckerlager | 25 | 35 |
| | Bücherlager | 21 bis 25 | 40 bis 50 |
| | Lesesäle | 21 bis 25 | 35 bis 55 |
| Brauerei | Gärraum | 4 bis 8 | 60 bis 70 |
| | Malztenne | 10 bis 15 | 80 bis 85 |
| Druckerei | Papierlagerung | 20 bis 26 | 50 bis 60 |
| | Drucken | 22 bis 26 | 45 bis 60 |
| | Mehrfarbendruck | 24 bis 28 | 45 bis 50 |
| | Fotodruck | 21 bis 23 | 60 |
| | alle weiteren Arbeiten | 21 bis 23 | 50 bis 60 |
| Elektroindustrie | allgemeine Fabrikation | 21 | 50 bis 55 |
| | Fabrikation von Thermo- und Hygrostaten | 24 | 50 bis 55 |
| | Fabrikation mit kleinen Toleranzen | 22 | 40 bis 45 |
| | Fabrikation von Isolierungen | 24 | 65 bis 70 |
| Gummiindustrie | Lagerung | 16 bis 24 | 40 bis 50 |
| | Fabrikation | 31 bis 33 | - |
| | Vulkanisation | 26 bis 28 | 25 bis 30 |
| | chirurgisches Material | 24 bis 33 | 25 bis 30 |

**Tab. 1.3-6** Temperatur- und Feuchtebereich in verschiedenen Nutzungsbereichen (Orientierungswerte) (Forts.)

| Nutzung bzw. Industriezweig | Art der Nutzung | Raum(luft)-temperatur $\theta_{RAL}$ in °C | Relative Raumluft-feuchte $\varphi_{RAL}$ in % |
|---|---|---|---|
| keramische Industrie | Lagerung | 16 bis 26 | 35 bis 65 |
| | Herstellung | 26 bis 28 | 60 bis 70 |
| | Verzierungen | 24 bis 26 | 45 bis 50 |
| Linoleum-Industrie | Oxidation des Leinöls | 32 bis 38 | 20 bis 28 |
| | Bedrucken | 26 bis 28 | 30 bis 50 |
| mechanische Industrie | Büros, Zusammensetzung, Montage | 20 bis 24 | 35 bis55 |
| | Präzisionsmontage | 22 bis 24 | 40 bis 50 |
| Museen | Gemälde | 18 bis 24 | 40 bis 55 |
| Papierindustrie | Papiermaschinenraum | 22 bis 30 | 50 bis 60 |
| | Papierlager | 20 bis 24 | 50 bis 60 |
| pharmazeutische Industrie | Lagerung der Vorprodukte | 21 bis 27 | 30 bis 40 |
| | Fabrikation von Tabletten | 21 bis 27 | 35 bis 50 |
| fotografische Industrie | Fabrikation normaler Filme | 20 bis 24 | 40 bis 65 |
| | Fabrikation von Sicherheitsfilmen | 15 bis 20 | 45 bis 50 |
| | Bearbeitung von Filmen | 20 bis 24 | 40 bis 60 |
| | Lagerung von Filmen | 18 bis 22 | 40 bis 60 |
| Pelze | Lagerung | 5 bis 10 | 50 bis 60 |
| Pilzplantage | Wachstumsperiode | 10 bis 18 | – |
| | Lagerung | 0 bis 2 | 80 bis 85 |
| Streichhölzer | Herstellung | 18 bis 22 | 50 |
| | Lagerung | 15 | 50 |
| Süßwarenindus-trie | Lagerung (trockene Früchte) | 10 bis13 | 50 |
| | Weich-Bonbons | 21 bis 24 | 45 |
| | Herstellung von Hart-Bonbons | 24 bis 26 | 30 bis 40 |
| | Verpackung von Hart-Bonbons | 24 bis26 | 40 bis 45 |
| | Herstellung von Schokolade | 15 bis 18 | 50 bis55 |
| | Umhüllen von Schokolade | 24 bis 27 | 55 bis 60 |
| | Verpackung von Schokolade | 18 | 55 |
| | Lagerung von Schokolade | 18 bis 21 | 60 bis 65 |
| | Keks- und Waffelherstellung | 18 bis 20 | 50 |

**Tab. 1.3-6** Temperatur- und Feuchtebereich in verschiedenen Nutzungsbereichen (Orientierungswerte) (Forts.)

| Nutzung bzw. Industriezweig | Art der Nutzung | Raum(luft)-temperatur $\theta_{RAL}$ in °C | Relative Raumluft-feuchte $\varphi_{RAL}$ in % |
|---|---|---|---|
| Tabakindustrie | Lagerung des Rohtabaks | 21 bis 23 | 60 bis 65 |
| | Vorbereitung | 22 bis26 | 75 bis 85 |
| | Zigaretten-, Zigarren-Fabrikation | 21 bis 24 | 55 bis 65 |
| | Verpackung | 23 | 65 |
| Textilindustrie | Baumwolle | | |
| | Batteur | 22 bis 25 | 40 bis 50 |
| | Karderie | 22 bis 25 | 50 bis 55 |
| | Kämmerei | 22 bis 25 | 45 bis 55 |
| | Strecke | 22 bis 25 | 50 bis 55 |
| | Flyer | 22 bis 25 | 50 bis 55 |
| | Ringspinnmaschine | 22 bis 25 | 40 bis 45 |
| | Spulerei, Zwirnerei, Scheren und Aufziehen der Kette | 22 bis 25 | 60 bis 70 |
| | Webraum | 22 bis 25 | 75 bis 80 |
| | Konditionieren von Garn und Gewebe | 22 bis 25 | 90 bis 95 |
| | Leinen | | |
| | Vorbereitung | 18 bis 20 | 80 |
| | Karderie | 20 bis 25 | 50 bis 65 |
| | Spinnerei | 24 bis 27 | 65 bis 75 |
| | Weberei | 27 | 65 bis 70 |
| | Wolle | | |
| | Vorbereitung | 27 bis 29 | 60 |
| | Karderie | 27 bis 29 | 65 bis 70 |
| | Spinnerei | 27 bis 29 | 50 bis 60 |
| | Weberei | 27 bis 29 | 60 bis 70 |
| | Ausrüsten | 24 | 50 bis 60 |
| | Seide | | |
| | Vorbereitung | 27 | 60 bis 65 |
| | Spinnerei | 24 bis 27 | 65 bis 70 |
| | Weberei | 24 bis 27 | 60 bis 75 |
| | Kunstseide | | |
| | Karderie, Spinnerei | 21 bis 25 | 65 bis 75 |
| | Weberei | 24 bis 25 | 60 bis 65 |

## 1.4 Lastberechnung

Zur Gewährleistung der vom Nutzer eines Gebäudes bzw. von Räumen oder der in gesetzlichen Regelungen vorgegebenen Raumlufttemperaturen ist es notwendig:

- vor allem im Winter auftretende Wärmeverluste (Heizlast (früher als Wärmebedarf bezeichnet); negative Wärmelast) auszugleichen bzw.
- im Sommer äußere und innere Wärmegewinne (Kühllast; positive Wärmelast) zu kompensieren.

Diese beiden Größen werden nach gesetzlichen Regelungen bzw. Vorschriften gemäß DIN EN 12831-1 und VDI 2078 berechnet. Schon zu einem frühen Zeitpunkt der Planung eines Gebäudes ist es notwendig und zweckmäßig, wesentliche konstruktive Parameter (z. B. Fenstergröße $A_w$, Wärmedurchgangskoeffizient der Außenkonstruktion $U$, Bauwerksmasse $m_B$ bzw. speicherwirksame Masse $m_{sp}$) festzulegen.

Heizlast und Kühllast sind die Grundlagen für die Bemessung

- der gebäudetechnischen Anlagen „Heizungsanlage“ bzw. „raumlufttechnische Anlage“ (RLT-Anlage),
- des erforderlichen Massenstroms $q_m$ und der Heizkörperfläche $A_{HK}$ sowie des Luftvolumenstroms $q_V$,
- des Platzbedarfs der Heiz- und Lüftungszentrale bzw. der Querschnitte für die Versorgungsschächte (Steiger) bei RLT-Anlagen, der Energieanschlusswerte und
- der Investitionskosten.

Die konkrete Berechnung wird durch Fachplaner entsprechend der gesetzlichen Regelungen vorgenommen.

In der Grundlagenermittlung und Vorentwurfsphase der Planung ist es für den Architekten ***und*** den Fachplaner notwendig, ***überschlägig*** die entscheidenden Bemessungsgrößen zu ermitteln und nach architektonischen, gestalterischen und konstruktiven Möglichkeiten zu suchen, um die Heizlast ***und*** die Kühllast zu ***minimieren***.

### 1.4.1 Heizlast

Die Heizlast eines Raums bzw. Gebäudes definiert die höchste bereitzustellende Wärmeleistung, um die nutzungsspezifisch erforderliche Raumtemperatur sicher zu stellen. Sie stellt die Grundlage für die Auslegung bzw. Dimensionierung der Komponenten von Heizungssystemen dar und ist daher von hoher Relevanz. Das Verfahren zur Bestimmung der Heizlast ist eine stationäre Berechnungsmethode, deren relevanten Einflussparameter mit ingenieurtechnischen Arbeitsabläufen handhabbar sind. Die jüngste Novellierung hat zu einer völligen Neustrukturierung der Norm geführt. Die DIN EN 12831-1 „Energetische Bewertung von Gebäuden –

Verfahren zur Berechnung der Norm-Heizlast – Teil 1: Raumheizlast“ hat das bekannte allgemeine Berechnungsverfahren beibehalten, es wurde jedoch präzisiert und erweitert.

Die Technische Spezifikation DIN/TS 12831-1 „Nationale Ergänzungen zur DIN EN 12831-1, mit CD-ROM“, ersetzt das bisherige Beiblatt 1 „Nationaler Anhang NA“ samt seinen Änderungen und Ergänzungen. Das frühere Beiblatt 2 „Vereinfachtes Verfahren zur Ermittlung der Gebäude-Heizlast und der Wärmeerzeugerleistung“ und das frühere Beiblatt 3 „Vereinfachtes Verfahren zur Ermittlung der Raum-Heizlast“ wurden zurückgezogen und in die neue Technische Spezifikation DIN/TS 12831-1 implementiert. Die neue DIN EN 12831-3 „Trinkwassererwärmungsanlagen, Heizlast und Bedarfsbestimmung“ nimmt sich der Thematik der Bestimmung der Wärmeerzeugerleistung unter Berücksichtigung der Trinkwassererwärmung an.

Folgende Änderungen, Ergänzungen und Präzisierungen charakterisieren die aktuelle Ausgabe der DIN EN 12831:

- Erweiterung der Gebäudestruktur um Nutzungseinheiten (z. B. Wohnung) und Zonen (z. B. Geschoss) zur Berücksichtigung überströmender Infiltrationsvolumenströme
- postleitzahlengenaue Klimadaten (Normaußentemperatur) auf Basis aktueller Testreferenzjahre; Berücksichtigung von Wärmeinseln und Korrektur der Standorthöhenlage
- verbesserte Berücksichtigung der Gebäudespeicherfähigkeit durch Verstetigung der Außentemperaturkorrektur (nur Transmission!) in Abhängigkeit der Zeitkonstante
- Anpassung der Norm-Innentemperaturen mit der Möglichkeit der Verwendung eines Komfortzuschlags
- bessere Differenzierung der Wärmebrückenzuschläge
- umfassende Überarbeitung der Lüftungsheizlast unter Berücksichtigung von Luftdurchlasselementen (ALD) und großen Öffnungen (z. B. Tore)
- Präzisierung der Wärmeverlustberechnung erdanliegender Bauteile
- Präzisierung der Wärmeverlustberechnung in hohen Räumen (> 4 m)

Prinzipiell berücksichtigt die Heizlastberechnung keine inneren und äußeren Wärmegewinne. Unter bestimmten Umständen ist jetzt zumindest die Einbeziehung von inneren Wärmegewinnen möglich, sofern diese im extremen Auslegungsfall wirksam sind.

Die Heizlast $\Phi_{HL}$ besteht aus den zwei Komponenten:

- Transmissionsheizlast $\Phi_T$
- Lüftungsheizlast $\Phi_L$

Die Heizlast wird neben den genannten Randbedingungen vor allem durch

- die Gebäudeform (Abbildung 1.4-1),
- die Fensterorientierung und
- das Verhältnis A/V (Abbildung 1.4-2)

beeinflusst. Abbildung 1.4-3 zeigt die Einzelkomponenten der Transmissions- und Lüftungsheizlast.

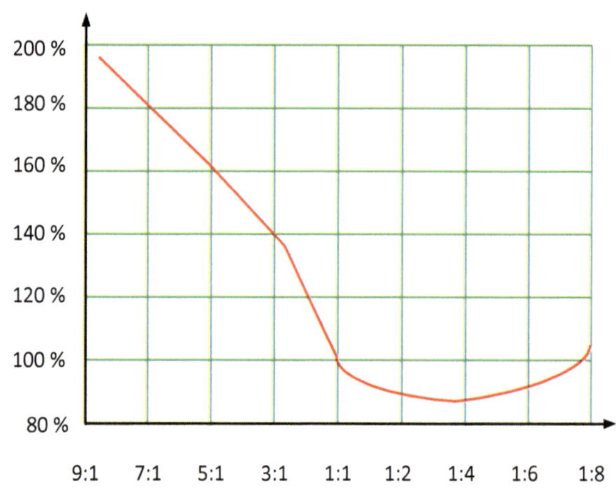


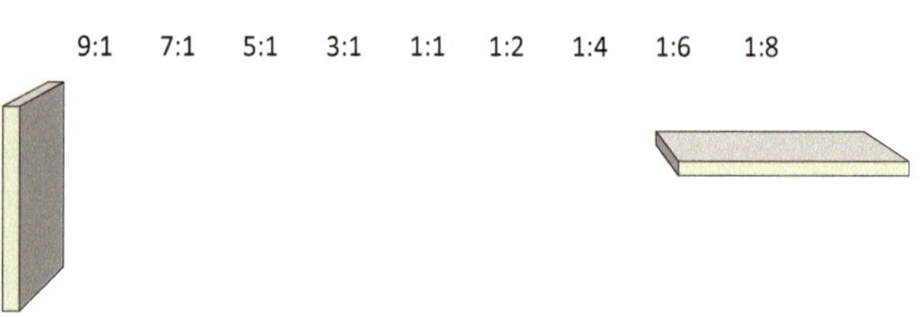

**Abb. 1.4-1**
Veränderung der relativen Transmissionsheizlast in Abhängigkeit von der Gebäudeform und dem Oberflächen/Volumenverhältnis

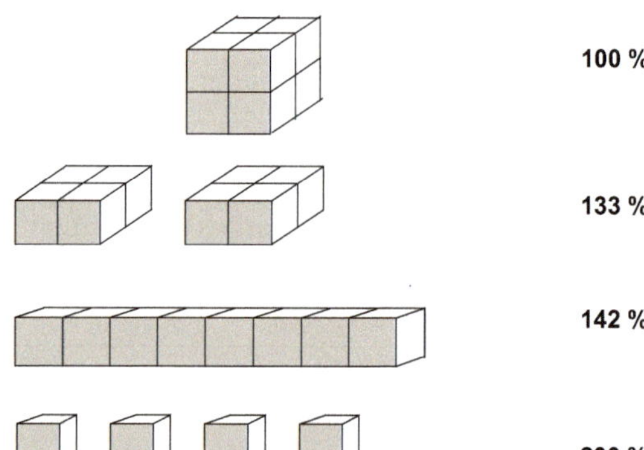


**Abb. 1.4-2**
Prozentuale Veränderung der Transmissionsheizlast bei Auflösung eines insgesamt gleichen Bauvolumens

### 1.4.1.1 Transmissionsheizlast eines Raums

Die Transmissionsheizlast $\Phi_T$ ist proportional

- der wärmeübertragenden Fläche $A$ des Raums,
- dem Wärmedurchgangskoeffizienten $U$ der Umschließungsflächen und
- der Temperaturdifferenz zwischen der Raumlufttemperatur $\theta_{\text{int}}$ und
  - der Außenlufttemperatur $\theta_e$ oder
  - dem Erdreich in Abhängigkeit von der Lage des Grundwasserspiegels $\theta_g$ oder
  - der Raumlufttemperatur des beheizten Nachbarraums $\theta_{\text{int},j}$ oder
  - der Raumlufttemperatur des unbeheizten Nachbarraums $\theta_u$

Der Norm-Transmissionswärmeverlust eines beheizten Raums (i) $\Phi_{T,i}$ wird nach der Beziehung

$$\Phi_{T,i} = \left(H_{T,ie} + H_{T,ia} + H_{T,ae} + H_{T,iaBE} + H_{T,ig}\right) \cdot \left(\theta_{\text{int},i} - \theta_e\right)$$

berechnet.

Dabei ist $H_{T,i}$ ein Transmissions-Wärmeverlust-Koeffizient (in W/K). Bei der Ermittlung dieses Werts werden je nach Bauteil

- durch entsprechende Temperatur-Korrekturfaktoren die möglichen unterschiedlichen Temperaturdifferenzen zu anderen Räumen bzw. dem Erdreich,
- die wärmeübertragenden Bauteilflächen nach einer Berechnungsvorschrift von DIN EN 12831-1 (es gelten nur Außenmaße !!),
- mögliche Verluste durch Wärmebrücken und
- witterungsbedingte Korrekturfaktoren

berücksichtigt.

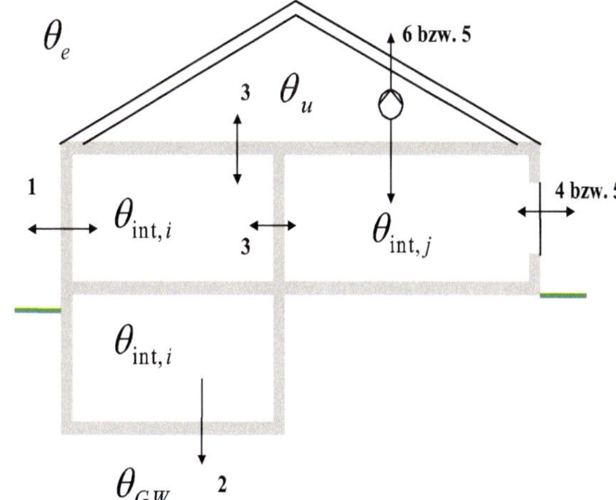


**Abb. 1.4-3**
Einteilung der Komponenten der Heizlast

1: Transmissionswärmestrom an außenluftgrenzende Bauteile (Außenwand, Fenster, Dach)
2: Transmissionswärmestrom an erdreichgrenzende Bauteile (Außenwand, Fußboden)
3: Transmissionswärmestrom zwischen Nachbarräumen
4: Lüftungswärmestrom durch Fugenlüftung (Freie Lüftung)
5: Lüftungswärmestrom durch hygienischen Mindestaußenluftvolumenstrom
6: Lüftungswärmestrom durch RLT

Die ***Raumlufttemperatur*** $\theta_{\text{int}}$ (! in der Lüftungstechnik mit $\theta_a$ bezeichnet) wird auch als Norm-Innentemperatur bezeichnet. Sie ist die wärmephysiologisch empfundene Temperatur (auch als operative Temperatur $\theta_O$ oder Raumtemperatur bezeichnet). Sie kann messtechnisch über ein Ballon- oder Kathathermometer erfasst werden. Im Anhang der DIN/TS 12831-1, Tabelle 32, sind die Norm-Innentemperaturen $\theta_{\text{int}}$ in Abhängigkeit der Nutzung tabelliert. Tabelle 1.4-1 zeigt eine Auswahl von Werten[2].

**Tab. 1.4-1** Ausgewählte Norm-Innentemperaturen $\theta_{\text{int}}$ nach DIN/TS 12831-1

| **Raumart** | **Norm-Innen-temperatur $\theta_{\text{int}}$ in °C** |
|---|---|
| Wohn- und Schlafräume | + 20 |
| Büroräume, Sitzungszimmer, Ausstellungsräume, Haupttreppenräume, Schalterhallen | + 20 |
| Hotelzimmer | + 20 |
| Verkaufsräume und Läden allgemein | + 20 |
| Unterrichtsräume allgemein | + 20 |
| Theater- und Konzerträume | + 20 |
| Bade- und Duschräume, Bäder, Umkleideräume, Untersuchungszimmer (generell jede Nutzung für den unbekleideten Bereich) | + 24 |
| WC-Räume | + 20 |
| beheizte Nebenräume | + 15 |
| gewerblich/industriell genutzte Räume bei | |
| – schwerer Tätigkeit, überwiegend stehend | + 15 |
| – mittelschwerer Tätigkeit, überwiegend stehend | + 17 |
| – leichter Tätigkeit, überwiegend sitzend | + 20 |

Nach den Forderungen nach der EnEV 2014 mit den Verschärfungen ab dem 1.1.2016 sind die Anforderungen an die *U*-Werte gestiegen, d. h. auf Werte reduziert (z. B. Wandkonstruktionen: 0,21 W/($m^2$ K), Fenster: 0,97 W/($m^2$ K)), die dazu führen, dass die Transmissionsheizlast nur noch eine geringe Wertigkeit besitzt.

### 1.4.1.2 Lüftungsheizlast eines Raums

Die Lüftungsheizlast $\Phi_V$ ist proportional

- dem einem Raum zugeführten Außenluftvolumenstrom (***zu beachten ist:*** $q_{V,AUL} \equiv \dot{V}_i$ ), der bestimmt wird durch
  - die Infiltration ( $\dot{V}_{\text{inf},i}$ ); (proportional der Fugendurchlässigkeit der Fensterkonstruktion) ***oder***

2 Werden vom Nutzer oder Auftraggeber im Rahmen der Planung nach oben oder unten abweichende Temperaturen gefordert, so ist dies mit diesem unbedingt schriftlich zu vereinbaren.

- den hygienisch oder technologisch erforderlichen Mindestaußenluftvolumenstrom $\dot{V}_{\min,i} = q_{V,AUL,\min}$ bzw. den Luftwechsel $n$ ***oder***
- den Verbrennungsluftvolumenstrom $\dot{V}_{verbr.}$ ***oder***
- den Luftvolumenstrom einer raumlufttechnischen Anlage $\dot{V}_{su,i}$ bzw. $\dot{V}_{mech,\inf}$

- der Temperaturdifferenz zwischen der Raumlufttemperatur $\theta_{\text{int}}$ und der Außenlufttemperatur $\theta_e$.

Die Lüftungsheizlast eines beheizten Raums (i) $\Phi_{V,i}$ ergibt sich zu

$$\Phi_{V,i} = H_{V,i} \cdot (\theta_{\text{int},i} - \theta_e)$$

Der Norm-Lüftungsverlustwärmekoeffizient $H_{V,i}$ in (W/K) eines Raums ist abhängig vom zugeführten Luftvolumenstrom $\dot{V}_i$.

$$H_{V,i} = \dot{V}_i \cdot \rho_L \cdot c_{p,L}$$

***Zu beachten ist:*** Für die Ermittlung der Lüftungsheizlast ist der jeweils größte der möglichen Luftvolumenströme in Ansatz zu bringen.

Die Norm-Lüftungswärmeverluste können grundsätzlich über zwei Ansätze bestimmt werden:

- Berücksichtigung der üblichen Lüftungskonzepte und -systeme durch das allgemeine Berechnungsmodell, wie
  - Infiltration im Raum, der Zone bzw. des Gebäudes
  - freie Lüftung und keine ventilatorgestützte Lüftung,
  - abgeglichene und unausgeglichene Lüftung,
  - zusätzlicher Luftvolumenstrom (z. B. Verbrennungsluftvolumenstrom),
  - RLT / KWL mit Wärmerückgewinnung (technischer Luftvolumenstrom)
  - Außenluftdurchlässe
  - große Öffnungen

sowie

- Berücksichtigung eines vereinfachten Ansatzes durch Einschränkung der Eingabeparameter für luftundurchlässige Gebäude ohne Berücksichtigung einer ventilatorgestützten Lüftung bzw. von Außenwandluftdurchlässen.

### 1.4.1.3 Norm-Heizlast

Es ist zu unterscheiden in die Normheizlast

- eines Raums $\Phi_{HL,i}$ und
- eines Gebäudes bzw. einer Gebäudezone $\Phi_{HL}$

Die Gesamtheizlast eines Raums ergibt sich aus der Addition der Transmissions- und Lüftungsheizlast. Die zusätzliche Aufheizleistung $\Phi_{RH,i}$ wird getrennt von der Normheizlast ausgewiesen und wird entsprechend der neuen Festlegung in DIN EN 12831-1 berechnet.

$$\Phi_{HL,i} = \Phi_{T,i} + \Phi_{V,i}$$

Die Gesamtheizlast eines Gebäudes oder einer Zone (Gebäudeeinheit) ergibt sich zu

$$\Phi_{HL} = \sum \Phi_{T,i} + \zeta \cdot \sum \Phi_{V,i}$$

Der Wärmeverlust durch Lüftung wird in der Regel über den Gleichzeitigkeitsfaktor $\zeta = 0{,}5$ berücksichtigt.

#### 1.4.1.4 Überschlägige Bemessung nach DIN EN 12831-1

Die vereinfachten Berechnungsverfahren zur Bestimmung der Heizlast eines Raums bzw. Gebäudes wurden in die neue DIN EN 12831-1 implementiert und dürfen nur für bestehende Gebäude ohne ausreichende Kenntnis der Baukonstruktion angewendet werden.

Eine überschlägige Bemessung der Heizlast ist mit hinreichender Genauigkeit ausreichend für z. B. die Vorbemessung des Flächenbedarfs für die Heizzentrale, die Aufstellbedingungen, die Investitionskosten, die Rohrleitungsdimensionierung, die Schornsteingröße und -anordnung und die Einhaltung des Mindestwärmeschutzes nach DIN 4108.

Es kann auch bei notwendigen anlagentechnischen Änderungen im Bestand oder als Grundlage für eine energetische Bewertung zur Anwendung kommen, da oft sowohl die gebäudetechnischen Daten als auch die Dokumentation zur Anlagenauslegung kaum im notwendig erforderlichen Sachstand vorliegen.

Für die Berechnung können – je nach Datenlage – zwei Verfahren angewendet werden:

- die wärmetechnische Berechnung über die Hüllfläche des Gebäudes (Hüllflächenverfahren) bzw.
- die Erfassung der Endenergie in einem bestimmten Zeitraum (Verbrauchsverfahren).

In den informativen Anhängen A, B, C, D, E, F und G in DIN EN 12831-1 und DIN/TS 12831-1 werden detaillierte, tabellarisch unterstützte Aussagen dargestellt:

- Eingangsgrößen, Datenstruktur, Anhaltswerte sowie Formblätter,
- ausführliche Betrachtungen zu Wärmebrücken,
- äquivalenter Wärmedurchgangskoeffizient von Bauteilen gegen das Erdreich,
- Schätzung der Aufheizleistung in Räumen mit unterbrochenem Heizbetrieb und
- Außenluftvolumenstrom durch große Öffnungen.

*Hüllflächenverfahren:*

Die ermittelte Gebäudeheizlast ist mit der Gebäudeheizlast nach DIN EN 12831-1 direkt vergleichbar. Bei der Bestimmung der notwendigen Erzeugerleistung müssen etwaige Leitungsverluste der Anlagentechnik berücksichtigt werden.

Die Gebäudeheizlast $\Phi_{HL,Geb}$ ergibt sich zu:

$$\Phi_{HL,Geb} = \left[ \sum_{j=1} \left( U_j + \Delta U_{WB,j} \right) \cdot A_j \cdot f_x + V \cdot n_{Geb} \cdot \rho_L \cdot c_L \right] \cdot \left( \theta_{\text{int}} - \theta_e \right)$$

In Anlage B der DIN EN 12831-1, Tabellen B10 bis B17, werden entsprechende Erläuterungen vorgenommen und Hinweise zu möglichen Vereinfachungen gegeben, wie z. B. zu:

- Wärmedurchgangskoeffizient des Bauteils $U_j$:
  - Nachberechnung anhand bekannter oder aufgenommener Konstruktionsdaten
- Wärmebrückenzuschlag $\Delta U_{WB}$ :
  - ohne Nachweis mit 0,10 W/(m² K)
- Bauteilfläche $A_j$:
  - Einzusetzen mit Außenmaßen bzw. Verwendung geometrischer Vereinfachung nach Anlage B in DIN EN 12831-1
- Temperaturkorrekturfaktor $f_x$:
  - nach DIN EN 12831-1 bzw. vereinfachend Werte entsprechend Einbausituation (s. a. Anlage B, Tabelle B11)
- Nettovolumen (Luftvolumen) des Gebäudes $V$:
  - vereinfachend:
    - Wohngebäude bis zu 3 Vollgeschossen: 76 % des Bruttovolumens $V_e$
    - Nicht-Wohngebäude: 80 % des Bruttovolumens $V_e$
- Gebäude(außenluft)wechsel $n_{Geb} = n_{AUL,\min}$:
  - vereinfachend:
    - $n_{Geb} = 0{,}25\ \text{h}^{-1}$ für Gebäude mit $n_{50} \leq 3\ \text{h}^{-1}$ (Gebäude ab Baujahr 1995 bzw. mit dichter Fensterausführung)
    - $n_{Geb} = 0{,}5\ \text{h}^{-1}$ für Gebäude mit $3\ \text{h}^{-1} < n_{50} < 6\ \text{h}^{-1}$ (Gebäude älter als Baujahr 1995 bzw. die wenig dicht ausgeführt sind)

- $n_{Geb}$= 1,0 $h^{-1}$ für Gebäude mit $n_{50} \geq 6\ h^{-1}$ (Gebäude älter als Baujahr 1977 bzw. mit offensichtlichen Undichtigkeiten)

- Dichte und spezifische Wärmekapazität $\rho_L \cdot c_L$:
  - $\rho_L \cdot c_L$ = 0,34 Wh/(m³ K) (!! Enthalten ist die Umrechnung von m³/s in m³/h)

Vereinfacht kann nach folgender Beziehung ermittelt werden:

$$\Phi_{HL,Geb} = (U_m \cdot A + 0{,}34 \cdot V \cdot n_{Geb}) \cdot (\theta_{\text{int}} - \theta_e)$$

Dabei ist $A$ die wärmeübertragende Fläche der Gebäudehülle und $U_m$ der mittlere Wärmedurchgangskoeffizient und entspricht dem Wert $H'_T$ aus der bauphysikalischen Bewertung in W/(m² K) in Analogie zur EnEV.

Für die Berechnung des mittleren Wärmedurchgangskoeffizienten $U_m$ sind entweder die geplanten oder die einzuhaltenden Wärmedurchgangskoeffizienten nach EnEV 2009 zu verwenden.

$$U_m = \frac{\sum(U_{AW} \cdot A_{AW}) + \sum(U_w \cdot A_w) + 0{,}8 \cdot \sum(U_D \cdot A_D) + 0{,}5 \cdot \sum(U_G \cdot A_G)}{\sum(A_{AW} + A_w + A_D + A_G)}$$

### Verbrauchsverfahren

Die Verfahren basieren auf der Messung der dem Wärmeerzeuger zugeführten Endenergie (Feuerungsenergie) über eine bestimmte Zeitspanne und rechnen diese als eine mittlere Feuerungsleistung um. Gleichzeitig wird die Außenluft über diese Zeitspanne erfasst bzw. aus geeigneten Wetterdaten ermittelt.

Mittels grafischer Auswertung (lineare Regression der Daten bzw. Extrapolation der witterungsabhängigen Leistung auf Norm-Außenlufttemperatur) wird die maximale Feuerungsleistung ermittelt.

Dieses Verfahren ist auch anwendbar auf Heizungsanlagen, in denen keine Verbrennung stattfindet (z. B. Fernwärme, Wärmepumpen).

Basis der Berechnungen ist der untere Brennwert des Brennstoffs. Eine Umrechnung auf den Heizwert (Gasanlagen) ist möglich.

Es werden folgende Verfahren unterschieden:

a) Lastgangmessung
b) Auswertung der monatlichen Verbrauchsdaten
c) Vereinfachtes Verfahren mittels Jahresenergieverbrauch
d) Vereinfachtes Verfahren der Wärmeerzeugerleistung für Heizung und Trinkwassererwärmung

Für das Verfahren c) weist eine Tabelle die Nutzungsgradbandbreiten für Anlagen der Trinkwassererwärmung aus.

Bei Verfahren nach d) wird sowohl auf Anhang D verwiesen als auch auf zugeschnittene Größengleichungen zur Ermittlung des Endenergiebedarfs für Trinkwassererwärmung als Funktion der Bruttogrundfläche oder über die Personen-Nutzeranzahl (Belegungsdichte) zurückgegriffen. Bei der Belegungsdichte wird weiterhin für Wohngebäude von einem Bedarf von 30 l/(Person und Tag) ausgegangen. Ansonsten ist zur detaillierten Berücksichtigung der Trinkwassererwärmung und Bestimmung der Wärmeerzeugerleistung die DIN EN 12831-3 anzuwenden.

### 1.4.1.5 Sonderfälle

DIN EN 12831-1 gilt für Wohngebäude, analoge Gebäudetypen (z. B. Verwaltungsbauten) sowie Industriegebäude

- mit einer begrenzten Raumhöhe (nicht über 5 m ) und
- bei denen angenommen werden kann, dass sie unter Norm-Bedingungen auf stationären Zustand beheizt werden.

Die Norm enthält Angaben für Sonderfälle wie

- Hallenbauten mit großer Raumhöhe und
- Gebäude mit wesentlich voneinander abweichender Luft- und Strahlungstemperatur.

Für hohe Räume und große Bauten (d. h. Raumhöhe > 5 m) darf unter der Voraussetzung, dass der spezifische Normwärmeverlust $\varphi_{HL}$ < 60 W/m² beheizter Nutzfläche ist, die Heizlast über einen Raumhöhenfaktor $f_{h,i}$ (Tabelle 1.4-2) als Funktion des Heizverfahrens und der Art der Anordnung der Raumheizflächen korrigiert werden.

$$\Phi_{HL} = \left(\Phi_{T,i} + \Phi_{V,i}\right) \cdot f_{h,i}$$

Für den Standardfall wird angenommen, dass die Norm-Innenlufttemperatur $\theta_{\text{int}}$, die mittlere Strahlungstemperatur $\theta_r$ und die operative Temperatur $\theta_O$ annähernd dieselben Werte aufweisen bzw. die Differenzen relativ gering sind (im Allgemeinen $\leq 1$ bis 3 K).

Bei Räumen, bei denen der mittlere Wärmedurchgangskoeffizient von Außenfenster $U_{w,m}$ bzw. Außenwand $U_{AW,m}$ größer ist als der Quotient $\left(50/\left(\theta_{\text{int}} - \theta_e\right)\right)$ in (W/(m² K)) ist eine Korrektur für die Abweichung zwischen der Raumlufttemperatur und der operativen Temperatur notwendig.

Weicht die mittlere Strahlungstemperatur unter Berücksichtigung der Oberflächentemperatur der Heizflächen um mehr als 1,5 K von der Norm-Innenlufttemperatur ab, so ist anstelle von $\theta_{\text{int}}$ für die Berechnung der Lüftungsheizlast die Raumlufttemperatur $\theta_a$ in Ansatz zu bringen.

**Tab. 1.4-2** Raumhöhenkorrekturfaktor $f_{h,i}$ nach DIN EN 12831-1

| **Heizverfahren und Art oder Anordnung der Raumheizflächen** | $f_{h,i}$ | |
|---|---|---|
| | **Höhe des beheizten Raums** | |
| | **5 m bis 10 m** | **10 m bis 15 m** |
| **Überwiegend Strahlung** | | |
| Warmer Fußboden | 1 | 1 |
| Warme Decke (Temperaturen < 40 °C) | 1,15 | nicht geeignet |
| Abwärts gerichtete Strahlung mittlerer und höherer Temperatur aus großer Höhe | 1 | 1,15 |
| **Überwiegend konvektiv** | | |
| Natürliche Warmluftkonvektion | 1,15 | nicht geeignet |
| Zwangskonvektion Warmluft | | |
| Querstrom aus niedriger Höhe | 1,30 | 1,60 |
| Abwärtsgerichtet aus großer Höhe | 1,21 | 1,45 |
| Querstrom mittlerer und hoher Temperatur aus mittlerer Höhe | 1,15 | 1,30 |

$$\theta_a = 2 \cdot (\theta_O - \theta_r)$$

In einigen Industrieräumen, bei denen die Raumluftgeschwindigkeit $v_x$ > 0,2 m/s ist, ergibt sich die operative Temperatur nach

$$\theta_O = F_b \cdot \theta_a + (1 - F_b) \cdot \theta_r$$

( $F_B = 0{,}6$ bei 0,2< $v_x$ >0,6 m/s und $F_B = 0{,}7$ bei $v_x$ >0,6 m/s).

Nach speziellen Regeln der Technik sollten berechnet werden:

- Gebäude mit schwerer Bauart (z. B. über- und unterirdische Bunker, alte Burgen und Schlösser, unterirdische Räume, geschlossene Tiefgaragen)
- selten beheizte Gebäude (z. B. Kirchen)
- Gewächshäuser

Bei Gebäuden mit schwerer Bauart kann davon ausgegangen werden, dass die Heizlast infolge der großen Speicherfähigkeit der Raumumschließungskonstruktion unabhängig von der Betriebsart der Heizung (unterbrochen oder durchgehend) ist.

Es ist jedoch sinnvoll, für diese Gebäude als auch für historische Gebäude eine Grundheizung (durchgehend) zur Temperierung vorzusehen, um u. a. Feuchteschäden (Sommerkondensation) zu vermeiden.

#### 1.4.1.6 Vereinfachtes Verfahren zur Ermittlung der Raumheizlast nach DIN EN 12831-1

Das Verfahren dient vorzugsweise der nachträglichen, überschlägigen Bestimmung der Raumheizlast, wenn z. B. die Ursprungsberechnungen nicht verfügbar sind oder im Laufe der Zeit bauliche Veränderungen vorgenommen wurden. Diese Vorgehensweise erscheint vor allem im Rahmen von energetischen Optimierungen im Gebäudebestand sinnvoll. Die Anwendbarkeit des Verfahrens betrifft Wohngebäude und Gebäude mit vergleichbarer Nutzung ohne raumlufttechnische Anlagen, also nur mit Berücksichtigung von natürlicher Lüftung. Die ermittelten Raumheizlasten sind zur Überprüfung oder zum Auslegen von Wärmeübergabeeinrichtungen sowie zur Durchführung des hydraulischen Abgleichs verwendbar.

Die vereinfachte Gebäudeheizlastberechnung sollte unter Verwendung des Beiblatts 2 zur DIN EN 12831-1 vorgenommen werden (siehe Kapitel 1.4.1.4).

Das Wesen der Raumheizlastberechnung ist charakterisiert durch die Berechnung der Wärmeverluste unter stationären Bedingungen (eingeschwungener Zustand) sowie unter nachfolgend genannten Randbedingungen:

- Normaußentemperatur
- (Norm-)Raumtemperatur
- Mindestaußenluftvolumenstrom

In der Regel auftretende äußere und/oder innere Wärmegewinne bleiben unbeachtet, infolge dessen tatsächlich ein Extremzustand der Energiebilanz des Raums abgebildet wird. Die Korrektur der Normaußentemperatur in Abhängigkeit der Bauschwere des Gebäudes entfällt beim vereinfachten Verfahren.

Grundlage der Raumheizlastberechnung ist Gleichung 1 in Kapitel 1.4.1.3.

Die vereinfachte Berechnung des Transmissionswärmeverlusts $\varphi_{T,i}$ basiert zunächst auf der allgemein bekannten Gleichung für den Wärmetransport, wobei aber nur

Bauteile mit einer Temperaturdifferenz größer 4 K Berücksichtigung finden. Die Temperaturkorrekturfaktoren sind in Tabelle 3 des Beiblatts 3 für vier typische Sachverhalte fixiert:

$f_{ie} = 1{,}0$ für Außenbauteile

$f_{iue} = 0{,}5$ für unbeheizte Nachbarräume

$f_{ig} = 0{,}3$ für erdanliegende Bauteile

$f_{ij} = 0{,}3$ für Innenbauteile

Zur Ermittlung der wärmeübertragenden Flächen kann die raumseitige Oberfläche (lichte Innenmaße) verwendet und mit dem Faktor 1,25 auf Außenmaße korrigiert werden. Die Berücksichtigung von Fenstern und Türen in Außenbauteilen erfolgen als Abzugsflächen analog zum ausführlichen Verfahren. Innentüren und -fenster bleiben unberücksichtigt. Bei unterschiedlichen Raumhöhen ist eine mittlere Raumhöhe zu verwenden.

Eine weitere Vereinfachungsstufe zur Flächenermittlung stellt die Berechnung unter Bezugnahme auf die Grundfläche des Raums dar. In den Tabellen 4, 5 und 6 der DIN EN 12831-1 sind entsprechende Umrechnungsfaktoren dokumentiert.

Da der Wärmedurchgangskoeffizient (U-Wert) einen maßgeblichen Einfluss auf die Quantität des Wärmeverluststroms hat, besteht bei der Ermittlung besondere Sorgfalt. Grundsätzlich sollten U-Werte so genau wie möglich ermittelt werden. Vorzugsweise existieren ein aktueller Wärmeschutznachweis oder Detailangaben zur Bauteilbeschaffenheit. Alternativ können im Anhang A des Beiblatts 3 dargestellte Nomogramme oder Pauschalwerte in Abhängigkeit der Baualterskasse benutzt werden. Hervorhebenswert erscheint das Nomogramm zur näherungsweisen Ermittlung des U-Werts von transparenten Bauteilen.

Die Lüftungswärmeverluste des Raums werden unter Berücksichtigung des hygienischen Mindestluftwechsels von $n = 0{,}5\ \text{h}^{-1}$ bestimmt. Die Berechnungsgleichung lautet:

$$\varphi_{V,i} = V_i \cdot n_i \cdot \rho_L \cdot c_{P,l} \cdot (\theta_{int} - \theta_e)$$

Ein Formblattmuster im Anhang B sowie ein Berechnungsbeispiel im Anhang C der DIN EN 12831-1 runden die Dokumentation des vereinfachten Verfahrens zur Ermittlung der Raumheizlast ab.

## 1.4.2 Kühllast

### 1.4.2.1 Definition: Wärmebelastung-Kühllast

Die Kühllast (auch als positive Kühllast oder Wärmelast bezeichnet [11]) eines Raums oder Gebäudes ist die in einer Zeiteinheit zu erbringende Energiemenge, die alle auftretenden Wärmegewinne kompensiert.

Die Kühllast ist u. a.

- der Planung des raumlufttechnischen Systems,
- der Luftvolumenstromermittlung $q_V$ und
- der Berechnung des Tagesgangs der Raumlufttemperatur $\theta_a$

zugrunde zu legen.

> ***Zu beachten ist,*** dass
> die Kühllast bzw. Heizlast **nicht** den erforderlichen Leistungen zur Aufbereitung (z. B. Kühlen (Kühlleistung), Heizen (Heizleistung)) der Luft mit raumlufttechnischen Geräten gleichzusetzen ist (s. a. Kapitel 2.4).

Im Unterschied zur Heizlast, die aufgrund der relativ konstanten Bedingungen im Außenbereich und im Raum stationär berechnet werden kann, ist die Kühllastberechnung VDI 2078 infolge

- der im Allgemeinen als zeitlich veränderlichen äußeren und inneren Wärmebelastungen,
- des thermischen Speicherverhaltens der Raumumschließungskonstruktion (Wärmeabsorptionsvermögen $B$),
- des Benutzungszeitraums des Raums $t_{Nutz}$ und
- des geforderten Raumlufttemperaturverlaufs $\theta_a = \theta_a(t)$

als instationärer Vorgang zu betrachten.

Zur klaren Abgrenzung der Einflüsse und der sich daraus ergebenden Konsequenzen wird zweckmäßigerweise von Petzold [11] definitionsgemäß

- der Wärmestrom, hervorgerufen durch kurzwellige Strahlung (Solarstrahlung $\dot{E}$) und langwellige Strahlung (Temperaturstrahlung bzw. einen konvektiven Wärmestrom), als ***Wärmebelastung*** und
- der Wärmestrom, der die Raumlufttemperatur beeinflusst, als ***Wärmelast (= Kühllast)***

definiert.

Die ***Wärmebelastung*** wird

- durch Transport- und Übergangswiderstände beeinflusst und
- in ihrem zeitlichen Verlauf durch das Speicherverhalten der Raumumschließungskonstruktion gedämpft.

Bei der ***Wärmebelastung*** (Abbildung 1.4-4) wird in

- äußere und
- innere Wärmebelastung

unterschieden.

## Äußere Wärmebelastung

Die äußere Wärmebelastung (Abbildung 1.4-5) wird hervorgerufen durch die kurzwellige Sonnenstrahlung (Global- bzw. Gesamtstrahlung $\dot{E}$) und die Außenlufttemperatur $\theta_e$.

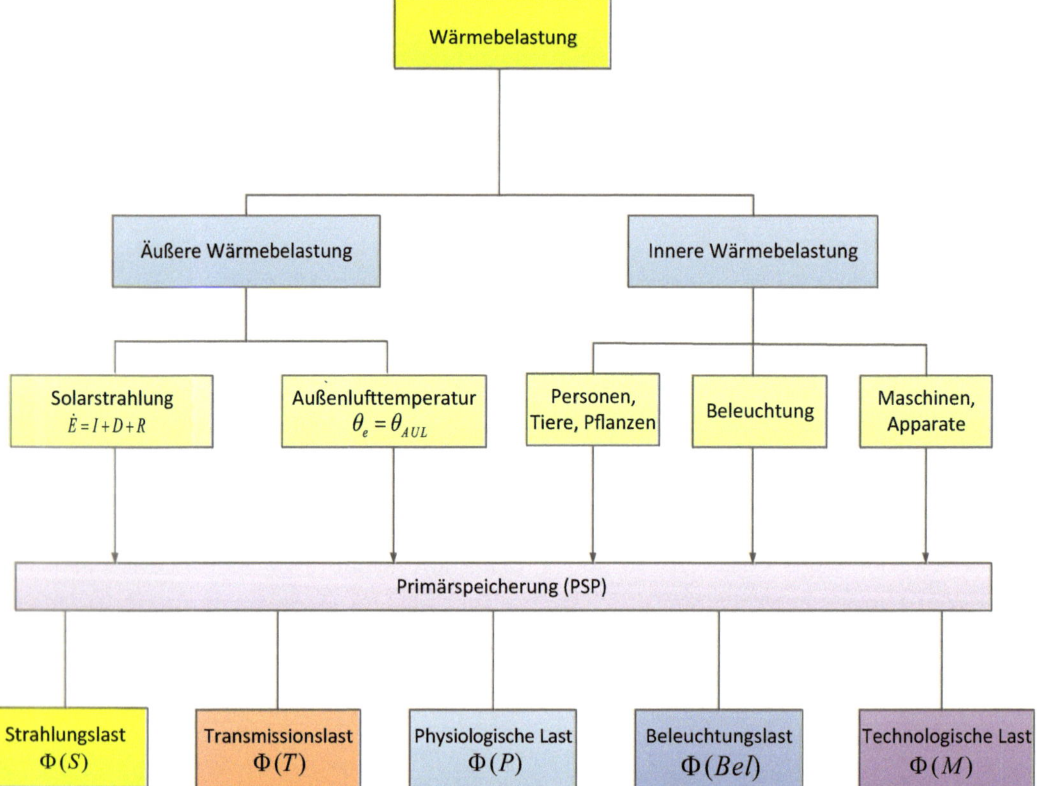


**Abb. 1.4-4** Wärmebelastung – Kühllast

Die Globalstrahlung $\dot{E}$ (auch oft mit $G$ bezeichnet) setzt sich aus der direkten Strahlung $I$, der diffusen Strahlung $D$ und der Reflexionsstrahlung $R$ zusammen. Die

Größe der Belastung ist tages- und jahreszeitlich abhängig und wird beeinflusst durch

- die Bewölkung (Bedeckungsgrad $B$ des Himmels durch Wolken), Trübung der Atmosphäre (Trübungsfaktor $T$),
- die Orientierung der Fläche (Himmelsrichtung bzw. Azimut der Fläche),
- die Neigung der Fläche gegenüber der Horizontalen (Neigungswinkel $\gamma$ ),
- die Verschattung durch umliegende Gegenstände (Bäume, Gebäude),
- die Oberflächenbeschaffenheit der Umgebung (Reflexionsgrad $r$, Absorptionsgrad $a_S$ ).

Die Strahlungswerte sind tabelliert in DIN 4710 bzw. in [12] mit anderen meteorologischen Größen im Testreferenzjahr [13] rechentechnisch aufbereitet.

### Belastung durch lichtdurchlässige (transparente) Konstruktionen

Die kurzwellige direkte Strahlung $\dot{E}$ tritt gedämpft durch die winkelabhängige Durchlässigkeit $\Gamma$ und die äußere Verschmutzung der Glasscheiben $\sigma_{VD}$ der Fensterkonstruktion in den Raum. Sie wird beeinflusst durch den Glasflächenanteil $F_G$ des Fensters und bewirkt entsprechend dem Absorptions- und Speichervermögen der Raumumschließungskonstruktion eine Erhöhung der Oberflächentemperatur.

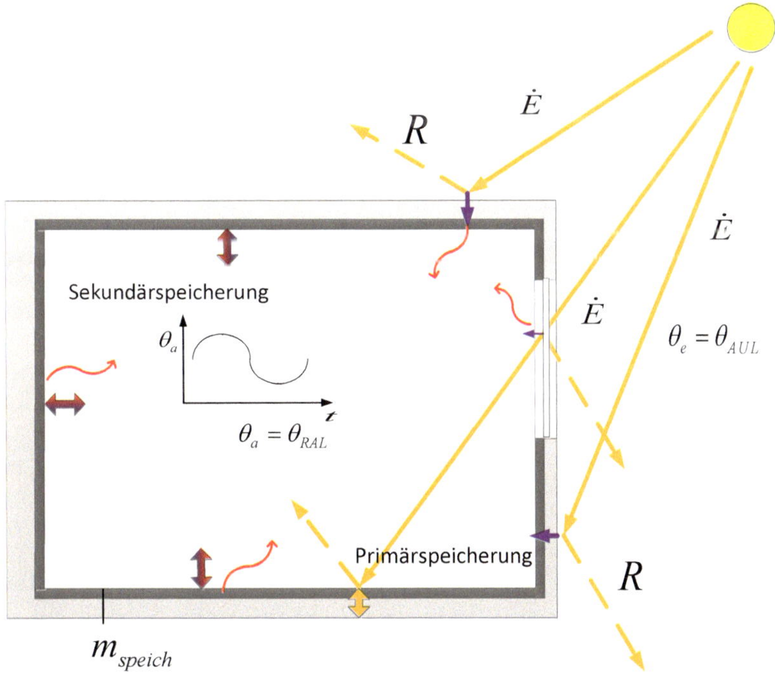


**Abb. 1.4-5** Äußere Wärmebelastung

Daraus resultieren

- ein Wärmetransport in die Konstruktion und
- eine Wärmeübertragung durch Konvektion an die Raumluft und durch Strahlung an die anderen Oberflächen der Raumumschließungskonstruktion.

### Belastung durch lichtundurchlässige (opake) Konstruktionen

Die Gesamtstrahlung $\dot{E}$ bewirkt an der Außenkonstruktion des Raums bzw. Gebäudes infolge der Absorption eine Erhöhung der Oberflächentemperatur. Diese wird auch als Sonnenlufttemperatur $\theta_S = (\frac{\dot{E} \cdot a_S}{\alpha_{e,ges}}) + \theta_e$ bezeichnet.

Daraus resultieren

- ein Wärmetransport in die Konstruktion,
- eine Erhöhung der inneren Oberflächentemperatur der Konstruktion und
- eine Wärmeübertragung durch Konvektion an die Raumluft und durch Strahlung an die anderen Oberflächen der Raumumschließungskonstruktion.

Die äußere Wärmebelastung wird weiterhin beeinflusst durch die schwankende Außenlufttemperatur $\theta_e$ (Tagesgang, Minimal- und Maximalwerte sind im Sommer wesentlich stärker ausgeprägt als im Winter).

Die Temperaturdifferenz zwischen der Raumlufttemperatur $\theta_a$ und der Außenlufttemperatur $\theta_e$ bewirkt einen Transmissionswärmestrom. Dieser führt zu einer Erhöhung der inneren Oberflächentemperatur der Konstruktion $\theta_{o,i}$ und somit zu einer Wärmeübertragung durch Konvektion an die Raumluft und zu einer Strahlungswärmeabgabe an die anderen Oberflächen der Raumumschließungskonstruktion.

In Analogie zur Transmissionsheizlast hinsichtlich der Minimierung des Wärmedurchgangskoeffizienten *U* nach EnEV wird diese Belastung gering.

Nach [11] wird

- die Dämpfung der Wärmebelastung beim Transport in den Raum mit konstanter Raumlufttemperatur als ***Primärspeicherung (PSP)*** und
- der Wärmestrom zwischen Raumluft und den Raumumhüllungsflächen bei variabler Raumlufttemperatur als ***Sekundärspeicherung (SSP)***

bezeichnet.

### Innere Wärmebelastung

Die innere Wärmebelastung setzt sich aus der konvektiven und der Strahlungswärmeabgabe von

- Personen, Tieren, Pflanzen $\Phi_P$,
- Beleuchtung $\Phi_{Bel}$,
- technologischen Einrichtungen (z. B. Maschinen, Apparate) $\Phi_M$

zusammen (Abbildung 1.4-6).

$$\Phi_E = \Phi_P + \Phi_{Bel} + \Phi_M$$

Die Wärmebelastung $\Phi_E$ wird beeinflusst auch von der Dauer der Nutzung $t_{Nutz}$.

Die jeweiligen Wärmebelastungen können gleichzeitig aber auch zu unterschiedlichen Zeiten und mit unterschiedlicher Intensität auftreten. Aus der Summation der einzelnen Belastungen ergibt sich eine Gesamtbelastung über einen bestimmten Zeitabschnitt.

Bei der Berechnung ist für jede Art der inneren Wärmebelastung eine Zerlegung der jeweiligen Gesamtbelastung entsprechend Abbildung 1.4-7 in Einzelbelastungen notwendig.

Die aus den Einzelbelastungen resultierenden Einzellasten werden zur Ermittlung der Gesamtkühllast unter der Anwendung des „Superpositionsprinzips“ für die jeweiligen Tageszeitstunden addiert [11].

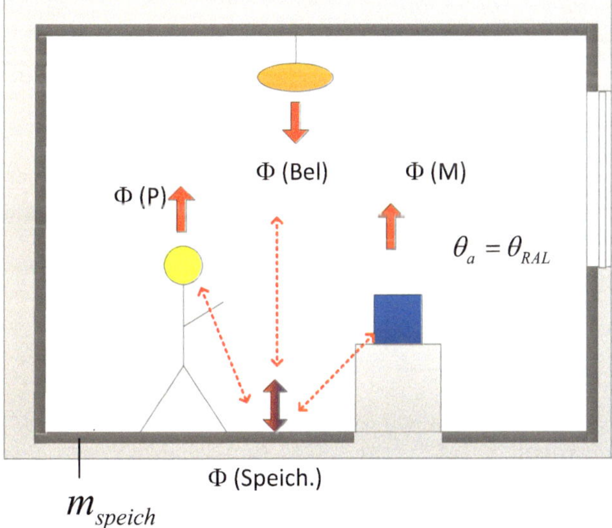


**Abb. 1.4-6** Innere Wärmebelastung

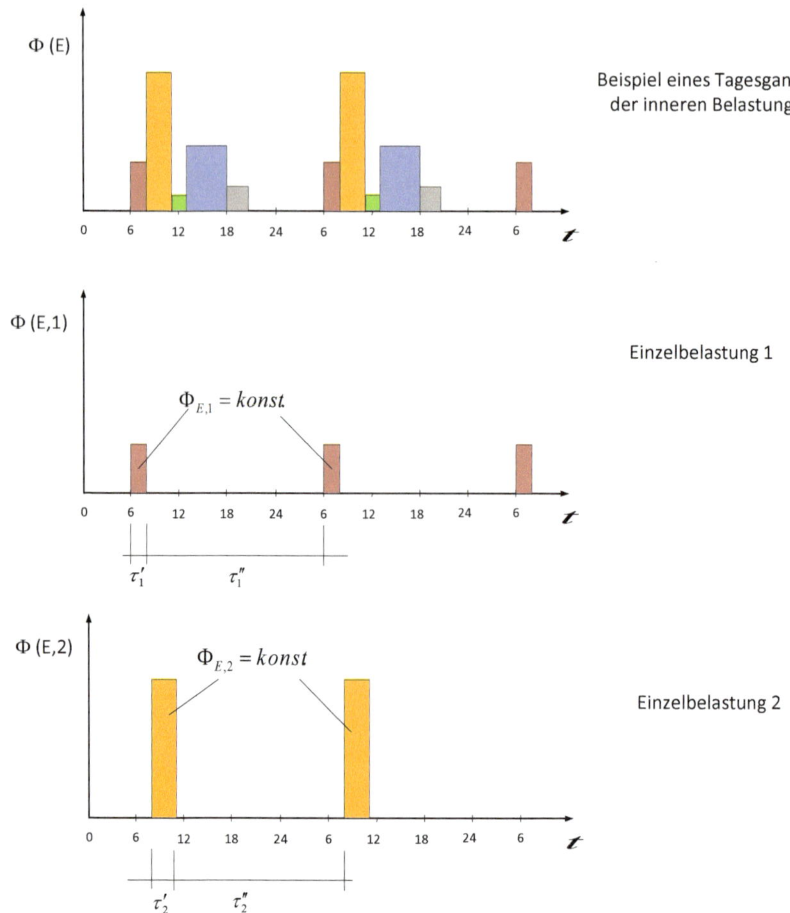


**Abb. 1.4-7** Zerlegung einer inneren Wärmebelastung $\Phi_E$ in Einzelbelastungen

**Physiologische Wärmebelastung $\Phi_P$**

Menschen, Tiere und Pflanzen geben in Abhängigkeit vom Temperatur- und Feuchtigkeitsniveau der sie umgebenden Luft Wärme und Feuchtigkeit ab.

**Mensch**

Die Wärmeabgabe des Menschen ist abhängig von seiner Tätigkeit und seinem Energieumsatz (Tabellen 1.4-3 und 1.4-4) und innerhalb des Behaglichkeitsbereichs in geringem Maß von der Raumlufttemperatur.

Die Gesamtwärmeabgabe $\Phi_{P,M}$ wird unterteilt in

- ***sensible (fühlbare) oder trockene Wärme*** (diese führt zur Wärmebelastung) (ca. 65 ... 75 W = bei leichter Tätigkeit, $\theta_a$ = 20 ... 25 °C)
- ***latente oder feuchte Wärme*** (ca. 35 ... 45 W = bei leichter Tätigkeit; $\theta_a$ = 20 ... 25 °C)

Mit steigender Raumlufttemperatur erhöht sich der Anteil der latenten Wärmeabgabe.

**Tab. 1.4-3** Energieumsätze nach DIN EN ISO 7730 Anhang B

| Aktivität | | Energieumsatz | |
|---|---|---|---|
| | | W/m² Körperoberfläche a),b) | met a) |
| Zurücklehnen | | 46 | 0,8 |
| Sitzen, entspannt | | 58 | 1 |
| Sitzende Tätigkeit (Büro, Schule, Labor) | | 70 | 1,2 |
| Stehen leichte Tätigkeit (Einlaufen, Labor, Leichtindustrie) | | 93 | 1,6 |
| Stehen mittlere Tätigkeit (Verkäufer(in), Arbeit an einer Maschine) | | 116 | 2 |
| Gehen | 2 km/h | 110 | 1,9 |
| | 3 km/h | 140 | 2,4 |
| | 4 km/h | 165 | 2,8 |
| | 5 km/h | 200 | 3,4 |

a)1 met = 58 W/m²

b)Körperoberfläche von 1,8 m² je Person
!! In DIN EN ISO 8996 wird eine Fläche von 1,9 m² in Ansatz gebracht.

**Tiere**

Tiere (Warmblüter) verhalten sich bezüglich ihrer Wärmeproduktion analog zum Menschen. Die Wärmeerzeugung $\Phi_{P,Tier}$ in W ist

- proportional der Oberfläche,
- eine Funktion der Körpertemperatur und
- der Masse der Tiere $m_{Tier}$ in kg.

$$\Phi_{P,Tier} = 3{,}5 \cdot (m_{Tier})^{0{,}73}$$

**Pflanzen**

Pflanzen geben vorwiegend Feuchtigkeit ab, u. U. auch Wärme (dies ist bei Kühllagern sowie Pflanzen- und Obstlagern zu beachten).

### Wärmebelastung durch Beleuchtung $\Phi_{Bel}$

Die Wärmebelastung ist abhängig von der Leuchtenart (Anschlussleistung $P$ in W), deren Strahlungs- und Konvektionsanteil und der Nennbeleuchtungsstärke ($E_n$ in lx). Der konvektive Anteil der Belastung wird unmittelbar als Last wirksam, während der Strahlungsanteil über die Raumumschließungskonstruktion (Primärspeicherung) wirksam wird.

Die Tabellen 1.4-4 bis 1.4-7 weisen Orientierungswerte aus, wie Wärmegewinne und Anschlussleistungen in Abhängigkeit von der Raumnutzung und dem Beleuchtungsniveau, bezogen auf die Fußbodenfläche $A_B$, und für die Nennbeleuchtungsstärke $E_n$.

Die Wärmebelastung durch Beleuchtung ist auch im Zusammenhang mit der Tageslichtbeleuchtung durch Fenster (Strahlungsbelastung), der Nutzung der Räume, der Qualität der Farbwiedergabe und der visuellen Behaglichkeit zu sehen.

**Tab. 1.4-4** Wärmegewinne (Wärmeabgabe) durch Beleuchtungssysteme in Büros nach DIN EN ISO 13791 Anhang H

| Beschreibung | Gesamtwärmegewinn $W/m^2_{Fußboden}$ | Strahlungsanteil am Gesamtwärmegewinn $W/m^2_{Fußboden}$ |
|---|---|---|
| Zentrale | 15 | 6,8 |
| Zeichenbüro | 22 | 9,9 |
| Hochtechnologiebüro | 9 | 4,4 |
| Büro für Führungskräfte | 12 | 5,4 |
| Rechnerraum | 9 | 4 |
| Sitzungszimmer | 9 | 4 |
| Verbindungsräume | 5 | 2,3 |
| Toilette | 7 | 3,2 |

**Tab. 1.4-5** Nennbeleuchtungsstärken $E_n$, Anschlussleistungen bei verschiedener Raumnutzung

| Raumzweck bzw. Art der Tätigkeit | Nennbeleuchtungsstärke $E_n$ in lx | Anschlussleistung $P/A_B$ in W/m² | |
|---|---|---|---|
| | | Allgebrauchsglühlampen | Leuchtstofflampen |
| Lagerräume, Wohnräume, Werkstätten | 100 | 20 ... 25 | 4 ... 8 |
| Büroarbeiten, allgemeine Unterrichtsräume, Schalter- und Kassenhallen, mittelfeine Montagearbeiten | 300 | 60 ... 75 | 10 ... 20 |
| Büroräume (Gruppenräume), EDV, Hörsäle mit Fenster, Schaltwarten, Kaufhäuser, Ausstellungs- und Messehallen, feine Montagearbeiten | 500 | 100 ... 120 | 12 ... 24 |
| Bildschirmgerechte Büros | 500 | | 12 ... 18 |
| Großraumbüros, Technisches Zeichnen, Supermärkte, Feinmechanik, Hörsäle ohne Fenster | 750 | | 15 ... 0 |

**Tab. 1.4-5** Nennbeleuchtungsstärken $E_n$, Anschlussleistungen bei verschiedener Raumnutzung (Forts.)

| Raumzweck bzw. Art der Tätigkeit | Nennbeleuchtungsstärke $E_n$ in lx | Anschlussleistung $P/A_B$ in W/m² | |
|---|---|---|---|
| | | Allgebrauchsglühlampen | Leuchtstofflampen |
| Montage Feinmechanik und Elektronik | 1.000 | | 20 ... 40 |
| Farbkontrolle bei sehr hohen Qualitätsansprüchen, Montage feinster Teile | 1.500 | | 30 ... 60 |
| Elektronische Miniaturbauteile, Uhrmacherei | 2.000 | | 40 ... 80 |
| Fernsehstudio (Farbfernsehen) mittels Scheinwerfer | 2.000 | (400 ... 480) | |

**Tab. 1.4-6** Auslegungswerte für die Beleuchtung nach [14]

| Nutzungsart | Beleuchtungsgrad in Lux | |
|---|---|---|
| | üblicher Bereich | Standardwert |
| Büroraum mit Fenster | 300 bis 500 | 400 |
| Büroraum ohne Fenster | 400 bis 600 | 500 |
| Kaufhaus | 300 bis 500 | 400 |
| Klassenraum | 300 bis 500 | 400 |
| Krankenstation | 200 bis 300 | 200 |
| Hotelzimmer | 200 bis 300 | 200 |
| Restaurant | 200 bis 300 | 200 |
| Raum, nicht bewohnbar | 50 bis 100 | 50 |

**Tab. 1.4-7** Auslegungswerte für die Beleuchtungsleistung von leistungsfähigen Beleuchtungsanlagen nach [14]

| Beleuchtungsgrad in Lux | Spezifische Beleuchtungsleistung in $\varphi_B$ W/m² | |
|---|---|---|
| | üblicher Bereich | Standardwert |
| 50 | 2,5 bis 3,2 | 3 |
| 100 | 3,5 bis 4,5 | 4 |
| 200 | 5,5 bis 7,0 | 6 |
| 300 | 7,5 bis 8,5 | 8 |
| 400 | 9,0 bis 12,5 | 10 |
| 500 | 11,0 bis 15,0 | 12 |

### Wärmebelastung durch Maschinen

Die Wärmebelastung durch Maschinen (Konvektion und Strahlung) wird geprägt durch

- die installierte Maschinen- und Apparateanschlussleistung $P_{Inst.}$,
- den Auslastungsgrad $f_A$ (Leistungssumme der Maschinen während der mittleren Arbeitszeit im Verhältnis zur maximalen Leistung),
- den Gleichzeitigkeitsgrad $f_G$ und
- den mittleren Motorwirkungsgrad bei Maschinen $\eta_{Motor}$.

$$\Phi_M = ( P_{Inst.} \cdot f_A \cdot f_G ) / \eta_{Motor}$$

Die Wärmebelastung durch Maschinen und technologischen Einrichtungen kann ein Mehrfaches der maximalen äußeren Wärmebelastung betragen (Tabelle 1.4-8).

***Zu beachten ist:*** Infolge der Variabilität und Flexibilität der Maschinenausrüstung ist die Wärmebelastung mit hohen Unsicherheiten behaftet. Es ist zweckmäßig, sich sehr genaue, mit dem Auftraggeber bzw. Nutzer abgestimmte Kenntnisse über den zeitlichen Verlauf (Tag, Woche) und die maximalen und durchschnittlichen Werte zu verschaffen.

Die Faktoren Auslastungsgrad und Gleichzeitigkeitsgrad beziehen sich auf die Wärmeabgabe der Maschinen und sind nur in grober Näherung dem ***„technologischen"*** Auslastungsgrad und Gleichzeitigkeitsgrad adäquat.

**Tab. 1.4-8** Ausgewählte Maschinenwärmebelastungen $P_{Inst.} / A_B$, Auslastungsgrad $f_A$ und Gleichzeitigkeitsgrad $f_G$

| | $P_{Inst.}/A_B$ in W/m² | $f_A$ | $f_G$ |
|---|---|---|---|
| Papierindustrie | 700 | 0,6 ... 0,8 | 0,8 ... 0,9 |
| Galvanik | 400 ... 800 | 0,8 ... 0,9 | 0,7 ... 0,8 |
| Kunststoffverarbeitung | bis 500 | 0,7 ... 0,8 | 0,6 ... 0,8 |
| Elektronik | bis 400 | 0,2 ... 0,8 | 0,2 ... 0,7 |
| Feinmechanik | bis 500 | 0,3.3.1 ... 0,5 | 0,6 ... 0,9 |
| Metallverarbeitung | bis 300 | 0,6 ... 0,9 | 0,2 ... 0,8 |
| Textilindustrie | bis 300 | 0,7 ... 0,8 | 0,8 ... 0,95 |

**Tab. 1.4-9** Durchschnittliche Leistungsaufnahme von Computern, Notebooks, Röhrenmonitoren, Flachbildschiremn, Faxgeräten und Scannern und Druckern nach VDI 2078

| | Leistungsaufnahme Normalbetrieb | Leistungsaufnahme Bereitschaft |
|---|---|---|
| **Computer** | | |
| Arbeitsplatzrechner, 2000 Hz > CPU > 1000 Hz | 60 – 100 W | 45 W |
| Arbeitsplatzrechner, 3000 Hz > CPU > 2000 Hz | 100 W – 200 W | 60 W |
| CAD-Arbeitsplätze, 3D-Grafikanwendung | 200 W – 400 W | k. A. |
| Office Server, mit mehreren Festplatten | 100 – 500 W | k. A. |
| **Notebook** | | |
| Taktrate CPU > 1000 Hz, inkl. TFT-Display | 20 – 80 W | 20 W |
| **Flachbildschirme** | | |
| 15 – 17 Zoll | 15 – 30 W | ca. 2 W |
| 18 – 19 Zoll | 35 – 55 W | ca. 4 W |
| 20 – 21 Zoll | 60 – 100 W | ca. 4 W |
| **Kopierer** | | |
| Arbeitsplatzkopierer | 400 W | 20 W |
| Bürokopierer | 1100 W | 300 W |
| **Faxgeräte, Scanner** | | |
| Fax, einfaches Druckwerk | 15 – 30 W | 6 W |
| Fax, Laserdrucker | 100 – 300 W | 100 W |
| Scanner | 15 – 25 W | 15 W |
| **Drucker** | | |
| kleiner Laserdrucker Arbeitsplatz | 130 W | 10 W |
| Laserdrucker Arbeitsplatz | 215 W | 35 W |
| kleiner Laserdrucker Abteilung | 320 W | 70 W |
| Laserdrucker Abteilung | 550 W | 125 W |
| Tintenstrahldrucker | 20 W | 10 W |
| Nadeldrucker | 30 W | 15 W |
| Plotter | 50 W | 25 W |

Tabelle 1.4-10 weist die Wärmeabgabe verschiedener elektrischer Geräte aus.

***Zu beachten ist***, dass die latente Last (Wasserabgabe in g/h) grundsätzlich der „Stofflast“ zuzuordnen ist. Weiterhin wird vorausgesetzt, dass

- in der Regel die gesamte von der Maschine aufgenommene Leistung im Raum bleibt,
- die Umwandlungswärme (Zerspanen, Umformen) vernachlässigt werden kann und
- die durch Kühlung und Absaugung entfernte Wärme abzusetzen ist.

**Tab. 1.4-10** Wärmeabgabe verschiedener elektrischer Geräte (Orientierungswerte) [12]

| Gerät | Anschluss-leistung $P_{Inst.}$ | relative Benutzungsdauer τ' je Stunde | Wasserabgabe $\dot{m}_W$ | Wärmeabgabe $\Phi_M$ | |
|---|---|---|---|---|---|
| | | | | fühlbare Wärme | Gesamt |
| | W | % | g/h | W | W |
| elektrische Schreibmaschine | 50 | 100 | – | 50 | 50 |
| Tisch-PC | 100 ... 150 | 100 | – | 100 ... 150 | 100 ... 150 |
| Bildschirm | 60 ... 90 | 100 | – | 60 ... 90 | 60 ... 90 |
| Drucker | 20 ... 30 | 25 | – | 5 ... 7 | 5 ... 7 |
| Plotter | 20 ... 60 | 25 | – | 5 ... 15 | 5 ... 15 |
| Elektroherd | 3000 | 100 | 2100 | 1450 | 3000 |
| Staubsauger | 200 | 25 | – | 50 | 50 |
| Waschmaschine | 3000 | 100 | 2100 | 1450 | 3000 |
| Wäscheschleuder | 100 | 17 | – | 15 | 15 |
| Kühlschrank (100 l) | 100 | 100 | – | 300 | 300 |
| Bügeleisen | 500 | 100 | 400 | 230 | 500 |
| Radiogerät | 40 | 100 | – | 40 | 40 |
| Fernsehgerät | 175 | 100 | – | 175 | 175 |
| Kaffeemaschine | 500 | 50 | 100 | 180 | 250 |
| Toaster | 500 | 50 | 70 | 200 | 250 |
| Haartrockner | 500 | 50 | 120 | 175 | 250 |
| Kochplatte | 500 | 50 | 200 | 120 | 250 |
| Grill für Fleisch | 300 | 50 | 500 | 1200 | 1500 |
| Sterilisations-apparat | 1000 | 50 | 500 | 175 | 500 |

### Stoffbelastung – Feuchtelast

Neben der Wärmebelastung gibt es auch noch eine Stoffbelastung, wobei die Belastung durch Wasserdampfabgabe von Personen, Pflanzen oder Nutzungen zu berücksichtigen ist. Die Feuchtebelastung ist insbesondere bei der Wohnungslüftung (s. a. Kapitel 6), bei der Dimensionierung der RLT-Anlage (Zustandsänderung im Raum $\Delta h / \Delta x$ (s. a. Kapitel 2)) und bei der bauphysikalischen Bewertung (Taupunktunterschreitung, Schimmelbildung) zu beachten.

Die Tabellen 1.4-11 bis 1.4-13 weisen Orientierungswerte zu Feuchteabgaben aus.

**Tab. 1.4-11** Feuchteerzeugungsraten für unterschiedliche Tätigkeiten in Wohngebäuden nach DIN EN ISO 13791 Anhang K

| Tätigkeit | Erzeugungsrate |
|---|---|
| | kg/Tag |
| Kochen auf Elektroherd | 2.0 |
| Kochen auf Gasherd | 3,0 |
| Händewaschen | 0,4 |
| Baden und Duschen für persönliche Hygiene | 0,2 |
| Handwäsche | 0,5 |
| Nichtmechanisches Trocknen der Wäsche | 1,5 |

**Tab. 1.4-12** Menschliche Tätigkeiten und Feuchteerzeugungsraten nach DIN EN ISO 13791 Anhang K

| Tätigkeit | Erzeugungsrate |
|---|---|
| | g/h |
| Sitzen, Ruhezustand | 50 |
| Sitzen, sehr leichte Arbeit | 70 |
| Sitzen, mäßige Aktivität | 90 |
| Stehen. Leichte Arbeit, Gehen | 90 |
| Gehen, Stehen | 110 |
| Sitzen, leichte Arbeit | 200 |
| Mäßiges Tanzen | 240 |
| Schnelles Gehen unter Last | 270 |
| Leichte sportliche Betätigung | 380 |
| Schwere Arbeit mit Hebevorgängen | 420 |
| Athletik | 470 |

**Tab. 1.4-13** Feuchtequellenereignisse und Feuchteerzeugnis pro Ereignis nach DIN EN ISO 13791 Anhang K

| Quellenereignis | Erzeugung je Ereignis |
|---|---|
| | g |
| Baden (15 min) | 60 |
| Duschen (15 min) | 660 |
| Zubereitung des Frühstücks | 160 bis 270 |
| Zubereitung des Mittagessens | 250 bis 320 |
| Zubereitung des Abendbrots | 550 bis 720 |
| Frühstücksmahlzeiten | 100 |
| Mittagsmahlzeiten | 70 |
| Abendmahlzeiten | 310 |
| Topf (15 cm Durchmesser) mit köchelndem Inhalt (10 min) | 60 |
| Topf (15 cm Durchmesser) mit siedendem Inhalt (10 min) | 260 |
| Aufwischen des Fußbodens (Abtrocknen während einer Stunde) | 14 |
| Unbelüfteter Wäschetrockner (je Ladung) | 2.130 bis 2.900 |

### 1.4.2.2 Kühllastberechnung nach VDI 2078

Die Kühllastberechnung nach VDI 2078 wurde grundlegend überarbeitet und basiert auf einer mit der Anlagentechnik gekoppelten Gebäudesimulation und auf dem Rechenverfahren der VDI 6007 mit den Blättern 1 bis 3.

Es ist eine vollständige Beschreibung des wärmetechnischen Verhaltens von Gebäuden unter Berücksichtigung der installierten Anlagentechnik möglich. Mit dem neuen Rechenverfahren kann neben der Kühllast auch die sich einstellende Raumlufttemperatur bzw. operative Raumtemperatur berechnet werden.

Insgesamt besitzt das neue Verfahren die folgenden Leistungsmerkmale:

- Berechnung der Kühllast, aufgeteilt in den Konvektions- und Strahlungsanteil.
- Berechnung der Raumlufttemperatur und der operativen (empfundenen) Raumtemperatur.
- Gekoppelte Berechnung aktiver Anlagenkomponenten, wie thermoaktive Bauteilsysteme (TABS), Flächenheizung und -kühlung.
- Instationäre Berechnung des Wärmedurchgangs von nicht adiabaten Innenbauteilen unter Berücksichtigung des konkreten Wandaufbaus sowie des Strahlungsaustauschs mit den übrigen Bauteilen des Raums.
- Instationäre Berechnung des Wärmedurchgangs von Außenbauteilen unter Berücksichtigung des konkreten Wandaufbaus sowie des Strahlungsaustauschs mit der Umgebung.

- Berücksichtigung von mechanischer und natürlicher (freier) Lüftung.
- Berücksichtigung einer begrenzten oder nicht verfügbaren Kühlleistung der Anlagentechnik.
- Berücksichtigung von Betriebsweise und Regelkonzept der Anlagentechnik.
- Berücksichtigung eines zulässigen Schwankungsbereichs für die Raumtemperatur.

Diese komplexe Berechnung des wärmetechnischen Verhaltens von Gebäuden kann mit einem analytischen Handrechenverfahren nicht abgebildet werden.

Im frühen Planungsstadium sind häufig noch nicht alle erforderlichen Daten für die Kühllastberechnung vorhanden. Gleichzeitig werden in diesem Stadium schon Aussagen zur ungefähren Kühllast benötigt. Hierzu enthält VDI 2078 ein Abschätzverfahren, das sich an das Verfahren der DIN V 18599-2 anlehnt. Dieses Abschätzverfahren wird auch in der Ausbildung benötigt, um den Einfluss einzelner Parameter auf das Ergebnis zu vermitteln.

### 1.4.2.3 Abschätzverfahren nach VDI 2078

Beim Abschätzverfahren wird die überschlägige Kühllast mithilfe einer empirisch ermittelten Gleichung aus der Summe der Wärmequellen und -senken am Auslegungstag berechnet. Hierbei wird

- die wirksame Wärmespeicherfähigkeit der Gebäudezone,
- die Betriebszeit der Anlage und
- die zugelassene Innentemperaturschwankung

berücksichtigt.

Die Wärmequellen und Wärmesenken werden dabei über die Betriebszeit der RLT-Anlage gemittelt. Lastprofile können somit nicht berücksichtigt werden.

Bei den Wärmequellen wird auch nicht berücksichtigt, zu welchen Anteilen die sensible Wärmeabgabe per Konvektion und per Strahlung erfolgt.

Weiterhin können thermisch aktive Raumflächen, die Regelstrategie der Anlagentechnik sowie variable Sonnenschutzvorrichtungen (Sonnenschutz schließt nur, wenn ein Grenzwert für die solare Einstrahlung überschritten wird) nicht berücksichtigt werden.

Die Kühllast $\dot{Q}_{c,\max}$[3] wird als negativer Wert angegeben, da es sich hierbei um einen Wärmestrom handelt, der aus dem Raum abgeführt werden muss. Die Grundgleichung zur Berechnung der überschlägigen Kühllast $\dot{Q}_{c,\max}$ lehnt sich an die Be-

3 Die Formelzeichen entsprechen denen der VDI 2078, deshalb erfolgt eine Erläuterung im Text.

rechnung der DIN V 18599-2 an. Sie setzt sich aus vier Termen zusammen (Gleichung 1), deren Bedeutung nachfolgend erläutert wird.

$$\dot{Q}_{c,\max} = -1 \cdot \left[ 0{,}9 \cdot \left( \dot{Q}_{source,\max} - \dot{Q}_{sink,\max} \right) \cdot \left[ 1 + 0{,}3 \cdot \exp\left( \frac{-\tau}{120} \right) \right] - C_{wirk,Hüll} \cdot \frac{A_{Hüll}}{t_{C,wirk,bez}} \cdot (\Delta \vartheta - 2) + C_{wirk,Hüll} \cdot \frac{A_{Hüll}}{40} \cdot \left( \frac{12}{t_{c,op,d}} - 1 \right) \right] \quad (1)$$

Term 1: $0{,}9 \cdot \left( \dot{Q}_{source,\max} - \dot{Q}_{sink,\max} \right)$

Term 2: $1 + 0{,}3 \cdot \exp\left( \frac{-\tau}{120} \right)$

Term 3: $C_{wirk,Hüll} \cdot \frac{A_{Hüll}}{t_{C,wirk,bez}} \cdot (\Delta \vartheta - 2)$

Term 4: $C_{wirk,Hüll} \cdot \frac{A_{Hüll}}{40} \cdot \left( \frac{12}{t_{c,op,d}} - 1 \right)$

mit:

$\dot{Q}_{source,\max}$ Summe der Wärmequellen am Auslegungstag innerhalb der betrachteten Gebäudezone gemäß Gleichung 2

$\dot{Q}_{sink,\max}$ Summe der internen Wärmesenken am Auslegungstag innerhalb der betrachteten Gebäudezone gemäß Gleichung 3

$\tau$ Zeitkonstante der Gebäudezone gemäß Gleichung 4

$t_{c,op,d}$ tägliche Betriebsdauer der Kühlanlage

$\Delta \vartheta$ zugelassene Schwankung der Innentemperatur. Es gilt: $3\text{ K} \leq \Delta \vartheta \leq 6\text{ K}$; wenn $\Delta \vartheta > 6$ K, ist $\Delta \vartheta = 6$ zu setzen; für $\Delta \vartheta < 3$ darf das Schätzverfahren nicht angewendet werden; Empfehlung: $\Delta \vartheta = 4$ (22 °C $\leq \vartheta \leq$ 26 °C)

$C_{wirk,Hüll}$ die auf die Hüllfläche $A_{Hüll}$ bezogene wirksame Wärmespeicherfähigkeit der Gebäudezone, nach der mittleren Dichte der Hüllfläche gemäß Gleichung 5 klassifiziert. Die Klassifizierung erfolgt gemäß Klassifizierung der Raumtypen anhand der mittleren Dichte der Hüllfläche $\rho_{m,Hüll}$.

$A_{Hüll}$ Hüllfläche; diese ist gleich der Raumumschließungsfläche, wobei nicht vorhandene Trennwände als virtuelle Flächen zu berücksichtigen sind.

$t_{C,wirk,bez}$ Bezugszeit
für Kühllastzone 1, 2 und 3 $t_{C,wirk,bez} = 60$ h,
für Kühllastzone 4 $t_{C,wirk,bez} = 85$ h

Wärmequellen und Wärmesenken haben ein positives Vorzeichen. Wände zu Kellern und anders temperierten Nebenräumen werden wie Außenwände behandelt.

**Tab. 1.4-14** Klassifizierung der Raumtypen anhand der mittleren Dichte der Hüllfläche mit anzusetzender wirksamer Wärmespeicherkapazität

| Raumtyp | $\rho_{m,Hüll}$ | $C_{wirk,Hüll}$ |
|---|---|---|
| | kg/m³ | Wh/(K m²) |
| XL | $\leq$ 350 | 5 |
| L | > 350 bis $\leq$ 600 | 15 |
| M | > 600 bis $\leq$ 1.200 | 30 |
| S | > 1.200 bis $\leq$ 1.800 | 60 |
| XS | > 1.800 | 130 |

### Term 1:

Der Faktor 0,9 ergibt sich aus umfangreichen Simulationsrechnungen. Im Gegensatz zu Abbildung 1.4-9, wo der Faktor mit 0,8 ausgewiesen wird (ergibt sich aus einer Energiebedarfsrechnung), stellt die überschlägig ermittelte maximale Kühllast $\dot{Q}_{c,\max}$ einen „Worst-Case"-Fall dar.

Der Klammerausdruck $\left(\dot{Q}_{source,\max} - \dot{Q}_{sink,\max}\right)$ beinhaltet die solaren Wärmeeinträge, die Transmissionsgewinne und -senken, die Lüftungswärmequellen (ohne mechanische Lüftung) sowie die internen Wärmequellen und -senken.

Insgesamt lassen sich die Wärmequellen und -senken wie folgt zusammenfassen:

$$\dot{Q}_{source;\max} = \dot{Q}_S + \dot{Q}_T + \dot{Q}_V + \dot{Q}_{I;source} \qquad (2)$$

$$\dot{Q}_{sink,\max} = \dot{Q}_S + \dot{Q}_T + \dot{Q}_V + \dot{Q}_{I;sink} \qquad (3)$$

mit:

$\dot{Q}_S$ solarer Wärmeeintrag gemäß Gleichungen 7 bis 9

$\dot{Q}_T$ Transmissionswärmequellen bzw. -senken gemäß Gleichung 11

$\dot{Q}_V$ Lüftungswärmequellen bzw. -senken gemäß Gleichung 13

$\dot{Q}_{I,sink}$ interne Wärmesenken gemäß Gleichung 14a

$\dot{Q}_{I,source}$ interne Wärmequellen gemäß Gleichung 14b

Die Ermittlung des solaren Wärmeeintrags für opake und transparente Bauteile basiert auf bekannten Zusammenhängen, wobei bei opaken Bauteilen die Abstrahlung zwischen Bauteil und Himmel und bei transparenten Bauteilen ein Gesamtenergiedurchlassgrad $g_{tot}$ sowie die maximale stündliche solare Einstrahlung $I_{S,\max}$ am Auslegungstag berücksichtigt werden (s. Abschnitt *Solarer Wärmeeintrag*).

Transmissionswärmequellen bzw. -senken werden in bekannter Weise entsprechend der Heizlastermittlung nach außen und gegen Nebenräume berechnet (s. Abschnitt *Transmissionswärmequellen bzw. -senken*).

Bei der Berechnung der Lüftungswärmequellen und -senken ohne mechanische Lüftung werden die Tagesmittel der Außenlufttemperatur der Klimazone am Auslegungstag $\vartheta_{a,mittel,CDD}$ verwendet (s. Abschnitt *Lüftungswärmequellen bzw. -senken*).

Die internen Wärmequellen und -senken werden als mittlere Wärmeströme während der Betriebszeit der RLT-Anlage berücksichtigt (s. Abschnitt *Interne Wärmequellen bzw. -senken*).

**Term 2:**

Mit diesem Term wird als dynamische Komponente die Auswirkung der Wärmespeicherfähigkeit der Gebäudezone berücksichtigt. Die wesentliche Größe ist dabei die Zeitkonstante $\tau$ , die in Abhängigkeit der wirksamen Wärmespeicherfähigkeit, der Transmissionswärmeverluste und der Lüftungswärmeverluste infolge Infiltration nach Gleichung 4 berechnet wird:

$$\tau = C_{wirk;Hüll} \cdot \left( \frac{A_{Hüll}}{\left(U_{AW} \cdot A_{op;AW} + U_{DA} \cdot A_{op;DA} + U_{tr} \cdot A_{tr} + H_{V;\inf}\right)} \right) \tag{4}$$

mit:

$C_{wirk,Hüll}$ die auf die Hüllfläche $A_{Hüll}$ bezogene wirksame Wärmespeicherfähigkeit der Gebäudezone; nach der mittleren Dichte der Hüllfläche gemäß Gleichung 5 klassifiziert. Die Klassifizierung erfolgt gemäß Klassifizierung der Raumtypen anhand der mittleren Dichte der Hüllfläche (s. a. Tabelle 1.4-14).

$A_{Hüll}$ Hüllfläche; diese ist gleich der Raumumschließungsfläche, wobei nicht vorhandene Trennwände als virtuelle Flächen zu berücksichtigen sind.

$U_i$ Wärmeübergangskoeffizient des Bauteils $i$ mit $i = AW$ (Außenwand), $i = DA$ (Dach) und $i = tr$ (transparentes Bauteil)

$A_i$ Fläche des Bauteils $i$ mit $i = op,AW$ (opake Fläche der Außenwand), $i = op,DA$ (opake Fläche des Dachs) und $i = tnr$ (transparente Bauteilfläche)

$H_{V,\mathrm{inf}}$ der Wärmetransferkoeffizient für Infiltration, ohne mechanische Lüftung gemäß Gleichung 6

Die auf die Hüllfläche bezogene mittlere Dichte $\rho_{m,Hüll}$ wird nach Gleichung 5 berechnet:

$$\rho_{m;Hüll} = \frac{1}{A_{Hüll}} \cdot \sum_{BT_{i=1}}^{i=n} \frac{A_{BT;i}}{0,5 \cdot d_{BT;i}} \cdot \sum_{Schicht;j=1}^{j=k} \left(\rho_{Schicht;j} \cdot d_{Schicht;j}\right) \qquad (5)$$

mit:

$A_{BT}$ Fläche des Bauteils (inklusive virtueller Bauteile – virtueller Raumbegrenzungsflächen z. B. im Großraum)

$d_{BT}$ Dicke des Bauteils

$d_{Schicht,j}$ Dichte der $j$-ten Schicht im Bauteil $i$

Bei der Berechnung der auf die Hüllfläche bezogenen mittleren Dichte $\rho_{m,Hüll}$ nach Gleichung 5 ist das Folgende zu beachten:

- Bei an das Erdreich grenzenden Bauteilen ist das Erdreich nicht einzubeziehen. Das Erdreich wird auch nicht bei der Ermittlung der Dicke des Bauteils $d_{BT}$ berücksichtigt.
- Bei im Raum liegenden Bauteilen sind beide Flächen jeweils mit der gesamten Bauteildicke zu berücksichtigen.
- Im Summanden $\sum_{j=1}^{n} \left(\rho_{Schicht} \cdot d_{Schicht}\right)_j$ werden nur Schichten berücksichtigt, für die gilt: $d_{Schicht} > 0{,}01$ m und $\rho_{Schicht} > 200$ kg/m$^3$
- Virtuelle Flächen sind bei der Ermittlung der Hüllfläche $A_{Hüll}$ zu berücksichtigen.

Der Wärmetransferkoeffizient für Infiltration $H_{V,\mathrm{inf}}$ wird entsprechend der DIN V 18599-2 mit Gleichung 6 berechnet:

$$H_{V,\mathrm{inf}} = \dot{V}_{z,d} \cdot c_{p,a} \cdot \rho_a = n \cdot V_Z \cdot c_{p,a} \cdot \rho_a \qquad (6)$$

mit:

$\dot{V}_{z,d}$ der im Tagesmittel aus der benachbarten Zone eintretende Volumenstrom

$V_Z$ Luftvolumen der Zone

$n$ Luftwechsel (LW); Standardwert für den stündlichen Luftwechsel infolge Infiltration: $n = 0{,}1\ 1/h$

$c_{p,a} \cdot \rho_a$ Produkt aus der spezifischen Wärmekapazität und der Dichte der Luft; entsprechend DIN V 18599-2 gilt: $c_{p,a} \cdot \rho_a = 0{,}34\ Wh/(m^3 \cdot K)$

**Term 3:**
Berücksichtigt, dass sich die Kühllast dadurch reduziert, dass anstelle eines konstanten Sollwerts für die Raumtemperatur ein Schwankungsbereich für die Raumsolltemperatur zugelassen wird.

Diese Reduktion hängt neben dem zulässigen Schwankungsbereich für die Raumsolltemperatur von der wirksamen Wärmespeicherfähigkeit der Gebäudezone ab (s. a. Term 2) und dem Außenklima ab. Letzteres wird durch eine in Abhängigkeit der Klimazone gewählte Bezugszeit berücksichtigt.

Die Bezugszeit in Verbindung mit der wirksamen Wärmespeicherfähigkeit ist ein Maß für das dynamische Verhalten der Gebäudezone.

**Term 4:**
Die Betriebsdauer der Kühlanlage beeinflusst ebenfalls die Kühllast, wobei dieser Einfluss mit zunehmender wirksamer Wärmespeicherfähigkeit zunimmt.

Nach David, R. et al. [21] sollte die Betriebsdauer der Raumkühlanlage i. d. R. drei Stunden länger als die Nutzungszeit der Gebäudezone gewählt werden.

### Solarer Wärmeeintrag $\dot{Q}_S$

Der solare Wärmeeintrag setzt sich aus dem Anteil über opake und über transparente Bauteile zusammen:

$$\dot{Q}_S = \dot{Q}_{S,op} + \dot{Q}_{Str} \tag{7}$$

mit:

$$\dot{Q}_{S;op} = \sum_{i=1}^{n} \frac{1}{\alpha_a} \cdot U \cdot A \cdot \left(a \cdot I_{S;\max} / 3 - F_f \cdot h_r \cdot \Delta \vartheta_{ar}\right)_i \tag{8}$$

und

$$\dot{Q}_{Str} = \sum_{i=1}^{n} \left( A \cdot F_F \cdot F_V \cdot g_{tot} \cdot I_{S;\max} \right)_i \qquad (9)$$

mit:

| | |
|---|---|
| $\dot{Q}_{S,op}$ | solarer Wärmeeintrag über opake Bauteile |
| $\dot{Q}_{Str}$ | solarer Wärmeeintrag über transparente Bauteile |
| $A$ | Fläche des opaken bzw. transparenten Bauteils $i$ |
| $\alpha_a$ | äußere Wärmeübergangszahl |
| $U$ | Wärmedurchgangskoeffizient des Bauteils $i$ |
| $a$ | Absorptionskoeffizient des Bauteils für Solarstrahlung gemäß Standardwerte für den Strahlungsabsorptionsgrad verschiedener Oberflächen (Tabelle 1.4-15) |
| $I_{S,\max}$ | maximale solare Einstrahlung am Auslegungstag gemäß maximaler solarer Einstrahlung am Auslegungstag (Tabelle 1.4-16) |
| $F_f$ | Formfaktor zwischen Bauteil und Himmel<br>$F_f = 1$ für waagerechte Bauteile bis zu einer Neigung von 45°<br>$F_f = 0{,}5$ für senkrechte Bauteile ab einer Neigung von 45° |
| $h_r$ | äußerer Abstrahlungskoeffizient gemäß Gleichung 10 |
| $\Delta \vartheta_{ar}$ | mittlere Differenz zwischen der Temperatur der Umgebungsluft und der scheinbaren Temperatur des Himmels; für das Abschätzverfahren gilt: $\Delta \vartheta_{ar} = 10$ K |
| $F_F$ | Abminderungsfaktor für den Rahmenanteil (Glasanteil = 1 – Rahmenanteil) |
| $F_V$ | Verschmutzungsfaktor, in der Regel 1,0 |
| $g_{tot}$ | Gesamtenergiedurchlassgrad nach den Kennwerttabellen (siehe Anhang A: Tabellen A1 bis A11) oder nach Herstellerangaben |

$$h_r = 5 \cdot \varepsilon \qquad (10)$$

mit:

| | |
|---|---|
| $\varepsilon$ | Emissionsgrad für Wärmestrahlung der Außenfläche<br>Wenn keine Werte für den Emissionsgrad für Wärmestrahlung der Außenfläche bekannt sind, wird gemäß DIN V 18599-2 mit $\varepsilon = 0{,}9$ gerechnet. |

**Tab. 1.4-15** Standardwerte für den Strahlungsabsorptionsgrad verschiedener Oberflächen im energetisch wirksamen Spektrum des Sonnenlichts

| **Oberfläche** | **Strahlungsabsorptionsgrad *a*** |
|---|---|
| Wandoberflächen: | |
| *heller Anstrich* | 0,4 |
| *gedeckter Anstrich* | 0,6 |
| *dunkler Anstrich* | 0,8 |
| Klinkermauerwerk | 0,8 |
| helles Sichtmauerwerk | 0,6 |
| Dächer (Beschaffenheit): | |
| *ziegelrot* | 0,6 |
| *dunkle Oberfläche* | 0,8 |
| *Metall (blank)* | 0,2 |
| *Bitumendachbahn (besandet)* | 0,6 |

**Tab. 1.4-16** Maximale solare Einstrahlung am Auslegungstag

| **Referenzklima Deutschland** | | **Maximale Strahlungsintensitäten am Auslegungstag in W/m$^2$** | |
|---|---|---|---|
| **Orientierung**[a)] | **Neigung in Grad**[b)] | **Juli** | **September** |
| H | 0 | 927 | 709 |
| S | 90 | 605 | 783 |
| SO | 90 | 690 | 785 |
| SW | 90 | 690 | 791 |
| O | 90 | 739 | 645 |
| W | 90 | 739 | 651 |
| NW | 90 | 533 | 321 |
| NO | 90 | 533 | 306 |
| N | 90 | 164 | 132 |

a) Wenn die aktuelle Himmelsrichtung mehr als 10° abweicht, ist die Himmelsrichtung mit der höheren Strahlungsintensität zu wählen.

b) Für Neigungswinkel von 0° bis 60° sind die Werte der Neigung 0°, für größere Neigungswinkel die Werte der Neigung 90° anzusetzen.

### Transmissionswärmequellen bzw. -senken $\dot{Q}_T$

Die Transmissionswärmequellen bzw. -senken $\dot{Q}_T$ setzen sich aus denen nach außen und denen gegen Nachbarräume zusammen:

$$\dot{Q}_T = \sum_{AW_{i=1}}^{i=n} \left( U_{AW} \cdot A_{AW} \cdot \Delta \vartheta_{AW} \right) + \sum_{NR_{j=1}}^{j=k} \left( U_{NR} \cdot A_{NR} \cdot \Delta \vartheta_{NR} \right) \qquad (7)$$

mit:

$\Delta\vartheta_{AW}$ $(\vartheta_{a,mittel,CDD} - \vartheta_{i,c,\max,d}) > 4\,K$; bei Wärmequellen von außen*)

$\Delta\vartheta_{NR}$ $(\vartheta_{NR} - \vartheta_{i,c,\max,d}) > 4\,K$; bei Wärmequellen aus Nachbarräumen, Erdreich etc. *)

$\Delta\vartheta_{AW}$ $(\vartheta_{i,c,\max,d} - \vartheta_{a,mittel,CDD}) > 4\,K$; bei Wärmesenken gegen außen*)

$\Delta\vartheta_{NR}$ $(\vartheta_{i,c,\max,d} - \vartheta_{NR}) > 4\,K$; bei Wärmesenken gegen Nachbarräume, Erdreich etc.*)

$\vartheta_{i,c,\max d}$ Tagesmittelwert der Innentemperatur bei Auslegung, mit $\vartheta_{i,c,\max d}$ nach Gleichung 12

$\vartheta_{a,mittel,CDD}$ Tagesmittelwert der Außentemperatur der Klimazone (Abbildung 1.4-8) am Auslegungstag nach Tabelle 1.4-17

$U_{AW}$ Wärmedurchgangskoeffizient der Außenwand

$U_{NR}$ Wärmedurchgangskoeffizient der Wand zum Nachbarraum

$A_{AW}$ Außenwandfläche

$A_{NR}$ Wandfläche zum Nachbarraum

*) Temperaturdifferenzen < $4\,K$ sind zu vernachlässigen.

**Tab. 1.4-17** Tagesmittel der Außenlufttemperatur am Auslegungstag

| **Referenzklima Deutschland** | | **Tagesmittel der Außenlufttemperatur am Auslegungstag in °C** | |
|---|---|---|---|
| **Referenzklima Deutschland** | | **Tagesmittel der Außenlufttemperatur am Auslegungstag in °C** | |
| Referenzort | Klimazone | Juli | September |
| Rostock | 1 und 1a | 23,3*) | 19,4*) |
| Hamburg | 2 | 24,1 | 19,8 |
| Potsdam | 3 | 25,0 | 20,3 |
| Mannheim | 4 | 26,1 | 21,9 |
| Großstadtzentrum | 3 | 28,4 | 23,5 |
| Großstadtzentrum | 4 | 29,7 | 25,2 |

*) Für Orte der Klimazone 1a mit einer Höhenlage über 650 m wird zum Tagesmittel der Außenlufttemperatur eine Höhenkorrektur addiert. Die Höhenkorrektur beträgt –0,3 K je angefangene 50 m Höhe über 650 m. Sie ist begrenzt auf –5,1 K für Höhen über 1500 m.

Die Gleichung zur Berechnung des Tagesmittelwerts der Innentemperatur bei Auslegung lautet:

$$\vartheta_{i,c,\max,d} = \frac{\vartheta_{i,c,\max} - \vartheta_{i,c,soll} - 2\,K}{2} \tag{12}$$

mit:

$\vartheta_{i,c,\max}$ maximal zulässige Innentemperatur am Auslegungstag

$\vartheta_{i,c,soll}$ Raumsolltemperatur

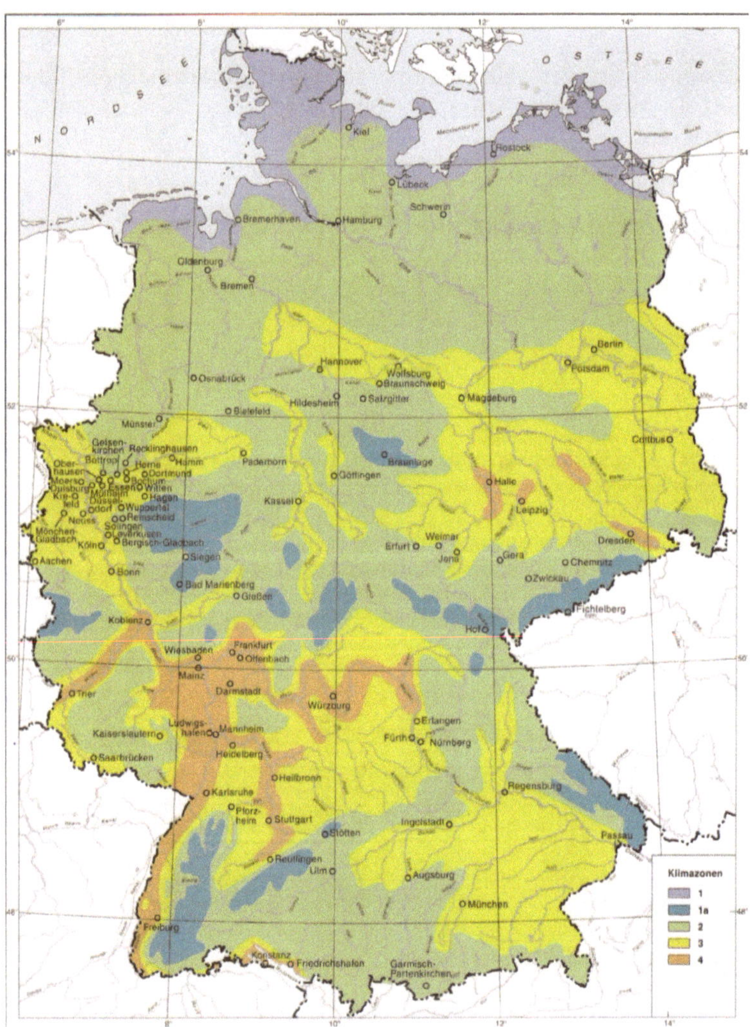


**Abb. 1.4-8** Kühllastzonenkarte nach VDI 2078

### Lüftungswärmequellen bzw. -senken $\dot{Q}_V$

$$\dot{Q}_V = \dot{V} \cdot c_L \cdot \rho_L \cdot \left(\vartheta_{a;mittel;CDD} - \vartheta_{i;c;\max,d}\right) \quad (13)$$

mit:

$\Delta \vartheta_L$ $\left(\vartheta_{a,mittel,CDD} - \vartheta_{i,c,\max,d}\right)$ bei Wärmequellen

$\Delta \vartheta_L$ $\left(\vartheta_{i,c,\max,d} - \vartheta_{a,mittel,CDD}\right)$ bei Wärmesenken

### Interne Wärmequellen und -senken ($\dot{Q}_{I,source}$ und $\dot{Q}_{I,sink}$)

Die internen Wärmequellen und -senken werden als Tagesmittelwert über die Betriebszeit der Raumkühlanlage wie folgt berechnet:

$$\dot{Q}_{I,sink} = \frac{\sum_{h=1}^{24} \dot{Q}_{I;sink;h}}{t_{c;op;d}} \quad (14a)$$

$$\dot{Q}_{I;source} = \frac{\sum_{h=1}^{24} \dot{Q}_{I;source;h}}{t_{c;op;d}} \quad (14b)$$

mit:

$\dot{Q}_{I,sink}$ Leistung der Wärmesenke zur Stunde h

$\dot{Q}_{I,source}$ Leistung der Wärmequelle zur Stunde h

$t_{c;op;d}$ tägliche Betriebsdauer der Raumkühlanlage

Die wesentlichen internen Wärmequellen sind die Personenwärme, die Beleuchtungswärme sowie die Gerätewärme.

### Personenwärme $\dot{Q}_P \equiv \Phi_M$ und Feuchtelast von Personen $\dot{m}_{Pers,\ Wasserdampf}$

Die sensible Wärmeabgabe von Personen wird in Abhängigkeit des Aktivitätsgrads und der Raumlufttemperatur (Auslegungswert) wie folgt berechnet:

Aktivitätsgrad I: $\dot{Q} = 161 - 3{,}8 \cdot \vartheta_{P,D}$ (15a)

Aktivitätsgrad II: $\dot{Q} = 166 - 3{,}8 \cdot \vartheta_{P,D}$ (15b)

Aktivitätsgrad III: $\dot{Q} = 183 - 4{,}1 \cdot \vartheta_{P,D}$ 15c)

Aktivitätsgrad IV: $\dot{Q} = 263 - 8{,}6 \cdot \vartheta_{P,D}$ (15d)

mit:

$\dot{Q}$ sensible Wärmeabgabe in W/Pers

$\vartheta_{P,D}$ Auslegungstemperatur (Designwert) in °C

Die Aktivitätsgrade sind dabei wie folgt definiert:

Aktivitätsgrad I: entspannt sitzend

Aktivitätsgrad II: sitzende Tätigkeit (Büro, Schule Labor)

Aktivitätsgrad III: stehend, leichte Tätigkeit (Laden, Labor, Leichtindustrie)

Aktivitätsgrad IV: stehend, mittelschwere Tätigkeit (Laborgehilfe, Maschinenarbeit)

Die Wasserdampfabgabe von Personen, die für die Auslegung der RLT-Anlage benötigt wird, wird wie folgt berechnet:

Aktivitätsgrad I: $\dot{m}_{Pers,Wasserdampf} = -86 + 5{,}4 \cdot \vartheta_{P,D}$ (16a)

Aktivitätsgrad II: $\dot{m}_{Pers,Wasserdampf} = -58 + 5{,}4 \cdot \vartheta_{P,D}$ (16b)

Aktivitätsgrad III: $\dot{m}_{Pers,Wasserdampf} = -18 + 5{,}8 \cdot \vartheta_{P,D}$ (16c)

Aktivitätsgrad IV: $\dot{m}_{Pers,Wasserdampf} = -78 + 9{,}4 \cdot \vartheta_{P,D}$ (16d)

mit:

$\dot{m}_{Pers,Wasserdampf}$ Wasserdampfabgabe in g/(h Pers)

$\vartheta_{P,D}$ Auslegungstemperatur (Designwert) in °C

### Beleuchtungswärme $\dot{Q}_{Bel} \equiv \Phi_{Bel}$

Angaben zu der Beleuchtungswärme ist bevorzugt den technischen Daten des Beleuchtungsherstellers zu entnehmen. Sollten diese Daten noch nicht vorliegen, kann die Beleuchtungswärme mithilfe des sog. Tabellenverfahrens der DIN V 18599-4 abgeschätzt werden. Danach ist die spezifische elektrische Bewertungsleistung $P_j$ wie folgt zu ermitteln:

$$P_j = p_{j,lx} \cdot \overline{E}_m \cdot k_A \cdot k_L \cdot k_R \tag{17}$$

mit:

$p_{j,lx}$ flächenbezogene elektrische Bewertungsleistung je lx (Tabelle 1.4-18)

$\overline{E}_m$ Wartungswert der Beleuchtungsstärke (Tabelle 1.4-19)

$k_A$ Minderungsfaktor zur Berücksichtigung des Bereichs der Sehaufgabe (Tabelle 1.4-19)

$k_L$ Anpassungsfaktor Lampe für nicht stabförmige Leuchtstofflampen (Tabelle 1.4-20)

$k_R$ Anpassungsfaktor Raum (Tabelle 1.4-21), zur Berücksichtigung des Einflusses der Raumauslegung in Abhängigkeit des Raumindex $k$, der nach Gleichung 18 ermittelt wird.

**Tab. 1.4-18** Rechenwerte der flächenbezogenen elektrischen Bewertungsleistung $p_{j,lx}$ je lx Wartungswert der Beleuchtungsstärke auf der Nutzebene für Leuchten mit stabförmigen Leuchtstofflampen

| Beleuchtungsart | Spezifische elektrische Bewertungsleistung in W/(m² lx) | | |
|---|---|---|---|
| | EVG | VVG | KVG |
| Direkt | 0,05 | 0,057 | 0,062 |
| Direkt/indirekt | 0.06 | 0,068 | 0,074 |
| Indirekt | 0,10 | 0,114 | 0,123 |

**Tab. 1.4-19** Wartungswert der Beleuchtungsstärke $\overline{E}_m$ und Minderungsfaktor Bereich Seh-Aufgabe $k_A$ nach DIN V 18599

| Lfd. Nr. | Nutzung | Wartungswert der Beleuchtungs-stärke | Minderungsfaktor Bereich Seh-Aufgabe |
|---|---|---|---|
| | | $\overline{E}_m$ | $k_A$ |
| | | Lux (lx) | |
| 1 | Einzelbüro | 500 | 0,84 |
| 2 | Gruppenbüro (zwei bis sechs Arbeitsplätze) | 500 | 0,92 |
| 3 | Großraumbüro (ab sieben Arbeitsplätze) | 500 | 0,93 |
| 4 | Besprechung, Sitzung, Seminar | 500 | 0,93 |
| 5 | Schalterhalle | 200 | 0,87 |
| 6 | Einzelhandel / Kaufhaus | 300 | 0,93 |
| 7 | Einzelhandel / Kaufhaus (Lebensmittelabteilung mit Kühlprodukten) | 300 | 0,93 |
| 8 | Klassenzimmer (Schule), Gruppenraum (Kindergarten) | 300 | 0,97 |
| 9 | Hörsaal, Auditorium | 500 | 0,92 |
| 10 | Bettenzimmer | 300 | 1,00 |
| 11 | Hotelzimmer | 200 | 1,00 |
| 12 | Kantine | 200 | 0,97 |
| 13 | Restaurant | 200 | 1,00 |

**Tab. 1.4-19** Wartungswert der Beleuchtungsstärke $\overline{E}_m$ und Minderungsfaktor Bereich Seh-Aufgabe $k_A$ nach DIN V 18599 (Forts.)

| Lfd. Nr. | Nutzung | Wartungswert der Beleuchtungs-stärke | Minderungsfaktor Bereich Seh-Aufgabe |
|---|---|---|---|
| | | $\overline{E}_m$ | $k_A$ |
| | | Lux (lx) | |
| 14 | Küchen in Nichtwohngebäuden | 500 | 0,96 |
| 15 | Küche – Lager, Vorbereitung | 300 | 1,00 |
| 16 | WC und Sanitärräume in Nichtwohngebäuden | 200 | 1,00 |
| 17 | sonstige Aufenthaltsräume | 300 | 0,93 |
| 18 | Nebenflächen (ohne Aufenthaltsräume) | 100 | 1,00 |
| 19 | Verkehrsflächen | 100 | 1,00 |
| 20 | Lager, Technik, Archiv | 100 | 1,00 |
| 21 | Rechenzentrum | 500 | 0,96 |
| 22 | Gewerbliche und industrielle Hallen – schwere Arbeit – stehende Tätigkeit | 300 | 0,85 |
| 22.1 | Gewerbliche und industrielle Hallen – mittelschwere Arbeit – überwiegend stehende Tätigkeit | 400 | 0,85 |
| 22.2 | Gewerbliche und industrielle Hallen – leichte Arbeit – überwiegend sitzende Tätigkeit | 500 | 0,85 |
| 23 | Zuschauerbereich (Theater und Veranstaltungsbauten) | 200 | 0,97 |
| 24 | Foyer (Theater und Veranstaltungsbauten) | 300 | 1,00 |
| 25 | Bühne (Theater und Veranstaltungsbauten) | 1.000 | 0,90 |
| 26 | Messe / Kongress | 300 | 0,93 |
| 27 | Ausstellungsräume und Museum mit konservatorischen Anforderungen | 200 | 0,88 |
| 28 | Bibliothek – Lesesaal | 500 | 0,88 |
| 29 | Bibliothek – Freihandbereich | 200 | 1,00 |
| 30 | Bibliothek – Magazin, Depot | 100 | 1,00 |
| 31 | Turnhalle (ohne Zuschauerbereich) | 300 | 1,00 |
| 32 | Parkhäuser (Büro- und Privatnutzung) | 75 | 1,00 |
| 33 | Parkhäuser (öffentliche Nutzung) | 75 | 1,00 |
| 34 | Saunabereich | 200 | 1,00 |
| 35 | Fitnessraum | 300 | 1,00 |
| 36 | Labor | 500 | 0,92 |

**Tab. 1.4-19** Wartungswert der Beleuchtungsstärke $\overline{E}_m$ und Minderungsfaktor Bereich Seh-Aufgabe $k_A$ nach DIN V 18599 (Forts.)

| Lfd. Nr. | Nutzung | Wartungswert der Beleuchtungsstärke | Minderungsfaktor Bereich Seh-Aufgabe |
|---|---|---|---|
| | | $\overline{E}_m$ | $k_A$ |
| | | Lux (lx) | |
| 37 | Untersuchungs- und Behandlungsräume | 500 | 1,00 |
| 38 | Spezialpflegebereiche *) | 300 | 1,00 |
| 39 | Flure des allgemeinen Pflegbereichs | 125 | 1,00 |
| 40 | Arztpraxen und Therapeutische Praxen | 500 | 1,00 |
| 41 | Lagerhallen, Logistikhallen | 150 | 1,00 |
| *) Für Aufwachraum des OP-Bereiche sind 500 lx erforderlich (DIN EN 12646; 2008-12) | | | |

**Tab. 1.4-20** Anpassungsfaktor $k_L$ für unterschiedliche Lampentypen

| Lampenart | | Anpassungsfaktor $k_L$ |
|---|---|---|
| Glühlampen | | 6 |
| Halogenglühlampen | | 5 |
| Leuchtstofflampen kompakt mit | EVG | 1,2 |
| | VVG | 1,2 |
| | KVG | 1,5 |
| Metallhalogen-Hochdruck mit KVG | | 1 |
| Natrium-Hochdruck mit KVG | | 0,8 |
| Quecksilberdampf-Hochdruck mit KVG | | 1,7 |

**Tab. 1.4-21** Anpassungsfaktor $k_R$ zur Berücksichtigung des Einflusses der Raumauslegung in Abhängigkeit des Raumindex $k$

| Beleuchtungsart | Anpassungsfaktor $k_R$ | | | | | | | | | | | |
|---|---|---|---|---|---|---|---|---|---|---|---|---|
| | Raumindex $k$ | | | | | | | | | | | |
| | 0,6 | 0,7 | 0,8 | 0,9 | 1,0 | 1,25 | 1,5 | 2,0 | 2,5 | 3,0 | 4,0 | 5,0 |
| Direkt | 1,08 | 0,97 | 0,89 | 0,82 | 0,77 | 0,68 | 0,63 | 0,58 | 0,55 | 0,53 | 0,51 | 0,48 |
| Direkt/ Indirekt | 1,3 | 1,17 | 1,06 | 0,97 | 0,90 | 0,79 | 0,72 | 0,64 | 0,58 | 0,56 | 0,53 | 0,53 |
| Indirekt | 1,46 | 1,25 | 1,08 | 0,95 | 0,85 | 0,69 | 0,60 | 0,52 | 0,47 | 0,44 | 0,42 | 0,39 |

Bei genauer Kenntnis der Raumgeometrie wird der der Raumindex $k$ wie folgt berechnet:

$$k = \frac{a_R \cdot b_R}{(h_{Pe} - h_{Ne}) \cdot (a_R \cdot b_R)} \tag{18}$$

mit:

| | |
|---|---|
| $a_R$ | Raumtiefe |
| $b_R$ | Raumbreite |
| $h_{Pe}$ | Höhe der Leuchtenebene über dem Fußboden |
| $h_{Ne}$ | Höhe der Nutzebene über dem Fußboden |

Ergibt sich bei der Berechnung des Raumindex ein Wert, der kleiner als 0,6 ist, wird vereinfachend $k = 0{,}6$ angesetzt.

Ist die Raumgeometrie nicht bekannt, können in Abhängigkeit des Nutzungsprofils Anhaltswerte für den Raumindex $k$ der DIN V 18599 entnommen werden.

### Gerätewärme $\dot{Q}_{Ger} \equiv \Phi_M$

Die Wärmeabgabe von einigen typischen Bürogeräten kann den durchschnittlichen Leistungsaufnahmen von Computern bis zu Druckern der Tabelle 1.4-10 bzw. aus den Tabellen 1.4-8 und 1.4-9 entnommen werden.

Insgesamt kann in guter Näherung die Wärmeabgabe mit der durchschnittlichen Leistungsaufnahme des Geräts gleichgesetzt werden.

Die Angabe der Nennleistung auf dem Typenschild des Geräts dient der Dimensionierung der elektrischen Leitungen und ist damit deutlich größer als die durchschnittliche Leistungsaufnahme des Geräts. Diese Angabe kann daher für die Ermittlung der Wärmeabgabe eines Geräts nicht verwendet werden.

### Genauigkeit des Verfahrens

Anhang C der VDI 2078 enthält zwei Beispiele für die Kühllastabschätzung für die Standorte Mannheim (MA) und Hamburg (HH) für eine wenig schwingende Raumlufttemperatur $\Delta\vartheta = 3$ K (Variante 1) und eine stark schwingende Raumlufttemperatur $\Delta\vartheta = 5$ K (Variante 2). Der Vergleich der Ergebnisse zwischen der überschlägig ermittelten Kühllast $\dot{Q}_{c,\max}$ und der nach dem EDV-Verfahren (mit der Anlagentechnik gekoppelte Gebäudesimulation) berechneten Kühllast $\dot{Q}_{c,VDI}$ zeigt den Vorteil des EDV-Verfahrens. Beim Vergleich der Ergebnisse zwischen den Varianten 1 und 2 wird deutlich, dass das Abschätzverfahren insbesondere durch die Nichtberücksichtigung der Regelstrategie der Anlagentechnik und die nur vereinfachte Berücksichtigung der Wärmespeicherfähigkeit der Gebäudezone nicht in der Lage ist, Effekte, wie sie z. B. durch eine Änderung der zulässigen Raumlufttemperaturschwankung entstehen, richtig wiederzugeben.

Einen Vergleich der überschlägig ermittelten Kühllast der Gebäudezone mit den Ergebnissen der Gebäudesimulation zeigt Abbildung 1.4-9.

Die Unterschiede zwischen den nach diesen beiden Verfahren berechneten Kühllasten können sehr groß sein und weisen darauf hin, dass eine Kühllastabschätzung nur grobe Orientierungswerte liefern kann. Zum Teil können die Abweichungen bei thermisch schweren Gebäuden gravierend sein (s. a. Tabelle 1.4-22).

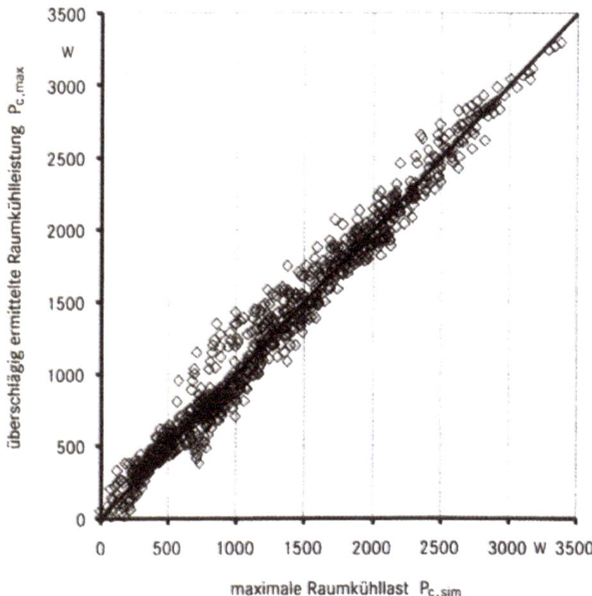


**Abb. 1.4-9** Vergleich der überschlägig ermittelten Kühllast der Gebäudezone mit den Ergebnissen der Gebäudesimulation nach [21]

**Tab. 1.4-22** Vergleich der Ergebnisse der maximalen Kühllast zwischen Abschätzverfahren und Berechnungsverfahren für die Beispiele im Anhang C3 der VDI 2078

| Variante | Typ | Ort | $\dot{Q}_{c,\max}$ | $\dot{Q}_{c,VDI}$ | $\Delta\dot{Q}_c$ | Abweichung von $\dot{Q}_{c,\max}$ bezogen aus $\dot{Q}_{c,VDI}$ |
|---|---|---|---|---|---|---|
| | | | W | W | W | % |
| 1 | XL | HH | -817 | -707 | 110 | +15,6 |
| | L | | -752 | -584 | 168 | +28,8 |
| | M | | -682 | -526 | 156 | +29,7 |
| | S | | -592 | -402 | 190 | +47,3 |
| | XS | | -534 | -137 | 397 | +289,8 |
| | XL | MA | -976 | -935 | 41 | +4,4 |
| | L | | -908 | -838 | 70 | +8,4 |
| | M | | -835 | -795 | 40 | +5,0 |
| | S | | -747 | -683 | 64 | +9,4 |
| | XS | | -770 | -552 | 218 | +39,5 |

**Tab. 1.4-22** Vergleich der Ergebnisse der maximalen Kühllast zwischen Abschätzverfahren und Berechnungsverfahren für die Beispiele im Anhang C3 der VDI 2078 (Forts.)

| Variante | Typ | Ort | $\dot{Q}_{c,\max}$ | $\dot{Q}_{c,VDI}$ | $\Delta\dot{Q}_c$ | Abweichung von $\dot{Q}_{c,\max}$ bezogen aus $\dot{Q}_{c,VDI}$ |
|---|---|---|---|---|---|---|
| 2 | XL | HH | -782 | -614 | 168 | +27,4 |
| | L | | -690 | -463 | 227 | +49,0 |
| | M | | -578 | -400 | 178 | +44,5 |
| | S | | -403 | -270 | 133 | +49,3 |
| | XS | | -133 | 0 | 133 | |
| | XL | MA | -946 | -831 | 113 | +13,6 |
| | L | | -858 | -715 | 143 | +20,0 |
| | M | | -756 | -666 | 90 | +13,5 |
| | S | | -608 | -547 | 61 | +11,2 |
| | XS | | -479 | -330 | 149 | +45,2 |

### 1.4.2.4 Abschätzverfahren nach Petzold

In den ersten Phasen des Planungsprozesses ist der Algorithmus nach Petzold [11] (definitionsgemäß wird dort die Kühllast als Wärmelast bezeichnet) besonders gut geeignet, um

- die durch Architekten beeinflussbaren zahlreichen Einflussgrößen bei der Kühllastberechnung darzustellen,
- das thermische Verhalten und das Speicherverhalten der Raumumschließungskonstruktion allgemeingültig und nicht konstruktionsabhängig beurteilen zu können.

Deshalb wird auf dieses Modell eingegangen. Unter Berücksichtigung der Toleranzbreite der Belastungswerte sind die Ergebnisse der Kühllastberechnung hinreichend genau und können für die Berechnung des sich durch die Belastung ergebenden zeitlichen Verlaufs der resultierenden Raumlufttemperatur (s. a. Kapitel 1.4.3) verwendet werden.

Aus planungstechnischen Gründen und wegen der Praktikabilität ist es zweckmäßig, die Kühllast als ***spezifische Kühllast*** $\varphi_{KL}$ zu beschreiben, d. h. auf eine Fläche zu beziehen (im Allgemeinen die Fußbodenfläche $A_B$). Spezifische Kühllasten mit anderen Bezugsflächen werden zur Unterscheidung mit $\varphi^*$ bezeichnet.

Der Berechnungsalgorithmus von Petzold [11] ist so aufgebaut, dass sowohl die Belastung als auch die Last mit hinreichender Genauigkeit als eine Kosinusfunktion mit Mittelwert und Amplitude dargestellt werden können.

$$\Phi = \Phi_m + \hat{\Phi} \cdot \cos \omega \; (t - \left(Z_{Q,\max} + \tau_{Ver}\right))$$

### Äußere Kühllast

#### *Strahlungslast*

Die Strahlungslast $\Phi_S$ ist die Kühllast, die durch gestalterische und konstruktive Ansätze in einem breiten Spektrum durch den Architekten und Bauingenieur beeinflusst werden kann. Mit dem verstärkten Einsatz des Baustoffs „Glas“ ist $\Phi_S$ die dominierende äußere Kühllast.

Einflussgrößen bei der Belastung durch Sonnenstrahlung auf die Strahlungslast $\Phi_S$ sind:

***die Fensterscheibe***

- mit der Durchlässigkeit der Scheibenkonstruktion $C_F$ (analog zu $g_{tot}$ nach VDI 2078): Die Durchlässigkeit ist eine Funktion der Anzahl der Fensterscheiben und des Glases bzw. dessen Beschichtung oder Zusammensetzung.
- mit der Verschmutzung der Scheibe $C_V$ : Durch Verschmutzung wird die Absorption erhöht und die Durchlässigkeit verringert.
- mit der Winkelabhängigkeit der Durchlässigkeit $\Gamma$: Die Durchlässigkeit ist eine Funktion des Einfallwinkels $\gamma$ der Strahlung.
- mit dem Glasflächenanteil $F_G = g_F$ (VDI 2078 und DIN 4108-2): berücksichtigt den Versprossungsanteil des Fensters ( $A_w$ entspricht dem baulichen Rohbaumaß)

***die Verschattungsmöglichkeiten***

- äußere Verschattung
  - starrer Sonnenschutz $\sigma_J$ : Vollverschattung und Teilverschattung $F_b$
  - beweglicher Sonnenschutz $\sigma_J$ : Vollverschattung
  - Fensterlaibung $F_b$: Teilverschattung
- innere Verschattung
  - innerer Sonnenschutz $\sigma_J$ : beweglich, Vollverschattung und Teilverschattung

***das thermische Verhalten der inneren Raumumschließungskonstruktion***

- Absorptionsgrad des Fußbodens $a_{S,B}$ (Faktor $C_{AS}$)
- Speicherverhalten des Fußbodens $\eta_S$ bzw. Einfluss des Speicherverhaltens der Raumumschließungskonstruktion

Die Einflussgrößen sind in [11], [12] näher beschrieben. Diese Größen sind Faktoren, die die Strahlungslast reduzieren. Abbildung 1.4-10 zeigt schematisch diese Größen an einem Raum mit Fenster mit der Fläche $A_w$ (Index W steht für „Windows“ = Fenster).

Die Strahlungslast für ein ***ungeschütztes*** Fenster ist

$$\Phi_S = \Phi_{S,m} + \hat{\Phi}_S \cdot \cos\ \varpi\ (t - (t_{S,G} + \tau_W))$$

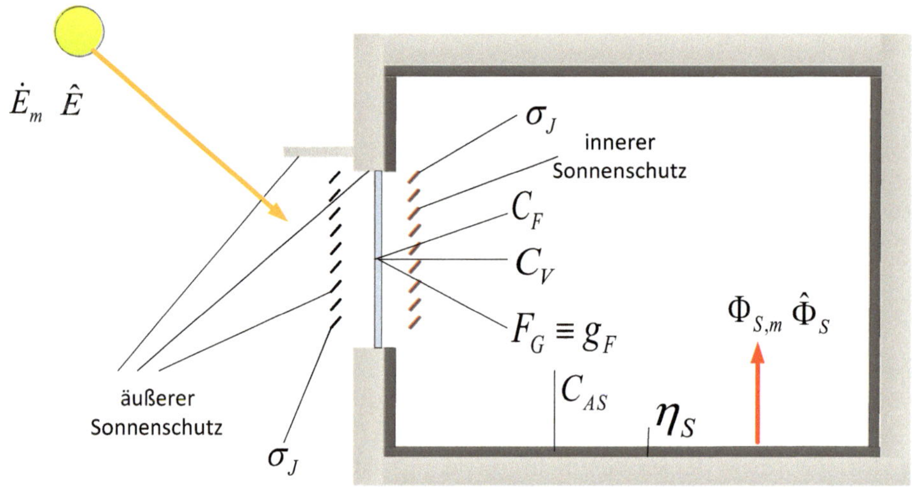

**Abb. 1.4-10** Schematische Darstellung der Einflussgrößen auf die Wärmelast durch Strahlung $\Phi_S$

$$\Phi_{S,m} = (A_w \cdot (F_G \cdot C_F \cdot C_V \cdot F_{b,m} \cdot C_{AS} \cdot \varphi_{F,m})) / 0{,}9$$

$$\hat{\Phi}_S = (A_w \cdot (F_G \cdot C_F \cdot C_V \cdot \hat{F}_{b,m} \cdot C_{AS} \cdot \hat{\varphi}_F)) / 0{,}9$$

Die Vielfalt der meteorologischen Daten bezüglich Strahlung ist für den Planungsprozess mit hinreichender Genauigkeit für einen charakteristischen Sommertag vereinfacht und in Abhängigkeit von Himmelsrichtung, Scheibenanzahl, Speicherverhalten als Mittelwert $\varphi_{F,m}$ Amplitude $\hat{\varphi}_F$ und Zeitpunkt des Maximalwerts $(t_{S,G} + \tau_W)$ in den Tabellen 1.4-23 und 1.4-24 dargestellt.

**Tab. 1.4-23** Tagesmittelwert $\varphi_{F,m}$ der Strahlungslast für ungeschützte Fenster und Fenster mit inneren Verschattungseinrichtungen oder Zwischenjalousien in W/m² bei 52° nördlicher Breite

| Zahl der Scheiben | H | N | NO/NW | O/W | SO/SW | S |
|---|---|---|---|---|---|---|
| 1 | 226 | 56 | 99 | 134 | 137 | 122 |
| 2 | 194 | 50 | 84 | 113 | 112 | 98 |

**Tab. 1.4-24** Amplitude $\hat{q}_F$ der Strahlungslast für ungeschützte und Fenster mit inneren Verschattungseinrichtungen oder Zwischenjalousien in W/m² und Zeitpunkt des Maximums $(t_{S,G} + \tau_W)$ bei 52° nördlicher Breite

| Zahl der Scheiben | $\eta_S$ | | | H | N | NO/NW | O/W | SO/SW | S |
|---|---|---|---|---|---|---|---|---|---|
| 1 | 0,2 | $(t_{S,G} + \tau_W)$ | Uhr | 14 | 14 | 9/19 | 10/18 | 12/16 | 14 |
| | | $\hat{q}_F$ | W/m² | *74* | *12* | *40* | *62* | *63* | *57* |
| | 0,4 | $(t_{S,G} + \tau_W)$ | Uhr | 13 | 13 | 8/18 | 9/17 | 11/15 | 13 |
| | | $\hat{q}_F$ | W/m² | *136* | *22* | *71* | *115* | *119* | *106* |
| | 0,6 | $(t_{S,G} + \tau_W)$ | Uhr | 12 | 12 | 7/17 | 8/16 | 10/14 | 12 |
| | | $\hat{q}_F$ | W/m² | *200* | *32* | *104* | *168* | *174* | *156* |
| 2 | 0,2 | $(t_{S,G} + \tau_W)$ | Uhr | 14 | 14 | 9/19 | 10/18 | 12/16 | 14 |
| | | $\hat{q}_F$ | W/m² | *67* | *10* | *33* | *56* | *56* | *48* |
| | 0,4 | $(t_{S,G} + \tau_W)$ | Uhr | 13 | 13 | 8/18 | 9/17 | 11/15 | 13 |
| | | $\hat{q}_F$ | W/m² | *121* | *20* | *58* | *101* | *103* | *86* |
| | 0,6 | $(t_{S,G} + \tau_W)$ | Uhr | 12 | 12 | 7/17 | 8/16 | 10/14 | 12 |
| | | $\hat{q}_F$ | W/m² | *176* | *28* | *82* | *146* | *148* | *125* |

Für das ***verschattete*** Fenster (Vollverschattung, Teilverschattung, äußerer bzw. innerer Sonnenschutz) gelten analoge Gleichungen mit entsprechenden Faktoren.

Die Strahlungslast ist bei einem äußeren Sonnenschutz mit starren Verschattungseinrichtungen bei Vollverschattung:

$$\Phi_{S,m} = A_w \cdot (F_G \cdot C_F \cdot \sigma_{J,m} \cdot C_{AS} \cdot \phi^*_{F,m})$$

$$\hat{\Phi}_S = A_w \cdot (F_G \cdot C_F \cdot \sigma_J \cdot C_{AS} \cdot \hat{\varphi}^*_F)$$

Die Strahlungswerte $\varphi^*_{F,m}$ und $\hat{\varphi}^*_F$ sind in Abhängigkeit von der Himmelsrichtung, der Trübung $T$, der Scheibenanzahl und dem Speichervermögen $\eta_S$ in den Tabellen 1.4-25 und 1.4-26 zusammengestellt.

**Tab. 1.4-25** Tagesmittelwert der Strahlungslast $\varphi^*_{F,m}$ für Fenster mit äußerer Verschattungseinrichtung in W/m² bei 52° nördlicher Breite

| T | Zahl der Scheiben | H | N | NO/NW | O/W | SO/SW | S |
|---|---|---|---|---|---|---|---|
| 4 | 1 | 51 | 44 | 55 | 55 | 55 | 55 |
| | 2 | 45 | 39 | 48 | 48 | 48 | 48 |
| 6 | 1 | 75 | (44) | 57 | 60 | 75 | 75 |
| | 2 | 66 | (39) | 50 | 52 | 66 | 66 |

**Tab. 1.4-26** Amplitude der Strahlungslast $\hat{\varphi}^*_F$ für Fenster mit äußerer Verschattungseinrichtung in W/m² bei T = 4 (Strahlungstag) bei 52° nördlicher Breite

| Zahl der Scheiben | $\eta_S$ | H | N | NO/NW | O/W | SO/SW | S |
|---|---|---|---|---|---|---|---|
| 1 | 0,20 | 11 | 13 | 15 | 16 | 16 | 16 |
| | 0,40 | 21 | 24 | 27 | 30 | 30 | 30 |
| | 0,60 | 31 | 36 | 40 | 44 | 44 | 44 |
| 2 | 0,20 | 10 | 12 | 13 | 16 | 16 | 16 |
| | 0,40 | 19 | 22 | 25 | 30 | 30 | 30 |
| | 0,60 | 27 | 32 | 36 | 44 | 44 | 44 |

Das Speicherverhalten der Innenkonstruktion wird drei Kategorien über den Faktor $\eta_S$ zugeordnet:

| Speicherverhalten | $\eta_S$ |
|---|---|
| gut speichernd | 0,2 |
| mäßig speichernd | 0,4 |
| schlecht speichernd | 0,6 |

Für die überschlägige Bemessung der Strahlungslast $\Phi_S$ kann die mittlere Strahlungslast $\Phi_{S,m}$ in Abhängigkeit von der Orientierung, dem Verhältnis von verglaster Fensterfläche/Fußbodenfläche ( $A_{FG}/A_B$ ) und der Effektivität der Durchlässigkeit der Fensterscheibe und des Sonnenschutzes $\eta_{S+F}$ nach Abbildung 1.4-11 mit hinreichender Genauigkeit ermittelt werden.

$$\Phi_{S,m} = (\dot{q}^*_{S,m} \cdot (A_{FG}/A_B)) \cdot A_B$$

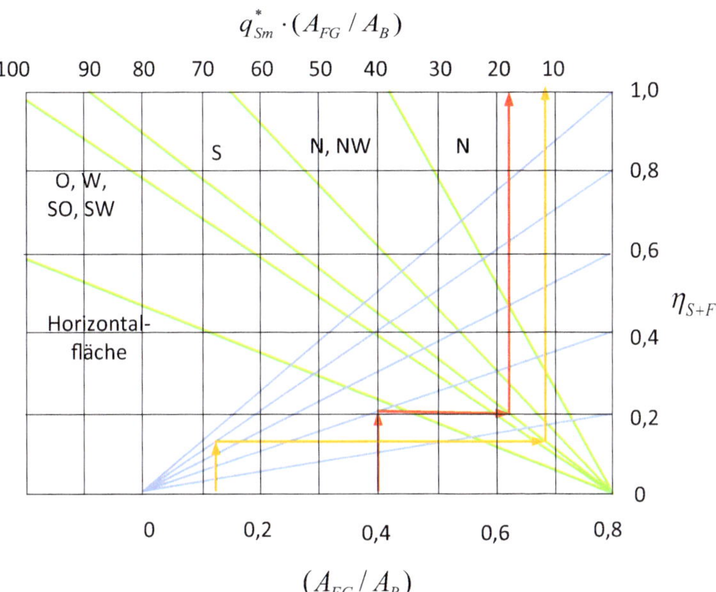


**Abb. 1.4-11** Nomogramm zur überschlägigen Ermittlung der spezifischen Strahlungs-Kühllast in Abhängigkeit vom Durchlässigkeitswirkungsgrad $\eta_{S+F}$, der Himmelsrichtung und dem Verhältnis $(A_{FG}/A_B)$

## Beispiel 1.4-1:

**gegeben:**

Fensterfläche/Fußbodenfläche $A_{FG} / A_B = \mathbf{0{,}12}$

Durchlässigkeit von Sonnenschutz und Fenster: $\eta_{S+F} = \mathbf{0{,}8}$

Himmelsrichtung: Süden (S)

Fußbodenfläche $A_B = \mathbf{25}\ \text{m}^2$

**gesucht:**

$\Phi_{S,m}$ nach Abbildung 1.4-11: $(\dot{q}^* \cdot (A_{FG} / A_B)) = \mathbf{12}\ \text{W/m}^2$

$\Phi_{S,m} = 12 \cdot 25 = \mathbf{300\ W}$

## Beispiel 1.4-2:

**gegeben:**

Fensterfläche/Fußbodenfläche $A_{FG} / A_B = \mathbf{0{,}4}$

Durchlässigkeit von Sonnenschutz und Fenster: $\eta_{S+F} = \mathbf{0{,}4}$

| weitere Daten wie Beispiel 1-1 |
|---|
| **gesucht:** |
| $\dot{Q}_{S,m}$ nach Abbildung 1.4-11: $(\dot{q}^* \cdot (A_{FG} / A_B))$ |
| $\dot{Q}_{S,m} = \boldsymbol{17\ W}/\mathrm{m}^2$ |
| $\dot{Q}_{S,m} = 17 \cdot 25 = \boldsymbol{425\ W}$ |

Die Amplitude der Strahlungslast $\hat{\Phi}_S$ ist abhängig von den thermischen Eigenschaften der Raumumschließungskonstruktion. Näherungsweise kann $\hat{\Phi}_S$ in Abhängigkeit von den Speichereigenschaften und der mittleren Strahlungslast $\Phi_{S,m}$ bemessen werden.

| **Speicherverhalten** | $\eta_S$ | $\hat{\Phi}_S$ |
|---|---|---|
| gut speichernd | 0,2 | $= 0{,}25 \ldots 0{,}5 \cdot \Phi_{S,m}$ |
| mäßig speichernd | 0,4 | $= 0{,}55 \ldots 0{,}8 \cdot \Phi_{S,m}$ |
| schlecht speichernd | 0,6 | $= 0{,}75 \ldots 1{,}2 \cdot \Phi_{S,m}$ |

***Transmissionskühllast***

Die Transmissionskühllast $\Phi_T$ ist die Folge der äußeren Belastung durch die Sonnenstrahlung und die Außenlufttemperatur.

Obwohl durch die Minimierung des Wärmedurchgangskoeffizienten $U$ nach EnEV die Transmissionskühllast nur noch eine untergeordnete Rolle spielen wird, wird im Folgenden dennoch ein Berechnungsalgorithmus dokumentiert, um insbesondere die Größenordnung abschätzen zu können und die baulichen Einflussgrößen zu erkennen.

Einflussfaktoren auf die Minderung und Dämpfung sind

- das Absorptionsvermögen der äußeren Oberflächen $a_S$ der bestrahlten Konstruktion,
- der Wärmedurchgangskoeffizient $U$,
- die äußeren Wärmeübergangsbedingungen durch Konvektion $\alpha_c$ und Strahlung $\alpha_r$ und
- das Speichervermögen der Raumumschließungskonstruktion $\eta_T$, charakterisiert durch die mittlere Admittanz des Raumes $Y_R$ (früher auch als Schichtspeicherkoeffizient $U_R$ bezeichnet) bzw. den Wärmeabsorptionskoeffizienten $B_R$ der Raumumschließungskonstruktion.

Abbildung 1.4-12 zeigt schematisch den Wirkmechanismus des Wärmetransports durch Transmission $\Phi_T$ von außen in den Raum.

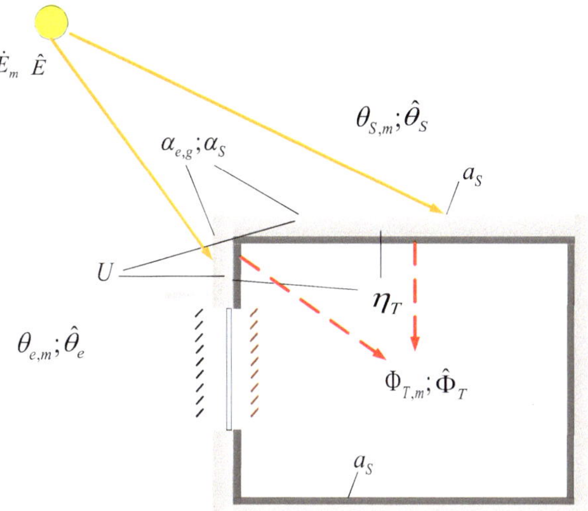


**Abb. 1.4-12** Schematische Darstellung der Einflussgrößen auf die Wärmelast durch Transmission $\Phi_T$

Ist die Außenlufttemperatur $\theta_e$ höher als die Raumlufttemperatur $\theta_a$ bzw. ist die Oberflächentemperatur der Außenkonstruktion (sogenannte „Sonnenlufttemperatur" $\theta_S$) infolge der Absorption der Sonnenstrahlung höher als die Raumlufttemperatur $\theta_a$, so wird Wärme durch Wärmeleitung in den Raum transportiert.

Die Transmissionskühllast kann durch eine Kosinusfunktion dargestellt werden [11]:

$$\Phi_T = \Phi_{T,m} + \eta_T \cdot \hat{\Phi}_{WT} \cdot \cos \omega \left( t - (t_{wt,\max} - \tau_{WT}) \right)$$

Der Tagesmittelwert $\Phi_{T,m}$ ist eine stationäre Kühllast:

$$\Phi_{T,m} = U \cdot ( \theta_{S,m} - \theta_{a,m} ) \cdot A_{AW;D}$$

Die „mittlere Sonnenlufttemperatur" ist eine fiktive Temperatur, die sich aus dem „Strahlungseinfluss" und dem „ Außenlufttemperatureinfluss" zusammensetzt.

$$\theta_{S,m} = \theta_{e,m} + ( a_S / \alpha_{e,g} ) \cdot \dot{E}_m$$

Die Tagesmittelwerte der Außenlufttemperatur $\theta_{e,m}$ und deren Amplitude sind in Abhängigkeit von der Jahreszeit und der Lage den Tabellen 1.4-27 und 1.4-28 zu entnehmen, wobei für den Tagesgang der Außenlufttemperatur in guter Näherung auszugehen ist von

$$\theta_e = \theta_{e,m} + \hat{\Theta}_e \cdot \cos \varpi \left( t - z_{e,\max} \right)$$

**Tab. 1.4-27** Mittlere Extremwerte der mittleren Außenlufttemperatur $\theta_{e,m}$ und der Außenlufttemperaturamplitude $\hat{\Theta}_e$ an Strahlungstagen für Potsdam

| Monat | April | Mai | Juni | Juli | August | September |
|---|---|---|---|---|---|---|
| $\theta_{e,m}$ in °C | 16 | 21 | 23 | 24 | 23 | 20 |
| $\hat{\Theta}_e$ in K | 7 | 8 | 8 | 8 | 8 | 7 |

**Tab. 1.4-28** Extreme Außenlufttemperaturen in Mitteleuropa (Überschreitungshäufigkeit 2,5 d/a)

| | Sommermaximum | | | |
|---|---|---|---|---|
| | Höhe über NN | $\vartheta_{e,m}$ | $\hat{\Theta}_e$ | $\vartheta_{e,\max}$ |
| | m | °C | K | °C |
| Binnenland | 0 ... 599 | 24 | 8 | 32 |
| | 600 ... 1.200 | 22 | 6 | 28 |
| Küstennahe Zone | | 22 | 7 | 29 |

**Tab. 1.4-29** Charakteristik der Gesamtstrahlungsbelastung $\dot{E}$ (in W/m²) auf Horizontal- und Vertikalflächen an Strahlungstagen (Monatsmitte) bei einem Trübungsfaktor $T = 4$, 52° nördl. Breite

| Horizontalflächen (bis Neigung < 30°) | | | | | | | | |
|---|---|---|---|---|---|---|---|---|
| Orientierung der Fläche | | | April | Mai | Juni | Juli | August | September |
| | $E_{\max}$ | W/m² | 725 | 835 | 877 | 857 | 773 | 619 |
| | $\dot{E}_m$ | W/m² | 238 | 304 | 334 | 320 | 266 | 188 |
| Horizontal | $\hat{E}$ | W/m² | 486 | 531 | 543 | 537 | 507 | 431 |
| | $\tau_S$ | Uhr | *24* | *24* | *24* | *24* | *24* | *24* |
| | $z_{G,\max}$ | Uhr | *12* | *12* | *12* | *12* | *12* | *12* |
| **Vertikalflächen** | | | | | | | | |
| Orientierung der Fläche | | | April | Mai | Juni | Juli | August | September |
| | $E_{\max}$ | W/m² | 677 | 609 | 561 | 579 | 642 | 688 |
| | $\dot{E}_m$ | W/m² | 193 | 179 | 169 | 171 | 185 | 197 |
| Süd | $\hat{E}$ | W/m² | 484 | 430 | 392 | 408 | 457 | 491 |
| | $\tau_S$ | Uhr | *21* | *20* | *20* | *20* | *20* | *22* |
| | $z_{G,\max}$ | Uhr | *12* | *12* | *12* | *12* | *12* | *12* |
| | $E_{\max}$ | W/m² | 687 | 660 | 633 | 641 | 670 | 674 |
| | $\dot{E}_m$ | W/m² | 184 | 193 | 185 | 190 | 186 | 170 |
| Südwest/ Südost | $\hat{E}$ | W/m² | 503 | 467 | 438 | 451 | 484 | 504 |
| | $\tau_S$ | Uhr | *19* | *20* | *20* | *20* | *20* | *18* |
| | $z_{G,\max}$ | Uhr | *14 / 10* | *14 / 10* | *14 / 10* | *14 / 10* | *14 / 10* | *14 / 10* |

**Tab. 1.4-29** Charakteristik der Gesamtstrahlungsbelastung $\dot{E}$ (in W/m²) auf Horizontal- und Vertikalflächen an Strahlungstagen (Monatsmitte) bei einem Trübungsfaktor $T = 4$, 52° nördl. Breite (Forts.)

| | | | | | | | | |
|---|---|---|---|---|---|---|---|---|
| **West/Ost** | $E_{max}$ | W/m² | 619 | 658 | 664 | 658 | 642 | 552 |
| | $\dot{E}_m$ | W/m² | 145 | 176 | 186 | 181 | 155 | 116 |
| | $\hat{E}$ | W/m² | 474 | 482 | 478 | 477 | 487 | 436 |
| | $\tau_S$ | Uhr | *14* | *16* | *17* | *17* | *15* | *13* |
| | $z_{G,max}$ | Uhr | *16 / 8* | *16 / 8* | *16 / 8* | *16 / 8* | *16 / 8* | *16 / 8* |
| **Nordwest/ Nordost** | $E_{max}$ | W/m² | 399 | 458 | 501 | 486 | 426 | 261 |
| | $\dot{E}_m$ | W/m² | 89 | 121 | 136 | 129 | 100 | 62 |
| | $\hat{E}$ | W/m² | 310 | 337 | 365 | 357 | 326 | 199 |
| | $\tau_S$ | Uhr | *11* | *13* | *14* | *14* | *12* | *8* |
| | $z_{G,max}$ | Uhr | *17 / 7* | *17 / 7* | *17 / 7* | *17 / 7* | *17 / 7* | *17 / 7* |
| **Nord** | $E_{max}$ | W/m² | 140 | 151 | 156 | 154 | 144 | 127 |
| | $\dot{E}_m$ | W/m² | 58 | 76 | 90 | 84 | 63 | 43 |
| | $\hat{E}$ | W/m² | 82 | 75 | 66 | 70 | 81 | 84 |
| | $\tau_S$ | *Uhr* | *24* | *24* | *24* | *24* | *24* | *23* |
| | $z_{G,max}$ | *Uhr* | *12* | *12* | *12* | *12* | *12* | *12* |

für $\dot{E} > \dot{E}_m$ mit $\dot{E} = \dot{E}_m + \hat{E} \cdot \cos(\omega_s \cdot \tau_s)$
$(\omega_s \cdot \tau_s) = 2 \cdot \pi / \tau_s \cdot (t - z_{G,max})$

Für die Bemessung können die Gesamtstrahlungswerte $\dot{E}_m$; $\dot{E}_{max}$; $\hat{E}$ aus der Tabelle 1.4-29 entnommen werden.

Abbildung 1.4-13 ist für die überschlägige Bemessung der mittleren Transmissionskühllast $\Phi_{T,m}$ für Außenwände und für Dachkonstruktionen in Abhängigkeit von der Orientierung, dem Absorptionsvermögen der Oberfläche $a_S$ und dem Wärmedurchgangskoeffizienten $U$ zu nutzen.

$$\Phi_{T,m} = A_{AW} \cdot \dot{q}^*_{T,m;AW} + A_D \cdot \dot{q}^*_{T,m;D}$$

## Beispiel 1.4-3:

**gegeben:**

Wärmedurchgangskoeffizient der Außenwand $U = \mathbf{0{,}7}$ W/(m² K)

Oberfläche mittelhell $a_S = \mathbf{0{,}6}$

Himmelsrichtung: Süden (S)

Außenwandfläche $A_{AW} = \mathbf{10}$ m²

**gesucht:**

$\Phi_{T,m}$ nach Abbildung 1.4-12: $\dot{q}^*_{T,m} = \mathbf{5}$ W/m²

$\Phi_{T,m} = 5 \cdot 10 = \mathbf{50}$ W

**Beispiel 1.4-4:**

**gegeben:**

Wärmedurchgangskoeffizient des Dachs $U$= ***1,2*** W/(m² K)

Oberfläche schwarz $a_S$ = ***0,95***

Dachneigung $\alpha$ $\leq$ ***30*** °

Dachfläche $A_D$ = ***25*** m²

**gesucht:**

$\Phi_{T,m}$ nach Abbildung 1.4-12: $\dot{q}^*_{T,m}$ = ***22*** W/m²

$\Phi_{T,m}$ = 22 · 25 = ***550*** W

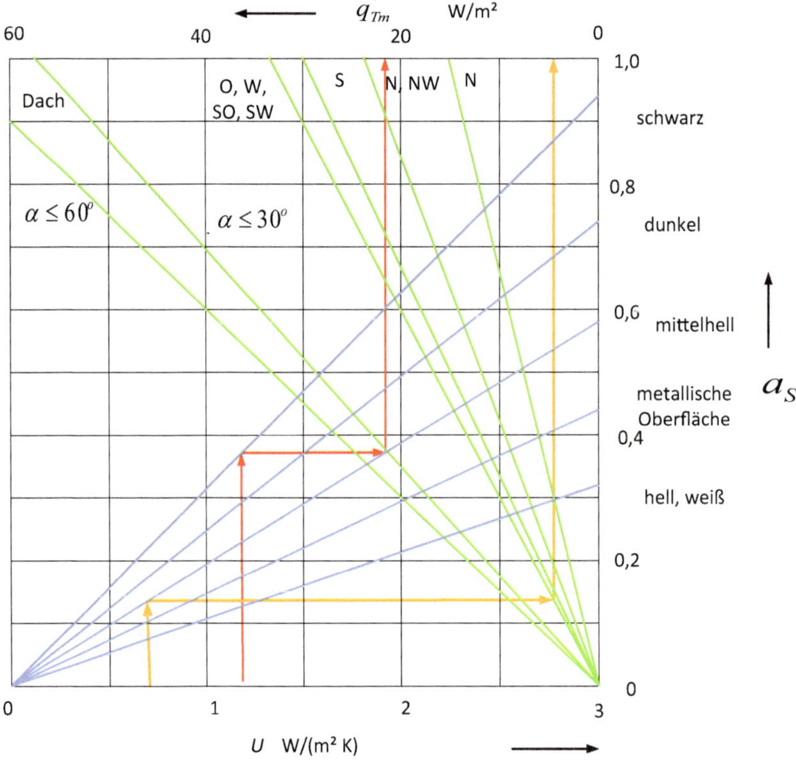


**Abb. 1.4-13** Nomogramm zur Berechnung der repräsentativen Transmissionskühllast $\dot{q}^*_{T,m}$ in Abhängigkeit von der Orientierung, dem Wärmedurchgangskoeffizienten $U$, dem Absorptionsvermögen $a_S$ und dem Material der Oberfläche

Für hinterlüftete Fassaden (z. B. Klimafassaden) und Kaltdächer gilt mit hinreichender Näherung:

$$\Phi_{T,m,Hin} = \Phi_{T,m} / 3$$

Die Amplitude der Transmissionskühllast $\hat{\dot{Q}}_{WT}$ wird beeinflusst durch

- die durch die Trübung veränderten Einstrahlbedingungen: Faktor $C_T$,
- die Orientierung des äußeren Raumumschließungskonstruktionselement,
- das Absorptionsverhältnis der äußeren Oberfläche: Faktor $C_A$,
- die thermischen Eigenschaften des Wandaufbaus,
- mögliche veränderte Wärmeübergangsbedingungen $C_\alpha$,
- die Dicke der Wand $x$ und
- die Summe des Wärmedurchgangswiderstands $\sum R$.

$$\hat{\Phi}_{WT} = (\hat{\dot{q}}^{*}_{WT;D} \cdot A_D + \hat{\dot{q}}^{*}_{WT;AW} \cdot A_{AW}) \cdot C_T \cdot C_A \cdot C_W \cdot C_\alpha$$

Die Lastamplituden $\hat{\dot{q}}^{*}_{WT;Dach}$ und $\hat{\dot{q}}^{*}_{WT;AW}$ als Funktion von der Dicke der Wand $x$ und der Summe des Wärmedurchgangswiderstands $\sum R$. Die Faktoren $C_T$, $C_A$, $C_W$, $C_\alpha$ sind den Tabellen 1.4-30 bis 1.4-33 zu entnehmen.

**Tab. 1.4-30** Faktor $C_T$

| Trübungsfaktor $T$ | $C_T$ | Anmerkung |
|---|---|---|
| 4 | 1,0 | |
| 6 | 0,8 | industrielle Ballungszentren, Städte |

**Tab. 1.4-31** Faktor $C_A$

| Oberflächenbeschaffenheit | $C_A$ |
|---|---|
| schwarz, nichtmetallisch | 1,36 |
| dunkle Farbe, rau | 1,00 |
| mittelhelle Farbe (gelb bis rot), glatt | 0,86 |
| helle Farbe | 0,57 |
| Metalloberfläche | 0,79 |
| Aluminiumfarbe | 0,57 |
| blanke, polierte Metallflächen | 0,36 |

**Tab. 1.4-32** Faktor $C_W$

| Wandkonstruktion | $C_W$ |
|---|---|
| thermisch einschichtige schwere Wände | 1,1 |
| thermisch einschichtige leichte Wände | 1,0 |
| thermisch mehrschichtige Wände mit Dämmschicht außen, mittig oder beidseitig | 0,9 |

**Tab. 1.4-33** Faktor $C_\alpha$

| Material der Oberfläche außen | $\alpha_{e,ges}$ | Material der Oberfläche innen | $\alpha_{i,ges}$ | $C_\alpha$ |
|---|---|---|---|---|
| | W/(m² K) | | W/(m² K) | |
| Nichtmetall | 17 | Nichtmetall | 8 | 1,00 |
| Nichtmetall | 17 | Metall | 5 | 0,81 |
| Metall | 14 | Nichtmetall | 8 | 1,09 |
| Metall | 14 | Metall | 5 | 0,90 |

Für eine orientierende Bemessung ist

$$\hat{\dot{q}}^*_{WT;D} = 0{,}8 \ldots 1{,}0 \cdot \dot{q}^*_{T,m;D}$$

$$\hat{\dot{q}}^*_{WT;AW} = 0{,}4 \ldots 0{,}7 \cdot \dot{q}^*_{T,m;AW}$$

Analog zum Mittelwert kann für hinterlüftete Fassaden (z. B. Klimafassaden) und Kaltdächer

$$\hat{\Phi}_{WT,Hin} = \hat{\Phi}_{WT} / 3$$

angenommen werden.

Der Amplitudendämpfungsfaktor $\eta_T$ ist abhängig vom thermischen Speichervermögen der Raumumschließungskonstruktion (Admittanz $Y_R$ [15]) und kann als Orientierungswert für die Speicherkategorien der Tabelle 1.4-34 entnommen werden. Die zeitliche Verschiebung des Lastmaximums $\tau_{WT}$ infolge der Speicherung der Wärme liegt zwischen 0 und 2 Stunden (Tabelle 1.4-34).

Die Transmissionskühllast ergibt sich zu:

$$\Phi_T = \Phi_{T,m} + \eta_T \cdot \hat{\Phi}_{WT}$$

**Tab. 1.4-34** Amplitudendämpfungsfaktoren der Innenkonstruktion $\eta_T$ und Phasenverschiebung $\tau_{WT}$

| Bauart | $Y_R$ | $\eta_T$ | $\tau_{WT}$ | Beispiele | | |
|---|---|---|---|---|---|---|
| | W/(m² K) | | h | Wände | Decke Dachkonstruktion | Fußbodenaufbau |
| gut speichernd | 12 (8 ... 15) | 0,45 | 2 | ρ > 1600 kg/m³ (Beton, Ziegelmauerwerk) x > 15 cm | m > 200 kg/m² (unverkleidet) | Beton, Parkett oder PVC auf Beton |

**Tab. 1.4-34** Amplitudendämpfungsfaktoren der Innenkonstruktion $\eta_T$ und Phasenverschiebung $\tau_{WT}$ (Forts.)

| **Bauart** | $Y_R$ | $\eta_T$ | $\tau_{WT}$ | **Beispiele** | | |
|---|---|---|---|---|---|---|
| | **W/(m² K)** | | **h** | **Wände** | **Decke Dachkonstruktion** | **Fußbodenaufbau** |
| | | | | ρ > 1600 kg/m³ (Beton, Ziegelmauerwerk) mit Dämmstoffen o. ähnl. verkleidet | m > 200 kg/m² mit Dämmstoffen verkleidet oder abgehängte Decke | Beton, Parkett oder PVC auf Beton |
| mäßig speichernd | 5 (3 ... 7) | 0,55 | 1 | ρ > 1600 kg/m³ (Beton, Ziegelmauerwerk) | m < 200 kg/m² | Beton, Parkett oder PVC auf Beton |
| | | | | m < 120 kg/m² (Leichtbauplatten) | m < 120 kg/m² | ρ > 1600 kg/m³ x > 15 cm Beton, Klinker o. ä. |
| schlecht speichernd | 2 (< 3) | 0,7 | 0 | m < 120 kg/m² (Leichtbauplatten) | m < 120 kg/m² (Leichtbauplatten) | m < 120 kg/m² (Leichtbauplatten) |

### Innere Kühllast

Die innere nutzungsbedingte Kühllast $\Phi_N$ ergibt sich aus der inneren Wärmebelastung $\Phi_E$, die sich aus den drei Komponenten (physiologische Last $\Phi_P$, Beleuchtungslast $\Phi_{Bel}$ und technologische Last $\Phi_M$) zusammensetzt.

Für jede einzelne Wärmebelastung ist unter Berücksichtigung des folgenden Algorithmus der Mittelwert $\Phi_{N,m}$, die Amplitude $\hat{\Phi}_N$ und der Zeitpunkt des Maximums zu ermitteln. Die detaillierten Berechnungsalgorithmen sind [11] zu entnehmen.

Durch die Berücksichtigung des Speicherverhaltens der Raumumschließungskonstruktion bei sprungförmiger Be- bzw. Entlastung sind erhebliche Reduzierungen der inneren nutzungsbedingten Kühllast möglich.

Zeitlich wird unterschieden in (Abbildung 1.4-14)

- die Dauer der Belastung (Speicherung) und
- die Dauer der Entlastung (Entspeicherung).

Voraussetzungen der Lastermittlung sind:

- Jede Wärmebelastung pro Zeiteinheit wird in Elemente mit konstantem Wärmestrom zerlegt in eine sprungförmige Belastung.
- Während der Belastungsdauer $\tau'$ bleibt der Wärmestrom konstant und die Summe von Belastungsdauer und Entlastungsdauer $\tau''$ ist identisch mit dem Zeitraum eines Tages, d. h. 24 Stunden (Periodendauer).
- Nach der Entspeicherung ist nahezu der Ausgangszustand wieder erreicht, d. h. ein quasistationärer Zustand.

Der Tagesmittelwert der nutzungsbedingten Kühllast $\Phi_{N,m}$ ergibt sich zu

$$\Phi_{N,m} = \Phi \cdot \Omega$$

- für die Belastungsdauer gilt: $\Omega = \Omega' = \tau' /( \tau' + \tau'' )$
- für die Entlastungsdauer gilt: $\Omega = \Omega'' = \tau'' /( \tau' + \tau'' )$

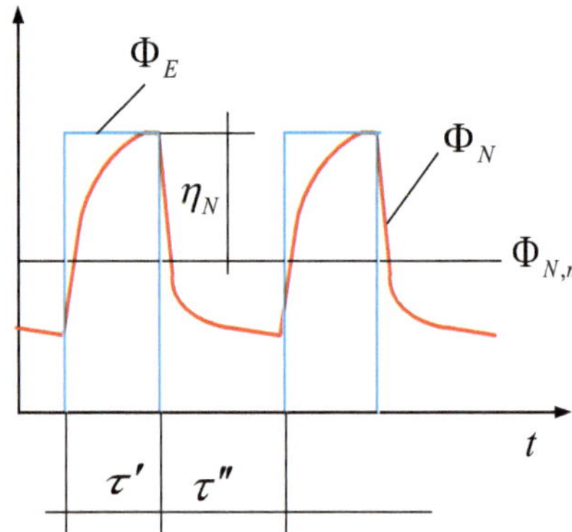


**Abb. 1.4-14** Schematischer zeitlicher Verlauf (Tagesgang) der inneren Belastung und der inneren Kühllast

Die Amplitude $\hat{\Phi}_N$ der Kühllast ist abhängig von

- den Wärmeübertragungsbedingungen an der Wärmequelle,
- dem Dämpfungsfaktor $\eta_N$ bei sprungförmiger Belastung und
- dem Speicherverhalten der Raumumschließungskonstruktion (Admittanz $Y_R$ ).

Der Berechnungsalgorithmus für die Amplitude bei der Speicherung bzw. Entspeicherung ist DIN EN ISO 7730 zu entnehmen.

### Gesamtkühllast

Die Berechnung der Gesamtkühllast setzt voraus:

- einen quasistationären Zustand und
- eine konstante Raumlufttemperatur $\theta_{a,m}$ .

Der Mittelwert der Gesamtkühllast ergibt sich aus der Summe der Mittelwerte der äußeren und inneren Kühllasten:

$$\Phi_{WL,m} = \Phi_{S,m} + \Phi_{T,m} + \Sigma \ ( \Phi_{N,m} )$$

Wird nur eine einzelne Kühllast betrachtet, so kann zur Ermittlung des Maximalwerts die Amplitude $\hat{\Phi}$ addiert werden. Weichen die Zeitpunkte der Maxima nicht wesentlich voneinander ab ( $\Delta\tau < 2$ h), so können auch die Einzelamplituden addiert werden. Die Amplitude und der Zeitpunkt des Maximums $t_{WL,\max}$ sollten nach [11] berechnet werden.

Bei mehreren Kühllasten ist es zweckmäßiger, die jeweiligen Stundenwerte der Tagesgänge der einzelnen Kühllasten zu addieren. Der sich ergebende maximale Wert bei der Summation der Stundenwerte ist das Maximum der Gesamtlast $\Phi_{WL,\max}$ .

Die Amplitude $\hat{\Phi}_{WL}$ der Gesamtkühllast ergibt sich in hinreichender Näherung als die Differenz zwischen dem Maximalwert $\Phi_{WL,\max}$ und dem Mittelwert $\Phi_{WL,m}$ :

$$\hat{\Phi}_{WL} = \Phi_{WL,\max} - \Phi_{WL,m}$$

Mit hinreichender Genauigkeit kann der Tagesgang der Gesamtkühllast als Kosinusfunktion dargestellt werden:

$$\Phi_{WL} = \Phi_{WL,m} + \hat{\Phi} \cdot \cos \omega \ (t - t_{WL,\max})$$

In der praktischen Anwendung werden die Kühllasten als spezifische Werte angegeben, wobei als Bezugswert die Fußbodenfläche $A_B$ als sinnvoll und zweckmäßig angesehen wird. Bei der Addition von spezifischen Werten ist darauf zu achten, dass nur Werte mit gleicher Bezugsfläche addiert werden.

$$\varphi_{WL} = \varphi_{WL,m} + \hat{\varphi}_{WL} \cdot \cos \omega \ (t - t_{WL,\max})$$

Abbildung 1.4-16 zeigt ein Beispiel für den Verlauf der Einzel- und Gesamtlast für einen Büroraum. Aus Abbildung 1.4-16 sind als Orientierungswerte spezifische Kühllasten für einen Büroraum ersichtlich, um die Größenordnung der einzelnen Werte abschätzen zu können.

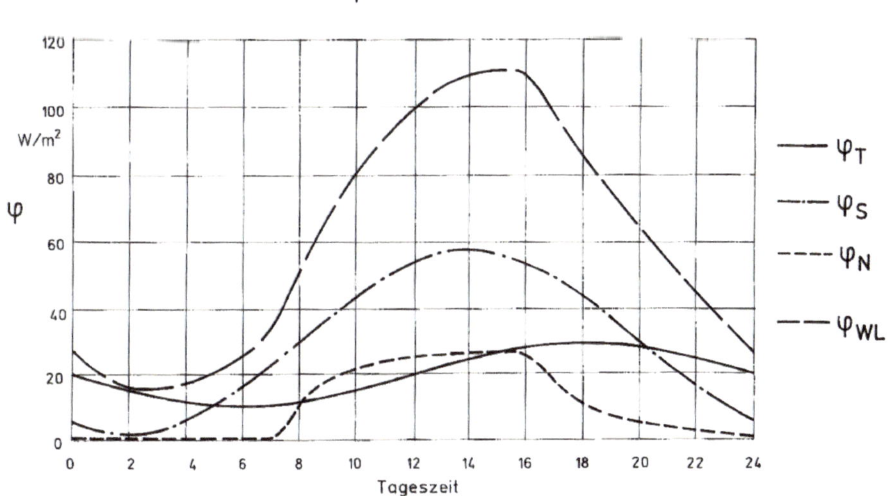


**Abb. 1.4-15** Beispiel für den Tagesgang für äußere ( $\varphi_T ; \varphi_S$ ), innere ( $\varphi_N$ )und Gesamtwärme ( $\varphi_{WL}$ ) bezogen auf m² Fußbodenfläche

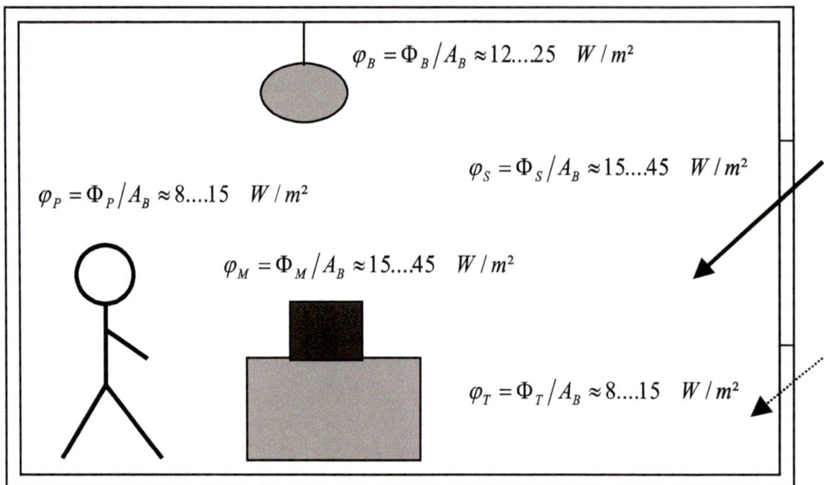


**Abb. 1.4-16** Büroraum: Orientierungswerte für die Kühllasten

## Gesamtkühllast bei variabler Raumlufttemperatur

In der Praxis ist die Raumlufttemperatur $\theta_a$ nicht konstant, deshalb kommt es zwischen der raumumschließenden Konstruktion und der Raumlufttemperatur zu einem zusätzlichen Energieaustausch.

Bei einem Anstieg der Raumlufttemperatur über die Oberflächentemperatur $\theta_{o,i}$ wird die Wärme $\Phi_{\sec}$ in der raumumschließenden Konstruktion gespeichert. Dieser Effekt wird als „***Sekundärspeicherung***" bezeichnet.

Beim Sinken der Raumlufttemperatur unter die Oberflächentemperatur $\theta_{o,i}$ wird die gespeicherte Wärme an die Raumluft abgegeben und es erfolgt eine Entspeicherung.

Unter Anwendung des Superpositionsprinzips ergibt sich die Gesamtkühllast $\Phi^*_{WL}$ bei variabler Raumlufttemperatur zu

$$\Phi^*_{WL} = \Phi_{WL} + \Phi_{\sec}$$

Die Kühllast infolge der Sekundärspeicherung $\Phi_{\sec}$ ist eine zeitabhängige Größe.

Sie ist abhängig von der Speicherfähigkeit (Thermische Admittanz $Y_R$ ) der Oberflächen der Raumumschließungskonstruktion $\Sigma$ ( $A_{Innen}$ ) und kann mit

$$\Phi_{\sec} = ( \pm\ 1{,}5 \ldots 5{,}6) \cdot \Sigma\ ( A_{Innen} )$$

angenommen werden.

Die angegebenen Werte sind Maximal- und Orientierungswerte. Durch die Speicherung wird es möglich, die Kühllast in ihrem Maximum zum Teil zu erheblich zu mindern und die tägliche Schwankung der Kühllast zu glätten.

Die stündlichen Werte von $\Phi_{sec}$ können in Abhängigkeit vom Raumlufttemperaturverlauf [12] entnommen werden.

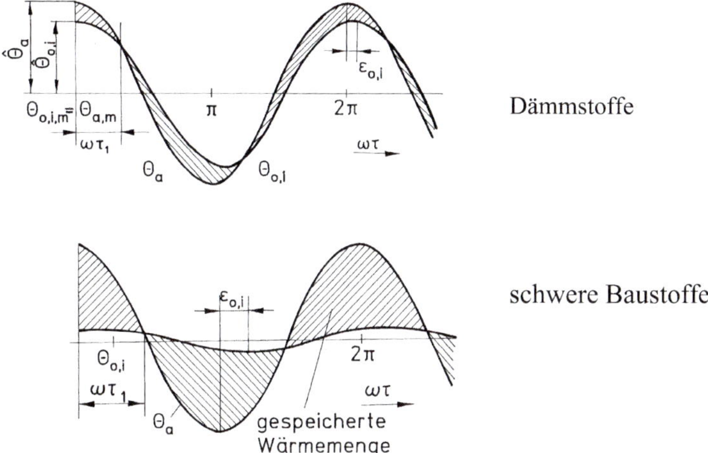


**Abb. 1.4-17** Tagesgang der Wandtemperatur $\theta_{o,i}$ in Abhängigkeit von der Raumlufttemperatur $\theta_a$ (mit $\alpha_{c,i} = 3$ W/(m² K)) bei Dämmstoffen und schweren Baustoffen

## 1.4.3 Raumlufttemperaturberechnung

### 1.4.3.1 Grundlagen

Die qualitativ und quantitativ entscheidende Größe für den Nutzer ist die sich bei einer Kühllast einstellende ***Raumlufttemperatur*** $\theta_a$ (in [15] mit $\vartheta_R$ bezeichnet). Wichtig ist schon in der Vorentwurfsphase, Aussagen über zu erwartende Raumlufttemperaturen unter sommerlichen Bedingungen zu haben, um

- entweder notwendige bauliche Veränderungen
- oder/und raumlufttechnische und kältetechnische Anlagen

konzipieren zu können.

In dieser Bearbeitungsphase kann ein eingeschwungener (quasistationärer) Zustand vorausgesetzt werden. Einfluss haben

- die Kühllast,
- der Außenluftvolumenstrom und
- das Wärmeabsorptionsvermögens des Raums bzw. Gebäudes.

Vereinfachend wird bei der Abschätzung vorausgesetzt, dass

die Bezugstemperatur für die Berechnung der Kühllast durch eine mittlere Raumlufttemperatur $\theta_{a,m}$ (in [15] mit $\vartheta_{R,m}$ bezeichnet) und

die Außenlufttemperatur durch den Tagesmittelwert $\theta_{e,m}$ und eine Amplitude $\hat{\Theta}_e$ charakterisiert wird.

Definitionsgemäß nach [15] gilt für

***den eingeschwungenen Zustand:***

Der Tagesmittelwert der Raumlufttemperatur $\theta_{a,m}$ zweier aufeinanderfolgender Tage unterscheidet sich nicht wesentlich.

***die mittlere Raumlufttemperatur*** $\theta_{a,m}$ **:**

$\theta_{a,m}$ ergibt sich aus der Bilanz der Tagesmittelwerte der Wärmeströme (Wärmegewinn und/oder Wärmeverlust).

***die Amplitude der Raumlufttemperatur*** $\hat{\Theta}_a$ **:**

$\hat{\Theta}_a$ ergibt sich aus der Bilanz der zeitabhängigen Wärmeströme einschließlich der Sekundärspeicherung, die durch das Wärmeabsorptionsvermögen $B_R$ des Raums $B_R$ beeinflusst wird.

***das Wärmeabsorptionsvermögen des Raums*** $B_R$ **:**

$B_R$ ist vereinfachend abhängig von der mittleren thermischen Admittanz $Y_R$ [15] des Raums und liegt bei natürlicher Konvektion im Raum zwischen 1 W/(m² K) (Dämmstoffe) und 2,5 W/(m² K) (Schwerbeton).

$$B_R = (Y_R \cdot \alpha_{c,i}) / (Y_R + \alpha_{c,i})$$

***die Phasenverschiebung der Raumlufttemperatur:***

Sie kann gegenüber dem resultierenden Maximum der Kühllast und des Lüftungswärmestroms in sehr vielen Fällen und zur Vorbemessung vernachlässigt werden. Sie liegt im Bereich zwischen 1 und 4 Stunden.

### 1.4.3.2 Berechnung

Bei der Lüftung des Raums mit Außenluft ( $q_{V,AUL}$ ) ergibt sich der Maximalwert der Raumlufttemperatur $\theta_{a,\max}$ aus dem Tagesmittelwert $\vartheta_{R,m}$ und der Amplitude $\hat{\Theta}_a$ :

$$\theta_{a,\max} = \theta_{a,m} + \hat{\Theta}_a$$

**Mittlere Raumlufttemperatur**

Die mittlere Raumlufttemperatur $\theta_{a,m}$ wird aus dem Mittelwert der Außenlufttemperatur $\theta_{e,m}$ (im Sommer im Allgemeinen = 24 °C) und dem Quotienten aus „Gewinn“ (mittlere Wärmelast $\varphi_{KL,m}$ ) und „Verlust“ $w$ im Raum ermittelt:

$$\theta_{a,m} = \theta_{e,m} + (\varphi_{KL,m} / w)$$

Wird die Außenluft z. B. gekühlt, so reduziert sich der „Gewinn“ um die Aufbereitungslast $\varphi_{A,m}$ . Wird die Außenluft durch einen Ventilator in den Raum gefördert, so sollte eine Temperaturerhöhung $\Delta\theta_V$ (liegt zwischen 0,1 und 2 K) in Abhängigkeit der Druckerhöhung des Ventilators berücksichtigt werden.

Die mittlere Raumlufttemperatur $\theta_{e,m}$ bei einer Außenluftanlage ergibt sich dann zu

$$\theta_{a,m} = \theta_{e,m} + ((\varphi_{KL,m} - \varphi_{A,m}) / w) + \Delta\theta_V$$

Der Verlust $w$ (Wärmewert des Abstroms nach [15]) ergibt sich aus dem Transmissionswärmeverlust $w_T$ (wird im Allgemeinen immer geringer werden, d. h. < 0,5 W/(m² K), wegen der Minimierung des Wärmedurchgangskoeffizienten $U$ nach EnEV 2007 und EnEV 2009) und dem Lüftungswärmeverlust $w_L$ (der Verlust infolge Umwandlungswärme $w_U$ kann im Allgemeinen vernachlässigt werden):

$$w = w_T + w_L$$

$$w_T = (\sum_{j=1}^{n} (U_j \cdot A_j)) / A_B$$

$$w_L = (q_{V,AUL} \cdot \rho_L \cdot c_{P,L}) / A_B$$

### Raumlufttemperaturamplitude $\hat{\Theta}_R$

Die Raumlufttemperaturamplitude ist abhängig von

- dem Energieinhalt des Außenluftvolumenstroms $w_L \cdot \hat{\Theta}_e$,
- der Kühllastamplitude $\hat{\varphi}_{KL}$,
- dem Lüftungswärmeverlust $w_L$,
- dem Wärmeabsorptionsvermögen der Raumumschließungskonstruktion $B_R$ und
- dem Flächenverhältnis $f_i$ von innerer Oberfläche zu Fußbodenfläche.

Mit hinreichender Genauigkeit ergibt sich die Raumlufttemperaturamplitude $\hat{\Theta}_a$[4] zu:

$$\hat{\Theta}_a = ( w_L \cdot \hat{\Theta}_e + \hat{\varphi}_{KL} ) / ( w_L + B_R \cdot f_i )$$

$$\text{mit } f_i = ( \sum_{j=1}^{n} A_{i,j} ) / A_B$$

### Tagesgang der Raumlufttemperatur

Der Tagesgang der Raumlufttemperatur $\theta_a$ kann nach folgender Gleichung berechnet werden.

$$\theta_a = \theta_{a,m} + \hat{\Theta}_a \cdot \cos \omega \ ( t - Z_R )$$

Zur Erleichterung der Berechnung kann der Wert cos $\omega$ $(t - Z_R)$ aus Tabelle 1.4-35 entnommen werden.

**Tab. 1.4-35** Zahlenwerte für cos $\omega$ $( t - Z_R )$

| $( t - Z_R )$ | 0 | 1<br>–1 | 2<br>–2 | 3<br>–3 | 4<br>–4 | 5<br>–5 | 6<br>–6 | 7<br>–7 | 8<br>–8 | 9<br>–9 | 10<br>–10 | 11<br>–11 | 12<br>–12 |
|---|---|---|---|---|---|---|---|---|---|---|---|---|---|
| cos $\omega$ $( t - Z_R )$ | 1 | 0,97 | 0,87 | 0,71 | 0,5 | 0,26 | 0 | –0,26 | –0,5 | –0,71 | –0,87 | –0,97 | –1 |

Als Orientierungswert kann für den Zeitpunkt des Maximums der Raumlufttemperatur $Z_R$ davon ausgegangen werden, dass dieser ca. 1 bis 2 h nach dem Zeitpunkt des Wärmelastmaximums $Z_Q$ liegt. Ist das Maximum der Kühllast $\varphi_{KL,\max}$ kleiner als der maximale Sekundärspeicherstrom, d. h.

$$\varphi_{KL,m} + \hat{\varphi}_{KL} < ( B_R \cdot f_i ) \cdot \hat{\Theta}_a ,$$

so existiert ein ***optimaler Außenluftvolumenstrom***, bei dem die Raumlufttemperatur ein Minimum erreicht. Die folgenden Beispiele sollen einerseits die relative Einfachheit der Raumlufttemperaturermittlung und anderseits den Einfluss

- des Außenluftvolumenstroms $q_{V,AUL}$ und
- der speicherwirksamen Bauwerksmasse $m_{sp}$ bzw. des Wärmeabsorptionsvermögens $B_R$ verdeutlichen.

4 Gilt für den Fall , dass die Zeitdifferenz zwischen dem Maximum der Gesamtkühllast und der Außenlufttemperatur von $\leq$ 2 ... 3 Stunden ist. Für größere Zeitdifferenzen sind die Berechnungsalgorithmen nach *Petzold* [15] zu verwenden.

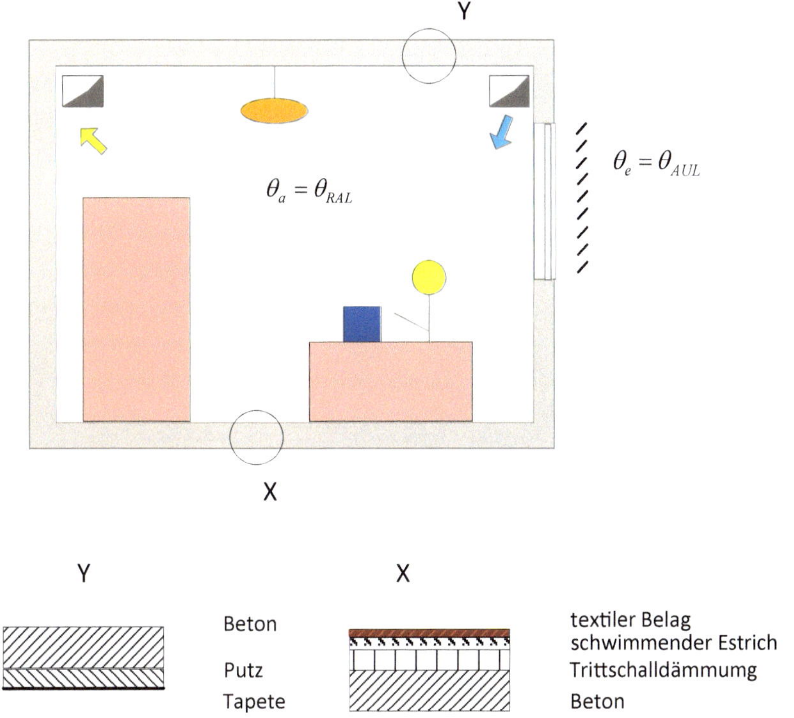


**Abb. 1.4-18** Schematischer Schnitt durch einen Büroraum mit **gut speichernder** Raumumschließungskonstruktion

## Beispiel 1.4-5:

| Büroraum mit Mindestaußenluftanteil, $n_{AUL}$ = 1,25 1/h, gut speichernder Raumumschließungskonstruktion (s. Abbildung 1.4-18) |
|---|
| **gegeben:**<br>4 Personen, $q_{V,AUL}$ = ***200*** m³/h $A_B$ = ***50*** m², $f_i$ = ***2,7***<br>$B_R$ = ***2,5*** W/(m² K), $m_{sp}$ = ***1000*** kg/m²<br>Außenluftbedingungen: $\theta_{e,m}$ = ***24*** °C, $\hat{\Theta}_e$ = ***8*** K<br>Kühllasten: $\varphi_{S,m}$ = ***12*** W/m²; $\varphi_{T,m}$ = ***5*** W/m²; $\varphi_{N,m}$ = ***20*** W/m²; $\hat{\varphi}$ = ***15*** W/m²<br>Wärmeverluste: $w_T$ = ***1,0*** W/(m² K); $w_L$ = ***1,4*** W/(m² K)<br>**gesucht:**<br>$\theta_{a,m}$ ; $\theta_{a,\max}$ ; $\hat{\Theta}_a$<br>$\theta_{a,m}$ = 24 + 37 / 2,4 = ***39,4*** °C; $\hat{\Theta}_a$ = (1,4 · 8 + 15)/(1,4 + 2,5 · 2,7) = **3,2** K;<br>$\theta_{a,\max}$ = 39,4 + 3,2 K = ***42,6*** °C |

### Beispiel 1.4-6:

<table>
<tr><td>Büroraum mit $n_{AUL}$ = 5,0 1/h, mit gut speichernder Raumumschließungskonstruktion (s. Abbildung 1.4-18)</td></tr>
<tr><td>gegeben:<br>4 Personen, $q_{V,AUL}$ = 1000 m³/h $A_B$ = 50 m², $f_i$ = 2,7<br>$B_R$ = 2,5 W/(m² K), $m_{sp}$ = 1000 kg/m²<br>Außenluftbedingungen: $\theta_{e,m}$ = 24 °C, $\hat{\Theta}_e$ = 8 K<br>Kühllasten: $\varphi_{S,m}$ = 12 W/m²; $\varphi_{T,m}$ = 5 W/m²; $\varphi_{N,m}$ = 20 W/m²; $\hat{\varphi}$ =15 W/m²<br>Wärmeverluste: $w_T$ = 1,0 W/(m² K); $w_L$ = 6,7 W/(m² K)<br>gesucht:<br>$\theta_{a,m}$ ; $\theta_{a,\max}$ ; $\hat{\Theta}_a$<br>$\theta_{a,m}$ = 24 + 37 / 7,7 = 28,8 °C; $\hat{\Theta}_a$ = (6,7 · 8 + 15)/(6,7 + 2,5 · 2,7)= 5,1 K;<br>$\theta_{a,\max}$ = 28,8 + 5,1 K = 33,9 °C</td></tr>
</table>

### Beispiel 1.4-7:

<table>
<tr><td>Büroraum mit Außenluftwechsel $n_{AUL}$ = 5,0 1/h, mit Kühlung der Außenluft, mit gut speichernder Raumumschließungskonstruktion (s. Abbildung 1.4-18)</td></tr>
<tr><td>gegeben:<br>4 Personen, $q_{V,AUL}$ = 1000 m³/h $A_B$ = 50 m², $f_i$ = 2,7 = 2,5 W/(m² K),<br>= 1000 kg/m²; $\phi_{Am}$ = – 25 W/m² (1,25 kW)<br>Außenluftbedingungen: $\theta_{e,m}$ = 24 °C, $\hat{\Theta}_e$ = 8 K<br>Kühllasten: $\varphi_{S,m}$ = 12 W/m²; $\varphi_{T,m}$ = 5 W/m²; $\varphi_{N,m}$ = 20 W/m²; $\hat{\varphi}$ =15 W/m²<br>Wärmeverluste: $w_T$ = 1,0 W/(m² K); $w_L$ = 6,7 W/(m² K)<br>gesucht:<br>$\theta_{a,m}$ ; $\theta_{a,\max}$ ; $\hat{\Theta}_a$<br>$\theta_{a,m}$ =24 + (37 – 25)/7,7 =25,6 °C; $\hat{\Theta}_a$ =(6,7 · 8 + 15)/(6,7 + 2,5 · 2,7) = 5,1 K;<br>$\theta_{a,\max}$ = 25,6 + 5,1 K = 30,7 °C</td></tr>
</table>

### Beispiel 1.4-8:

<table>
<tr><td>Büroraum mit Außenluftwechsel $n_{AUL}$ = 5,0 1/h, mit schlecht speichernder Raumumschließungskonstruktion (s. Abbildung 1.4-19)</td></tr>
<tr><td>gegeben:<br>4 Personen, $q_{V,AUL}$ = 1000 m³/h $A_B$ = 50 m², $f_i$ = 2,7 = 1,0 W/(m² K),<br>= 400 kg/m²<br>Außenluftbedingungen: $\theta_{e,m}$ = 24 °C, $\hat{\Theta}_e$ = 8 K<br>Kühllasten: $\varphi_{S,m}$ = 12 W/m²; $\varphi_{T,m}$ = 5 W/m²; $\varphi_{N,m}$ = 20 W/m²; $\hat{\varphi}$ = 15 W/m²<br>Wärmeverlust: $w_T$ = 1,0 W/(m² K); $w_L$ = 6,7 W/(m² K)</td></tr>
</table>

| **gesucht:** |
|---|
| $\theta_{a,m}$ ; $\theta_{a,\max}$ ; $\hat{\Theta}_a$ |
| $\theta_{a,m}$ = 24 + 37/7,7 = ***28,8*** °C; $\hat{\Theta}_a$ = (6,7 · 8 + 15)/(6,7 + 1,0 · 2,7) = ***7,3*** K; |
| $\theta_{a,\max}$ = 28,8 + 7,3 K = ***36,1*** °C |

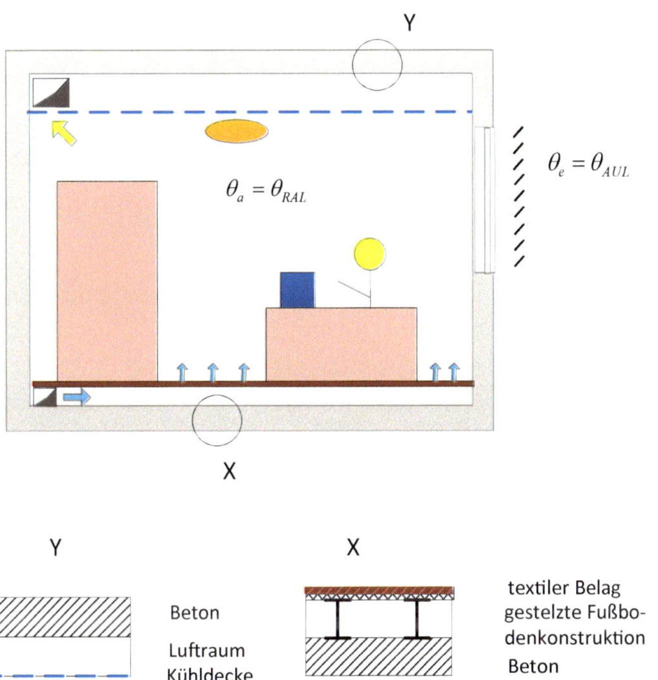


**Abb. 1.4-19** Schematischer Schnitt durch einen Büroraum mit **schlecht speichernder** Raumumschließungskonstruktion

## Beispiel 1.4-9:

| Büroraum mit Außenluftwechsel $n_{AUL}$ = 5,0 1/h, mit Kühlung der Außenluft, mit schlecht speichernder Raumumschließungskonstruktion (s. Abbildung 1.4-19) |
|---|
| **gegeben:**<br>4 Personen, $q_{V,AUL}$ = ***1000*** m³/h $A_B$ = ***50*** m², $f_i$ = ***2,7*** = ***1,0*** W/(m² K), = ***400*** kg/m²; $\phi_{Am}$ = – ***25*** W/m² (1,25 kW)<br>Außenluftbedingungen: $\theta_{e,m}$ = ***24*** °C, $\hat{\Theta}_e$ = ***8*** K<br>Kühllasten: $\varphi_{S,m}$ = ***12*** W/m²; $\varphi_{T,m}$ = ***5*** W/m²; $\varphi_{N,m}$ = ***20*** W/m²; $\hat{\varphi}$ = ***15*** W/m²<br>Wärmeverlust: $w_T$ = ***1,0*** W/(m² K); $w_L$ = ***6,7*** W/(m² K)<br>**gesucht:**<br>$\theta_{a,m}$ ; $\theta_{a,\max}$ ; $\hat{\Theta}_a$<br>$\theta_{a,m}$ = 24 + (37 – 25)/7,7 = ***25,6 °C***; $\hat{\Theta}_a$ = (6,7 · 8 + 15)/(6,7 + 1,0 · 2,7)= ***7,3 K***;<br>$\theta_{a,\max}$ = 25,6 + 7,3 K = ***32,9 °C*** |

### 1.4.4 Wärmeschutz

Der in DIN 4108-2 geregelte Wärmeschutz beschreibt „Mindestanforderungen" an das Gebäude unter dem Aspekt des Wärmeschutzes entsprechend der Bauordnung und der Verordnung zur Energieeinsparung. Durch den Gesetzgeber und Bauherren können vor allem im Hinblick auf den sparsamen Umgang mit Energie und zur Minimierung der ökologischen Belastung weitere einzuhaltende oder andere Grenzwerte vorgeschrieben bzw. festgelegt werden (s. EnEV). Empfehlenswert ist, dass die durch den Architekten und den Lüftungsplaner einzuhaltenden Werte vertragsrechtlich vereinbart werden und in einem Pflichtenheft dokumentiert und fortgeschrieben werden sollen bzw. müssen. Vor allem in den Phasen „Vorentwurf" und „Entwurf" nach HOAI des Planungsprozesses liegen notwendige konstruktive Daten kaum in ausreichendem Maße vor, sodass auf die genormten oder gesetzlich geregelten Kennwerte zurückgegriffen werden muss.

Der Wärmeschutz des Raums, d. h., der Wärmeverlust im Winter und die raumklimatische Belastung im Sommer ist u. a. abhängig von

- dem Wärmedurchgangskoeffizienten der Bauteile,
- der Anordnung der einzelnen Schichten im Bauteil z. B. unter dem Aspekt der Wärmespeicherfähigkeit, der Tauwasserbildung,
- den Wärmetransportbedingungen im Bereich von „Wärmebrücken",
- dem Fenster (z. B. Gesamtenergiedurchlassgrad, Orientierung, Verglasung) und
- der Lüftung und der Luftdichthcit von Bauteilen und deren Anschlüssen.

#### 1.4.4.1 Winterlicher Wärmeschutz

Die bautechnischen und anlagentechnischen Maßnahmen sind in DIN 4108-2 ausführlich erläutert und determiniert.

Hinsichtlich der Lüftung wird darauf verwiesen, dass eine bestimmte Luftdichtheit (Blower-Door-Verfahren) gewährleistet wird, aber gleichzeitig für einen ausreichenden Luftwechsel (besser: Außenluftwechsel) aus Gründen

- der Hygiene (Behaglichkeit),
- der Begrenzung der Raumluftfeuchte (Taupunktunterschreitung, Schimmelbildung) und
- u. U. der Zuführung von Verbrennungsluft

zu sorgen ist. Während der Heizperiode ist ein durchschnittlicher Außenluftwechsel $n_{AUL,\min}$ von mindestens 0,5 1/h (bei Wohnungen je nach Raumnutzung zwischen 0,3 und 0,6) sicherzustellen. Die Planungshinweise aus der DIN 1946-6 bzw. DIN EN 15251 und die zu vereinbarenden Randbedingungen bezüglich der zu gewährleistenden Raumluftqualität nach DIN EN 15251 sind zu berücksichtigen bzw. einzuhalten.

### 1.4.4.2 Sommerlicher Wärmeschutz

Durch bauliche Maßnahmen sollte unter Beachtung der Nutzung des Gebäudes darauf geachtet werden, dass keine unzumutbaren Raumbedingungen im Gebäude entstehen, die entsprechende Kühlmaßnahmen zur Folge haben. Grundsätzlich sollte davon ausgegangen werden, dass

- die in DIN EN 16798-3 und DIN EN 15251 geforderten operativen Temperaturen $\theta_O$ eingehalten werden, obwohl in DIN 4108-2 A1 dafür andere Grenztemperaturen definiert wurden.
- die Strahlungsasymmetriegrenzwerte bei beheizten und gekühlten Flächen nicht überschritten werden
- die Differenz zwischen der Raumlufttemperatur $\theta_a$ und der operativen Temperatur $\theta_O$ in einer Größenordnung von < 2 ... 3 K liegt und
- die einzuhaltenden Raumluftparameter wie z. B. $\theta_a$ unter Bezug auf DIN EN 16798-3 und DIN EN 15251 vertraglich zu vereinbaren sind.

$$\theta_O \approx (\theta_a + \theta_r)/2$$

Im Wesentlichen beschränken sich die Maßnahmen in DIN 4108-2 A1 auf die Begrenzung des Sonneneintragwerts *S*. Die weiteren Einflussparameter wie Lüftung (Freie Lüftung, intensive Nachtlüftung) und speicherwirksame Bauwerksmasse werden in DIN V 18599 und DIN EN ISO 7730 verbal beschrieben bzw. durch Korrekturfaktoren berücksichtigt. Der Einfluss der inneren nutzungsbedingten Kühllast $\Phi_N$ ist in DIN V 18599 gar nicht und in DIN 4108-2 sehr ungenügend beschrieben.

Der Sonneneintragswert *S* darf einen Höchstwert $S_{\max}$ nicht überschreiten:

$$S \leq S_{\max} \qquad S_{\max} = S_O + \sum \Delta S_X$$

Dabei sind:

$S_O$ der Basiswert für Gebäude (nach DIN 4108-2 = 0,12)

$\sum \Delta S_X$ Zuschlagswerte nach DIN 4108-2 bzw. DIN 4710

Der Sonneneintragswert *S* ergibt sich aus:

$$S = (\sum (A_{W,j} \cdot g_{total,j})) / A_B \qquad \text{mit} \qquad g_{total} = g \cdot F_C$$

Dabei sind:

$A_W$ Fensterfläche in $m^2$ (es gilt das Rohbaumaß!)

$g_{total}$ Gesamtenergiedurchlassgrad der Verglasung inkl. Sonnenschutz

$g$ Gesamtenergiedurchlassgrad der Verglasung

$A_B$ Nettogrundfläche (= Fußbodenfläche) des Raums oder Raumbereichs in $m^2$

$F_C$ Abminderungsfaktor der Sonnenschutzvorrichtung

## 1.4.5 Vorbemessung des sommerlichen Wärmeschutzes

Da die architektonischen und nutzungsspezifischen Einflussgrößen auf den Wärmeschutz in den Planungsphasen „Vorentwurf" und „Entwurf" unscharf reflektiert werden können, wurden sowohl Vorbemessungsverfahren als auch ein Nachweisverfahren entwickelt [17] und [18], die dem Qualitätsanspruch der Planungsphase „Vorentwurf" gerecht werden.

### 1.4.5.1 Vorbemessung des sommerlichen Wärmeschutzes nach Petzold/Hakenschmied [17]

Für die Vorbemessung des sommerlichen Wärmeschutzes von Räumen, in denen die Strahlungslast im Vergleich zur Transmissionslast groß ist, wurde in [17] ein überschlägiges Verfahren (Tabelle 1.4-41) entwickelt, das aus der Abhängigkeit von spezifischer speicherwirksamer Bauwerksmasse $m_{B,sp}$, den Wärmeschutzklassen (WSK) und dem spezifischen Fensterflächenverhältnis $A_{FG} / A_B$ erforderliche Maßnahmen zur Beeinflussung der Strahlungslast (Sonnenschutz) ableitet und Grenzen der „freien Klimatisierung" aufzeigt. Die inneren nutzungsbedingten Kühllasten finden dabei keine Berücksichtigung. Es ist von einem mittleren Außenluftwechsel $n_{AUL}$ von 0,5 1/h auszugehen.

Diese Vorbemessung ist für normalgeschossige Gebäude (z. B. Wohnungsbau, Verwaltungsbau und ähnliche Gebäude) anwendbar.

Mit den Wärmeschutzklassen nach Petzold [17] ist die freie Klimatisierung bei gleichzeitiger Minimierung des notwendigen baulichen Aufwands durch eine am Ende einer Schönwetterperiode (maximal nach ca. 5 Tagen) auftretende mittlere Raumlufttemperatur $\theta_{a,m}$ beschreibbar (Tabelle 1.4-37). Wird für einen Raum die Einhaltung der WSK nachgewiesen, so kann damit seine thermische Qualität eingeschätzt werden. Gleichzeitig wird gesichert, dass die ausgewiesenen zulässigen

Tagesmittelwerte der Raumlufttemperaturen nicht überschritten werden. Es wird ein Tagesgang der Raumlufttemperatur in Ansatz gebracht.

$$\theta_a = \theta_{a,m} + \hat{\Theta}_a \cdot \cos(\omega\tau)$$

Im Allgemeinen beträgt die Amplitude $\hat{\Theta}_a = 2$ K und braucht zur Vereinfachung nicht rechnerisch erfasst zu werden. Mit den Klimagebieten 1 bzw. 2 wird die Höhe des Gebäudes über NN bzw. eine sich ändernde Außenlufttemperatur $\theta_e$ berücksichtigt.

**Tab. 1.4-36** Zuordnung der Außenlufttemperatur zu Klimagebieten

| | Höhe über NN | $\theta_{e,m}$ in °C | $\hat{\Theta}_e$ in K | $\theta_{e,\max}$ in °C |
|---|---|---|---|---|
| Klimagebiet 1 | ≤ 500 m (Binnentiefland) | 24 | 8 | 32 |
| Klimagebiet 2 | > 500 m und Küstenbereich | 22 | 7 | 29 |

**Tab. 1.4-37** Wärmeschutzklassen (WSK)

| **Außenlufttemperatur $\theta_{e,m}$ in °C** | **Raumlufttemperatur $\theta_{a,m}$ in °C** | | | |
|---|---|---|---|---|
| Klimagebiet 1: **24** | 24 | 26 | 28 | 30 |
| Klimagebiet 2: **22** | 22 | 24 | 26 | 28 |
| **Wärmeschutzklasse** | A | B | C | D |

Klimagebiet 1: Binnentiefland bis Höhe < 500 m über NN

Klimagebiet 2: oberhalb 500 m über NN und Küstenbereich

Tagesgang der Raumlufttemperatur: $\theta_a = \theta_{a,m} \pm 2\ K \cdot \cos(\omega\tau)$

Unter Berücksichtigung der thermischen Behaglichkeit und der Gewährleistung ausreichender Arbeitsproduktivität unter sommerlichen Bedingungen weist Tabelle 1.4-38 eine anzustrebende Zuordnung der Wärmeschutzklassen für eine repräsentative Auswahl von Gebäuden und Räumen aus.

Die speicherwirksame Bauwerksmasse kann nach der Beziehung

$$m_{B,Sp} = m_B = \left( \sum_{j=1}^{n} \left( m_j\ A_j \right) / A_B \right) \qquad \text{mit} \qquad m_j = \sum_{i=1}^{m} \left( s_{sp,i}\ \rho_i \right)$$

ermittelt werden (wobei $s_{sp,i} = s \leq 0{,}6$ m) oder nach den Orientierungswerten in Tabelle 1.4-39.

**Tab. 1.4-38** Wärmeschutzklassen für Gebäude und Räume

| Gebäude | Räume | Wärmeschutzklasse | |
|---|---|---|---|
| | | Gebiet 1 | Gebiet 2 |
| *Wohnbauten* | Wohnungen und einzeln zu berechnende Wohnräume | B | C |
| | einzeln zu berechnende Schlafräume | C [6] | C [6] |
| | Wohn- und Schlafräume in Alters- und Pflegeheimen | B | B |
| *Bildungseinrichtungen* | Kinderkrippen | A | B |
| | Kindergärten, | B | C |
| | Schulen, Unterrichtsräume | B | B |
| | Seminarräume | B | B |
| *Bürogebäude* | Versammlungsräume | B | C |
| | Arbeitsräume, zulässige Klimabedingungen | B | C |
| *Gesundheitsbauten* | Bettenzimmer in Krankenhäusern | B | B |
| | Behandlungsräume | B | C |
| *Hotels* | Aufenthaltsräume, Seminarräume | B | C |
| | Hotelzimmer | C | D |
| *Produktionsbauten* | Arbeitsräume für schwere Arbeit, zulässige Klimabedingungen | B | C |
| | Arbeitsräume für mittelschwere und leichte Arbeit, zulässige Klimabedingungen | C | D |
| *beliebig* | Räume mit Klimaanlage und mit wärmephysiologisch optimalen Klimabedingungen | A [7] | A [7] |

**Tab. 1.4-39** Orientierungswerte für die speicherwirksame Bauwerksmasse

| Gebäudetyp | | $m_B$ |
|---|---|---|
| | | $kg/m^2_{Fußbodenfläche}$ |
| *Leichtbauten* | (z. B. Baracken), unterlüftet | 50 ... 150 |
| | (Fußboden direkt an das Erdreich grenzend) | 600 ... 700 |
| *Traglufthallen* | (Fußboden direkt an das Erdreich grenzend) | 500 ... 600 |
| ***mehrgeschossige schwere Produktionsbauten, Wandfläche = 0,5 · Fußbodenfläche*** | | |
| | oberstes Geschoss mit leichtem Dach | 500 ... 600 |
| | oberstes Geschoss mit schwerem Dach | 700 ... 800 |
| | unterstes Geschoss und Mittelgeschosse | 800 |

5 Ist die Zweckbestimmung nicht eindeutig, gilt die Forderung für Wohnräume.

6 Forderung gilt unabhängig vom Betrag der jeweiligen Raumlufttemperatur. In diesem Fall bewirkt die Einhaltung der WSK A, dass der technische Aufwand zur Klimatisierung (Kühl- bzw. Kälteleistung) so gering wie möglich gehalten werden kann (s. a. WSVO).

**Tab. 1.4-39** Orientierungswerte für die speicherwirksame Bauwerksmasse (Forts.)

| **Gebäudetyp** | | $m_B$<br>kg/m²$_{Fußbodenfläche}$ |
|---|---|---|
| ***mehrgeschossige schwere Produktionsbauten, Wandfläche = 3 · Fußbodenfläche*** | | |
| | oberstes Geschoss mit leichtem Dach | 1.200 |
| | oberstes Geschoss mit schwerem Dach | 1.500 |
| | unterstes Geschoss und Mittelgeschosse | 1.500 |
| *Wohnbauten* | allgemein | 600 ... 800 |
| | oberstes Geschoss mit leichtem Dach | 200 ... 400 |
| ***Büro- und Verwaltungsbauten*** | | |
| leichte Bauweise | | 500 ... 700 |
| schwere Bauweise | ohne Verbauung der Wände | 900 ... 1.000 |
| | mit Unterhangdecke und gedämmtem Fußboden | 600 ... 700 |
| | mit Unterhangdecke und Doppelboden | 400 ... 600 |
| ***Landwirtschaftliche Bauten*** | | |
| | leichte Bauweise | 600 ... 700 |
| | mit Spaltboden und Unterflurabsaugung | 500 ... 600 |

**Tab. 1.4-40** Zuordnung der Sonnenschutzmaßnahmen

| **Sonnenschutzmaßnahmen** | **Gesamtenergiedurchlassgrad** $g_{TOTAL}$ | **Zeichen** |
|---|---|---|
| keine | > 0,7 | ○ |
| Stoffvorhang<br>Innenjalousie<br>Horizontalblende (0,375 m tief, südorientiert) | 0,50 bis 0,64<br>0,52 bis 0,67<br>0,57 bis 0,65 | ● |
| Zwischenjalousie<br>Loggia (1,20 bis 1,80 (O/W-orientiert))<br>Horizontalblende (0,75 m tief, südorientiert) | 0,33 bis 0,49<br>0,34 bis 0,43<br>0,35 bis 0,43 | □ |
| Außenjalousie<br>Markisen<br>Loggia (1,20 (S-orientiert)) | 0,11 bis 0,14<br>0,16 bis 0,22<br>0,29 | ▩ |
| Die geforderte mittlere Raumlufttemperatur ist durch bauliche Maßnahmen allein nicht zu erreichen („erzwungene" Klimatisierung notwendig). | | ↓ |

**Beispiel 1.4-10:**

Zur Vorbemessung des sommerlichen Wärmeschutzes und zur Entscheidung über Sonnenschutzmaßnahmen, notwendige speicherwirksame Bauwerksmassen, das Verhältnis von verglasten Fenster- zu Fußbodenflächen, einzuhaltende WSK bzw.

mittlere Raumlufttemperaturen und freie Klimatisierung bzw. erzwungene Klimatisierung sind die Parameter in der Tabelle 1.4-41 zu variieren.

**Beispiel 1.4-10.1:**

| Größe | | unter Verwendung von | Zahlenwert/ Kennzeichen | Einheit |
|---|---|---|---|---|
| **gegeben:** | | | | |
| Wärmeschutzklasse | | | B | |
| speicherwirksame Bauwerksmasse | $m_B$ | | 700 | kg/m² |
| Fensterflächen/Fußbodenflächenverhältnis | $A_{FG}/A_B$ | | 0,15 | m²/m² |
| **Ergebnis** | | | | |
| mittlere Raumlufttemperatur | | Tabelle 1.4-41 | 26 | °C |
| Sonnenschutzmaßnahme | $\theta_{a,m}$ | Tabelle 1.4-40 | Sonnenschutz: z. B. Zwischenjalousie | |

**Beispiel 1.4-10.2:**

| Größe | | unter Verwendung von | Zahlenwert/ Kennzeichen | Einheit |
|---|---|---|---|---|
| **gegeben:** | | | | |
| Sonnenschutzmaßnahme | | Tabelle 1.4-40 | kein Sonnenschutz | |
| speicherwirksame Bauwerksmasse | $m_B$ | | 800 | kg/m² |
| Fensterflächen/Fußbodenflächenverhältnis | $A_{FG}/A_B$ | | 0,20 | m²/m² |
| **Ergebnis:** | | | | |
| mittlere Raumlufttemperatur | $\theta_{a,m}$ | Tabelle 1.4-41 | 28 | °C |
| Wärmeschutzklasse | | Tabelle 1.4-41 | C | |

**Beispiel 1.4-10.3:**

| Größe | | unter Verwendung von | Zahlenwert/ Kennzeichen | Einheit |
|---|---|---|---|---|
| **gegeben:** | | | | |
| Sonnenschutzmaßnahme | | Tabelle 1.4-40 | äußerer Sonnenschutz | |
| speicherwirksame Bauwerksmasse | $m_B$ | | 500 | kg/m² |
| Wärmeschutzklasse | | Tabelle 1.4-41 | B | |
| **Ergebnis:** | | | | |
| mittlere Raumlufttemperatur | $\theta_{a,m}$ | Tabelle 1.4-41 | 26 | °C |
| Fensterflächen/Fußbodenflächenverhältnis | $A_{FG}/A_B$ | Tabelle 1.4-41 | ≤ 0,20 | |

**Tab. 1.4-41** Zusammenhang zwischen speicherwirksamer Bauwerksmasse und Sonnenschutz

| WSK | A | | | | | | B | | | | | | C | | | | | | D | | | | | |
|---|---|---|---|---|---|---|---|---|---|---|---|---|---|---|---|---|---|---|---|---|---|---|---|---|
| $\theta_{a,m}$ | 24 | | | | | | 26 | | | | | | 28 | | | | | | 30 | | | | | |
| $m_B$ | 500 | 600 | 700 | 800 | 900 | 1000 | 500 | 600 | 700 | 800 | 900 | 1000 | 500 | 600 | 700 | 800 | 900 | 1000 | 500 | 600 | 700 | 800 | 900 | 1000 |
| $A_{FG}/A_B$ | | | | | | | | | | | | | | | | | | | | | | | | |
| 0,075 | ■ | ■ | □ | □ | ● | ○ | ● | ○ | ○ | ○ | ○ | ○ | ○ | ○ | ○ | ○ | ○ | ○ | ○ | ○ | ○ | ○ | ○ | ○ |
| 0,1 | ■ | ■ | □ | □ | ● | ○ | □ | ● | ○ | ○ | ○ | ○ | ○ | ○ | ○ | ○ | ○ | ○ | ○ | ○ | ○ | ○ | ○ | ○ |
| 0,125 | ↓ | ■ | ■ | ■ | □ | ● | □ | □ | ● | ● | ○ | ○ | ● | ○ | ○ | ○ | ○ | ○ | ○ | ○ | ○ | ○ | ○ | ○ |
| 0,15 | ↓ | ↓ | ■ | ■ | ■ | □ | □ | □ | □ | ● | ● | ○ | □ | ● | ○ | ○ | ○ | ○ | ● | ○ | ○ | ○ | ○ | ○ |
| 0,2 | ↓ | ↓ | ↓ | ■ | ■ | □ | ■ | ■ | □ | □ | ● | ● | □ | □ | ● | ○ | ○ | ○ | ● | ● | ● | ○ | ○ | ○ |
| 0,25 | ↓ | ↓ | ↓ | ↓ | ↓ | ■ | ■ | ■ | ■ | □ | □ | ● | □ | □ | □ | ● | ○ | ○ | □ | ● | ● | ● | ○ | ○ |
| 0,4 | ↓ | ↓ | ↓ | ↓ | ↓ | ■ | ■ | ■ | ■ | ■ | □ | □ | □ | □ | □ | □ | ● | ● | □ | □ | ● | ● | ● | ● |
| 0,4 | ↓ | ↓ | ↓ | ↓ | ↓ | ↓ | ↓ | ■ | ■ | ■ | ■ | □ | ■ | ■ | ■ | □ | □ | □ | ■ | ■ | □ | □ | ● | ● |
| 0,5 | ↓ | ↓ | ↓ | ↓ | ↓ | ↓ | ↓ | ↓ | ■ | ■ | ■ | ■ | ■ | ■ | ■ | ■ | ■ | ■ | ■ | ■ | □ | □ | □ | □ |

**Beispiel 1.4-10.4:**

| Größe | | unter Verwendung von | Zahlenwert/ Kennzeichen | Einheit |
|---|---|---|---|---|
| **gegeben:** | | | | |
| Wärmeschutzklasse | | | A | |
| speicherwirksame Bauwerksmasse | $m_B$ | | 1000 | kg/m² |
| Fensterflächen/Fußbodenflächenverhältnis | $A_{FG} / A_B$ | | 0,40 | m²/m² |
| **Ergebnis:** | | | | |
| mittlere Raumlufttemperatur | $\theta_{a,m}$ | Tabelle 1.4-41 | 24 | °C |
| Sonnenschutzmaßnahme oder andere Maßnahmen | | Tabelle 1.4-40 | erzwungene Klimatisierung notwendig | |

## 1.4.5.2 Vorbemessung des sommerlichen Wärmeschutzes nach Petzold/Trogisch [19]

Auf der Grundlage von [18] kann überschlägig der Zusammenhang zwischen der zulässigen mittleren Gesamtkühllast, der mittleren sommerlichen Raumlufttemperatur und dem Außenluftwechsel dargestellt werden, sodass analog zu 1.4.3.1 in der Phase „Vorentwurf" sowohl Aussagen über zu erwartende Raumlufttemperaturen als auch über notwendige bauliche und lüftungstechnische Maßnahmen getroffen werden können.

Das Verfahren kann mit ingenieurtechnischen Mitteln die Wechselwirkung von Lüftung, innerer und äußerer Kühllast, dem Wärmebeharrungsvermögen (*WBV*) und mittlerer Raumlufttemperatur bewerten.

Das Wärmebeharrungsvermögen ist abhängig vom Speichervermögen des Gebäudes, dem Wärmewiderstand der Hüllkonstruktion sowie von der Lüftung. Letztere ist insbesondere abhängig von der inneren nutzungsbedingten Kühllast $\Phi_N$, d. h. von der Nutzung des Gebäudes.

**1. Kriterium:**
Das WBV ist ***groß***, wenn eine geringe Lüftung mit Außenluft $q_{V;AUL}$ genügt und eine große speicherwirksame Bauwerksmasse *M* vorhanden ist.

Es gilt:

$$M / A_B \geq 600 \text{ kg/m}^2 \text{ und } q_{V,AUL} / A_B \leq 6 \text{ (m}^3\text{/h)/m}^2$$

mit: $A_B$ Bruttogeschossfläche

Diese Kriterien gelten in der Regel bei Gebäuden (z. B. Wohngebäude oder analog genutzte Gebäude), bei denen $\Phi_{N,m} / A_B = \varphi_{N,m} \leq 10$ W/m² ist und bei denen die Vorschriften von DIN V 18599 und [10] zugrunde gelegt wurden. Der sommerliche Wärmeschutz kann sich auf die Verschattung der Fenster $g_{total}$ (Gesamtenergiedurchlassgrad nach DIN 4108-2 und DIN 4710) in Abhängigkeit von der verglasten Fenstergröße $A_{FG}$ und der Bauwerksmasse $M$ beschränken.

Eine mittlere Raumlufttemperatur $\theta_{a,m}$ von 26 °C wird nicht überschritten, wenn

$$g_{total} \cdot A_{FG} \leq 0{,}13 \cdot 10^{-3} \cdot M$$

Ist das 1. Kriterium nicht erfüllt, so muss intensiv gelüftet werden, um erträgliche Raumlufttemperaturen zu erhalten.

**2. Kriterium**

Unabhängig von der speicherwirksamen Bauwerksmasse $M$ muss sein

$$\Phi_{S,m} + \Phi_{T,S,m} + \Phi_{N,m} \leq \left[ \sum_j (U \cdot A)_j + q_{V,AUL} \cdot c_L \cdot \rho_L \right] \cdot \left( \theta_{a,zul} - \theta_{b(So)} \right)$$

Dabei sind:

| | |
|---|---|
| $\Phi_{S,m}$ | Tagesmittel der Strahlungslast in W |
| $\Phi_{T,S,m}$ | Tagesmittel der Transmissionslast durch Strahlung in W |
| $\Phi_{N,m}$ | Tagesmittel der inneren nutzungsbedingten Kühllast (Personen, Maschinen, Beleuchtung ) in W |
| $U$ | Wärmedurchgangskoeffizient in W/(m² K) |
| $A$ | Oberfläche der Außenbauteile in m² |
| $\sum_j (U \cdot A)_j$ | Wert entspricht dem spezifischen Transmissionswärmeverlust $H_T$ nach EnEV 2007 |
| $q_{V,AUL}$ | Tagesmittel des Außenluftvolumenstroms in m³/h |
| $c_L \cdot \rho_L$ | spezifische Wärmekapazität je Volumeneinheit Luft = 0,33 Wh/(m³ K) |
| $\theta_{a,m}$ | zulässige mittlere behagliche Raumlufttemperatur in °C |
| $\theta_{b(So)}$ | Tagesmittel des Sommermaximums der Basistemperatur nach Tabelle 1.4-42 |

**Tab. 1.4-42** Kriterien für das Wärmebeharrungsvermögen und $\theta_{b(So)}$ nach Petzold

| WBV | Kriterien | | $\theta_{b(So)}$ in °C | | Charakteristik |
|---|---|---|---|---|---|
| | $\eta_a$ | $\eta_d$ | allgemein | Mitteleuropa | |
| klein | – | $\geq$ 0,80 | $= \theta_{e,\max,h} - 1$ K | 24 | Lüftung entscheidet über das Raumklima |
| mäßig | $\geq$ 0,80 | 0,36 bis 0,79 | $= \theta_{e,m,h} \pm 3$ K | 21 | (Übergangsbereich) |
| groß | $\geq$ 0,80 | $\leq$ 0,35 | $= \theta_{e,\overline{m},h} \pm 1$ K | 19 | Bauwerksmasse und Wärmeschutz entscheiden über das Raumklima |
| extrem groß | < 0,80 | $\leq$ 0,35 | $= \theta_{e,\bar{a}} + \eta_a \cdot \hat{\Theta}_{e,a} + 1$ K | $\leq$ 16 | Eventuell Taupunktunterschreitung außerhalb der Heizperiode |

Diese Beziehung gilt auch

- für Gebäude, die wegen größerer innerer Wärme- und/oder Stofflasten eine intensive Lüftung benötigen (z. B. Krankenhäuser, Schulen) und
- für Gebäude mit ***kleinem*** WBV. Dies sind
  - Leichtbauten (z. B. Wohn-Container, leichte Raumzellen) und
  - intensiv gelüftete Räume mit $q_{V,AUL} / A_B \geq 40$ (m³/h)/m², wobei die Ursache für den größeren Luftvolumenstrom in der Regel eine hohe spezifische innere nutzungsbedingte Kühllast von $\varphi_{N,m} = (\Phi_{N,m} / A_B) \geq 40$ W/m² ist.

Bei diesen hohen spezifischen inneren nutzungsbedingten Kühllasten genügt es, den sommerlichen äußeren Wärmeschutz darauf zu beschränken, dass

$$\Phi_{S,m} + \Phi_{T,S,m} \leq \Phi_{N,m} / 5 \,.$$

Erfolgt eine Modifizierung der Gleichung für das 2. Kriterium, indem man

- die Gleichung durch die Bruttogeschossfläche $A_B$ dividiert,
- für den linken Term der Wert $\varphi_K = (\Phi_{S,m} + \Phi_{T,S,m} + \Phi_{N,m}) / A_B$ einsetzt,
- den Außenluftwechsel $n_{AUL} = q_{V,AUL} / V_R$ einführt,
- von einer mittleren Raumhöhe $H_R = 2{,}60$ m ausgeht,
- den spezifischen Transmissionswärmeverlust $w_T = \sum_j (U \cdot A)_j) / A_B$ nach [11] einführt und
- die Temperaturdifferenz $(\theta_{a,m} - \theta_{b(So)}) = \Delta\theta$ ersetzt,

so kann der Zusammenhang zwischen dem Außenluftwechsel $n_{AUL}$, der Temperaturdifferenz $\Delta\theta$ und der spezifischen Gesamtkühllast dargestellt werden (Abbildung 1.4-20):

$$\varphi_K \leq (w_T + c_L \cdot \rho_L \cdot n_{AUL} \cdot H_R) \cdot \Delta\theta$$

**Beispiel 1.4-11:**

**gegeben:**

Klimaregion C nach DIN 4108-2: $\theta_{a,zul} = 27\ °C$

**gesucht:**

zulässige spezifische Kühllast $\varphi_K$ bei Variation des Wärmebeharrungsvermögens WBV und des Außenluftwechsels $n_{AUL}$

| | | WBV: klein | | WBV: groß | |
|---|---|---|---|---|---|
| $\theta_{b(So)}$ | °C | 24 | 24 | 19 | 19 |
| $\Delta\theta$ | K | 3 | 3 | 8 | 8 |
| $n_{AUL}$ | 1/h | 2 | 6 | 2 | 6 |
| $\varphi_K$ | W/m² | 8 | 22,5 | 19 | 50,5 |

**Schlussfolgerung:**
Ist die vorhandene spezifische Kühllast größer als $\varphi_K$, so ist eine Kompensation entweder durch Kühlung oder Erhöhung des Außenluftwechsels erforderlich.

**Beispiel 1.4-12:**

**gegeben:**

Klimaregion C nach DIN 4108-2: $\theta_{a,zul} = 27\ °C$ und Außenluftwechsel $n_{AUL} = 2\ 1/h$

**gesucht:**

zu erwartende Raumlufttemperatur $\theta_{a,ist}$ bei Variation vom WBV und der spezifischen Kühllast $\varphi_K$

| | | WBV: klein | | WBV: groß | |
|---|---|---|---|---|---|
| $\theta_{b(So)}$ | °C | 24 | 24 | 19 | 19 |
| $n_{AUL}$ | 1/h | 2 | 2 | 2 | 2 |
| $\varphi_K$ | W/m² | 20 | 40 | 20 | 40 |
| $\Delta\theta$ | K | 5,5 | 14,4 | 5,5 | 14,4 |
| $\theta_{a,ist}$ | °C | 29,5 | 38,4 | 24,5 | 33,4 |

**Schlussfolgerung:**
ist $\theta_{a,ist}$ größer als die zulässige Raumlufttemperatur $\theta_{a,zul}$, so ist das WBV zu vergrößern oder die vorhandene spezifische Kühllast zu reduzieren.

Auf das Ergebnis in Abbildung 1.4-20 und Betrachtungen in den Beispielen kann der Einfluss des spezifischen Transmissionswärmeverlusts $w_T$ als vernachlässigbar klein gewertet werden [19].

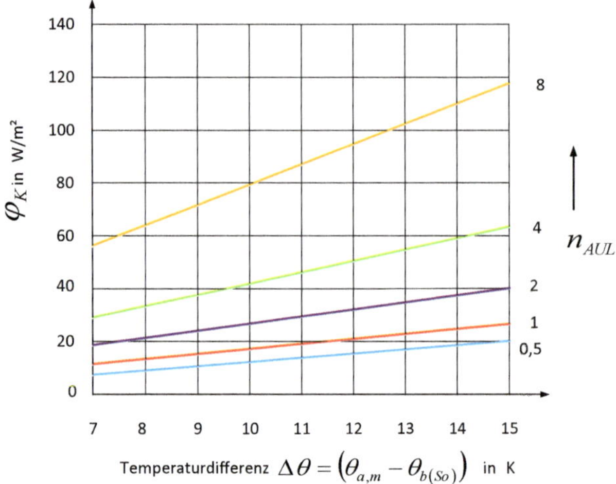


**Abb. 1.4-20** Spezifische Kühllast $\varphi_K$ als Funktion des Außenluftwechsels $n_{AUL}$ in Abhängigkeit von der zulässigen Temperaturdifferenz bei $w_T$ von 1 W/(m² K)

### 1.4.5.3 Nachweis des sommerlichen Wärmeschutzes nach Petzold

Für den Nachweis sind für den thermisch kritischen Raum folgende Forderungen zu erfüllen:

äußere Kühllast

$$\varphi_{e,m} = \Phi_{e,m} / A_{\mathbf{B}} < \varphi_{e,m,zulässig} \text{ in W/m}^2{}_{\text{Fußbodenfläche}}$$

innere Kühllast

$$\varphi_{i,m} = \Phi_{i,m} / A_{\mathbf{B}} < \varphi_{i,m,zulässig} \text{ in W/m}^2{}_{\text{Fußbodenfläche}}$$

Bei Nichteinhaltung dieser Forderung für die äußere Kühllast sind Maßnahmen

- zur Reduzierung der äußeren Kühllast (z. B. Sonnenschutz, verbesserte Wärmedämmung) oder
- zur Erhöhung der zulässigen äußeren Kühllast (z. B. Erhöhung der speicherwirksamen Masse, Vermeidung von wärmedämmendem Material vor schweren Baustoffen)

zu konzipieren.

| Zeichen | Bedeutung | Einheit |
|---|---|---|
| $\varphi_{S,m}$ | Strahlungswärmestromdichte | $\text{W/m}^2{}_{\text{Fußbodenfläche}}$ |
| $\varphi_{T,m}$ | Transmissionswärmestromdichte | $\text{W/m}^2{}_{\text{Fußbodenfläche}}$ |
| $\varphi_{T,i,m}$ | Wärmestromdichte durch benachbarte Räume | $\text{W/m}^2{}_{\text{Fußbodenfläche}}$ |
| $\varphi_b$ | Wärmestromdichte in Fußböden auf Erdreich oder in Kellerräumen | $\text{W/m}^2{}_{\text{Fußbodenfläche}}$ |

| Zeichen | Bedeutung | Einheit |
| --- | --- | --- |
| $E_{S,m}$ | Tagesmittelwert der Solarstrahlung hinter dem durchsichtigen Bauteil nach Tabelle 1.4-44 | $W/m^2_{Fensterfläche}$ |
| $A_{FG}$ | Glasfläche des Fensters, z. B. bei Versprossung von 25 %: $A_{FG} = 0{,}75 \cdot A_w$ | $m^2$ |
| $A_B$ | Fußbodenfläche | $m^2$ |
| $a_S$ | Absorptionsgrad gegenüber der Solarstrahlung | |
| $\Theta_{T,m}$ | mittlere Strahlungsübertemperatur für das Bauteil durch Solarstrahlung nach Tabelle 1.4-43 | K |
| $U$ | Wärmedurchgangskoeffizient des Bauteils | $W/(m^2\,K)$ |
| $A$ | Fläche des Bauteils | |
| $\Delta\theta_i$ | Temperaturdifferenz zwischen Räumen, zu berücksichtigen, wenn > 2 K | K |
| $\varphi_{V,L}$ | spezifischer Lüftungswärmestrom nach Tabelle 1.4-42 | $W/m^2_{Fensterfläche}$ |
| $A_L$ | Lüftungsfläche | $m^2$ |
| $\varepsilon$ | Fensterlüftungsfaktor nach Tabelle 1.4-43 | |

Die zulässige äußere Kühllast kann als Funktion der WSK und der speicherwirksamen Masse beschrieben werden:

$$\varphi_{e,m,zulässig} = C_{WSK} \cdot m_{B,sp}$$

mit:

| WSK | A | B | C | D |
| --- | --- | --- | --- | --- |
| $C_{WSK}$ | 0,010 | 0,015 | 0,020 | 0,025 |

Die untere Grenze für fensterbelüftete Räume liegt bei ca. 400 kg/m² für die WSK A und B.

Der Tagesmittelwert der vorhandenen äußeren Kühllast $\varphi_{e,m}$ ergibt sich aus den einzelnen Lastkomponenten (s. a. Kapitel 1.4.2) bzw. ist deren genaue Berechnung u. a. nach VDI 2078 durchzuführen.

$$\varphi_{e,m} = \varphi_{S,m} + \varphi_{T,m} + \varphi_{T,i,m} - \varphi_B$$

- Strahlungswärmestromdichte durch durchsichtige Bauteile

$$\varphi_{S,m} = \frac{\sum_{j=1}^{n} \left(E_{S,m} \cdot A_{FG}\right)_j}{A_B}$$

- Transmissionswärmestrom durch undurchsichtige Bauteile aufgrund von Sonnenstrahlung

$$\phi_{T,m} = \frac{\sum_{j=1}^{n} \left(a_S \cdot \Theta_{T,m} \cdot U \cdot A\right)_j}{A_B}$$

***Anmerkung:*** Für zweischalige, durchlüftete Dächer (Kaltdach) und hinterlüftete Fassaden (z. B. Klimafassaden) ist $\Theta_{T,m}$ nach Tabelle 1.4-43 mit dem Faktor 0,33 zu multiplizieren.

- Wärmestromdichte zu benachbarten Räumen

$$\varphi_{T,i,m} = \frac{\sum_{j=1}^{n} \left(U \cdot A \cdot \Delta\theta_i\right)_j}{A_B}$$

- Wärmestromdichte in Fußböden auf Erdreich oder in Kellerräumen

Dieser Wert kann mit hinreichender Genauigkeit mit $\varphi_B = 5$ W/m² angenommen werden.

**Tab. 1.4-43** Mittlere Strahlungsübertemperatur $\Theta_{T,m}$ von Bauoberflächen durch Solarstrahlung

| Orientierung | $\Theta_{T,m}$ |
|---|---|
| Horizontal | 19 |
| Nord | 5 |
| Nordost/Nordwest | 8 |
| Ost/West | 11 |
| Südost/Südwest | 11 |
| West | 10 |

**Tab. 1.4-44** Tagesmittelwert der Solarstrahlung $E_{S,m}$ hinter dem durchsichtigen Bauteil in W/m²

| Orientierung | ohne Sonnenschutz | | | | | | mit Sonnenschutz | | | | | |
|---|---|---|---|---|---|---|---|---|---|---|---|---|
| | a | b | c | d | e | f | g | h | i | j | k | l |
| Horizontal | 220 | 190 | 200 | 160 | 130 | 90 | - | - | 30 | 120 | 100 | 70 |
| Nord | 60 | 50 | 50 | 40 | 35 | 25 | 40 | 30 | 10 | 30 | 25 | 20 |
| NO/NW | 100 | 80 | 90 | 70 | 55 | 40 | 60 | 50 | 15 | 50 | 40 | 30 |
| Ost/West | 130 | 110 | 120 | 100 | 80 | 55 | 70 | 60 | 20 | 70 | 50 | 40 |

**Tab. 1.4-44** Tagesmittelwert der Solarstrahlung $E_{S,m}$ hinter dem durchsichtigen Bauteil in W/m² (Forts.)

| Orientierung | ohne Sonnenschutz | | | | | | mit Sonnenschutz | | | | | |
|---|---|---|---|---|---|---|---|---|---|---|---|---|
| | a | b | c | d | e | f | g | h | i | j | k | l |
| SO/SW | 140 | 110 | 120 | 90 | 80 | 55 | 60 | 50 | 20 | 70 | 50 | 40 |
| Süd | 120 | 100 | 100 | 80 | 70 | 50 | 40 | 30 | 20 | 70 | 50 | 40 |

**Legende zu Tabelle 1.4-44:**

| ohne Sonnenschutz | | |
|---|---|---|
| a | Einfachfenster, klares Tafelglas | Wohn- u. Gesellschaftsbau |
| b | Zweifachfenster, klares Tafelglas | (geringe Verschmutzung) |
| c | Einfachfenster, klares Tafelglas | Industriebau |
| d | Zweifachfenster, klares Tafelglas | (starke Verschmutzung) |
| f | Profilglas, Drahtglas | |
| g | Glasbausteine | |
| **mit Sonnenschutz** | | |
| g | äußere Verschattung | Horizontalblende: 0,4 · Fensterhöhe<br>Vertikalblende: 0,4 · Fensterbreite |
| h | äußere Verschattung | Horizontalblende: 0,7 · Fensterhöhe<br>Vertikalblende: 0,7 · Fensterbreite |
| i | Außenjalousie, Fensterläden | |
| j | Absorptionsglas | |
| k | Tafelglas und Absorptionsglas | |
| l | Reflexionsglas | |

**Tab. 1.4-45** Wärmestrom $\varphi_{V,L}$ je m² Lüftungsfläche

| $\varphi_{V,L}$ in $W/m^2_{\text{Lüftungsfläche}}$ | | | | | | | | |
|---|---|---|---|---|---|---|---|---|
| WSK | A | | B | | C | | D | |
| Lüftungsart | einseitig | Quer- u. Schacht-lüftung | ein-seitig | Quer- u. Schacht-lüftung | einseitig | Quer- u. Schacht-lüftung | einseitig | Quer- u. Schacht-lüftung |
| Dauerlüftung [7] | 100 | 200 | 200 | 400 | 300 | 600 | 400 | 800 |
| unterbrochene Lüftung [8] | 30 | 5 | 65 | 130 | 100 | 200 | 130 | 250 |

7 Für die Berechnung darf Dauerlüftung (Fensterfläche während der gesamten Nutzungszeit geöffnet) nur dann angenommen werden, wenn der Schallpegel im Raum bei geöffnetem Fenster unter dem zulässigen Wert liegt.

8 Unterbrochene Lüftung ist anzunehmen, wenn die Fenster etwa 15 % der Nutzungszeit voll geöffnet werden und die Lüftung in regelmäßigen Abständen, mindestens jedoch einmal je Stunde erfolgt. Sind die Bedingungen nicht erfüllt, muss mechanisch gelüftet werden.

Die zulässige innere Kühllast ist abhängig von den vorhandenen Fensterlüftungsmöglichkeiten und deren Effizienz:

$$\varphi_{i,m,zul} = \frac{A_L \cdot q_{V,L}}{A_B \cdot \varepsilon}$$

Bei Nichteinhaltung der zulässigen inneren Kühllast sind

- die innere Kühllast infolge Personen, Maschinen oder Beleuchtung zu reduzieren oder
- die freie Lüftung durch z. B. Vergrößerung der Fensterfläche zu erhöhen.

**Tab. 1.4-46** Fensterlüftungsfaktor $\varepsilon$

| Fensterlüftungsfaktor $\varepsilon$ für Fenster mit | | | |
|---|---|---|---|
| **Lage des Bauwerks zur Umgebung** | **Drehflügel, Wendeflügel** | **Klappflügel, Schwingflügel, Kippflügel** | **oberem u. unterem Kippflügel, Höhe des fest verglasten Teils > 3 × Kippflügelhöhe** |
| innerhalb städtischer und ländlicher Bebauung; Bauwerk überragt die benachbarten nicht wesentlich; in Tälern | 1,0 | 2,0 | 0,5. |
| hohe Bauwerke, Hochhäuser und andere die benachbarte Bebauung überragende Bauwerke in ungeschützter Stadtrandlage; frei stehende Einzelbauwerke; in Uferzonen größerer Gewässer; auf Hochflächen und Bergkuppen | 0,5 | 1,0 | 0,25 |

## 1.5 Normen – EPBD

12/2002 wurde durch das europäische Parlament die Richtlinie 2002/91/EG über die Gesamteffizient von Gebäuden (EPBD) erlassen und zwischenzeitlich harmonisiert. Ziel der Richtlinie ist die Reduzierung der CO2-Emissionen im Gebäudebereich Wohn- und Nichtwohngebäude) durch Maßnahmen zur Senkung des Energieverbrauchs.

Daraus resultiert eine Reihe von DIN-EN-Normen. Tabelle 1.5-1 gibt einen Überblick über relevante Richtlinien der Klima- und Lüftungsbranche. Daneben gibt es in Deutschland eine Reihe von VDI-Richtlinien, nationalen Normen, VDMA-Arbeitsblätter und Arbeitsstättenrichtlinien (ASR) sowie die Energieeinsparverordnung (EnEV) mit der DIN V 18599.

Für die Planungsphase von gebäudetechnischen Anlagen gibt Abbildung 1.5-1 eine Übersicht, welche Richtlinien u. a. zu berücksichtigen sind.

**Tab. 1.5-1** Überblick über zurückgezogene relevante europäische Normen

| Norm | Bezeichnung | Erscheinungsdatum |
|---|---|---|
| **DIN EN 13779** | Lüftung von Nichtwohngebäuden – Allgemeine Grundlagen und Anforderungen an Lüftungs- und Klimaanlagen | 09/2007 ersetzt durch DIN EN 16798-3 |
| **DIN EN 15251** | Eingangsparameter für das Raumklima zur Auslegung und Bewertung der Energieeffizienz von Gebäuden – Raumluftqualität, Temperatur, Licht und Akustik | 08/2007 soll durch DIN EN 16798-1 ersetzt werden |
| **DIN EN 15241** | Lüftung von Gebäuden – Berechnungsverfahren für den Energieverlust aufgrund der Lüftung und Infiltration in Nichtwohngebäuden | 09/2007 ersetzt durch DIN EN 16798-5-1, DIN EN 16798-5-2 |
| **DIN EN 15242** | Lüftung von Gebäuden – Berechnungsverfahren zur Bestimmung der Luftvolumenströme in Gebäuden einschließlich Infiltration | 09/2007 ersetzt durch DIN EN 16798-7 |
| **DIN EN 15243** | Lüftung von Gebäuden – Berechnung der Raumtemperaturen, der Last und Energie von Gebäuden mit Klimaanlagen | 10/2007 ersetzt durch DIN EN 16798-9, DIN EN 16798-13 |
| **DIN EN 15239** | Lüftung von Gebäuden – Gesamtenergieeffizienz von Gebäuden – Leitlinien für die Inspektion von Lüftungsanlagen | 08/2007 ersetzt durch DIN EN 16798-17 |
| **DIN EN 15240** | Lüftung von Gebäuden – Gesamtenergieeffizienz von Gebäuden – Leitlinien für die Inspektion von Klimaanlagen | 08/2007 ersetzt durch DIN EN 16798-17 |

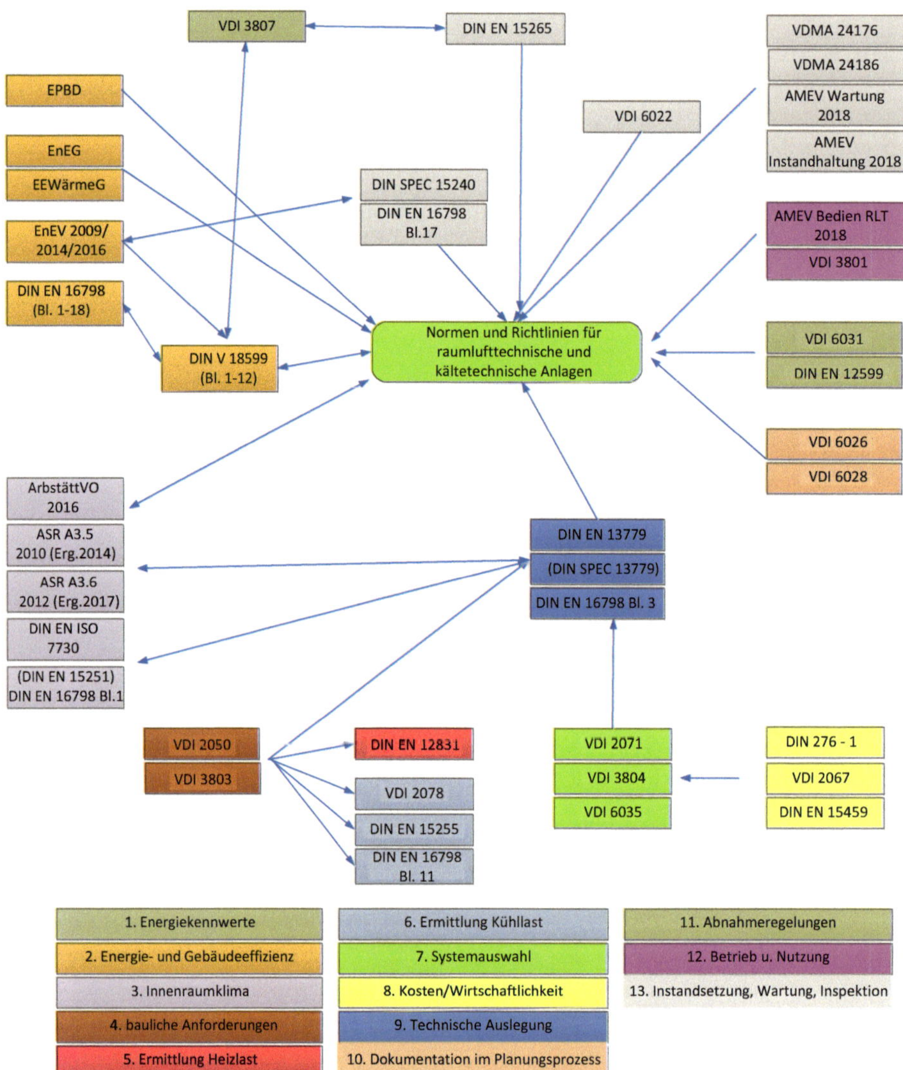


**Abb. 1.5-1** Komplexität der Normen für die Planung von RLT-Anlagen

## DIN EN 16798

Die Problematik der Energieeffizienz von Lüftungsanlagen und Kälteanlagen wurde in der DIN EN 16798 zusammengefasst. Bisherige Normen wurden überarbeitet bzw. neu geordnet (s. a. Tabelle 1.5-2). Die Teile 1 bis 17 sind verbindlich. Der Teil 1 liegt nur in der englischen Version von 2019-11 vor, in der deutschen Version immer noch als Entwurf von 2015-11, sodass DIN EN 15251 weiterhin verbindlich bleibt.

**Tab. 1.5-2** Überblick über die Normenteile von DIN EN 16798

| Norm | Bezeichnung | Ersatz für |
|---|---|---|
| **DIN EN 16798-1** | Eingangsparameter für das Raumklima zur Auslegung und Bewertung der Energieeffizienz von Gebäuden – Teil 1: Raumluftqualität, Temperatur, Licht und Akustik – Modul M1-6 | DIN EN 15251 |
| **DIN EN 16798-3** | Energieeffizienz von Gebäuden – Teil 3: Anforderungen an die Leistung von Lüftungs- und Klimaanlagen und Raumkühlsystemen | DIN EN 13779 |
| **DIN EN 16798-5-1** | Energieeffizienz von Gebäuden – Module M5-6, M5-8, M6-5, M6-8, M7-5, M7-8 – Lüftung von Gebäuden – Berechnungsverfahren für den Energiebedarf von Lüftungs- und Klimaanlagen – Teil 5-1: Verteilung und Erzeugung (Revision von DIN EN 15241) – Methode 1 | Revision von DIN EN 15241 |
| **DIN EN 16798 -5-2** | Energieeffizienz von Gebäuden – Modul M5-6 und M5-8 – Lüftung von Gebäuden – Berechnungsverfahren für den Energiebedarf von Lüftungssystemen – Teil 5-2: Verteilung und Erzeugung (Revision von DIN EN 15241) – Methode 2 | Revision von DIN EN 15241 |
| **DIN EN 16798-7** | Energieeffizienz von Gebäuden – Teil 7: Modul M5-1, M5-5, M5-6, M5-8 – Berechnungsmethoden zur Bestimmung der Luftvolumenströme in Gebäuden inklusive Infiltration | DIN EN 15242 |
| **DIN EN 16798-9** | Energieeffizienz von Gebäuden – Teil 9: Lüftung von Gebäuden – Modul M4-1 – Berechnungsmethoden für energetische Anforderungen von Kühlsystemen – Allgemeine Anforderungen | DIN EN 15243 |
| **DIN EN 16798-11** | Energieeffizienz von Gebäuden – Teil 11: Modul M4-3 – Berechnung der Norm-Kühllast | DIN EN 15243 |
| **DIN EN 16798-13** | Energieeffizienz von Gebäuden – Teil 13: Modul M4-8 – Berechnungsmethoden für Kälteanlagen – Erzeugung | DIN EN 15243 |
| **DIN EN 16798-15** | Energieeffizienz von Gebäuden – Teil 15: Modul M4-7 – Berechnungsmethoden für den Energiebedarf von Kälteanlagen – Speicherung – Allgemeines | |
| **DIN EN 16798-17** | Energieeffizienz von Gebäuden – Teil 17: Lüftung von Gebäuden – Module: M4-11, M5-11, M6-11, M7-11 – Leitlinien für die Inspektion von Lüftungsanlagen | DIN EN 15239 und DIN EN 15240 |

DIN EN 16798 setzt sich mit der Energieeffizienz von Gebäuden detailliert auseinander (bestehend aus 18 Blättern, wobei die ungerade Blattnummer die Norm ist und die geraden Nummern erklärende technische Reports beinhalten).

Dabei gibt es eine Besonderheit bei den Anhängen: Der informative Anhang A enthält unausgefüllte Tabellen, der informative Anhang B enthält ausgefüllte Tabellen mit empfohlenen Werten.

Dazu existiert eine allgemeine Matrix (s. Tabelle 1.5-3), die in den jeweiligen Blättern der Norm untersetzt wird (s. a. Tabelle 1.5-5).

**Tab. 1.5-3** Allgemeine Darstellung der Matrix der DIN EN 16798

| **Rahmennorm** | | **Gebäude (als solches)** | **Technische Gebäudeausrüstung** | | | | | | | | | |
|---|---|---|---|---|---|---|---|---|---|---|---|---|
| | Beschreibung | Beschreibung | Beschreibung | Heizung | Kühlung | Lüftung | Befeuchtung | Entfeuchtung | Trinkwarmwasser | Beleuchtung | Gebäudeautomation | Photovoltaik/Wind |
| sub 1 | M1 | M2 | | M3 | M4 | M5 | M6 | M7 | M8 | M9 | M10 | M11 |
| 1 | Allgemeines | Allgemeines | Allgemeines | | | | | | | | | |
| 2 | Allgemeine Begriffe, Symbole, Einheiten und Indizes | Energiebedarf des Gebäudes | Bedarf | | | | | | | | | |
| 3 | Anwendungen | (freie) Innenraumbedingungen ohne Systeme | Höchstlast und -leistung | | | | | | | | | |
| 4 | Arten der Darstellung der Gesamteffizienz | Arten der Darstellung der Gesamteffizienz | Arten der Darstellung der Gesamteffizienz | | | | | | | | | |
| 5 | Gebäudefunktionen und Gebäudegrenzen | Wärmeübertragung durch Transmission | Emission und Regelung | | | | | | | | | |
| 6 | Gebäudebelegung und Betriebsbedingungen | Wärmeübertragung durch Infiltration u. Lüftung | Verteilung und Regelung | | | | | | | | | |
| 7 | Kumulation von Energieversorgungsarten und Energieträgern | innere Wärmegewinne | Speicherung und Regelung | | | | | | | | | |

**Tab. 1.5-3** Allgemeine Darstellung der Matrix der DIN EN 16798 (Forts.)

| Rahmennorm | | Gebäude (als solches) | Technische Gebäudeausrüstung | | | | | | | | | |
|---|---|---|---|---|---|---|---|---|---|---|---|---|
| 8 | Gebäudeaufteilung | Solare Wärmegewinne | Erzeugung | | | | | | | | | |
| 9 | Berechnete Gesamtenergieeffizienz | Gebäudedynamik (thermisch wirksame Massen) | Lastverteilungs- und Betriebsbedingungen | | | | | | | | | |
| 10 | gemessene Gesamtenergieeffizienz | gemessene Gesamtenergieeffizienz | gemessene Gesamtenergieeffizienz | | | | | | | | | |
| 11 | Inspektion | Inspektion | Inspektion | | | | | | | | | |
| 12 | Arten der Darstellung der Behaglichkeit in Räumen | | GMS | | | | | | | | | |
| 13 | äußere Umgebungsbedingungen | | | | | | | | | | | |
| 14 | Wirtschaftlichkeitsberechnungen | | | | | | | | | | | |

## DIN EN 16798-1
## Eingangsparameter für das Raumklima zur Auslegung und Bewertung der Energieeffizienz von Gebäuden – Raumluftqualität, Temperatur, Licht und Akustik – Modul M1-6 (Zum Redaktionsstand des Buchs liegt die deutsche Fassung lediglich als Entwurf vor.)

Diese Norm

- behandelt die Parameter für das Innenraumklima im Zusammenhang mit thermischem Raumklima, Raumluftqualität, Beleuchtung und Akustik;
- legt fest, wie Eingangsparameter für das Innenraumklima festzulegen sind, die bei der Auslegung von Gebäuden, Anlagen und bei der Energiebedarfsberechnung verwendet werden **sollen**[9];
- enthält Auslegungskriterien für lokale thermische Unbehaglichkeitsfaktoren wie Zugluft, Asymmetrie der Strahlungstemperatur, vertikale Lufttemperaturunterschiede und Fußbodenoberflächentemperaturen;

9 Hervorgehoben durch den Autor – „sollen“ ist eine Empfehlung.

- gilt, wenn die Kriterien für das Innenraumklima durch die menschliche Nutzung bestimmt werden, und bei denen die darin stattfindenden Produktions- und sonstigen Prozesse keine größeren Auswirkungen auf das Innenraumklima haben;
- legt Belegungspläne zur Verwendung für Standard-Energieberechnungen fest;
- legt fest, wie verschiedene Kategorien des Innenraumklimas verwendet werden **können**[10]. Sie verlangt jedoch nicht die Anwendung bestimmter Kriterien. Dieses obliegt nationalen Vorschriften bzw. individuellen Projekt-Festlegungen.
- empfiehlt Kriterien, die auch in nationalen Berechnungsverfahren angewendet werden **können**, und legt Kriterien für das Innenraumklima auf der Grundlage bestehender Normen und Berichte fest (aufgeführt in den Abschnitten „Normative Verweisungen“ und „Literaturhinweise“);
- schreibt **keine** Auslegungsverfahren vor, gibt jedoch Eingangsparameter für die Auslegung von Gebäuden, Heizungs-, Kühl-, Lüftungs- und Beleuchtungsanlagen an.

Ausführlich werden die Auslegungskriterien für die Dimensionierung von Gebäuden (Wohn- und Nichtwohngebäuden) sowie von Heizungs-, Kühl-, Lüftungs- und Befeuchtungsanlagen sowie die Innenraumklimaparameter für die Energieberechnung behandelt.

Im Abschnitt *Wechselbeziehungen mit anderen Normen* wird auf eine Norm für die Berechnung der Kühllast verwiesen (DIN EN 16798-11).

Der normative Anhang A und der informative Anhang B beinhalten sieben Unterabschnitte zu den Themen: empfohlene Kriterien für das thermische Raumklima; Grundlage der Kriterien für die Raumluftqualität und Lüftungsraten[11]; empfohlenen Kriterien für die Dimensionierung der Be- und Entfeuchtung; Beispiele für die Definition von schadstoffarmen und sehr schadstoffarmen Gebäuden; Beispiele für Kriterien der Beleuchtung; Kriterien des anlagenbezogenen Innenlärmpegels für einige Räume und Gebäude; gesundheitsbezogene Kriterien der WHO für die Raumluft; Belegungspläne für Energieberechnungen.

Betrachtet man die Werte in der informativen Anlage B, so ergeben sich zur bisherigen DIN EN 15251 z. B. bei $CO_2$ höhere zulässige Werte als bisher und z. B. bei der Definition der Schadstoffbewertung unklarere Aussagen. Dies bedeutet, dass die bisherigen Werte der zulässigen Parameter durch die zukünftig anzuwendende internationale Norm aufgeweicht werden.

Für die bisherigen vier Kategorien wurden neue Beschreibungen für die Bewertung eingeführt (Tabelle 1.5-4), die man als dehnbar in der Auslegung und Definition werten kann.

---

10 Hervorgehoben durch den Autor – „können“ ist eine Möglichkeit.

11 Dieser Begriff ist nicht richtig, denn es handelt sich eindeutig um einen Luftvolumenstrom bzw. einen spezifischen Luftvolumenstrom.

Tabelle 1.5-5 weist die Position der Norm innerhalb der modularen EPBD-Norm aus, wobei die grau hinterlegten Felder keinen Bezug zur Norm haben, dagegen die farbig hinterlegten Felder die Zuordnung in der jeweiligen Matrix.

**Tab. 1.5-4** Beschreibung der Anwendbarkeit der verwendeten Kategorien

| Kategorie | Beschreibung |
|---|---|
| I | Hohes Maß an Erwartungen, auch empfohlen für Räume, in denen sich sehr empfindliche und anfällige Personen mit besonderen Bedürfnissen aufhalten, z. B. mit einigen Behinderungen, kranke Personen, sehr kleine Kinder und ältere Personen, zur Erhöhung der Zugänglichkeit |
| II | Normales Maß an Erwartungen |
| III | Annehmbares, moderates Maß an Erwartungen |
| IV | Geringes Maß an Erwartungen. Diese Kategorie sollte nur für einen begrenzten Teil des Jahres angewendet werden |

**Tab. 1.5-5** Position der internationalen Norm DIN EN 16798-1 innerhalb der modularen EPB-Norm

| Übergreifend | | Gebäude (als solches) | Technische Gebäudeausrüstung | | | | | | | | | |
|---|---|---|---|---|---|---|---|---|---|---|---|---|
| | Beschreibung | Beschreibung | Beschreibung | Heizung | Kühlung | Lüftung | Befeuchtung | Entfeuchtung | Trinkwarmwasser | Beleuchtung | Gebäudeautomation | Photovoltaik/Windenergieanlagen |
| sub 1 | M1 | M2 | | M3 | M4 | M5 | M6 | M7 | M8 | M9 | M10 | M11 |
| 1 | Allgemeines | Allgemeines | Allgemeines | | | | | | | | | |
| 2 | Allgemeine Begriffe, Symbole, Einheiten und Indizes | Energiebedarf des Gebäudes | Bedarf | | | | | | | | | |
| 3 | Anwendungen | (Freie) Innenraumbedingungen ohne Systeme | Höchstlast und -leistung | | | | | | | | | |
| 4 | Arten der Darstellung der Gesamteffizienz | Arten der Darstellung der Gesamteffizienz | Arten der Darstellung der Gesamteffizienz | | | | | | | | | |

**Tab. 1.5-5** Position der internationalen Norm DIN EN 16798-1 innerhalb der modularen EPB-Norm (Forts.)

| Übergreifend | | Gebäude (als solches) | Technische Gebäudeausrüstung | | | | | | | | | |
|---|---|---|---|---|---|---|---|---|---|---|---|---|
| 5 | Gebäudefunktionen und Gebäudegrenzen | Wärmeübertragung durch Transmission | Emission und Regelung | | | | | | | | | |
| 6 | Gebäudebelegung und Betriebsbedingungen | Wärmeübertragung durch Infiltration und Lüftung | Verteilung und Regelung | | | | | | | | | |
| 7 | Kumulation von Energieversorgungsarten und Energieträgern | Innere Wärmegewinne | Speicherung und Regelung | | | | | | | | | |
| 8 | Gebäudeaufteilung | Solare Wärmegewinne | Erzeugung | | | | | | | | | |
| 9 | Berechnete Gesamtenergieeffizienz | Gebäudedynamik (thermisch wirksame Massen) | Lastverteilungs- und Betriebsbedingungen | | | | | | | | | |
| 10 | Gemessene Gesamtenergieeffizienz | Gemessene Gesamtenergieeffizienz | Gemessene Gesamtenergieeffizienz | | | | | | | | | |
| 11 | Prüfung | Prüfung | Prüfung | | | | | | | | | |
| 12 | Arten der Darstellung der Behaglichkeit in Räumen | | GMS | | | | | | | | | |
| 13 | Äußere Umgebungsbedingungen [a] | | | | | | | | | | | |
| 14 | Wirtschaftlichkeitsberechnungen | | | | | | | | | | | |

## DIN EN 16798-3
## Energieeffizienz von Gebäuden – Teil 3: Anforderungen an die Leistung von Lüftungs- und Klimaanlagen und Raumkühlsystemen

Diese Norm gilt für die Planung und Ausführung von Lüftungs- und Klimaanlagen sowie Raumkühlsysteme in Nichtwohngebäuden, die für den Aufenthalt von Menschen bestimmt sind. Anwendungen der Industrie- und Prozesstechnik sind dabei ausgeschlossen. Sie konzentriert sich auf die Definition der verschiedenen Parameter, die für derartige Anlagen relevant sind.

Die in der Norm und im beigefügten Technischen Bericht TR 13779 angegebenen Leitlinien für die Planung gelten hauptsächlich für Anlagen mit maschineller Be- und Entlüftung. Natürliche Lüftungssysteme oder natürliche Teile von Hybridlüftungen sind nicht Gegenstand der Norm.

Die Leistung von Lüftungsanlagen in Wohngebäuden wird in DIN EN 15665 behandelt.

Inhaltlich werden behandelt:

- den Zusammenhang mit EPB-Berechnungsverfahren
- Vereinbarungen über Auslegungskriterien
- Klassifizierung
- Raumklima

Der normative Anhang enthält ein Beispiel für einen nationalen Anhang und der informative Anhang B Standardeingaben für energetische Berechnungen.

Gegenüber der DIN EN 13779 wurden folgende Änderungen vorgenommen:

- Aktualisierung von Anforderungen zur Verwendung von Filtern
- Aktualisierung von Anforderungen zur Wärmerückgewinnung
- Aktualisierung von Anforderungen zur Energieeffizienz
- Untergliederung in einen normativen Teil, der alle normativen Aspekte enthält, und einem ergänzenden Technischen Bericht mit ergänzenden Angaben und informativen Anhängen
- Aktualisierung, um stündliche/monatliche/saisonale Zeitschritte zu erfassen

### DIN EN 16798-17
### Lüftung von Gebäuden – Module: M4-11, M5-11, M6-11, M7-11 – Leitlinien für die Inspektion von Lüftungsanlagen

Diese Norm legt die übliche Methodik für und die Anforderungen an die Inspektion von in Gebäuden installierten Klimaanlagen für Raumkühlung und/oder Heizung und/oder Lüftungsanlagen fest, bezogen auf den Energieverbrauch, um die Anforderungen der EPBD 2010 zu erfüllen.

Die beschriebene Methodik behandelt Probleme des Innenraumklimas, die durch die inspizierten Anlagen auftreten können.

Er gilt für Wohn- und Nichtwohngebäude, die ausgestattet sind mit

- Klimaanlage(n) ohne maschinelle Lüftung oder
- Klimaanlage(n) mit maschineller Lüftung oder
- natürlicher/n und maschineller/n Lüftungsanlage(n).

Er gilt für

- ortsfeste Anlagen,
- zugängliche Teile, die zur Kühlleistung und maschinellen Lüftungsleistung beitragen,
- und außerdem für Anlagen, die nicht durch die Richtlinie abgedeckt sind, wie z. B. ortsfeste Anlagen mit einer Nenn(kühl)leistung von weniger als 12 kW,
- Lüftungsanlagen.

Die in der Norm beschriebene Inspektion gilt für

- alle Arten von Komfortkühl- und Klimaanlagen. Dazu gehören Klimaanlagen mit einer effektiven Nenn(kühl)leistung von weniger als 12 kW, die nicht durch die EPBD 2010 abgedeckt sind,
- alle Arten von maschineller, natürlicher und Hybridlüftungsanlagen (mit maschineller und natürlicher Lüftung). Teile der Norm sind anwendbar, um Anforderungen an die Lüftung zu überprüfen, wenn keine Lüftungsanlage vorhanden ist.

Die Inspektion umfasst (jedoch nicht beschränkt) folgende Komponenten:

- Klimaanlagen mit Umkehrfunktion
- zugehörige Wasser- und Luftverteilungssysteme sowie Fortluftsysteme, die einen notwendigen Teil der Anlage bilden
- Steuerungssysteme, die die Nutzung der zugehörigen Wasser- und Luftverteilungssysteme sowie Fortluftsysteme regeln sollen

Die Hinweise zur Häufigkeit der Inspektion und Inspektionsintervalle sind in CEN/TR 16798-18 angegeben.

Detailliert erläutert werden:

- Beschreibung der Inspektionsverfahren
- Verfahren 1 – Lüftungsanlagen
- Verfahren 2 – Klimaanlagen und
- Inspektionsbericht

Es wurden folgende Änderungen vorgenommen:

- Formatierung entsprechend der neuen Regeln (CEN/TS 16629) – umfasst die Überarbeitung aller informativen Punkte in dem dazugehörigen Technischen Bericht CEN/TR 16798-18
- Zusammenschluss der vorliegenden Normen (DIN EN 15239 und DIN EN 15240), die sich mit der Inspektion beschäftigen zu einem Dokument. Aufgenommen wurde die Vorinspektion im Vorfeld der Vor-Ort-Inspektion.

- Erläuterungen zu den Ergebnissen jeder Inspektionsphase sowie Angabe von Checklisten der im Prüfbericht anzugebenden Informationen
- Einführung von drei Inspektionsstufen (1, 2 und 3) unter Berücksichtigung aus Ergebnissen von Forschungsvorhaben und praktischen Anwendungen
- Erläuterung zur Inspektion von Luftfiltern
- Schwerpunkt auf im Bericht mit einzubeziehenden Verbesserungsvorschläge inkl. wirtschaftlicher Begründung

### DIN V 18599

ist für die nationale Umsetzung der EPBD entstanden. Da sie inhaltlich das gleiche Feld wie die europäischen Normen (DIN EN 16798-5-1 bzw. DIN EN 16798-5-2) begleitet, wird sie dauerhaft immer den Status einer Vornorm erhalten. Die aus Sicht der Lüftungs- und Klimatechnik relevanten Berechnungsverfahren sind in DIN V 18599-3 und DIN V 18599-7 enthalten. Diese Vornorm besteht aus 12 Teilen.

### DIN V 18599-3

ermöglicht die Berechnung des Nutzenergiebedarfs für die thermische Außenluftaufbereitung für die Medien Wärme, Kälte und Dampf und die Ermittlung des Endenergiebedarfs für die Luftförderung in RLT-Anlagen. Dabei unterscheidet man prinzipiell in RLT-Anlagen mit Grundlüftungsfunktion und Zusatzfunktion, was eine Bewertung von RLT-Anlagen mit konstantem und variablem Volumenstrom ermöglicht. Für die häufigsten RLT-Anlagen enthält das Kennwertverfahren eine umfangreiche Variantenmatrix, die sich durch die Komponentenanordnung und die geplante Prozessführung unterscheidet. Folgende Anlagenparameter sind dabei kombinierbar, um das geplante Anlagenkonzept abzubilden:

1. Feuchteanforderung in der Gebäudezone
   - keine Anforderung
   - Anforderung mit Toleranz
   - Anforderung ohne Toleranz
2. Typ des Luftbefeuchtungssystems
   - Verdunstungsbefeuchter, nicht regelbar
   - Verdunstungsbefeuchter, stufenlos regelbar
   - Dampfluftbefeuchter
3. Typ des WRG-Systems
   - ohne WRG
   - WRG ohne Stoff- und Feuchteübertragung
   - WRG mit Stoff- und Feuchteübertragung
4. Dimensionierung des WRG-Systems
   - Temperaturänderungszahl (Rückwärmzahl) 45 %
   - Temperaturänderungszahl (Rückwärmzahl) 60 %
   - Temperaturänderungszahl (Rückwärmzahl) 75 %

Aus der anlagentechnisch sinnvollen Kombination der aufgeführten Parameter ergibt sich eine Gesamtanzahl von relevanten 46 RLT-Anlagen. Für jede dieser Varianten wurde der Nutzenergiebedarf der genannten Medien im Stundenschritt für einen definierten Basisfall (Zulufttemperatur 18 °C, tägliche Betriebszeit 12 h, monatliche Betriebszeit 31 d) berechnet und als Kennwert abgespeichert. Diese Kennwerte sind im Anhang A DIN V 18599-3 als Jahressummen und Monatssummen in tabellarischer Form verfügbar. Durch eine begrenzte Anzahl frei wählbarer Parameter kann das geplante System noch exakter an die tatsächlichen Bedingungen angepasst werden. Dazu sind die abgespeicherten Nutzenergiebedarfswerte des Basisfalls entsprechend umzurechnen und zu denormieren. Folgende Anpassungen sind dabei möglich:

- Umrechnung auf frei wählbare tägliche Betriebsstundenzahl (8 h ... 24 h)
- Umrechnung auf frei wählbare monatliche Betriebstageanzahl (1 ... 31 d)
- Umrechnung auf frei wählbare Rückwärmzahlen (0 % ... 75 %).

### DIN V 18599-7

enthält ein Kennwertverfahren für die Berechnung des Endenergiebedarfs der Kälteerzeugung für RLT-Anlagen und Raumklimasysteme anhand spezifischer technologie- und nutzungsabhängiger Kennwerte. Das Kennwertverfahren ist geeignet, eine Vielzahl von konventionellen Kälteerzeugern einschließlich der Rückkühltechnik energetisch zu bewerten. Für die Berechnung der Endenergie des Kälteerzeugersystems sind die Parameter nach Abbildung 1.5-2 als Eingangsgrößen erforderlich: Das Kennwertverfahren berücksichtigt neben konventionellen wasser- und luftgekühlten Kaltwasserkühlern auf Basis von Kompressionskältemaschinen auch die Bedarfsberechnung von Absorptionskältetechnik und Raumklimasystemen. Die energetische Bewertung der Kälteerzeuger erfolgt dabei anhand der Nennkälteleistungszahl *EER* (Energy Efficiency Ratio) als üblichen gerätespezifischen Kennwert. Die Leistungszahl einer Kältemaschine variiert unter Teillastbedingungen, was im Kennwertverfahren durch einen technologieabhängigen Kennwert *PLV* (Part Load Value) abgebildet wird. Dieser berücksichtigt das reale Teillastverhalten der Kältemaschine, den Einfluss der Kühlwasser- bzw. Außenlufttemperatur und den Einfluss der im Teillastfall überdimensionierten Wärmeübertrager. Das Produkt beider Kennwerte bildet die mittlere Jahresarbeitszahl *SEER* (Seasonal Energy Efficiency Ratio).

$$\mathrm{SEER} = \mathrm{PLV} \cdot \mathrm{EER}$$

Anhand der mittleren Jahresarbeitszahl SEER kann im Anschluss an die Berechnung des Nutzenergiebedarfs des Kühlregisters und unter Berücksichtigung der Verteilungs- und Übergabeverluste die Endenergie des Kälteerzeugers ermittelt werden.

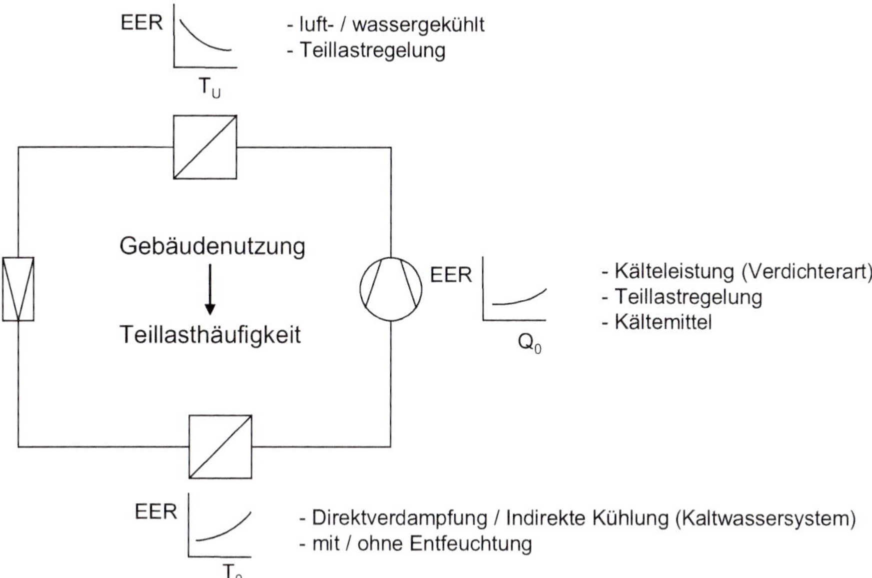


**Abb. 1.5-2** Eingangsgrößen Kennwertverfahren Kälteerzeugung

# 1.6 Schallschutz in RLT-Anlagen

## 1.6.1 Allgemeines

Die Akustik ist ein interdisziplinäres Fachgebiet. Für die Darstellung der Geräuschsituation bei RLT-Anlagen ist zu unterscheiden in

- Strömungsakustik (Strömung der Luft über den Ansaugbereich, in den Kanälen bis zum Luftdurchlass);
- Bau- und Raumakustik (Schallausbreitung im Gebäude / Akustik im Raum);
- Psychoakustik (menschliche Empfindung als Hörereignis, akustische Behaglichkeit).

Bei der Planung von RLT-Anlagen sind Grundkenntnisse und Definitionen der Akustik erforderlich, um sowohl die richtigen Begrifflichkeiten zu verwenden als auch Fehlinterpretationen zu vermeiden (s. a. [131], [132]). Deshalb werden im Folgenden einige Definitionen ohne Anspruch auf Vollständigkeit kurz vorgestellt.

Abbildung 1.6-1 zeigt vereinfacht, wie sich Schall in Form einer Welle ausbreitet.

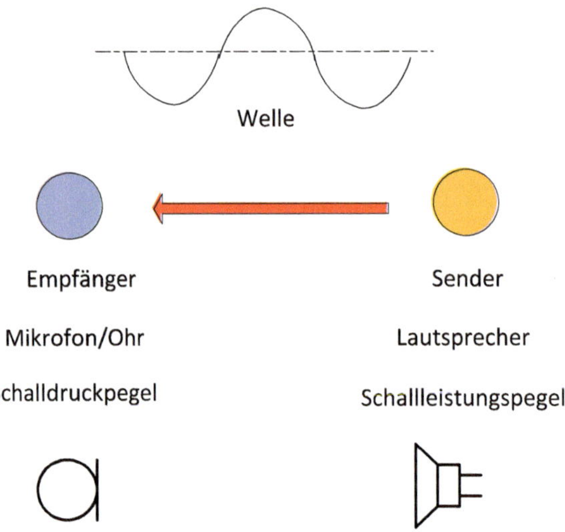


**Abb. 1.6-1** Begriffszuweisungen

### Schallausbreitung:

Abbildung 1.6-2 zeigt die Wechselwirkung von Schallwellen mit Wänden. Es wird unterschieden in Reflexion ($r$), Absorption ($\alpha$) und Transmission.

- Luftschall: Schallausbreitung in der Luft
- Körperschall: Schallausbreitung in einem Körper oder Flüssigkeit
- Schallhart: $r \to 1; \alpha \to 0$
- Schalltot: $r \to 0; \alpha \to 1$

Die Schallausbreitung an einem Hindernis verdeutlicht Abbildung 1.6-3:

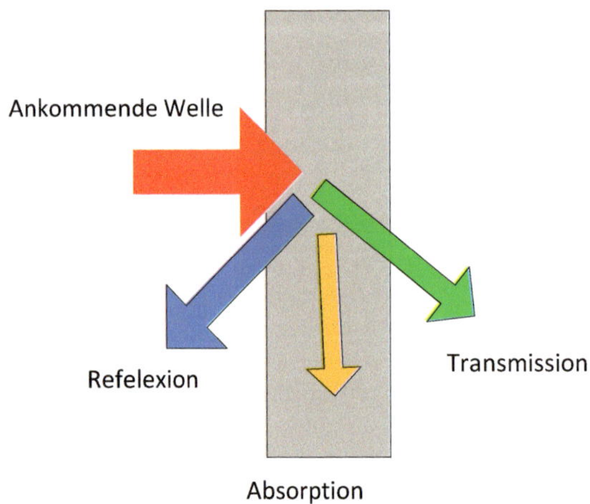


**Abb. 1.6-2** Schallausbreitung – Wechselwirkung mit einer Wand, nach [131]

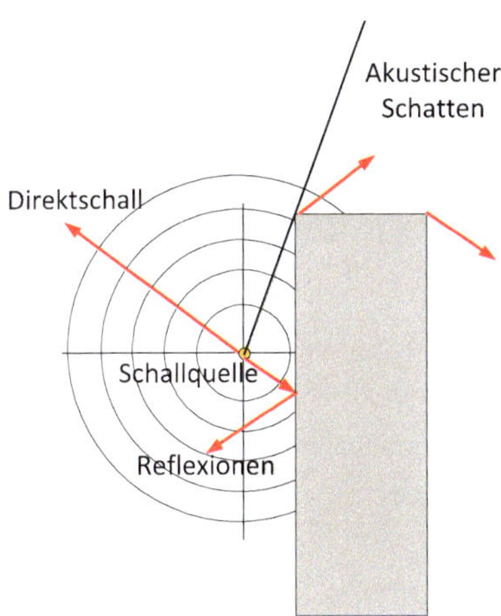


**Abb. 1.6-3** Schallausbreitung an einem Hindernis, nach [131]

### Schalldruck, Schalleistung und Schalldruckpegel

Der Schaldruck $p$ ist der Effektivwert der periodischen Druckschwankungen in Pa. Es werden zwei Grenzwerte unter Bezug auf das menschliche Hören definiert:

- Menschliche Hörschwelle (empirisch ermittelt bei 1.000 Hz):

$$p_o = 20 \cdot 10^{-6} \text{ in Pa.}$$

- Menschliche Schmerzschwelle (empirisch ermittelt bei 1.000 Hz):

$$p_{\text{Schmerz}} = 20 \text{ in Pa.}$$

Schallleistung $P$ ist die von einer Schallquelle kontinuierlich abgestrahlte Schallenergie in einem betrachteten Zeitintervall.

Der Schalldruckpegel $L_p$ ist der Druckpegel an einem Messort mit dem Schalldruck $p$ in dB:

$$L_p = 20 \cdot \lg \frac{p}{p_o} \text{ in dB}$$

Typische Schalldruckpegel sind der Tabelle 1.6-1 zu entnehmen.

**Tab. 1.6-1** Typische Schalldruckpegel nach [132]

| Schalldruckpegel in dB | Schalldruck in Pa | Beispiele |
|---|---|---|
| 0 | $20{\cdot}10^{-6}$ | Hörschwelle |
| 5 | $35{,}6{\cdot}10^{-6}$ | absolute Stille |
| 10 | $63{,}2{\cdot}10^{-6}$ | normales Atmen |
| 15 | $11{,}2{\cdot}10^{-5}$ | sehr leises Flüstern |

**Tab. 1.6-1** Typische Schalldruckpegel nach [132] (Forts.)

| Schalldruckpegel in dB | Schalldruck in Pa | Beispiele |
|---|---|---|
| 20 | $20 \cdot 10^{-5}$ | Blätterrascheln in leichtem Wind |
| 30 | $63{,}2 \cdot 10^{-5}$ | normales Flüstern in 1 m Entfernung |
| 40 | $20 \cdot 10^{-4}$ | Uhrenticken, Wohngegend bei Nacht |
| 50 | $63{,}2 \cdot 10^{-4}$ | normales Unterhalten, ruhiges Büro |
| 60 | $20 \cdot 10^{-3}$ | laute Unterhaltung, Schreibmaschine |
| 70 | $63{,}2 \cdot 10^{-3}$ | verkehrsreiche Straße |
| 80 | $20 \cdot 10^{-2}$ | starker Straßenlärm |
| 90 | $63{,}2 \cdot 10^{-2}$ | lautes Schreien |

Richtwerte für den maximalen Schalldruckpegel in belüfteten Räumen gibt Tabelle 1.6-2 wieder.

**Tab. 1.6-2** Richtwerte für zulässige Geräusche aus RLT-Anlagen entsprechend VDI 2081 Blatt 1 nach [131]

| Gebäude- und Raumart | A-bewerteter maximaler Schalldruckpegel $L_{pA\ max}$ in db(A) |
|---|---|
| Wohnung, Hotel<br>▪ Schlafraum, Hotelzimmer[1)], nachts<br>▪ Wohnraum[1)], tags | <br>30<br>35 |
| Krankenhaus<br>▪ Bettenzimmer[1)], nachts<br>▪ Bettenzimmer[1)], tags<br>▪ Operations- und Untersuchungsraum, Halle, Korridor | <br>30<br>35 (30)<br>40 |
| Auditorien, Studios<br>▪ Rundfunkstudio<br>▪ Fernsehstudio, Konzertsaal, Oper<br>▪ Theater, Kino | <br>25 (15)<br>30 (25)<br>35 (30) |
| Lese- und Unterrichtsräume<br>▪ Lesesaal<br>▪ Seminarraum, Klassenzimmer, Hörsaal | <br>35 (30)<br>40 (35) |
| Büros und andere<br>▪ Konferenzraum<br>▪ Ruheraum , Pausenraum<br>▪ kleiner Büroraum, Einzelbüro[1)]<br>▪ Großraumbüro<br>▪ Küche<br>▪ Museum<br>▪ Schalterhalle, EDV-Raum, Turnhalle<br>▪ Sporthalle, Schwimmbad<br>▪ Gaststätte<br>▪ Küchen, Verkaufsräume | <br>40 (35)<br>35 (30)<br>40 (35)<br>50 (45)<br>35<br>40 (35)<br>45 (40)<br>50 (45)<br>55[2)] (40)<br>45 bis 60[2)] |

[1)] schutzbedürftige Räume nach DIN 4109-1
[2)] je nach Nutzungsart

Richtwerte für den maximalen Schalldruckpegel außerhalb von Gebäuden gibt Tabelle 1.6-3 wieder.

**Tab. 1.6-3** TA-Lärmimmissionsrichtwerte außerhalb von Gebäuden nach [131]:

| | Tag (6 Uhr bis 22 Uhr) | Nacht (22 Uhr bis 6 Uhr) (Zeitintervall eine Stunde) |
|---|---|---|
| in Industriegebieten | 70 dB(A) | 70 dB(A) |
| in Gewerbegebieten | 65 dB(A) | 50 dB(A) |
| in Dorf-/Mischgebieten | 60 dB(A) | 45 dB(A) |
| in allgemeinen Wohnsiedlungen und Kleinsiedlungen | 55 dB(A) | 40 dB(A) |
| in reinen Wohngebieten | 50 dB(A) | 35 dB(A) |
| in Kurgebieten (Krankenhäuser, etc. | 45 dB(A) | 35 dB(A) |

TA-Lärm: Abschnitt 6.1
Anmerkung 1: es handelt sich um Summenpegel
Anmerkung 2: einzelne kurzzeitige Geräuschspitzen dürfen die Immissionsrichtwerte am Tag um nicht mehr als 30 dB(A) und in der Nacht um nicht mehr als 20 dB(A) überschreiten

Der Schallintensitätspegel $L_I$ ist der Intensitätspegel an einem Messort mit dem Schalldruck $p$ in dB:

$$L_I = 10 \cdot \lg \frac{I}{I_0} \text{ in dB}$$

Da an einem Messpunkt der Schalldruckpegel und der Schallintensitätspegel immer den gleichen Wert haben, bezeichnet man beide auch allgemein als Schallpegel $L$.

$$L = L_I = L_p \text{ in dB}$$

Die ideale Kenngröße für die „Lautheit", z. B. eines technischen Gerätes oder eines Luftdurchlasses, ist die Schallleistung der Schallquelle, d. h. der Schallleistungspegel.

Der Schallleistungspegel $L_W$ ist die Kenngröße für die gesamte von einer Schallquelle abgegebene akustische Leistung $P$ in W.

$$L_W = 10 \cdot \lg \frac{P}{P_0}$$

***Zu beachten ist:*** Der Schalldruckpegel ist gleich dem Schallleistungspegel nur in einem Sonderfall. Ansonsten ist bei Schallangaben in Unterlagen oder Prospekten immer genau zu definieren, um welchen Pegel es sich handelt.

Die Änderung des Schalldruckpegels (s. a. Abbildung 1.6-4) ist:

$$\Delta L_{\mathrm{p}} = L_{\mathrm{p,1}} - L_{\mathrm{p,2}} = 20 \cdot \lg \frac{r_2}{r_1}$$

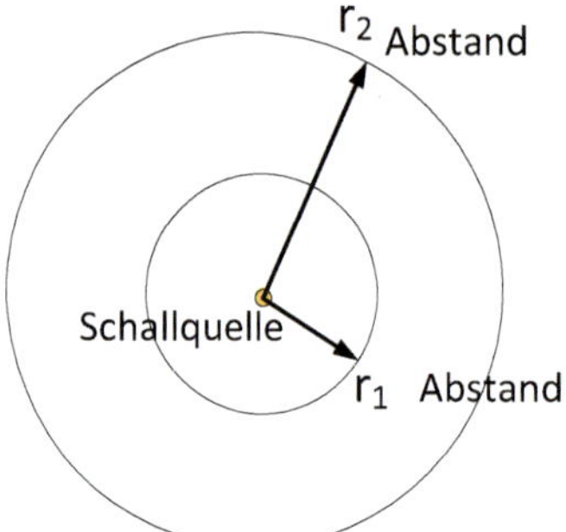


**Abb. 1.6-4** Ungehinderte Ausbreitung einer Punktquelle

Die Schallpegeladdition wird berechnet nach:

$$L = 10 \cdot \lg \sum_{i=1}^{n} 10^{0,3 \cdot L_1}$$

***Zu beachten ist:*** Z. B. bei zwei Schallquellen mit gleichem Pegel ergibt sich eine Pegelzunahme von 3 dB.

### Geräuschbewertung

Es gibt unterschiedliche Verfahren zur Geräuschbewertung. Bevorzugt werden der A-bewertete Schalldruckpegel oder der A-bewertete Schallleistungspegel. Diese sind in zahlreichen Schallschutzverordnungen verbindlich festgelegt.

### Schallausbreitung

Es wird unterschieden in:

- Schallausbreitung im Freien (Freifeld)
- Schallfelder in Räumen

### Schallausbreitung im Freifeld:

Die Pegelabnahme im Freifeld bei beliebigem Richtungsfaktor ohne Schallabsorption ist:

$$L_{\mathrm{W}} - L = 20 \cdot \lg \left( \frac{r}{r_0} \right) - 10 \cdot \lg (Q) \quad \text{in dB}$$

Im Freifeld nimmt der Schalldruckpegel mit zunehmendem Abstand von der Schallquelle ab.

### Schallfelder in Räumen

Das durch eine Schallquelle in einem Raum hervorgerufene Schallfeld setzt sich aus dem Direktschall, dem Reflexionsschall an den Raumbegrenzungsflächen und gegebenenfalls an den Einrichtungen im Raum zusammen. Es werden bei der Schallausbreitung unterschieden: in idealen kubischen Räumen (Sonderfall Hallraum) und in realen kubischen Räumen.

Im realen kubischen Raum finden neben den verschiedenen Formen der Reflexion (s. a. Abbildung 1.6-5) insbesondere die Schallabsorption (charakterisiert durch das Schallabsorptionsvermögen der Oberflächenmaterialien $\propto$) an den Raumoberflächen und den Oberflächen der Einrichtungsgegenstände Berücksichtigung. Detaillierte Berechnungsansätze unter Berücksichtigung der RLT-Anlagen sind VDI 2081 Blatt 1 und [131] zu entnehmen.

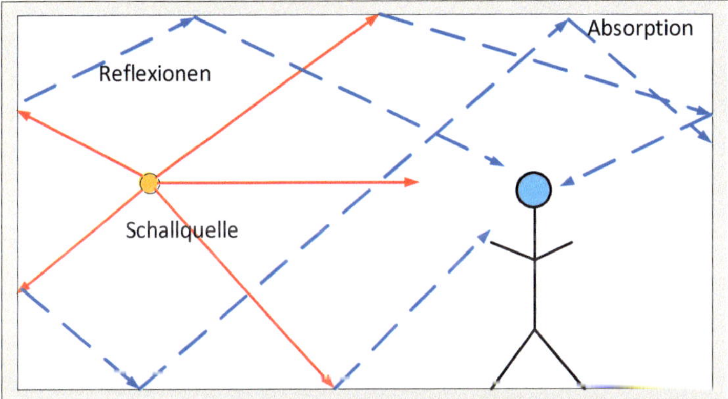


**Abb. 1.6-5** Prinzipdarstellung für die Geräuschausbreitung im Raum

## 1.6.2 RLT-Anlagen

Die in RLT-Anlagen auftretenden Geräusche sind vielfältig und können sowohl zu akustischen Unbehaglichkeit und zu Belästigungen führen. Diese Geräusche entstehen in den Komponenten (z. B. Ventilator), im Luftleitungsnetz durch die strömende Luft sowie Anlagenkomponenten (z. B. Klappen, Luftdurchlässe).

Deshalb sollte eine sorgfältige Planung der akustischen Belange auf der Grundlage fundierter Richtlinien (z. B. VDI 2018) mit ihren Berechnungsalgorithmen eine unabdingbare Notwendigkeit sein. Empfehlenswert ist die Einbeziehung eines Akustikplaners. Nachträgliche Beeinflussung der unangenehmen Geräusche ist im Allgemeinen sehr aufwändig und selten Erfolg versprechend.

Die VDI 2081 Blatt 1 gilt für alle RLT-Anlagen, die der Lüftung oder Klimatisierung von Aufenthalts- und Arbeitsräumen dienen. Sie bezieht sich auf die im Zusammenhang mit der Errichtung solcher Anlagen zu stellenden schallschutztechnischen Anforderungen und die dafür zu treffenden Maßnahmen. Sie bezieht sich nicht auf Maßnahmen an der Baukonstruktion, in denen die RLT-Anlagen installiert sind.

Inhaltlich werden ausführlich behandelt: Begriffe; Formelzeichen; akustische Grundlagen; Allgemeines; Richtwerte für den maximalen Schalldruckpegel; Ermittlung des Ventilatorgeräuschs; Ermittlung der Geräusche von raumlufttechnischen Geräten; Ermittlung der Schallleistung von Leitungsnetzen; Abschätzung der in der Anlage zu erwartenden Schallpegelsenkung; Schallausbreitung; Ermittlung der erforderlichen Schallschutzmaßnahmen. Ergänzende Beispiele zur Anwendung der Richtlinie werden in VDI 2081 Blatt 2 behandelt.

## 1.7 Brandschutz in RLT-Anlagen

Bei der Planung und Realisierung von raumlufttechnischen Anlagen sind baurechtliche und brandschutzrelevante Regelungen grundsätzlich zu berücksichtigen, die u. U. einen erheblichen Einfluss auf die Leitungsführung und die Leitungsausführung haben können.

Werden die baurechtlichen Mindestanforderungen nicht eingehalten bzw. wird dagegen verstoßen, so ist das als ein Strafsachbestand zu werten.

Der vorbeugende Brandschutz in der Installationstechnik dient zur Abwendung von Gefahren für Leib und Leben.

Die wichtigen Planungsinstrumente sind die Musterbauordnung (MBO), die Muster-Richtlinie über brandschutztechnische Anforderungen an Leitungsanlagen (MLAR) und die Muster-Richtlinie über brandschutztechnische Anforderungen an Lüftungsanlagen (M-LüAR). Im Folgenden sollten Auszüge aus der Musterbauordnung beachtet werden:

§ 14: Bauliche Anlagen

„Bauliche Anlagen so anzuordnen, zu errichten, zu ändern und in Stand zu halten, dass der Entstehung eines Brands und der Ausbreitung von Feuer und Rauch (Brandausbreitung) vorgebeugt wird und bei einem Brand die Rettung von Menschen und Tieren sowie wirksame Löscharbeiten möglich sind“.

Dies bedeutet:

- Anzuordnen = Planen (Verantwortung trägt z. B. Architekt und/oder Fachplaner);

- Errichten = Bauen/Montieren (Verantwortung tragen z. B. Fachhandwerker);
- Ändern = Renovieren/Umbauen (Verantwortung tragen die Beteiligten);
- Instandhalten = laufende Wartung/Reparaturen (Verantwortung trägt z. B. der Besitzer bzw. Betreiber).

§ 40: Leitungsanlagen. Installationsschächte und -kanäle

- Absatz 1: „Leitungen dürfen durch raumabschließende Bauteile, für die ein Feuerwiderstand vorgeschrieben ist, nur hindurchgeführt werden, wenn eine Brandausbreitung ausreichend lang nicht zu befürchten ist oder Vorkehrungen hiergegen getroffen sind."
- Absatz 2: „In notwendigen Treppenräumen, Räumen nach § 35 Abs. 3 Satz 2 (notwendige Treppenräume und Ausgänge) und in notwendigen Fluren sind Leitungsanlagen nur zulässig, wenn eine Nutzung als Rettungsweg im Brandfall ausreichend lang möglich ist."
- Absatz 3: „Für Installationsschächte und -kanäle gilt Absatz 1 bzw. § 41 Abs. 2:

§ 41: Lüftungsanlagen

- Absatz 1: „Lüftungsanlagen müssen betriebssicher und brandsicher sein; sie dürfen den ordnungsgemäßen Betrieb von Feuerungsanlagen nicht beeinträchtigen".
- Absatz 2: „Lüftungsleitungen sowie deren Bekleidungen und Dämmstoffe müssen aus nicht brennbaren Baustoffen bestehen; brennbare Baustoffe sind zulässig, wenn ein Beitrag der Lüftungsleitung zur Brandentstehung und Brandweiterleitung nicht zu befürchten ist. Lüftungsleitungen dürfen raumumschließende Bauteile, für die eine Feuerwiderstandsfähigkeit vorgeschrieben ist, nur überbrücken, wenn eine Brandausbreitung ausreichend lang nicht zu befürchten ist oder wenn Vorkehrungen hiergegen getroffen sind."
- Absatz 3: „Lüftungsanlagen sind so herzustellen, dass sie Gerüche und Staub nicht in andere Räume übertragen."
- Absatz 4: „Lüftungsanlagen dürfen nicht in Abgasanlagen eingeführt werden; die gemeinsame Nutzung von Lüftungsleitungen zur Lüftung und zur Ableitung der Abgase von Feuerstätten ist zulässig, wenn keine Bedenken wegen der Betriebssicherheit und des Brandschutzes bestehen: Die Abluft ist ins Freie zu führen. Nicht zur Lüftungsanlage gehörende Einrichtungen sind in Lüftungsanlagen unzulässig."
- Absatz 5: „Die Absätze 2 und 3 gelten nicht: für Gebäude der Gebäudeklassen 1 und 2; innerhalb von Wohnungen; innerhalb der derselben Nutzungseinheit mit nicht mehr als 400 m$^2$ in nicht mehr als 2 Geschossen."
- Absatz 6: „Für raumlufttechnische Anlagen und Warmluftheizungen gelten die Absätze 1 bis 5 entsprechend."

Eine ausführliche und weiterführende Dokumentation zu dieser Thematik gibt [133].

# 2 Lüftung und Klimatisierung

## 2.1 Systematisierung der Lüftungs- und Klimatechnik

Die Lufttechnik wurde in früheren Zeiten entsprechend der Abbildung 2.1-1 und nach verfahrenstechnischen Merkmalen gemäß Abbildung 2.1-2 eingeteilt.

Mit der technischen Entwicklung, wie z. B. der Regelung des Volumenstroms, der Minimierung des Energieaufwands, der Anpassung an die jeweiligen Nutzungsbedingungen und vor allem die Gewährleistung der Raumklimaparameter (s. a. Kapitel 1.2 und 1.3), gibt es unterschiedliche Systemdarstellungen. Trotz der Vielfalt der möglichen Systeme (s. Abbildung 2.1-2 und Abbildung 2.1-3) beinhalten sie immer noch die Lüftungstechnik, um u. a. den erforderlichen Mindestaußenluftvolumenstrom zu gewährleisten.

Im Rahmen der europäischen Normung (s. Kapitel 1.5) unter dem Aspekt der Gebäude- und Anlageneffizienz ergaben sich Begriffsbildungen und Wertezuordnungen, die den traditionellen deutschen und zum Teil DIN EN Normen nur noch eingeschränkt entsprechen. Detaillierte Angaben dazu sind in [141] und [142] dargestellt. Dieses betrifft u. a. die Überleitung von der DIN EN 13779 und DIN EN 15251 in die DIN EN 16798-1 und -3. Deshalb werden sowohl einige Wertetabellen aus der DIN EN 13779 übernommen und einige im Anhang C dokumentiert. Außerdem werden die Anlagentypen z. T. nur verbal beschrieben, wie z. B.

- Lüftungs- und Klimaanlagen und Raumkühlsysteme haben die Aufgabe, die Raumluftqualität und die thermischen Bedingungen und die Feuchte im Raum so zu beeinflussen, dass im Voraus getroffene Festlegungen erfüllt werden.
- Lüftungsanlagen bestehen aus einer Zu- und Abluftanlage und sind gewöhnlich mit Filtern für die Außenluft sowie Heiz- und Wärmerückgewinnungseinrichtungen ausgerüstet.
- Die Grundkategorien der Anlagenart sind abhängig von der Möglichkeit, die Raumluftqualität zu beeinflussen sowie davon, auf welche Weise und wie sie die thermodynamischen Eigenschaften im Raum regeln.
- Mögliche Behandlungen der Luft zur Veränderung des hygrothermalen Umgebungsklimas (Raumklimas) sind: Heizen, Kühlen, Befeuchten und Entfeuchten. Für eine Klassifizierung ist eine Funktion nur dann gültig, wenn die Anlage in der Lage ist, diese Funktion so zu regeln, dass die vorgegebenen Bedingungen im Raum hinsichtlich der Grenzen erfüllt werden können (z. B. eine ungeregelte Entfeuchtung in einer Kühleinheit kann nicht als Entfeuchtung betrachtet werden).

***Zu beachten ist:*** Die Systematik und Begriffsbildung sind wichtig, um im Rahmen der Beauftragung und Planung einer raumlufttechnischen Anlage eindeutig zu definieren, welches Anlagensystem und welche Parameter gewährleistet werden sollen.

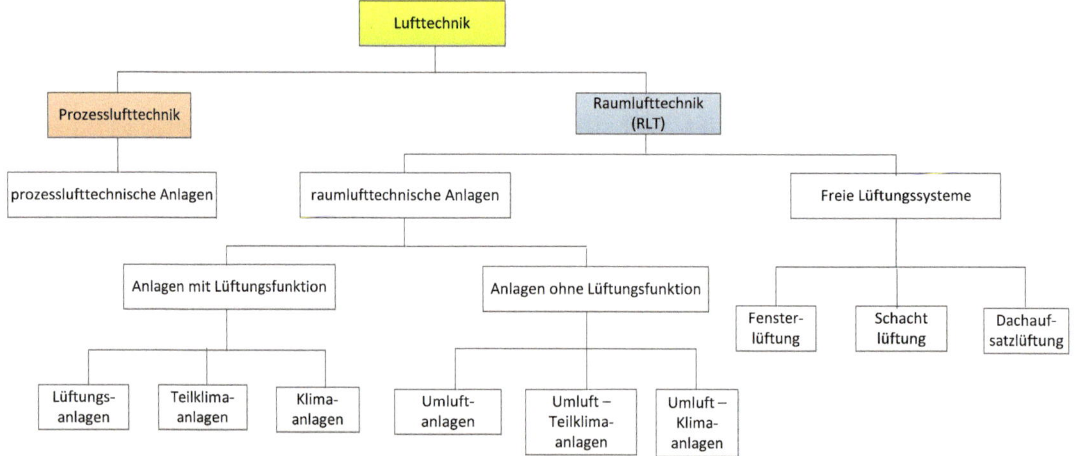


**Abb. 2.1-1** Einteilung der Lufttechnik

Aufgabe der ***Lüftung*** ist die Gewährleistung

- einer hygienischen und/oder technologisch zulässigen Konzentration
  - z. B. von Gasen (z. B. $CO_2$), gasförmigen Schadstoffen, Staub, Bakterien, Sporen, Feuchtigkeit
- von behaglichen bzw. technologisch erforderlichen Werten
  - z. B. von Temperatur, Feuchtigkeit, Luftgeschwindigkeit und -turbulenz, Schall
- die Zuführung von notwendiger Verbrennungsluft

Aufgabe der ***Klimatisierung*** ist die Gewährleistung von

- hygienisch und/oder technologisch geforderter Lufttemperatur und/oder Luftfeuchtigkeit durch die ***thermodynamische Aufbereitung der Luft*** mit den Prozessen
  ***„Heizen (H), Kühlen (K), Befeuchten (B) und Entfeuchten (E)“***

Außer den genannten thermodynamischen Grundprozessen gibt es noch das ***Mischen (MI)*** und das ***Energierückgewinnen (WRG)*** und die technischen Behandlungen ***Filtern (F)*** und ***Schalldämpfen (SD)***.

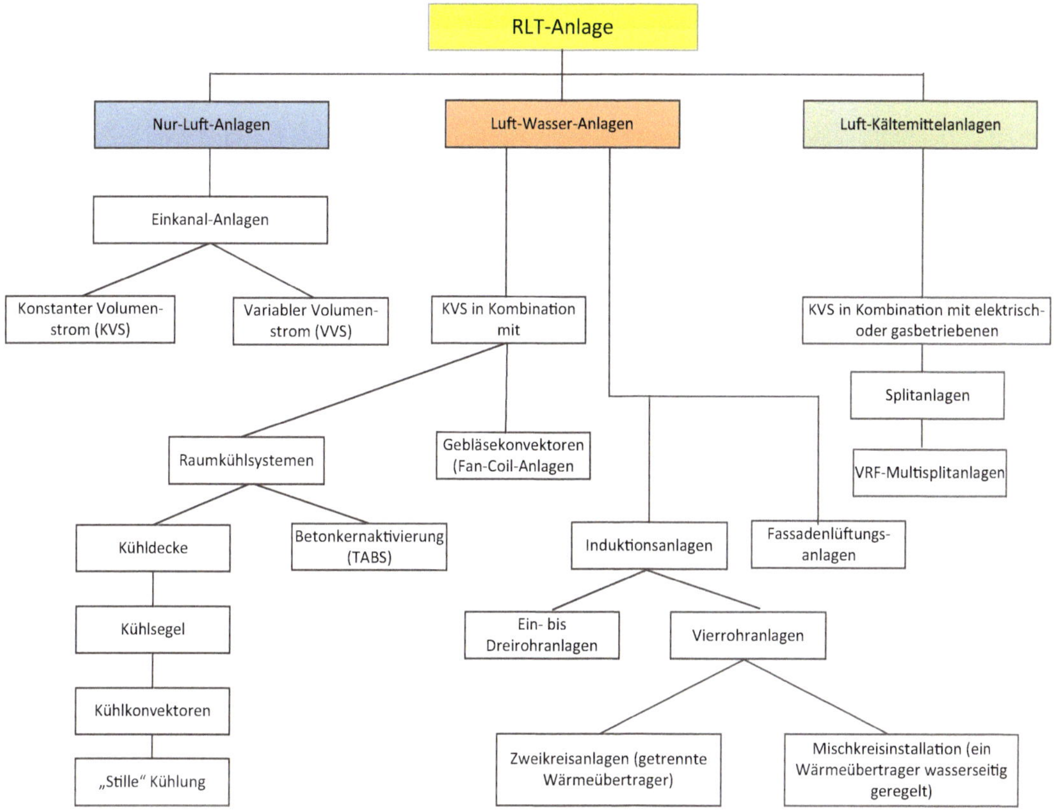

RLT-Anlage
Nur-Luft-Anlagen
Luft-Wasser-Anlagen
Luft-Kältemittelanlagen
Einkanal-Anlagen
Konstanter Volumenstrom (KVS)
Variabler Volumenstrom (VVS)
KVS in Kombination mit
KVS in Kombination mit elektrisch- oder gasbetriebenen
Splitanlagen
VRF-Multisplitanlagen
Raumkühlsystemen
Gebläsekonvektoren (Fan-Coil-Anlagen
Kühldecke
Betonkernaktivierung (TABS)
Induktionsanlagen
Fassadenlüftungsanlagen
Kühlsegel
Ein- bis Dreirohranlagen
Vierrohranlagen
Kühlkonvektoren
„Stille" Kühlung
Zweikreisanlagen (getrennte Wärmeübertrager)
Mischkreisinstallation (ein Wärmeübertrager wasserseitig geregelt)

**Abb. 2.1-2** Einteilung der RLT-Anlagen nach [14] und [25]

Klimaanlagen
Teilklimaanlagen
Zentrale Außenluftaufbereitung Luftverteilung im Gebäude
dezentrale Außenluftaufbereitung Raumklimageräte Fassadengeräte, Unterflurgeräte Fensterlüftung
Kühlen
Entfeuchten
Befeuchten
Wärmerückgewinnung
Nur Luft
Luft -Wasser
Raumklimageräte Luft-Kältemittel
Konstant Volumenstrom
Variabel Volumenstrom
Induktion
Ventilatorkonvektor
Kühldecke
Bauteilaktivierung (TABS)
Kompaktklimageräte
Splitklimageräte
VRF / Multisplitklimageräte

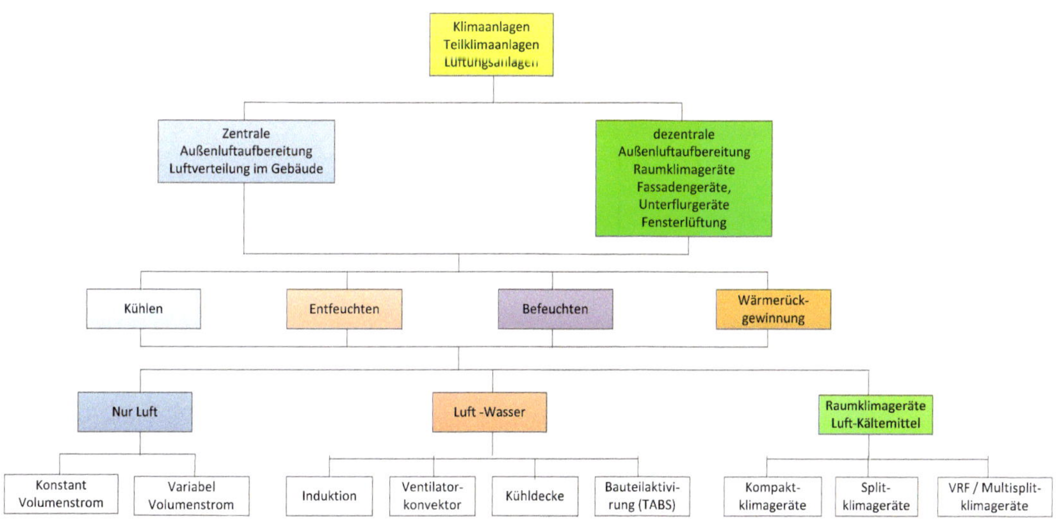

**Abb. 2.1-3** Einteilung der RLT auf der Grundlage von DIN V 18599

Mit der DIN EN 16798-3 werden neue Begriffe eingeführt, die kaum nachvollziehbar sind, jedoch im europäischen Sprachgebrauch verbindlich sein werden (s. a. Tabelle 2.1-1)

**Tab. 2.1-1** Grundarten von Anlagentypen nach DIN EN 16798-3

| **Bezeichnung des Anlagentyps** | **Beschreibung** |
|---|---|
| unidirektionale ventilatorgestützte Lüftungsanlage | ventilatorgestützte Lüftungsanlage mit Luftvolumenstrom in nur eine Richtung (entweder Zuluft oder Abluft), der durch Luftübertragungseinrichtungen in der Gebäudehülle ausgeglichen wird |
| bidirektionale ventilatorgestützte Lüftungsanlage | ventilatorgestützte Lüftungsanlage mit Luftvolumenstrom in beide Richtungen (Zuluft und Abluft) |
| natürliche Lüftungsanlage | Lüftung durch Nutzung natürlicher Auftriebskräfte |
| Hybridlüftungsanlage | Lüftung, die auf natürliche und maschinelle Be- und Entlüftung im gleichen Gebäudeteil angewiesen ist und Abhängigkeit von der gegebenen Situation geregelt wird (entweder natürliche oder maschinelle Antriebskräfte bzw. Kombination dieser Antriebskräfte) |

Hinsichtlich der Inspektion nach DIN EN 16798-17 werden folgende Begriffe für Wohn- und Nichtwohngebäude verwendet:

- Klimaanlagen ohne maschinelle Lüftung
- Klimaanlagen mit maschineller Lüftung
- natürliche oder maschinelle Lüftungsanlagen
- Komfortkühl- und Klimaanlagen
- Klimaanlagen mit Umkehrfunktion

Nach DIN EN 16798-3 „Lüftung von Nichtwohngebäuden" ergeben sich neue Definitionen zu den Anlagentypen von Lüftungsanlagen in Wohn- und Nichtwohngebäuden (s. Abbildung 2.1-4). Sie schließen neben der freien (natürlichen) Lüftung und der mechanischen (ventilatorgestützten) Lüftung auch die hybride Lüftung mit ein (Kopplung beider Systeme).

Bemerkenswert ist dabei, dass in der Norm die Betonung auf „Ventilator" liegt, also auf dem Förderaggregat, dessen Qualität wesentlich für den Energieverbrauch und die Energieeffizienz verantwortlich ist.

Die Interpretation nach Anlagentypen schließt nach [143] auch die bisher nicht betrachtete „Prozesslufttechnik" mit ein. Erweitert man Abbildung 2.1-4 durch den Aspekt „ventilatorgestützte Umluft-Lüftungsanlage" (s. Abbildung 2.1-5), so sind auch Anlagenlösungen mit Umluft in technologischen Einrichtungen und Geräten erfasst. Auch hier liegt das Augenmerk auf der Energieeffizienz des Ventilators.

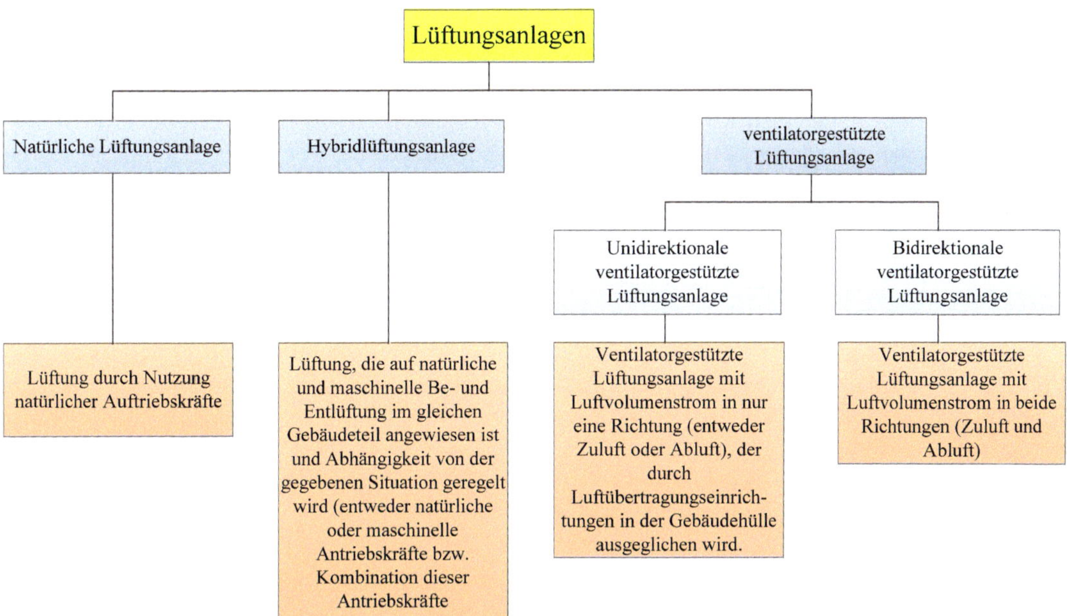


**Abb. 2.1-4** Grundarten von Anlagentypen nach DIN EN 16798

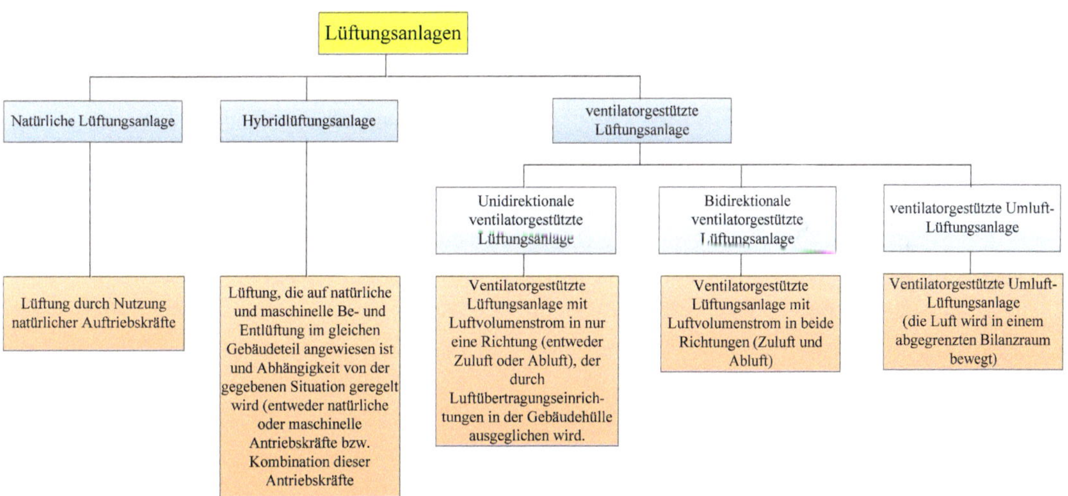


**Abb. 2.1-5** Ergänzung der Grundarten von Anlagentypen um „ventilatorgestützte Umluft-Lüftungsanlage“ (im rechten Bereich der Abbildung)

Da die Heizlast neben der thermischen Gebäudeeigenschaft durch die baulich bedingte Infiltration ***und/oder*** den hygienisch erforderlichen Mindest-Außenluftvolumenstrom und die Kühllast durch die thermischen Gebäudeeigenschaften ***und*** den hygienisch erforderlichen Mindest-Außenluftvolumenstrom beeinflusst werden, wurde in [23] eine gegenüber Abbildung 2.1-2 erweiterte Darstellung vorgeschlagen. Denn im Endeffekt haben sowohl die Lüftung bzw. Klimatisierung als auch die Heizung bzw. Kühlung die ***primäre Aufgabe***, die entsprechenden zu vereinbarenden bzw. normativ vorgegebenen oder empfohlenen ***Raum(luft)konditionen***, ihren zeitlichen Verlauf und die Änderungsgeschwindigkeiten zu garantieren.

Eine generelle Übersicht (Abbildung 2.1-6) über die möglichen Systeme erscheint sinnvoll und zweckmäßig, um die Vielfalt der Möglichkeiten zur Konditionierung eines Raum(luft)zustandes charakterisieren zu können.

Der Begriff „***Konditionierung***" wurde einerseits gewählt, weil er die Prozesse Heizen, Kühlen, Befeuchten und Entfeuchten in ihrer Gesamtheit einschließt und sich nicht nur auf eine „Temperierung" in Form von Heizen und/oder Kühlen konzentriert und weil er andererseits mit der englischen Version der Klimatisierung (Air Conditioning) eine gewisse Kongruenz verdeutlicht. Deshalb sollte zukünftig von Raum(luft)konditionierungsanlagen (RKA) gesprochen werden

Der Hinweis auf die „Luft" soll verdeutlichen, dass

- im Allgemeinen dem Raum Außenluft (Mindestaußenluftvolumenstrom) zugeführt werden muss,
- durch den Nutzer die Qualität der Raumluft „empfunden" wird und
- die praxisrelevante Mess- und Regelgröße die Raum**luft**temperatur ist.

Auch unter dem Aspekt der notwendigen Zuführung von Außenluft bei der kontrollierten Wohnungslüftung infolge der energetischen und gesetzlichen Forderung nach Dichtheit der Fensterkonstruktionen vor allem im Heizfall erscheint die vorgenommene Systematik plausibel und verdeutlicht, dass die Grenzen zwischen Heizungs-, Lüftungs-, Klima- und Kühltechnik kaum noch vorhanden sind.

> ***Fazit:*** Es gibt im deutschsprachigen Raum keine eindeutige Definition des Begriffs „Klimaanlage" – sowohl unter verfahrenstechnischen und thermodynamischen Gesichtspunkten als auch gesetzgeberischen Aspekten (z. B.: EnEV, GEG).

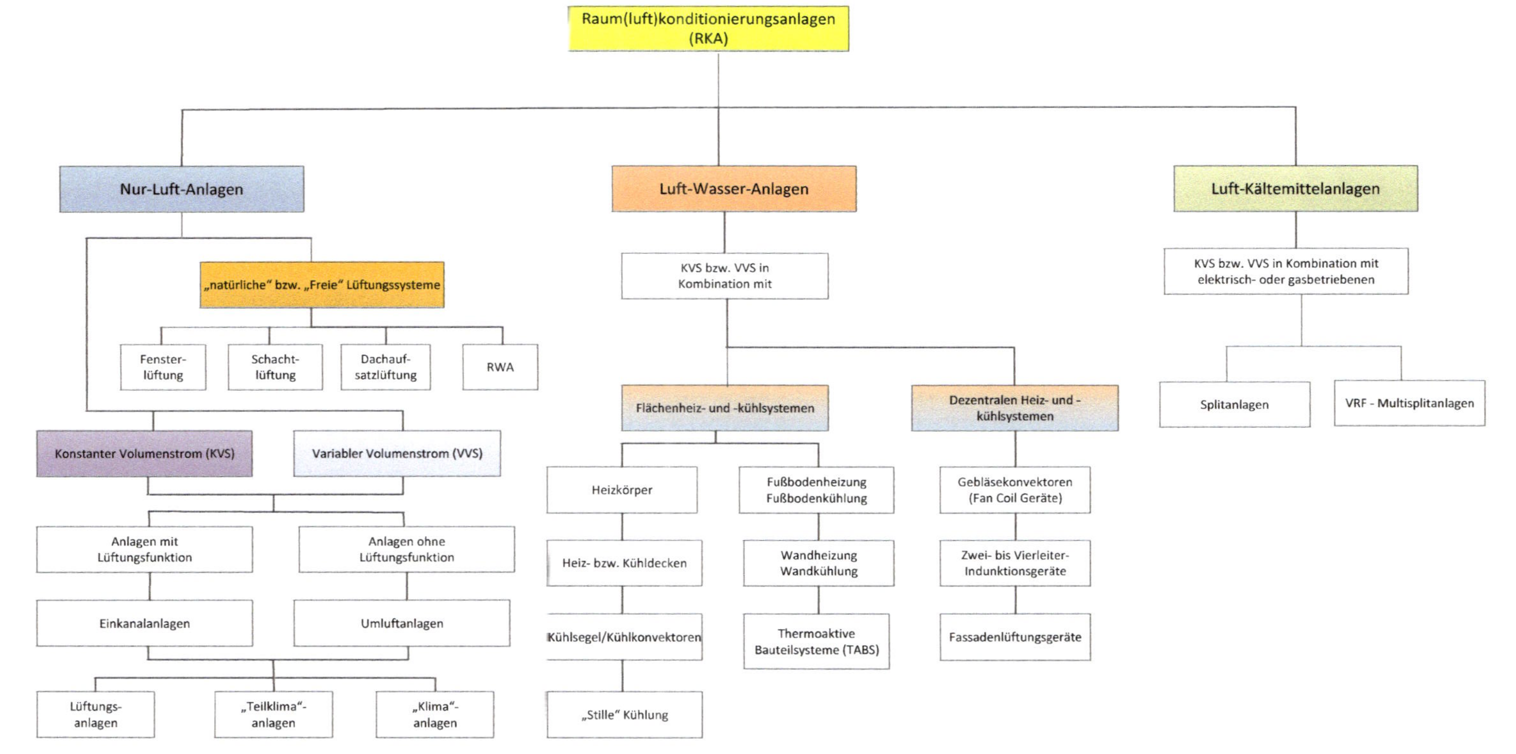


**Abb. 2.1-6** Übersicht über die Möglichkeiten der Raumkonditionierung nach [23]

### Bezeichnungen

Die unterschiedlichen Luftvolumenströme $q_V$ werden durch Indizes entsprechend DIN EN 16798-3 gekennzeichnet (im Allgemeinen englisch sprachig), die die Art der Zuführung bzw. Abführung der Luft zum betrachteten Raum charakterisieren (s. Abbildung 2.1-7). In VDI 4700 Blatt 3 wird vorgeschlagen, dass im deutschsprachigen Raum die bisher üblichen Bezeichnungen Anwendung finden sollten.

| | |
|---|---|
| **AUL = ODA** | Außenluft |
| **MIL = MIA** | Mischluft |
| **UML = RCA** | Umluft |
| **ABL = ETA** | Abluft |
| **RAL = IDA** | Raumluft |
| **FOL = EHA** | Fortluft |
| **ZUL = SUP** | Zuluft |

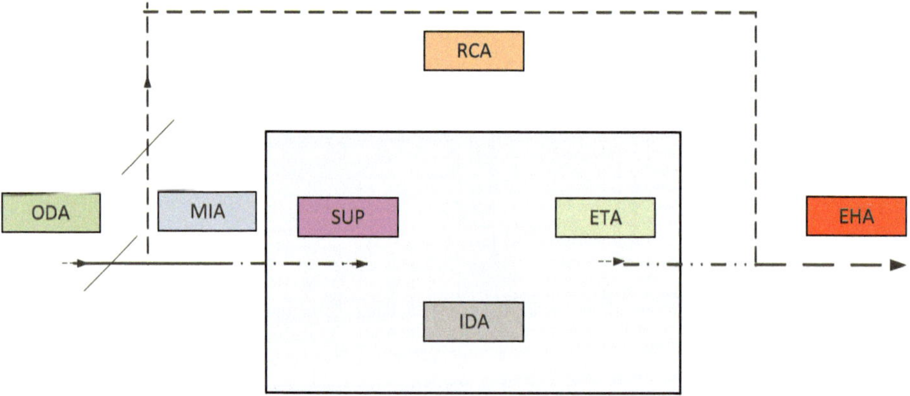


**Abb. 2.1-7** Bezeichnungen für thermodynamische und technische Luftbehandlung und für Luftvolumenströme

Unter Einbeziehung der dezentralen Systeme (s. Kapitel 4) ergibt sich die Übersicht nach DIN EN 16798-3 (s. Abbildung 2.1-8).

Der Transport der Luft erfolgt entweder auf ***natürlichem*** **(Freie Lüftungssysteme) oder *mechanischem*** Weg (mechanische Lüftung) oder durch Kombination beider Systeme (s. Abbildung 2.1-9). Von Bedeutung sind die Außenluftzufuhr, die Fortluftabfuhr (s. a. Kapitel 2.4) und die Luftführung im Raum (s. a. Kapitel 2.6).

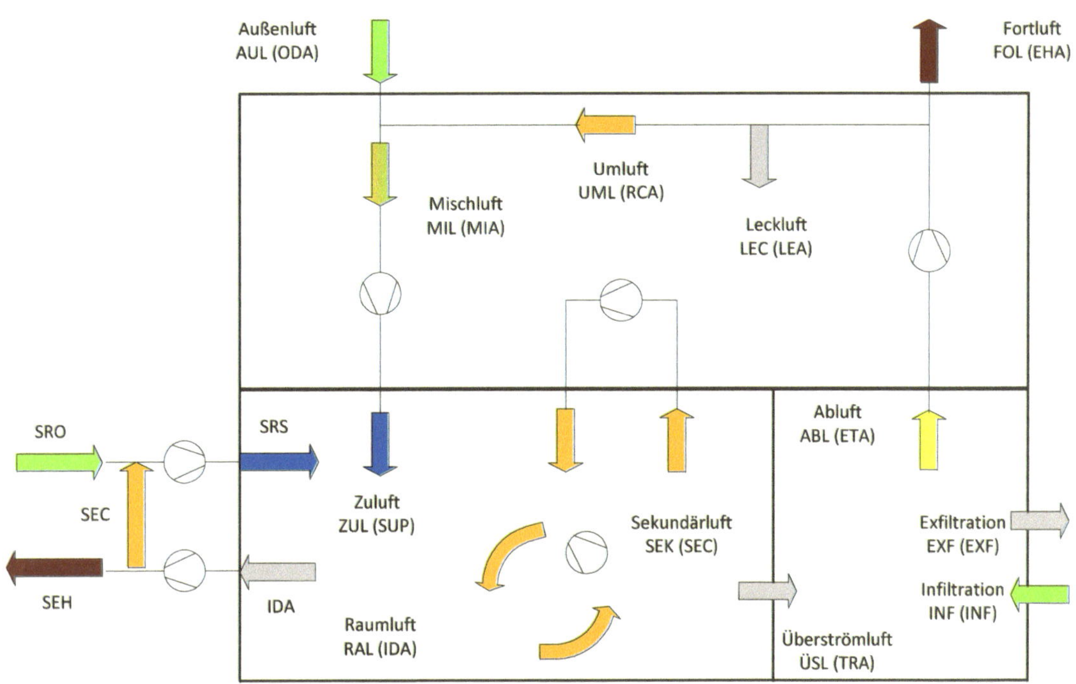


**Abb. 2.1-8** Darstellung der Luftarten nach DIN EN 16798-3

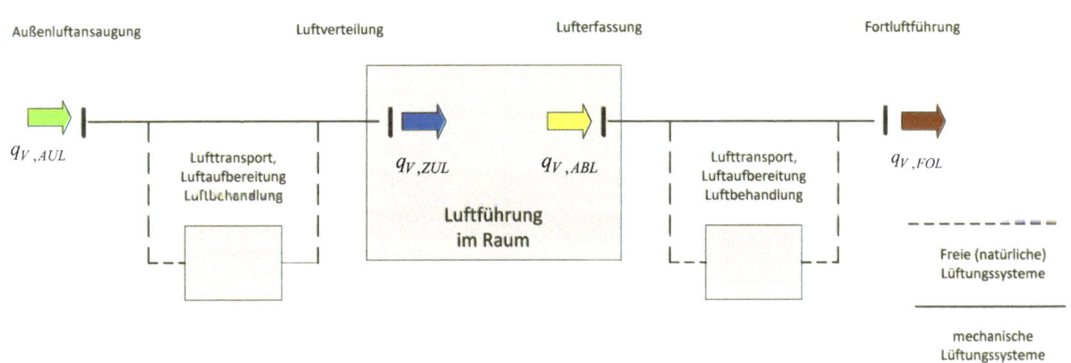


**Abb. 2.1-9** Schema für freie und mechanische Lüftungssysteme

***Zu beachten ist:*** Die Auslegungsvoraussetzungen hinsichtlich der zu gewährleistenden Außenluftvolumenströme, Raumlufttemperaturen (operative Temperatur), Zulufttemperaturen, der einzuhaltenden Raumluftqualität, der vorhandenen Schadstoffbewertung des Raums müssen grundsätzlich schriftlich vereinbart werden. Diese sind z. B. aus DIN EN 16798-1 (E) im informativen Anhang B oder aus DIN EN 15251 tabellarisch zu entnehmen. Sie unterscheiden sich z. T. von den Werten der zurückgezogenen DIN EN 13779 (Diese sind z. T. im Anhang C dieses Buchs dokumentiert).

Für die Auslegung von Lüftungs- und Klimaanlagen ist die einzuhaltende Raumluftqualität von maßgeblicher Bedeutung. Es werden drei bzw. vier Kategorien für die Raumluftqualität im Aufenthaltsbereich definiert.

Es werden zudem vier Verfahren beschrieben, die eine Ermittlung des zur Einhaltung der Raumluftqualität erforderlichen Luftvolumenstroms ermöglichen:

- Klassifizierung nach Kohlendioxid-Konzentration
- indirekte Klassifizierung über den Außenluftvolumenstrom je Person
- indirekte Klassifizierung durch den Luftvolumenstrom je Fußbodenfläche
- Klassifizierung nach Konzentrationen bestimmter Verunreinigungen

Aus diesen Verfahren resultierende normative Grenzwerte werden jedoch nicht angegeben. Die empfohlenen Mindestwerte für die Außenluftvolumenströme je Person, die auch Emissionen aus anderen Quellen wie Möbeln und Baustoffen berücksichtigen, sind nur im informativen Anhang enthalten, allerdings ohne jeglichen Bezug zur Gebäudenutzung.

In DIN EN 15251 und teilweise in DIN EN 16798-1 (E) werden im informativen Anhang B Auslegungslüftungsraten (besser: spezifische Auslegungsluftvolumenströme) für Nicht- und Wohngebäude empfohlen. Im Allgemeinen wird die Kategorie III empfohlen.

Der Auslegungsluftvolumenstrom $q_{\text{v,tot}}$ ergibt sich aus den Verunreinigungen durch die Nutzer (Personen) $q_{\text{v,P}}$ (s. Tabelle 2.1-2), durch Verunreinigungen durch das Gebäude bzw. Anlagen $q_{\text{v,B}}$ (s. Tabelle 2.1-3). Beispiel für Auslegungs-Lüftungsraten für ein Einzelbüro von 10 m² in einem schadstoffarmen Gebäude (unangepasste Person) (s. Tabelle 2.1-4), Standardauslegungswerte für die $CO_2$-Konzentration oberhalb der Konzentration in der Außenluft unter Annahme einer Standard-Emission von 20 l/h, Person) (s. Tabelle 2.1-6)

$$q_{\text{v,tot}} = n \cdot q_{\text{v,P}} + A_{\text{B}} \cdot q_{\text{v,B}}$$

Mit $n$ Anzahl der Personen (Auslegungswert)

$A_{\text{B}}$ Grundfläche des Raums in m²

**Tab. 2.1-2** Erforderlicher Lüftungsvolumenstrom zur Abschwächung von Emissionen (biologische Ausdünstungen) von Personen $q_{v,P}$

| Kategorie | Luftvolumenstrom je Person in l/(s,Person) | Erwarteter Prozentsatz Unzufriedener |
|---|---|---|
| I | 10 | 15 |
| II | 7 | 20 |
| **III** | **4** | **30** |
| IV | 2,5 | 40 |

**Tab. 2.1-3** Lüftungsvolumenstrom $q_{v,B}$ für die Gebäudeemission in l/(s,m²) Grundfläche

| Kategorie | Gebäude | | |
|---|---|---|---|
| | nicht schadstoffarm | schadstoffarm | sehr schadstoffarm |
| I | 2,0 | 1.0 | 0,5 |
| II | 1,4 | 0,7 | 0,35 |
| **III** | **0.8** | **0,4** | **0,3** |
| IV | 0,6 | 0,3 | 0, 15 |
| Mindestwert der Gesamt-Lüftungsrate für Gesundheitszwecke | 4 l/s je Person | 4 l/s je Person | 4 l/s je Person |

Die Gesamtlüftungsrate darf 4 l/s je Person nicht unterschreiten.

**Tab. 2.1-4** Beispiel für Auslegungs-Lüftungsraten für ein Einzelbüro von 10 m² in einem schadstoffarmen Gebäude (unangepasste Person)

| Kategorie | Schadstoffarmes Gebäude in l/(s, m²) | Auslegungs-Lüftungsrate für den Raum | | | Luftvolumenstrom je unangepasster Person in l/(s, Person) |
|---|---|---|---|---|---|
| | | in l/s | in l/(s, Person) | in l/(s, m²) | |
| I | 1,0 | 20 | 20 | 2 | 10 |
| II | 0,7 | 14 | 14 | 14 | 7 |
| **III** | **0,4** | **8** | **8** | **0,8** | **4** |
| IV | 0,3 | 5,5 | 5,5 | 0,55 | 2,5 |

**Tab. 2.1-5** Standardauslegungswerte für die $CO_2$- Konzentration oberhalb der Konzentration in der Außenluft unter Annahme einer Standard-Emission von 20 l/(h, Person)

| Kategorie | Entsprechende $CO_2$- Konzentration oberhalb der Konzentration in der Außenluft in ppm; für unangepasste Personen |
|---|---|
| I | 550 |
| II | 800 |
| **III** | **1350** |
| IV | 1350 |

Tabelle 2.1-6 weist Empfehlungen für die Lüftungsvolumenstrom für Nichtwohngebäude bei einer Standardbelegungsdichte und bei unterschiedlichen Nutzungen aus. Im Allgemeinen sollte die Kategorie II in Ansatz gebracht werden.

**Tab. 2.1-6** Lüftungsvolumenstrom für Nichtwohngebäude bei einer Standardbelegungsdichte und bei unterschiedlichen Nutzungen in l/s,m² nach DIN EN 15251 (Anhang B)

| Gebäude- bzw. Raumtyp | Kategorie | Grundfläche in m² je Person | $q_{V,P}$ | $q_{V,B}$ | $q_{V,tot}$ | $q_{V,B}$ | $q_{V,tot}$ | $q_{V,B}$ | $q_{V,tot}$ | Zugabe bei Rauchen |
|---|---|---|---|---|---|---|---|---|---|---|
| | | | Bei Belegung | Sehr schadstoffarme Gebäude | | schadstoffarme Gebäude | | nicht schadstoffarme Gebäude | | |
| Einzelbüro | I | 10 | 1,0 | 0,5 | 1,5 | 1,0 | 2,0 | 2,0 | 3,0 | 0,7 |
| | **II** | **10** | **0,7** | **0,3** | **1,0** | **0,7** | **1,4** | **1,4** | **2,1** | **0,5** |
| | III | 10 | 0,4 | 0,2 | 0,6 | 0,4 | 0,8 | 0,8 | 1,2 | 0,3 |
| Großraumbüro | I | 15 | 0,7 | 0,5 | 1,2 | 1,0 | 1,7 | 2,0 | 2,7 | 0,7 |
| | **II** | **15** | **0,5** | **0,3** | **0,8** | **0,7** | **1,2** | **1,4** | **1,9** | **0,5** |
| | III | 15 | 0,3 | 0,2 | 0,5 | 0,4 | 0,7 | 0,8 | 1,1 | 0,3 |
| Konferenzraum | I | 2 | 5,0 | 0,5 | 5,5 | 1,0 | 6,0 | 2,0 | 7,0 | 5,0 |
| | **II** | **2** | **3,5** | **0,3** | **3,8** | **0,7** | **4,2** | **1,4** | **4,9** | **3,6** |
| | III | 2 | 2,0 | 0,2 | 2,2 | 0,4 | 2,4 | 0,8 | 2,8 | 2,0 |
| Hör- bzw. Zuschauersaal | I | 0,75 | 15 | 0,5 | 15,5 | 1,0 | 16 | 2,0 | 17 | |
| | **II** | **0.75** | **10,5** | **0,3** | **10,8** | **0,7** | **11,2** | **1,4** | **11,9** | |
| | III | 0.75 | 6,0 | 0,2 | 6,2 | 0,4 | 6,4 | 0,8 | 6,8 | |
| Restaurant | I | 1,5 | 7,0 | 0,5 | 7,5 | 1,0 | 8,0 | 2,0 | 9,0 | |
| | **II** | **1,5** | **4,9** | **0,3** | **5,2** | **0,7** | **5,6** | **1,4** | **6,3** | **5,0** |
| | III | 1,5 | 2,8 | 0,2 | 3,0 | 0,4 | 3,2 | 0,8 | 3,6 | 2,8 |
| Klassenraum | I | 2,0 | 5,0 | 0,5 | 5,5 | 1,0 | 6,0 | 2,0 | 7,0 | |
| | **II** | **2,0** | **3,5** | **0,3** | **3,8** | **0,7** | **4,2** | **1,4** | **4,9** | |
| | III | 2,0 | 2,0 | 0,2 | 2,2 | 0,4 | 2,4 | 0,8 | 2,9 | |
| Kindergarten | I | 2,0 | 6,0 | 0,5 | 6,5 | 1,0 | 7,0 | 2,0 | 8,0 | |
| | **II** | **2,0** | **4,2** | **0,3** | **4,5** | **0,7** | **4,9** | **1,4** | **5,8** | |
| | III | 2,0 | 2,4 | 0,2 | 2,6 | 0,4 | 2,8 | 0,8 | 3,2 | |
| Kaufhaus | I | 7 | 2,1 | 1,0 | 3,1 | 2,0 | 4,1 | 3,0 | 5,1 | |
| | **II** | **7** | **1,5** | **0,7** | **2,2** | **1,4** | **2,9** | **2,1** | **3,6** | |
| | III | 7 | 0,9 | 0,4 | 1,3 | 0,8 | 1,7 | 1,2 | 2,1 | |

Für Wohnungen werden nach Anhang B von DIN EN 16798-1 (E) unter den Randbedingungen eines kontinuierlichen Betriebs der Lüftungsanlage während der Nutzungszeit und vollständiger Mischung der Luft im Raum die in Tabelle 2.1-7 aufgeführten Lüftungsvolumenströme empfohlen. Weitere Werte für Mindestluftvolumenströme sind sowohl in den Tabellen 2.1-8, 2.1-9 und 2.1-10 als auch der Neufassung der DIN 1946-6 bzw. dem Kapitel 5 zu entnehmen.

**Tab. 2.1-7** Kriterien für Lüftungsraten auf der Grundlage vorgegebener Lüftungsraten: Gesamtlüftung, Zuluftvolumenstrom, ergänzt durch Fortluftvolumenstrom)

| Kategorie | Gesamt-Lüftung inkl. Luftfitration (1) | | Zuluftvolumenstrom je Person (2) | Zuluftvolumenstrom basierend auf wahrgenommener IAQ**) für angepasste Personen (3) | Zuluftvolumenstrom für Schlafzimmer | Fortluftvolumenstrom Spitzen- oder Zuschalt-Volumenstrom bei hohem Bedarf (4) | | |
|---|---|---|---|---|---|---|---|---|
| | | | | $q_{v,P}$ | | Küche | Bad | WC |
| | in l/(s,m²) | in ach*) | in l/(s,Person) | in l/(s,Person) | in l/(s,Person) | in l/s | in l/s | in l/s |
| I | 0,49 | 0,7 | 10 | 3,5 | 10 | 28 | 20 | 14 |
| II | 0,42 | 0,6 | 7 | 2,5 | 8 | 20 | 15 | 14 |
| III | 0,35 | 0,5 | 4 | 1,5 | 4 | 14 | 14 | 7 |
| IV a) | 0,28 | 0,4 | | | 2,5*) | 10 | 10 | 4 |

Anmerkungen:
Spalten (3) und (4): Die Lüftungsgeräte müssen vorliegen, wenn die Räume belegt sind. Bei der Auslegung kann berücksichtigt werden, dass nicht ein Schlafzimmer gleichzeitig genutzt wird, z. B. während des Tages.
Die Anzahl von Personen in Schlafzimmern ist entsprechend der Auslegungskriterien und den Bauvorschriften von der Größe abhängig.
*) Air Change Hour (Luftwechselrate) **) Indoor Air Quality

**Tab. 2.1-8** Auslegungswert der $CO_2$-Konzentration in belegten Wohn- und Schlafzimmern

| Kategorie | Auslegungswert der $CO_2$-Konzentration in Wohnzimmern | Auslegungswert der $CO_2$-Konzentration in Schlafzimmern |
|---|---|---|
| | in ppm (oberhalb des Wertes in der Außenluft) | in ppm (oberhalb des Wertes in der Außenluft) |
| I | 500 | 380 |
| II | 800 | 550 |
| III | 1350 | 950 |
| IV | 1350 | 950 |

Anmerkungen:
Die angegebenen Werte entsprechen der Gleichgewichtskonzentration, wobei der Luftvolumenstrom 4 l/s, 7 l/s , 10 l/s für die Kategorie I, II bzw. III und die $CO_2$-Emission 20 l/h und Wohnzimmer bzw. Schlafzimmer beträgt.
Bei einem Raum von 10 m² (Raumhöhe 2,5 m) entsprechen 4 l/s, 7 l/s und 10 l/s je Person bei zwei Personen in einem Raum einer Luftwechselrate von 1,2 ach, 2,0 ach und 2,9 ach.

**Tab. 2.1-9** Standardauslegungswerte für Öffnungsflächen für Wohnbereiche. Werte für Schlafzimmer und Wohnzimmer können je $m^2$ Fußbodenfläche oder als Festwerte je Raum angegeben werden

| | **Fortluft**<br>**Küche, Bad und WC** | **Zuluft**<br>**Schlafzimmer und Wohnzimmer** |
|---|---|---|
| **Standardauslegungswerte für Öffnungsflächen** | 100 $cm^2$ je Raum | 60 $cm^2$ je Raum |

**Tab. 2.1-10** Beispiel für empfohlene Auslegungskriterien für die Feuchte in genutzten Räumen, wenn Be- oder Entfeuchtungsanlagen eingebaut sind.

| **Gebäude-/Raumtyp** | **Kategorie** | **Auslegungswert der relativen Feuchte für Entfeuchtung** | **Auslegungswert der relativen Feuchte für Befeuchtung** |
|---|---|---|---|
| | | in % | in % |
| Räume, deren Feuchtekriterien durch menschliche Nutzung bestimmt werden. Spezielle Räume (Museen, Küchen usw. können andere Grenzwerte erfordern | I<br>II<br>III | 50<br>60<br>70 | 30<br>25<br>20 |

***Hinweis:*** Im Gegensatz zur DIN EN 16798-1 (E) und DIN EN 16798-3 enthielt die DIN EN 13779 (s. a. Hinweis am Anfang von Kapitel 2.1) eine Reihe wichtiger Auslegungswerte, Kriterien und Klassifizierungen für die Außenluft, die Raumluft, die Abluft, die Fortluft und Schadstoffbelastungen, deren Informationsgehalt auch unter dem Hinblick von Gutachten und Rechtstreitigkeiten vor dem Erscheinen der erstgenannten Normen von Bedeutung sein können. Deshalb werden diese Informationen als Tabellen in Anhang C (Tabelle C.1 bis Tabelle C.14) ausgewiesen.

Zur Klassifizierung der Außenluft müssen vom Haustechnikplaner die Verunreinigungen der Außenluft am Gebäudestandort ermittelt werden. Es gibt bereits heute eine Möglichkeit, über das bestehende System offizieller Messstellen die ODA-Werte für beliebige Standort zu berechnen, sodass für die Anlagenplanung frühzeitig von aktuellen ODA-Werten ausgegangen werden kann [24]. Beispielhaft zeigt Abbildung 2.1-10 die maximale Feinstaubbelastung ($PM_{10}$) im März 2011 in Deutschland. Die wichtigsten Luftschadstoffe nach [144] zeigt Tabelle C.4.

Für Neubauten können Daten aus dem Internet unter [26] abgerufen werden. Beispiele für die Klassifizierung der Außenluft anhand von drei Großstädten zeigt Tabelle C.5

Anhand der ermittelten ODA-Klasse muss die erforderliche Filterstufe zur Einhaltung der geforderten Raumluftqualitätsklasse IDA ermittelt werden. Angaben über empfohlene Mindestfilterklassen je Filterstufe enthält Tabelle C.7.

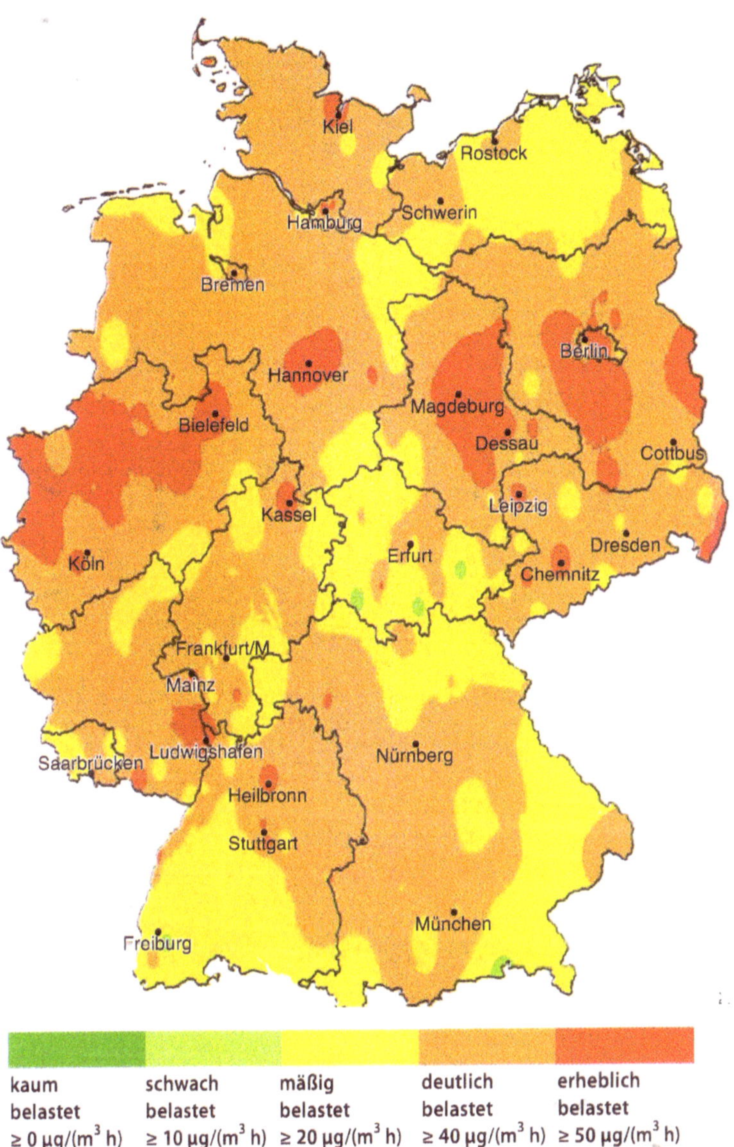


**Abb. 2.1-10** Maximale Feinstaubbelastung ($PM_{10}$) im März 2011 innerhalb von 7 Tagen nach [24] bzw. www.pollution-info.de (erheblich belastete Bereiche (rot) liegen bereits über dem Grenzwert von 50 μg/m³ h.)

***Zu beachten ist:*** Die Raumluftqualität bzw. Festlegung des Raumklimas beeinflusst die Installationskosten, die räumlichen Anforderungen für die RLT-Anlage und die Betriebskosten. Deshalb sollte die RLT-Anlage geregelt werden. Tabelle C.8 zeigt Möglichkeiten der Regelung für die Raumluftqualität, um den Energieverbrauch zu minimieren bzw. zu optimieren.

Weiterhin wird die Abluft und Fortluft klassifiziert. Dies ist sowohl für die Zusammenführung von unterschiedlichen Abluftvolumenströmen als auch für die Möglichkeit der Mischluftfahrweise von Bedeutung. Bei der Zusammenführung gilt die Kategorie des Luftvolumenstroms mit der höchsten Kategorie (s. Tabelle 2.1-11).

**Tab. 2.1-11** Klassifizierung der Abluft (ETA) und der Fortluft (EHA) nach DIN EN 16798-3

| Kategorie | Beschreibung |
|---|---|
| ETA 1<br>EHA 1 | Abluft mit geringem Verunreinigungsgrad |
| | Luft aus Räumen, deren Hauptemissionsquellen Baustoffe und das Bauwerk sind; ebenso Luft aus Aufenthaltsräumen, deren Hauptemissionsquellen der menschliche Stoffwechsel, Baustoffe und das Bauwerk sind. Räume, in denen Rauchen gestattet ist, sind nicht eingeschlossen. |
| ETA 2<br>EHA 2 | Abluft mit mäßigem Verunreinigungsgrad |
| | Luft aus Aufenthaltsräumen mit den gleichen Verunreinigungsquellen und/oder durch menschliche Aktivitäten, die jedoch mehr Verunreinigungen als Kategorie 1 enthält. |
| ETA 3<br>EHA 3 | Abluft mit hohem Verunreinigungsgrad |
| | Luft aus Räumen, in denen Emissionen durch Feuchte, Arbeitsverfahren, Chemikalien, Tabakrauch usw. die Luftqualität wesentlich beeinträchtigen. |
| ETA 4<br>EHA 4 | Abluft mit sehr hohem Verunreinigungsgrad |
| | Luft, die Gerüche und Verunreinigungen enthält, deren Konzentrationen höher liegen, als für die Raumluft in Aufenthaltsbereichen erlaubt ist. |

***Zu beachten ist:*** Die Fortluft-Kategorien gelten für gereinigte Luft. Bei der Reinigung ist das Verfahren und deren Wirkung anzugeben und die Wirksamkeit der Reinigung nachzuweisen. Fortluft der Klasse EHA 1 kann nicht durch Reinigung erreicht werden.

Die Wiederverwendung der Abluft ist von der jeweiligen Situation abhängig. In den meisten Fällen, in denen eine gute Raumluftqualität erforderlich ist, sollte keine Umluft verwendet werden. Wenn ein Raum vor der Nutzung mittels einer RLT-Anlage aufgeheizt oder gekühlt werden soll, so kann hauptsächlich Umluft verwendet werden. Auf der Grundlage von Tabelle 2.1-12 weist Tabelle C.9 auf mögliche Verwendungen hin.

**Tab. 2.1-12** Wiederverwendung der Abluft (ETA) und Verwendung von Überströmluft (TRA) nach DIN EN 16798-3

| Kategorie | Bemerkungen zur möglichen Wiederverwendung der Luft |
|---|---|
| ETA 1 | geeignet als Umluft und Überströmluft |
| ETA 2 | nicht geeignet als Umluft, kann jedoch als Überströmluft in Toiletten, Waschräumen, Garagen oder ähnlichen Bereichen verwendet werden |
| ETA 3 | nicht als Umluft oder Überströmluft geeignet |
| ETA 4 | nicht als Umluft oder Überströmluft geeignet |

Die Zuluftqualität muss so sein, dass unter Berücksichtigung der zu erwartenden Emissionen aus inneren Schadstoffquellen (z. B. menschlicher Stoffwechsel, Arbeitsverfahren, Baustoffe, Möbel) und der RLT-Anlage selbst geeignete Raumluftqualitäten erreicht werden können. Im Rahmen der Anlagenauslegung sind die Außenluftvolumenströme $q_{V,ODA}$ festzulegen.

Es wird empfohlen, die Zuluftqualität auch durch Festlegung der Konzentrationsgrenzen, die für bestimmte Verunreinigungen (z. B. $CO_2$, VOC) der Raumluft gelten, zu definieren (s. VDI 6022 Blatt 1). Die Kategorie von Zuluft kann nach Tabelle 2.1-6 festgelegt werden.

Die Luftführung im Raum berührt maßgebliche architektonische Belange, z. B. durch die Anordnung der Luftdurchlässe (Luftverteiler, Lufterfasser), den erforderlichen Luftvolumenstrom und die Nutzung des Raumes. Die Luftführung (Raumströmung) ist nur im integrativen Zusammenwirken des Architekten mit dem Fachplaner effektiv zu gestalten.

***Zu beachten ist:*** Die entscheidende Größe für die Bemessung der Lüftung ist der Luftvolumenstrom $q_V$ (Zuluftvolumenstrom $q_{V,SUP}$ bzw. Abluftvolumenstrom $q_{V,ETA}$ ).

$$q_V = \Phi_{HL} / (\rho_L \cdot |\Delta h_{SUP}|) = \Phi_{HL} / (\rho_L \cdot c_{P,L} \cdot |\Delta \theta_{SUP}|)$$

$$q_V = \Phi_{KL} / (\rho_L \cdot |\Delta h_{SUP}|) = \Phi_{KL} / (\rho_L \cdot c_{P,L} \cdot |\Delta \theta_{SUP}|) \qquad \text{oder}$$

$$q_V = \dot{m}_{Schadstoff} / (c_{IDA,zulässig} - c_{SUP})$$

Die Heizlast $\Phi_{HL}$ bzw. die Kühllast $\Phi_{KL}$ werden maßgeblich durch die konstruktive und architektonische Gestaltung des Gebäudes bzw. Raums geprägt und demzufolge auch der Luftvolumenstrom. Die zulässige Zulufttemperaturdifferenz $|\Delta \theta_{SUP}|$ bzw. Enthalpiedifferenz $|\Delta h_{SUP}|$ ist abhängig von der notwendigen Aufbereitung der Luft (Kühlen bzw. Heizen), den Behaglichkeits- und Nutzungsanforderungen, der Raumströmung und der Anordnung der Luftdurchlässe.

$$\Delta \theta_{SUP} = \theta_{SUP} - \theta_{IDA} \equiv \theta_{SUP} - \theta_a$$

| | Heizen | Kühlen |
|---|---|---|
| $\Delta \theta_{SUP} = \theta_{SUP} - \theta_{IDA}$ | + | - |
| | 1 bis 20 (35) K | 1 bis 8 (12) K |

Die Raumlufttemperatur $\theta_a \equiv \theta_{IDA}$ ist die im Aufenthaltsbereich zu gewährleistende Lufttemperatur und eine Regelgröße für die Fahrweise der RLT-Anlage.

Die Schadstofflast $\dot{m}_{Schadstoff}$ und die arbeitshygienisch zulässige Schadstoffkonzentration $c_{IDA,zulässig}$ und die zulässige Schadstoffkonzentration in der Zuluft $c_{SUP}$ u. a. aus den Nutzungsbedingungen des Raums (s. a. Tabellen C.10 bis C.12).

In bisherigen Normen wurde bei der Festlegung des hygienischen Mindestaußenluftvolumenstromes im Allgemeinen nur zwischen Nichtraucher und Raucher unterschieden ( $q_{V,ODA;Pers}$ = 30 m³/(h, Person) bzw. 40 m³/(h, Person), wobei die Basis die zulässige $CO_2$-Belastung war (Pettenkofer-Maßstab). Dagegen gibt DIN EN 13779:2007-09 den erforderlichen Mindestaußenluftvolumenstrom in Abhängigkeit der Raumluftqualität, der Personen bzw. für Räume, die nicht für Personen bestimmt sind, an.

In der ***Vorentwurfsphase*** sind in der Regel durch das Raumbuch des Auftraggebers (s. a. [16]) die Nutzung der Räume und u. U. die Personenanzahl, die Schadstoffbelastungen und die einzuhaltenden Raumluftparameter bekannt. Zur Vorbemessung kann der Luftwechsel $n$ in (1/h) (in der Literatur auch mit $\lambda$ oder $\beta$ bezeichnet) verwendet werden.

$$n = q_V / V_R$$

Bezugsgröße ist das Netto-Raumvolumen $V_R$ .

***Zu beachten ist:*** Der Luftwechsel sollte nur zur Vorbemessung und nicht zur Planung und Auslegung von raumlufttechnischen Anlagen verwendet werden.

***Zu beachten ist:*** auf welchen Luftvolumenstrom (z. B. Außenluftvolumenstrom, Zuluftvolumenstrom) der Luftwechsel bezogen wird. Dies sollte eindeutig gekennzeichnet werden (z. B. $n_{ODA}$ , $n_{SUP}$ ) Der Luftwechsel $n$ stellt einen langjährigen Erfahrungs- und Orientierungswert dar. Er ist tabelliert z. B. in [25] und kann auszugsweise aus Tabelle 2.1-13 und Tabelle 2.1-14 entnommen werden.

**Tab. 2.1-13** Erfahrungswerte für den stündlichen Luftwechsel $n_{SUP}$ für verschiedene Raum- und Nutzungsarten

| **Raumart** | $n_{SUP}$ **in 1/h** | **Raumart** | $n_{SUP}$ **in 1/h** |
|---|---|---|---|
| Aborte | 6 ... 10 | Akkuräume | 4 ... 6 |
| Baderäume | 4 ... 6 | Beizereien | 5 ... 15 |
| Bibliotheken | 3 ... 5 | Brauseräume | 20 ... 30 |
| Büroräume | 3 ... 6 | Färbereien | 5 ...10 |
| Farbspritzräume | 20 ... 50 | Garagen | 4 ... 5 |
| Garderoben | 3 ... 6 | Gasträume | 5 ... 10 |
| Hörsäle | 8 ... 10 | Kantinen | 6 ... 8 |
| Kaufhäuser | 4 ... 6 | Kinos, Theater mit Rauchverbot | 4 ... 6 |

**Tab. 2.1-13** Erfahrungswerte für den stündlichen Luftwechsel $n_{SUP}$ für verschiedene Raum- und Nutzungsarten (Forts.)

| Raumart | $n_{SUP}$ in 1/h | Raumart | $n_{SUP}$ in 1/h |
|---|---|---|---|
| Küchen (Tabelle 2.1-2) | | Kinos, Theater ohne Rauchverbot | 5 ... 8 |
| Laboratorien | 12 ... 20 | Läden | 6 ... 8 |
| Operationsräume | 15 ... 20 | Plättereien | 8 ... 10 |
| Rechnerräume (EDV) | 60 ... 65 | Schulen | 3 ... 8 |
| Schwimmhallen | 3 ... 4 | Sitzungszimmer | 6 ... 8 |
| Speiseräume | 6 ... 8 | Toiletten | 4. ... 6 |
| Tresore | 3 ... 6 | Umkleideräume in Schwimmhallen | 6 ... 8 |
| Verkaufsräume | 4 ... 8 | Versammlungsräume | 5 ... 10 |
| Wäschereien | 10 ... 15 | Werkstätten ohne Luftverschmutzung | 3 ... 6 |

**Tab. 2.1-14** Luftwechsel $n_{SUP}$ für RLT-Anlagen von Küchen

| Küchenart | Raumhöhe in m | $n_{SUP}$ in 1/h |
|---|---|---|
| Kleinküchen für Wohnungen, Villen | 2,5 ... 3,5 | 25 ... 15 |
| mittelgroße Kochküchen für Gaststätten, Hotels, Kantinen | 3,0 ... 4,0<br>4,0 ... 6,0 | 30 ... 20<br>20 ... 15 |
| große Kochküchen für Krankenhäuser, für Kasernen | 3,0 ... 4,0<br>4,0 ... 6,0<br>über 6,0 | 30 ... 20<br>20 ... 15<br>12 ... 10 |
| Diätküchen | 3,0 ... 4,0<br>4,0 ... 6,0 | 20 ... 50<br>12 ... 10 |
| kalte Küchen | 3,0 ... 4,0<br>4,0 ... 6,0 | 8 ... 5<br>6 ... 4 |
| Backräume | 3,0 ... 4,0<br>4,0 ... 6,0 | 15 ... 8<br>6 ... 8 |
| Putzräume | - | 5 ... 8 |

***Zu beachten ist:*** Der Luftwechsel sollte nur zur Vorbemessung und nicht zur Planung und Auslegung von raumlufttechnischen Anlagen verwendet werden.

Für die überschlägige Ermittlung des Luftvolumenstroms zur Abschätzung planerischer Größen (wie z. B. Größe der RLT-Zentrale, Kostenschätzung) in der Vorentwurfsphase kann mit $n_{SUP} = 2$ 1/h gerechnet werden. Basis für diese Annahme ist, dass alle innenliegenden Räume größenordnungsmäßig mit diesem Luftwechsel beaufschlagt werden sollten.

# 2.2 Natürliche (Freie) Lüftungssysteme

## 2.2.1 Grundlagen

Die natürliche Lüftung – auch als „Freie Lüftung" bezeichnet – ist ein lüftungstechnisches Grundprinzip, das in vielfältiger Weise in der Natur vorkommt, wie z. B. die Belüftung des unterirdischen Baus eines Präriehunds oder die eines Termitenbaus. Dieses Wirkungsprinzip ist vom Menschen erkannt worden und kommt noch heute überwiegend in südlicheren Ländern, aber auch in Mitteleuropa beim Bau von Wohngebäuden und Gebäudekomplexen zur Anwendung.

Gegenwärtig gibt es wieder bemerkenswerte Bestrebungen aus ökologischen und ökonomischen Gründen, diese natürlichen Lüftungsprinzipien (s. Abbildung 2.2-1) unter Nutzung des vorhandenen technischen Potenzials anzuwenden. Dies setzt für die Planung (Vorentwurf, Entwurf) Kenntnisse zur „Freien Lüftung" voraus (s. a. [27], [28]). Dabei ist festzustellen, dass Unklarheiten über die Größe der zu erreichenden Druckdifferenzen bestehen und diese selten im Zusammenhang mit den Strömungsvorgängen in den Öffnungen (z. B. Fenster, Überström- bzw. Ein- und/oder Ausströmöffnung, den effektiven Lüftungsflächen und den Strömungsgeschwindigkeiten gesehen werden. Oft werden nur „Extremfälle für die Außenlufttemperatur $\theta_e$" (Sommer, Winter) dargestellt, jedoch oft kritische Bedingungen im „Übergangsbereich" und deren Häufigkeit kaum beachtet.

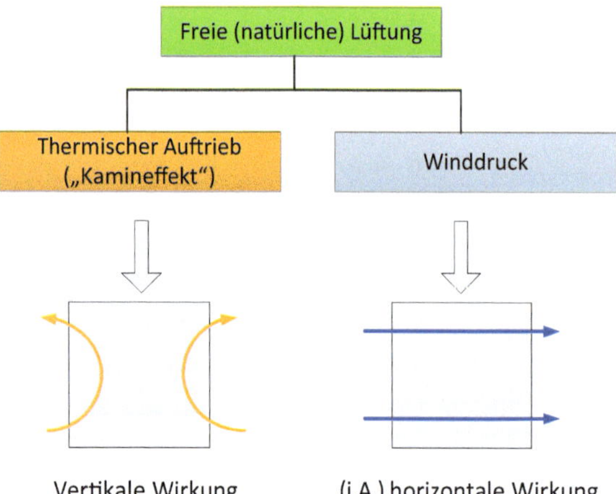


**Abb. 2.2-1** Komponenten der Freien (natürlichen) Lüftung

Bei den ***Freien Lüftungssystemen*** erfolgt die Förderung der Luft ausschließlich durch natürliche Druckunterschiede infolge

- von Temperaturdifferenzen (z. B. zwischen innen und außen): ***thermischer Auftrieb (Auftriebsströmung)***
- von Wind: ***Winddruck (Windströmung)*** (Luv, Lee).

### Thermischer Auftrieb

In erster Näherung ergibt sich die Druckdifferenz des Auftriebs aus

$$\Delta p_A = g \cdot \Delta\rho \cdot \Delta h \qquad \text{in (N/m}^2\text{, Pa bzw. bar),}$$

wobei gilt, dass die Dichte der „Feuchten Luft" umgekehrt proportional zur Temperatur ist.

$$\rho_L \approx 351/T$$

Dies bedeutet, dass mit steigender Temperatur die Dichte der Luft geringer wird und dass mit größerer Temperaturdifferenz ein größerer Dichteunterschied verbunden ist. Aus den thermodynamischen Gesetzmäßigkeiten der „Feuchten Luft" ergeben sich zwei Grundaussagen.

- Wärmere Luft ist leichter als kältere Luft, d. h., die Dichte der wärmeren Luft ist kleiner als die der kälteren Luft.
- Achtung: Bei gleicher Temperatur ist feuchtere Luft leichter als trockenere Luft, d. h., die Dichte der feuchteren Luft ist kleiner als die der trockeneren Luft.

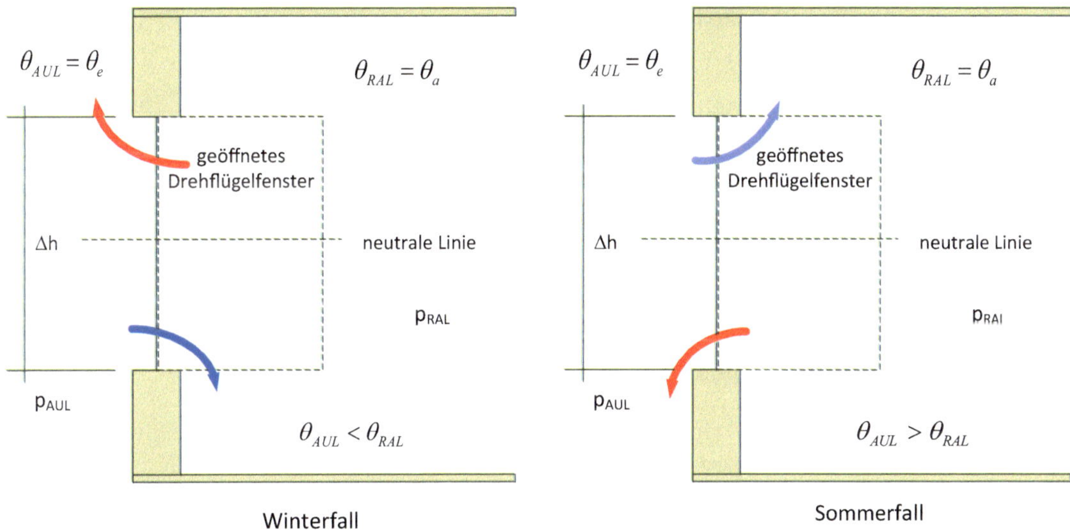


**Abb. 2.2-2** Strömungsverhältnisse bei einem ***voll geöffneten*** Fenster, wenn Raumlufttemperatur $\theta_a$ und Außenlufttemperatur $\theta_e$ unterschiedlich sind

Dichtedifferenzen und damit Druckdifferenzen entstehen im Allgemeinen durch Temperaturunterschiede z. B. zwischen

- der Raumluft und der Außenluft,
- benachbarten Räumen,
- Räumen und lüftungstechnischen Einrichtungen, wie Schächten, Kanälen,

- der Außenluft und lüftungstechnischen Einrichtungen (Kamineffekt) und
- in hohen Räumen durch die Änderung der Lufttemperatur in Abhängigkeit von der Raumhöhe.

Für die Darstellung der Druckverhältnisse wird im Allgemeinen davon ausgegangen, dass der Bezugsdruck im Raum konstant ist.

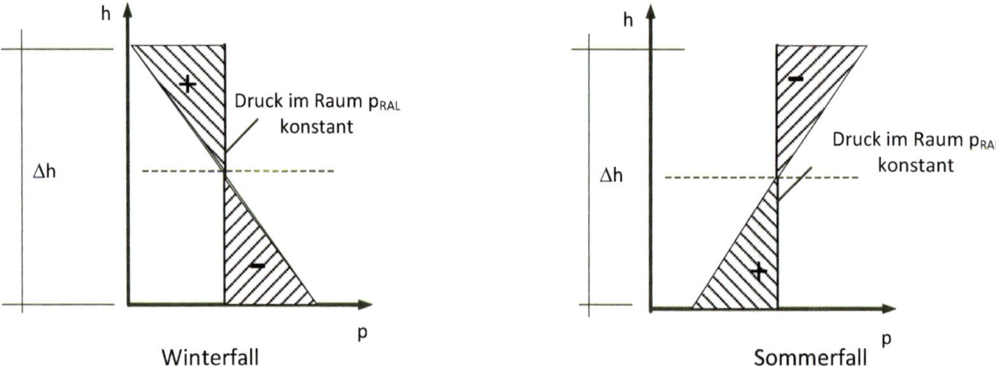


**Abb. 2.2-3** Druckverhältnisse an einem geöffneten Fenster, wenn der Druck im Raum als konstant angenommen wird

Der Luftaustausch ist dort am größten, wo

- die Druckdifferenz $\Delta p_A$ am größten ist, d. h. je weiter sich eine Öffnung von der „neutralen Linie" entfernt befindet.

Die Lage der neutralen Linie bzw. neutralen Fläche (NF) ist ausschließlich abhängig von

- der Anordnung,
- der Größe und
- der Form

der Bauwerksöffnung(en).

Abbildung 2.2-4 zeigt Beispiele für die Verteilung des thermischen Auftriebsdrucks in einem Raum und in der Kombination von Räumen nach [27].

***Zu beachten ist:*** Eine ***intensive*** Lüftung durch thermischen Auftrieb wird erreicht, wenn:

- das Gebäude bzw. die Öffnung möglichst hoch ist,
- die Zu- bzw. Abluftöffnung sich an der höchsten bzw. tiefsten möglichen Stelle befindet und
- der Strömungswiderstand von Zu- und Abluftöffnungen und der luftseitige Druckverlust im „Strömungskanal" möglichst gering sind.

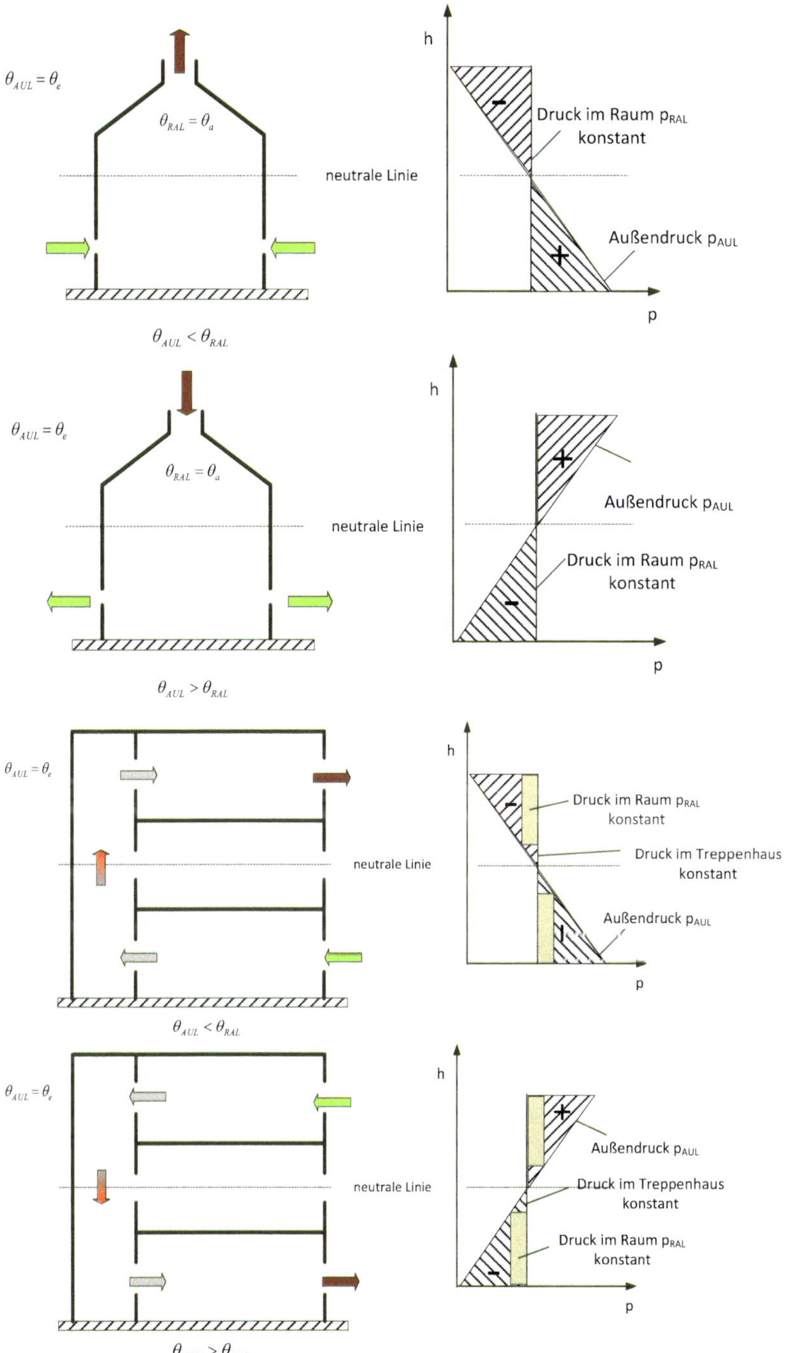


**Abb. 2.2-4** Verteilung des Auftriebsdrucks bei konstantem Druck in einem Bezugsraum, abhängig von der Temperaturdifferenz

Grundsätzlich ist die Summe der Zuluftvolumenströme $\sum q_{V,ZUL} \equiv \sum q_{V,SUP}$

gleich der Summe der Abluftvolumenströme $\sum q_{V,ABL} \equiv \sum q_{V,ETA}$:

$$\sum q_{V,ZUL} = \sum q_{V,ABL} \text{, d. h. } \sum_{i=1}^{n} \left(A_{k,ZUL} \cdot v_{ZUL}\right)_i = \sum_{i=1}^{n} \left(A_{k,ABL} \cdot v_{ABL}\right)_i$$

### Druckdifferenz

Im ***Winter*** ist die Temperaturdifferenz zwischen Innen- und Außenraum groß und der Auftriebsdruck beträgt größenordnungsmäßig:

$$\Delta p_A \approx (0{,}8 \ldots 1{,}7) \cdot \Delta h \qquad \text{in Pa}$$

Dagegen verringert sich die Temperaturdifferenz im ***Sommer***. Dies bedeutet, dass $\Delta p_A$ => Null geht bzw. sogar warme Luft aus den Außenraum in den kühleren Innenraum strömen kann.

Deshalb erfordert die Nutzung und Anwendung des thermischen Auftriebs insbesondere unter sommerlichen Bedingungen (s. a. Kapitel 2.2.6 Beispiel 2.2-2)

- eine Erhöhung der Temperatur an einer Stelle im Raum, z. B. durch Schaffung bzw. Anordnung zusätzlicher Wärmequellen $\Phi$.

Die zusätzliche Wärmequelle $\Phi$ kann eine Kühllast durch Sonnenstrahlung $\Phi_S$ und/oder eine nutzungsbedingte innere Kühllast $\Phi_N$ sein.

Die ***Wirkung der Wärmequellen*** ist dann besonders günstig, wenn sie unter der Abströmfläche bzw. der Abströmöffnung angeordnet wird (s. a. Kapitel 2.2.4).

Die Wärmequelle ist auf eine kleine Fläche zu konzentrieren, damit so erwärmte Luft ohne maßgebliche Beeinflussung der Raumlufttemperatur abgeführt werden kann.

In Abhängigkeit von der mittleren Kühllast $\Phi_{N,m}$ ,der Temperaturdifferenz $\theta_a - \theta_e$ und der Höhe $\Delta h$ kann u. a. nach [28] und [12] die erforderliche „freie Lüftungsfläche“ $A_k$ bestimmt werden.

### Winddruck

Wird ein Gebäude durch Wind angeströmt, so bildet sich

- auf der Anströmseite (Luvseite) ***Überdruck (+)*** und
- auf der Abströmseite (Leeseite) ***Unterdruck (-)***

aus.

Daraus resultiert sowohl eine „Querlüftung“ als auch „Überecklüftung“ in einem Gebäude. Bei senkrechter Anströmung eines Gebäudes besteht an den Gebäudeflächen parallel zur Windrichtung ebenfalls ein Unterdruck. Abbildung 2.2-5 zeigt schematisch die Umströmung eines Gebäudes.

Der Widerstand, der bei der Gebäudeumströmung auftritt, wird durch einen Druckbeiwert $\varsigma$ (Gesamtdruckverlustbeiwert) beschrieben. Größenordnungsmäßig kann von

- Luvseite: $\varsigma_{LUV} = 0{,}8 \dots 1{,}0$
- Leeseite: $\varsigma_{LEE} = 0{,}05 \dots 0{,}25$

ausgegangen werden.

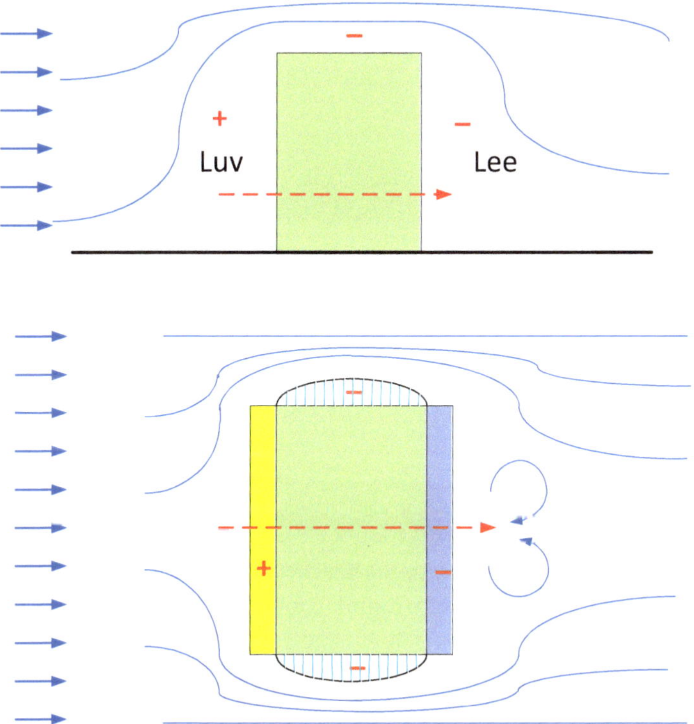


**Abb. 2.2-5** Umströmung eines Gebäudes im Seiten- und im Grundriss

Die Ermittlung der Druckbeiwerte $\varsigma$ für konkrete Objekte und die sich einstellenden Anström- und Umströmungssituationen können nur unter Beachtung einer Vielzahl von möglichen Einflusskomponenten, wie z. B.

- Lage und Form des Gebäudes,
- Einordnung zu umliegenden Hindernissen (Gebäude, Großgrün) und
- Windgeschwindigkeit und -richtung

experimentell in Strömungs- oder Windkanälen erfolgen. Die Übertragbarkeit der Ergebnisse auf andere ähnliche Objekte durch Analogiebeziehungen ist kaum gegeben.

Der ***Winddruck*** $\Delta p_{Wind}$ ergibt sich zu:

$$\Delta p_{Wind} = p_{LUV} - p_{LEE} \approx (0{,}8\ldots1{,}2)\cdot(\rho_L / 2)\cdot v_{Wind}^2 \qquad \text{in Pa}$$

Im europäischen Binnentiefland liegt die Windgeschwindigkeit zwischen $v_{Wind}$ = 0 ... 20 m/s, im Jahresmittel ist $v_{Wind}$ = 3 ... 4 m/s. Bei einem freistehenden Gebäude kann deshalb mit $\Delta p_{Wind} \approx$ 4 bis 12 Pa gerechnet werden.

***Zu beachten ist:*** Der Winddruck überlagert den durch den thermischen Auftrieb verursachten Druck, d. h.,

- auf der Luvseite verschiebt er die neutrale Linie nach oben und verstärkt im unteren Teil des Gebäudes die Luftzufuhr und
- auf der Leeseite verschiebt er die neutrale Linie nach unten und verstärkt im oberen Teil des Gebäudes die Luftabfuhr.

***Zu beachten ist:*** Die Lüftung durch Winddruck

- ist kaum determinierbar, da Windrichtung und Windgeschwindigkeit sehr variabel und nicht vorhersagbar sind,
- muss den Lüftungseffekt unterstützen und darf den thermischen Auftrieb nicht behindern,
- kann nur zur Unterstützung des thermischen Auftriebes herangezogen werden und
- ist für die Bemessung der „Freien Lüftung" **nicht** mit einzubeziehen.

## 2.2.2 Fugenlüftung

Die Fugenlüftung eines Raums wird dadurch hervorgerufen, dass Luft durch Undichtheiten in der Gebäudehülle in den Raum eindringt. Voraussetzung für diese Lüftung ist ein Druckunterschied zwischen innen und außen, der einerseits durch Temperaturunterschiede und andererseits durch Wind zwischen Luv- und Lee-Seite des Gebäudes hervorgerufen wird. Ist die Temperatur im Rauminnern höher als außen, wie es in geheizten Räumen im Winter der Fall ist, entsteht infolge der Dichteunterschiede der warmen und kalten Luft eine Druckverteilung an der Außenwand (s. a. Abbildung 2.2-6) Danach entsteht im Raum oben ein geringer Unterdruck und unten ein geringer Überdruck gegenüber der Raumluft, sodass sich bei Öffnungen in der Wand eine Luftströmung ausbildet . Sind die Höhenunterschiede zwischen zwei Öffnungen, z. B. in einem Treppenhaus oder einem Fahrstuhlschacht, sehr groß, ergeben sich daraus größere Druckdifferenzen (s. a. Abbildung 2.2-7), die dann erhebliche Luftströmungen hervorrufen.

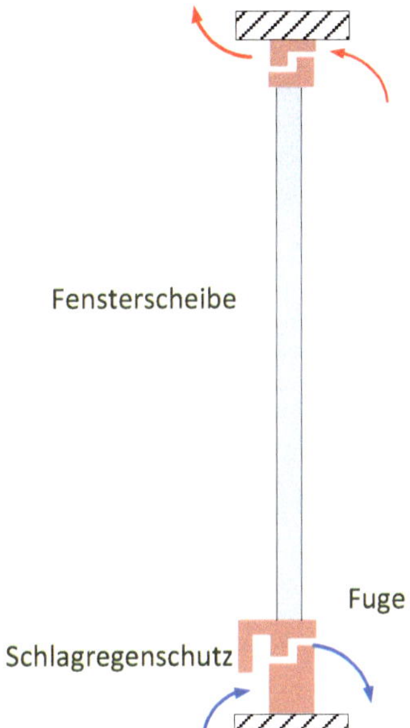


**Abb. 2.2-6**
Fugenlüftung über Fensterfugen (Winterfall)

Die Aufgabe der Fuge ist aus Abbildung 2.2-7 ersichtlich. Der Widerstand der Fensterfuge wird durch den Fugendurchlasskoeffzienten $a$ der jeweiligen Fensterkonstruktion und die Fugenlänge $l$ charakterisiert.

Der Luftvolumenstrom durch Fugenlüftung ergibt sich zu:

$$q_{V,AUL} = a \cdot l \cdot \Delta p^{\frac{2}{3}} \text{ im m}^3\text{/h}$$

Bei Windbeaufschlagung kann der Luftvolumenstrom näherungsweise mit

$$q_{V,AUL} = V \cdot n_{50} \cdot e_{Wind}$$

bestimmt werden, wobei V das Raumvolumen, $n_{50}$ der Luftwechsel bei einer Druckdifferenz von 50 Pa und $e_{Wind}$ ein Windschutzkoeffizient ist (s. a. Tabelle 2.2-1).

**Tab. 2.2-1** Windschutzkoeffizient $e_{Wind}$

| Lage | Windschutzkoeffizient $e_{Wind}$ | |
|---|---|---|
| | mehr als eine dem Wind ausgesetzte Fassade | eine dem Wind ausgesetzte Fassade |
| Freie Lage | 0,10 | 0,03 |
| Halbfreie Lage | 0,07 | 0,02 |
| Geschützte Lage | 0,04 | 0,01 |

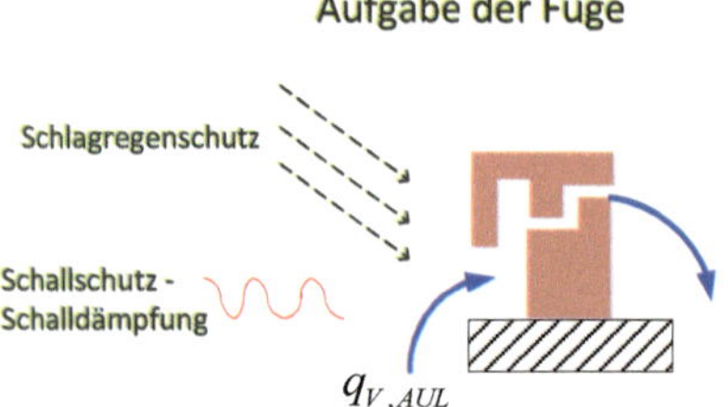


**Abb. 2.2-7** Funktion der Fensterfuge

Die heute durch die Energieeinsparverordnung vorangetriebene dichte Bauweise bewirkt, dass der Luftwechsel infolge der Fugenlüftung durch entsprechende Dichtungsmaßnahmen in der Fuge sehr klein (s. a. Abbildung 2.2-8) ist.

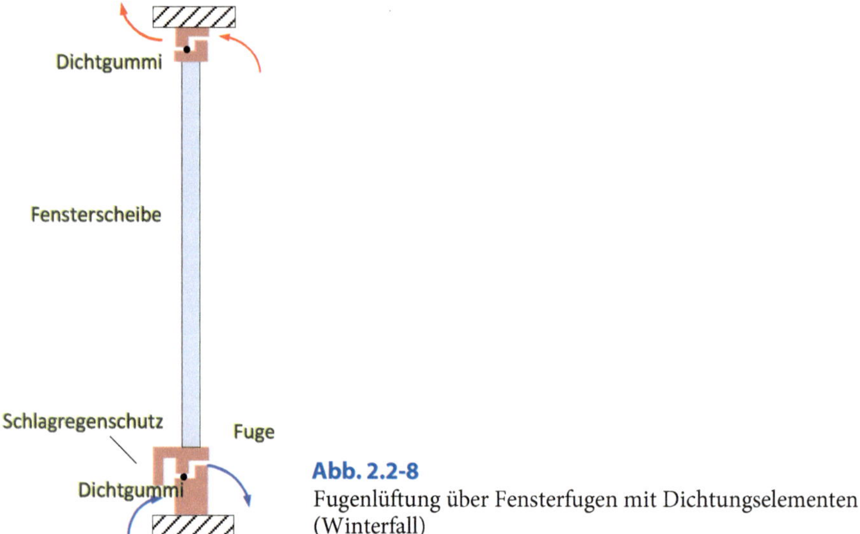


**Abb. 2.2-8**
Fugenlüftung über Fensterfugen mit Dichtungselementen (Winterfall)

Aufgrund dessen ist Außenluftwechsel $n_{AUL}$ bei Neubauten kleiner als 0,05 ... 0,1 $h^{-1}$ und damit die Fugenlüftung für die Belüftung von modernen Gebäuden somit unbedeutend. Für den notwendigen Außenluftwechsel ist deshalb ein Außenluftdurchlasselement (ALD; s. a. Abbildung 2.2-9 und Abbildung 2.2-10) oder eine Fensterlüftung oder eine mechanische Lüftung erforderlich.

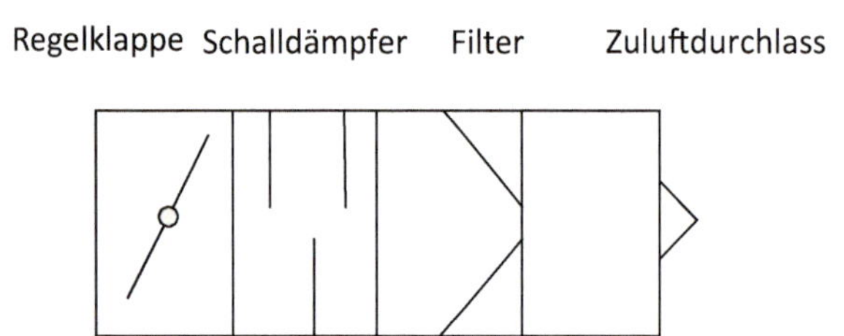


**Abb. 2.2-9** Bestandteile eines Außenluftdurchlasselements (ALD)

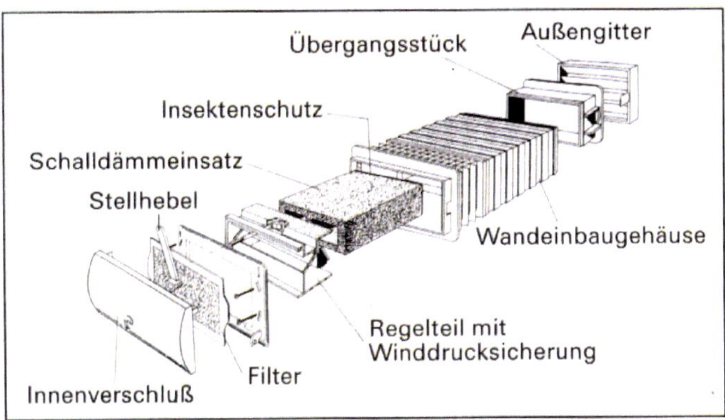


**Abb. 2.2-10** Außenluftdurchlasselement

Die Außenluftdurchlasselemente sollten möglichst im Sockelbereich oberhalb des Heizkörpers angeordnet werden (s. a. Abbildung 2.2-11). Eine Anordnung im Kämpfer des Fensters birgt folgen Probleme in sich:

- keine Filterung
- begrenzte Regelung der Luftzufuhr
- Kaltluftdurchfall
- Wärmebrücke

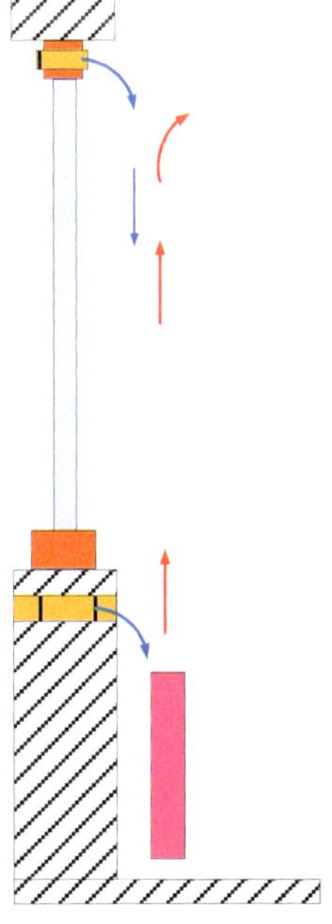

**Abb. 2.2-11** Anordnung des Außenluftdurchlasselements

Bei der Anordnung über dem Heizkörper sind die Aspekte zu beachten:

- Reinigung Filter
- begrenzte Regelung der Luftzufuhr durch den Nutzer
- Wärmebrücke

### 2.2.3 Fensterlüftung

Die Fensterlüftung ist die übliche Form der „Freien Lüftung“. Sie beruht auf Temperatur- und Druckdifferenzen zwischen den Raumbedingungen und den äußeren Bedingungen. Die ***Abkühlung*** eines Raums durch eine freie Lüftung erfordert immer, dass die Raumlufttemperatur $\theta_a$ größer ist als die Außenlufttemperatur $\theta_e$ :

$$\theta_a > \theta_e$$

***Zu beachten ist:*** Die Wirksamkeit der Fensterlüftung wird vor allem bestimmt durch

- die Fensterform und deren Lüftungseffektivität $\Psi^2$ (Tabelle 2.2-2),
- den effektiven freien Querschnitt $A_k$ und
- die Höhe des Fensters $H_w$ ($H_F$) bzw. Höhendifferenz zwischen zwei Lüftungsöffnungen $\Delta h$

Aus der Lüftungseffektivität kann abgeleitet werden, welcher Anteil der konstruktiven Fläche als Lüftungsfläche bei geöffnetem Fenster wirksam werden kann.

Einsatzgrenzen und Vor- und Nachteile der Fensterlüftung weist Tabelle 2.2-4 aus.

**Tab. 2.2-2** Fensterform und deren Lüftungseffektivität $\Psi^2$ nach [12] bzw. [29]

| Fensterform | $\Psi^2$ |
|---|---|
| Drehflügel | 1,0 |
| Wendeflügel | 1,0 |
| Kippflügel | 0,20 |
| Klappflügel | 0,20 |
| Schwingflügel | 0,36 |
| Kippflügel in 2 Ebenen, $\Delta h$ > 3 Kippflügelhöhe | 1,0 |

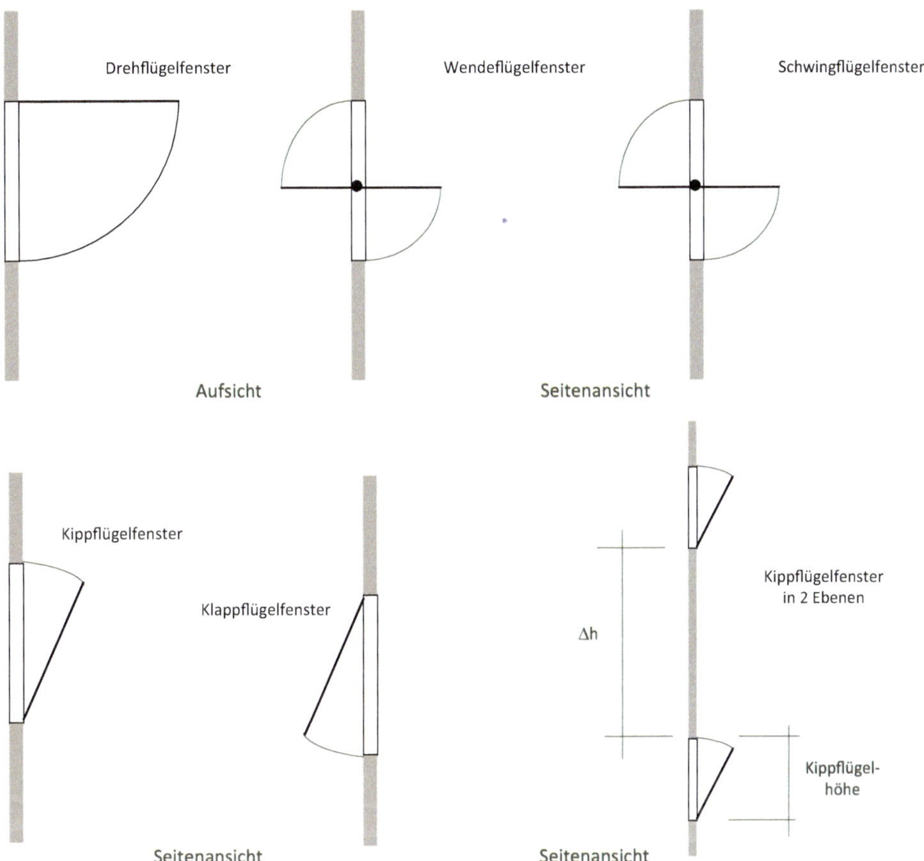


**Abb. 2.2-12** Fensterformen

In [45] werden als Orientierung für den möglichen Außenluftwechsel die in Tabelle 2.2-3 ausgewiesenen Werte in Ansatz gebracht.

**Tab. 2.2-3** Richtwerte für Luftwechsel bei Fensterlüftung nach [45]

| **Fensterstellung** | $n$<br>**in 1/h** |
|---|---|
| geschlossen | 0 … 0,5 |
| gekippt | 0,5 ... 3 |
| halb geöffnet | 3 … 8 |
| ganz geöffnet | 6 … 15 |
| gegenüberliegende Fenster ganz geöffnet | 25 … 40 |

Kippflügelfenster sollten sowohl unter dem Aspekt der Lüftung als auch des baulichen Feuchteschutzes möglichst in ihrer Anwendung vermieden werden.

Nachteile des Kippflügelfensters (Abbildung 2.2-14) sind u. a.:

- geringe freie Lüftungsfläche
- erhöhter Strömungswiderstand
- Auskühlen des Fenstergewands im Winter – Gefahr von Schimmelbildung
- geringer Impuls für Raumdurchspülung

Eindrucksvoll weist ein Vergleich von Kipp- und Drehflügelfenstern [45] (s. Abbildungen 2.2-15 bis 2.2-18) bezüglich des zu erreichenden Lüftungs-Außenluftvolumenstroms auf die Vorteile des Drehflügelfensters hin.

***Zu beachten ist:***
Fenster sollten möglichst hoch und schmal sein (auch von Vorteil bei der Kühllast durch Strahlung $\Phi_S$) und der höhenmäßige Abstand zwischen zwei Lüftungsöffnungen sollte ebenfalls so groß wie möglich sein (s. a. Abbildung 2.2-13).

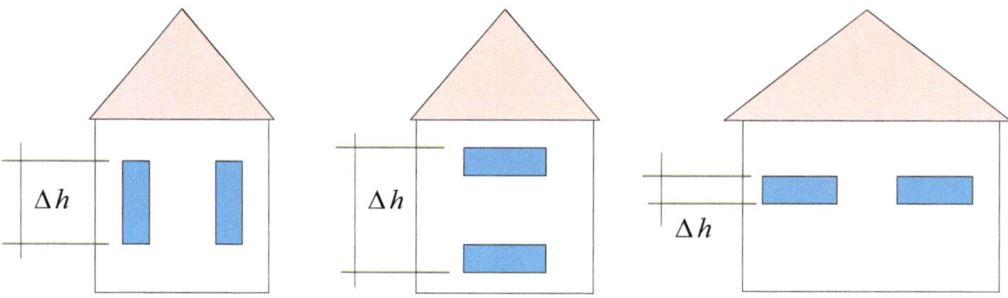


**Abb. 2.2-13** Bauliche Anordnung von Fenstern [45]

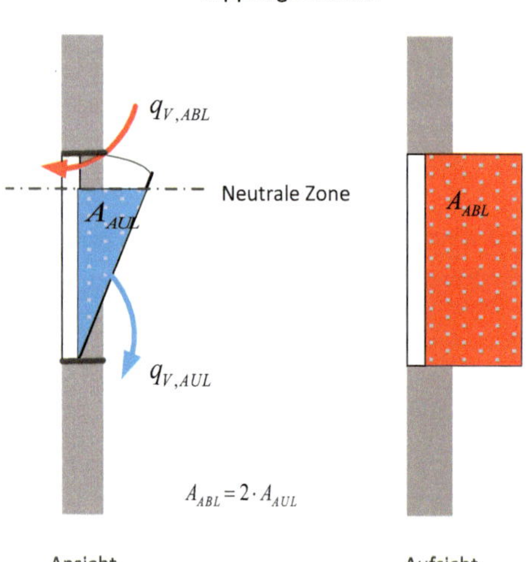


**Abb. 2.2-14** Lüftungsflächen bei Kippflügelfenstern

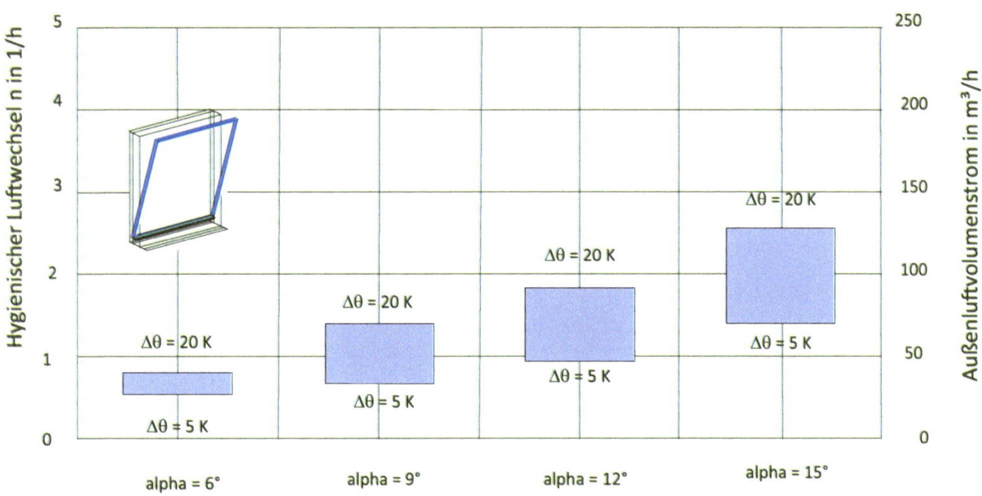


**Abb. 2.2-15** Hygienischer Luftwechsel bei Kippflügelfenstern (Kurzzeitlüftung)

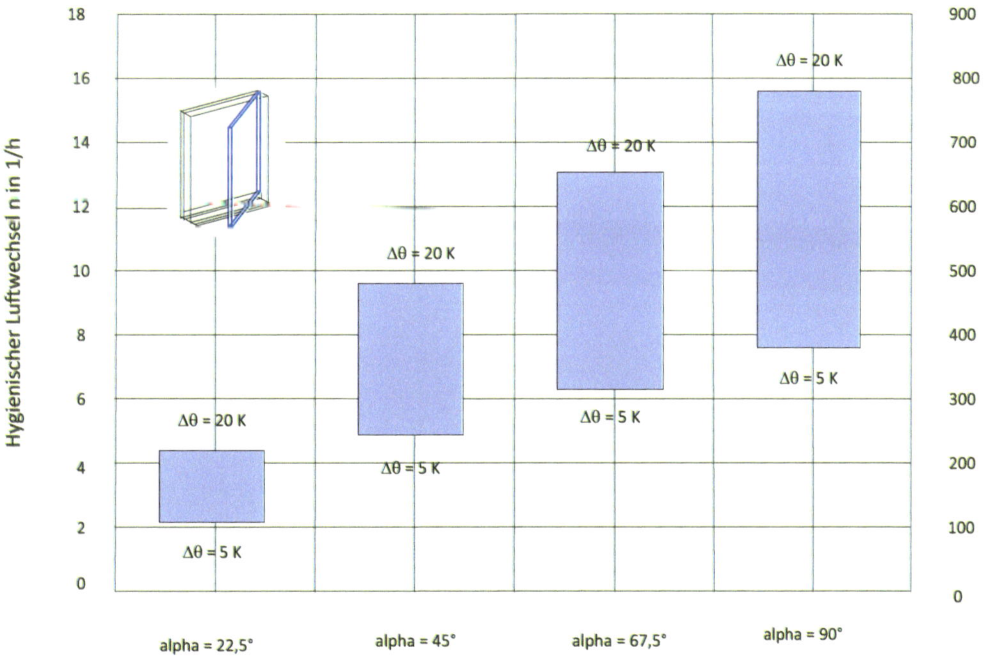


**Abb. 2.2-16** Hygienischer Luftwechsel bei Drehflügelfenstern (Kurzzeitlüftung)

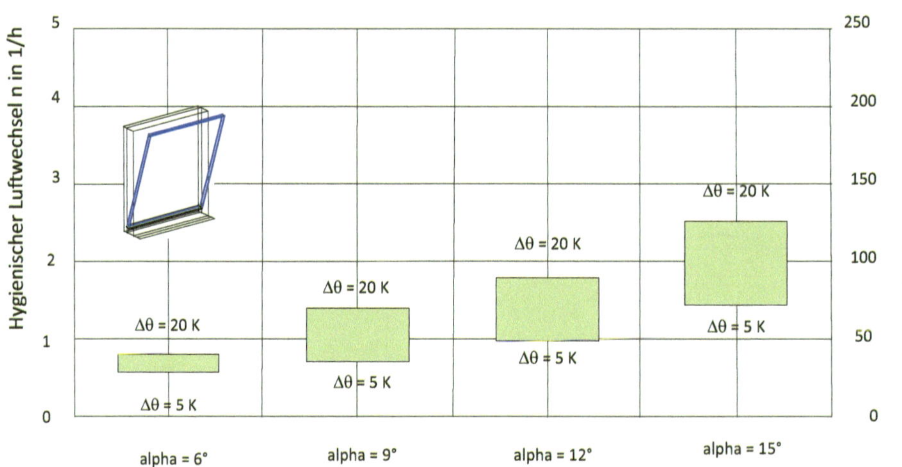


**Abb. 2.2-17** Hygienischer Luftwechsel bei Kippflügelfenstern (Langzeitlüftung)

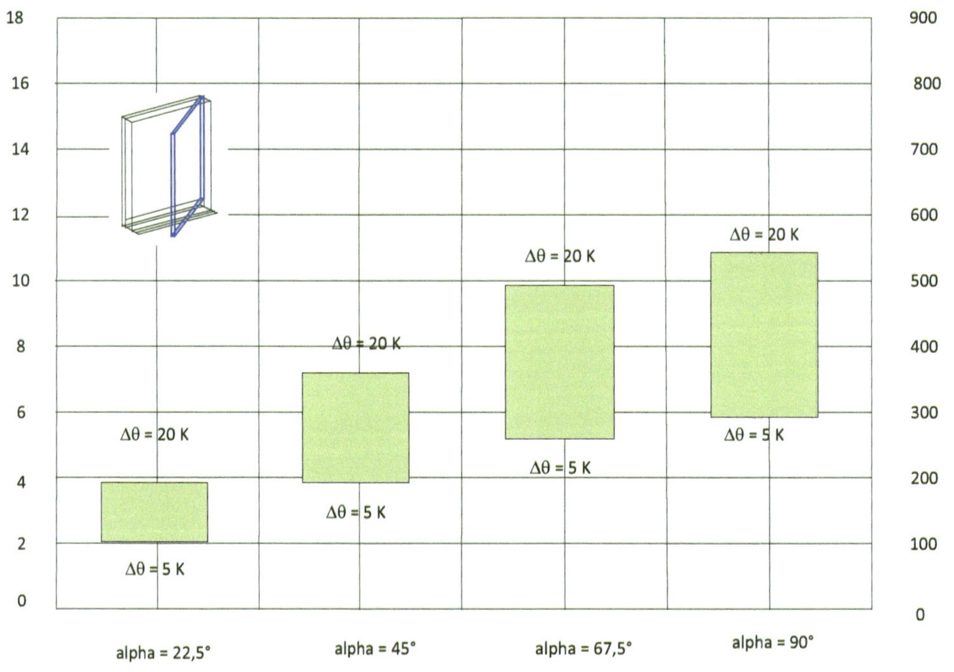


**Abb. 2.2-18** Hygienischer Luftwechsel bei Drehflügelfenstern (Langzeitlüftung)

Der Wirkungsbereich der Fensterlüftung ist aus Abbildung 2.2-19 erkennbar. Er wird primär bestimmt durch die Lüftungseffektivität der Fensterkonstruktion, die aus der vorhandenen Druckdifferenz resultierenden Zuluftgeschwindigkeit $v_{O,ZUL} = v_{O,SUP}$ und den sich daraus ergebenden Zuluftimpuls $I_O$. Der Primärwirbel hat eine elliptische Form, der Sekundärwirbel und folgende Wirbel haben Kreisform.

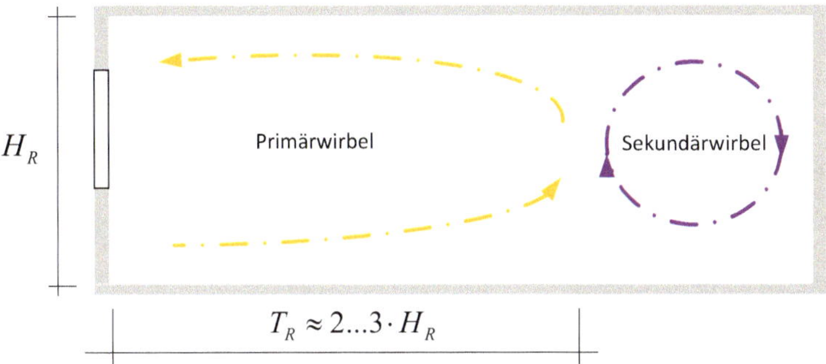


**Abb. 2.2-19** Schematische Darstellung für Raumdurchspülung, wenn $\theta_a > \theta_e$

**Tab. 2.2-4** Einsatzgrenzen, Vor- und Nachteile der Fensterlüftung

| Einsatzgrenzen | Vorteile | Nachteile |
|---|---|---|
| ▪ keine äußere Schadstoffbelastung<br>▪ nur zulässig, wenn der Schallpegel im Innenraum durch den Schallpegel im Außenraum nicht unzulässig erhöht wird (Richtwert: Schallpegel innen:<br>▪ ca. 10 dB(A) niedriger als Schallpegel außen)<br>▪ $\theta_a < \theta_e$ ==> Kühlung des Raums<br>▪ $\theta_a > \theta_e$ ==> Erwärmung des Raums<br>▪ Vorliegen entsprechender Druckverhältnisse am und im Gebäude<br>▪ öffenbares Fensterelement<br>▪ ausreichende Fensterhöhe | ▪ flexibel und wechselnden Anforderungen gut anpassbar<br>▪ energiewirtschaftlich dort günstig, wo kurzzeitig große Luftvolumenströme benötigt werden und in der übrigen Zeit kleine Luftvolumenströme erforderlich sind<br>▪ keine Investitions- und Betriebskosten für RLT-Anlagen | ▪ im fensternahen Bereich können Zugerscheinungen (besonders im Winter) auftreten<br>▪ Energierückgewinnung ist nicht möglich<br>▪ stark individuell geprägt durch die Nutzer |

Es werden zwei Lüftungsarten unterschieden: ***einseitige Lüftung und Querlüftung***

| einseitige Lüftung: | ***intensive Durchlüftung*** ist möglich bei:<br>▪ Raumtiefe $T_R \leq (2...3)\ H_R$<br>***eingeschränkte Durchlüftung*** (Sekundärbereich) auf ca. 60 bis 70 % bei<br>▪ Raumtiefe $T_R > 3\ H_R$ |
|---|---|
| Querlüftung: | ***Querlüftung/(Übereckl üftung)***<br>Fenster in gegenüberliegenden oder orthogonal angeordneten Außenwänden<br>Der Raum wird annähernd vollständig durchspült. |

Ein weiteres zu beachtendes Bewertungskriterium ist die Andauer der Lüftung (Öffnungszeit des Fensters $t_{Öffn}$). Unterschieden werden

- ***Dauerlüftung*** oder
- ***unterbrochene Lüftung***.

Der oft in mietvertraglichen Unterlagen verwendete Begriff ***„ausreichende Lüftung“*** ist nicht quantifizierbar. Für die Bemessung der notwendigen Lüftungsfläche bzw. des erforderlichen Luftvolumenstroms können die Diagramme und Grenzwerte nach [28] bzw. [29] genutzt werden.

Für Überschlagsrechnungen finden sich in Tabelle 2.2-6 Orientierungswerte für die erforderliche effektive Lüftungsfläche bei unterbrochener Lüftung.

***Zu beachten ist:***

- Die Lüftungsfläche $A_k$ muss mit der erforderlichen Fensterfläche $A_W$ nach der Bemessung für den sommerlichen Wärmeschutz korrelieren (s. a. Kapitel 1.4.4).
- Sind größere Lüftungsflächen erforderlich, als nach den Bemessungsvorschriften für den sommerlichen Wärmeschutz zulässig, so ist eine mechanische Lüftung (Zwangslüftung) erforderlich.

## 2.2.4 Schachtlüftung

Räume können unter Beachtung der brandschutztechnischen Regelungen (allgemein [30] bzw. der jeweiligen länderspezifischen Regelungen) durch freie Schachtlüftung gelüftet werden (Abbildung 2.2-20). Diese Lüftungsform ist besonders in den Anfangsjahren des 20. Jahrhunderts zur Anwendung gekommen und findet unter dem Aspekt der Minimierung des technischen Aufwands für die Lüftung in modifizierter Form Anwendung (s. a. Kapitel 2.2.6).

**Tab. 2.2-5** Dauerlüftung – unterbrochene Lüftung

| Lüftung | gekennzeichnet durch: | Einflussgrößen auf die Effizienz |
|---|---|---|
| Dauerlüftung | die Fenster sind während der gesamten Nutzungszeit des Raums geöffnet | ▪ Lüftungsfläche/ Fensterform ( $\psi^2$ )<br>▪ Druckdifferenzen ( $\Delta p$ )<br>▪ Fensterhöhe (bzw. $\Delta h$ )<br>▪ innere Kühllasten ( $\Phi_{N,m}$ ) |
| unterbrochene Lüftung | mehrmaliges kurzzeitiges Öffnen des Fensters (15 bis 25 % der Nutzungszeit) | ▪ Lüftungsfläche/Fensterform ( $\psi^2$ )<br>▪ Druckdifferenzen ( $\Delta p$ )<br>▪ Fensterhöhe (bzw. $\Delta h$ )<br>▪ innere Kühllasten ( $\Phi_{N,m}$ )<br>▪ Speicherverhalten der Raumumschliessungskonstruktion<br>▪ Öffnungszeit $t_{Öffn}$ |

**Tab. 2.2-6** Orientierungswerte für die notwendige erforderliche effektive Lüftungsfläche $A_k$ nach [29]

| | | $A_k / V_R$ in $m^2/m^3{}_{Raumvolumen}$ |
|---|---|---|
| Produktionsräume | einseitige Lüftung | $\geq 0{,}02$ |
| | Querlüftung | $\geq 0{,}01$ |
| | | $A_k / n_P$ in $m^2$/Person |
| Räume, deren Luftbedarf nahezu vollständig durch Menschen ( $n_P$ ) bestimmt wird (z. B. Büroräume, Lesesäle, Speisesäle) | einseitige Lüftung | $\geq 0{,}10$ |
| | Querlüftung | $\geq 0{,}05$ |

***Zu beachten ist:*** Die Schachtlüftung ist wirkungslos,

- wenn die Bauwerkstemperatur bzw. die Raumlufttemperatur $\theta_u$ kleiner als die Außenlufttemperatur $\theta_e$ ist und
- wenn Windstille herrscht.
- Anwendung nur, wenn kurzzeitige Unterbrechungen der Lüftung zulässig sind.

Die Tabelle 2.2-7 enthält allgemeine Forderungen für die Ausbildung des Schachts und die Anordnung der Mündung des Schachts. Durch die Gewährleistung der baulichen Randbedingungen nach Tabelle 2.2-7 und Abbildung 2.2-21 wird erreicht, dass

- die Mündung des Sammelschachts in der freien Windströmung liegt und durch den Wind die Saugwirkung erhöht wird und
- die Abgase mit den entstandenen Wirbeln, die sich hinter Strömungshindernissen abbilden, zwar in die bodennahe Strömung gelangen, aber nicht in den möglichen Aufenthaltsbereich des Menschen kommen.

**Tab. 2.2-7** Bauliche Hinweise für die Freie Schachtlüftung

| | |
|---|---|
| Sammelschacht | ▪ lotrecht<br>▪ gleicher Querschnitt<br>▪ über Dach |
| Anordnung der Mündung | ▪ in der freien Windströmung<br>▪ nahe an der Traufkante (Abstand: $a \leq 10$ m);<br>(s. a. Abbildung 2.2-21)<br>▪ Die Höhe der Mündung muss betragen: $h'_S \geq a$<br>(s. a. Abbildung 2.2-21)<br><br>Bei Gebäuden, deren Breite $2 \cdot a \geq 20\,m$ ist, ist $a$ der Abstand zu der am weitesten entfernten Traufkante. |
| Einfluss von benachbarten Gebäuden | Beträgt der Abstand zwischen den Gebäuden $\leq 6 \cdot \Delta h$, so sind die Bedingungen nach Abbildung 2.2-21 einzuhalten. |

Der erforderliche Schachtquerschnitt ergibt sich zu

$$A_{Schacht} = q_V / v \quad \text{in m}^2$$

mit: $v$ Geschwindigkeit im Schacht in m/s (überschlägig nach Abbildung 2.2-22)

$q_V$ abzuführender Luftvolumenstrom, ergibt sich aus der abzuführender Belastung (Wärme- oder Schadstofflast) bzw. dem Luftwechsel $n$ des zu belüftenden Raums.

Die Unterdruckwirkung an der Schachtmündung kann verstärkt werden durch bauliche Lüftungsaufsätze, z. B. die „Meidinger Scheibe“ (Abbildung 2.2-23).

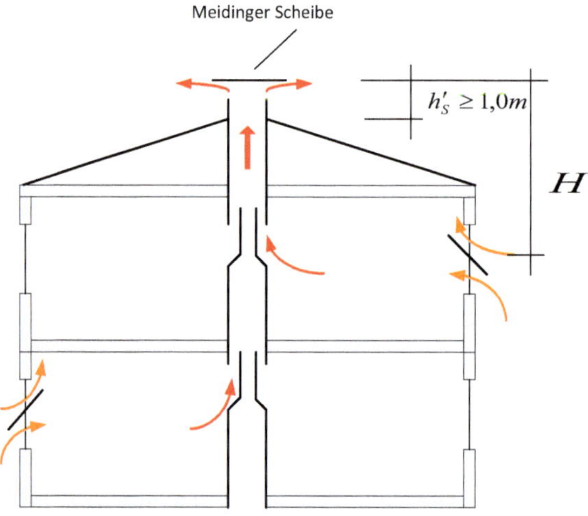


**Abb. 2.2-20** Schema der Schachtlüftung

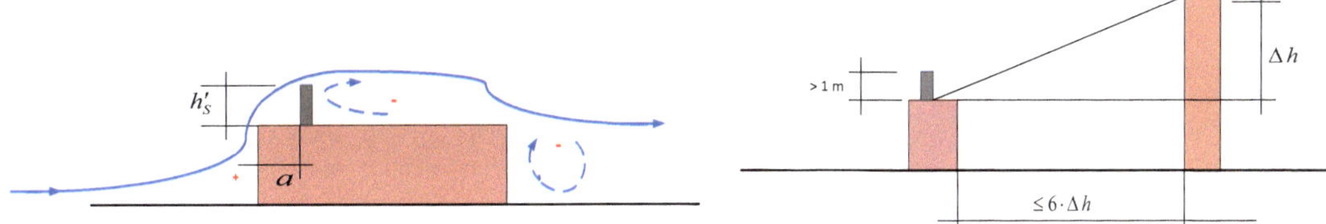


**a** erforderliche Höhe $h'_S$ von Lüftungsschächten bei Flachdächern

**b** erforderliche Höhe $\Delta h$ von Lüftungsschächten auf niedrigen Gebäuden, die sich in der Nähe höherer Gebäude befinden

**Abb. 2.2-21** Maßskizze für die Anordnung von Lüftungsschächten

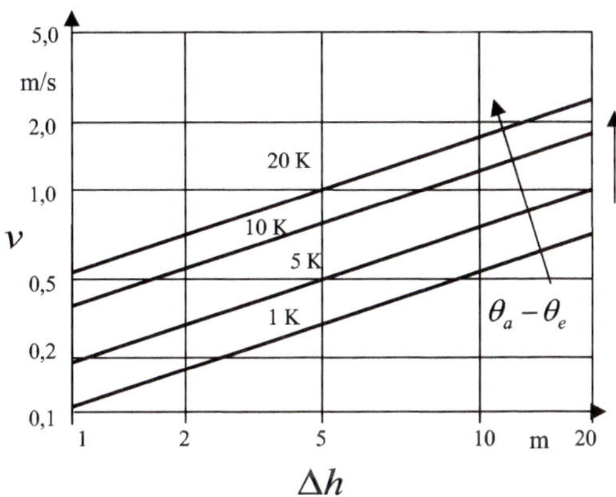


**Abb. 2.2-22** Luftgeschwindigkeit $v$ in Lüftungsschächten in Abhängigkeit von der wirksamen Höhe $\Delta h$ und der Temperaturdifferenz $\theta_a - \theta_e$ nach [28]

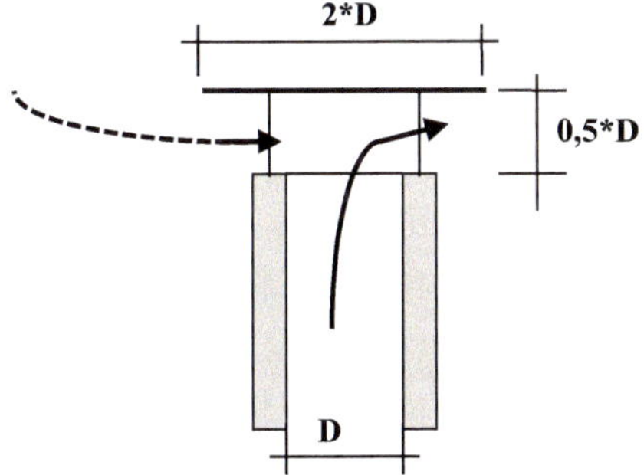


**Abb. 2.2-23** Prinzipskizze „Meidinger Scheibe“

### 2.2.5 Dachaufsatzlüftung

Die Dachaufsatzlüftung hat sich im Allgemeinen in industriell genutzten Gebäuden mit großen inneren Kühllasten $\Phi_N$, aber auch in großen verglasten Hallenkonstruktionen unter sommerlichen Bedingungen durchgesetzt ([27], [29]). Der Dachaufsatz ist dabei die Abluftöffnung. Die Zuluft wird über regelbare Öffnungen in der Außenwand (z. B. Fenster, Jalousienklappen) zuströmen (Abbildung 2.2-24). Gegen negativ wirkende Windeinflüsse sollten Windabweiser am Dachaufsatz angeordnet werden.

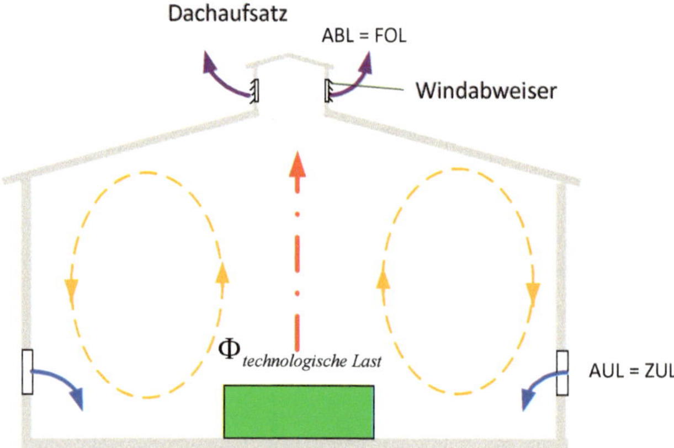


**Abb. 2.2-24** Prinzipskizze einer Dachaufsatzlüftung

Unter winterlichen Bedingungen ist der durch die Druckdifferenz geförderte Luftvolumenstrom durch Veränderung des Querschnitts der Lüftungsfläche zu reduzieren, um

- Zugerscheinungen und
- Durchfallen von ***Kaltluftsträhnen***

zu vermeiden.

Bei den Zuluftöffnungen ist darauf zu achten, dass sie sich durch eine ausreichende effektive Fläche $A_k$ und einen geringen Strömungswiderstand auszeichnen.

Die Abbildung 2.2-25 zeigt Varianten der Dachaufsatzlüftung. Bei Flachbauten werden kurze Luftschächte mit Aufsätzen verwendet. Um den Luftwechsel zu regulieren, müssen alle Schächte mit einer Stellklappe und Stellvorrichtung versehen sein (s. a. Abbildung 2.2-26 bis 2.2-28). Die Zahl und Größe der Schächte richtet sich nach dem erforderlichen Luftwechsel. Bei guter Instandhaltung der Stellvorrichtungen stellen diese Dachaufsätze eine einfache und billige Lüftungsmethode dar.

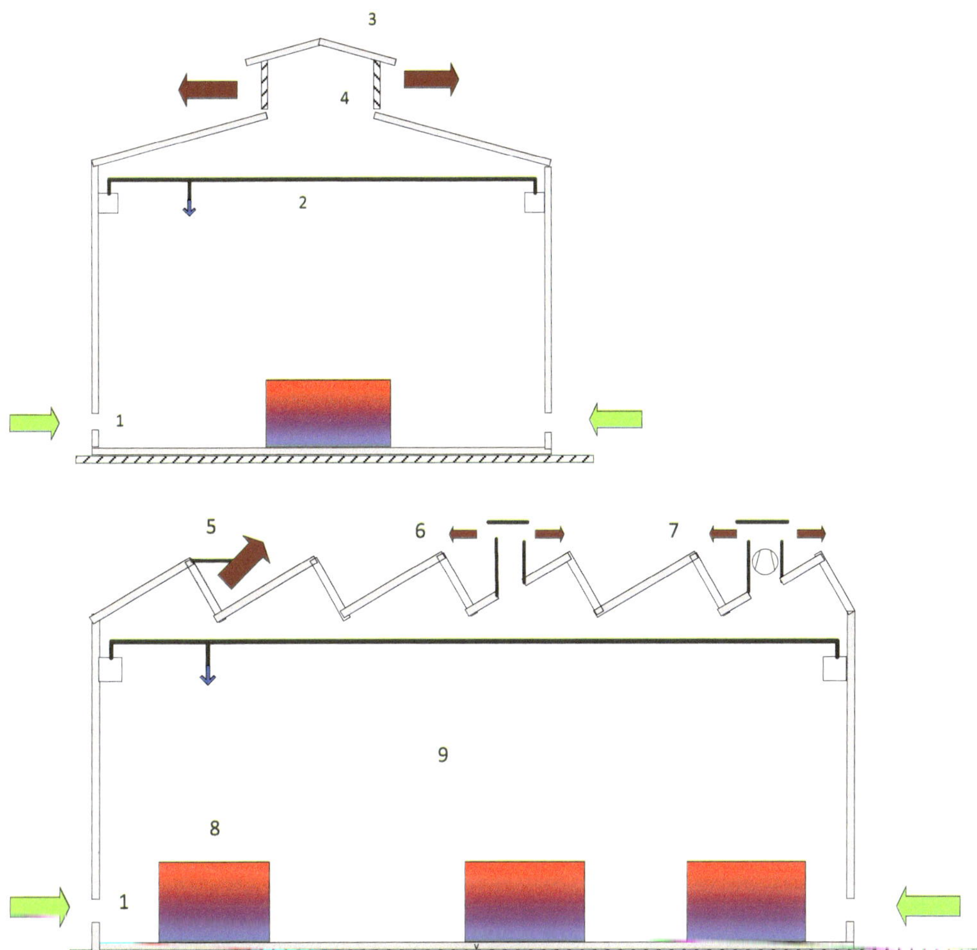


1 Zuluftdurchlass 2 Kranbahn 3 Dachaufsatz 4 Fortluftdurchlass mit Windabweiser 5 öffenbares Kippfenster 6 Abluftschornstein mit Meidinger Scheibe 7 Abluftschornstein mit Abluftventilator 8 Wärmequelle 9 Halle mit Sheddach

**Abb. 2.2-25** Varianten der Dachaufsatzlüftung

Bei Hallenbauten ist die Verwendung von Dachreitern verbreitet, namentlich in Warmbetrieben. Es handelt sich hierbei um rechteckige Aufsätze, die an den Seiten feste oder verstellbare Jalousien tragen. Bei Wind ist die Wirkung der Dachreiter manchmal gestört, da je nach Windrichtung Luft durch den Schacht teils abgesaugt, teils eingeblasen wird. Um bei Wind einen Unterdruck zu erzeugen, der zum einen ein Einblasen verhindert und zum anderen den Auftrieb unterstützt, werden Leitflächen verwendet (Abbildungen 2.2-27 und 2.2-28).

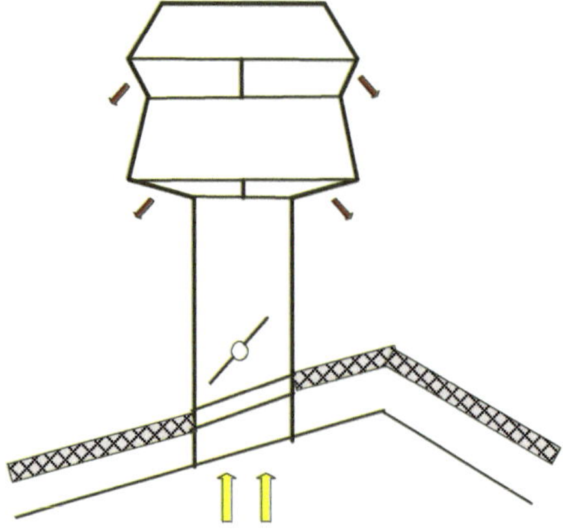

**Abb. 2.2-26** Dachaufsatz mit Stellklappe

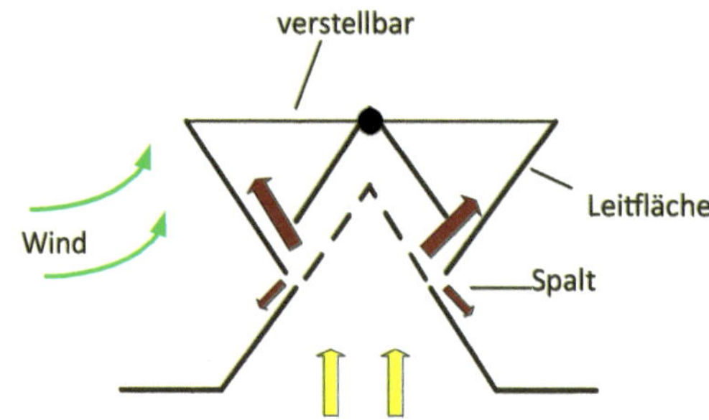


**Abb. 2.2-27** Variante eines Dachaufsatzes mit Leitfläche

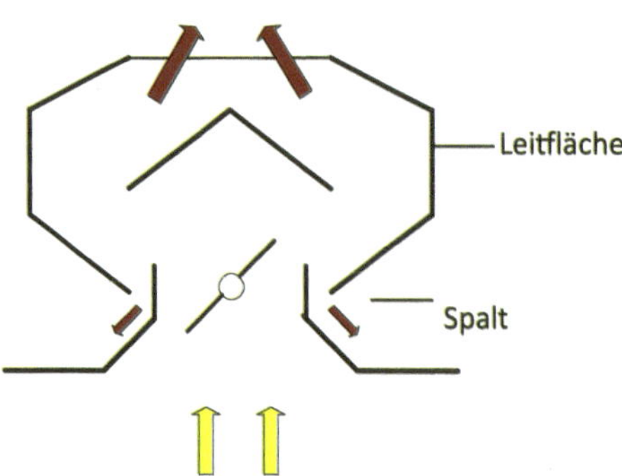


**Abb. 2.2-28** Variante eines Dachaufsatzes mit Leitfläche

Für die durch Dachaufsätze erzielbare Lüftung in einer Halle gilt nach [46]:

$$w_2 = \sqrt[2]{\frac{g \cdot H \cdot \frac{T_1 \cdot \Delta t}{T_1} \cdot \frac{\Delta t}{T_1 \cdot \Delta t/2}}{1 + \varsigma + \left(\frac{\alpha_2}{\alpha_1} \cdot \frac{A_2}{A_1}\right)^2 \cdot \frac{1}{1 + \frac{\Delta t}{T_1}}}}$$

Dabei wird ein linearer Anstieg der Hallenlufttemperatur über die Höhe von $T_1$ auf $T_2$ zugrunde gelegt.

Mit dem auf die Strömungsgeschwindigkeit $w_2$ bezogenen Druckverlustbeiwert $\varsigma$ werden Druckverluste innerhalb der Halle berücksichtigt. Sind an die Lüftungsöffnungen keine Luftleitungen angeschlossen, dann ist in der Regel $\varsigma = 0$, da der Hallenquerschnitt gegenüber den Zu- und Abströmöffnungen sehr groß ist. Weiterhin gilt für die Kontraktionsziffern der Zu- und Abströmöffnungen häufig: $\alpha_1 = \alpha_2$. Weiterhin gilt für die normale Hallenlüftung $\Delta t << T_1$. Treffen all diese Randbedingungen zu, vereinfacht sich die o. g. Gleichung zu:

$$w_2 = \sqrt[2]{\frac{g \cdot H \cdot (\Delta t / T)_1}{1 + \left(A_2^2 / A_1^2\right)}}$$

In Abbildung 2.2-29 ist diese Gleichung für $A_1 = A_2$ ausgewertet. Der ungünstigste Fall liegt natürlich im Sommer, namentlich bei Kaltbetrieben, da dann $\Delta t$ gering ist. Daher sind die Abluftöffnungen verstellbar einzurichten, um die Luftabströmung im Winter zu verringern.

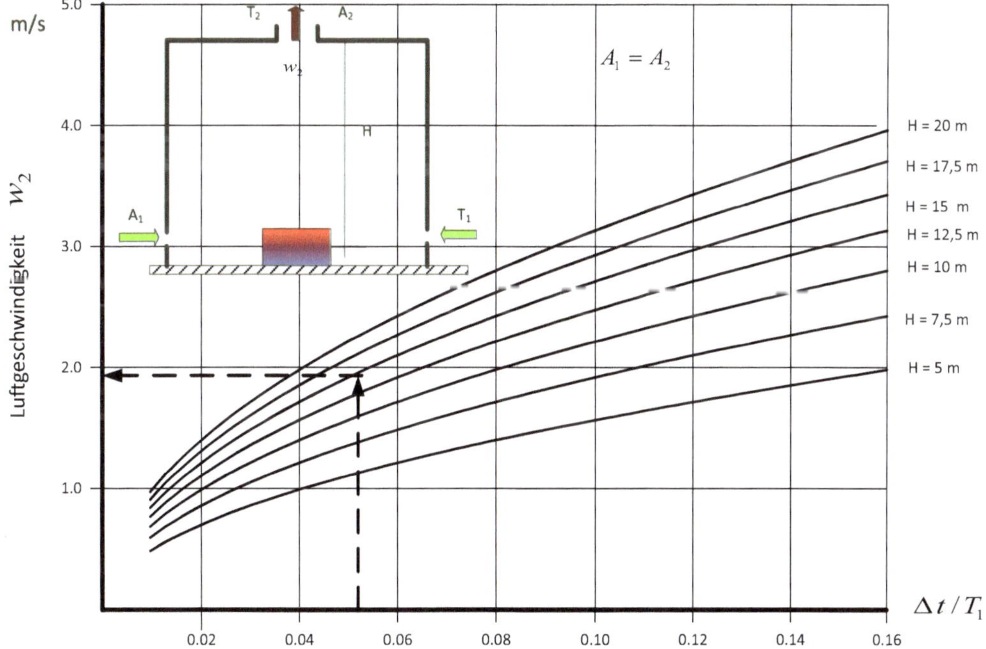


**Abb. 2.2-29** Luftaustrittsgeschwindigkeit bei der Dachaufsatzlüftung

Nach VDI 3802 können näherungsweise die Öffnungsflächen für Produktionsgebäude (s. a. Kapitel 9) mit wärmeintensiver Technologie grafisch ermittelt werden (Abbildung 2.2-30 bis 2.2-32).

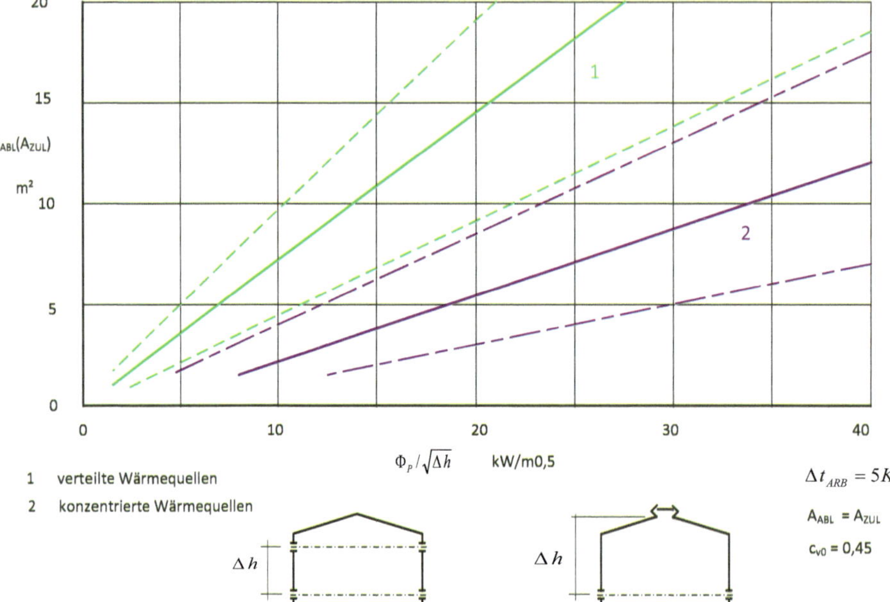


**Abb. 2.2-30** Näherungsweise Bestimmung der Öffnungsflächen für Produktionshallen mit wärmeintensiver Technologie (1 – verteilte Wärmequellen; 2 – konzentrierte Wärmequellen)

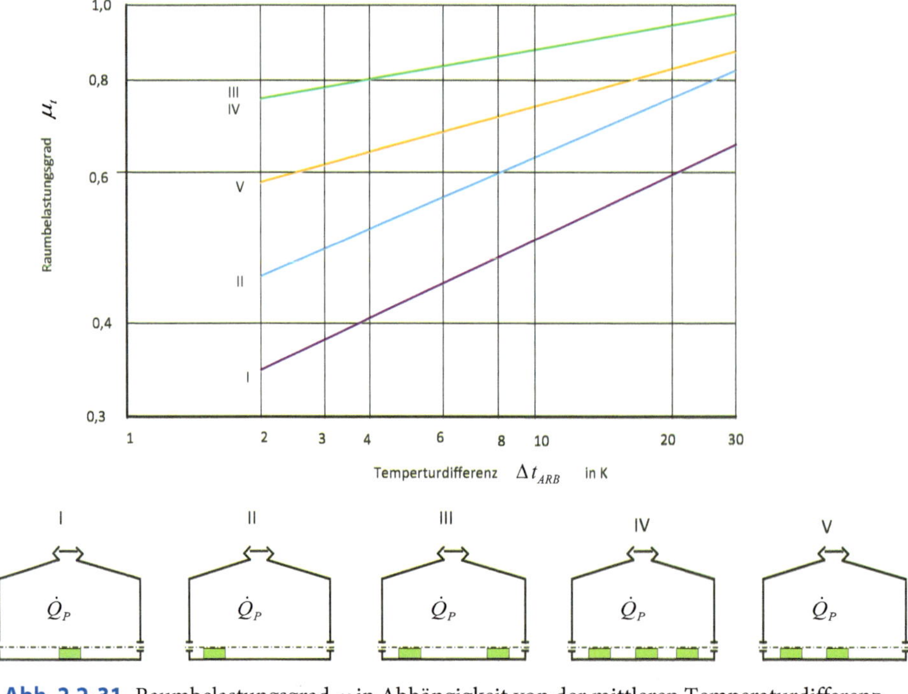


**Abb. 2.2-31** Raumbelastungsgrad $\mu_t$in Abhängigkeit von der mittleren Temperaturdifferenz $\Delta t_{ARB}$ für eine mittlere Höhe der Außenluftöffnung $h_{ZUL}$ = 4 bis 8 m und für gleich große aerodynamische wirksame Außen- und Abluftflächen

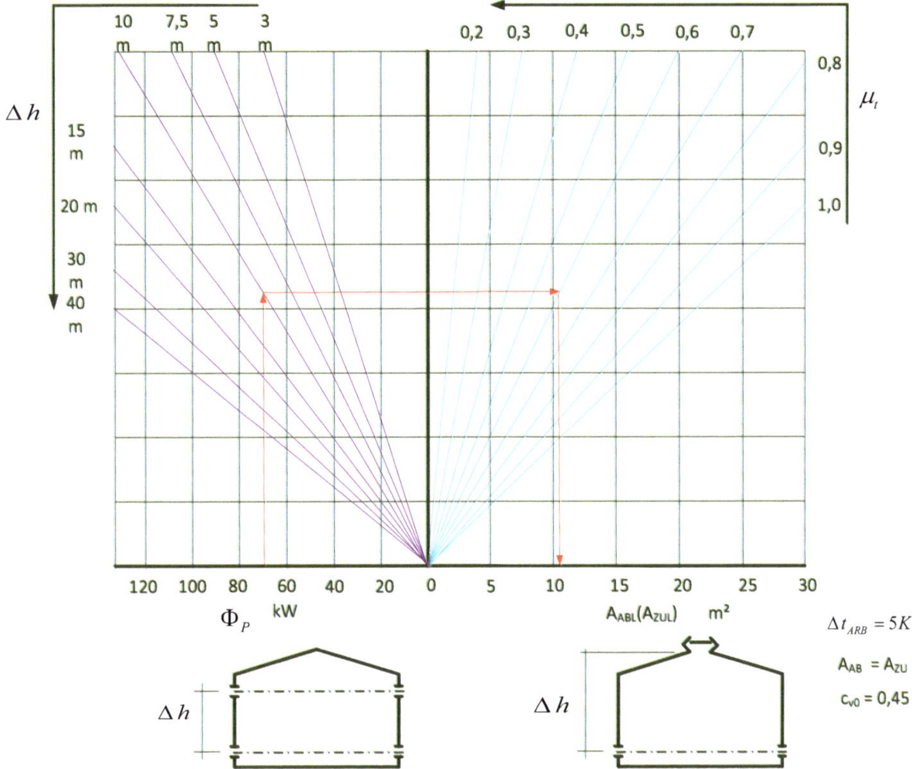


**Abb. 2.2-32** Näherungsweise Bestimmung der Öffnungsflächen für Produktionshallen mit wärmeintensiver Technologie

## 2.2.6 Rauch- und Wärmeabzugsanlagen (RWA)

Eine besondere Form der Dachaufsatzlüftung und der Fensterlüftung stellen die Raum- und Wärmeabzugsanlagen dar. Sie können in der Einzelfunktion als auch in der Doppelfunktion eingesetzt werden und gleichzeitig die Funktion als Belichtungselement und als Lüftungselement übernehmen.

### Rauchabzugsanlagen

Diese Anlagen dienen zur Abführung von Raum und Wärme und zur Schaffung von rauchfreien Schichten über dem Fußboden (s. a. DIN 18232-5, VDI 6010 Bl. 2). Die Abluftöffnungen können sowohl im Dach als auch im oberen Bereich von Wänden angeordnet werden. Auch ein Fenster kann die Funktion übernehmen.

Die Wirkung des natürlichen Rauchabzugs hängt u. a. ab von

- der Größe und Lage der Zuluftfläche,
- der aerodynamisch wirksamen Öffnungsfläche des Rauchabzugs,
- dem Windeinfluss (Anströmsituation),
- den Strömungsverhältnissen am Gebäude bzw. Gebäudekonfiguration und
- dem Öffnungszeitpunkt.
- Umfangreiche und aktuelle Informationen zu Rauchabzügen können [31] entnommen werden. Folgende Hinweise nach [31] sollten beachtet werden:
  - die Rauchabzüge sollten gleichmäßig verteilt innerhalb eines Rauchabschnitts angeordnet werden (Beispiel in den Abbildungen 2.2-33 und 2.2-34) und die angegebenen Mindestabstände einhalten,
  - die Festlegung eines Rauchabschnitts ist eine Funktion von Brandlast, Brandausbreitungsgeschwindigkeit, Raumhöhe und Dicke der raucharmen Schicht,
  - je Rauchabschnittsfläche ist mindestens ein Rauchabzug einzubauen,
  - Rauchabzüge dürfen nicht in einer zu erwartenden Überdruckzone auf einer Dachfläche eingebaut werden,
  - Rauchabzüge müssen über Handauslösung und durch automatisch auf Wärme und/oder Rauch wirkende Auslöser aktiviert werden können und
  - Rauchschürzen müssen den genormten Bedingungen entsprechen.

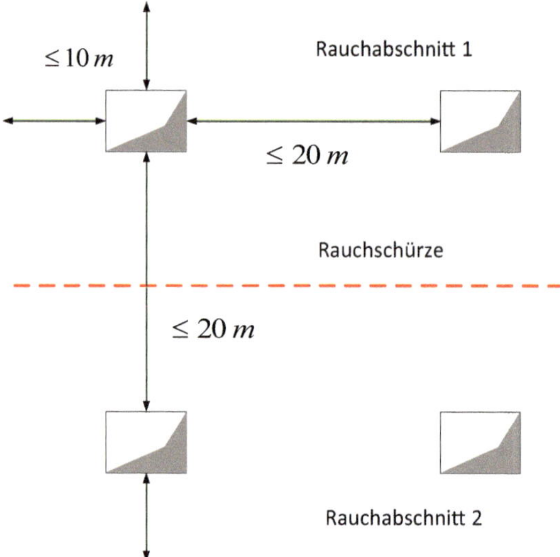


**Abb. 2.2-33** Regeln für den Einbau von Rauchabzügen nach [31]

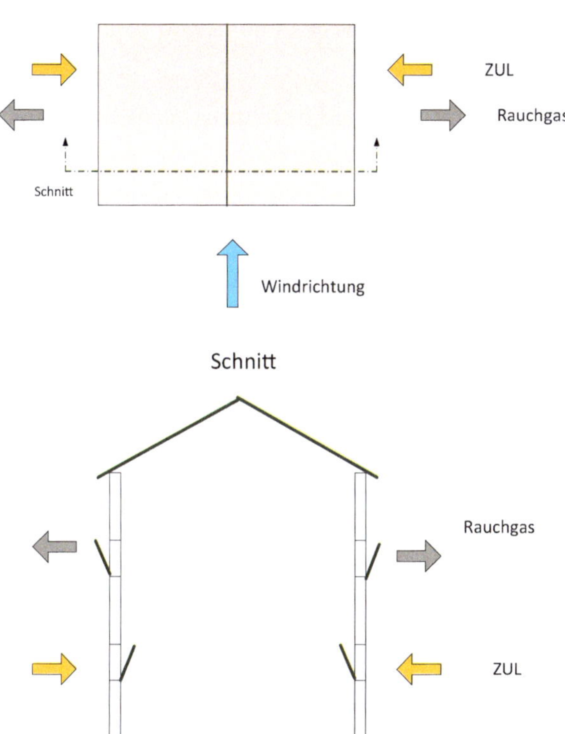


**Abb. 2.2-34** Schema für den Einbau von Rauchabzügen an Wandflächen nach [31]

## Wärmeabzugsanlagen

Wärmeabzugsanlagen werden oft in Hallen aus ungeschütztem Stahl gefordert. Die erforderliche Lüftungsfläche $A_k$ ist eine Funktion der Brandlast. Nach [31] ergeben sich folgende Werte (Tabelle 2.2-8).

**Tab. 2.2-8** Richtwerte für die Lüftungsflächen nach [31]

| Brandlast | Lüftungsfläche $A_k$ |
|---|---|
| Hoch, Grundfläche kleiner als 2500 m² | 5 % der Grundfläche |
| Niedrig oder mit punktförmiger hoher Brandlast | 3 % der Grundfläche |
| Sehr niedrig | Brandlastberechnung notwendig |

Da Wärmeabzüge im Allgemeinen erst deutlich über 100 °C öffnen, können sie nicht als Rauchabzüge genutzt werden. Sind Rauchabzüge vorhanden, so können deren Flächen auf den Wärmeabzug angerechnet werden.

Lichtbänder bzw. Lichtkuppeln lassen sich als RWA einsetzen, wobei darauf geachtet werden sollte, dass das Material mindestens Baustoffklasse B 1 aufweist. Die aus wärmetechnischer bzw. energetischer Sicht günstigen Isoliergläser dürfen nicht als Wärmeabzug eingesetzt werden.

Die Kombination von Rauchabzug und Belichtungselement kommt sehr häufig zur Anwendung (s. a. Abbildung 2.2-36).

Reine Wärmeabzugsanlagen (WA) sind Wand- oder Dachflächen aus einem bei größerer Wärme schmelzenden oder sich zerstörenden Material, die ab einer bestimmten Temperatur (im Allgemeinen erst deutlich über 100 °C, Vollbrand) selbstständig Öffnungen zur Ableitung der Brandhitze aus einem Brandabschnitt nach außen freigeben. Dadurch sollen tragende oder trennende Bauteile (z. B. ungeschützter Stahl) nicht oder erst zeitlich verzögert ihre kritische Temperaturgrenze erreichen (Sachschutz). Durch die WA fließen zwar auch Rauchgase mit ab, da sie aber erst viel später als eine RWA wirkt, ist dies aus Sicht des Personenschutzes oder des Löschangriffs nicht mehr relevant.

Der Einbau von Wärmeabzugsflächen ist in einigen Sonderbauvorschriften (z. B. Muster-Industriebau-Richtlinie generell oder bei der Vergrößerung von Brandabschnittsflächen gefordert. In der Tabelle 2 „Zulässige Größe der Brandabschnittsflächen in m²“ MIndBauRL ist z. B. in den Fußnoten 1 und 2 vorgegeben, bei welchen Gebäuden ein Wärmeabzug mit mindestens 5 % frei werdender Fläche vorzusehen ist.

Für Industriebauten gilt, dass Produktions- und Lagerräume > 200 m² Grundfläche grundsätzlich zur Unterstützung der Brandbekämpfung entraucht werden müssen. Beim Einsatz qualifizierter natürlicher Rauchabzugsgeräte nach DIN EN 12101 mit qualifizierter Bemessung nach DIN 18232 gilt diese Vorgabe als erfüllt, wenn je höchstens 400 m² Grundfläche mindestens ein solches Gerät mit mindestens 1,5 m² aerodynamisch wirksamer Fläche im oberen Raumdrittel (vorzugsweise im Dach) eingebaut wird. Bei der nicht qualifizierten „Öffnung zur Rauchableitung“ werden größere Flächen erforderlich (s. a. [57]).

### 2.2.7 Anwendungsbeispiele für Kombinationen der „Freien Lüftung“

Mit dem Einsatz von Glas als Konstruktionsmaterial, dem Bestreben möglichst und mit natürlichen Mitteln zu lüften, Fenster in einem Raum, vor allem in hohen Gebäuden, öffnen zu können und Schall- und Windbelastungen zu reduzieren, werden die vorgenannten Systeme kombiniert. An Beispielen werden Lösungsvarianten vorgestellt.

**Beispiel 2.2-1:**

Für die Belüftung eines Warenhauses in Großbritannien (UK) wurde unter Nutzung der inneren Kühlasten (Mensch ( $\Phi_P$ ), Beleuchtung ( $\Phi_B$ ); $\Phi_N = \Phi_P + \Phi_B$ )) die „Freie Lüftung“ in Form der Schachtlüftung eingesetzt. Die Außenluftansaugung konnte wegen starker Verkehrsbelastung nicht an der Außenwand liegen. Der Außenluftschacht ist großzügig bemessen, um die Druckverluste infolge der Strömung zu minimieren. Die natürliche Belüftung kann auch während der Nachtstunden ohne Beeinträchtigung durch einzuhaltende Sicherheitsaspekte erfolgen.

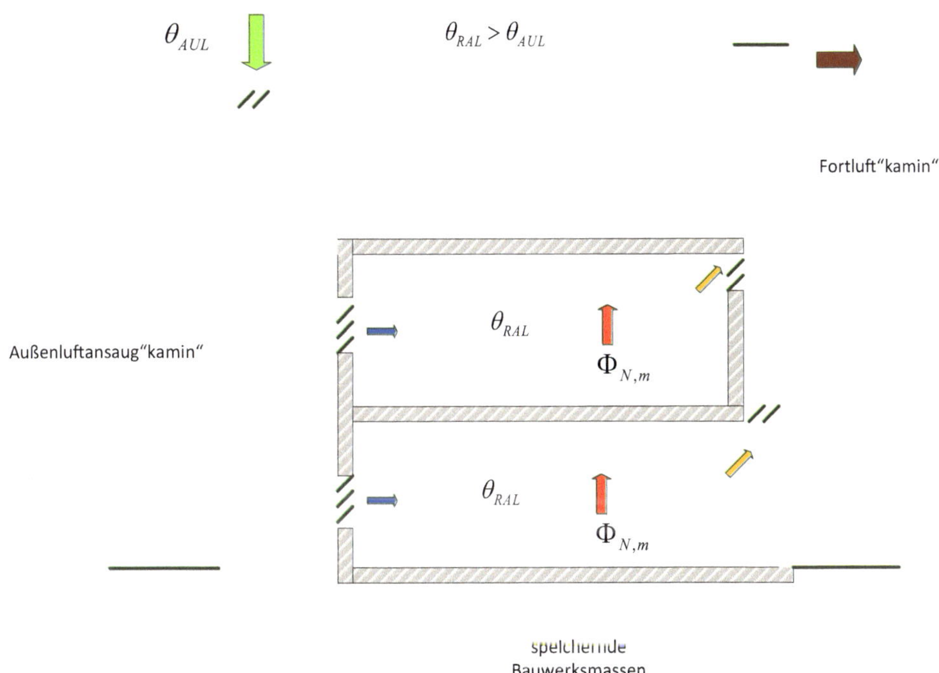


**Abb. 2.2-35** Prinzipskizze: Anwendung der Schachtlüftung in einem Warenhaus (UK)

Die thermische Speicherfähigkeit der Bauwerksmassen bewirkt einerseits die Dämpfung der Kühllast am Tag und andererseits in der Nacht bei niedrigeren Außenlufttemperaturen durch die Entspeicherung, dass neben der vorhandenen Temperaturdifferenz als zusätzliche treibende Kraft die frei werdende Wärme genutzt werden kann. Die Entspeicherung ermöglicht günstige raumklimatische Bedingungen bei der Öffnung der Verkaufsräume.

**Beispiel 2.2-2:**

Der Foyerbereich eines Kinos in Dresden (D) wurde vollständig in Glas ausgeführt. Die sich einstellenden hohen Kühllasten durch Sonnenstrahlung $\Phi_S$ bewirken ein

Ansteigen der Raumlufttemperatur im oberen Bereich des Raums. Mit der Anordnung einer großen öffenbaren Fläche im unteren Bereich und im Dach (wobei zusätzlich noch die RWA-Öffnungen genutzt werden können) ist eine ausreichende Belüftung bei unkritischen Luftgeschwindigkeiten im Aufenthaltsbereich an den frei stehenden Treppen und Zugängen zum Kinobereich gegeben.

Die Zuluftöffnungen sind so angeordnet, dass auch außerhalb der Nutzungszeit die „Freie Lüftung“ genutzt werden kann, ohne dass zusätzliche Sicherheitsmaßnahmen für das Gebäude erforderlich sind. Die eine Innenwand besteht aus Sichtbeton und der Fußbodenbelag ist aus speicherndem Material ausgeführt. Zusätzlich besteht am Betonkern für den Aufzug ein Potenzial zur Speicherung von Wärme, sodass auch bei geringen Kühllasten durch die Entspeicherung eine ausreichende Temperaturdifferenz als treibende Kraft zur Verfügung steht.

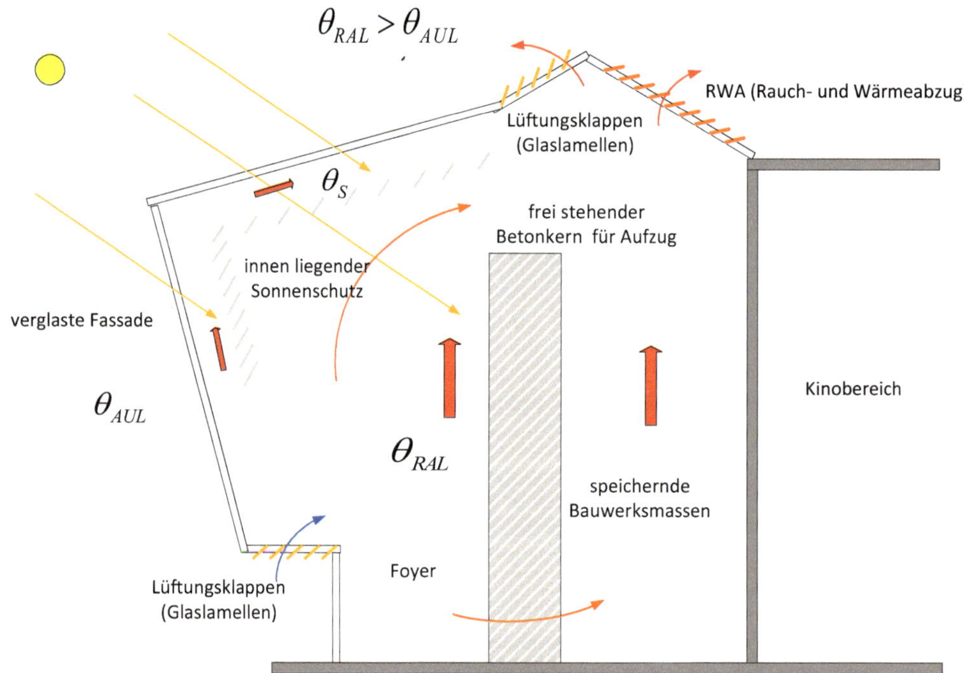


**Abb. 2.2-36** Lüftungsstrategie im Sommer in einem Kinofoyer in Dresden

**Beispiel 2.2-3:**

Der Zentralbereich der Neuen Messe Leipzig (D) ist eine einfach verglaste Glashalle (Breite: ca. 78 m, Höhe: ca. 30 m, Länge: ca. 180 m). Die hohe Kühllast durch Sonnenstrahlung $\Phi_S$, aber auch innere Kühllasten durch Besucher ($\Phi_N = \Phi_M$) ermöglichen die Anwendung der Dachaufsatzlüftung im Sommer. Die Außenluft strömt über Öffnungen aus Glaslamellen im Bereich bis 2,5 m über Oberkante (OK) Fußboden in die Halle.

Zusätzlich kann durch die Umströmung und das Anströmen dieses Bauwerks durch den Wind die „Freie Lüftung" unterstützt werden. Die sich einstellenden möglichen Strömungsbedingungen bei Windeinfluss, aber auch infolge des thermischen Auftriebs wurden zweckmäßigerweise in einem Strömungs- und Windkanal untersucht.

Da die thermische Belastung durch Sonnenstrahlung sehr groß ist, wurde der Fußboden gekühlt, indem die vorhandene Fußbodenheizung mit Kaltwasser beaufschlagt wird.

Die möglicherweise außerhalb des Behaglichkeitsbereichs liegenden auftretenden Raumlufttemperaturen $\theta_a$ bzw. operativen Temperaturen können $\theta_O$ nur dann akzeptiert werden, wenn die Aufenthaltsdauer der Personen im Allgemeinen unter 0,5 Stunden beträgt.

Eine Möglichkeit, die angesaugte Außenluft vorher zu kühlen, kann darin bestehen, dass im Ansaugbereich Wasserflächen angeordnet werden (z. B. Hardenberghaus in Dortmund (D)) oder Wasser versprüht oder verrieselt wird (Abbildung 2.2-38). Dieser Effekt, thermodynamisch als ***adiabate Kühlung*** (s. a. Kapitel 2.4.2) bezeichnet, kann eine Temperaturabsenkung von 2 bis 4 K hervorrufen.

Allerdings steigt bei diesem Vorgang der Feuchtegehalt der Luft (absolute Feuchte und relative Feuchte $\varphi_D$) stark an, und diese feuchte Luft kann gegebenenfalls bei Kontaktierung mit kühlen Flächen Kondensaterscheinungen (Taupunktunterschreitung) bewirken.

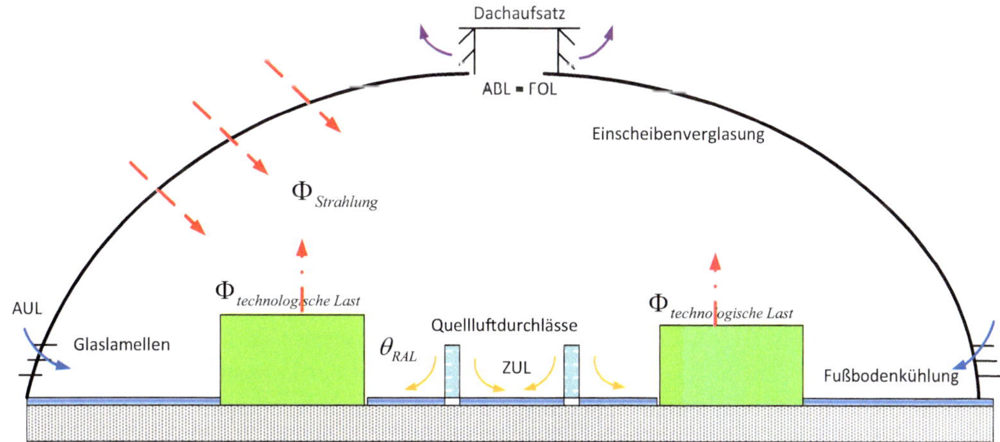


**Abb. 2.2-37** Heizungs-, Kühlungs- und Lüftungsstrategie für eine Messehalle (Leipzig)

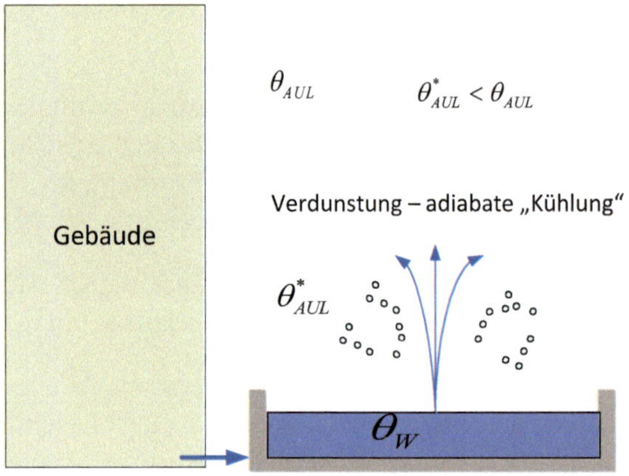

Gebäude

$\theta_{AUL}$ $\theta^*_{AUL} < \theta_{AUL}$

Verdunstung – adiabate „Kühlung"

$\theta^*_{AUL}$

$\theta_W$

**Abb. 2.2-38** Schematische Darstellung der Verdunstungskühlung durch eine vorgelagerte Wasserfläche oder Versprühen von Wasser

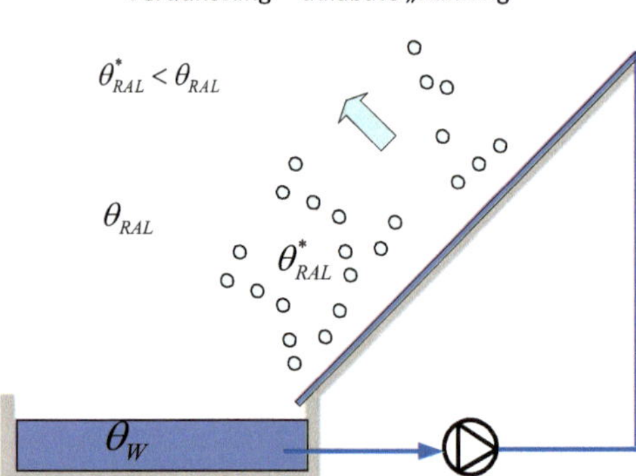


**Abb. 2.2-39** Verdunstungskühlung durch Berieselung einer Bauteilfläche

### Beispiel 2.2-4: Vorhangfassaden („Klimafassaden")

Vorhangfassaden (auch als „Klimafassaden" bezeichnet) finden immer öfter in der modernen Architektur Anwendung. Der Grund ist u. a. darin zu suchen, dass die Nutzer von Räumen in Gebäuden, die im durch Verkehrslärm geprägten innerstädtischen Bereich liegen oder sich in Hochhäusern (Vermeidung des Einflusses von Windkräften) befinden, auf die Möglichkeit der Fensterlüftung nicht verzichten möchten. Weiterhin sollen die äußere Wärmebelastung im Sommer und die Wärmeverluste im Winter reduziert werden. Es wurden verschiedene modifizierte Formen der Schachtlüftung entwickelt, die u. U. auf eine Unterstützung durch mechanische Entlüftung zurückgreifen sollten bzw. müssen.

Es wurden u. a. folgende Bauformen definiert und realisiert:

- Unsegmentierte Vorhangfassade

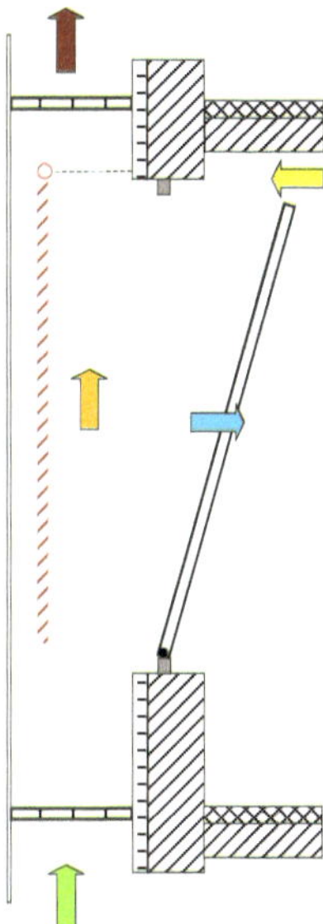

**Abb. 2.2-40**
Prinzipskizze: Unsegmentierte Vorhangfassade

- Umluftfassade

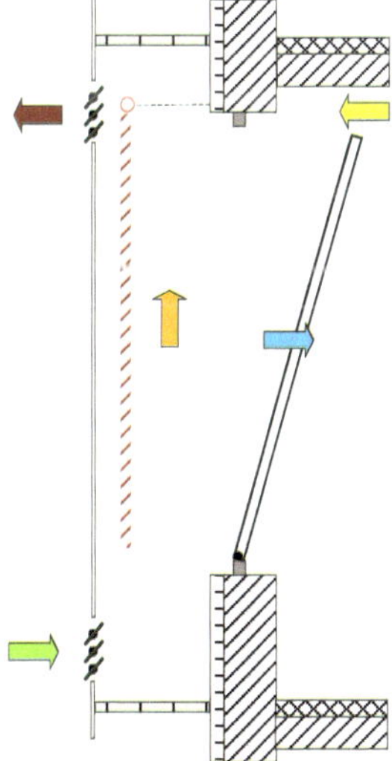

**Abb. 2.2-41** Prinzipskizze: Umluftfassade

- Korridorfassade
- Kasten-Kasten-Fassade

- Schacht-Kasten-Fassade

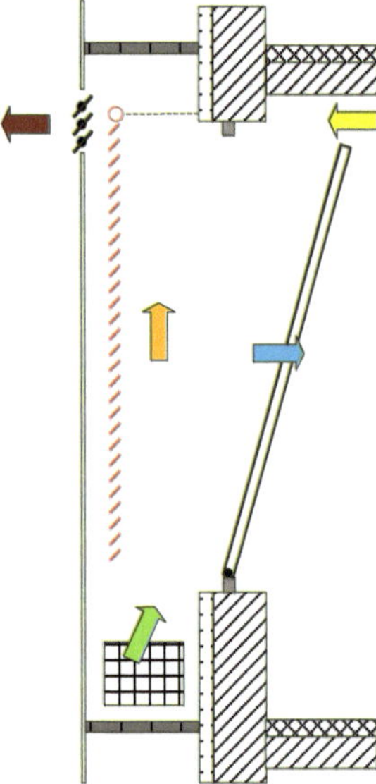

**Abb. 2.2-42** Prinzipskizze: Schacht-Kasten-Fassade

- Hybrid-Fassaden

Die Abbildungen 2.2-44 bis 2.2-49 zeigen schematische Lösungsvarianten. Grundsätzlich bieten diese Lösungen den Vorteil, die akustische Belastung im genutzten Raum durch die Umgebung zu reduzieren.

***Zu beachten ist:*** Die Strömungswiderstände sind geringer zu halten als der durch den thermischen Auftrieb entstehende Druck. Dies kann u. a. dadurch erreicht werden, dass

- der Schacht möglichst eine Breite > 0,50 ... 0,80 m aufweist,
- der „Freie Querschnitt" in der Ansaugöffnung wie in der Fort- bzw. Abluftöffnung möglichst groß ist,
- die Geschwindigkeiten im Schacht und in den Lufteintritts-, Luftaustrittsöffnungen und den Überströmöffnungen klein sind (möglichst < 1,5 m/s),
- die Fenster eine gute Lüftungseffektivität aufweisen,
- eine ausreichende Schachthöhe $\Delta h$ vorhanden ist und
- die Wärmebelastung durch Sonnenstrahlung $\Phi_S$ genutzt wird.

**Tab. 2.2-9** Vor- und Nachteile von Doppel- oder „Klima-"fassaden

| Vorteile | Nachteile |
|---|---|
| Verbesserung des äußeren Schallschutzes durch das vorgehängte Fassadenelement | im Sommer Lufttemperaturen im Fassadenzwischenraum, die höher sind als die Außenlufttemperatur |
| Verringerung der Transmissionswärmeverluste im Winter | Ansaugung von erwärmter Luft aus der Grenzschicht der Fassade |
| Möglichkeit der partiellen Fensterlüftung bei hohen Gebäuden infolge geringerer Windbelastung in der Kernzone | Schallübertragung an den „schallharten" Innenflächen |
| Witterungsgeschützte Anordnung des äußeren Sonnenschutzes | kaum verifizierbare Strömungsverhältnisse in dem Zwischenraum |
| Möglichkeit einer Nachtkühlung bei Gewährleistung des Einbruchschutzes | Erhöhter Aufwand sowohl für die Fassadenreinigung als auch Wartung der Regelorgane (z. B. Zuluft- bzw. Abluftklappen) |
| Möglichkeit der Reduzierung der Betriebszeit einer RLT-Anlage durch Fensterlüftung | Erhöhter investiver Mehraufwand gegenüber einschaligen Fassaden (Faktor: 2 bis 4) |
| u. U. Möglichkeit von zentraler oder dezentraler Wärmerückgewinnung | Einhaltung der Brandschutzbestimmungen |

In [32] werden verschiedene Fassadenkonzepte vergleichend bewertet und beschrieben. Ergänzend zu Tabelle 2.2-9 zeigt Tabelle 2.2-10 einen verbalen Vergleich nach [32].

**Tab. 2.2-10** Fassadenkonzepte im Vergleich nach [32]

| | Schalldämmwirkung bei natürlicher Lüftung | Schall-/Geruchsübertragung über den Fassadenzwischenraum | Überhitzung des Fassadenzwischenraums | Platzbedarf | Reinigungsaufwand |
|---|---|---|---|---|---|
| Lochfassade | gering | – | – | gering | gering |
| Elementfassade | gering | – | – | sehr gering | mittel |
| Prallscheibe | mittel | – | gering | gering | mittel |
| Wechselfassade | hoch | – | hoch | mittel | mittel |
| Kastenfenster | hoch | – | hoch | mittel | hoch |
| Unsegmentierte Doppelfassade | sehr hoch | hoch | sehr hoch | hoch | sehr hoch |
| Korridorfassade | hoch | mittel | hoch | hoch | hoch |
| Steuerbare Doppelfassade | variabel | variabel | gering | hoch | sehr hoch |

Ein Beispiel für eine ausgeführte unsegmentierte Vorhangfassade zeigt Abbildung 2.2-43. In diesem Beispiel dient die Fassade vorrangig dem Schallschutz gegenüber einer verkehrsreichen Straße und einem Bahnhof.

**Abb. 2.2-43** Unsegmentierte Vorhangfassade

Bei diesen Lösungen dürfen folgende Aspekte nicht unterschätzt werden:

- die Einhaltung der Brandschutzbedingungen,
- die Reinigung der Außenseite des Fensters und der Innenseite der Glasvorhangfassade und
- die Ansaugung von erwärmter Luft von der sich ausbildenden Grenzschicht an der Fassadenoberfläche (im Sommer besonders problematisch).

Ein Lösungsansatz besteht u. a. darin, dass die Außenfassade in zwei Bereiche unterteilt wird. Während im Fensterbereich die Außenluft zugeführt wird, erfolgt die Abluftführung über den Bereich der monolithischen Außenwand. Die einzelnen Geschosse sind zuluftseitig abgeschottet, während der Abluftschacht durchgängig ausgeführt ist. Die zuluftseitige Abschottung bietet brandschutztechnische und akustische Vorteile.

Abbildung 2.2-48 ist der Zustand der sommerlichen Belastung dargestellt, wobei die Fenster mit einem wirksamen äußeren Sonnenschutz versehen sind. Abbildung 2.2-49 zeigt dagegen den Zustand, dass Fensterlüftung bei $\theta_e < \theta_a$ angewendet werden kann und die Abluft aus dem Raum in den gemeinsamen Abluftschacht überströmen kann.

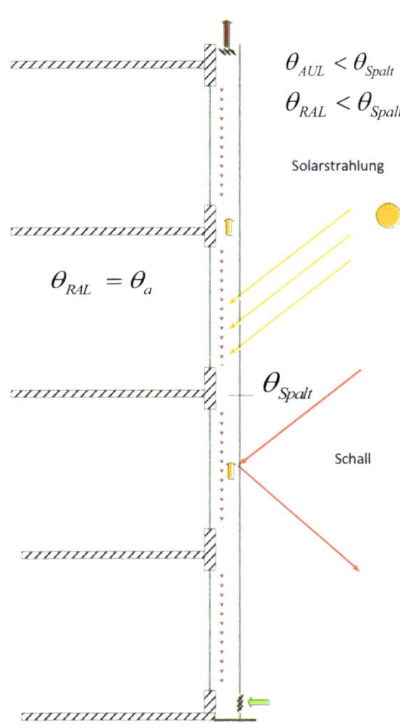


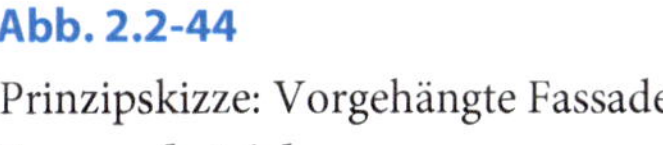

**Abb. 2.2-44**

Prinzipskizze: Vorgehängte Fassade

**Sommerbetrieb**

- Lüftungsklappen unten und oben weit geöffnet
- Kühllast durch Sonnenstrahlung erhöht die Spalttemperatur und verstärkt den thermischen Auftrieb
- äußerer Sonnenschutz verhindert Strahlungsbelastung der Räume
- Fenster sollten während des Tages geschlossen bleiben, nur unterbrochene Lüftung
- bei geöffnetem Fenster ist aufgrund der schallharten Vorsatzschale die Luftschallübertragung von einem Raum zum anderen Raum erhöht

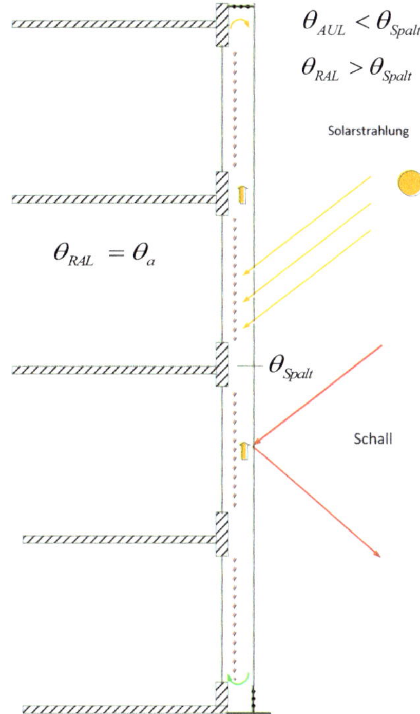


**Abb. 2.2-45**

Prinzipskizze: Vorgehängte Fassade

**Winterbetrieb**

- Lüftungsklappen unten und oben weitestgehend geschlossen, erforderlicher Außenluftvolumenstrom sollte dem Mindestaußenluftanteil entsprechen
- Kühllast durch Sonnenstrahlung erhöht die Spalttemperatur und verringert den Transmissionswärmeverlust
- im Spalt bildet sich eine konvektive Eigenströmung aus, indem sich die Luft an der kalten Glaswand abkühlt
- bei geöffnetem Fenster ist aufgrund der schallharten Vorsatzschale die Luftschallübertragung von einem Raum zum anderen Raum erhöht

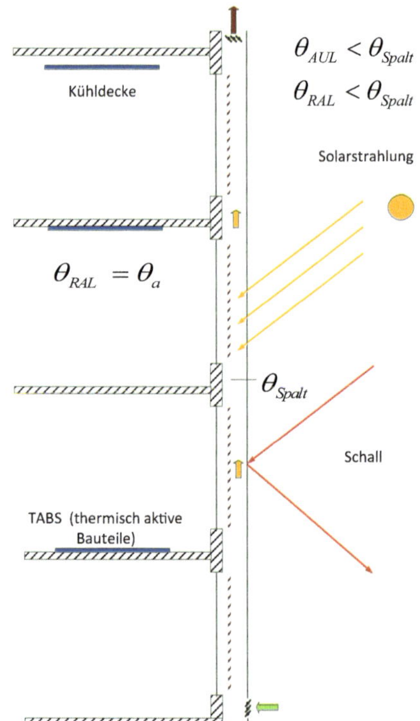


**Abb. 2.2-46**

Prinzipskizze: Vorgehängte Fassade

**Sommerbetrieb**
**am Tag bei Strahlungsbelastung**

- Lüftungsklappen unten und oben weit geöffnet
- Kühllast durch Sonnenstrahlung erhöht die Spalttemperatur und verstärkt den thermischen Auftrieb
- äußerer Sonnenschutz verhindert Strahlungsbelastung der Räume
- Fenster sollten während des Tages geschlossen bleiben, ***nur unterbrochene Lüftung***
- bei geöffnetem Fenster ist aufgrund der schallharten Vorsatzschale die Luftschallübertragung von einem Raum zum anderen Raum erhöht
- Abbau der Kühllast durch Kühlflächen

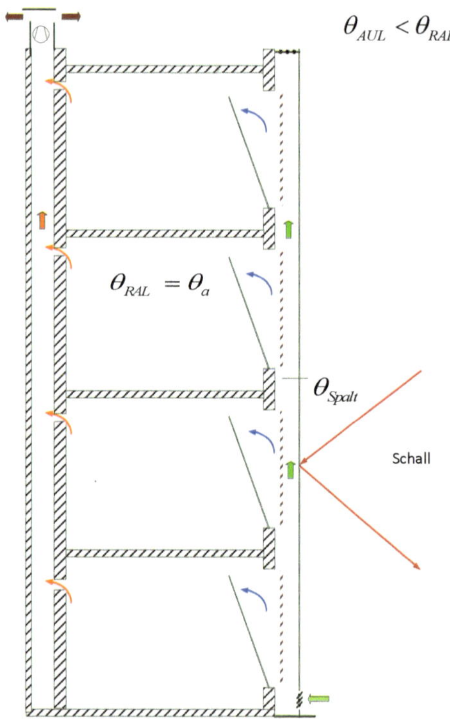


**Abb. 2.2-47**

Prinzipskizze: Vorgehängte Fassade

**Sommerbetrieb**
**am Tag ohne Strahlungsbelastung und in der Nacht**

- Lüftungsklappen unten offen und oben weitestgehend geschlossen
- Fenster sind geöffnet
- Abluft wird mechanisch abgesaugt
- Luftvolumenstrom kann besonders nachts wesentlich größer sein als am Tag, um durch intensive Nachtkühlung eine Entspeicherung der Bauwerksmassen zu erreichen
- Sicherheit der Räume ist gewährleistet
- u. U. kann Abluftventilator auch als Rauchabzug genutzt werden
- zu beachten sind jedoch die Brandschutzbestimmungen

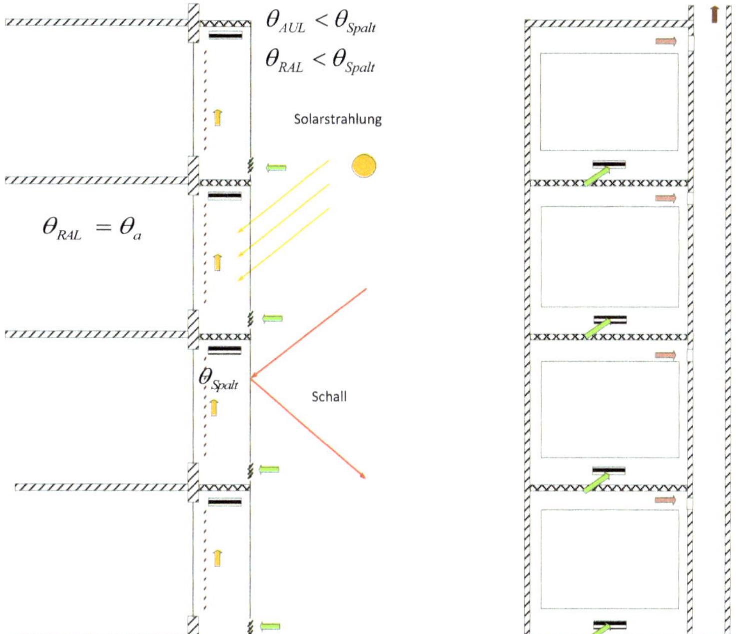


**Abb. 2.2-48** Prinzipskizze: Vorgehängte geteilte Fassade
**Sommerbetrieb, am Tag bei Strahlungsbelastung**

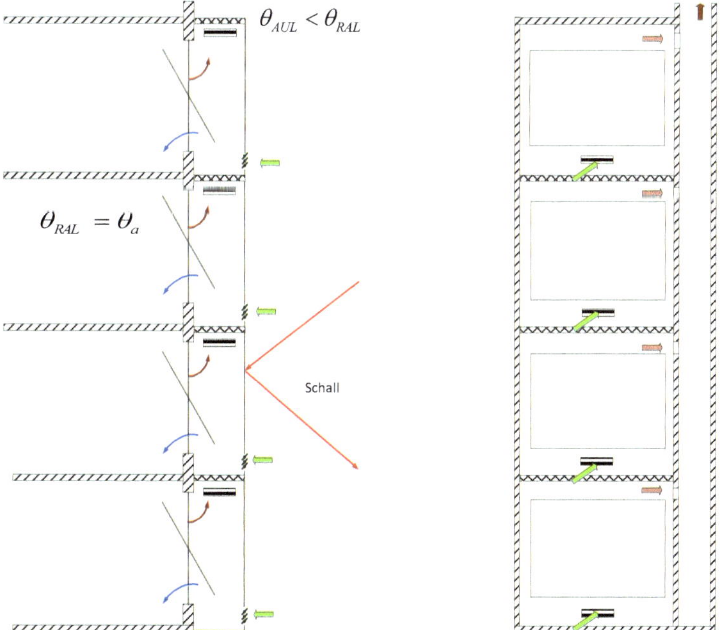


**Abb. 2.2-49** Prinzipskizze: Vorgehängte geteilte Fassade
**Sommerbetrieb, Fensterlüftung bei $\theta_e < \vartheta_a$**

### 2.2.8 Hybride Lüftungssysteme mit Beispielen[1]

Unter dem Begriff der „*Hybriden Lüftung*" fasst man alle lüftungstechnischen Konzepte zusammen, bei denen natürliche Antriebskräfte (thermischer Auftrieb/Wind) und mechanische Antriebskräfte (Ventilatoren) in Kombination eingesetzt werden.

Bei separater Betrachtung der natürlichen und der mechanischen Lüftung zeigen beide Systeme sowohl Vor- als auch Nachteile. Der Einsatz der natürlichen Lüftung erlaubt es nicht, einen Mindestluftwechsel zu jedem Zeitpunkt zu garantieren. Außerdem ist es möglich, dass bei natürlicher Lüftung zu hohe Strömungsgeschwindigkeiten der Luft und damit Beeinträchtigungen für den thermischen Komfort auftreten. In der Sommerperiode hingegen ist es ungewiss, ob die Anforderungen an die Wärmephysiologie (vgl. Kap. 1.2) eingehalten werden können. Der Einsatz von mechanischen Lüftungs- und Klimaanlage hingegen führt häufig zu Beschwerden der Nutzer, da hier oftmals nur sehr unzureichend in die Regelung bzw. Steuerung eingegriffen werden kann. Ziel von hybriden Lüftungssystemen ist es daher, die Vorteile der natürlichen und der mechanischen Lüftung zu kombinieren und somit für den Nutzer ein akzeptableres technisches System bereitzustellen.

Das „*hybride Lüftungssystem*" zeichnet sich durch eine hohe Nutzerakzeptanz aus, da es die Möglichkeit der individuellen Regelung des Raumklimas beinhaltet. Die Einstellung des Nutzers und seine Erwartungen spielen neben den technischen Randbedingungen eine entscheidende Rolle. Der Nutzer ist generell toleranter, wenn er Einfluss auf die Steuerung eines Systems nehmen kann [48]. In [49] wird dazu treffend bemerkt: „Fortschrittliche hybride Lüftungskonzepte sollen die hohen Anforderungen an das Raumklima und die Notwendigkeit zur Energieeinsparung durch ein Abwägen zwischen Raumqualität, thermischer Behaglichkeit, Energieverbrauch und Umweltbeeinflussung erfüllen und damit die Entwicklung zu mehr Nachhaltigkeit fördern."

Die im Gebäude vorhandenen Fenster sind fester Bestandteil des Lüftungskonzeptes und liefern zusätzlich einen Beitrag zur Erhöhung der thermischen Behaglichkeit. Die Größe der Fensteröffnung sowie die Ausrichtung des Gebäudes zum Wind sind bei der Auslegung des Systems von Bedeutung. Unter Einhaltung der Behaglichkeitskriterien ist die gesamte Steuerung und Regelung so vorzugeben, dass die Heiz- und Kühlenergie sowie die elektrische Antriebsenergie für Ventilatoren minimiert werden. Ziel dieser gemischten Lüftungsstrategie ist es, den Aufwand für elektrische Hilfsenergie minimal zu halten und gezielt, wenn möglich, eine Vorkonditionierung der Zuluft zu erreichen (vgl. [49]) bzw. [50]).

Die Speichermasse des Gebäudes kann genutzt werden, um während der Belegungszeiten die anfallende Wärme aufzunehmen. Entladen wird die Speichermasse mittels Nachtlüftung. In einem hybriden Lüftungssystem sollte die natürliche Lüf-

1 Der einführende Text wurde von J. Seifert bearbeitet (s. a. [45]).

tung möglichst umfassend genutzt werden. Die mechanische Lüftung hingegen dient der Einhaltung der Anforderungen in den Momenten, in denen die natürliche Lüftung nicht genutzt werden kann oder weniger effizient ist. Es muss im Vorfeld festgelegt werden, welche Schwankungen gerade noch zulässig sind und wann das System in die mechanische Betriebsweise wechselt. Auch die Rückkehr in die natürliche Betriebsweise ist zu bestimmen. Letztendlich ist der prozentuale Anteil der mechanischen Lüftung abhängig von den klimatischen Bedingungen, von der Leistungsfähigkeit des natürlichen Systems, von der Verfügbarkeit von Energie und von den Betriebs- und Instandhaltungskosten.

Die gewählte Regelstrategie sollte sowohl den Winterfall, in dem die Raumluftqualität der wichtigste Parameter ist, als auch den Sommerfall mit den entsprechenden Tageshöchsttemperaturen abbilden können. Des Weiteren ist in den Übergangszeiten zu berücksichtigen, dass gelegentlich Heizungsbedarf, jedoch auch Überhitzungsgefahr bestehen kann. Die jeweilige Regelung kann entweder durch das manuelle Eingreifen des Nutzers, durch eine einfache Zeitsteuerung, Bewegungsmelder oder das Messen der Raumluftqualität umgesetzt werden. Auch eine Kombination dieser Möglichkeiten ist in der Praxis anzutreffen.

Große Raumhöhen, nutzbare thermische Speichermasse, geringe Nutzung von Lüftungskanälen sowie ein großer Höhenunterschied zwischen Zu- und Abluftöffnung wirken sich positiv auf den Einsatz eines hybriden Lüftungssystems aus. Nachteilig hingegen wirken Undichtigkeiten in der Gebäudehülle, direkte Sonneneinstrahlung im Nutzungsbereich, hohe Luftgeschwindigkeiten im Kanalsystem und an den Auslässen sowie eine geringe Speichermasse des Gebäudes und große Raumtiefen.

Die Betriebscharakteristik der hybriden Lüftungstechnik ist abhängig vom Außenklima der jeweiligen Tages- und Jahreszeit, den lokalen Gegebenheiten um das Gebäude, der internen Gestaltung und dem thermischen Verhalten des Gebäudes. Kann ein akzeptables Innenraumklima allein unter Nutzung des Außenklimas erzielt werden, kommt ausschließlich die natürliche Lüftung zum Einsatz. In allen anderen Fällen wird teilweise oder vollständig die mechanische Lüftung verwendet. Grundsätzlich kann man die hybride Lüftung nach [49] einteilen in (Abbildung 2.2-50):

- natürliche und mechanische Lüftung
- ventilatorgestützte natürliche Lüftung
- Auftriebs- und windgestützte mechanische Lüftung

Beim ersten hybriden Lüftungskonzept (vgl. linkes Bild in Abbildung 2.2-50) basiert der Lufttransport auf zwei unabhängig voneinander arbeitenden Systemen (natürliche/mechanische Lüftung), bei denen die Regelung zwischen den beiden Systemen je nach Betriebszustand umschalten kann. Möglich ist auch eine regelungstechnische Strategie, bei der je nach Anforderung eine Lüftungsform in Betrieb geht (Tag-/Nachtlüftung). Oftmals angewendet wird auch ein Wechsel zwischen natürlicher und mechanischer hybrider Lüftung vom Sommer zum Winter.

Bei der ventilatorgestützten natürlichen Lüftung (vgl. mittleres Bild in Abbildung 2.2-50) wird ein natürliches Lüftungskonzept mit einem Zuluft- oder Abluftventilator kombiniert, der einen Teil der Druckdifferenz bereitstellt. Dies kann z. B. erfolgen in Zeiten, bei denen die natürlichen Auftriebskräfte nicht ausreichend zur Verfügung stehen, bzw. in den Zeiten, bei denen eine höhere Anforderung in den Räumen zu verzeichnen ist (bedarfsgerechte Lüftung).

Beim dritten hybriden Lüftungskonzept (vgl. rechtes Bild in Abbildung 2.2-50) wird eine mechanische Lüftung gezielt mit thermischen Auftriebskräften gekoppelt, um den notwendigen Drucksprung des Ventilators zu verringern.

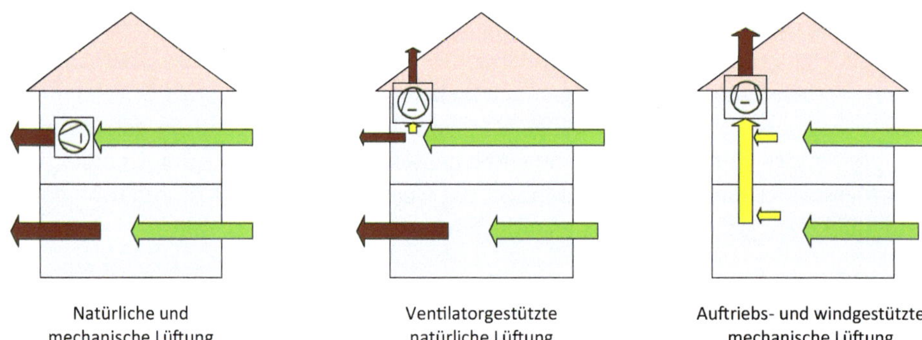


**Abb. 2.2-50** Hauptprinzipien der hybriden Lüftung

> ***Zu beachten ist:***
> Aufgrund der starken Abhängigkeit der hybriden Lüftungstechnik vom Außenklima ist eine gute Abstimmung zwischen technischer Anlage und Baukörper notwendig. Die natürliche Lüftung basiert auf der Nutzung von Fenstern und Türen. Die Komponenten des hybriden Lüftungssystems sind damit Bestandteil des Gebäudes und müssen von Beginn des Planungsprozesses an bekannt sein.

Die Berechnung von hybriden Lüftungskonzepten beinhaltet die wesentlichen Berechnungsvorschriften, die bei der natürlichen und mechanischen Lüftung anzuwenden sind.

Die folgenden Beispiele sind mögliche realisierte Lösungskonzepte.

**Beispiel 2.2-5.1: Kombination: Freie Lüftung – RLT-Anlage (Zuluft)**

Für die Belüftung einer Mall in einem Einkaufszentrum in Halle (D) erfolgt die Belüftung des Aufenthaltsbereichs über eine Wurflüftung (s. a. Kapitel 2.5.4) mit verstellbaren Düsen. Die Abluft wird über die Fensterlüftung (gleichzeitig RWA) abgeführt. Durch die Wurflüftung wird ein Teil der erwärmten Luft aus dem oberen Bereich angesaugt (Abbildungen 2.2-51 und 2.2-52). Für den Fall, dass die RLT-Anlage nicht in Betrieb ist, kann über die Freie Lüftung der obere Bereich der Mall belüftet werden. Dabei wird der Aufenthaltsraum kaum beeinflusst werden.

***Zu beachten ist:*** Ein gleichzeitiges Wirken von „Fensterlüftung" und „Zuluft über RLT-Anlage – Abluft über Fenster" ist ***nicht sinnvoll*** und führt zu unkontrollierten Raumströmungsverhältnissen.

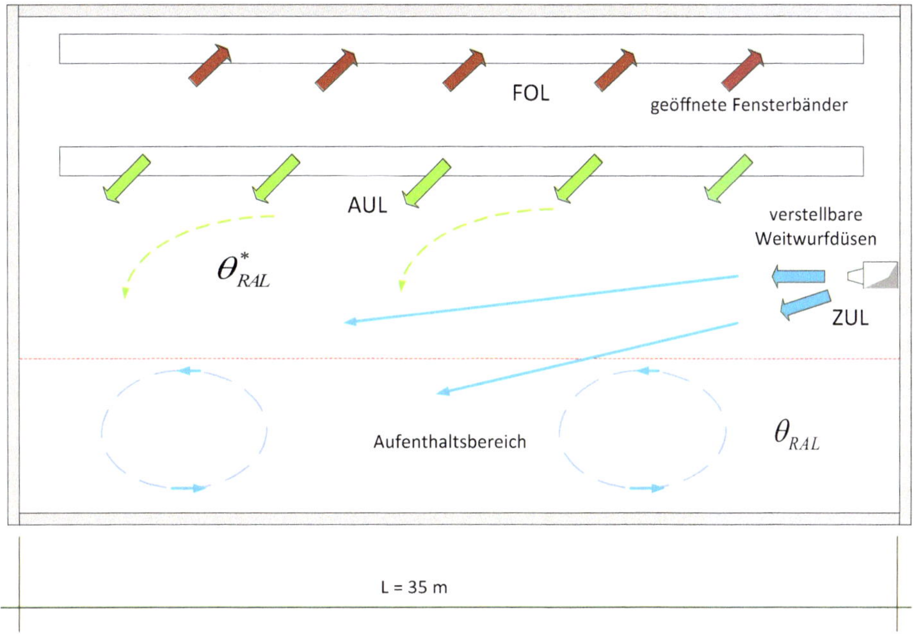


**Abb. 2.2-51** Prinzipskizze: Zuluft (RLT) und Abluft (Fensterlüftung) in einer Mall eines Einkaufszentrums

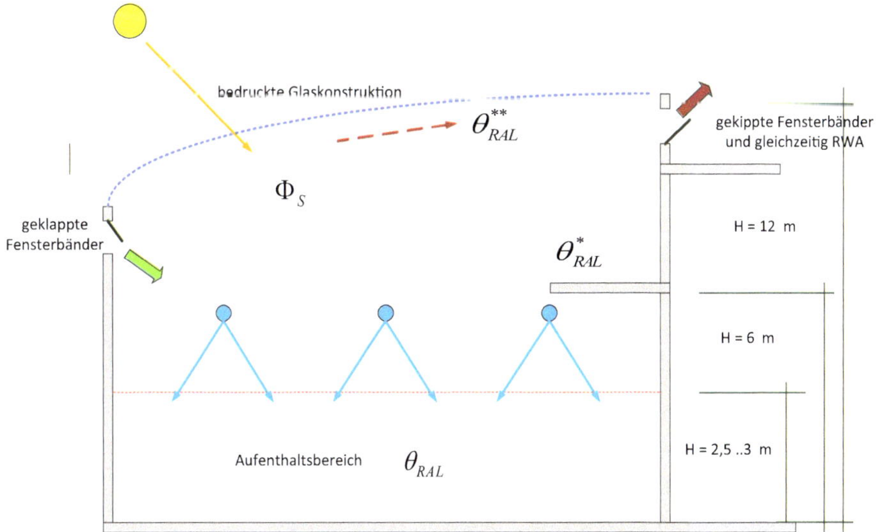


**Abb. 2.2-52** Prinzipskizze: Zuluft (RLT) und Abluft (Fensterlüftung) und Fensterlüftung für den oberen Bereich in einer Mall eines Einkaufszentrums

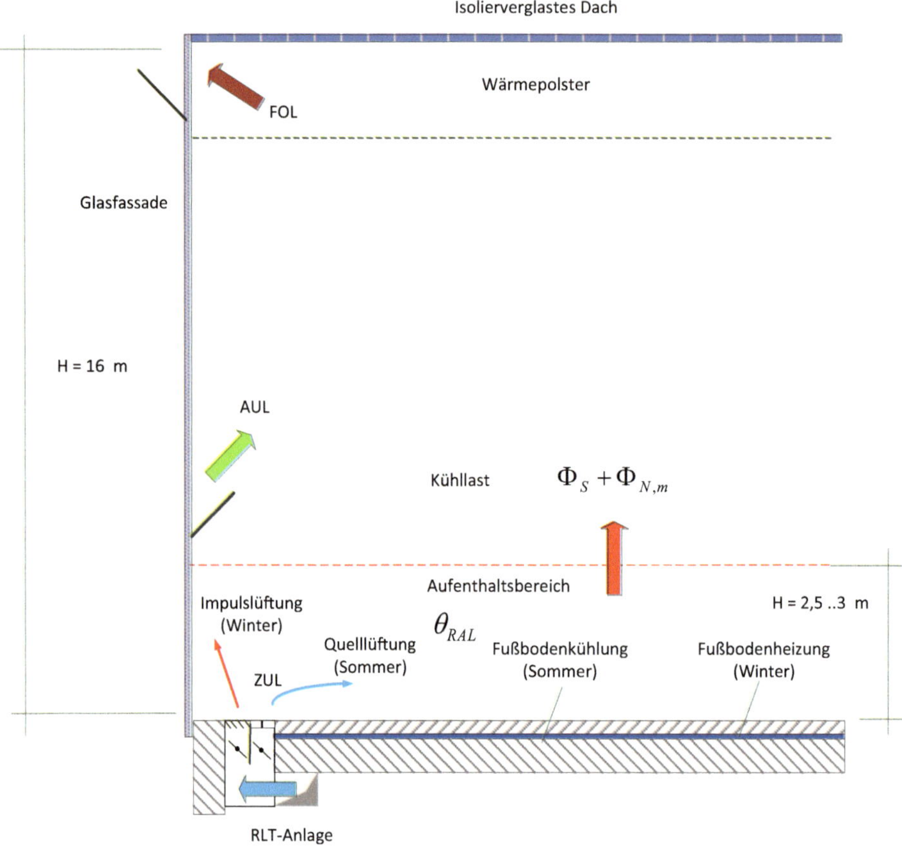


**Abb. 2.2-53** Prinzipskizze: Zuluft (RLT) und Abluft (Fensterlüftung) für einen Kongresssaal

### Beispiel 2.2-5.2: Kombination: Freie Lüftung – RLT-Anlage (Zuluft)

Für die Belüftung einer verglasten Kongresshalle in Wien (A) wurde für den Sommerfall eine Kombination von RLT-Anlage und Fensterlüftung gewählt (Abbildung 2.2-53).

Die Zuluft wird als Quelllüftung im Fußbodenbereich zugeführt, um im Aufenthaltsbereich zulässige operative Raumlufttemperaturen zu gewährleisten. Zur Abführung weiterer Kühllasten und zur Kompensation der Strahlungsasymmetrie infolge der Dachverglasung erfolgt eine Fußbodenkühlung. Die Abluft kann frei über ein Fenster, welches im Bereich des Wärmepolsters angebracht wird, abströmen. Im Fall der Nichtnutzung des Gebäudes kann auf die Fensterlüftung über das untere Fenster zurückgegriffen werden, dessen Abstand zur Oberkante (OK) Erdreich so gewählt werden soll, dass eine ausreichende Höhendifferenz gegeben ist und notwendige Sicherheitsforderungen gewährleistet werden. Auch hier gilt, dass ***beide Systemlösungen getrennt betrieben*** werden sollten.

### Beispiel 2.2-6: Kombination: Freie Lüftung – RLT-Anlage (Abluft)

Für die Belüftung von Büroräumen in den Niederlanden wurde die Lösung nach Abbildung 2.2-54 vorgeschlagen. Dabei strömt die Zuluft frei über entsprechende Außenluftdurchlasselemente (ALD) in den Raum. Je nach Beaufschlagung des so genannten „Klimasegels“ erfolgt eine Kühlung bzw. Erwärmung der Außenluft. Der notwendige Unterdruck wird durch die mechanische Absaugung gewährleistet. Die Raumströmung wird zusätzlich durch eine Induktion von Raumluft nahe dem Fenster in Gang gesetzt.

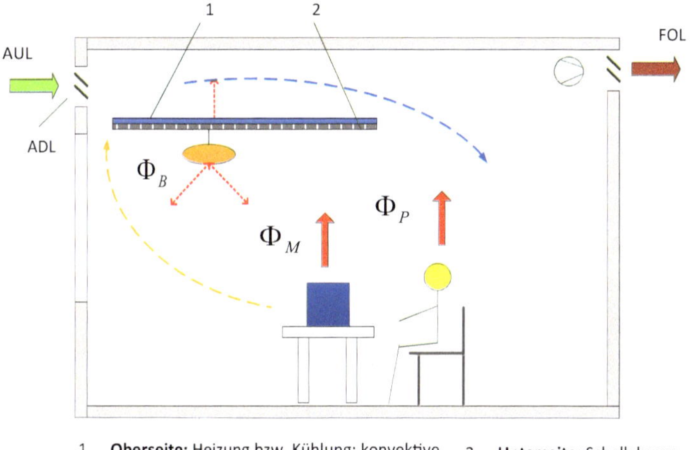


**Abb. 2.2-54** Prinzipskizze: Anwendung Klimasegel und Zuluft über Außenluftdurchlasselemente (ALD) *(Vorschlag: niederl. Architekt)*

### Beispiel 2.2-7: Freie Lüftung (Fortluft) über ein Atrium – Zuluft über Fensterlüftung bzw. mechanische Zuluftzuführung

Atrien kommen u. a. zur Anwendung, um

- bei größeren Gebäudetiefen eine ausreichende Tageslichtbeleuchtung gewährleisten zu können,
- einen Erlebnisbereich und Aufenthaltsbereich u. a. mit Grünpflanzen, Wasserflächen für Personen zu schaffen,
- über natürliche Lüftung Abluft abzuführen und
- u. U. Zuluft für die zum Atrium gewandten Räume zuzuführen.

In [32] werden unterschiedliche Konzepte zur Einbindung des Atriums in Lüftungskonzepte dargestellt und bewertet.

Die oft dargestellten Lüftungsschemen stellen Momentaufnahmen unter ganz bestimmten Randbedingungen dar. Die Strömungsverhältnisse im Atrium sind im Allgemeinen sehr kompliziert und sollten durch geeignete, jedoch aufwendige Strömungssimulationsrechnungen überprüft werden.

Die Abbildungen 2.2-55, 2.2-56a und 2.2-56b zeigen schematisch zwei realisierte Lösungen in Dresden.

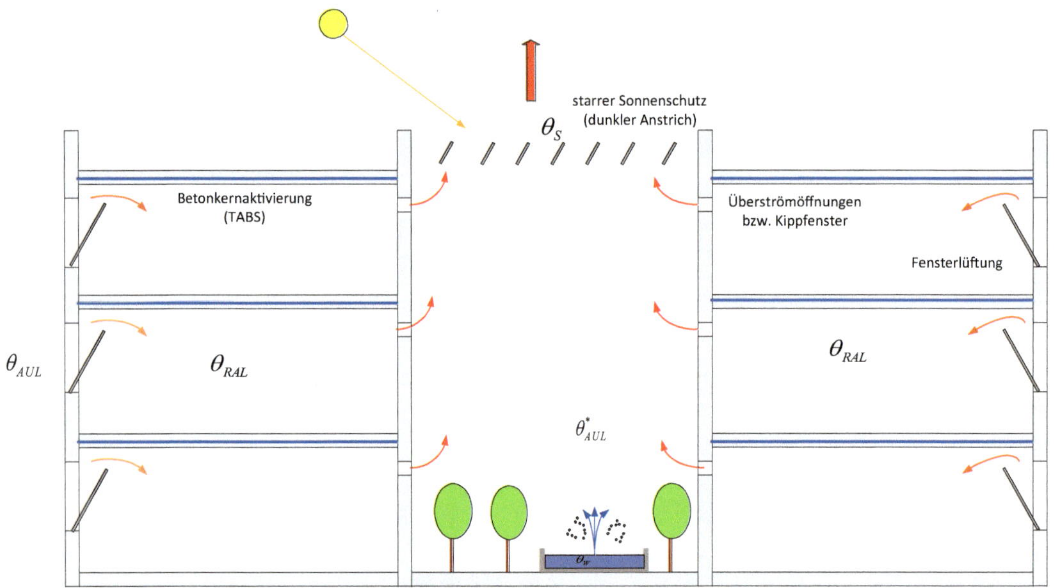


**Abb. 2.2-55** Prinzipskizze: Anwendung eines Atriums als Abluftschacht – Antriebselement ist u. a. dunkel gestrichener starrer Sonnenschutz

Die Steuerung der Fensteröffnung soll automatisch in Abhängigkeit der Raumlufttemperatur $\theta_a$, der äußeren akustischen Belastung und der Winddrücke am Gebäude erfolgen.

Abbildung 2.2-56 a zeigt den Schnitt durch ein Forschungsinstitut, wobei die raumlufttechnische Erschließung (Abluft) und für Labore die Zu- und Abluft über Steiger im Mittelbereich erfolgt.

**Beispiel 2.2-8: Intensive Nachtlüftung**

Im Hinblick auf das sommerliche Raumklima und den sommerlichen Wärmeschutz wird in DIN 4108-2 auf die intensive Nachtlüftung hingewiesen, wobei dabei im Allgemeinen von einer Fensterlüftung ausgegangen wird. Die in DIN 4108-2 angegebenen Grenzen sind kaum nachvollziehbar.

Aus [33] kann abgeleitet werden, dass bei einem ausreichend großer Außenluftwechsel ( $n_{AUL} = n_{ODA} \geq 8 \ldots 12$ 1/h) und einer ausreichenden thermischen Speicherfähigkeit der Raumumschließungskonstruktion die intensive Nachtlüftung spürbare Effekte bewirken kann. Jedoch ist zusätzlich die Randbedingung der inneren nutzungsbedingten Kühllast $\Phi_{N,m}$ zu berücksichtigen, die heute in Größenordnungen von $\Phi_{N,m} = 30$ bis 70 W/m² liegen kann.

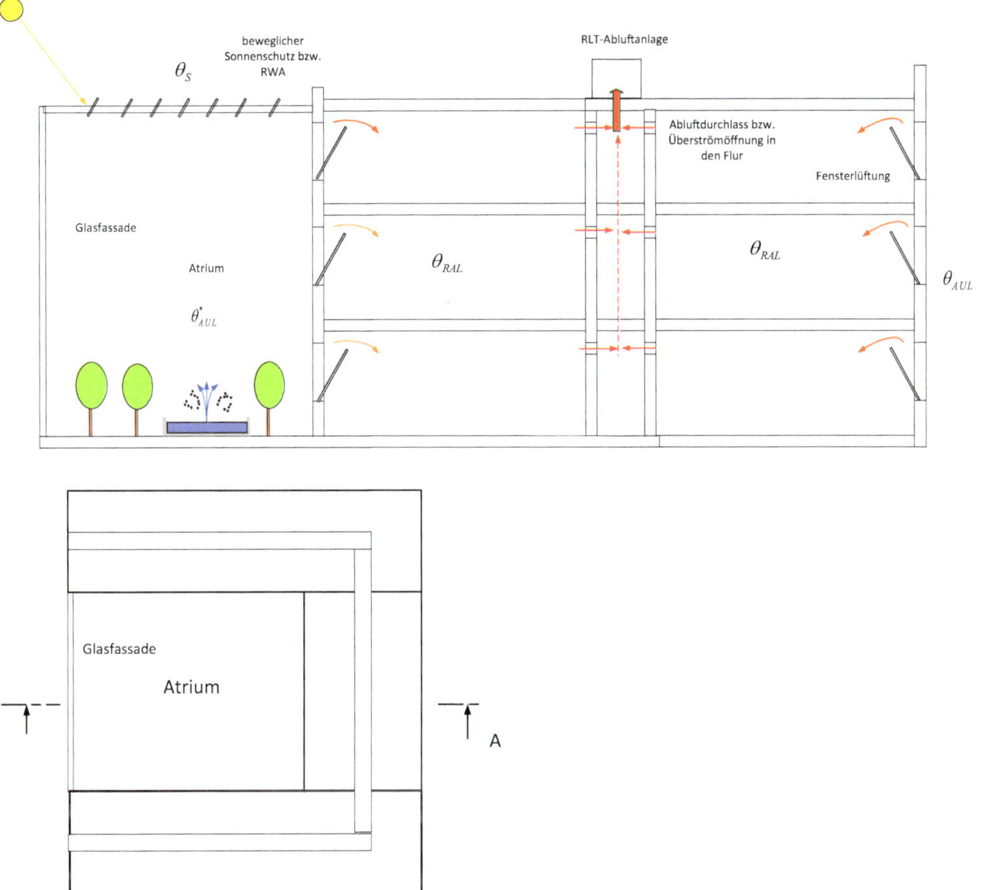


**Abb. 2.2-56 a+b** Prinzipskizze Schnitt A–A und Grundriss: Atrium als „Klimapuffer" und zur Tageslichtbeleuchtung der nach innen ausgerichteten Räume

Ob mit einer Fensterlüftung der o. g. Außenluftwechsel erreicht werden kann, hängt u. a. von Lüftungsdauer, Lüftungseffektivität der Fensterkonstruktion, Schallschutz, Sicherheit (Einbruch) und vor allem von der ausreichenden Druckdifferenz für thermischen Auftrieb ab.

Der Druckunterschied ist im Allgemeinen und insbesondere unter sommerlichen Verhältnissen relativ gering, da die Temperaturdifferenz zwischen der Raumluft und der Außenluft nur in einer Größenordnung von 8 bis 12 K liegen wird. Dies bedeutet, dass $\Delta p_A \approx 0{,}2..0{,}4 \cdot \Delta h$ (in Pa) erreichen kann.

Ob dadurch eine ausreichende intensive Durchströmung des Raums bzw. stabile Raumströmung gewährleistet werden kann, erscheint sehr fraglich. Eine stabile Durchströmung des Raums ist aber notwendig, damit alle speichernden Raumumschließungskonstruktionen mit der Luft in Kontakt kommen können.

***Zu beachten ist,*** dass in dem Fall, wenn dem Raum durch die intensive Nachtlüftung kühlere Außenluft zugeführt wird und keine ausreichenden „thermischen Auftriebskräfte" im Raum vorhanden sind, die wirksame Speicherfläche auf den Fußboden beschränkt bleibt, weil die kühlere Luft analog zur „Quelllüftung" nur im Fußbodenbereich wirksam ist.

Eine intensive Nachtlüftung mit spürbarem Effekt kann nur in

- Kombination: Fensterlüftung und mechanische Abluftanlage (Abbildung 2.2-57) oder
- einer RLT-Anlage, die in den Nachtstunden einen hohen Zuluftwechsel bzw. Außenluftwechsel in der Größenordnung von $n_{AUL} = n_{ODA} \approx 6$ bis 10 1/h gewährleisten kann,

erfolgen.

Die Tabellen 2.2-11 und 2.2-12 nach [33] geben beispielhaft den Einfluss des Außenluftwechsels der speicherwirksamen Masse auf die mittlere Raumlufttemperatur und die maximale Raumlufttemperatur wieder.

**Tab. 2.2-11** Sommerliche Raumlufttemperaturen als Funktion des Außenluftwechsels (intensive Nachtlüftung) bei konstanter innerer nutzungsbedingter Wärmelast und „leichte" Bauwerksklasse

| $\theta_{a,m}$ | $\theta_{a,\max}$ | $\hat{\Theta}_a$ | $n_{AUL} = n_{ODA}$ | $\Phi_{N,m}$ |
|---|---|---|---|---|
| in °C | in °C | in K | in 1/h | in W/m² |
| 26,6 | 31,6 | 5,0 | 0,1 | 56 |
| 25,3 | 31,3 | 6 | 5 | 56 |
| 24,6 | 31,2 | 6,6 | 10 | 56 |
| 24,0 | 31,1 | 7,1 | 20 | 56 |

**Tab. 2.2-12** Sommerliche Raumlufttemperatur als Funktion des Außenluftwechsels (intensive Nachtlüftung) bei konstanter innerer nutzungsbedingter Wärmelast und „schwere" Bauwerksklasse

| $\theta_{a,m}$ | $\theta_{a,\max}$ | $\hat{\Theta}_a$ | $n_{AUL} = n_{ODA}$ | $\Phi_{N,m}$ |
|---|---|---|---|---|
| in °C | in °C | in K | in 1/h | in W/m² |
| 26,2 | 29,9 | 3,7 | 0,1 | 56 |
| 24,8 | 29,5 | 4,7 | 5 | 56 |
| 24,0 | 29,3 | 5,3 | 10 | 56 |
| 23,3 | 29,1 | 5,8 | 20 | 56 |

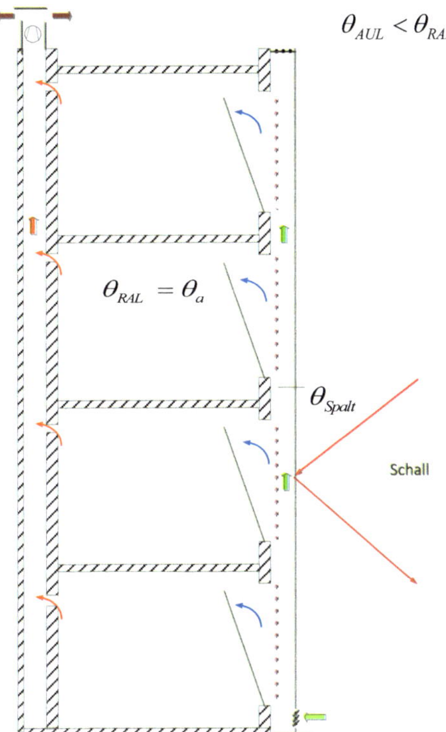


**Abb. 2.2-57**
Prinzipskizze: Fensterlüftung und Abluftanlage für die intensive Nachtlüftung

## 2.3 Außenluftansaugung/ Fortluftführung

Die Außenluftansaugung und die Fortluftöffnungen sollten möglichst so angeordnet werden, dass

- im angeschlossenen Luftleitungssystem der Druckverlust und somit der Energieaufwand gering ist,
- die Außenluft möglichst trocken, sauber und im Sommer kühl angesaugt werden kann und
- die Fortluft so ins Freie geführt wird, dass Gesundheitsrisiken oder schädliche Auswirkungen auf das Gebäude, die sich darin befindlichen Personen oder die Umwelt gering sind.

Die Anordnung der Fortluftöffnung hängt im Wesentlichen von der Fortluftqualität ab.

***Zu beachten ist:*** Planerische Hinweise mit informativen Charakter zur Anordnung der Außenluft- und Fortluftführung enthielt DIN EN 13779: 2007-09 (s. Hinweis am Anfang von Kapitel 2.1 bzw. Abbildung C.1 und Tabelle C.14 in Anhang C). Es kann von diesen Hinweisen abgewichen werden, jedoch sollten immer die Konsequenzen, insbesondere für die Qualität der angesaugten Außenluft und die u. U. notwendigen zusätzlichen Maßnahmen (z. B. Filter), zur Gewährleistung der hygienischen Behaglichkeit schriftlich dokumentiert werden.

## 2.3.1 Außenluftansaugung

Die Fassadengestaltung eines Gebäudes kann erheblich durch die notwendige Außenluftansaugung geprägt und auch durch deren Anordnung auf dem Dach oder im Freiraum außerhalb des Gebäudes beeinflusst werden. Beispiele zeigen die Abbildung 2.3-1a und b. Unsachgemäße Ausführung der Tropfrinne am Ansauggitter kann zu Bauschäden an der Fassade führen (z. B. farbliche Veränderungen, Schmutzablagerungen).

**Abb. 2.3-1**
**a (links)** Außenluftansaugung und Fortluftgitter an einem Laborgebäude
**b (rechts)** Außenluftansaugung an einem Bürogebäude

Folgende Empfehlungen sollten berücksichtigt werden, wobei auch lokale Klimabedingungen zu beachten sind:

- Der horizontale Abstand zwischen der Außenluftansaugung und einer Schadstoffquelle, wie z. B. Abfallsammelstellen, Parkplätze, Fahrwegen, Kanalentlüftungsöffnungen, Schornsteine, sollte nicht geringer als 8 m sein;
- keine Anordnung in der Hauptwindrichtung von Verdunstungs-Kühlanlagen oder in deren unmittelbaren Nähe;
- nicht an Fassaden von belebten Straßen, wenn nicht zu vermeiden, so hoch wie möglich über OK Erdreich bzw. Boden;
- nicht an Stellen, wo eine Rückströmung von Fortluft oder Störung durch Verunreinigungen bzw. Geruchsemissionen zu erwarten ist;

- nicht direkt über OK Erdreich, mindestens über das 1,5-Fache der Dicke der zu erwartenden Schneehöhe;
- möglichst nicht auf dem Dach, sondern in der bevorzugt vom Wind angeströmten Gebäudeseite;
- möglichst nicht in Bereichen, deren Oberflächen im Sommer übermäßig erwärmt werden;
- die maximale Strömungsgeschwindigkeit in der Öffnung sollte ≤ 2 m/s sein;
- die Möglichkeiten der Reinigung und Wartung sollten berücksichtigt werden.

Tabelle 2.3-1 fasst wesentliche zu beachtende, in technischen Regeln determinierte und in der Praxis bewährte Bedingungen zusammen. Die Abbildungen 2.3-3 und 2.3-4 veranschaulichen schematisch die Aussagen der Tabelle 2.3-1.

**Tab. 2.3-1** Hinweise zur Außenluftansaugung

| | |
|---|---|
| Lage | ▪ an der Außenwand<br>▪ über Dach<br>▪ Ansaugbauwerk |
| Forderungen | ▪ > 2 ... 3 m über Oberkante (OK) Erdreich<br>▪ mindestens 2 m von einer Abluftöffnung entfernt<br>▪ möglichst in freier Strömung, nicht im Unterdruckbereich bei der Gebäudeumströmung<br>▪ möglichst nicht direkt über dunklen Dachflächen |
| Konstruktive Gestaltung | ▪ Regenschutzgitter (Lamellen) mit Wasserabtropfrinne<br>▪ grobes Maschendrahtgitter zur Verhinderung des Eindringens von Gegenständen<br>▪ hinter dem Regenschutzgitter möglichst eine Absperrklappe (Schließen bei Frost und Ausfall des Ventilators, um Einfrieren des Vorheizers zu verhindern) |

Eine Übereinanderanordnung von Zuluftansaugung und Fortluftöffnung bei Einhaltung des vertikalen Mindestabstands von 2 m kann u. U. durch die konstruktive Gestaltung als Regenschutzgitter zu „Kurzschlussströmungen" führen, d. h. Ansaugen von Fortluft durch die Außenluft (Abbildung 2.3-2).

**Abb. 2.3-2** „Kurzschlussströmung" (oben Fortluftöffnung, unter Außenluftansaugung)

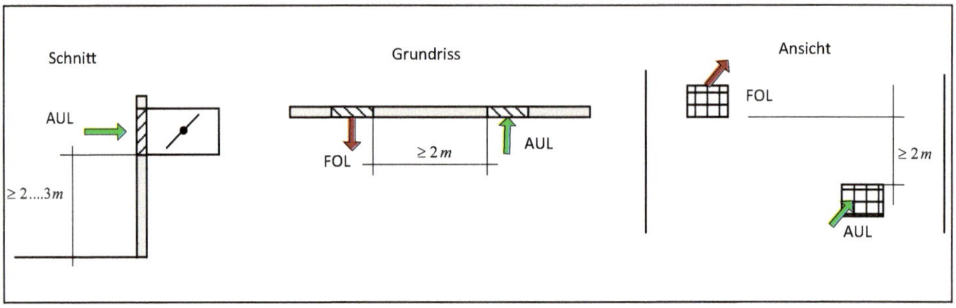

**Abb. 2.3-3** Schematische Darstellung der Außenluftansaugung an der Außenwand

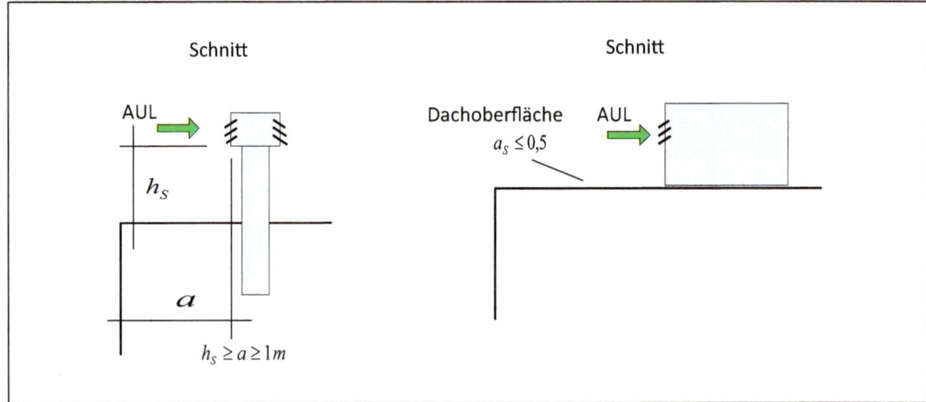


**Abb. 2.3-4** Schematische Darstellung der Außenluftansaugung über Dach

Bei der konstruktiven Gestaltung der Ansaugöffnung kann in grober Näherung davon ausgegangen werden, dass $A_c \approx 1,3 \dots 1,8 \cdot A_k$ ist.

Die freie Ansaugfläche $A_k$ ergibt sich aus dem Luftvolumenstrom $q_{V,AUL}$ und der Luftgeschwindigkeit $v$ im ***freien*** Querschnitt der Ansaugöffnung. Die Geschwindigkeit $v$ ist ≤ 1,5 bis 2 m/s zu wählen.

$$A_k = q_{V,AUL} / v$$

Für den Fall, dass eine Ansaugung an der Außenwand der Gebäudehülle vor allem aus gestalterischen Gründen kaum möglich ist, sollte die Ansaugung über Ansaugbauwerke (in Verbindung mit Luftbrunnen (s. a. Kapitel 2.3.4)) realisiert werden. Die Ansaugbauwerke können architektonisch entsprechend gestaltet werden (Beispiele siehe Abbildung 2.3-5a bis Abbildung 2.3-5c), aber auch zur Fortluftführung genutzt werden (Abbildung 2.3-5d), wobei aber die Aspekte nach Tabelle 2.3-1 zu beachten sind.

**Abb. 2.3-5**
**a (oben links)** Außenluftansaugung für einen Luftbrunnen
**b (oben rechts)** Außenluftansaugung für ein unterirdisches Bauwerk
**c (unten links)** Außenluftansaugung und Fortluftführung für RLT-Anlagen im Untergeschoss
**d (unten rechts)** Fortluftführung für ein unterirdisches Bauwerk

### 2.3.2 Fortluftführung

Das Ausströmen der Fortluft ins Freie der Kategorien EHA 1 und EHA 2 gilt nach DIN EN 16798-3 unter folgenden Voraussetzungen:

- Abstand zwischen Fortluftöffnung und einem benachbarten Gebäude ≥ 8 m;
- Abstand zwischen Fortluftöffnung und Außenluftansaugung an der gleichen Wand ≥ 2 m;
- der Fortluftvolumenstrom $q_{V,FOL} = q_{V,EHA} \leq 0{,}5\ \mathrm{m^3/s}$ ( ≡ $1800\ \mathrm{m^3/h}$);
- Luftgeschwindigkeit an der Fortluftöffnung ≥ 5 m/s.

In allen anderen Fällen sollte die Fortluft über Dach geführt werden.

Bei der Fortluftführung sind besonders die Hinweise der Schachtlüftung (s. a. Kapitel 2.2.3) zu berücksichtigen.

***Zu beachten ist:*** Die Anordnung ist so vorzunehmen, dass
- die Fortluftöffnung möglichst in der „freien ungestörten Strömung“ liegt und
- es zu keinem Kurzschluss mit der Außenluftansaugung kommt.

Aus Tabelle 2.3-2 und den Abbildungen 2.3-3 und 2.3-6 sind Hinweise für die Anordnung und Gestaltung zu entnehmen.

Eine Fortluftführung über Lichtschächte mit Abdeckgitter (für RLT-Anlagen, aber auch für Abluft von Rückkühlwerken, Trafostationen, Tiefgaragen) ist möglich, wobei darauf zu achten ist, dass es zu keinen Beeinträchtigungen für die Nutzer der Fläche kommt. Die Luftgeschwindigkeit $v$ sollte dann ≤ 1 ... 1,5 m/s sein.

Ist die Fortluft sehr feucht (z. B. bei offenen Rückkühlwerken), so kann im Winter Nebel entstehen und unter Umständen zur Feuchtebelastung der Oberfläche der Außenkonstruktion kommen.

***Zu beachten ist***, dass die Fortluftöffnungen nicht unter zu öffnenden Fenstern von Räumen, die durch Personen benutzt werden, angeordnet werden sollten.

Im Dachbereich sollte die Luftgeschwindigkeit $v$ größer sein ($v \approx 2 \ldots 6\ (10)$ m/s). Bei zu großer Luftaustrittsgeschwindigkeit können störende Austrittsgeräusche für umliegende genutzte Gebäude entstehen (Einhaltung der Technischen Richtlinien Lärm und Emission TA Lärm und TA Luft).

**Tab. 2.3-2** Hinweise zur Fortluftführung

| | |
|---|---|
| Lage | ▪ an der Außenwand<br>▪ über Dach<br>▪ über Lichtschächte |
| Forderungen | ▪ nicht unter Außenluftansaugung, kein Kurzschluss zur Außenluftansaugung<br>▪ nicht unter öffenbaren Fenstern von benutzten Fenstern<br>▪ Anordnung in der „freien Strömung“<br>▪ bei Entstehen von Kondensat: Entwässerung des tiefsten Punkts |
| Ausströmfläche | ▪ Gitter (Lamellen, grober Maschendraht)<br>▪ Verhinderung des Eindringens von Feuchtigkeit, Verunreinigungen und Tieren |
| Mündung der Fortluftöffnung | ▪ möglichst in der „freien Strömung“; Sogwirkung des Winds<br>▪ nahe der Traufkante ($a < 10$ m)<br>▪ Höhe $h$ der Mündung ($h \geq a$; $h \geq 1$ m)<br>▪ Beachtung des Einflusses von benachbarten Gebäuden |

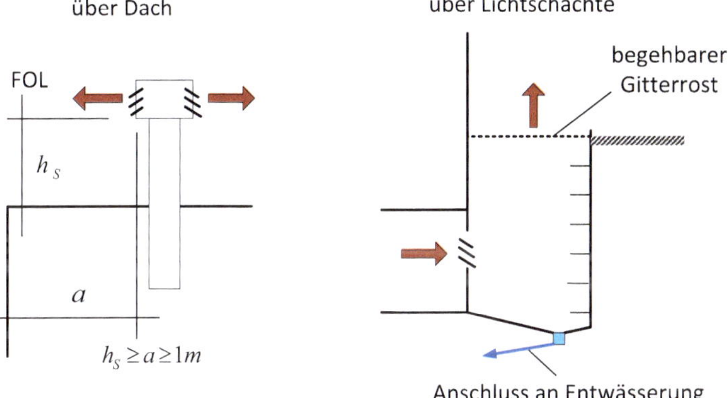


**Abb. 2.3-6** Hinweise zur Anordnung der Fortluftführung

## 2.3.3 Abstand zwischen Außenluftansaugung und Fortluftführung

Empfohlene Mindestabstände zwischen den Fortluftauslass- und den Außenlufteinlassöffnungen in Abhängigkeit des Luftvolumenstroms sind Tabelle C.13 zu entnehmen. Die Werte gelten für Fortluftgeschwindigkeiten ≤ 6 m/s. Bei höheren Geschwindigkeiten können die Abstände kleiner sein.

Mindestabstände unter Bezug auf dezentrale Geräte mit Luftvolumenströmen <= 0,5 m/s sind in Abbildung C.1 dargestellt, wobei die empfohlenen Mindestabstände über einen Verdünnungsfaktor abgeleitet werden können.

### 2.3.4 Luftbrunnen, Thermolabyrinth

Als energetisch und ökologisch günstig erweist sich die Ansaugung über Ansaugbauwerke und Luftführung über Erdkanäle (Luftbrunnen) (Abbildung 2.3-10) oder Kanäle im Außenbereich des Kellers oder im Keller (Thermolabyrinth) (Abbildung 2.3-12).

Diese Lösung wurde schon Anfang des 20. Jahrhunderts angewendet, wie z. B. die Außenluftansaugung über einen langen Kanal entlang der Donau zur Belüftung des Parlamentsgebäudes, wobei im Winter noch zusätzlich Eis in dem Kanal eingelagert wurde.

Umfangreiche planerische Hinweise zur thermischen Nutzung des Untergrunds sind in der VDI 4640 Bl. 5 dokumentiert.

#### Luftbrunnen mit Ansaugbauwerk

Die angesaugte Luft wird über einen im Erdreich verlegten Kanal geführt, der eine möglichst große Übertragungsfläche (Umfang) zum Erdreich haben sollte. Als zweckmäßiger Richtwert für die notwendige Kanaloberfläche ist von einem spezifischen Wert $A_{Kanaloberfl.} / q_V = 0{,}04\ m^2/m^3/h$ auszugehen [34]. Abbildung 2.3-7 zeigt den Zusammenhang zwischen spezifischer Kanaloberfläche, Luftgeschwindigkeit und erreichbarer Temperaturabsenkung [27]. Die Luftgeschwindigkeit im Kanal sollte zwischen 2 und 4 m/s liegen.

Da die Erdreichtemperatur, die sich ab 2 bis 3 m der Grundwassertemperatur ($\theta_{GW} = 8 \ldots 10$ °C) hinreichend nähert, über das Jahr gesehen relativ konstant ist, kann das Erdreich als „Energiespeicher“ genutzt werden.

Unter sommerlichen Bedingungen ist eine Vorkühlung (s. a. Abbildung 2.3-8) und unter winterlichen Bedingungen eine Vorheizung der Außenluft möglich. Dadurch sind beachtliche energetische Einsparungen möglich. Tabelle 2.3-3 gibt Orientierungswerte zur Dämpfung der Außenlufttemperatur, d. h. Verringerung der Temperaturamplitude und mögliche energetische Leistungseinsparungen [35].

Diese günstige Gestaltung der Außenluftansaugung führt zu:

- energetischen Einsparungen,
- einer Verkleinerung der heizungstechnischen bzw. raumlufttechnischen Zentralen einschließlich notwendiger Rückkühlwerke und
- einer Verkleinerung der Kesselgröße bzw. des RLT-Kastengeräts.

> ***Zu beachten ist:*** Im Kanal können Taupunktunterschreitungen auftreten. Deshalb ist er mit Gefälle (ca. 1 %) in Richtung Ansaugbauwerk zu verlegen und an das Entwässerungssystem anzuschließen, um neben der Entwässerung eine Reinigung des im Allgemeinen begehbar auszubildenden Kanals zu ermöglichen.

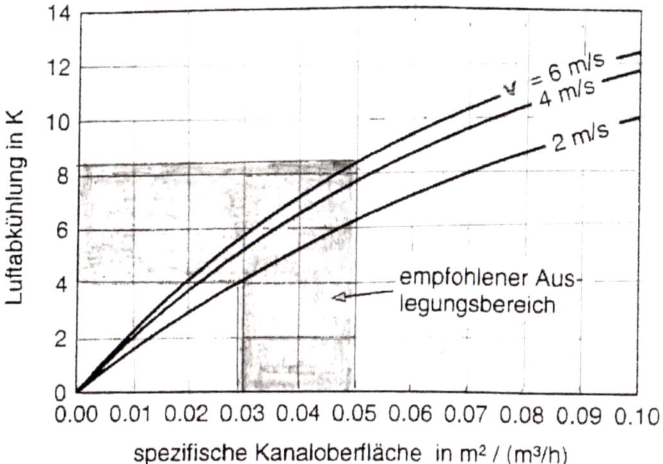


**Abb. 2.3-7** Luftabkühlung bei maximaler Außenlufttemperatur in Abhängigkeit vom Verhältnis zwischen der Kanaloberfläche und dem Luftvolumenstrom für unterschiedliche Luftgeschwindigkeiten nach [34]

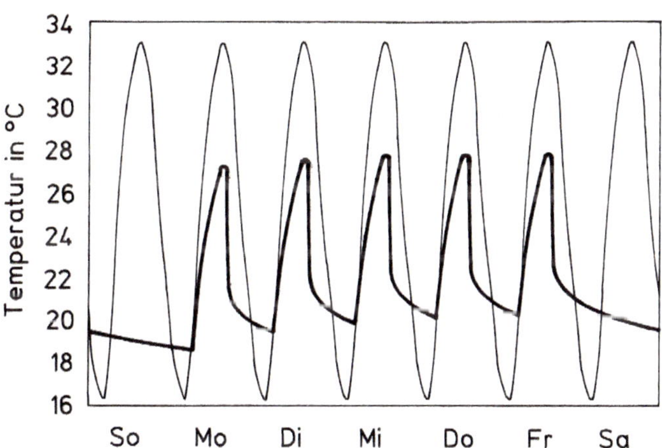


**Abb. 2.3-8** Luftein- und -austrittstemperaturen in der zweiten Woche einer 14-tägigen Hitzeperiode nach [34]

Die Kanäle können gemauert, aus Betonfertigteilen oder Kunststoffrohre (z. B. Abbildung 2.3-9a bis Abbildung 2.3-9d) sein.

**Abb. 2.3-9**
**a** Rohre mit Verbindungs- und Abdichtelementen

**b** Formstücke

**c** Rohre mit Überdeckung

**d** Senkrechtes Ansaugrohr

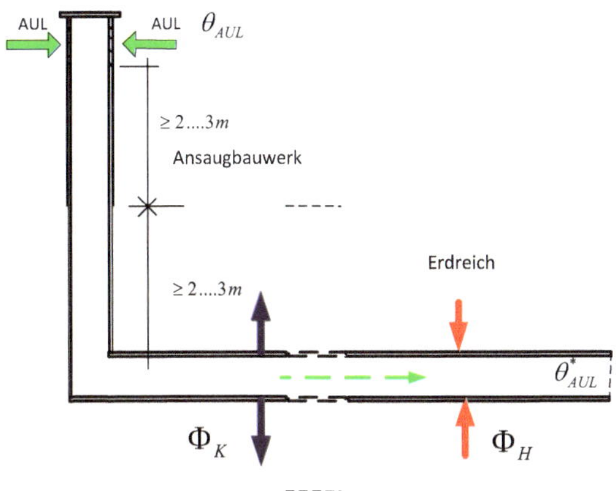


**Abb. 2.3-10** Schematische Darstellung eines Luftbrunnens mit Wärmegewinn $\Phi_H$ im Winter und Wärmeverlust (Kältegewinn) im Sommer $\Phi_K$

**Tab. 2.3-3** Mögliche Effekte bei Anwendung von Luftbrunnen auf die angesaugte Außenlufttemperatur und die Einsparung von Aufbereitungsenergie

| | Dämpfung | |
|---|---|---|
| | Mittelwert $\Delta\,\theta_{e,m}$ | Amplitude $\Delta\,\theta_e$ |
| | in °C | in K |
| Sommer | 0,2 ... 2 | 1 ... 8 |
| Winter | 0,2 ... 1 | 2 ... 4 |
| | **Einsparung** | |
| | **MWh/Monat** | **%** |
| Kühlenergie | 20 ... 60 | 25 ... 45 |
| Heizenergie | 10 ... 25 | 10 ... 17 |

## Luftbrunnen mit Schotterspeicher

Die angesaugte Luft kann auch über einen Schotterspeicher geführt werden und somit vorgekühlt oder vorgewärmt werden. Details für diese Lösung sind Kapitel 7.4 zu entnehmen.

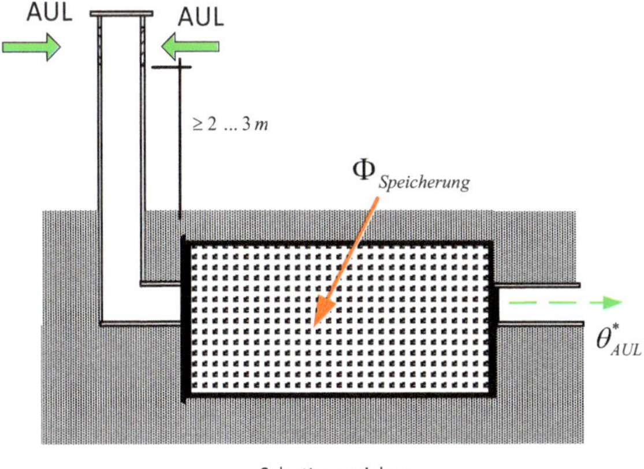


**Abb. 2.3-11** Luftbrunnen mit Schotterspeicher

### Thermolabyrinth

Der Außenluftkanal kann auch im Außenbereich oder im Innenbereich eines Kellergeschosses geführt werden. Hier wird neben der Ausnutzung des Temperaturgefälles zum Erdreich vor allem die Speicherwirkung der Betonkonstruktion ausgenutzt.

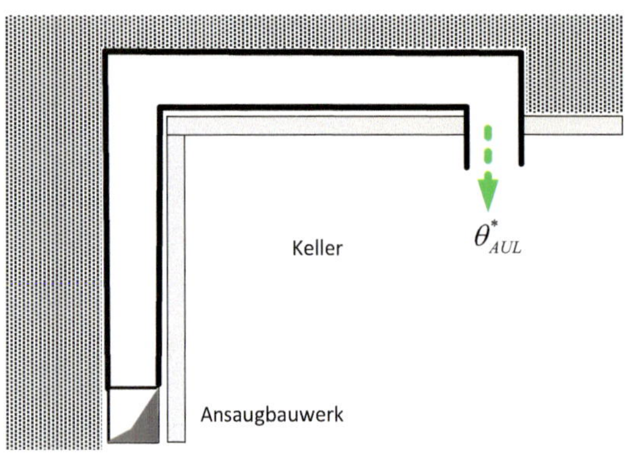


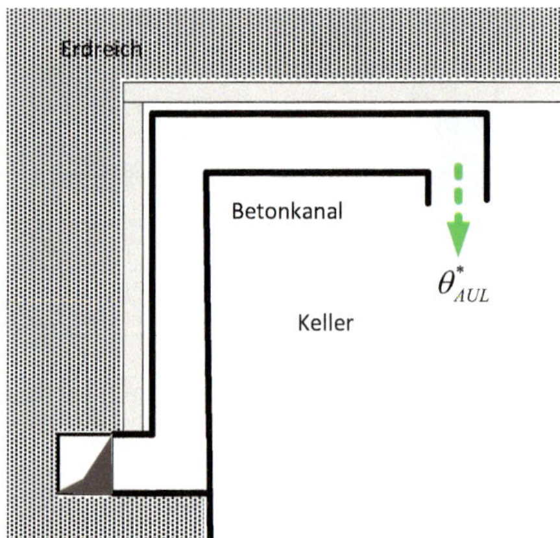


**Abb. 2.3-12** Schematische Darstellung eines Thermolabyrinths

## 2.3.5 Sonderform des Thermolabyrinths

Die Kühlrohre (Abbildung 2.3-13) werden in der statisch neutralen Zone der Betondecke zwischen oberer und unterer Bewehrung verlegt (Abbildung 2.3-14). Um ein Aufschwimmen zu vermeiden, werden die Rohre in ihrer Lage durch Abstandshalter fixiert (Abbildung 2.3-15). Durch das anschließende Vergießen sind die Rohre im Beton eingebettet (Abbildung 2.3-16).

Die Kühlrohre lassen sich in der Regel sowohl in Ortbeton als auch in Filigran- oder Fertigteildecken verlegen.

Die Kühlrohre (Abbildung 2.3-12) bestehen aus gut wärmeleitendem Aluminium, wobei die Rohrinnenseite zur Verbesserung des inneren Wärmeübergangs bzw. der Übertragungsfläche (nahezu vervierfacht) berippt sind. Nach Angaben des Herstellers [36] können die Rohre im eingebauten Zustand entsprechend VDI 6022 Bl. 1 sowohl inspiziert als auch gereinigt bzw. desinfiziert werden. Die Kühlrohre werden in den Durchmesser 60 mm und 80 mm eingesetzt.

Die Decke kann je nach Dicke und Betonqualität eine effektive Speicherkapazität von $C_{wirk}$ = 165 bis 200 Wh/(m$^2$ K) erreichen [37].

Ein wichtiger Vorteil des Systems ist die Energieeinsparung aufgrund der Nutzung des Kühlpotenzials der Freien Kühlung mittels der Außenluft, die an über 6.000 Stunden mit einer Temperatur von weniger als 14 °C zur Verfügung steht.

**Abb. 2.3-13** Kühlrohr (*Werkfoto: Fa. Kiefer)*

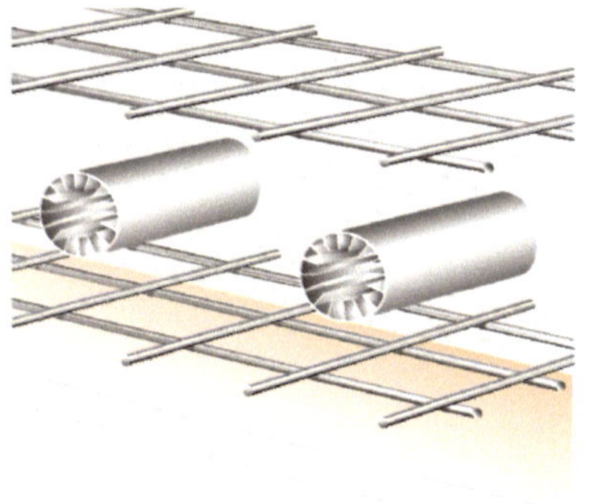

**Abb. 2.3-14 (links)** Kühlrohre mit Abstandshalter (*Werkzeichnung: Fa. Kiefer)*
**Abb. 2.3-15 (rechts)** Kühlrohre mit Abstandshalter *(Werkfoto: Fa. Kiefer)*

**Abb. 2.3-16**
Vergießen der Decke *(Werkfoto: Fa. Kiefer)*

Die in üblicherweise aufbereitete Außenluft (vortemperiert, gefiltert), die in einer Größenordnung von 4,5 bis 7,2 $m^3/(h\ m^2)$ liegen soll, strömt über die entsprechend verlegten Rohre in der Decke (Abbildungen 2.3-3 und 2.3-15) zu dem entsprechenden Luftdurchlass (Abbildung 2.3-17).

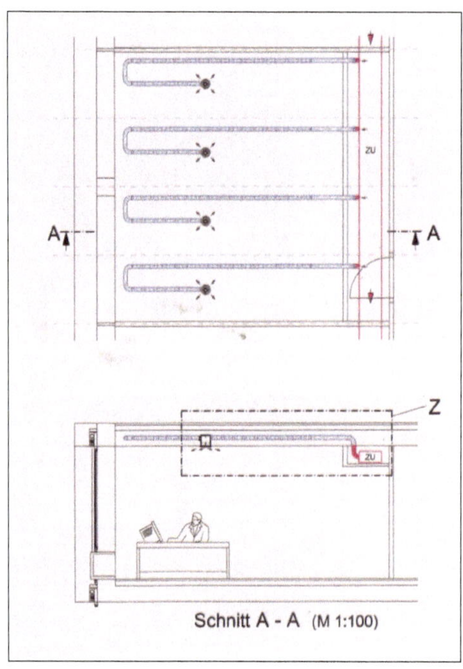


**Abb. 2.3-17**
Prinzipschema: Kühlrohr in Kombination mit Deckendralldurchlass – Anschluss im Deckenkoffer *(nach Werkzeichnung: Fa. Kiefer)*

Die realisierte Länge durch die U-förmige Verlegung und die Gestaltung der Rohrinnenseite ermöglicht eine große Übertragungsfläche. Dadurch können sich relativ hohe Übertragungsgrade (Rückwärmzahlen) ergeben, wie aus Abbildung 2.3-18 ersichtlich. Zusammen mit der WRG eines Kastengeräts kann das Gesamtsystem mit der Betonkernaktivierung mit Luft einen Wärmeübertragungsgrad von über 95 % erreichen.

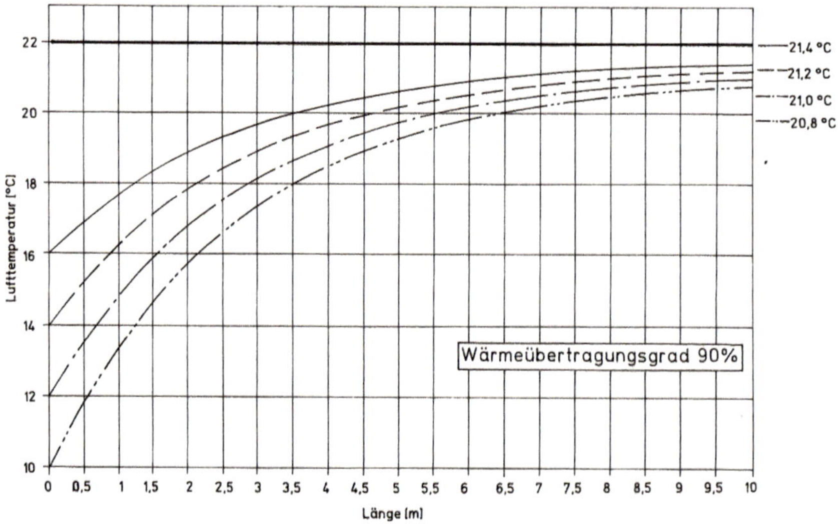


**Abb. 2.3-18** Lufterwärmung im Kühlrohr – Temperaturstabilität nach [37]

Die in den Abbildungen 2.3-19 und 2.3-20 dargestellten Ergebnisse von Simulationsrechnungen bestätigen einerseits die Dämpfung der Außenlufttemperaturen auf sinnvolle Zulufttemperaturen und andererseits die Speicherwirkung der Deckenkonstruktion bzw. das Erreichen von günstigen Oberflächentemperaturen bzw. operativen Temperaturen.

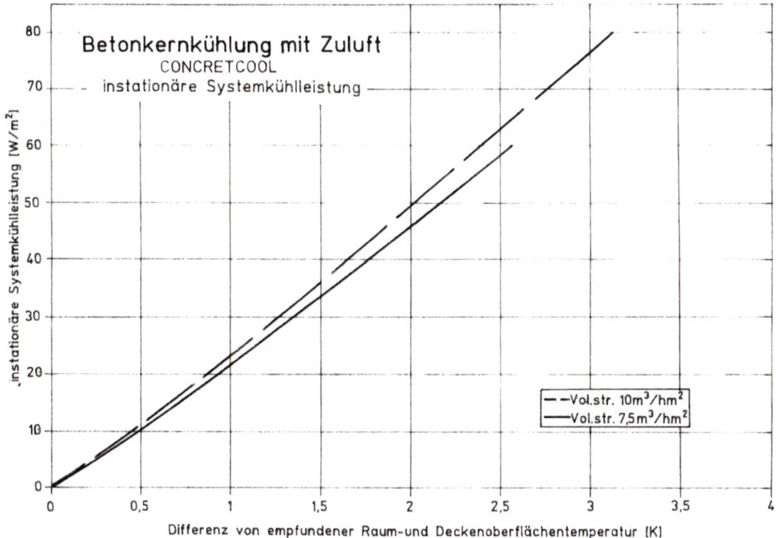


**Abb. 2.3-19** Instationäre Systemkühlleistung (Decke – Quellluft – Boden) für den Lastverlauf einer thermischen Simulation nach [37]

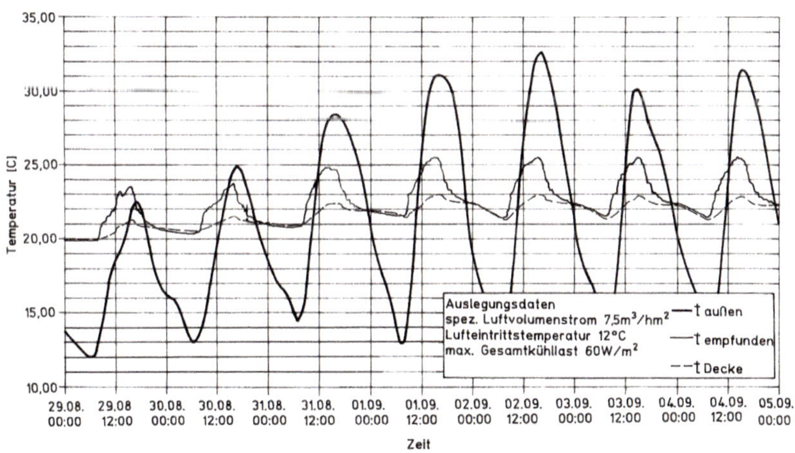


**Abb. 2.3-20** Temperaturverläufe einer Hitzeperiode entsprechend der Simulation gemäß Testreferenzjahr (TRY 5) nach [37]

# 2.4 Luftaufbereitung

## 2.4.1 Einführende Beispiele

Die Luftaufbereitung wird oft als rein technisches und nicht leicht verständliches Problem gesehen, obwohl Prozesse der Luftaufbereitung tagtäglich in der Natur ablaufen, ohne dass man sich immer darüber im Klaren ist. Einige Beispiele aus [51] sollen dies verdeutlichen.

**Beispiel 2.4-1:**

Steigen in ein Auto mehrere Personen ein, so erhöht sich durch die Atemluft sehr schnell die absolute Luftfeuchte. Deshalb kommt es bei kühlen Außenluftzuständen oft vor, dass es an den inneren Oberflächen der Autoscheiben zu einer Taupunktunterschreitung kommt. Eine Kompensation ist im Allgemeinen nur durch Lüften mit kühlerer oder gekühlter Außenluft zweckmäßig.

**Beispiel 2.4-2:**

Obwohl alle Oberflächen in einem Bad nahezu die gleiche Temperatur wie die Raumluft haben, so beschlagen beim Duschen mit warmem Wasser die Flächen. Auch hier erhöht sich die absolute Feuchte der Luft und die Oberflächentemperatur liegt unter der Taupunkttemperatur des Luftzustands des Raums.

**Beispiel 2.4-3:**

Im Herbst ist am Morgen oft auf vielen Flächen Tau oder gar Reif zu beobachten. Dieser entsteht dadurch, dass durch nächtliche Abstrahlung der Oberflächen gegen den „kalten“ Himmel sich die Oberflächentemperatur abkühlt und unter die Taupunkttemperatur absinkt.

**Beispiel 2.4-4:**

Im Sommer erscheint der Aufenthalt in der Nähe von bewegten Wasserflächen oder Springbrunnen als behaglich und kühl. Durch die Verdunstung von Wasser wird der Luft Wärme entzogen, d. h., sie wird gekühlt, aber auch gleichzeitig befeuchtet.

**Beispiel 2.4-5:**

Das Mischen von zwei Luftströmen mit unterschiedlichen Zuständen erfolgt nahezu ständig in der Natur. Wird im Winter die feuchte und warme Atemluft ausgeatmet, so bildet sich „Hauch“, d. h. Nebel. Die kleine Luftmenge „Atemluft“ vermischt sich mit der großen Luftmenge „kalte trockene Außenluft“. Der Mischpunkt der beiden Mengen liegt im $h,x$-Diagramm „rechts“ neben der Sättigungslinie, d. h. im sogenannten Nebelgebiet.

**Beispiel 2.4-6:**

Beim Erwärmen von Luft verringert sich die Dichte, d. h., die warme Luft steigt auf. Die relative Feuchte sinkt, aber die absolute Feuchte bleibt gleich. Durch den Menschen wird dies als „trockene" Luft empfunden.

**Beispiel 2.4-7:**

Am Beispiel der Nase kann die Wärmerückgewinnung und die Taupunktunterschreitung demonstriert werden. Die Nase ist ein regenerativer Wärmerückgewinner (Wechselspeicher). Die Nasenscheidewand und die Nasenflügel stellen die **Speichermasse** dar. Beim Einatmen der trockenen kalten Luft durch die Nase erwärmt sich die Luft an der Speichermasse, letztere wiederum kühlt sich ab. Beim Ausatmen der feuchten warmen Luft erwärmt sich die Speichermasse, die Luft kühlt sich ab. Ist die Oberflächentemperatur der Speichermasse niedriger als die Taupunkttemperatur der Atemluft, so bildet sich Tauwasser (d. h., die Nase tropft, ohne dass man Schnupfen hat).

## 2.4.2 Aufbereitungsformen

***Zustandsänderungen im Raum*** (Abbildungen 2.4-1 und 2.4-2)

Für die Gewährleistung der geforderten Raumklimaparameter ist es notwendig, den Luftvolumenstrom $q_V$ in Abhängigkeit von der im Raum vorhandenen Wärme- und/oder Stofflast aufzubereiten. Der Zuluftvolumenstrom $q_{V,ZUL} \equiv q_{V,SUP}$ ist so aufbereitet dem Raum zuzuführen, dass

- die Raumparameter (im Allgemeinen: Raumlufttemperatur $\theta_a$, Raumluftfeuchte ($x_a$ bzw. $\varphi_{D,a}$)) gewährleistet werden ***und gleichzeitig***
- die entsprechende Wärme- und/oder Stofflast im Raum

kompensiert wird.

Die Veränderung des Luftzustands im Raum infolge der Belastung (Zustandsverlauf) wird zweckmäßigerweise schematisch im *h,x*-Diagramm nach *Mollier* dargestellt. Die Zustandsänderung wird durch das Verhältnis $\Delta\theta/\Delta x$ dargestellt, welches im Wertebereich von $+\infty$ bis $-\infty$ liegen kann.

Im Allgemeinen ist für Dimensionierung der Aufbereitungsgeräte der Auslegungsfall (Heizfall = winterliche Bedingungen; Kühlfall = sommerliche Bedingungen) von Interesse (Abbildungen 2.4-1 und 2.4-2). Die Bedingungen sind u. a. in VDI 2078 und DIN EN 12831-1 determiniert bzw. ***müssen*** mit dem Auftraggeber ***schriftlich*** vereinbart werden. Dies betrifft sowohl die Außenklimabedingungen als auch die Nutzungs- bzw. Behaglichkeitsbedingungen im Raum, wobei die technischen Regeln wie z. B. DIN EN 16798-3, DIN EN 15251 und DIN EN 12831-1 im Allgemeinen nur Standardwerte bzw. Richtwerte vorgeben.

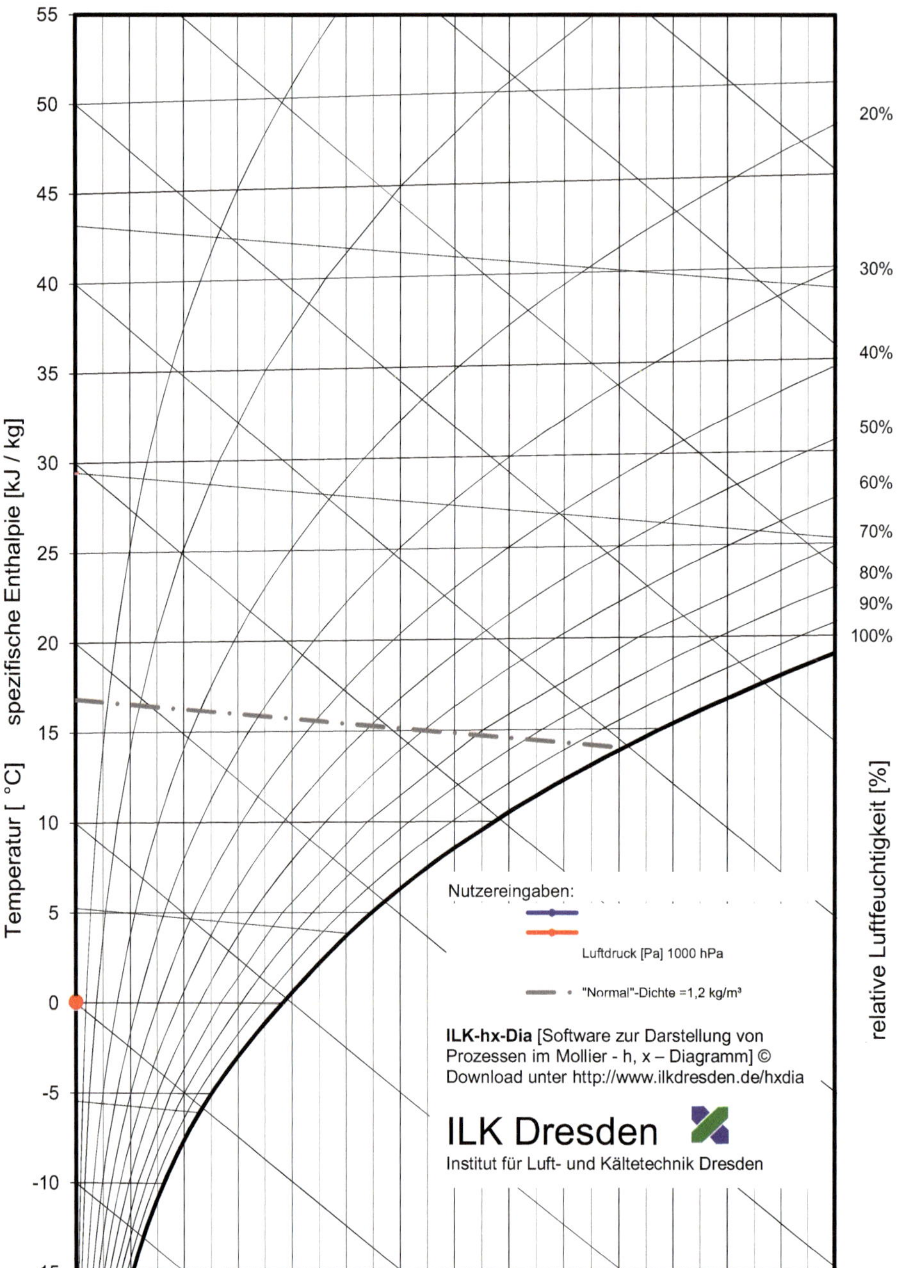

55
50
45
40
35
30
25
20
15
10
5
0
-5
-10
-15
Temperatur [ °C] spezifische Enthalpie [kJ / kg]
20%
30%
40%
50%
60%
70%
80%
90%
100%
relative Luftfeuchtigkeit [%]
Nutzereingaben:
Luftdruck [Pa] 1000 hPa
"Normal"-Dichte =1,2 kg/m³
ILK-hx-Dia [Software zur Darstellung von Prozessen im Mollier - h, x – Diagramm] ©
Download unter http://www.ilkdresden.de/hxdia
ILK Dresden
Institut für Luft- und Kältetechnik Dresden

Um den erforderlichen Zuluftzustand zu erreichen, kommen die Aufbereitungsformen „Heizen, Kühlen, Befeuchten und Entfeuchten“ und die Prozesse „Mischen und Energierückgewinnung“ zur Anwendung. Die Darstellung der Aufbereitung und der Prozesse kann zweckmäßigerweise im *h,x*-Diagramm nach *Mollier* vorgenommen werden.

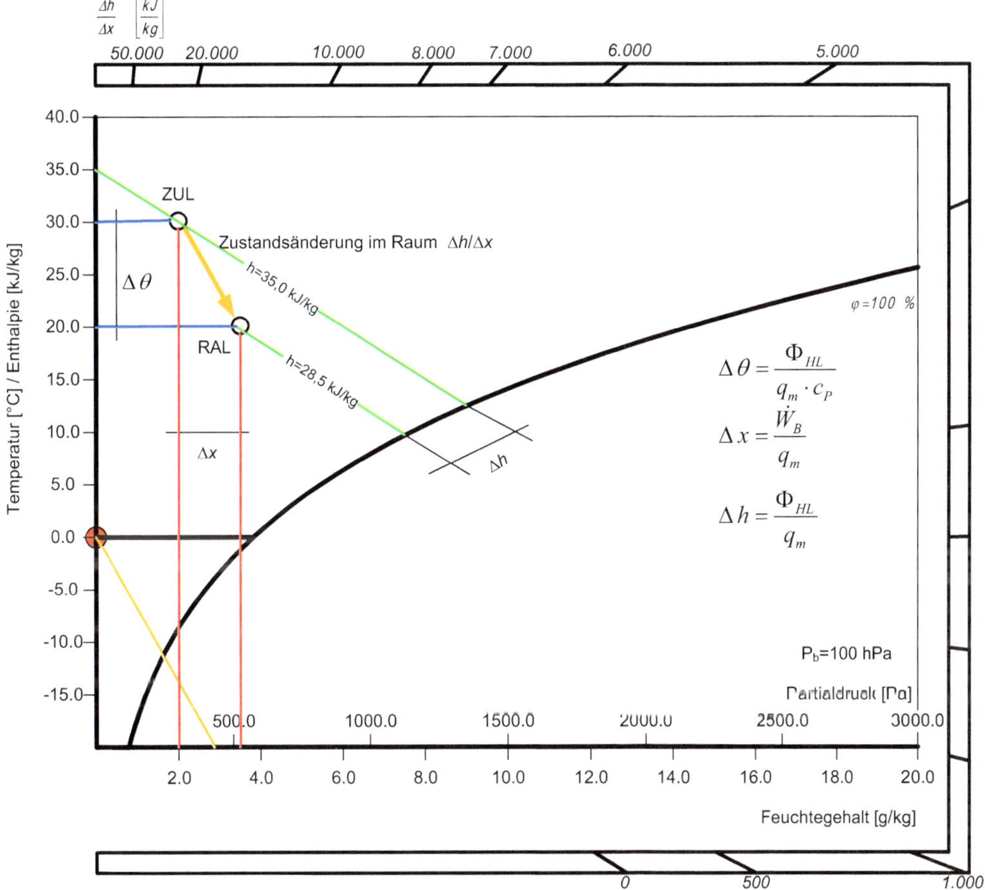


**Abb. 2.4-1** Schematische Darstellung der Zustandsänderung im Raum für den **Winterfall**

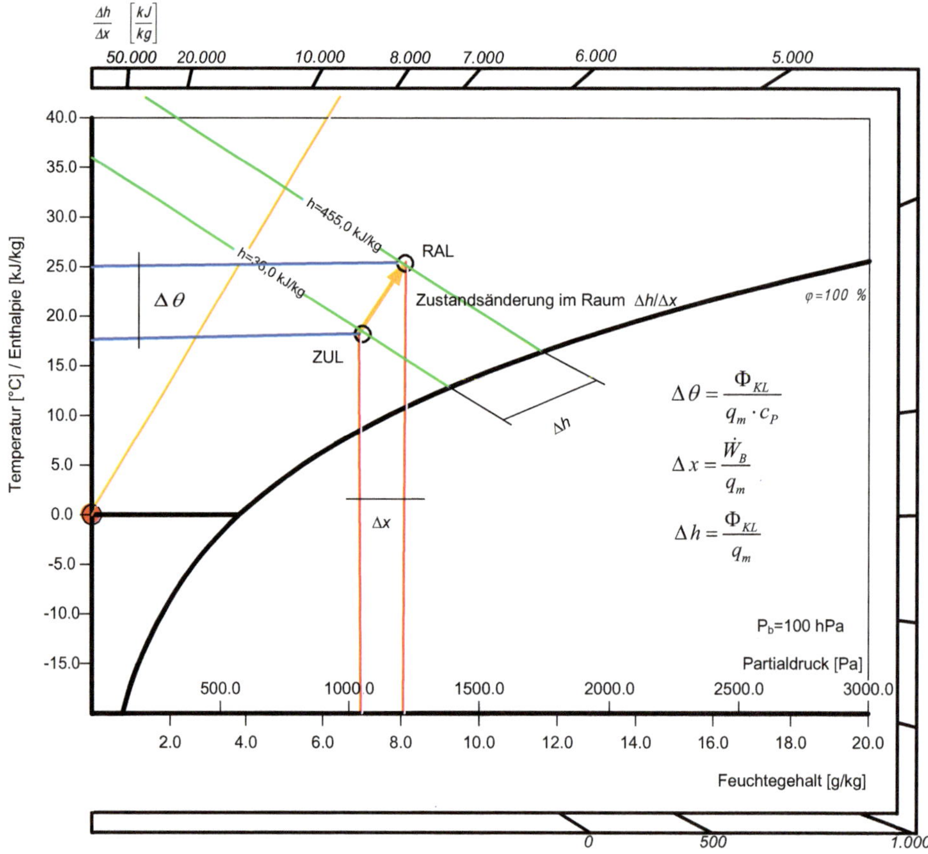


**Abb. 2.4-2** Schematische Darstellung der Zustandsänderung im Raum für den **Sommerfall**

## Zustandsänderungen bei der Aufbereitung der Luft

***Heizen*** (Abbildung 2.4-3)

Erwärmen der Luft vom Zustand 1 zum Zustand 2

| ***Veränderlich*** ist | ***Konstant*** bleibt |
|---|---|
| Temperatur $\theta$<br>relative Feuchte $\varphi_D$<br>spezifische Enthalpie $h$<br>Rohdichte der Luft $\rho_L$ | absolute Feuchte $x$ |

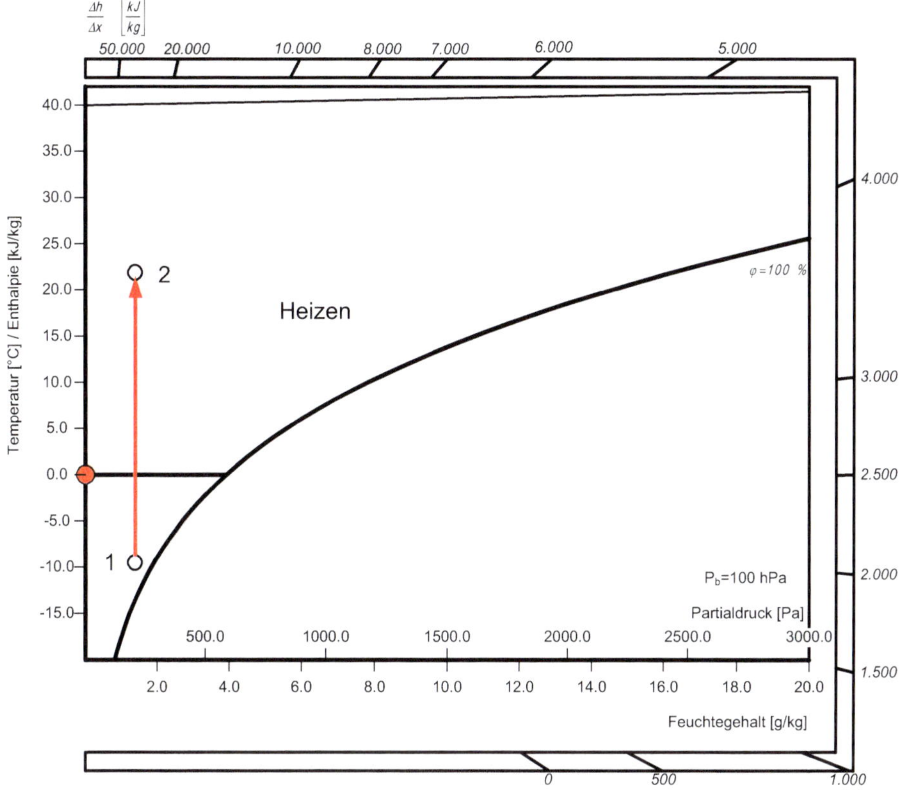


**Abb. 2.4-3** Schematischer Zustandsverlauf beim ***Erwärmen*** eines Luftzustands 1 zum Luftzustand 2

**Beispiel: 2.4.-1**
**gegeben:**

Zustand 1 $\theta_L = -5\,^\circ\text{C},\ x = 2$ g/kg;

$\varphi = 80$ %; $h = 0$ kJ/kg, $\rho = 1{,}295$ kg/m$^3$

Zustand 2 $\theta_L = 25\,^\circ\text{C},\ x = 2$ g/kg;

$\varphi = 10$ %; $h = 30$ kJ/kg, $\rho = 1{,}17$ kg/m$^3$

Massestrom: $q_m = 1$ kg/s

**gesucht:**
Spezifische Heizenergie: $\Delta h = h_{L,2} - h_{L,1} = 30 - 0 = 30$ kJ/kg

Heizleistung: $\Phi = 1 \cdot 30 = 30$ kJ/s $= 30$ kW

***Kühlen*** (Abbildung 2.4-4)

Kühlen der Luft vom Zustand 1 zum Zustand 2

| ***Veränderlich*** ist | ***Konstant*** bleibt |
|---|---|
| Temperatur $\theta$<br>relative Feuchte $\varphi_D$<br>spezifische Enthalpie $h$<br>Rohdichte der Luft $\rho_L$ | absolute Feuchte $x$ |

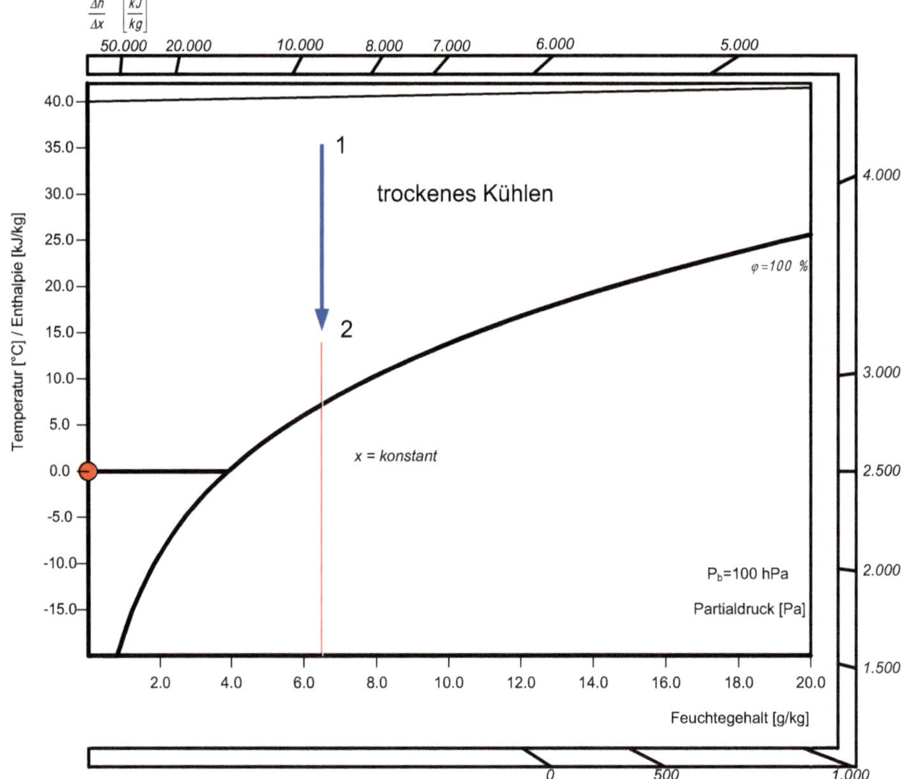


**Abb. 2.4-4** Schematischer Zustandsverlauf beim ***Kühlen*** eines Luftzustands 1 zum Luftzustand 2

**Beispiel: 2.4.-2**
**gegeben:**

Zustand 1 $\theta_L = 32\,^\circ\mathrm{C}$, $\varphi = 40\ \%$

$x = 12$ g/kg; $h = 63$ kJ/kg, $\rho = 1{,}13$ kg/m³

Zustand 2 $\theta_L = 18{,}2\,^\circ\mathrm{C}$; $\varphi = 90\ \%$

$x = 12$ g/kg; $h = 48$ kJ/kg, $\rho = 1{,}18$ kg/m³

Massestrom: $q_m = 1$ kg/s

**gesucht:**
Spezifische Kühlenergie: $\Delta h = h_{L,1} - h_{L,2} = 63 - 48 = 15$ kJ/kg

Kühlleistung: $\Phi = 1 \cdot 15 = 15$ kJ/s = 15 kW

***Kühlen mit Taupunktunterschreitung*** (Abbildung 2.4-5)

Die Taupunkttemperatur $\theta_\tau$ ergibt sich aus dem Schnittpunkt der Linie $x_1$ = konst. mit der Linie $\varphi_D$ = 100 %, d. h., die Luft ist bei dieser Temperatur mit Wasserdampf gesättigt. Liegt eine Oberflächentemperatur unter der Taupunkttemperatur ($\theta_O < \theta_\tau$), so schlägt sich auf der Oberfläche Wasser nieder (***Tau***).

Kühlen der Luft vom Zustand 1 zum Zustand 2

| ***Veränderlich*** ist | ***Konstant*** bleibt |
|---|---|
| Temperatur $\theta$<br>relative Feuchte $\varphi_D$<br>spezifische Enthalpie $h$<br>Rohdichte der Luft $\rho_L$<br>absolute Feuchte $x$ | |

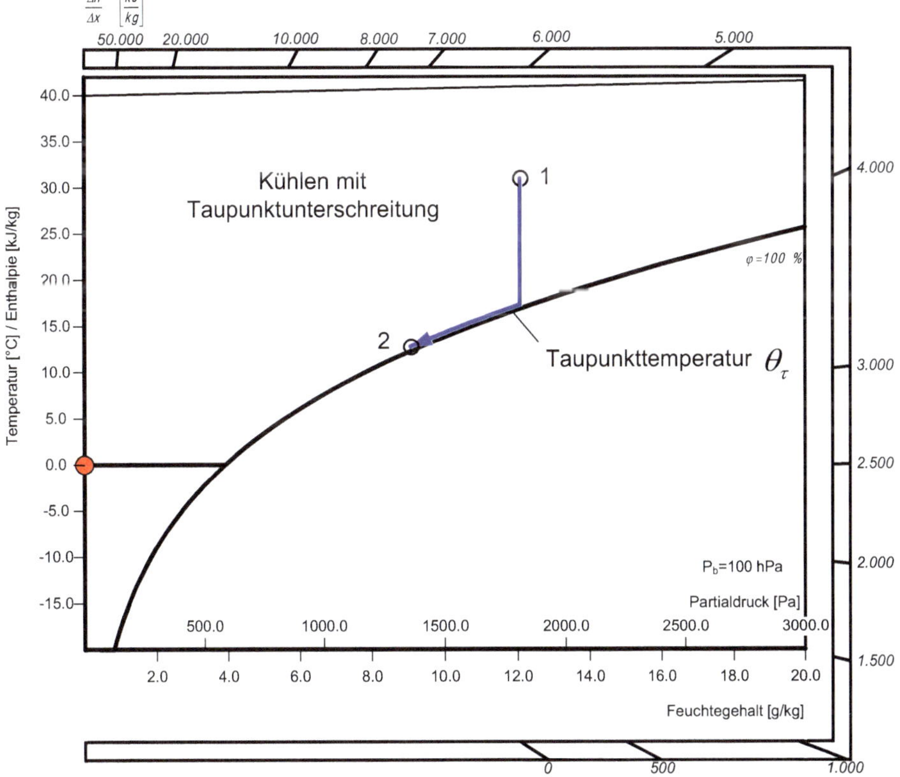


**Abb. 2.4-5** Schematischer Zustandsverlauf (idealisiert) beim ***Kühlen*** eines Luftzustands 1 zum Luftzustand 2 mit ***Taupunktunterschreitung***

**Beispiel: 2.4.-3**
**gegeben:**

Zustand 1 $\theta_L = 32\,^\circ\text{C}$; $x = 12$ g/kg

$\varphi = 40$ %; $h = 63$ kJ/kg; $\rho = 1{,}13$ kg/m³

Zustand 2 $\theta_L = 10{,}0\,^\circ\text{C}$

$x = 7{,}8$ g/kg; $h = 29$ kJ/kg; $\rho = 1{,}18$ kg/m³; $\varphi = 100$ %

Massestrom: $q_m = 1$ kg/s

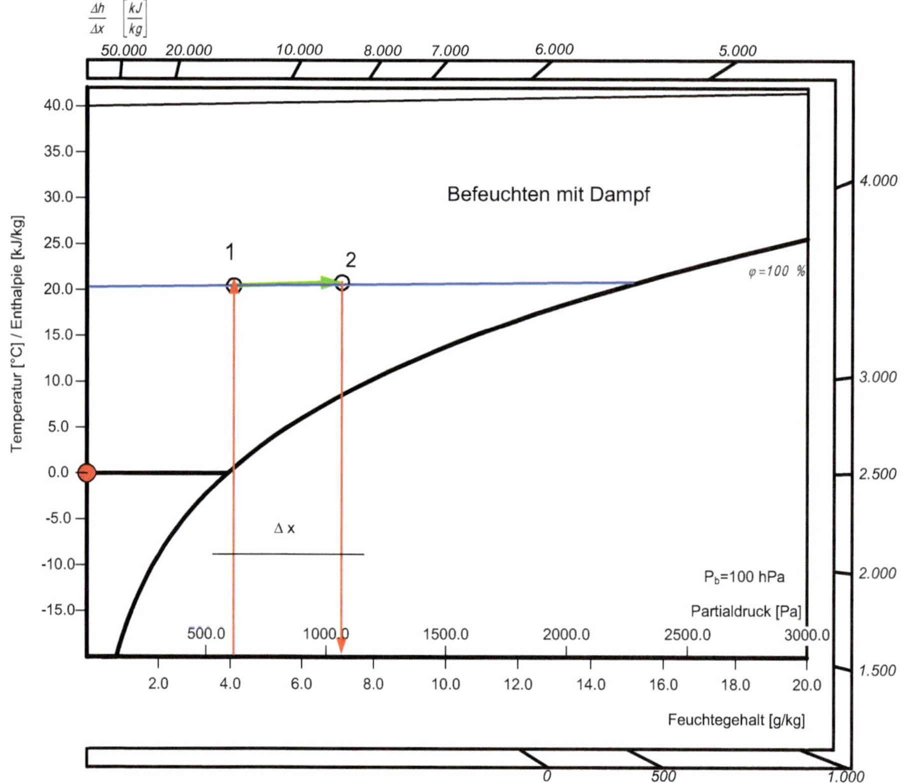


**Abb. 2.4-6** Schematischer Zustandsverlauf beim Befeuchten eines Luftzustands 1 zum Luftzustand 2 mit Wasser (adiabate Kühlung)

**gesucht:**
**Taupunkttemperatur**: $\theta_\tau = 16{,}6\,^\circ\text{C}$

Spezifische Kühlenergie: $\Delta h = h_{L,1} - h_{L,2} = 63 - 29 = 34$ kJ/kg

Kühlleistung: $\Phi = 1 \cdot 34 = 34$ kJ/s = 34 kW

Spezifische Entfeuchtung: $\Delta x = x_{L,1} - x_{L,2} = 12 - 7{,}8 = 4{,}2$ kg/g

Entfeuchtungsleistung: $W = 1 \cdot 4{,}2 = 4{,}2$ g/s = 15,12 kg/h = 15,12 l/h

***Befeuchten mit Dampf*** (Abbildung 2.4-6)
Befeuchten der Luft mit ***Dampf*** vom Zustand 1 zum Zustand 2

| ***Veränderlich*** ist | ***Konstant*** bleibt |
| --- | --- |
| absolute Feuchte $x$<br>relative Feuchte $\varphi_D$<br>spezifische Enthalpie $h$<br>Rohdichte der Luft $\rho_L$ | Temperatur $\theta$ (näherungsweise) |

**Beispiel: 2.4.-4**
**gegeben:**

Zustand 1 $\theta_L = 20\,^\circ$C; $\varphi = 20$ %

$x = 3$ g/kg; $h = 27{,}5$ kJ/kg; $\rho = 1{,}18$ kg/m$^3$

Spezifische Befeuchtung $\Delta x = 3$ g/kg

Massestrom: $q_m = 1$ kg/s

**gesucht:**
Zustand 2 $\theta_L \approx 20\,^\circ$C

$x = 6$ g/kg; $\varphi = 40$ %; $h = 35$ kJ/kg; $\rho = 1{,}178$ kg/m$^3$

Befeuchtungsleistung: $W = 1 \cdot 3{,}0 = 3{,}0$ g/s = 10,8 kg/h = 10,8 l/h

Elektrische Leistung zur Dampferzeugung:

$\Delta h = 7{,}5$ kJ/kg; $P = \Delta h \cdot q_m = 7{,}5 \cdot 1 = 7{,}5$ kJ/s = 7,5 kW

***Befeuchten mit Wasser (adiabate Kühlung)*** (Abbildung 2.4-7)
Befeuchten der Luft mit ***Wasser*** vom Zustand 1 zum Zustand 2

| ***Veränderlich*** ist | ***Konstant*** bleibt |
| --- | --- |
| Temperatur $\theta$<br>absolute Feuchte $x$<br>relative Feuchte $\varphi_D$<br>Rohdichte der Luft $\rho_L$ | spezifische Enthalpie $h$ |

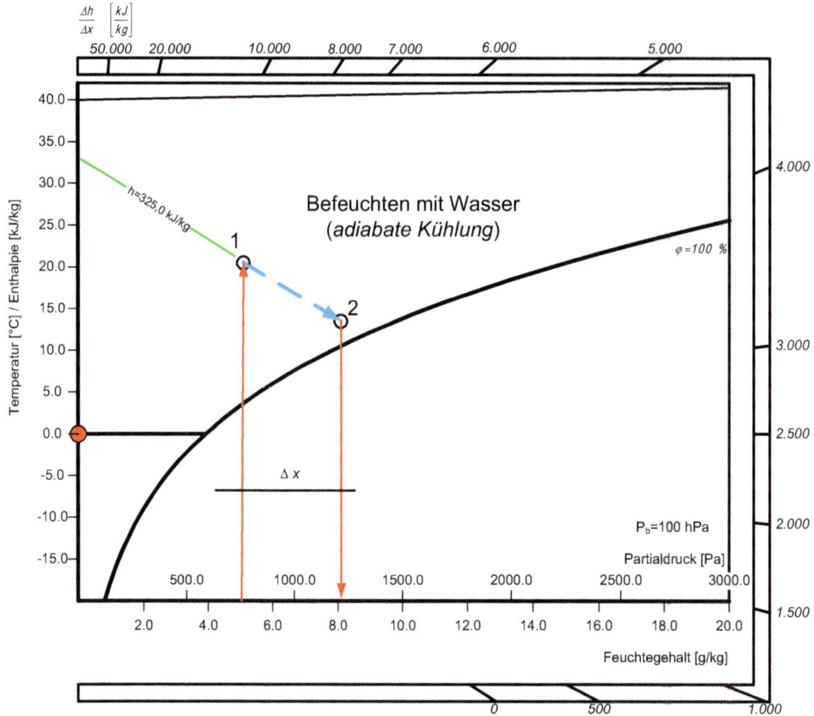


**Abb. 2.4-7** Schematischer Zustandsverlauf beim ***Befeuchten*** eines Luftzustands 1 zum Luftzustand 2 mit Wasser ***(adiabate Kühlung)***

***Entfeuchten*** durch Kühlen mit Taupunktunterschreitung (analog zu Abbildung 2.4-5)

**Beispiel: 2.4.-5**
**gegeben:**

Zustand 1 $\theta_L = 32\,^\circ\text{C}$; $x = 12$ g/kg

$\varphi = 40$ %; $h = 63$ kJ/kg; $\rho = 1{,}13$ kg/m³

Befeuchtungswirkungsgrad: $\eta_B = 0{,}8$

$$\eta_B = (\theta_1 - \theta_2)/(\theta_1 - \theta_S)$$

Massestrom: $q_m = 1$ kg/s

**gesucht:**
**Feuchtkugeltemperatur:** $\theta_S = 21{,}5\,^\circ\text{C}$

Zustand 2 $\theta_L = 23{,}7\,^\circ\text{C}$

$x = 15{,}6$ g/kg; $h = 63$ kJ/kg; $\rho = 1{,}17$ kg/m³; $\varphi = 84$ %

Spezifische Befeuchtung: $\Delta x = x_{L,2} - x_{L,1} = 15{,}6 - 12 = 3{,}6$ kg/g

Befeuchtungsleistung: $W = 1 \cdot 3{,}6 = 3{,}6$ g/s $= 12{,}96$ kg/h $= 12{,}96$ l/h

***Mischen von zwei Luftströmen*** (Abbildung 2.4-8)

Mischen von einem Luftvolumenstrom mit dem Zustand 1 mit einem Luftvolumenstrom mit dem Zustand 2.

| ***Veränderlich*** ist | ***Konstant*** bleibt |
|---|---|
| Temperatur $\theta$<br>relative Feuchte $\varphi_D$<br>spezifische Enthalpie $h$<br>Rohdichte der Luft $\rho_L$<br>absolute Feuchte $x$ | |

Die Zustandsgrößen des Mischpunkts der Mischluft $q_{m,M}$ (Temperatur $\theta$, absolute Feuchte $x$ und spezifische Enthalpie $h$) sind abhängig vom Verhältnis der beiden zu mischenden Massenströme $q_{m,1}$ und $q_{m,2}$.

$$q_{m,M} = q_{m,1} + q_{m,2} \qquad \theta_M = \frac{q_{m,1} \cdot \theta_1 + q_{m,2} \cdot \theta_2}{q_{m,1} + q_{m,2}}$$

$$h_M = \frac{q_{m,1} \cdot h_1 + q_{m,2} \cdot h_2}{q_{m,1} + q_{m,2}} \qquad x_M = \frac{q_{m,1} \cdot x_1 + q_{m,2} \cdot x_2}{q_{m,1} + q_{m,2}}$$

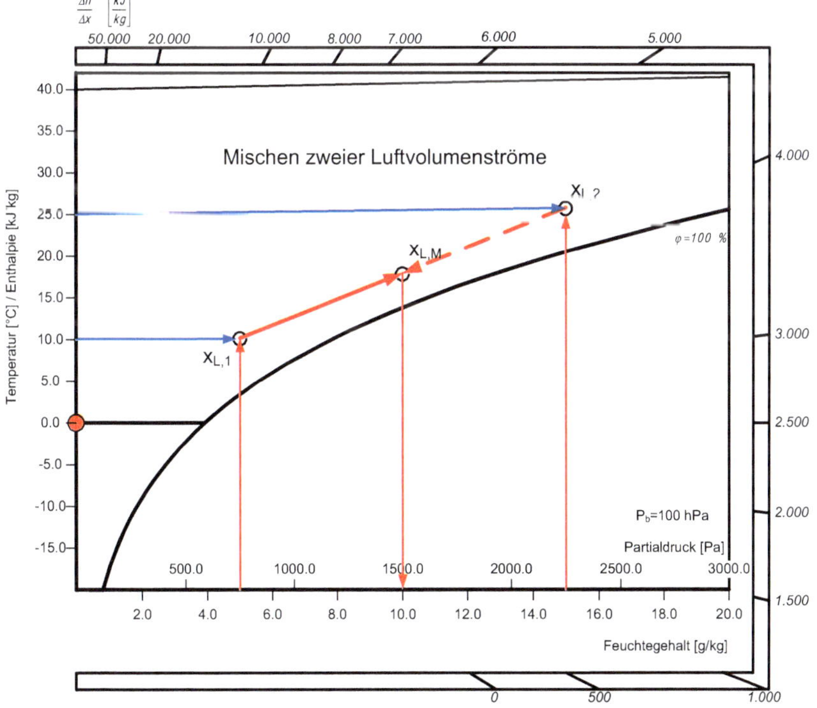


**Abb. 2.4-8** Schematischer Zustandsverlauf beim ***Mischen*** eines Luftvolumenstroms mit Luftzustand 1 und einem Luftvolumenstrom mit Luftzustand 2

**Beispiel: 2.4.-6**
**gegeben:**

Luftmassestrom 1:

$q_{m,1} = 1$ kg/s; $\theta_{L,1} = -5\,^\circ$C; $x_1 = 2$ g/kg; $\varphi_1 = 80$ %; $h_1 = 0$ kJ/kg; $\rho_1 = 1{,}295$ kg/m³

Luftmassestrom 2:

$q_{m,1} = 4$ kg/s; $\theta_{L,2} = 20\,^\circ$C; $x_2 = 6$ g/kg; $\varphi_2 = 40$ %; $h_2 = 35$ kJ/kg; $\rho_2 = 1{,}18$ kg/m³;

**gesucht:** Mischpunktwerte:

$$\theta_m = \frac{q_{m,1} \cdot \theta_{L,1} + q_{m,2} \cdot \theta_{L,2}}{q_{m,1} + q_{m,2}} = (1 \cdot -5) + (4 \cdot 20)/\,(1+4) = 75/5 = 15\,^\circ\mathrm{C}$$

$$x_m = (1 \cdot 2) + (4 \cdot 6)/\,(1+4) = 26/5 = 5{,}2 \text{ g/kg}$$

$$h_m = (1 \cdot 0) + (4 \cdot 35)/\,(1+4) = 140/5 = 28 \text{ kJ/kg}$$

$$\rho_m = (1 \cdot 1{,}295) + (4 \cdot 1{,}18)/\,(1+4) = 6{,}015/5 = 1{,}203 \text{ kg/m}^3$$

!! Ablesen: $\varphi_m \approx 49$ %

***Zu beachten ist:***

- im $h,x$-Diagramm liegt der Mischpunkt M auf einer Geraden zwischen den Punkten 1 und 2,
- der Mischpunkt M teilt die Strecke $\overline{1,2}$ im Verhältnis der Massenströme und
- der Mischpunkt M liegt immer in der Nähe des Endpunkts, zu dem der größere Massenstrom gehört.

***Hinweise:***

- Eine Mischung aus zwei Strömen gesättigter Luft ergibt stets Nebel.
- Mischt man zwei Luftströme gleicher Temperatur $\theta_1 = \theta_2$, so ist $\theta_M = \theta_1 = \theta_2$, wenn die Zustände entweder im ungesättigten Bereich oder Nebelgebiet liegen.
- Mischt man nebelhaltige mit ungesättigter Luft gleicher Temperatur $\theta_1 = \theta_2$, so ergibt sich infolge des Verdampfens eines Teils flüssigen Wassers $\theta_M < \theta_1$.

***Wärmerückgewinnung*** (Abbildung 2.4-11)

Bei der Wärmerückgewinnung wird regenerativ bzw. rekuperativ ein Energiepotential $\Phi_{WRG}$ von einem Luftvolumenstrom (Fortluftvolumenstrom $q_{V,FOL} = q_{V,1}$) auf den anderen (Außenluftvolumenstrom $q_{V,AUL} = q_{V,2}$) übertragen bzw. umgekehrt (Abbildung 2.4-10).

Ein Maß für die übertragene Energie ist der Übertragungsgrad $\Phi$ oder $\Psi$, der identisch ist mit der Betriebskennzahl nach *Bosnjakovic* für Rekuperatoren und Regeneratoren.

In der technischen Regel für die Wärmerückgewinnung VDI 3803 Bl. 5 (als Ersatz für VDI 2071) wird der Begriff eines „Änderungsgrads“ eingeführt und der in VDI 2071 verwendete Begriff „Rückwärmzahl“ bzw. „Rückfeuchtzahl“ vermieden.

Je nach der Form der übertragenen Energie werden entsprechend Tabelle 2.4-1 die Übertragungsgrade bezeichnet und definiert. Dabei ist der Bezugsvolumenstrom für den Übertragungsgrad zu beachten.

In der VDI 3803 Bl. 5 erfolgt eine Begriffspräzisierung hinsichtlich der Übertragungsgrade $\Phi$ (Temperaturänderunsgrad $\Phi_t$ statt Rückwärmzahl; Feuchteänderungsgrad $\Phi_x = \psi$ statt Rückfeuchtzahl).

$$\Phi_{AUL} = \frac{C_{FOL}}{C_{AUL}} \cdot \Phi_{FOL} = \frac{q_{V,FOL} \cdot \rho_{L,FOL} \cdot c_{P,L;FOL}}{q_{V,AUL} \cdot \rho_{L,AUL} \cdot c_{P,L;AUL}} \cdot \Phi_{FOL}$$

Der rückgewonnene Wärmestrom $\Phi_{WRG}$ für eine Enthalpierückgewinnung ergibt sich zu

$$\Phi_{WRG} = q_{V.FOL} \cdot \rho_{L,FOL} \cdot \Delta h_{\max} \cdot \Phi_h$$

Eine Übersicht über die wichtigsten bekannten Verfahren und Systeme wird in Abbildung 2.4-9 gezeigt. Detaillierte und ausführliche Darstellungen sind in [28] und in VDI 2078 gegeben.

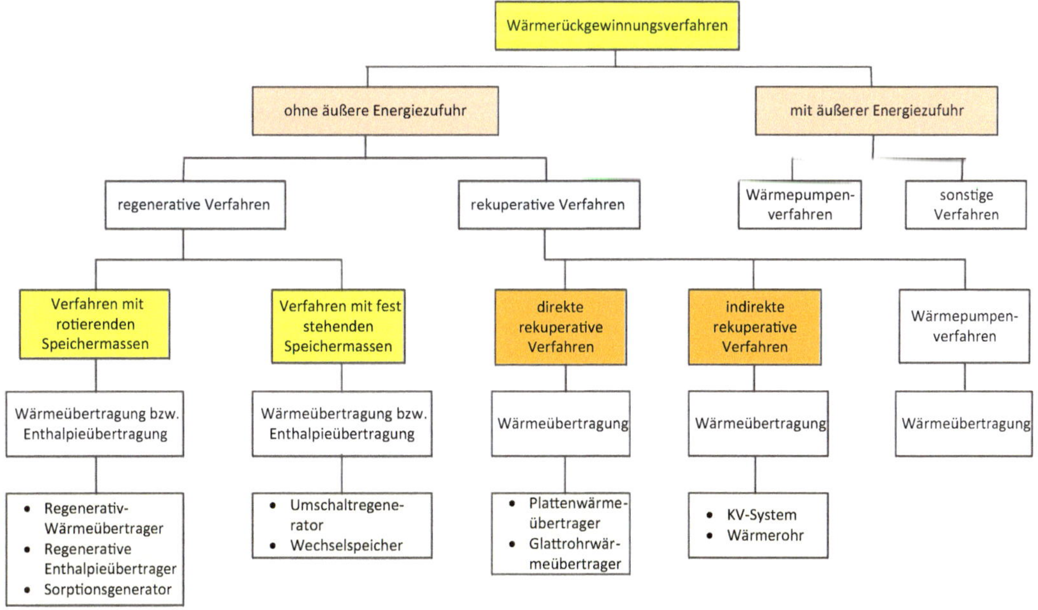


**Abb. 2.4-9** Einteilung der WRG-Verfahren nach [38]

Besonders interessant sind die Wärmerückgewinnungssysteme, bei denen die Wärmeübertragung ohne äußere Energiezufuhr in Richtung des natürlichen Temperaturgefälles verläuft. Die erforderlichen Antriebsenergien für die Antriebsmotoren der Regenerativ-Energieübertrager bzw. die Pumpen des Kreislaufverbundsystems (KV-System) sind gering und bleiben hier unberücksichtigt. Diese Verfahren lassen sich, abgesehen von einigen Sondersystemen, in regenerative und rekuperative Verfahren einteilen.

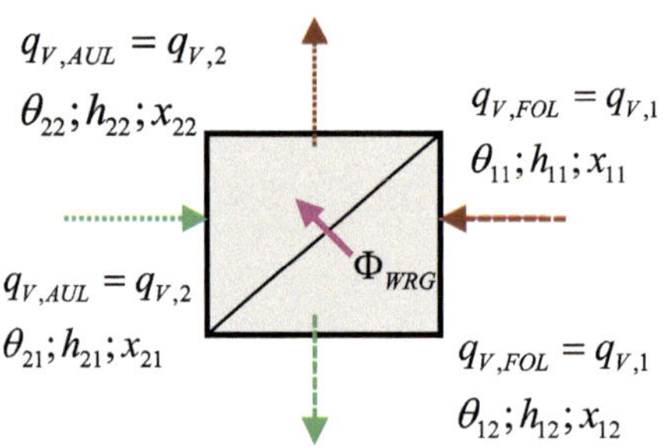


**Abb. 2.4-10** Wärmerückgewinnung: Thermodynamische Grundlagen

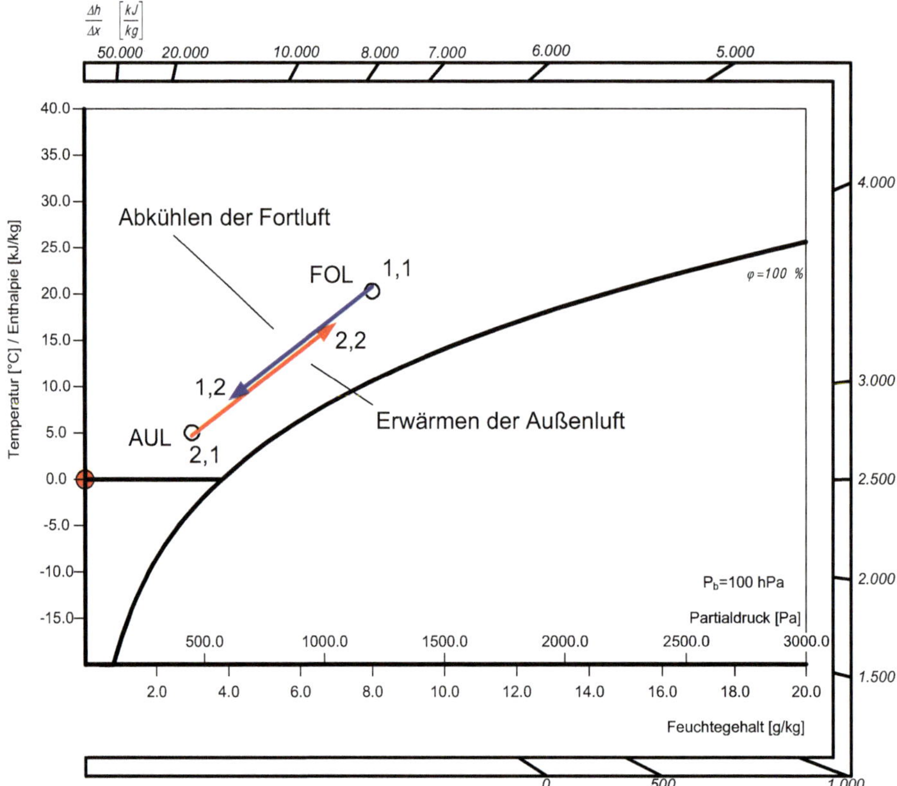


**Abb. 2.4-11** Schematischer Zustandsverlauf bei der ***Enthalpierückgewinnung*** aus der Fortluft mittels eines Wärmerückgewinners

Bei den *regenerativen Verfahren* wird Wärme und/oder Feuchtigkeit vom strömenden Stoff an eine Speichermasse übertragen und umgekehrt. Dabei wird wechselseitig die Speichermasse beladen oder entladen (regeneriert). Bei der Wärmeübertragung bedeutet dies eine abwechselnde Erwärmung und Abkühlung der Speichermasse.

**Beispiel: 2.4.-7 (Enthalpierückgewinnung)**
**gegeben:**
Eintritt: 1

Zustand 1: $\theta_{1,1} = 20\,^{\circ}\mathrm{C}$; $x_{1,1} = 6$ g/kg; $\varphi_{1,1} = 40$ %; $h_{1,1} = 35$ kJ/kg

$\rho_{11} = 1{,}18\ \mathrm{kg/m^3}$;

Zustand 2: $\theta_{2,1} = -5\,^{\circ}\mathrm{C}$; $x_{2,1} = 2$ g/kg; $\varphi_{2,1} = 80$ %; $h_{2,1} = 0$ kJ/kg

$\rho_{2,1} = 1{,}295\ \mathrm{kg/m^3}$

Enthalpieänderungsgrad: $\Phi_h = 0{,}75$

**gesucht:**
Austritt 2

Zustand 2:

$$\Phi_h = \frac{(h_{2,2} - h_{2,1})}{(h_{1,1} - h_{2,1})};\; h_{2,2} = h_{2,1} + \Phi_h \cdot (h_{1,1} - h_{2,1}) = 0 + 0{,}75 \cdot (35 - 0) = 26{,}25\ \mathrm{kJ/kg}$$

$$\Phi_h = \frac{(h_{1,1} - h_{1,2})}{(h_{1,1} - h_{2,1})};\; h_{1,2} = h_{1,1} - \Phi_t \cdot (h_{1,1} - h_{2,1}) = 35 - 0{,}75 \cdot (35 - 0) = 8{,}75\ \mathrm{kJ/kg}$$

Rückgewonnene Energie bezogen auf den Außenluftvolumenstrom:

$\Delta h = 26{,}25 - 0 = 26{,}25$ kJ/kg

**Tab. 2.4-1** Definition der Übertragungsgrade

| Benennung | bezogen auf den Außenluftvolumenstrom Wärme aufnehmende Seite | bezogen auf Fortluftvolumenstrom Wärme abgebende Seite |
|---|---|---|
| Enthalpieänderungsgrad | $\Phi_h = \frac{h_{22} - h_{21}}{h_{11} - h_{21}}$ | $\Phi_h = \frac{h_{11} - h_{12}}{h_{11} - h_{21}}$ |
| Temperaturänderungsgrad (Rückwärmzahl) | $\Phi_\theta = \frac{\theta_{22} - \theta_{21}}{\theta_{11} - \theta_{21}}$ | $\Phi_\theta = \frac{\theta_{11} - \theta_{12}}{\theta_{11} - \theta_{21}}$ |
| Feuchteänderungsgrad (Rückfeuchtzahl) | $\Psi = \Phi_x = \frac{x_{22} - x_{21}}{x_{11} - x_{21}}$ | $\Psi = \Phi_x = \frac{x_{11} - x_{12}}{x_{11} - x_{21}}$ |

Dieser diskontinuierliche Vorgang kann sowohl durch eine rotierende Speichermasse als auch durch ein Kammernsystem erreicht werden. Die Speichermassenelemente werden zu verschiedenen Zeiten wechselweise vom kalten oder warmen Luftstrom beaufschlagt. In beiden Fällen erfolgt mit einer zeitlichen Phasenverschiebung eine Wärmespeicherung oder Wärmeentspeicherung.

Durch einen geeigneten Aufbau der Speichermasse kann sowohl eine Enthalpieübertragung als auch eine Wärmeübertragung (mit unterdrückter Feuchteübertragung) oder auch Sorption (Feuchteübertragung bzw. Trocknung) erreicht werden.

Wärmeübertrager, in denen die Wärme kontinuierlich entsprechend dem physikalischen Vorgang des Wärmedurchgangs ohne Speichervorgänge strömt, werden als „Rekuperatoren“ bezeichnet. Die Stoffströme werden dabei durch Wände aus festen Stoffen (Metalle, keramische Stoffe, Glas) getrennt.

Diese *rekuperativen Wärmerückgewinnungsverfahren* lassen sich untergliedern in

- direkte rekuperative Systeme, bei denen die Wärme direkt von dem einen Stoffstrom zum anderen durch eine Trennwand übertragen wird, und
- indirekte rekuperative Systeme, bei denen die Wärme unter Zwischenschaltung eines Wärmeträgermediums von dem einen auf den anderen Stoffstrom übergeht.

Dieses Medium nimmt in einem Rekuperator Wärme aus dem warmen Luftstrom auf, speichert sie und transportiert sie zu einem zweiten Rekuperator, in dem die Wärme an den kälteren Luftstrom wieder abgegeben wird. Dieser Vorgang kann sowohl ohne (KV-System) als auch mit Phasenänderung des Wärmeträgermediums (Wärmerohr) geschehen.

Die indirekten rekuperativen Systeme werden häufig den regenerativen Systemen zugeordnet. Dieses Herangehen erscheint logisch. Zur Berechnung dieser Systeme werden aber die Berechnungsmodelle des rekuperativen Wärmedurchgangs herangezogen. Weitere Wärmerückgewinnungssysteme sind z. B. offene kreislaufverbundene Wärmeübertrager, wie die in der Lufttrocknungstechnik bekannt gewordenen Kathabaranlagen oder auch Wärmepumpen.

Tabelle 2.4-2 vermittelt einen Überblick über die vorhandenen Realisierungsmöglichkeiten und zeigt die Randbedingungen, unter denen ein Einsatz von Wärmerückgewinnungseinrichtungen möglich ist. Die Übersicht erhebt keinen Anspruch auf Vollständigkeit, sondern soll orientierend die Auswahl erleichtern. Die Abbildungen 2.4-12 bis 2.4-17 zeigen beispielhaft Geräte bzw. Funktionsschemata der in Tabelle 2.4-3 aufgeführten Geräte.

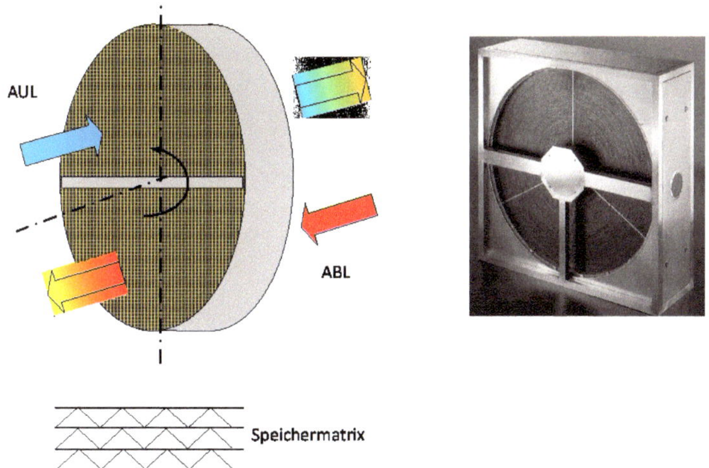


**Abb. 2.4-12** Regenerativwärmeübertrager *(Werkbild: Fa. Klingenburg)*

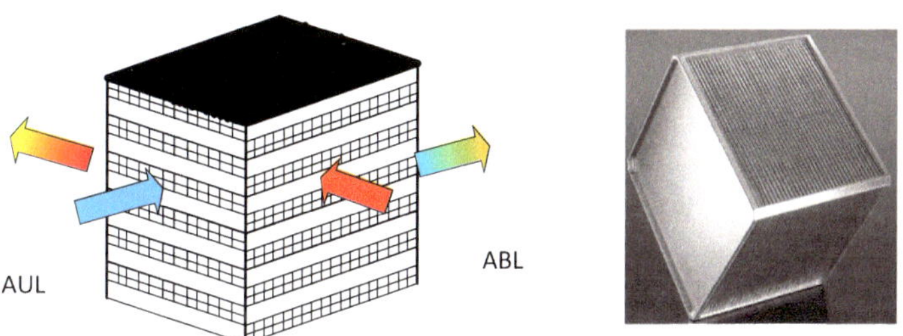


**Abb. 2.4-13** Plattenwärmeübertrager *(Werkbild: Fa. Klingenburg)*

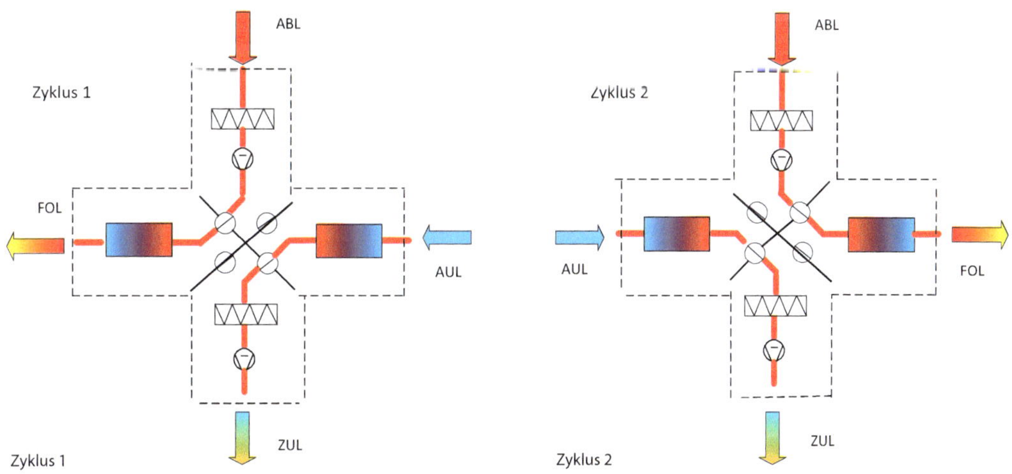


**Abb. 2.4-14** Belüftungs- und Entlüftungsgerät mit Umschaltregenerator (Schema und Gerät (Resolair)) *(Werkbild: Fa. Menerga)*

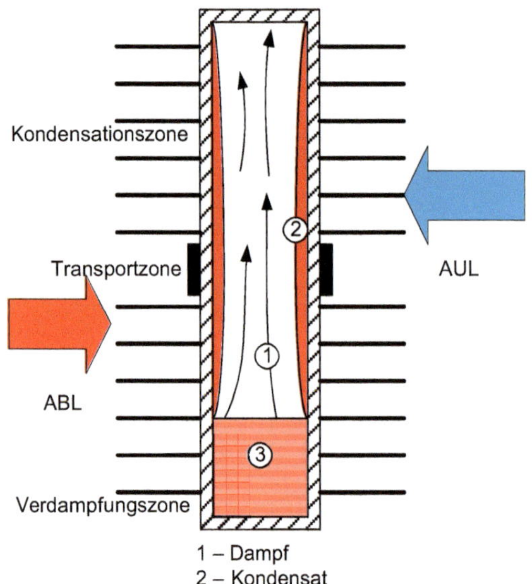


**Abb. 2.4-15**
Schematische Darstellung eines Gravitationswärmerohrs

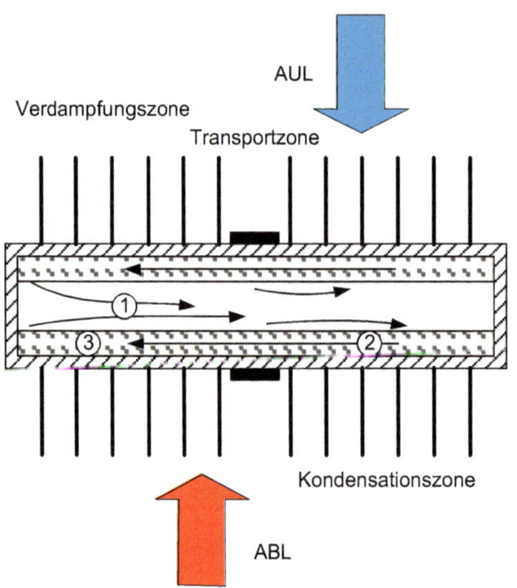


**Abb. 2.4-16**
Schematische Darstellung eines Kapillarwärmerohrs

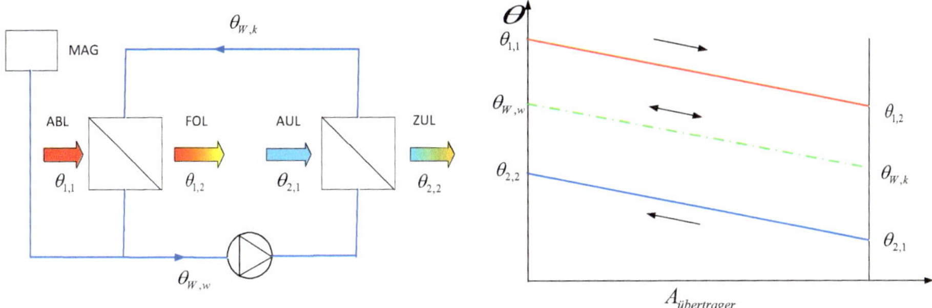


**Abb. 2.4-17** Schaltschema und Temperaturschaubild eines symmetrischen KV-Systems

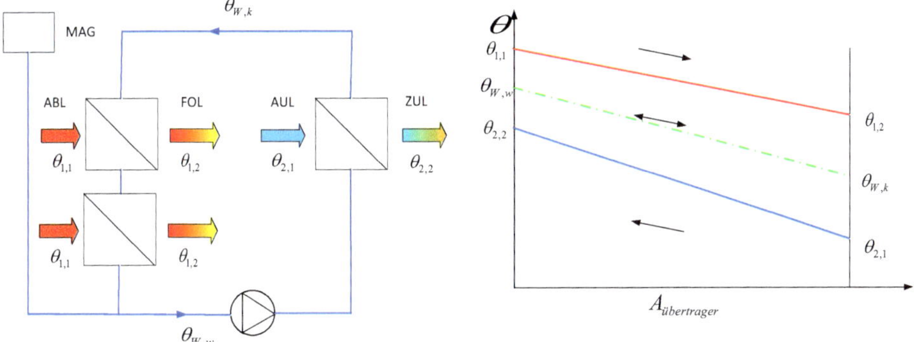


**Abb. 2.4-18** Schaltschema und Temperaturschaubild eines unsymmetrischen KV-Systems

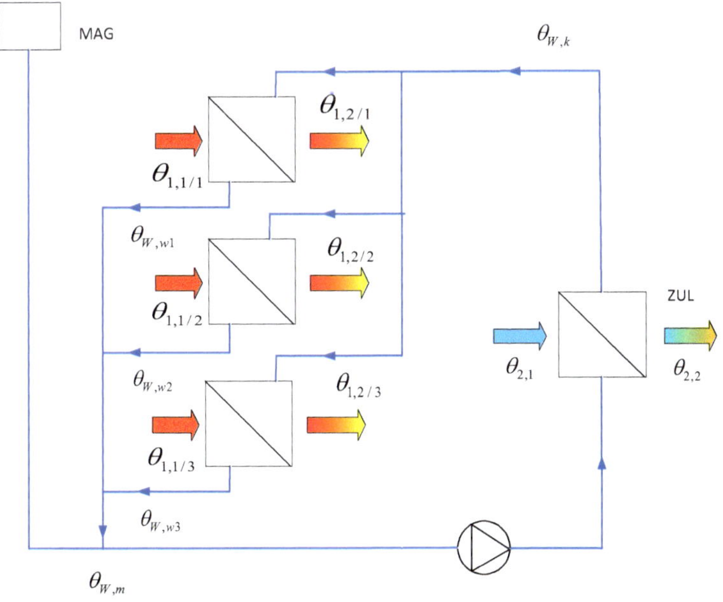


**Abb. 2.4-19** Schaltschema eines verzweigten KV-Systems

Es werden in VDI 3803 Bl. 5 weitere Leistungskennzahlen zur Bewertung der Effektivität der Wärmerückgewinnung definiert:

- Leistungzahl $\varepsilon$:

$$\varepsilon = \Phi_{WRG} / P_{el}$$

- Wirkungsgrad der WRG $\eta_{WRG}$:

$$\eta_{WRG} = \frac{(\Phi_{WRG} - P_{el})}{\Phi_P} = \frac{\left(1 - \frac{1}{\varepsilon}\right)}{\left(\frac{1}{\Phi_t}\right)} = \Phi_t \cdot \left(1 - \frac{1}{\varepsilon}\right) = \Phi_t \cdot \left(1 - \frac{P_{el}}{\Phi_{WRG}}\right)$$

- Referenzbetriebszustand:
  Wird zum Vergleich von Systemen benötigt, wobei für die Leistungskennzahlen auszugehen ist von:

  - Massestromverhältnis $q_{m1} / q_{m2}$ (mit $\rho_{FOL} = \rho_{AUL} = 1{,}2\,kg/m^3$)
  - Außenlufttemperatur: $\theta_{21} = 5$ °C
  - Fortlufttemperatur: $\theta_{11} = 25$ °C
  - Keine Taupunktunterschreitung auf der Fortluftseite und somit keine Kondensatbildung
  - ohne Wärmeein- oder Auskopplung
  - ohne Umluftanteil
    Bei abweichenden Massestromverhältnis kann im Bereich von $0{,}8 < q_{m1} / q_{m2} < 1{,}25$ und $\Phi_{t,1.1} < 0{,}8$ und $q_{m1} / q_{m2}$ = konst. der Temperaturänderungsgrad näherungsweise umgerechnet werden nach:

$$\Phi_t = \Phi_{t,1.1} \cdot \left(\frac{q_{m1}}{q_{m2}}\right)^{0,4}$$

- Jahresarbeitszahl $\varepsilon_a$

$$\varepsilon_a = \frac{Q_{WRG}}{f \cdot W_{el}} = \frac{\int_0^{8760} |\Phi_{WRG}| \cdot dt}{f \cdot \int_0^{8760} P_{el} \cdot dt}$$

- Jahresdeckungsgrad $N_a$

$$N_a = \frac{Q_{WRG}}{Q_{RLT}} = \frac{\int_0^{8750} \left|\Phi_{WRG}\right| \cdot dt}{\int_0^{8760} \left|\Phi_{RLT}\right| \cdot dt}$$

- Jahrestemperaturänderungsgrad $\Phi_a$

$$\Phi_a = \frac{Q_{WRG}}{Q_P} = \frac{\int_0^{8760} \left|\Phi_{WRG}\right| \cdot dt}{\int_0^{8760} \left|q_{m2} \cdot (\theta_{21} - \theta_{11})\right| \cdot dt}$$

- Jahreswirkungsgrad $\eta_a$

$$\eta_a = \frac{Q_{WRG} - f \cdot W_{el}}{Q_P} = \frac{\int_0^{8760} (\left|\Phi_{WRG}\right| - f \cdot W_{el}) \cdot dt}{\int_0^{8760} \left|q_{m2} \cdot (\theta_{21} - \theta_{11})\right| \cdot dt}$$

Hinsichtlich der Berechnungsverfahren für die Energiekennzahlen werden in VDI 3803 Bl. 5 detaillierte Angaben bzw. Vorgaben gemacht.

Die Leckagezahlen $L$ beschreiben die durch die Leckage verursachten Massestromerhöhungen im Vergleich zum leckagefreien System.

$$L_1 = q_{m,1.1} / (q_{m,1.1} - q_{m,1-2}) = q_{m,1.1} / q_{m1}$$

$$L_1 = q_{m,2.1} / (q_{m,2.1} - q_{m,2-1}) = q_{m,2.1} / q_{m2}$$

Die Umluftzahl $U$ beschreibt den Umluftanteil des Luftstroms im Außenluftaustritt.

$$U = q_{m,1-2} / (q_{m,2.1} - q_{m,2-1}) = q_{m,1-2} / q_{m2}$$

Die sich tatsächlich einstellenden Luftströme ergeben sich erst durch die Korrektur der leckagefreien Luftströme, wie z. B.:

$$q_{m11} = q_{m1} + q_{m,1-2}$$

In VDI 3803 Bl. 5 werden zur zeichnerischen Darstellung in Ergänzung zu DIN EN 12792 ergänzende Symbole eingeführt (Abbildung 2.4-20).

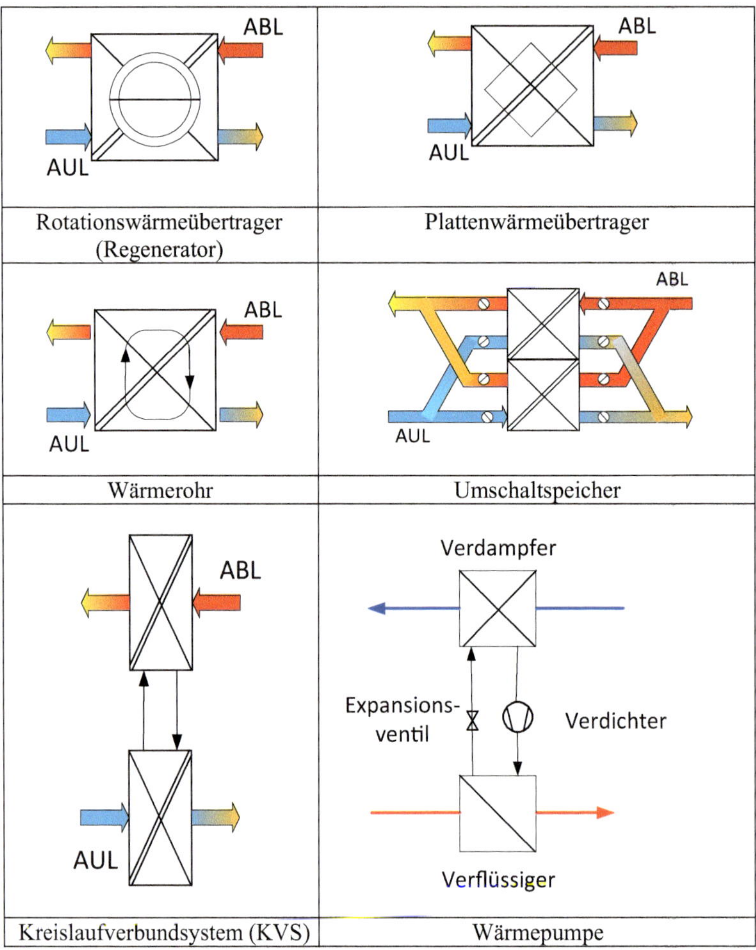


**Abb. 2.4-20** Symbole der Wärmerückgewinnung

**Tab. 2.4-2** Einteilung der Wärmerückgewinnungsverfahren nach VDI 2078

| Einsatzkriterien | Regenerativ-Enthalpieüberträger | Regenerativ-Wärmeüberträger | Wechselspeicher/ Umschaltregenerator | KV-System | Plattenwärmeüberträger | Wärmerohr | Glattrohrwärmeüberträger |
|---|---|---|---|---|---|---|---|
| $\Phi_h$ % | 70 ... 80 | | | | | | |
| $\Phi_\theta$ % | 70 ... 80 | 70 ... 80 | 70 ... 80 | 35 ... 45 | 40 ... 65 | 40 ... 65 | 40 ... 65 |
| $\Phi_x$ % | 70 ... 80 | 10 ... 20 | Kondensation | Kondensation | Kondensation | Kondensation | Kondensation |
| $\Delta p_L$ Pa | 200 | 200 | 120 ... 160 | 200 ... 300 | 100 ... 150 | 200 ... 300 | 150 ... .250 |
| Bauvolumen [2] $m^3/(m^3/s)$ [3] | 0,90 ... 2,00 inkl. Regler u. Montage Fa. Klingenburg | 0,80 ... 1,90 inkl. Regler u. Montage Fa. Klingenburg | 6,00 ... 11,00 komplettes Klimagerät inkl. Regler Fa. Menerga | 0.70 ... 1,80 inkl. Regler Fa. Wolf Klimatechnik | 1,30 ... 1,65 inkcl. Bypassfunktion Fa. ALKO Therm | 0,95 ... 1,65 inkl. Bypassfunktion Fa. GEA Happel | auf Anfrage Fa. Air Fröhlich |
| Volumenstrom in $m^3/h$ | 5.000 bis 100.000 | | 3.600 bis 32.000 | 2.500 bis 63.000 | 5.000 bis 20.000 | 3.300 bis 21.000 | |
| Ventilatoranordnung | Druckgefälle vom Außenluft- zum Fortluftvolumenstrom einhalten | | nicht beliebig, durch Funktionsprinzip d. Anlage festgelegt | beliebig | beliebig | beliebig | beliebig |
| Einordnung in die RLT | Zusammenführung von Fort- u. Außenluftvolumenstrom erforderlich, größere Volumenströme durch Parallelschaltung realisierbar | | Zusammenführung von Fort- und Außenluftvolumenstrom erforderlich | Einordnung beliebig, Wärmeübertragung von/an mehrere Luftvolumenströme möglich | Zusammenführung von Fort- u. Außenluftvolumenstrom erforderlich, größere Volumenströme durch Parallelschaltung realisierbar | | |
| Schadstoffübertragung | bei Beachtung der Planungsvorschriften minimal | | vorhanden | ausgeschlossen | bei guter Abdichtung ausgeschlossen | ausgeschlossen | bei guter Abdichtung ausgeschlossen |
| Temperaturbereich bezog. auf die Fortlufttemperatur | ≤ 80 °C | ≤ 120 °C | –25 bis 60 °C | ≤ 90 °C Sondermaßnahmen: > 90 °C | ≤ 180 °C | ≤ 100 °C ($NH_3$, Rohrmaterial: Alu) | abhängig von verwendeten Werkstoffen, bei Glas u. Gummiabdichtung: –20 bis 90 °C |
| Antriebsenergiebedarf | Antriebsmotor für Regeneratorrad | | Stellantrieb der Umschalteinrichtung | Antrieb für Umwälzpumpe | ohne | ohne | ohne |
| Wartungsaufwand | mittel | mittel | gering | mittel | gering | gering | gering |
| Leistungsregelung | einfach, durch Drehzahlregelung | | durch Änderung der Umschaltfrequenz | einfach, durch Flüssigkeitsmengenregelung | kompliziert, nur luftseitig möglich | | |
| Einfrierschutz | einfach möglich | | durch Änderung der Umschaltfrequenz möglich | einfach möglich | nur luftseitig möglich | | |
| Forderungen an die Luftreinheit | klebrige, ölige, toxische u. aggressive Schadstoffe vermeiden, Rücksprache mit dem Hersteller | | weitgehend ohne Forderungen, Speicherwerkstoff beachten | Einsatzgrenzen der verwendeten Wärmeübertrager beachten | weitgehend ohne Forderungen, Verträglichkeit der Werkstoffe beachten | Werkstoffe und Geometrie beachten | weitgehend ohne Forderungen, Verträglichkeit der Werkstoffe beachten |

2 Einschließlich Bauvolumen für die Abschlussteile sowie erforderliche Wartungs- und Bedienungsräume

3 Der Nenner der Einheitenangabe bezieht sich auf den Luftvolumenstrom.

## 2.4.3 Aufbereitungsgeräte

Für die Luftaufbereitung werden unterschiedliche technische Geräte eingesetzt. Tabelle 2.4-3 gibt dazu auszugsweise einen Überblick. In den Abbildungen 2.4-21 bis 2.4-27 sind Beispiele für die Geräte bzw. Details dargestellt, um diese in ihrer Größe und Umfang erfassen zu können.

**Tab. 2.4-3** Luftaufbereitungsgeräte – kurze Beschreibung – CAD-Zeichen

| Luftaufbereitung | Gerät | Bemerkung | CAD-Zeichen |
|---|---|---|---|
| Heizen | Wärmeübertrager | Energie wird vom flüssigen Medium (Heizmedium) oder über Elektroenergie (Heizstäbe) an die Luft übertragen und charakterisiert durch<br>▪ eine große Übertragungsfläche oder<br>▪ eine große Temperaturdifferenz.<br>**Beispiel:** Spiralrippenrohrwärmeübertrager, Heizstäbe, Heizspiralen | |
| Kühlen | Wärmeübertrager | Energie wird vom flüssigen Medium (Kühlmedium) an die Luft übertragen und charakterisiert durch<br>▪ eine große Übertragungsfläche.<br>**Beispiel:** Spiralrippenrohrwärmeübertrager | |
| Befeuchten | Befeuchter | Die Befeuchtung erfolgt durch<br>▪ Verdunstung von Wasser durch Benetzung, Versprühung, Verrieselung,<br>▪ Versprühen von Dampf.<br>**Beispiel:** Rieselbefeuchter, Luftwäscher, Scheibenzerstäuber, Kaltdampfgenerator, Dampfbefeuchter | |
| Entfeuchten | Wärmeübertrager, Sorptionsgeräte | ▪ Taupunktunterschreitung beim Kühlen,<br>**Beispiel:** Spiralrippenrohrwärmeübertrager<br>▪ Anlagern von Feuchtigkeit an hygroskopischen Stoffen (adsorptiv, absorptiv).<br>**Beispiel:** Sorptionsgenerator, adsorptive Trockner (z. B. Kathabar) | |
| Mischen | Mischkammer | Mischen von zwei Luftströmen mit unterschiedlichem Luftzustand und gleichen bzw. unterschiedlichen Massenströmen | |
| Energierückgewinnung | (Wärme-) Rückgewinner | Rückgewinnung von Energie (Wärme, Kälte) und Stoffen (Wasser) mittels<br>▪ regenerativer Verfahren<br>**Beispiel:** Regenerator, Wechselspeicher, Sorptionsgenerator<br>▪ rekuperativer Verfahren<br>**Beispiel:** Plattenwärmeübertrager, Glattrohrwärmeübertrager, Wärmerohr, KV-System | |

Lamellenwärmeübertrager
*(Werkbild: Fa. Howatherm)*

Verschaltung von Lamellenwärmeübertragern
*(Werkbild: Fa. Howatherm)*

Elektro-Lufterwärmer
*(Werkbild: Fa. Robatherm)*

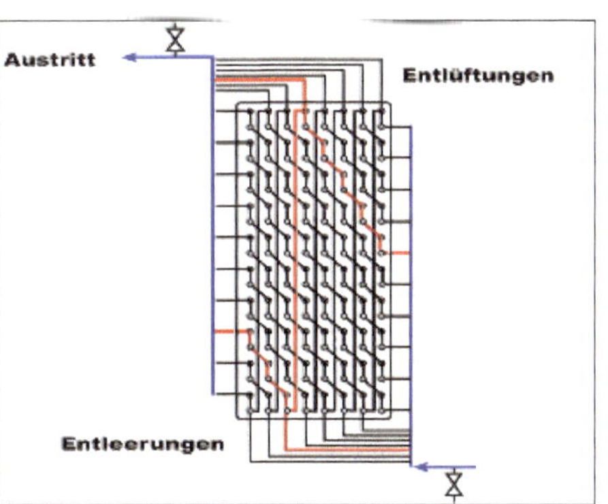


Prinzipschaltbild Verrohrung
*(Werkbild: Fa. Howatherm)*

**Abb. 2.4-21** Heizer

**Abb. 2.4-22** Kühler
Ausziehbarer Lamellenwärmeübertrager und Kondensatwanne *(Werkbild: Fa. Robatherm)*

**Abb. 2.4-23** Befeuchter
Niederdruck-Sprühbefeuchter (Luftwäscher) *(Werkbild: Fa. Robatherm)*

**Abb. 2.4-24** Wärmerückgewinner
**linkes Bild:** Rotationswärmeübertrager *(Werkbild: Fa. Klingenburg)*
**rechtes Bild:** Plattenwärmeübertrager *(Werkbild: Fa. Klingenburg)*

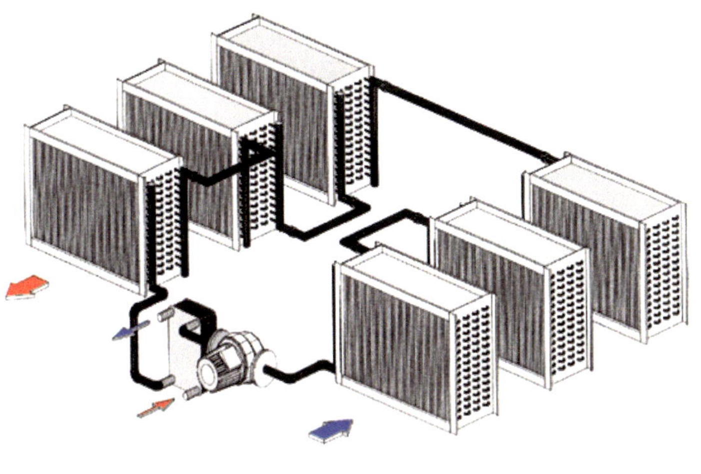

**Abb. 2.4-25** KV-System

Prinzipschaltbild KV-System *(Werkbild: Fa. Howatherm)*

Systemlösung KV-System *(Werkbild: Robatherm GmbH + Co. KG)*

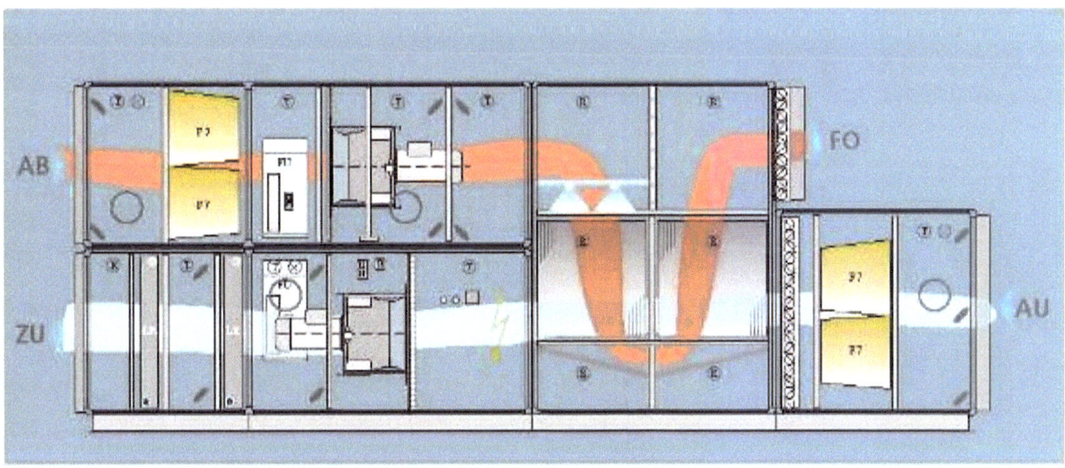


**Abb. 2.4-26** WRG mit Entfeuchtungskühlung; Wärmerückgewinnung mit Entfeuchtungskühlung *(Prinzipskizze: Fa. Howatherm)*

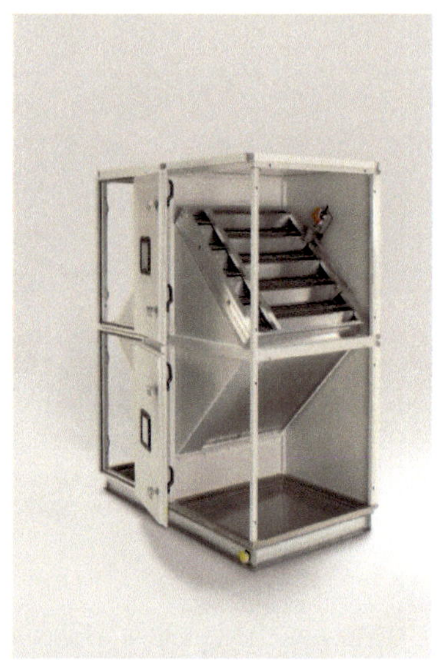

**Abb. 2.4-27** WRG-Systeme in Kastengeräten
**linkes Bild:** Rotationswärmeübertrager (*Werkbild: Robatherm GmbH + Co. KG*)
**rechtes Bild:** Plattenrekuperator im Einbau Kastengerätmodul (*Werkbild: Robatherm GmbH + Co. KG*)

Im Allgemeinen werden die Aufbereitungsgeräte in einem Kastengerät miteinander verknüpft. Abbildung 2.4-28 zeigt ein Kastengerät schematisch, wobei auch Sinnbilder aus dem Lufttransport (s. a. Tabelle 2.4-4 und Tabelle 2.4-5) verwendet wurden, und die Abbildungen 2.4-29 bis 2.4-34 Kastengeräte unterschiedlicher Hersteller.

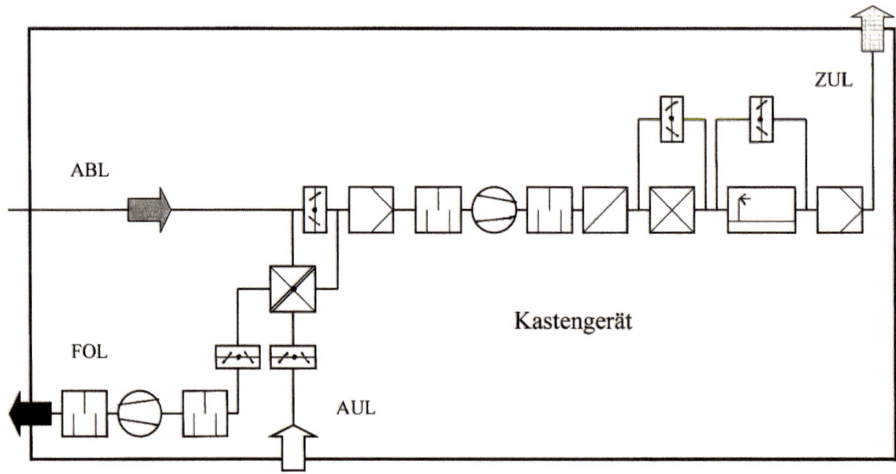


**Abb. 2.4-28** Schematische Darstellung eines Kastengeräts (Klimagerät)

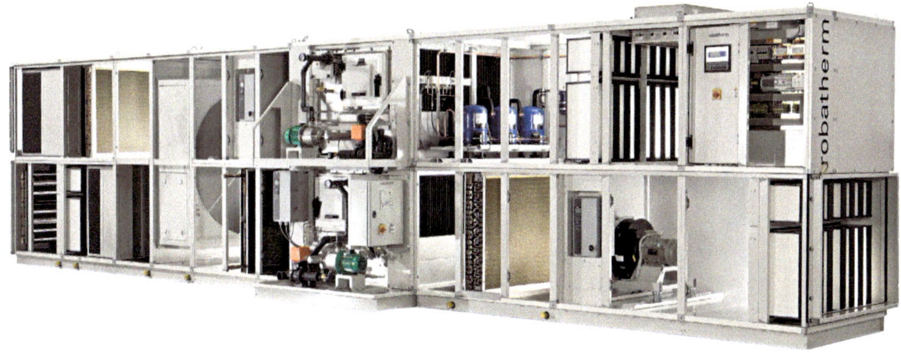


**Abb. 2.4-29** Kastengerät (Klimagerät) *(Werkbild: Robatherm GmbH + Co. KG)*

**Abb. 2.4-30** Kastengerät (Klimagerät) *(Werkbild: Fa. Howatherm)*

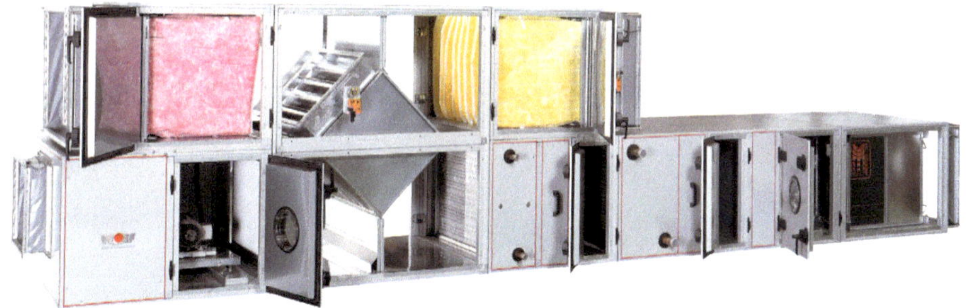

**Abb. 2.4-31** Kastengerät (Klimagerät) *(Werkbild: Fa. Wolf)*

**Abb. 2.4-32** Kastengerät (Klimagerät) Adsolair 55-56 *(Werkbild: Fa. Menerga)*

**Abb. 2.4-33**
Kastengerät (Klimagerät)
*(Werkbild: Fa. Robatherm)*

**Abb. 2.4-34**
Kastengerät (Klimagerät) in Außenaufstellung *(Werkbild: Fa. Robatherm)*

***Leistungen zur Dimensionierung der Aufbereitungsgeräte***

> ***Zu beachten ist:***
> Die erforderlichen Leistungen für die Aufbereitung der Luft auf den erforderlichen Zuluftzustand sind in keinem Fall identisch mit der Kühllast $\Phi_{KL}$ bzw. Heizlast $\Phi_{HL}$.

Die Abbildungen 2.4-35 und 2.4-36 zeigen schematisch die notwendigen Leistungen. Die Aufbereitungsleistung ist die Basis für die Dimensionierung der Luftaufbereitungsgeräte.

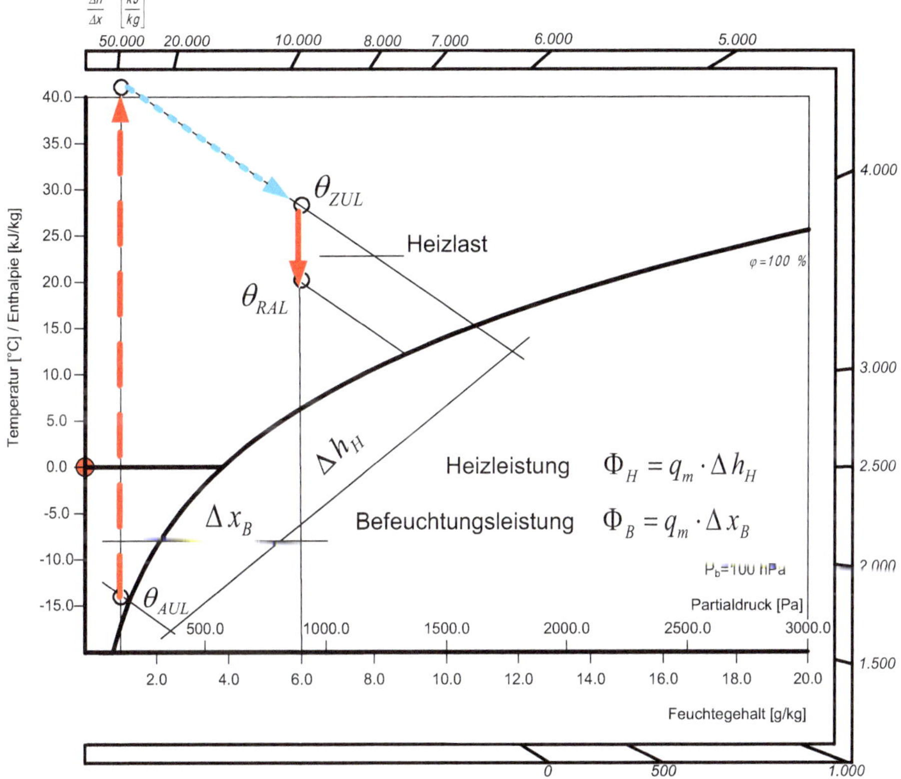


**Abb. 2.4-35** Leistungen für die Luftaufbereitung (*Winterfall*)

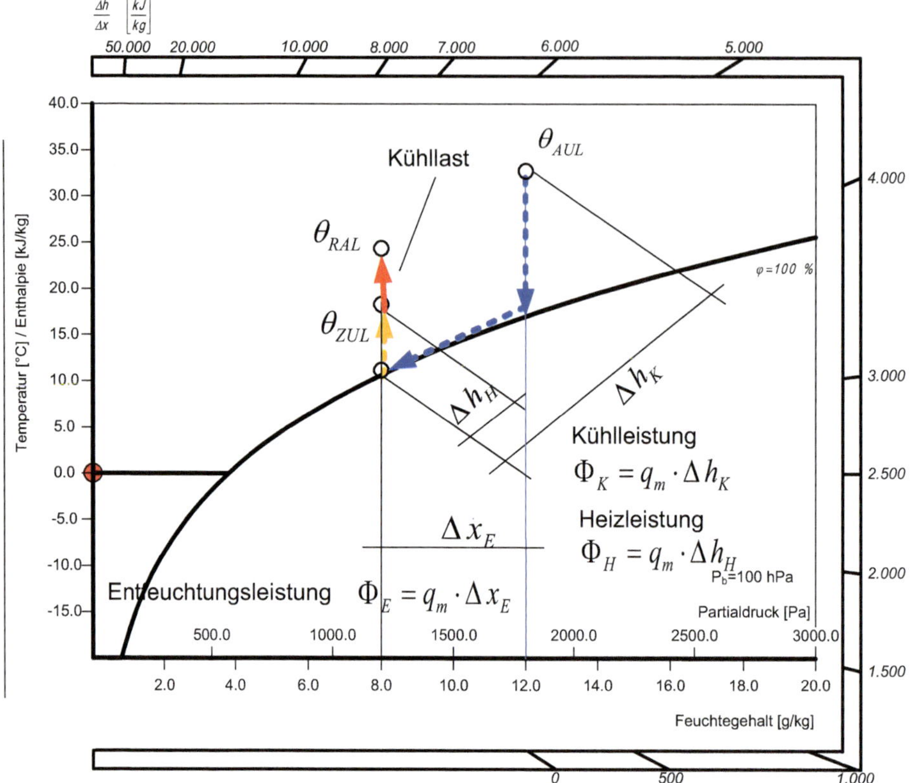


**Abb. 2.4-36** Leistungen für die Luftaufbereitung (*Sommerfall*)

## 2.4.4 Lufttransport

Der Luftvolumenstrom muss von der Ansaugöffnung über die Luftaufbereitung (im Allgemeinen in Form von Kombination einzelner Luftaufbereitungsgeräte und RLT-Bauteile in Kastengeräten) zum Raum und von diesem zur Fortluftöffnung transportiert werden. Tabelle 2.4-4 gibt eine Übersicht über die wesentlichen Bestandteile in der Raumlufttechnischen Anlage beim Lufttransport, charakteristische und technische Merkmale sowie das Symbol für die zeichnerische Darstellung (CAD). Die Tabelle 2.4-5 gibt ergänzend einen Überblick über die grafischen Symbole nach DIN 12792.

**Tab. 2.4-4** Bestandteile der RLT-Anlage, Merkmale und CAD-Zeichen

| Bestandteil | Merkmale | CAD-Zeichen |
|---|---|---|
| Luftleitung | dient zum Transport der Luft<br>Leitungsformen:<br>▪ Kanäle: (Blech, Kunststoff, bauseitig): rechteckig<br>▪ Rohre: (Blech (starr, flexibel), Kunststoff): rund, oval<br>unterschiedliche Verbindungsformen, möglichst hohe Dichtheit, Einhaltung von Forderungen für Brandbelastung und gegen Korrosion<br>Geschwindigkeiten im Kanal: $v = 2 \dots 8$ m/s<br>Leitungsquerschnitt: $A_c = q_V / v$ | |
| Ventilator | fördert die Luft, charakteristische Werte:<br>▪ Förderstrom $q_V$ bzw. $q_m$<br>▪ Druckerhöhung $\Delta p$<br>▪ verschiedene Bauarten: z. B. Axialventilator, Radialventilator<br>Querstromventilator<br>Wichtig sind die Abhängigkeiten:<br>Druckverlust: $\Delta p \approx q_V^{\,2}$ ; Anschlussleistung: $P \approx q_V^{\,3}$<br>Bei der Förderung von Luft entsteht Luft- und Körperschall. | Radialv.<br>Axialv. |
| Filter | dienen zum Abscheiden von Schadstoffen (feste Teilchen, Gase),<br>Unterteilung entsprechend des Abscheidegrads (hohe Kennzahl entspricht hoher Abscheidung z. B. G1 bis G4, und F5 bis F9, GF) | |
| Schalldämpfer | dienen zur Dämpfung des Luftschalls im Kanalsystem<br>Formen:<br>▪ Kanalschalldämpfer<br>▪ Rohrschalldämpfer<br>▪ Telefonieschalldämpter<br>Reduzierung der Kanalgeschwindigkeit auf $v$ = 1,5 ... 4 m/s, damit Vergrößerung des Querschnitts des Anschlussquerschnitts | |
| Luftdurchlass | Zuluftdurchlass (Luftverteiler), dient der Zuführung der Luft in einen Raum<br>▪ unterschiedliche Ausführungen (s. a. Kapitel 2.5.5)<br>Zuluftgeschwindigkeit $v_O \equiv v_{ZUL}$ = (0,2) 1,5 ... 2,5 (15 ... 20) m/s<br>Abluftdurchlass (Ablufterfasser) dient der Abführung der Luft aus einem Raum; kann die Form haben<br>▪ eines Zuluftdurchlasses,<br>▪ einer bauseitigen oder kanalseitigen Öffnung,<br>▪ einer Haubenkonstruktion.<br>Erfassungsgeschwindigkeit: $v = 2 \dots 8$ (20) m/s | |

**Tab. 2.4-4** Bestandteile der RLT-Anlage, Merkmale und CAD-Zeichen (Forts.)

| Bestandteil | Merkmale | CAD-Zeichen |
|---|---|---|
| Klappen | dienen der Drosselung und Regelung des Luftvolumenstroms. Formen sind:<br>▪ Klappen im Kanal<br>▪ Klappen im Gehäuse (u. a. luftdicht) Gliederklappen (gleich- bzw. gegenläufig); Einsatz als Mischklappen und Absperrklappen)<br>▪ Rückschlagklappen<br>▪ Überströmklappen<br>▪ Umschaltklappen<br>▪ Rauchschutzklappen<br>▪ Brandschutzklappen entsprechend der Feuerschutzwiderstandsklasse K 30 ... 90; dicht schließend<br>Geschwindigkeit über den Klappen: $v = 2 ... 4$ m/s | BSK |
| Volumenstromregler | dienen der Regelung des Volumenstroms bei Anlagen mit variablem Luftvolumenstrom (VAV)<br>Formen (mit und ohne Hilfsenergie):<br>Konstant-Volumenstromregler<br>Variabel-Volumenstromregler | |
| Wetterschutzgitter | dient als Schutzgitter bei der Außenluftansaugung und u. U. der Fortluftführung (s. a. Kapitel 2.3.2)<br>Geschwindigkeiten in der freien Fläche $A_c$ : $v = 2 ... 4$ m/s | |

**Tab. 2.4-5** Graphische Symbole der Lüftungs- und Klimatechnik nach DIN EN 12792

| | | | | |
|---|---|---|---|---|
| Zuluftdurchlass | Abluftdurchlass | Ventilator | Radialventilator | Axialventilator |
| Wetterschutzgitter | Drosselklappe | Luftdichte Drosselklappe | Rückschlagklappe | Überströmklappe |
| Rauchschutzklappe | Brandschutzklappe | Brand- und Rauchschutzklappe | Aufteil- / Umschaltklappe | Bypassklappe |
| Konstant-Volumenstromregler | Variabel-Volumenstromregler | Gegenläufige Jalouisieklappe | Gleichläufige Jalouisieklappe | Tropfenabscheider |

**Tab. 2.4-5** Graphische Symbole der Lüftungs- und Klimatechnik nach DIN EN 12792 (Forts.)

| | | | | |
|---|---|---|---|---|
| oval<br>ø<br>a x b<br>Starre Luftleitungen oval (oben), rund (Mitte) und rechteckig (unten) | xxxx<br>xxxx<br>Starre Luftleitungen mit Wärmedämmung außen (oben) und innen (unten) | Starre Luftleitungen mit Schalldämmung außen (oben) und innen (unten) | Flexible Luftleitung | Abzweig/Verteilung |
| 90 ° - Bogen | Übergang – stetig | Übergang – plötzlich | Regler | Stellantrieb |
| Heizer Wärmeübertrager | Kühler Wärmeübertrager | KVS-Wärmeübertrager | Regenerator | Rekuperator |
| Gleichrichter | Befeuchter | Schalldämpfer | Mischkammer | Filter |
| Induktionsgerät | Ventilatorkonvektor | Pumpe | Messfühler | |

Ein Beispiel der Darstellung der Luftleitung mit der Anbindung an einen Raum ist aus Abbildung 2.4-37 ersichtlich, wobei der Anschluss an das Kastengerät erfolgt, wie in Abbildung 2.4-28 dargestellt.

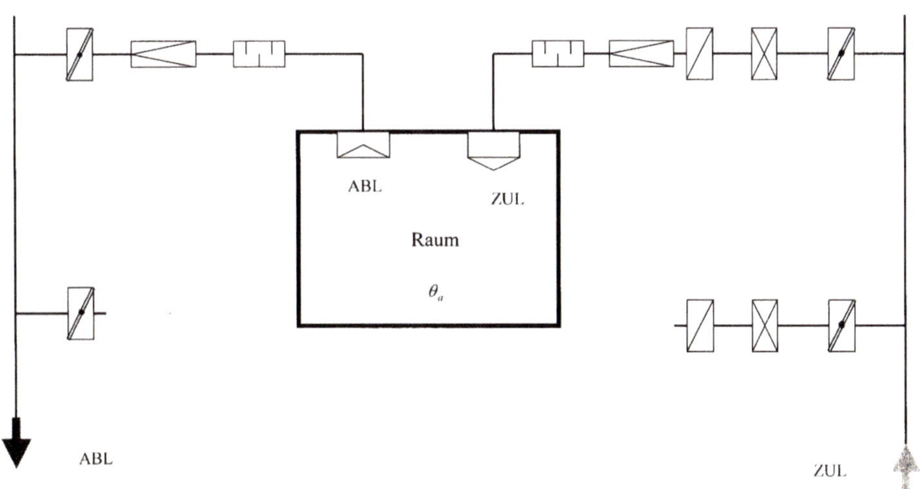


**Abb. 2.4-37** Schematische Darstellung des Anschlusses an einen Raum

In den Abbildungen 2.4-38 bis 2.4-46 sind Bauteile als Einzelgeräte und im Einbauzustand (z. B. in Kastengeräten) dargestellt.

**Abb. 2.4-38**
**a (links)** Radialventilator *(Werkbild: Fa. Ziehl-Abegg)*
**b (rechts)** Radialventilator *(Werkbild: Fa. Ziehl-Abegg)*

**Abb. 2.4-38** (Forts.)
**c (links)** Axialventilator AWA 61 (*Werkbild: Fa. Gebhardt*)
**d (rechts)** Axialventilator ARA 61 (Rohrlüfter) *(Werkbild: Fa. Gebhardt)*

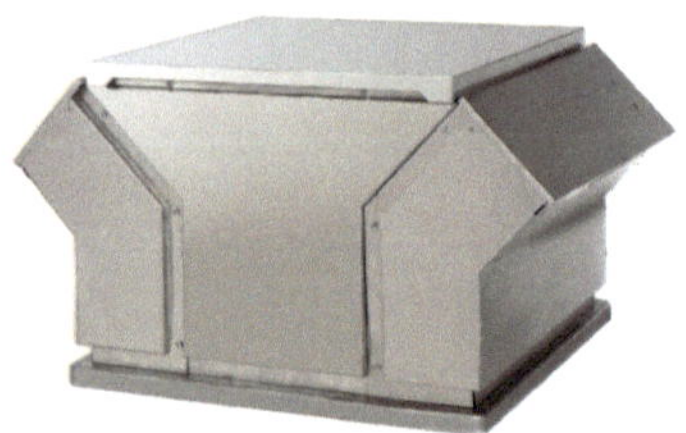

**e (links)** Radialdachventilator RDA 31 *(Werkbild: Fa. Gebhardt)*
**f (rechts)** Radialdachventilator RGA 31 *(Werkbild: Fa. Gebhardt)*

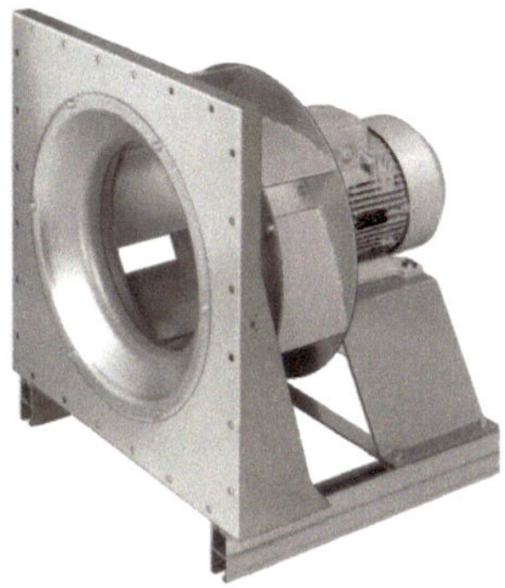

**g (links)** Freilaufender Radialventilator RLM 56 *(Werkbild: Fa. Gebhardt)*
**h (rechts)** Doppelseitig saugender Radialventilator RGA 31 *(Werkbild: Fa. Gebhardt)*

**i** Radialventilator im Kastengerät *(Werkbild: Fa. Robatherm)*

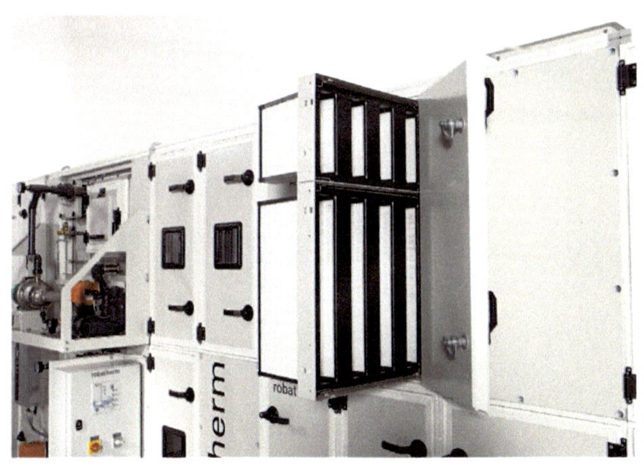

**Abb. 2.4-39**
**a (links)** Ausziehbare Filterwand im Kastengerät *(Werkbild: Fa. Robatherm)*
**b (rechts)** Filter im Kastengerät und Ansauggitter am Kastengerät *(Werkbild: Fa. Howatherm)*

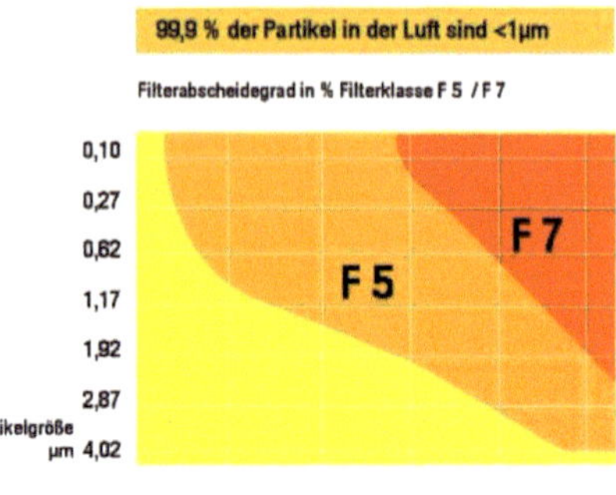


**Abb. 2.4-39** (Forts.)
**c (links)** Filtereinbau im Kastengerät *(Werkbild: Fa. Robatherm)*
**d (rechts)** Filterabscheidegrade *(Darstellung: Fa. Howatherm)*

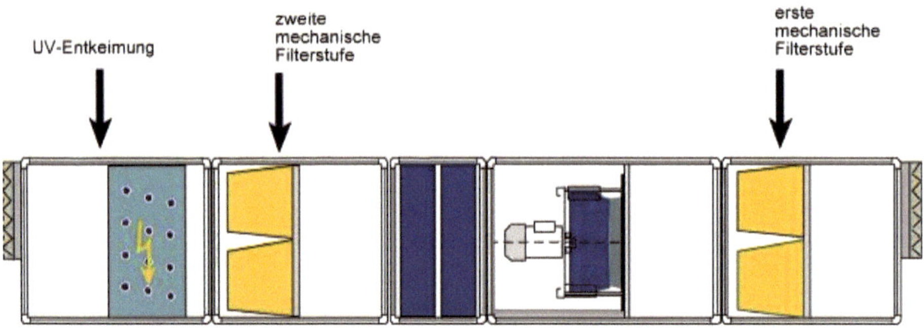


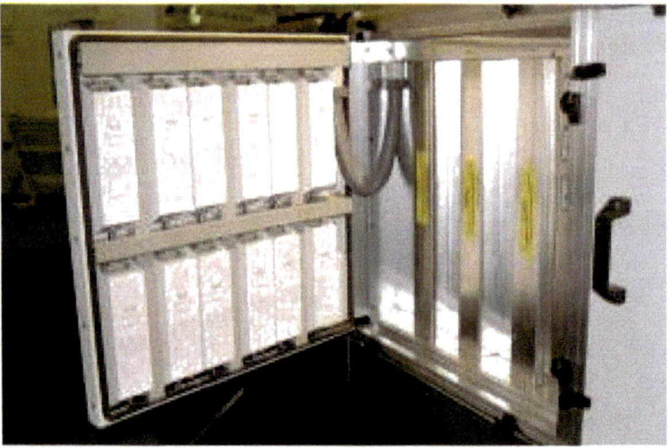

**Abb. 2.4-40** UV-Entkeimung (Prinzipschaltbild und Ansicht Einbau in Kastengerät) *(Werkbild: Fa. Howatherm)*

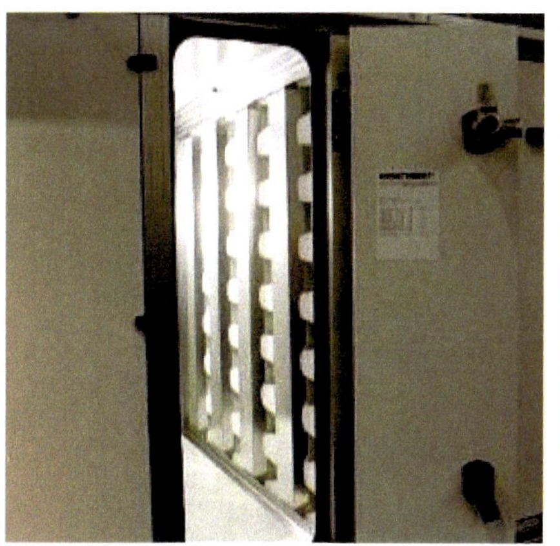

**Abb. 2.4-41** Kanalschalldämpfer im Kastengerät *(Werkbild: Fa. Howatherm)*

**Abb. 2.4-42**
**a** Schalldämpfer im Kastengerät *(Werkbild: Fa. Robatherm)*

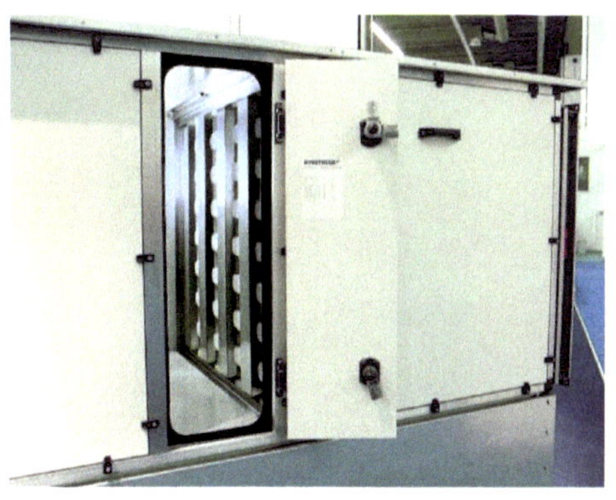

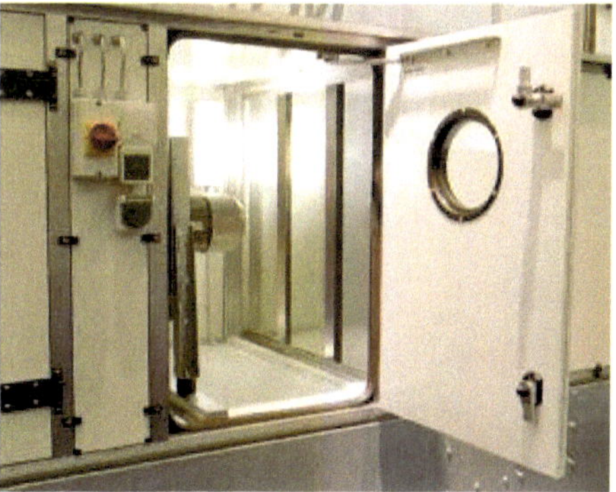

**b (links)** Kanalschalldämpfer im Kastengerät *(Werkbild: Fa. Howatherm)*
**c (rechts)** Membranschalldämpfer im Kastengerät *(Werkbild: Fa. Howatherm)*

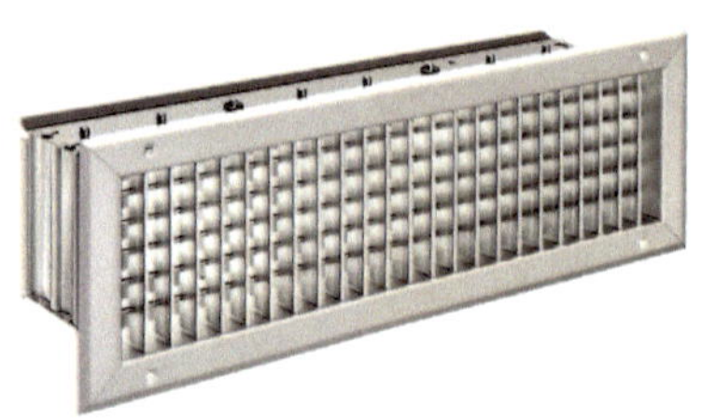

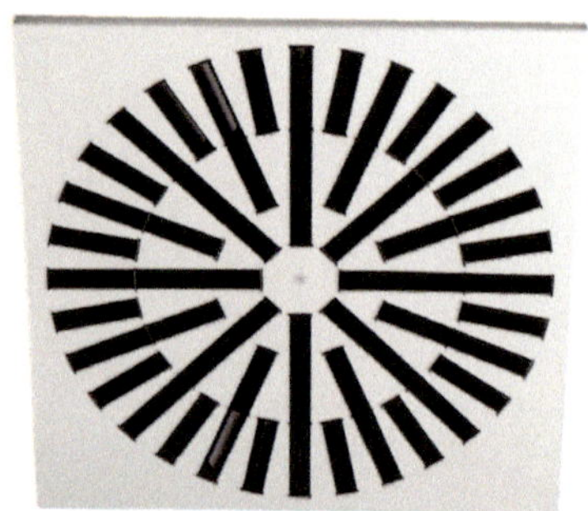

**Abb. 2.4-43**
**a (links)** Luftdurchlass (s. a. Kapitel 2.5) Gitter *(Werkbild: Fa. Trox)*
**b (rechts)** Luftdurchlass (s. a. Kapitel 2.5) Dralluftauslass
*(Werkbild: Fa. Schako Ferdinand Schad KG)*

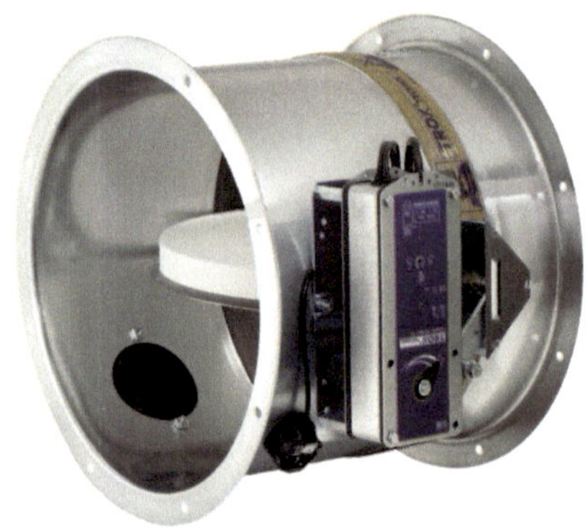

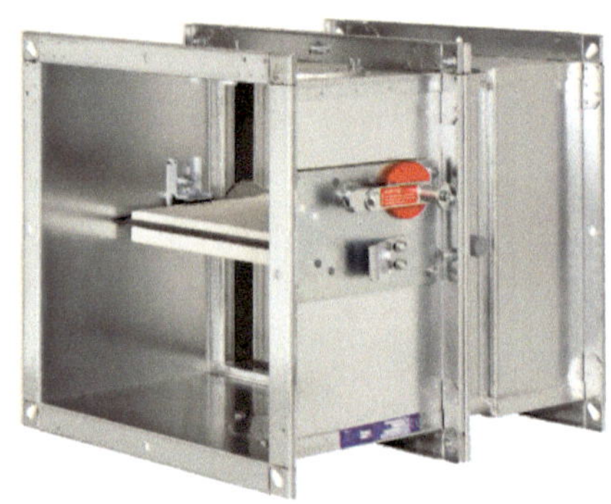

**Abb. 2.4-44**
**a (links)** Brandschutzklappe (rund) (*Werkbild: Fa. Trox*)
**b (rechts)** Brandschutzklappe (5125) (*Werkbild: Fa. Trox*)

**Abb. 2.4-45**
**a (links)** Regelklappe (*Werkbild: Fa. Howatherm*)
**b (rechts)** Regelklappe (*Werkbild: Fa. Trox*)

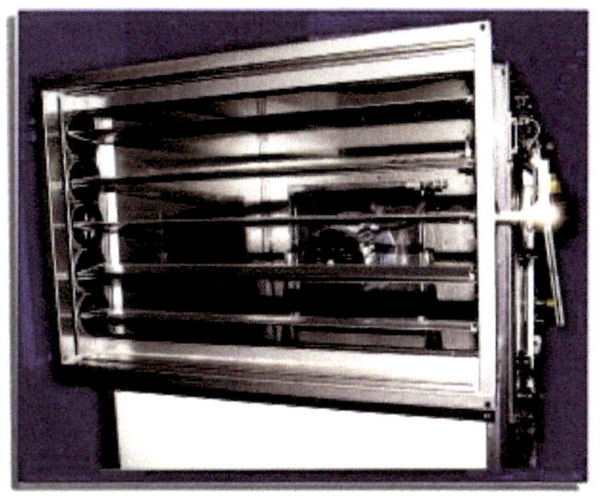

**Abb. 2.4-45** (Forts.)
**c (links)** Regel- und Absperrklappen im Kastengerät (*Werkbild: Fa. Howatherm*)
**d (rechts)** Volumenstromregler (*Werkbild: Fa. Trox*)

**Abb. 2.4-46**
**a (links)** Ansauggitter (*Werkbild: Fa. Trox*)
**b (rechts)** Wetterschutzgitter (*Werkbild: Fa. Robatherm*)

## 2.4.5 Nur-Luft-Anlagen

Nur-Luft-Anlagen dienen neben den anderen Aufgaben der Lufttechnik auch der Abfuhr von thermischen Lasten. Da diese Lasten nicht konstant sind, muss, um stationäre Raumluftzustände zu gewährleisten, die Leistung der Nur-Luft-Anlagen geregelt werden. Die Gleichung für die thermische Leistung der Anlage lautet:

$$\Phi = q_V \cdot \rho \cdot c_{p,L} \cdot \left(\theta_{ABL} - \theta_{ZUL}\right)$$

Es wird deutlich, dass zwei variable Parameter für die Leistungsregelung notwendig sind, nämlich die Zulufttemperatur und der Zuluftvolumenstrom.

Daraus haben sich die Variabel-Volumenstrom-Anlagen (VVS-Anlagen), die mit einem variablen Volumenstrom und einer konstanten Zulufttemperatur betrieben werden, und die Konstant-Volumenstrom-Anlagen (KVS-Anlagen), die mit einem konstanten Volumenstrom und einer variablen Zulufttemperatur betrieben werden, entwickelt (s. a. Abbildung 2.1-10).

### Einkanalanlagen mit konstantem Luftvolumenstrom (KVS-Anlagen)

Die Bezeichnung Konstant-Volumenstrom-Anlagen (KVS-Anlagen) bezieht sich auf den Volumenstrom für den einzelnen Raum, der bei diesem Anlagentyp konstant ist. Dabei wird in Einzonen- und Mehrzonenanlagen unterschieden.

#### *Einzonenanlagen*

Bei diesen Anlagen wird die in einem Zentralgerät aufbereitete Luft durch einen Kanal einem oder mehreren Räumen zugeführt. Falls es sich um mehrere Räume handelt, erhalten also alle Räume Luft desselben Zustands. RLT-Anlagen dieser Art werden besonders für Großräume wie Säle, Versammlungsräume, Theater, Kinos usw. verwendet, aber auch für Mehrraumgebäude wie Bürohäuser, Krankenhäuser usw. Bei Gebäuden mit einzelnen Räumen, wie beispielsweise Theatern, Kinos, Messehallen usw., werden die RLT-Anlagen häufig so ausgebildet, dass sie neben der Kühlung gleichzeitig auch die Heizung übernehmen. Diese geschieht vor allem dann, wenn diese Räume nur vor der Nutzung aufgewärmt und während der eigentlichen Nutzung gekühlt werden müssen. Der Vorteil, Räume mit Lastwechseln mit der RLT-Anlage zu heizen, liegt darin, dass mit der Luft trägheitsfrei auf den Wechsel zwischen Heiz- und Kühlanforderung reagiert werden kann und damit ein Überheizen vermieden wird. Soll mit der RLT-Anlage sowohl gekühlt als auch geheizt werden, muss dieses bei der Auswahl der Luftdurchlässe berücksichtigt werden, u. U. müssen verstellbare Luftdurchlässe verwendet werden.

Eine KVS-Anlage mit Vollabsperrung für die einzelnen Räume ist schematisch für zwei Räume in Abbildung 2.4-47 dargestellt.

#### *Mehrzonenanlagen*

Die Ein-Zonenanlagen haben den Nachteil, dass sie allen angeschlossenen Räumen Luft des gleichen Zustands zuführen. Dies ist jedoch nur möglich, wenn das klimatisierte Gebäude auch annähernd gleiche Lasten zu einem bestimmten Zeitpunkt besitzt. Meist ist dies jedoch nicht der Fall. Dann muss die RLT-Anlage als Mehrzonen-Anlage gebaut werden. Entsprechend den unterschiedlichen Lasten erhält jede Zone unabhängig voneinander Luft mit verschiedenen Zuluftzuständen. Abbildung 2.4-47 zeigt eine Anlage mit Zonen-Nachwärmern für die drei dargestellten Zonen.

Bei dieser Anordnung muss der zentrale Kühler auf den ungünstigsten Raum geregelt werden. Bei den Räumen mit niedrigeren Kühllasten wird die Zulufttemperatur über die Zonen-Nachwärmer wieder angehoben, wodurch ein erhöhter Energieverbrauch entsteht.

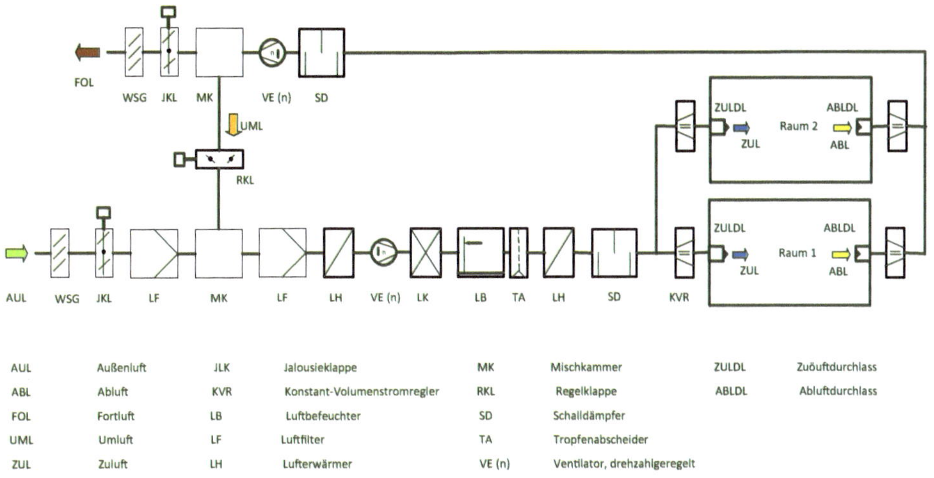


**Abb. 2.4-47** Schematischer Aufbau einer KVS-Anlage für einzelne Räume

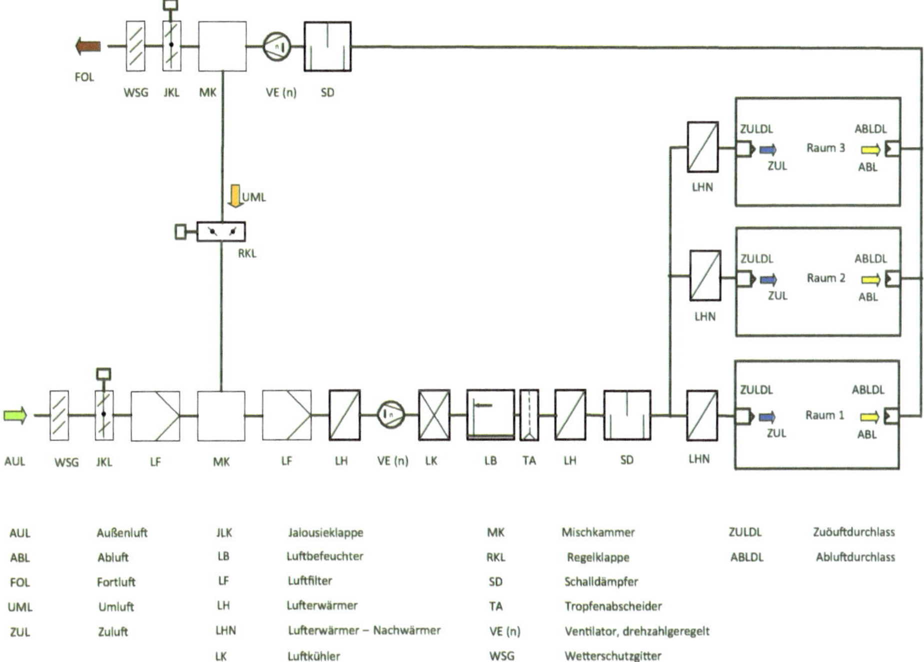


**Abb. 2.4-48** Schematischer Aufbau einer KVS-Anlage mit Zonen-Nachwärmern

Gegenüber der Darstellung in Abbildung 2.4-48 ist es auch möglich, die einzelnen Zonen mit Nachkühlern auszustatten. Auch ist es möglich die Luftbefeuchtung dezentral in den einzelnen Zonen anzuordnen. Dies ist aber mit einem erhöhten Installationsaufwand verbunden.

### Einkanalanlagen mit variablem Luftvolumenstrom (VVS-Anlagen)

Bei den VVS-Anlagen ist der Zuluftstrom variabel und die Temperatur konstant. Die unterschiedlichen Kühllasten der einzelnen Zonen werden durch Änderung der Zuluftströme mittels Volumenstromregler ausgeglichen. In der Hauptsache sind diese Anlagen für Räume mit veränderlichen Lasten bestimmt, z. B. für Bürogebäude, Kaufhäuser, Universitäten, Schulen und Banken. Die Zuluft wird mit einer konstanten Temperatur von z. B. 18 °C dem Raum zugeführt. Bei steigenden Kühllasten, etwa durch Beleuchtung oder Personen, wird der Zuluftstrom über einen Raumthermostaten vergrößert, bei fallender Kühllast auf einen Mindestwert (Mindestaußenluftrate) verringert; anschließend wird meist mit örtlicher Heizung geheizt. Der Aufbau der Anlage entspricht dem in Abbildung 2.4-49, wobei die dort dargestellten Konstant-Volumenstromregler gegen Variabel-Volumenstromregler ersetzt sind.

Der besondere Vorteil der VVS-Anlagen ist darin zu sehen, dass der Energiebedarf für die Luftkonditionierung sich mit fallender Luftmenge fast proportional verringert und derjenige für den Ventilator bei guter Regelung noch stärker abfällt. Dadurch ist der Betrieb im Vergleich zu KVS-Anlagen sehr wirtschaftlich. Bei der Bemessung des Zentralgeräts lässt sich oft ein Gleichzeitigkeitsfaktor von 0,8 ... 0,7 berücksichtigen. Die Zuluft- und Abluftkanäle müssen jedoch in den Verzweigungen jeweils für 100 % Volumenstrom ausgelegt werden. Es muss beachtet werden, dass in der Zentrale evtl. keine Umluft möglich ist, wenn verschiedene Zonen stark unterschiedliche Lasten haben können, z. B. Nord- und Südseite. Wird bei hoher Last auf der Südseite zentral viel Umluft beigemischt, kann der Außenluftanteil in der Nordzone unter die Mindestaußenluftrate abfallen. Daher ist bei VVS-Anlagen nur der reine Außenluftbetrieb sinnvoll. Eine Wärmerückgewinnung sollte generell vorgesehen werden.

VVS-Anlagen sind besonders dann sinnvoll, wenn die Kühllasten so niedrig sind, dass der Mindestaußenluftvolumenstrom schon einen großen Teil davon deckt, sodass sich der Installationsaufwand für ein zusätzliches Kühlsystem, wie z. B. Induktionsanlagen, Fan Coils oder Kühlflächen, kaum mehr lohnt.

Der Gesamtvolumenstrom muss bei diesen Anlagen in weiten Grenzen geregelt werden.

Die zweckmäßigste Anordnung des Kanaldruckfühlers muss je nach Größe und Form des Netzes sorgfältig ermittelt werden. Manchmal können auch je nach Verzweigung und zu erwartender Unterschiedlichkeit der Belastung der Zweige des Netzes 2 oder 3 Druckfühler günstig sein. Auch der Abluftvolumenstrom muss geregelt werden: bei kleinen Anlagen nur zentral, bei großen Anlagen auch dezentral. Dabei erhält jeder Raum oder jede Zone einen Volumenstromregler in der Abluft, der parallel zum Zuluftregler vom Raumthermostaten betätigt wird.

Die lastabhängige Volumenstromregelung erfolgt in den Zonen oder Räumen anhand von Raumtemperaturreglern als Kaskadenregelung. Als Hauptregelgröße dient die Raumlufttemperatur, die über einen Raumtemperaturfühler erfasst wird (Abbildung 2.4-49). Das Ausgangssignal des Raumtemperaturreglers wirkt dabei nicht direkt auf die Stellklappe des Zuluftvolumenstromreglers, sondern steuert den internen Volumenstrom-Regelkreis des Volumenstromreglers. Dieser sorgt für die Einhaltung des erforderlichen Luftvolumenstroms.

Die Regelung des Zuluftvolumenstroms erfordert eine parallele Regelung des Abluftvolumenstroms, um eine ausgeglichene Luftbilanz im Raum herzustellen (Abbildung 2.4-50). In Anlagen kann die Regelung nur zentral erfolgen, bei größeren Anlagen sind dezentrale Lösungen erforderlich.

Bei der Folgeregelung (Master-Slave) (Abbildung 2.4-51) dient der Istwert der Zuluft als Führungsgröße für den Abluftregler (Folgeregler). Die Abluft folgt somit der Zuluft.

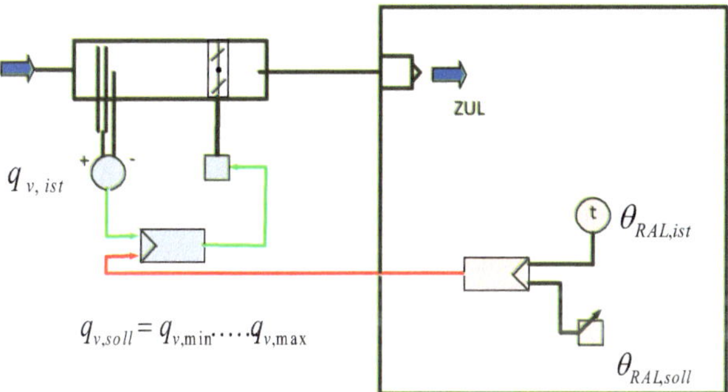


**Abb. 2.4-49** Raumtemperaturregelung einer VVS-Anlage (*Werkbild: Fa. Trox*)

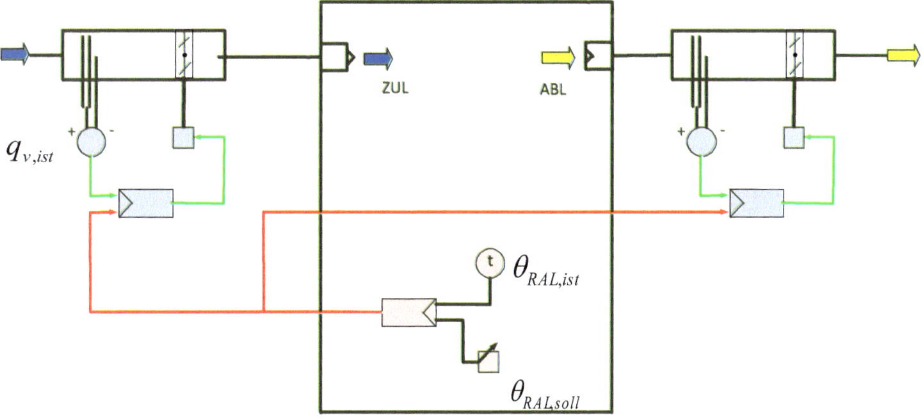


**Abb. 2.4-50** Parallel-Steuerung einer VVS-Anlage (*Werkbild: Fa. Trox*)

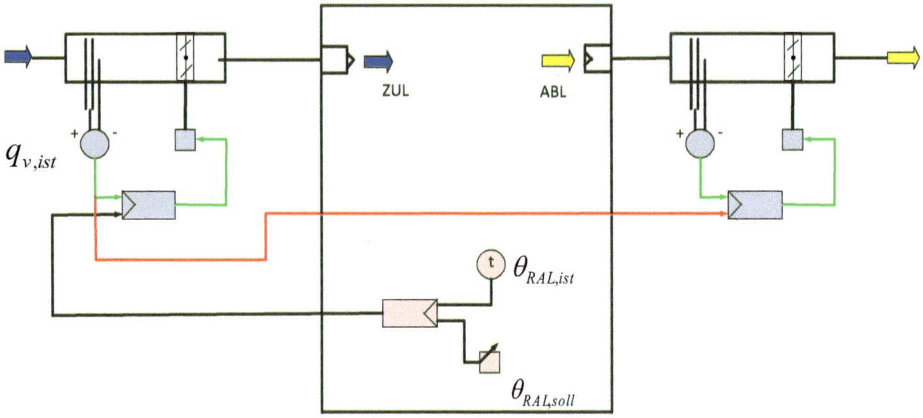

**Abb. 2.4-51** Folgeregelung (Master-Slave) einer VVS-Anlage (*Werkbild: Fa. Trox*)

## Intermittierende Lüftung

Der wesentliche Unterschied des intermittierenden Verfahrens mit einer alternierenden Betriebsweise gegenüber einer stationären liegt darin, dass die RLT-Anlage intermittierend den Raum mit Luft versorgt ([82],[53]).

Die Anlage wird so betrieben, dass zwischen den einzelnen Zu- und Abluftsträngen intermittierend umgeschaltet wird und somit die einzelnen Stränge durch Schließen von Klappen (mittels schneller Stellmotoren) in den Strängen (Schließzeit jeweils ca. 5 sec.) alternierend betrieben werden, also zeitlich abwechselnd beaufschlagt werden. Dabei werden die Klappen nicht vollständig geschlossen, um Druckstöße zu vermeiden.

Die Stränge werden in einem Zyklus von ca. 60 bis 70 Sekunden umgeschaltet, sodass sich keine stationären Strömungszustände im Raum aufbauen können (Abbildungen 2.4-52 und 2.4-53).

Trotz alternierendem Betrieb kann sowohl die Zuluft als auch die Abluft im konventionellen RLT-Gerät kontinuierlich aufbereitet werden.

Es besteht u. a. die Möglichkeit, die einzelnen Stränge nicht nur zwischen den Luftmengen 0 % und 100 % umzuschalten, sondern auch in anderen Verhältnissen. Damit können zwischen Volllastzustand und Teillastzustand optimale Betriebszustände durch Festlegung der Strömungsimpulse gewählt werden.

Durch diese Betriebsweise ist es möglich, die benötigten Zuluftwechsel zu reduzieren, wodurch sich die Luftqualität und die Behaglichkeit verbessern können und ein energieoptimierter Betrieb der RLT-Anlage (bis zu 40 % Verringerung des Elektroenergieverbrauchs und bis zu 20 % Lüftungswärmebedarf) erreicht wird.

Einsatzbereiche sind große Räume, wie z. B. Industrie- und Veranstaltungshallen, Schwimmbäder. Voraussetzung ist das Vorhandensein von mindestens zwei Kanalsträngen.

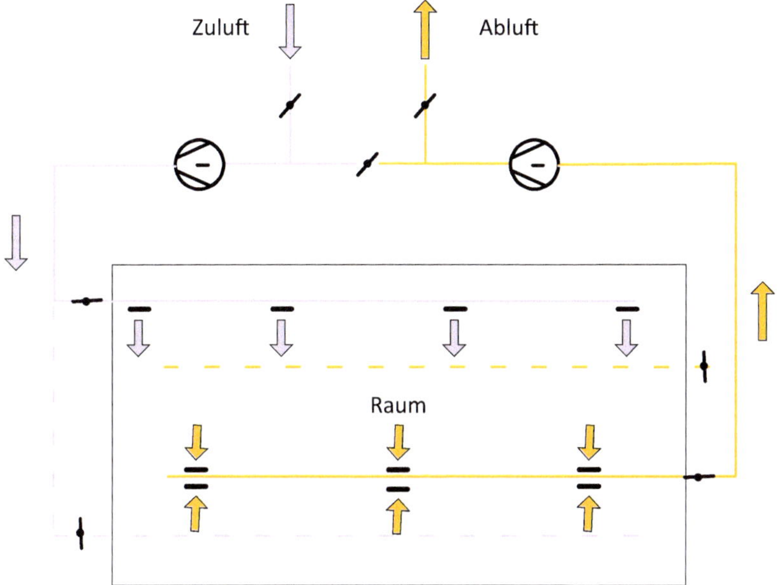


**Abb. 2.4-52** Betrieb über den Zuluftstrang 1 und Abluftstrang 2 (Phase 1)

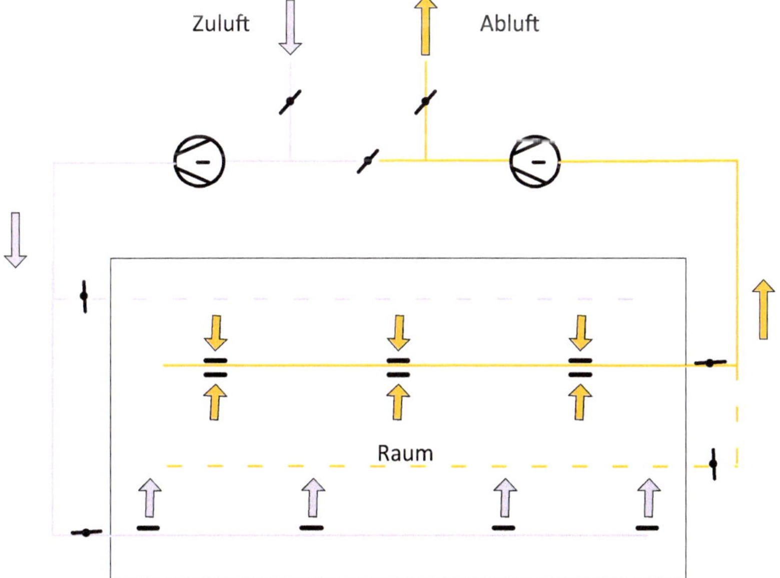


**Abb. 2.4-53** Betrieb über den Zuluftstrang 2 und Abluftstrang 1 (Phase 2)

## Zweikanalanlagen

Zweikanalanlagen können bei Gebäuden eingesetzt werden, deren Räume sehr stark unterschiedliche und schwankende Lasten besitzen. Eine solche Anlage ist in Abbildung 2.4-54 schematisch dargestellt.

Nach einer Grundaufbereitung der Außenluft wird die Zuluft in zwei Kanälen, dem Warm- und dem Kaltluftkanal gefördert. In diesen zwei Kanälen wird die Zuluft über einen dort angeordneten Erhitzer bzw. Kühler auf unterschiedliche Temperaturen geregelt. Jeder einzelne Luftdurchlass ist über sog. Mischkästen an beide Kanäle angeschlossen. In diesen Mischkästen wird die Warm- und Kaltluft auf die erforderliche Zulufttemperatur gemischt. Räume mit maximaler Kühllast erhalten nur Kaltluft, Räume mit maximaler Heizlast nur Warmluft, Räume mit Teillast eine Mischung von Kalt- und Warmluft.

Ein wesentlicher Nachteil der Zweikanalanlagen ist der erforderliche sehr große Installationsraum, da sowohl der Kalt- als auch der Warmluftkanal für fast den gesamten Luftstrom dimensioniert werden muss. Weiterhin ist durch die Förderung der für die Regelung erforderlichen großen Luftvolumenströme der Energieverbrauch sehr hoch. Zweikanalanlagen werden daher heute nicht mehr installiert. Sie sind aber noch im Gebäudebestand anzutreffen.

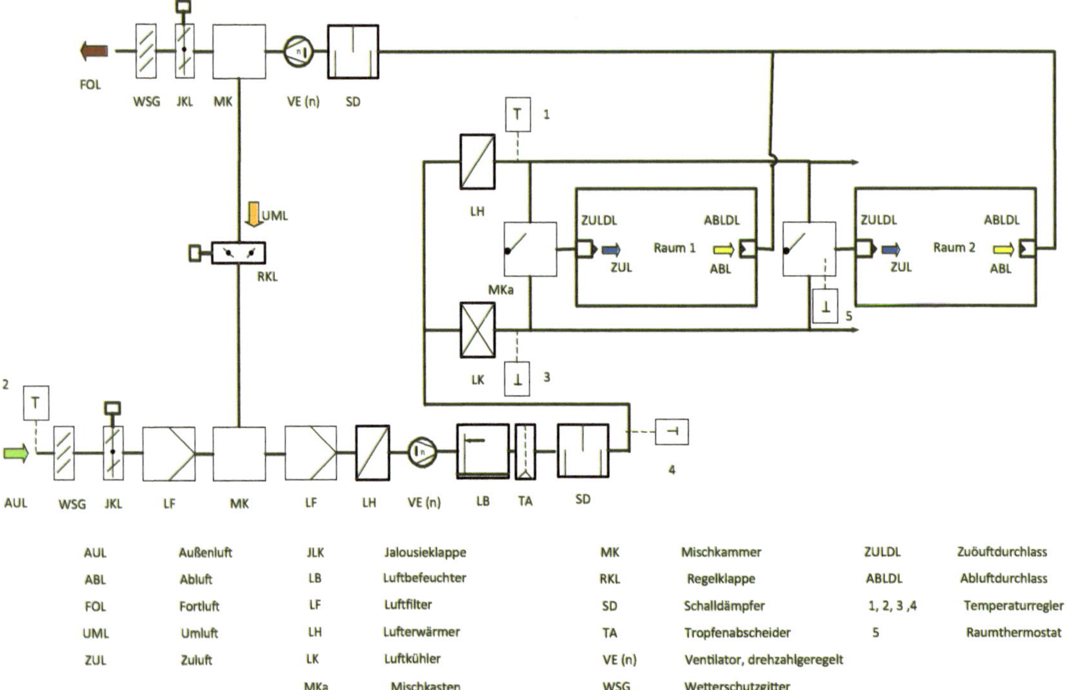


**Abb. 2.4-54** Anlagenschema einer Zweikanalanlage

## 2.4.6 Auslegung einer Klimaanlage

### 2.4.6.1 Anwendungsweise

In den Klimaanlagen treten im Allgemeinen alle vorgenannten Luftzustandsänderungen ein, sowohl Erwärmung als auch Kühlung als Befeuchtung und Entfeuchtung der Luft (vier thermodynamische Behandlungsstufen). Daher gelangen bei der Berechnung der Klimaanlagen auch alle zuvor beschriebenen Berechnungsmethoden in verschiedenen Kombinationen zur Verwendung. Es empfiehlt sich, die Rechnung getrennt für Sommer- und Winterbetrieb durchzuführen, wobei die verschiedenen Luftzustandsdaten zweckmäßigerweise zur besseren Übersicht in je einer Tabelle zusammengestellt werden sollten.

#### Sommerbetrieb

- ***Kühllast***

Zuerst wird die spezifische trockene Kühllast des Raums, bezogen auf den Rauminhalt $V_R$, berechnet. Üblich ist auch ein Bezug auf die Grundfläche des Raums $A_B$ .

**Tab. 2.4-6** Luftzustandsdaten – Sommerbetrieb – Bezeichnungen (s. a. Abbildung 2.4-56)

| Luftzustand | Zustandspunkt im *h,x*-Diagramm | Temperatur $\theta$ | Relative Feuchte $\varphi$ | Spezifische Enthalpie $h$ | Wassergehalt (absolute Feuchte) $x$ |
|---|---|---|---|---|---|
| | | °C | % | kJ/kg | g/kg$_{\text{tr. Luft}}$ |
| Raumluft | RAL | $\theta_{RAL}$ | $\varphi_{RAL}$ | $h_{RAL}$ | $x_{RAL}$ |
| Taupunkt | T | $\theta_s$ | $\varphi_s$ | $h_s$ | $x_s$ |
| Außenluft | AUL | $\theta_{AUL}$ | $\varphi_{AUL}$ | $h_{AUL}$ | $x_{AUL}$ |
| Mischluft | MIL,S | $\theta_{MIL,S}$ | $\varphi_{MIL,S}$ | $h_{MIL,S}$ | $x_{MIL,S}$ |
| Lufteintritt Raum = Zuluft | ZUL,S | $\theta_{ZUL,S}$ | $\varphi_{ZUL,S}$ | $h_{ZUL,S}$ | $x_{ZUL,S}$ |
| Kühler – Austritt | K,A | $\theta_{K,A}$ | $\varphi_{K,A}$ | $h_{K,A}$ | $x_{K,A}$ |

Kühllast $\phi_{KL} = \sum \phi$ in W/m³ $\phi = \dfrac{\Phi}{V_R}$

bzw. unter Bezug auf VDI 2078 (s. a. Kapitel 1.4.2.2) $\phi = \dfrac{\dot{Q}}{V_R}$

$\phi_P$ = von Menschen abgegebene fühlbare Wärme

$\phi_{N,m}$ = von Maschinen abgegebene fühlbare Wärme

$\phi_{tr,S}$ = Transmissionslast durch Wände und Dächer im Sommer

$\phi_S$ = Strahlungslast durch Fenster

$\phi_B$ = Beleuchtungslast

$\phi_R$ = sonstige Wärmequellen

- ***Trocknungslast***

$\phi_x$ = die im Raum von der Luft aufgenommene Wassermenge g/(m$^3$ h)

$\phi_{x,M}$ = von Menschen abgegebene Wasserdampfmenge

$\phi_{x,N}$ = von Wasserbehältern, Maschinen usw. abgegebene Wasserdampfmenge

- ***Luftvolumenstrom***

Der im Sommerbetrieb erforderliche Volumenstrom $q_{v,S}$ (m$^3$/s) ergibt sich aus der Beziehung

Volumenstrom $$q_{v,S} = \frac{\Phi_{KL}}{\rho \cdot c_P \cdot \Delta\vartheta_S} \text{ in m}^3/\text{s} \qquad (\Phi_{KL} \text{ in kW})$$

Luftwechsel $$n \text{ bzw. } \beta = \frac{3{,}6 \cdot \phi_{KL}}{\rho \cdot c_P \cdot \Delta\vartheta_S} \text{ in } h^{-1} \; (\phi_{KL} \text{ in W/m}^3)$$

Dabei ist entweder der Luftwechsel $\beta$ (neu: $n$) oder die Untertemperatur $\Delta\vartheta_S$ der in den Raum eintretenden Luft zu wählen.

- ***Lufteintrittszustand***

Der Lufteintrittszustand für den Raum ist durch die Untertemperatur $\Delta\vartheta_S$ und die Unterfeuchte $\Delta x = \sum \phi_x / \rho_L$ festgelegt (Punkt *K*, *A* in Abbildung 2.4-55).

- ***Kühlleistung***

Die Luft wird in Nassluft- oder Oberflächenkühlern durch Kühlwasser von genügend tiefer Temperatur gekühlt, wobei sich Wasser ausscheidet, und wieder nachgewärmt. Die notwendigen Luftzustandsänderungen sind beispielhaft in Abbildung 2.4-55 dargestellt:

**Tab. 2.4-7** Luftzustandsdaten – Bezeichnungen

| Luftzustand | Zustandspunkt im *h,x*-Diaramm | Temperatur $\theta$ | Relative Feuchte $\varphi$ | Spezifische Enthalpie $h$ | Wassergehalt (absolute Feuchte) $x$ |
|---|---|---|---|---|---|
| | | °C | % | kJ/kg | g/kg$_{\text{tr. Luft}}$ |
| Raumluft | RAL | $\theta_{RAL}$ | $\varphi_{RAL}$ | $h_{RAL}$ | $x_{RAL}$ |
| Außenluft | AUL | $\theta_{AUL}$ | $\varphi_{AUL}$ | $h_{AUL}$ | $x_{AUL}$ |

**Tab. 2.4-7** Luftzustandsdaten – Bezeichnungen (Forts.)

| Luftzustand | Zustandspunkt im *h,x*-Diaramm | Temperatur $\theta$ | Relative Feuchte $\varphi$ | Spezifische Enthalpie $h$ | Wassergehalt (absolute Feuchte) $x$ |
|---|---|---|---|---|---|
| | | °C | % | kJ/kg | $g/kg_{tr.\ Luft}$ |
| Mischluft | MIL | $\theta_{MIL}$ | $\varphi_{MIL}$ | $h_{MIL}$ | $x_{MIL}$ |
| Lufteintritt (Kühleraustritt) | K,A | $\theta_{K,A}$ | $\varphi_{K,A}$ | $h_{K,A}$ | $x_{K,A}$ |

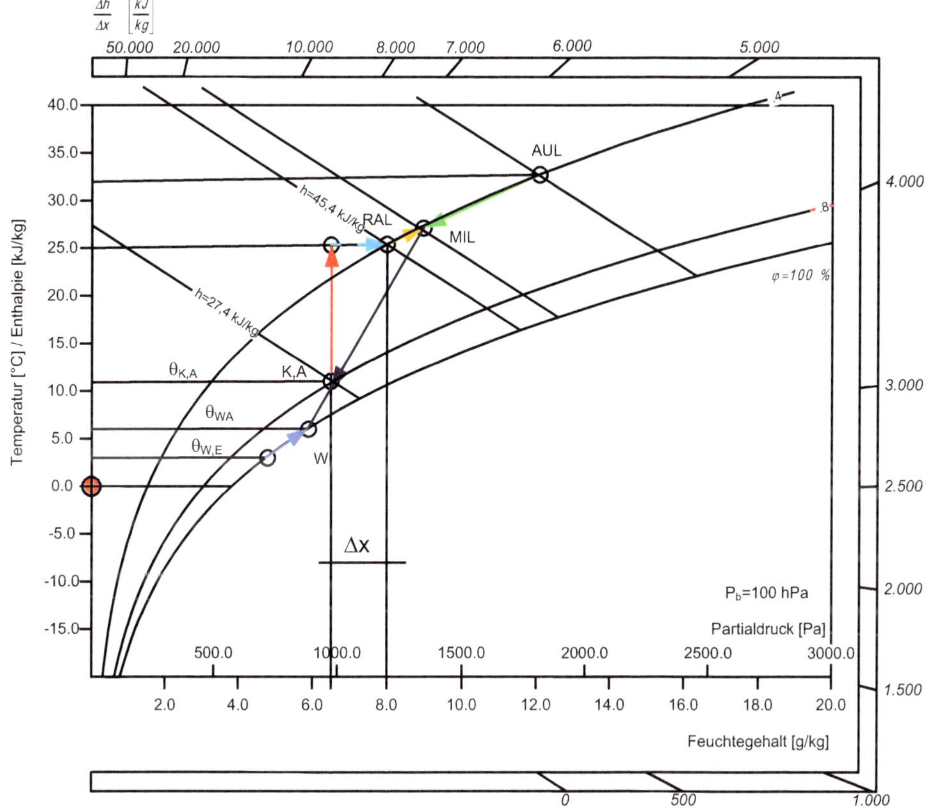


**Abb. 2.4-55** *h,x*-Diagramm zum Berechnungsbeispiel einer Kühlung

Ist ferner:

| | |
|---|---|
| $q_v$ | gesamter Luftvolumenstrom $m^3/h$ |
| $q_{v,S}$ | gesamter Luftvolumenstrom $m^3/s$ |
| $q_{v,AUL}$ | Außenluftvolumenstrom $m^3/h$ |

$w = q_v \cdot \rho \cdot \Delta x w$ Wasseraufnahme der Luft im Raum in kg/h, wenn $x$ in g/kg,

so ist die stündlich abzuführende Wassermenge

$$W = q_{v,AUL} \cdot \rho \cdot (x_{AUL} - x_{RAL}) + w = q_v \cdot (x_{MIL} - x_{K,A}) \qquad \text{in g/h}$$

und die Kühlleistung

$$\Phi_K = q_{m,S} \cdot (h_{MIL} - h_{K,A}) \qquad \text{in kW (kJ/s).}$$

Der Luftvolumenstrom $q_V$ ist im Allgemeinen frei wählbar. Je größer $q_V$, desto kleiner $\Delta x$ und desto höher die zulässige Wassertemperatur. Die erforderlichen Wasserein- und -austrittstemperaturen ergeben sich aus der Kühlerberechnung. Die Temperatur des Kühlwassers muss tiefer sein als der Taupunkt der in den Raum eintretenden Luft mit dem Wassergehalt $x_{K,A} = x_{RAL} - \Delta x$.

Bei geringer Wassererwärmung, z. B. Nassluftkühler ($\Delta \theta_w$ = 2 bis 3 K), erhält man die erforderliche Lufteintrittstemperatur $\theta_{K,A}$ (Kühleraustrittstemperatur) annähernd als Schnittpunkt *K,A* der $x_{K,A}$-Linie mit der Verbindungslinie von *MIL* zum Zustandspunkt gesättigter Luft von Wasseraustrittstemperatur (Punkt *W*); bei größerer Wassererwärmung, wie sie bei Oberflächenkühlern meist angewandt wird, ist eine genaue Kühlerberechnung vorzunehmen.

Eine Abkühlung der Luft bis unterhalb des Taupunkts ist bei den Oberflächenkühlern zur Trocknung nicht unbedingt erforderlich.

Der Lufteintrittszustand des Kühlers *K,E* ergibt sich aus der Mischung von Außenluft und Umluft, während der Luftaustrittszustand *K,A* wie oben beschrieben berechnet war. Die erforderliche Kühlleistung des Kühlers ist daher

$$\Phi_K = q_{v,S} \cdot \rho \cdot (h_{MIL,S} - h_{ZUL}) \quad \text{in kW (kJ/s).}$$

Diese Rechnung ist jedoch nur richtig, wenn der Lufteintrittszustand *ZUL* durch den Kühler tatsächlich erreichbar ist. In vielen Fällen, namentlich bei geringer Raumluftfeuchte oder hoher Kühlwassertemperatur, wird dies jedoch kaum möglich sein. Dann ist es erforderlich, die Luft stärker zu kühlen und den Lufteintrittszustand entweder durch Nacherwärmung der Luft oder Beimischung ungekühlter Luft zu erreichen. Auch die Wahl eines – anderen –Luftwechsels ist manchmal angebracht. In Abbildung 2.4-56 ist eine Nacherwärmung angenommen, wobei die Kühlleistung $\Phi_K = q_{v,S} \cdot \rho \cdot (h_{MIL,S} - h_{K,A})$ in kW ist.

**Beispiel 2.4-8:** Berechnung der Kühler-, Nachwärmerleistung und des Wasserverbrauchs

In einem Raum von 100 m$^3$ Inhalt soll ein Luftzustand von 25 °C/40 % aufrechterhalten werden. Stündlich abgegebene Wassermenge $w$ = 1,5 kg/h = 1500 g/h,

Außenluftanteil 20 %, keine Wärmequellen. Man berechne die Kühlerdaten, die erforderlichen Wassertemperaturen und die Nacherwärmerleistung. Außenluft 32 °C /40 % rel. Feuchte.

Luftvolumenstrom gewählt: $q_v = 850\ \mathrm{m^3/h};\ q_{v,S} = 0{,}236\ \mathrm{kg/s}$

Wasseraufnahme im Raum: $\Delta x = \dfrac{w}{q_v \cdot \rho} = 1.500 / (850 \cdot 1{,}2) = 1{,}5\ \mathrm{g/kg}$

Dabei erforderlicher Wassergehalt der in den Raum eintretenden Luft $x_{K,A} = 8{,}0 - 1{,}5 = \mathbf{6{,}5\ g/kg}$.

Wasseraustrittstemperatur $\theta_{w,A}$ gewählt zu 6 °C (Punkt *W*).

Die Verbindungslinie *MIL-W* schneidet die Linie $x_{K,A} = 6{,}5$ in Punkt *K,A* mit dem Wärmeinhalt $h_{K,A}$ = **27,4 kJ/kg** und der Temperatur $\theta_{K,A}$ = **10,9 °C**.

Kühlleistung: $\Phi_K = q_{v,S} \cdot \rho \cdot (h_{MIL} - h_{K,A}) = 0{,}236 \cdot 1{,}2\,(48{,}9 - 27{,}4) = \mathbf{6{,}1\ kW}$.

Wassereintritt: $\theta_{W,E} = 3\ °\mathrm{C}$ (angenommen)

Wasseraustritt: $\theta_{W,A} = 6\ °\mathrm{C}$

Wasserverbrauch: $W = \dfrac{\Phi}{(\theta_{W,A} - \theta_{W,E}) \cdot c_P} = 6{,}1 / (3 \cdot 4{,}2) = \mathbf{0{,}5\ kg/s = 1{,}8\ m^3/h}$

Nachwärmer:

Lufteintritt: $\theta_{K,A} = 10{,}9\ °\mathrm{C}$

Luftaustritt: $\theta_{RAL} = 25\ °\mathrm{C}$

Heizleistung: $\Phi_H = q_{v,S} \cdot \rho \cdot (h_{RAL} - h_{K,A}) = 0{,}236 \cdot 1{,}2 \cdot 1{,}0\,(25 - 10{,}9) = \mathbf{4{,}0\ kW}$.

**Tab. 2.4-8** Zusammenfassung Luftzustandsdaten

| Luftzustand | Zustands-punkt im h,x-Diagramm | Temperatur $\theta$ | Relative Feuchte $\varphi$ | Spezifische Enthalpie $h$ | Wassergehalt (absolute Feuchte) $x$ |
|---|---|---|---|---|---|
| | | °C | % | kJ/kg | $\mathrm{g/kg_{tr.\,Luft}}$ |
| Raumluft | RAL | 25 | 40 | 45,4 | 8,0 |
| Außenluft | AUL | 32 | 40 | 64,0 | 12,1 |
| Mischluft | MIL | 26,4 | - | 48,9 | 8,8 |
| Lufteintritt (Kühleraustritt) | K,A | 10,9 | - | 27,4 | 6,5 |

- ***Wasserverbrauch***

Die Wassertemperatur und der Wasserverbrauch des Kühlers sind wie folgt zu bestimmen:

Bei *Nassluftkühlern* ist die erforderliche Wasseraustrittstemperatur des Kühlers annähernd durch den Punkt gegeben, in dem die verlängerte Gerade die Sättigungslinie schneidet. Bei *Oberflächenkühlern* und *Verdampfern* muss die erforderliche Wassereintrittstemperatur mindestens 2 bis 3 K unterhalb des Taupunkts der Luftaustrittstemperatur liegen.

- ***Nacherwärmung***

Heizleistung $\Phi_{NW} = q_{v,S} \cdot \rho \cdot (h_{ZUL} - h_{K,A}) = q_{v,S} \cdot \rho \cdot c_P \cdot (\theta_{ZUL} - \theta_{K,A})$ in kW

## Winterbetrieb

**Tab. 2.4-9** Luftzustandsdaten – Winterbetrieb – Bezeichnungen (s. a. Abbildung 2.4-57)

| Luftzustand | Zustand-punkt im *h,x*-Diagramm | Tempe-ratur $\theta$ | Relative Feuchte $\varphi$ | Spezifische Enthalpie $h$ | Wassergehalt (absolute Feuchte) $x$ |
|---|---|---|---|---|---|
| | | °C | % | kJ/kg | $g/kg_{tr.\ Luft}$ |
| Raumluft | RAL | $\theta_{RAL}$ | $\varphi_{RAL}$ | $h_{RAL}$ | $x_{RAL}$ |
| Taupunkt | T | $\theta_s$ | $\varphi_s$ | $h_s$ | $x_s$ |
| Außenluft | AUL | $\theta_{AUL}$ | $\varphi_{AUL}$ | $h_{AUL}$ | $x_{AUL}$ |
| Mischluft | MIL,W | $\theta_{MIL,W}$ | $\varphi_{MIL,W}$ | $h_{MIL,W}$ | $x_{MIL,W}$ |
| Feuchtkugeltem-peratur der Mischluft | F,MIL | $\theta_{F,MIL}$ | $\varphi_{F,MIL}$ | $h_{F,MIL}$ | $x_{F,MIL}$ |
| Vorwärmer-Austritt | VW,A | $\theta_{VW,A}$ | $\varphi_{VW,A}$ | $h_{VW,A}$ | $x_{VW,A}$ |

- ***Heizlast***

Basis ist die spezifische Heizlast $\phi_{HL}$ (bezogen auf das Raumvolumen $V_R$), die im Allgemeinen dem spezifischen Transmissionwärmestrom $\phi_{tr}$ im Winter entspricht. Die Wärmequellen im Raum können dabei mit Null angenommen werden, da der Raum auch ohne Wärmequellen die vorgeschriebene Raumlufttemperatur haben soll. Damit ergibt sich die Übertemperatur $\Delta\theta_W$ der in den Raum eintretenden Luft

$$\Delta\theta_W = \frac{3{,}6 \cdot \phi_{tr}}{n \cdot c_P \cdot \rho} \text{ in K.}$$

- ***Befeuchtungslast***

Diese ist im Allgemeinen gleich Null zu setzen. Nur bei Räumen, in denen stark hygroskopische Ware verarbeitet wird, ist $\phi_x$ aus der Wasseraufnahme der Ware zu berechnen.

- ***Lufteintrittstemperatur***

Die Lufteintrittstemperatur für den Raum ist durch die Übertemperatur $\Delta\theta_W$ bei $\Delta x = 0$ festgelegt (Punkt *ZUL* im *h,x*-Diagramm):

Lufteintrittstemperatur $\theta_{ZUL} = \theta_{RAL} + \Delta\theta_W$

- ***Befeuchtung***

Die im Befeuchter zu verdunstende Wassermenge ist $W = q_{v\cdot} \cdot \rho \cdot (x_s - x_{MIL,W})$. Je nach der Größe von $x_{MIL,W}$ und dem Befeuchtungswirkungsgrad $\eta_B$ ist jetzt festzustellen, um wie viel die Luft vor Eintritt in den Befeuchter vorzuwärmen ist.

Befeuchtungswirkungsgrad $\eta_B = \dfrac{(x_s - x_{VW;A})}{(x_{F,VW} - x_{VW,A})} = \dfrac{\overline{VW,A - B,A}}{\overline{VW,A - F,VW}}$

Bei gegebenen $\eta_B$ ermittelt sich hieraus entweder durch Probieren oder einfacher, grafisch im *h,x*-Diagramm, die erforderliche Vorerwärmung von $h_{MIL,W}$ auf $h_{VW,A}$.

Vorwärmer-Heizleistung

$\Phi_{VW} = q_{v,S} \cdot \rho \cdot (h_{VW,A} - h_{MIL,W}) = q_{v,S} \cdot \rho \cdot c_P \cdot (\theta_{VW,A} - \theta_{MIL,W})$ in kW. Statt des Luftgemischs kann auch die Außenluft allein vorgewärmt werden.

- ***Nachwärmer***

Die Lufteintrittstemperatur des Nachwärmers ist durch den Schnittpunkt der Geraden mit der Senkrechten durch den Raumluftzustand gegeben (Punkt *B,A*).

Heizleistung $\Phi_{NW} = q_{v,S} \cdot \rho \cdot c_P \cdot (\theta_{ZUL} - \theta_{B,A})$ in kW

### 2.4.6.2 Beispiel einer Dimensionierung

Es soll die Klimaanlage für einen fensterlosen Prüfraum von $V_R$ = 300 m$^3$ Rauminhalt berechnet werden, indem Winter und Sommer dauernd eine Lufttemperatur $\theta_{RAL,S} = \theta_{RAL,W}$ von 20 °C bei $\varphi_{RAL,S} = \varphi_{RAL,W}$ = 50 % rel. Feuchte aufrechterhalten werden soll.

**Gegeben:**

| | |
|---|---|
| Zahl der Personen: | 10 |
| Maschinenleistung: | 3 kW (Motorwirkungsgrad $\eta_{Motor}$ = 0,8; Gleichzeitigkeitsfaktor 0,64) |
| Transmissionswärme: | |
| im Winter | $\phi_{tr,W}$ = 23,3 W/m$^3$ |
| im Sommer | $\phi_{tr,S}$ = 4,5 W/m$^3$ |
| Wasserdampfabgabe im Raum: | $w$ = 1,2 kg/h |
| Außenluftanteil: | 25 % |

Bauart der Klimaanlage nach Abbildung 2.4-56 bestehend aus Mischkammer, Vorwärmer, Oberflächenkühler, Befeuchter, Nachwärmer, Ventilator, Regelung.

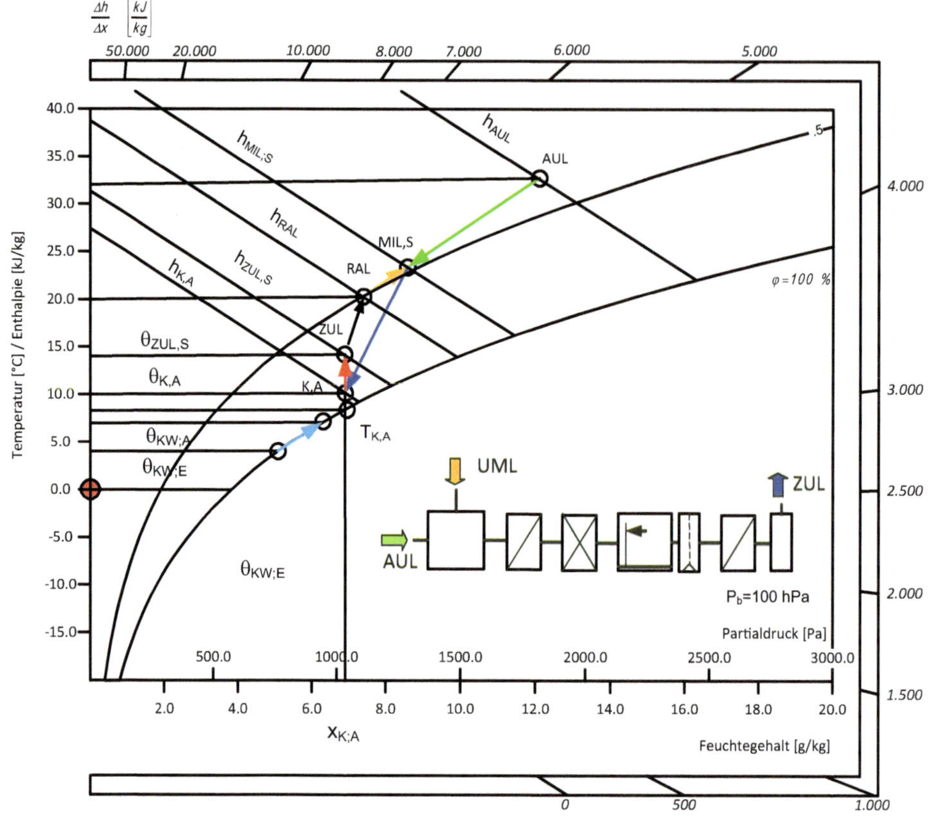


**Abb. 2.4-56** *h,x*-Diagramm zum Berechnungsbeispiel einer Klimaanlage – Sommerbetrieb

## Sommerbetrieb

1. *Trockene Kühllast* $\phi_{KL}$

   Menschliche Wärme: $\phi_M = 10 \cdot 93 / 300 = 3{,}1\ \text{W/m}^3$

   Maschinenwärme: $\phi_N = 3.000 \cdot 0{,}64 / 0{,}8 \cdot 300 = 8\ \text{W/m}^3$

   Transmissionswärme: $\phi_{tr,S} = 4{,}5\ \text{W/m}^3$

   Ventilatorleistung: $\phi_{Vent} = \dfrac{n \cdot \Delta p_{Anlage}}{3.600 \cdot \eta_{Motor}} = 10 \cdot 600 / 3.600 \cdot 0{,}75 = 2{,}2\ \text{W/m}^3$

   ($\Delta p_{Anlage} = 600$ Pa und $n = 10$ 1/h geschätzt, ebenso $\eta_{Motor}$)

   Kühllast: $\phi_{KL} = \mathbf{17{,}8\ W/m^3}$

2. *Trockungslast* $\phi_x$

   Feuchteabgabe der Menschen: $\phi_{x,M} = 10 \cdot 40 / 300 = 1{,}33\ \text{g/(m}^3\ \text{h)}$

Feuchtequellen im Raum: $\phi_{x,N}$ = 1.200 /300 = 4,0 g/(m³ h)

*Feuchte Kühllast* $\phi_x$ = **5,33 g/m³h**

3. *Volumenstrom*

   Bei einer Untertemperatur der eintretenden Luft von $\Delta\,\theta_S$ = 6 K ist der erforderliche Luftwechsel:

   $$n_{erf} = \frac{3{,}6 \cdot \phi_{KL}}{\rho \cdot c_P \cdot \Delta\,\theta_S} = 3{,}6 \cdot 17{,}8 \,/\, 1{,}2 \cdot 1 \cdot 6 = \mathbf{9\ 1/h}$$

   Luftvolumenstrom $q_v$ = 9 · 300 = **2.700 m³/h**; $q_{v,S}$ = **0,75 m³/s.**

4. *Lufteintritt*

   $\Delta\,\theta_S = \mathbf{6\ K}$

   $$\Delta\,x = \frac{\phi_{KL}}{\rho \cdot n} = 5{,}33 \,/\, 1{,}2 \cdot 9 = \mathbf{0{,}5\ g/kg.}$$

   Daraus ergibt sich der Lufteintrittszustand Punkt *ZUL*:

   Lufteintrittstemperatur: $\theta_{ZUL}$ = 20 – 6 = **14 °C**

   Lufteintrittsfeuchte: $x_{ZUL}$ = 7,4 – 0,5 = **6,9 g/kg.**

5. *Kühler*

   Da dieser Luftzustand nicht durch Kühlung der Luft erreicht werden kann (Abbildung 2.4-56), muss die Luft tiefer gekühlt und nachgewärmt werden.

   Kühlung auf $\theta_{K,A}$ = 10 °C angenommen mit dem Wärmeinhalt $h_{K,A}$ = **27,4 kJ/kg.**

   Kühlleistung

   $$\Phi_K = q_{v,S} \cdot \rho \cdot \left(h_{MIL,S} - h_{K,A}\right) = 0{,}75 \cdot 1{,}2\,(44{,}8 - 27{,}4) = \mathbf{15{,}7\ kW.}$$

6. *Wasserverbrauch*

   Die Wassereintrittstemperatur wird mit 4,3 °C unterhalb des Taupunkts der Kühleraustrittstemperatur zu 8,3 – 4,3 = 4,0 °C gewählt. Bei einer Wassererwärmung um $\Delta\,\theta_W$ = 3 K ist der Wasserverbrauch

   $$W = \frac{\Phi_K}{c_W \cdot \Delta\,\theta_W} = 15{,}7 \,/\, 4{,}2 \cdot 3 = \mathbf{1{,}25\ kg/s = 4.500\ kg/h.}$$

Der Kühler selbst ist extra zu berechnen. Bei Kühlung und Entfeuchtung mittels *Kältemaschine* mit direkter Verdampfung müsste die Oberflächentemperatur des Verdampfers bei 7 °C liegen.

7. *Nachwärmung*

Lufteintrittstemperatur = Kühleraustrittstemperatur: $\theta_{K,A} = 10$ °C

Luftaustrittstemperatur = Zulufttemperatur: $\theta_{ZUL} = 14$ °C

Heizleistung $\Phi_{NW} = q_{v,S} \cdot \rho \cdot c_P \cdot \left(\theta_{ZUL} - \theta_{K,A}\right) = 0{,}75 \cdot 1{,}2 \cdot 1 \cdot (14 - 10) = \mathbf{3{,}6\,kW}$

**Tab. 2.4-10** Luftzustandsdaten – Sommerbetrieb

| Luftzustand | Zustands-punkt im *h,x*-Diagramm | Tempe-ratur $\theta$ | Relative Feuchte $\varphi$ | Spezifische Enthalpie $h$ | Wassergehalt (absolute Feuchte) $x$ |
|---|---|---|---|---|---|
| | | °C | % | kJ/kg | g/kg$_{\text{tr. Luft}}$ |
| Raumluft | RAL | 20,0 | 50 | 38,7 | 7,4 |
| Taupunkt | T | 9,33 | 100 | 27,9 | 7,4 |
| Außenluft | AUL | 32 | 40 | 63,0 | 12,1 |
| Mischluft | MIL,S | 23 | - | 44,8 | 8,5 |
| Lufteintritt Raum = Zuluft | ZUL,S | 14 | - | 31,3 | 6,9 |
| Kühler – Austritt | K,A | 10 | - | 27,4 | 6,9 |
| Taupunkt zu Kühleraustritt | $T_{K,A}$ | 8,3 | 100 | 25,7 | 6,9 |

## Winterbetrieb

1. *Heizlast* ist nur die Transmissionswärme $\phi_{tr,W}$.

   Hieraus ergibt sich die Übertemperatur $\Delta\,\theta_W$ der in den Raum eintretenden Zuluft:

   $$\Delta\,\theta_W = \frac{3{,}6 \cdot \phi_{tr,W}}{n \cdot \rho \cdot c_P} = 3{,}6 \cdot 23{,}3 \,/\, 9 \cdot 1{,}2 \cdot 1 = \mathbf{7{,}8\ K}$$

2. *Befeuchtungslast:* $\phi_x = 0$

3. *Lufteintritt:* $\Delta\,\theta_W = 7{,}8$ °C, $\Delta\,x = 0$

   Daraus ergibt sich der Zuluftzustand:

   $$\theta_{ZUL,W} = \theta_{RAL,W} + \Delta\,\theta_W = 20 + 7{,}8 = \mathbf{27{,}8\ °C}$$

4. *Befeuchtung.* Zu verdunstende Wassermenge:

   $$W = n \cdot V_R \cdot \rho \cdot \left(x_s - x_{MIT,W}\right) = 9 \cdot 300 \cdot 1{,}2\ (7{,}4 - 5{,}8) = \mathbf{5.200\ g/h}$$

Befeuchtungswirkungsgrad eines Luftwäschers mit einer Düsenreihe in Luftrichtung spritzend, angenommen zu $\eta_B = 65\ \%$.

Vorwärmung von $\theta_{MIL,W} = 11{,}2\ °C$ auf 17,5 °C (durch Probieren zu ermitteln oder grafisch aus *h,x*-Diagramm (Abbildung 2.4-57)).

Nachrechnung des Befeuchtungswirkungsgrads:

$$\eta_\mathbf{B} = \frac{(x_s - x_{VW,A})}{(x_{F,VW} - x_{VW,A})} = (7{,}4 - 5{,}8)/(8{,}4 - 5{,}8) \approx \mathbf{0{,}65}.$$

Vorwärmer-Heizleistung:

$$\Phi_{VW} = q_{v,S} \cdot \rho \cdot c_P \cdot (\theta_{VW,A} - \theta_{MIL,W}) = 0{,}75 \cdot 1{,}2 \cdot 1\ (17{,}5 - 11{,}2) = \mathbf{5{,}7\ kW}$$

5. *Nachwärmer*

Lufteintrittstemperatur: $\theta_{B,A} = 13{,}5\ °C$

Luftaustrittstemperatur: $\theta_{ZUL} = 27{,}8\ °C$

Heizleistung:

$$\Phi_{NW} = q_{v,S} \cdot \rho \cdot c_P \cdot (\theta_{ZUL} - \theta_{B,A}) = 0{,}75 \cdot 1{,}2 \cdot 1\ (27{,}8 - 13{,}5) = \mathbf{12{,}8\ kW}$$

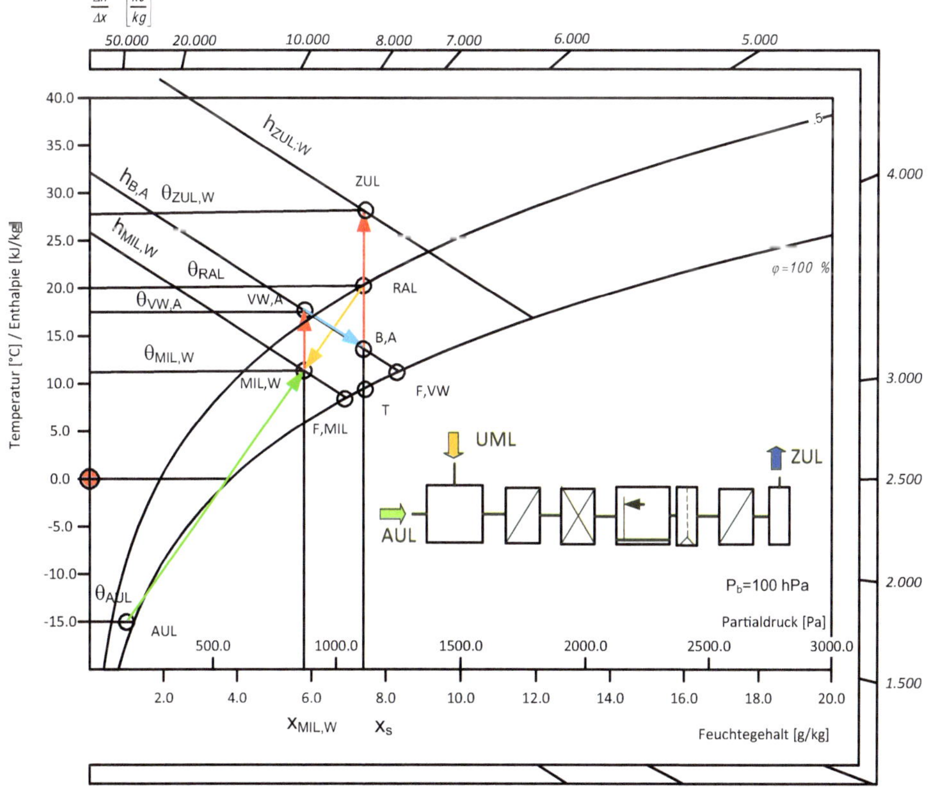


**Abb. 2.4-57** *h,x*-Diagramm zum Berechnungsbeispiel einer Klimaanlage – Sommerbetrieb

*Regelung*

Ein Thermostat im Raum steuert bei fallender Temperatur den Nachwärmer, bei steigender Temperatur den Oberflächenkühler, ein Hygrostat im Raum steuert bei fallender Feuchte gleichzeitig oder nacheinander den Befeuchter und Vorwärmer, bei steigender Feuchte den Oberflächenkühler bzw. die Kältemaschine.

**Tab. 2.4-11** Luftzustandsdaten – Winterbetrieb

| Luftzustand | Zustandspunkt im $h,x$-Diagramm | Temperatur $\theta$ | Relative Feuchte $\varphi$ | Spezifische Enthalpie $h$ | Wassergehalt (absolute Feuchte) $x$ |
|---|---|---|---|---|---|
| | | °C | % | kJ/kg | $g/kg_{tr.\ Luft}$ |
| Raumluft | RAL | 20 | 50 | 38,7 | 7,4 |
| Taupunkt | T | 9,3 | 100 | 27,9 | 7,4 |
| Außenluft | AUL | –15 | 100 | –12,5 | 1,0 |
| Mischluft | MIL,W | 11,2 | - | 25,9 | 5,8 |
| Feuchtkugeltemperatur der Mischluft | F,MIL | 8,4 | 100 | 25,9 | 6,9 |
| Vorwärmer – Austritt | VW,A | 17,5 | - | 32,2 | 5,8 |
| Feuchtkugeltemperatur nach Vorwärmer | F,VW | 11,3 | 100 | 32,2 | 8,4 |
| Befeuchter – Austritt | B,A | 13,5 | - | 32,2 | 7,4 |
| Lufteintritt Raum = Zuluft | ZUL,W | 27,8 | - | 46,7 | 7,4 |

# 2.5 Luftführung im Raum

## 2.5.1 Allgemeine Aspekte

Die Luftführung im Raum wird sehr oft als ein rein technisches Problem angesehen. Sie ist als ein sehr sensibler Punkt in der planerischen Zusammenarbeit zwischen Architekt und Lüftungstechniker zu werten. Folgende Aspekte weisen auf Punkte der notwendigen Koordination und Abstimmung hin und charakterisieren Einflussgrößen auf die Luftführung:

- Gestaltung des Raums (z. B. Abmessungen, bauliche Versperrungen, untergehängte Decken, Doppelböden),

- die Anordnung von Kanälen und Luftdurchlässen (Luftverteiler, Lufterfasser), bauliche und technologische Einrichtungen (Maschinen, Anordnung von Büromöbeln, Sitzreihen),
- einzuhaltende Behaglichkeitswerte (z. B. Luftgeschwindigkeit, Luftturbulenz, Lufttemperatur, akustische Werte),
- Beleuchtung, z. B. Anordnung von Lampen, Tageslicht (Fenster, Oberlichter), Brandschutz (Rauch- und Wärmeabzüge) und
- Anordnung von verglasten Flächen (Heizkörper, öffenbare Fensterflächen).

Aus Tabelle 2.5-1 können die Einflussparameter mit den zu verwendenden Formelzeichen entnommen werden.

**Tab. 2.5-1** Einflussparameter auf die Raumströmung

| | | |
|---|---|---|
| **Parameter des Zuluftstrahls** | $v_O \equiv v_{ZUL}$ | Zuluftgeschwindigkeit |
| | $\Delta\theta_O$ | Unter- oder Übertemperatur am Luftauslass |
| | $m$ | Turbulenzfaktor bzw. Auslasskonstante $K = 1/m$ |
| | $A_O(x, y)$ | Form, Lage, Größe und Verteilung der Zuluftöffnungen |
| | $x$ | Lauflänge |
| | $I_O$ | Strahlimpuls $I_O = \rho \cdot A_O \cdot v_O^2$ |
| **Parameter des Raums** | $B_R, L_R, H_R$ | geometrische Abmessungen des Raums |
| | $h_{Ver}(x, y)$ | Form, Lage und Größe von Versperrungselementen, z. B. bauliche und technologische Einrichtungen, Maschinen u. a. m.) |
| | $\theta_{Wand}$ bzw. $\theta_w$ | Temperatur der Wände bzw. der Fenster |
| | $A_{ABL}(x, y)$ | Lage und Verteilung der Abluftöffnungen |
| **Parameter im Raum** | $\Phi(x, y)$ | Intensität; Lage, Form und Verteilung der Wärme- oder Schadstofflasten (-quellen) |
| | $T_U$ | Raumturbulenz |
| | $v_X$ | zulässige Geschwindigkeit in der Aufenthaltszone bzw. am Körper oder an Gegenständen |
| | $\theta_a$ und $\varphi_{D,a}$ | zulässige, durch die Behaglichkeit bestimmte Raumlufttemperatur und Raumluftfeuchte |

***Zu beachten ist:*** Nur eine gemeinsame abgestimmte, d. h. integrale Planung, ergibt eine vom Nutzer akzeptierte Lösung. Deshalb sollte auch der Architekt Kenntnisse über grundlegende Gesichtspunkte der Raumströmung besitzen.

Die Raumströmung exakt vorher zu berechnen, ist aufgrund ihrer Komplexität kaum eindeutig realisierbar. Für einfache bzw. bei klar definierten Randbedingungen kann eine Berechnung sowohl manuell als auch über entsprechende numerische Simulationsprogramme erfolgen.

Zweckmäßig erscheinen bei etwas kritischeren Bedingungen Modellversuche (bis zur Nachbildung von 1:50- bzw. 1:1-Lösungen von Teilbereichen).

Zu einer gelungenen Auslegung der Luftführung im Raum gehören grundlegende Kenntnisse der Strömung, praktische Erfahrungen aus ausgeführten Objekten und auch gestalterische Aspekte bei der Anordnung der Luftkanäle und Luftdurchlässe.

Deshalb werden kurz Begriffe, Grundsätze, Luftführungsarten und Anwendungsbereiche von Luftdurchlässen erläutert.

## 2.5.2 Begriffe

Grundlegende Begriffe werden kurz charakterisiert, wobei ausführliche Darstellungen z. B. in [28, 12] und [39] zu finden sind.

***Freistrahl:*** entsteht bei Luftaustritt mit der Geschwindigkeit $v_O$ aus einer beliebigen Öffnung, wenn die Strahlausbreitung frei und ohne Beeinflussung durch die Raumbegrenzung oder andere Störungen (z. B. Unterzüge, Beleuchtung, halb hohe Raumabtrennungen) erfolgt (Abbildung 2.5-1).

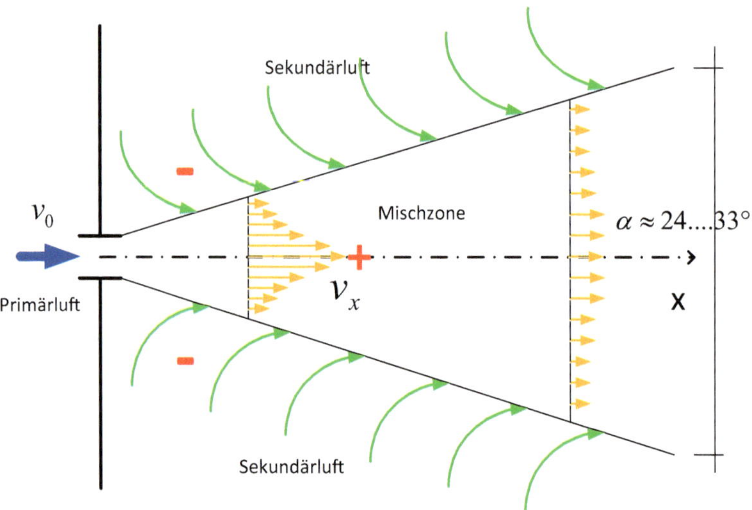


**Abb. 2.5-1** Prinzipskizze für einen Freistrahl

***Wandstrahl:*** entsteht bei Luftaustritt in unmittelbarer Wandnähe. Er kann annähernd als halber Freistrahl betrachtet werden. Durch den Coanda-Effekt wird der Strahl an die Wand herangezogen (Abbildung 2.5-2).

***Raumstrahl:*** weist Abweichungen vom Verhalten der Freistrahlen auf z. B. infolge von einem begrenzten Raumvolumen, dem Einfluss von Raumbegrenzungswänden, Störfaktoren im Raum (Wärmequellen, Versperrungen) (Abbildung 2.5-3)

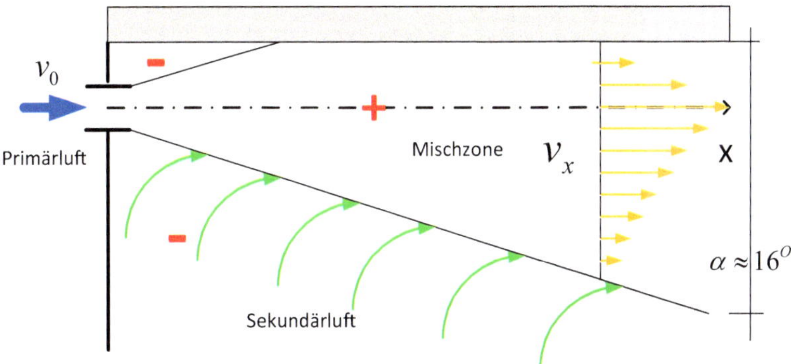


**Abb. 2.5-2** Prinzipskizze für einen Wandstrahl

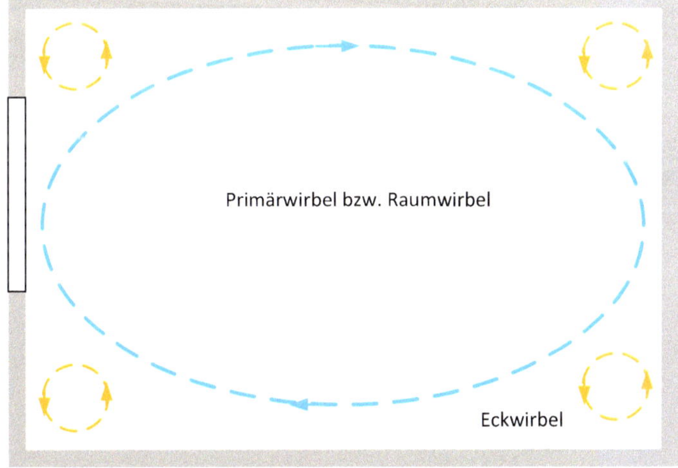


**Abb. 2.5-3** Prinzipskizze für einen Raumstrahl (in den Ecken des Raums bilden sich Eckwirbel aus)

### *Strömungen infolge thermischer Kräfte*

sind vertikal orientierte Luftbewegungen erwärmter oder abgekühlter Luft. Sie werden durch thermische Kräfte erzeugt und weisen ähnliche Eigenschaften wie mechanisch erzeugte Luftstrahlen auf:

- ***Wärmequellen:*** $\Phi_N$ und/oder $\Phi_S$ (s. a. Kapitel 1.4.2), (Abbildung 2.5-4) oder durch Heizquellen (z. B. Heizkörper, Öfen) (Abbildung 2.5-5) und
- ***Wärmesenken:*** können vor allem an kalten Flächen entstehen (Fenster, kalte Wandflächen z. B. Außenwand). Sie werden als Kaltluftfall bezeichnet (Abbildung 2.5-6). Dieser tritt mit hoher Wahrscheinlichkeit auf, wenn $\theta_{RAL} - \theta_{o,i} > 4 \dots 5$ K ist. Deshalb sollte u. a. auch der Heizkörper unter der kalten Fläche angeordnet werden (s. a. Abbildung 2.5-5).

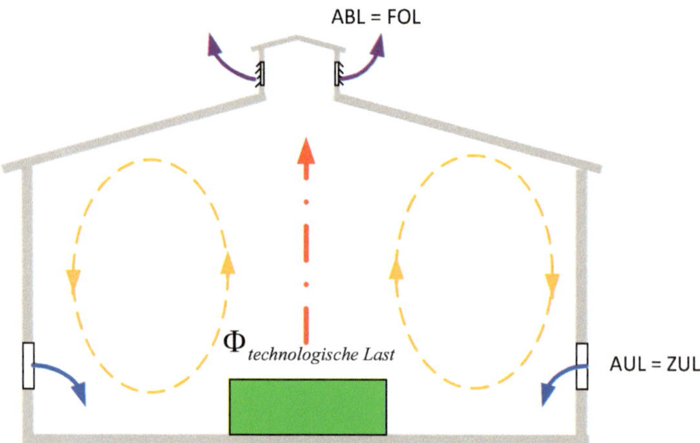


**Abb. 2.5-4** Prinzipskizze für thermische Auftriebsströmungen durch innere Wärmequellen

***Zu beachten ist:*** Beim Kaltluftfall kommt es nur zu einer minimalen Zumischung von Raumluft als Sekundärluft. Diese Kaltluft verbleibt aufgrund ihrer höheren Dichte im Bereich des Fußbodens (Kaltluftsee). Diese Tatsache wird im Zusammenhang mit thermischen Auftriebskräften (innere Kühllasten $\Phi_N$, wie z. B. Menschen $\Phi_P$ oder Maschinen $\Phi_M$) für die Quelllüftung genutzt (s. a. Kapitel 2.5.4).

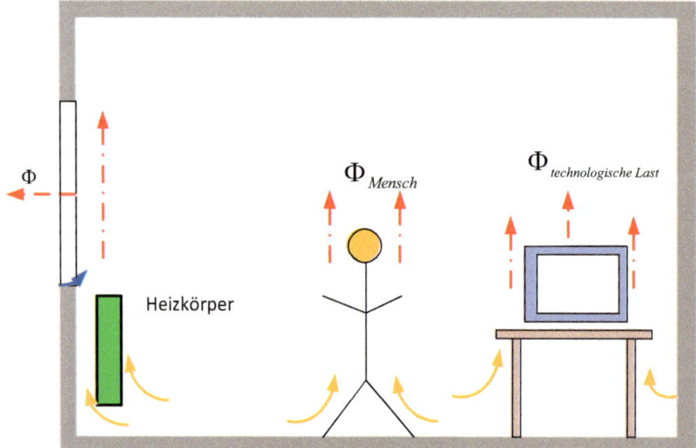


**Abb. 2.5-5** Prinzipskizze für thermische Auftriebsströmungen durch einen Heizkörper vor dem Fenster

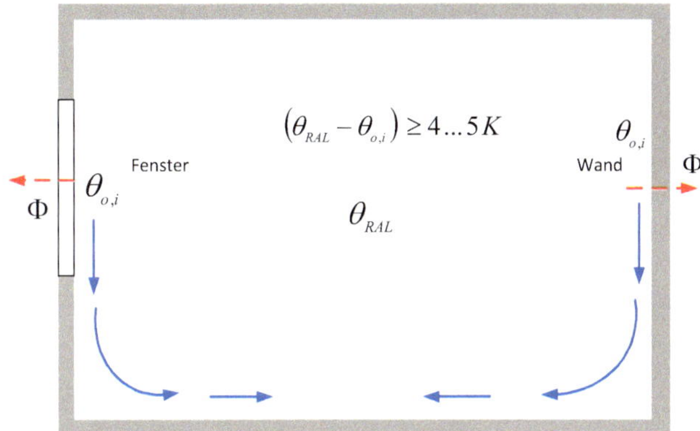


**Abb. 2.5-6** Prinzipskizze für den Kaltluftfall an einer kalten Fläche

***Drallstrahl:*** entsteht nach Zuluftöffnungen mit speziellen Drall- und Wirbeleinrichtungen. Diese Sonderform eines „Freistrahls" zeichnet sich durch

- einen großen Temperaturdifferenzabbau $\Delta\theta_O = |\theta_{RAL} - \theta_{ZUL}|$,
- einen großen Geschwindigkeitsabbau der Zuluftgeschwindigkeit $v_O$ und
- eine hohe Turbulenz

aus.

Aus Abbildung 2.5-7 ist dies klar erkennbar. Nach einer Lauflänge von ca. $x$ =1 m ist schon eine Reduktion der Zuluftgeschwindigkeit und der Zulufttemperaturdifferenz um 75 % erfolgt und somit können die Luftaustrittsbedingungen am Luftauslass $v_O$ und $\Delta\theta_O$ (unabhängig davon, ob der Wert positiv oder negativ ist bzw. > oder < 0) größer sein als bei einem Freistrahl.

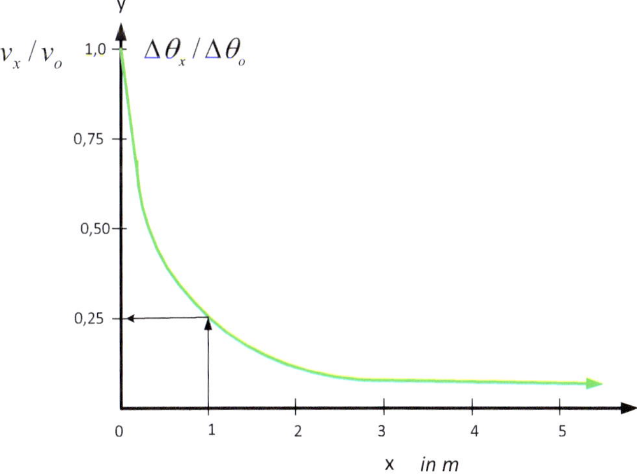


**Abb. 2.5-7** Schematische Darstellung des Temperaturdifferenzabbaus und Geschwindigkeitsabbaus bei Drallstrahlen

***Isothermer Strahl:*** liegt vor, wenn kein Temperaturunterschied zwischen Zu- und Raumluft besteht.

***Nichtisothermer Strahl:*** tritt bei allen lüftungstechnischen Anlagensystemen und der „Freien Lüftung" auf, wenn ein Temperaturunterschied zwischen Zu- und Raumluft $\Delta\theta_O = |\theta_{RAL} - \theta_{ZUL}| >$ bzw. $< 0$ besteht.

Aus Abbildung 2.5-8 wird deutlich, dass mit einem bezüglich des Luftaustrittswinkels nicht regelbaren Luftdurchlass die Funktionen „Luftheizen" und „Luftkühlen" bei der Strahlausbreitung entgegengesetzt wirken.

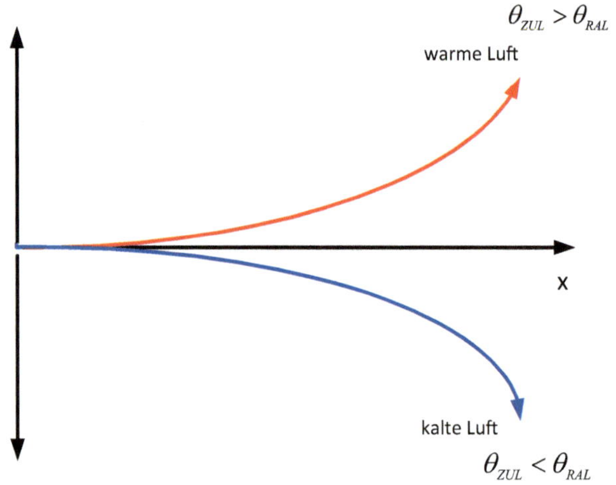


**Abb. 2.5-8** Schematische Darstellung des Zuluftstrahlverlaufs bei Luftheizung und Luftkühlung

Tabelle 2.5-2 gibt Orientierungswerte für die Richtungsänderung von horizontalen und vertikalen Zuluftstrahlen bei gekühlter und beheizter Luft.

**Tab. 2.5-2** Richtungsänderung des Zuluftstrahls bei Luftheizung und Luftkühlung

| | $\theta_{ZUL} > \theta_{RAL}$ | $\theta_{ZUL} > \theta_{RAL}$ |
|---|---|---|
| Richtungsänderung<br>***horizontaler*** oder schwach geneigter ***Zuluftstrahl*** | nach oben<br>Ablenkung zur Decke | nach unten<br>Ablenkung zum Fußboden |
| ***vertikaler Zuluftstrahl*** | | |
| von oben nach unten<br>von unten nach oben | Verzögerung<br>Beschleunigung | Beschleunigung<br>Verzögerung |

### 2.5.3 Grundsätze

Folgende Grundsätze sollten bei der Planung der Raumströmung bzw. bei der Anordnung der Zuluft- und Abluftöffnung unter Berücksichtigung von strömungstechnischen Aspekten und von architektonischen und nutzerspezifischen Randbedingungen Beachtung finden.

- Zuluftgeschwindigkeit, Zulufttemperatur und Luftzusammensetzung sind so zu wählen, dass die thermischen und hygienischen Behaglichkeitskriterien (s. a. DIN EN 16798-1 (E), DIN EN 15251) gewährleistet werden.
- Zugerscheinungen und unzulässige Schadstoff- oder Staubanreicherungen im Arbeits- und Aufenthaltsbereich sind zu vermeiden.
- Die Strömungsform der Zuluftstrahlen (der Raumströmung) stellt sich nach dem ***Prinzip des geringsten Energieverlusts*** ein.
- Es ist ein klares und stabiles Strömungsbild in Übereinstimmung mit der Nutzung des Raums anzustreben.
- Die Intensität der Raumdurchspülung ist eine Funktion des Zuluftimpulses $I_O = A_O \cdot \rho \cdot v_O^2$ und wird durch das Verhältnis des Zuluftimpulses zum Raumvolumen $V_R$ bestimmt.
- Die Intensität der Kühllasten oder Schadstofflasten und/oder die Lage und Größe von baulichen oder nutzungsbedingten Versperrungen beeinflussen die Wahl des Luftführungssystems und die Raumströmung.

***Zuluftöffnung:***

> ***Zu beachten ist:*** Durch die Lage und Anordnung der Zuluftöffnung im Raum und dem Zuluftimpuls wird im Allgemeinen die Raumströmung bestimmt.

Tabelle 2.5-3 gibt Orientierungswerte für eine günstige Anordnung an.

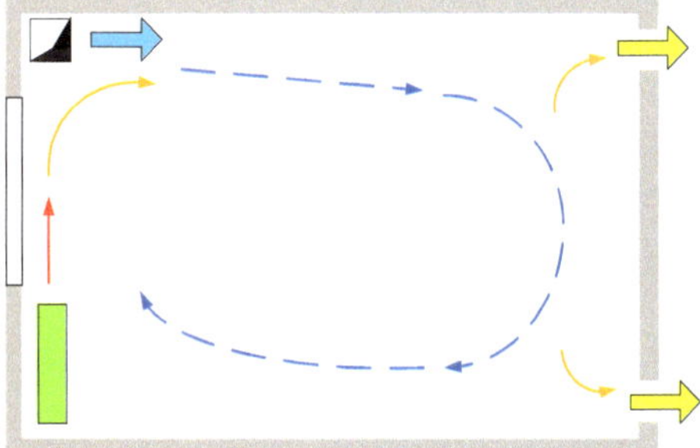

**Abb. 2.5-9** Schematische Darstellung der Unterstützung der thermischen Auftriebsströmung durch den Zuluftstrahl

**Tab. 2.5-3** Orientierungshinweise für die Anordnung der Zuluftöffnung

| | | Hinweise |
|---|---|---|
| in niedrigen Räumen | mit Personen | ▪ im Deckenbereich anordnen<br>▪ Drehrichtung des Raumwirbels so wählen, dass die Personen weitestgehend von vorn angeströmt werden |
| in hohen Räumen | mit Personen | ▪ horizontal in ca. 4 ... 6 m Höhe einblasen<br>▪ i. Allg. Anwendung der Wurflüftung |
| in Räumen mit | hohen Kühllasten $\Phi$ | ▪ im Fußbodenbereich<br>▪ Quelllüftung (s. a. Kapitel 2.5.4) |
| | großen Fensterflächen | ▪ teilw. Luftzuführung unter den Fenstern oder<br>▪ Unterstützung von thermischen Auftriebsströmungen (s. a. Abbildung 2.5-9)<br>▪ zum Abfangen von Kaltluftströmen |

### *Abluftöffnung:*

***Zu beachten ist:*** Die Lage der Abluftöffnung ist bei intensiver Durchmischung des Raums von untergeordneter Bedeutung, jedoch nicht bei Quelllüftungssystemen.

Abbildung 2.5-10 zeigt schematisch die mögliche und richtige Anordnung der Abluftöffnung.

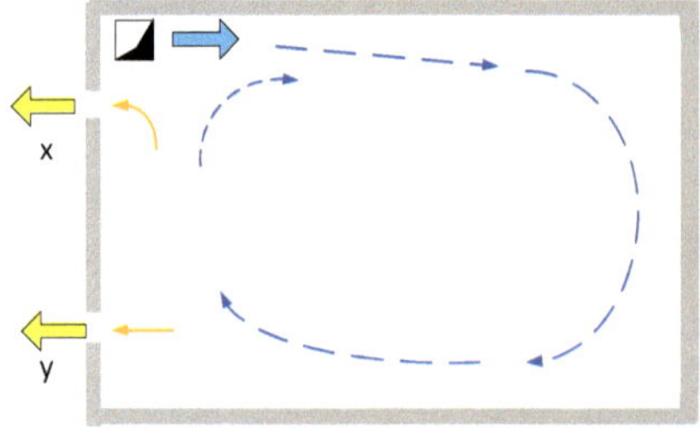


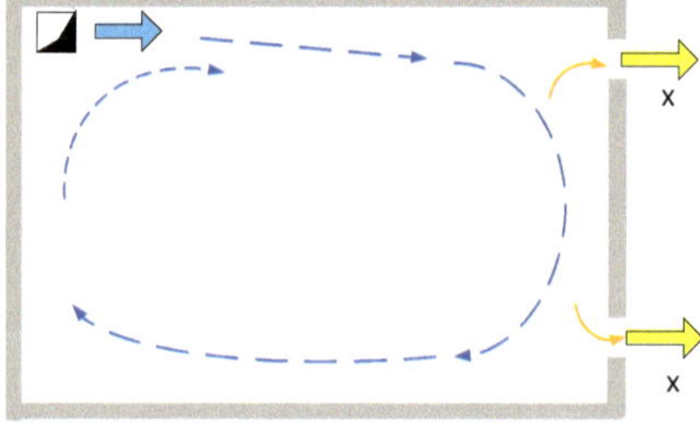


x = mögliche Anordnung y = richtige Anordnung

x = mögliche Anordnung

**Abb. 2.5-10** Schematische Darstellung für mögliche und richtige Anordnung der Abluftöffnung

Bei

- teilweiser Raumbelüftung,
- intensiven Wärme-, Schadstofflasten(-quellen) und
- induktionsarmer Raumdurchspülung

sind folgende ***Grundsätze zu beachten:***

- intensive Quellen am Ort der Entstehung absaugen,
- Schadstoffe entsprechend ihrer Dichte oben oder unten absaugen,
- bei sehr hohen Räumen (z. B. Industriehallen, überdachte Atrien) und großen Wärmequellen die Abluftöffnung über der Wärmequelle anordnen,

- bei hohen Wärme- und/oder Schadstofflasten unter Ausnutzung des „Thermikschlauchs“ direkt über der Entstehung absaugen (z. B. Küchen) (s. a. Abbildung 2.5-11) und
- bei geringem Strahlimpuls und/oder hohen Versperrungen in der Aufenthaltszone absaugen.

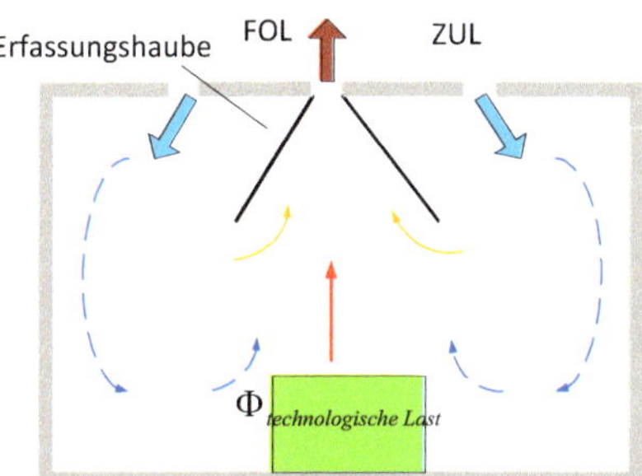


**Abb. 2.5-11** Schematische Darstellung der Erfassung von thermischen Auftriebsströmungen

***Versperrungen im Raum:***

Versperrungen im Decken- und/oder Fußbodenbereich können erheblich die Raumströmung beeinflussen und u. a. Diskomfortzonen im Aufenthaltsbereich schaffen.

Deshalb sind Versperrungen möglichst längs zur Strömungsrichtung anzuordnen; bei querliegenden Versperrungen (Deckenbereich: Unterzüge, Beleuchtungskörper) muss ein Ablenken des Zuluftstrahls vermieden werden (Höhe der Versperrung $h_{ver}$ < Abstand zwischen Zuluftauslass und Versperrung $x_{ver}$ ; $h_{ver} < 0,04 \cdot x_{ver}$).

## 2.5.4 Luftführungsarten

Nach [28], [12] und [39] werden die Luftführungsarten unterschieden in

- Lüftung nach dem Vermischungsprinzip,
- Verdrängungslüftung,
- Quelllüftung.

Diese Luftführungsarten können auch miteinander kombiniert werden.

***Lüftung nach dem Vermischungsprinzip***

ist charakterisiert durch eine bewusste, mithilfe von Freistrahlen erzielte Vermischung von Zuluft und Raumluft. Dabei ist es nach [33] relativ gleichgültig, ob

- die Luft im gesamten Raum („tangentiale“ Luftführung: z. B. ***Wurflüftung*** (Wurflüftung mittels Düsen (Abbildung 2.5-12)) bzw. „diffuse“ Luftführung: z. B. ***Drallströmung*** mittels Drallstrahl)
- oder nur örtlich begrenzt vermischt wird (***lokale Klimagestaltung*** (Abbildung 2.5-13)

- oder die Zuluftführung über die Fußbodenkonstruktion (Fußbodendrallauslässe, luftdurchlässiger Teppichboden) (Abbildung 2.5-14) erfolgt.

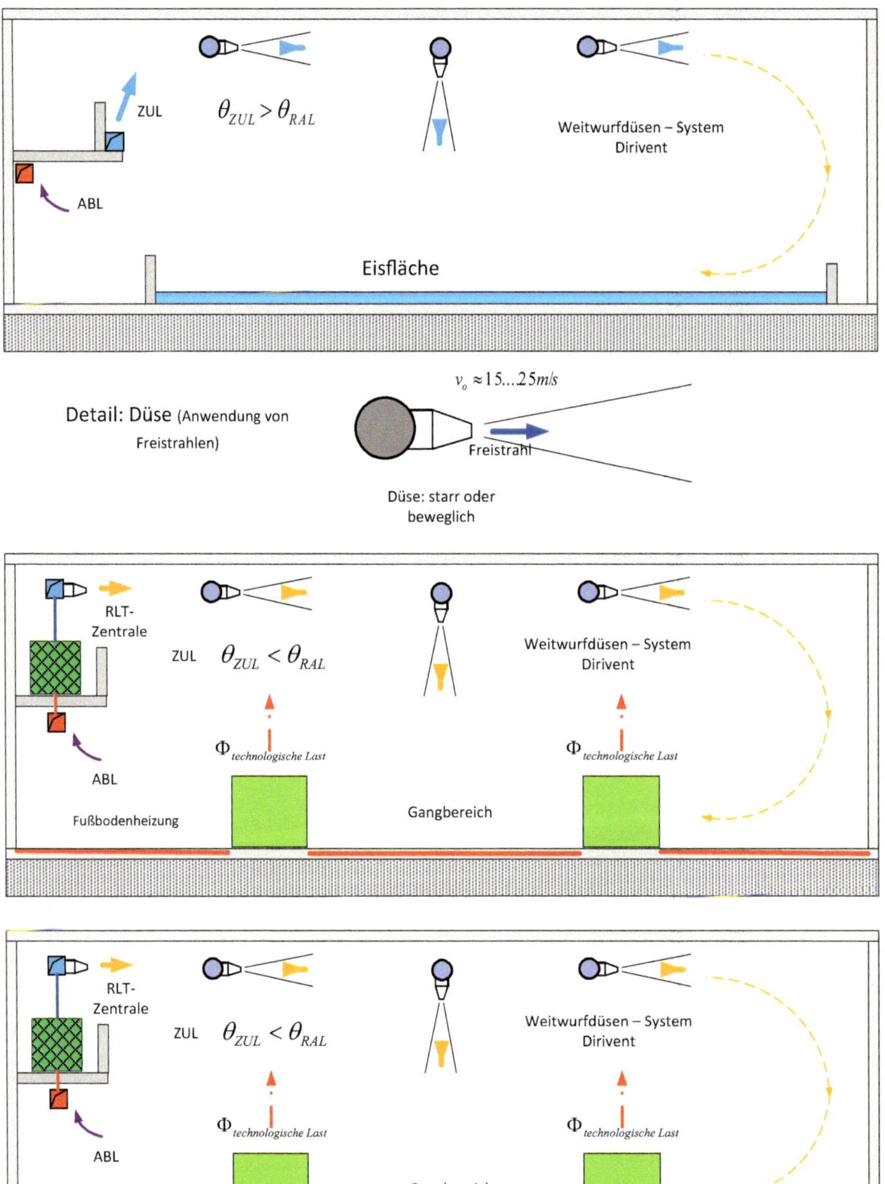


**Abb. 2.5-12** Schematische Darstellung einer Wurflüftung mittels Düsen (DIRIVENT-System) in großen Hallenkomplexen
von oben nach unten: Eissporthalle, Halle mit Fußbodenheizung, Halle mit Fußbodenkühlung

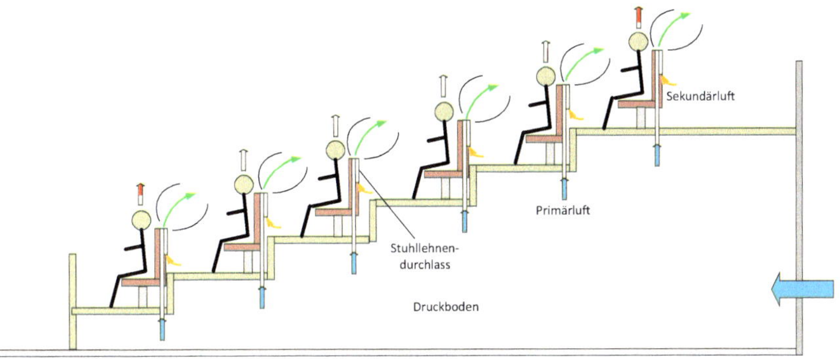


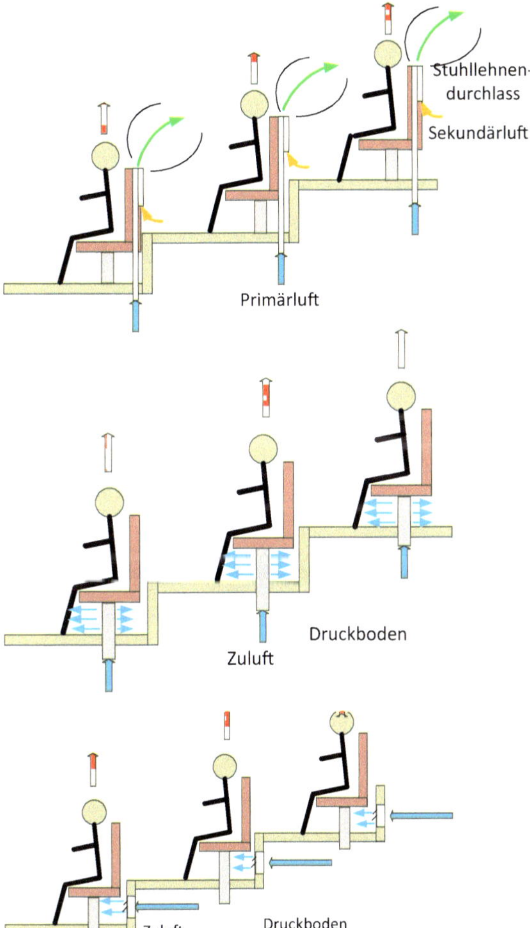


**Abb. 2.5-13** Schematische Darstellung einer lokalen Klimagestaltung (z. B. Theater, Hörsaal) über einen Druckboden
von oben nach unten: allgemein, Stuhllehnenbelüftung, Stuhlfußbelüftung, Stufenbelüftung

### *Verdrängungslüftung*

ist dadurch charakterisiert, dass es zu einer möglichst geringen Vermischung zwischen der Zuluft und der Raumluft kommt. Die kolbenartige, vermischungsfreie Verdrängung der Raumluft ist praktisch nur schwer realisierbar (Abbildung 2.5-15). Kleinste Störungen können diese Strömung stark beeinflussen.

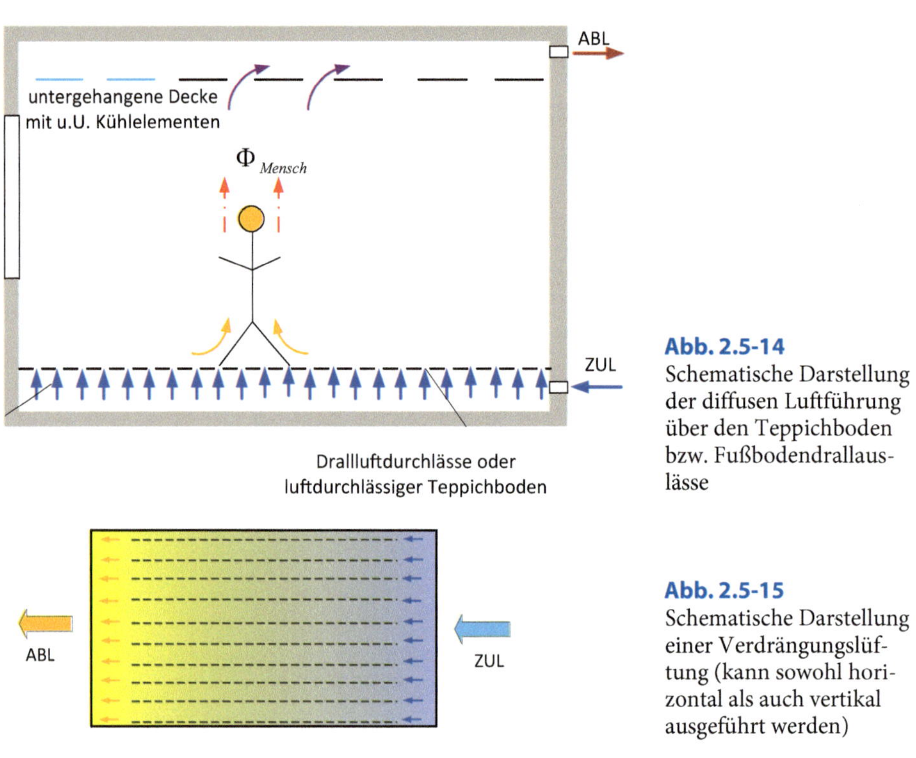


**Abb. 2.5-14**
Schematische Darstellung der diffusen Luftführung über den Teppichboden bzw. Fußbodendrallauslässe

**Abb. 2.5-15**
Schematische Darstellung einer Verdrängungslüftung (kann sowohl horizontal als auch vertikal ausgeführt werden)

### *Quelllüftung:*

ist charakterisiert durch eine örtlich begrenzte, zugfreie Zuführung kühler Luft, die kombiniert wird mit der Eigenkonvektion über Wärme- und/oder Schadstofflasten (-quellen). Sie ist eine Sonderform der Verdrängungslüftung (***Quelllüftung*** (Abbildung 2.5-16)), ***„Stille Kühlung“*** (System Gravivent)(Abbildung 2.5-17).

Diese Systeme werden immer häufiger angewendet, vor allem bei

- hohen inneren Kühllasten (auch in Kombination von Flächenkühlung an der Decke) und/oder
- hohen akustischen Forderungen im Raum.

Die Luftaustrittsgeschwindigkeit $v_O$ sollte in einem Bereich ≤ 0,15 ... 0,25 m/s liegen, sodass die Austrittsfläche relativ groß wird. Die Kontur der Austrittsfläche kann vielgestaltig sein und u. U. auch als architektonisches Gestaltungselement genutzt werden.

Der Zuluftvolumenstrom $q_{V,ZUL}$ ist zu minimieren, d. h., er entspricht im Allgemeinen dem hygienisch bedingten Mindestaußenluftvolumenstrom $q_{V,AUL,\min}$.

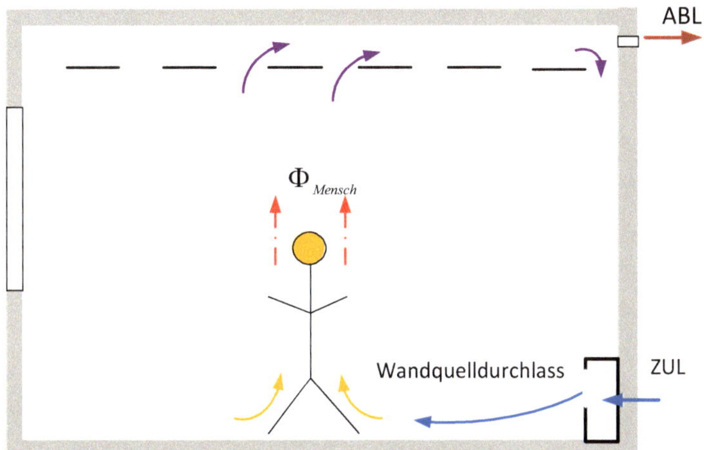


**Abb. 2.5-16**
Schematische Darstellung einer Quelllüftung

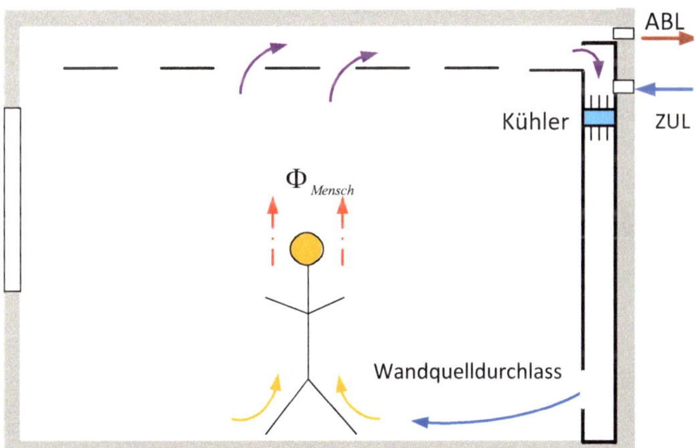


**Abb. 2.5-17**
Schematische Darstellung der „Stillen Kühlung“ *(System Gravivent)*

Tabelle 2.5-4 gibt eine Übersicht über Anwendungsbeispiele der Luftführungsarten und spezieller charakteristischer Aspekte (wie z. B. Kühllast $\Phi$ bzw. $\varphi$, Wurfweite *X*, Raumhöhe $H_R$).

**Tab. 2.5-4** Anwendungsbereiche der Luftführungsarten

| Luftführungsart | Charakteristik | Anwendungsbeispiele |
|---|---|---|
| ***horizontale Wurflüftung***<br>Zuluft – Abluft<br>a) oben – oben<br>b) oben – unten | Vermischung von Zu- und Raumluft<br>keine Temperaturschichtung<br>▪ Kühllast:<br>$\varphi \geq 40 \ldots 120\ \mathrm{W/m^2}$<br>▪ Wurfweite:<br>$X \leq 2 \ldots 3\,(5) \cdot H_R$<br>▪ Raumhöhe: $H_R \geq 2{,}8 \ldots 3{,}5\ \mathrm{m}$ | häufigste Luftführungsart bei geringen Anforderungen<br>▪ Industrielüftung<br>▪ untergeordnete Räume<br>▪ b) bei „schweren" Schadstoffen |
| ***horizontale Wurflüftung mit Düsen***<br>oben – oben<br>Seite – oben | Vermischung von Zu- und Raumluft<br>keine Temperaturschichtung<br>Lage der Abluftöffnung ohne Einfluss<br>▪ Kühllast:<br>$\varphi \geq 100\ \mathrm{W/m^2}$<br>▪ Wurfweite:<br>$X \leq 5 \cdot \sqrt{B._R \cdot H._R}$<br>▪ Raumhöhe: $H_R \geq 4{,}0\ \mathrm{m}$ | großflächige, hohe Räume mit<br>▪ geringen Versperrungen<br>▪ kleinen Kühllasten<br>▪ geringen Anforderungen<br>▪ Luftheizung<br>▪ Sporthallen<br>▪ Industrielüftung |
| ***horizontale Wurflüftung bzw. diffuse Luftführung***<br>a) Seite – oben<br>b) Seite – oben/unten | teilweise Vermischung von Zu- und Raumluft<br>eventuell Temperatur- und Dichteschichtung<br>▪ Kühllast:<br>$\varphi \geq 40 \ldots 120\ \mathrm{W/m^2}$<br>▪ Raumhöhe: $H_R \geq 5{,}0\ \mathrm{m}$<br>▪ Höhe der Zuluftöffnung:<br>$h_{ZUL} \approx 3{,}5\ \mathrm{m}$ | in hohen Räumen<br>▪ Industrielüftung<br>▪ Lüftung in landwirtschaftlichen Gebäuden<br>▪ b) in Batterieräumen |
| ***vertikale Wurflüftung bzw. diffuse Luftführung***<br>a) oben – oben<br>b) oben – unten | teilweise Vermischung von Zu- und Raumluft<br>gezielte Luftabführung<br>instabile Luftströmung<br>Temperaturschichtung<br>bei a)<br>▪ Kühllast: $\varphi \geq 100 \ldots 200\ \mathrm{W/m^2}$<br>▪ Raumhöhe: $H_R \geq 2{,}7\ \mathrm{m}$ | bei konzentrierten Wärmequellen<br>a) in hohen Räumen<br>b) bei „schweren Schadstoffen" oder hohen Anforderungen<br>a)<br>▪ Industrielüftung<br>▪ Küchenlüftung<br>▪ EDV-Räume<br>b)<br>▪ Theater, Hörsäle<br>▪ spez. Industrielüftung<br>▪ EDV-Räume |

**Tab. 2.5-4** Anwendungsbereiche der Luftführungsarten (Forts.)

| Luftführungsart | Charakteristik | Anwendungsbeispiele |
|---|---|---|
| ***diffuse Luftführung***<br><br>unten – oben<br><br>Sonderform:<br>Quelllüftung<br><br>Sonderform:<br>Stille Kühlung | stabile Luftströmung<br>Ausnützung des Temperaturprofils im Raum<br><br>▪ Kühllast:<br>$\varphi \geq$ 100 ... 200 (350) W/m² | bei hohen Kühllasten und/ oder hohen Anforderungen<br>▪ Maschinenbelüftung<br>▪ EDV-Räume<br>▪ Stuhlbelüftung, Stufenbelüftung in Hörsälen, Kinos, Theatern<br>▪ Funk- und Fernsehstudios |
| ***Verdrängungslüftung***<br><br>a) horizontal<br><br>b) vertikal | turbulenzarme Luftverdrängung<br><br>▪ Kühllast: $\varphi \geq$ 300 W/m²<br>▪ Raumhöhe bzw. Raumlänge:<br>$H_R\ bzw.\ L_R \leq$ 5,0 m<br>▪ Zuluftgeschwindigkeit<br>$v_O = v_{ZUL} \leq 0{,}45 \pm 0{,}1$ m/s | in reinen Räumen oder bei extrem hohen Kühllasten<br>▪ elektronische und optische Industrie<br>▪ spezielle Operationsräume<br>b) bei großen Raumbreiten und hohen Kühllasten |

## 2.5.5 Luftdurchlässe

Luftdurchlässe werden unterteilt in

- Luftverteiler und
- Lufterfasser.

Luftdurchlässe werden in den verschiedensten Formen (Konstruktion, Befestigung, Material, Design, Farbgestaltung) und für die unterschiedlichsten Anwendungsfälle und Luftführungssysteme angeboten. Die Auswahl hängt sowohl von der richtigen Luftführung im Raum als auch von architektonischen Gesichtspunkten (Design, Farbe, Material) und nutzungsspezifischen Forderungen ab.

Luftverteiler können im Allgemeinen auch als Lufterfasser verwendet werden.

***Anwendungsbereiche von Luftdurchlässen***

Für die Vorauswahl von Luftdurchlässen bei einer vorgegebenen Luftführung und Kenntnis der Wärmelast $\Phi$ bzw. $\varphi$ gibt Tabelle 2.5-5 Anhaltswerte. Übliche Anordnungen von Drall- und Quellluftdurchlässen sind schematisch in Abbildung 2.5-18 dargestellt.

Die Aussagen in Tabelle 2.5-5 gelten unter der Voraussetzung, dass behagliche Raumklimabedingungen im Aufenthaltsbereich unter normalen Nutzungsbedingungen des Raums gewährleistet werden.

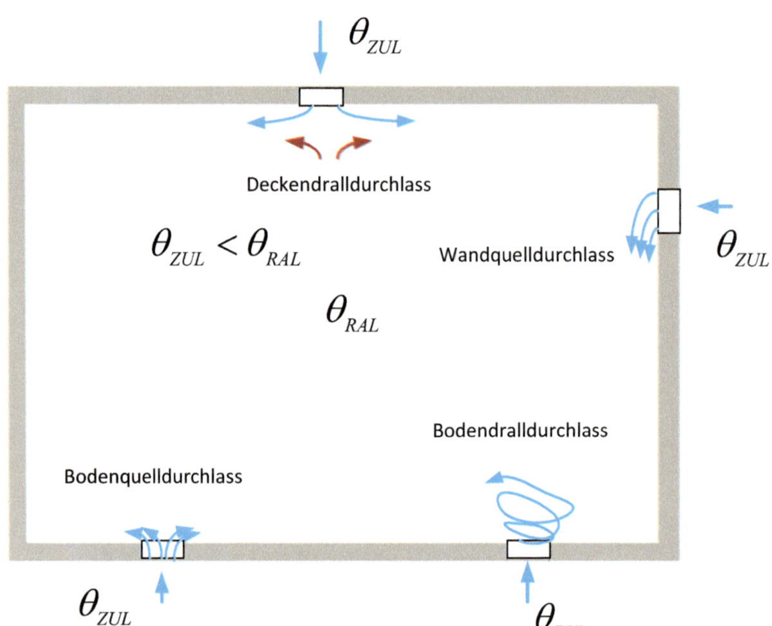


**Abb. 2.5-18** Übliche Anordnung von Drall- und Quellluftdurchlässen (schematisch)

**Tab. 2.5-5** Orientierungswerte für die Auswahl von Luftdurchlässen als Funktion der spezifischen Wärmelast $\varphi$ (bezogen auf die Fußbodenflächen $A_B$)

| Luftauslass | Spez. Wärmelast $\varphi$ in W/m²$_{FB}$ | | |
|---|---|---|---|
| | Raumhöhe $H_R$ in m | | |
| | 3 | 5 | 8 |
| Düse | 50 | 60 | 100 |
| Lüftungsgitter | 60 | 100 | 150 |
| divergierende Gitter | 90 | 150 | 225 |
| Anemostate | 90 | 140 | – |
| Induktionsgeräte | 60 | 100 | – |
| Lüftungsdecken | 120 | 200 | – |
| Schlitzauslass, Düsenschiene | 180 | 250 | – |
| Fußbodendrallauslass | 140 | 170 | 200 |
| Drallauslass | 200 | 280 | 350 |
| Prallplattenverteiler | 150 | 200 | 250 |
| Filterdecke bzw. -wände | > 300 | > 300 | – |
| Pultbelüftung mit Drallauslasselementen | < 140 (je Stuhl) | | |

In den Abbildungen 2.5-19a bis 2.5-28b wird beispielhaft die Vielfalt der unterschiedlichsten Luftdurchlässe dargestellt.

**Abb. 2.5-19**
**a (links)** Fußbodendralldurchlass *(Werkbild: Fa. Krantz)*
**b (rechts)** Fußbodendurchlass *(Werkbild: Fa. Trox)*

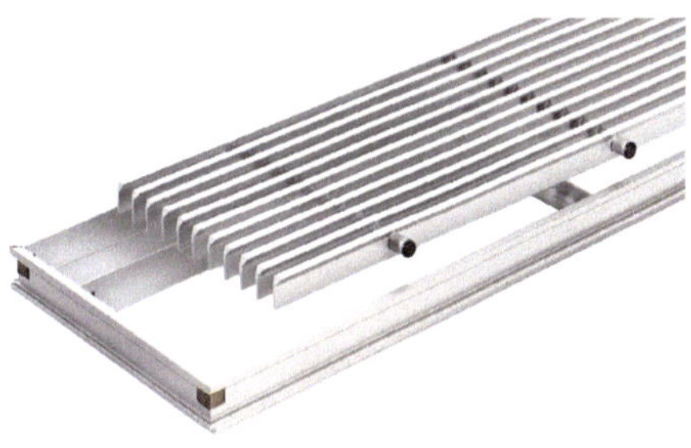

**c (links)** Stufendralldurchlass *(Werkbild. Fa. Trox)*
**d (rechts)** Fußbodendurchlass (Gitter) *(Werkbild: Fa. Trox)*

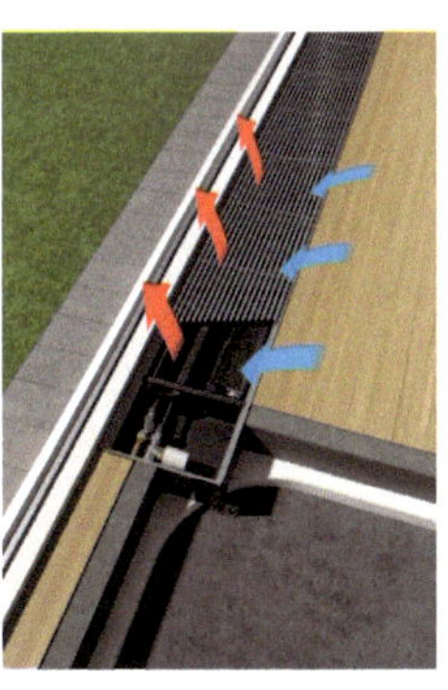

**e (links)** Fußbodendurchlass, Konvektor *(Werkbild: Fa. EMCO)*
**f (rechts)** Fußbodendurchlass, Konvektor, Wirkprinzip *(Werkbild: Fa. EMCO)*

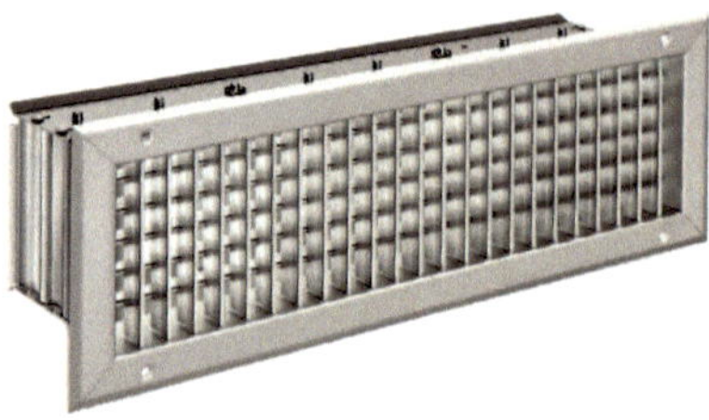

**Abb. 2.5-20a** Lüftungsgitter *(Werkbild: Fa. Trox)*

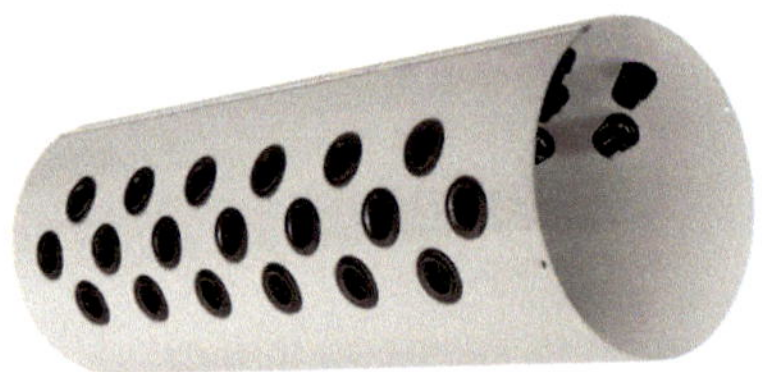

**b** Kugeldüsen im Rohr *(Werkbild: Fa. Trox)*

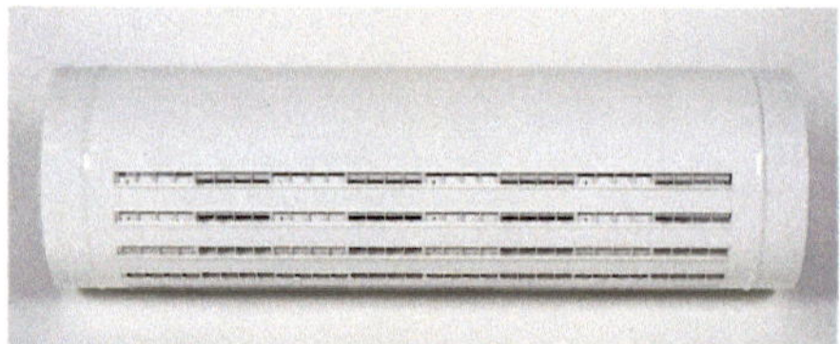

**c** Rundrohrdurchlässe *(Werkbild: Fa. EMCO)*

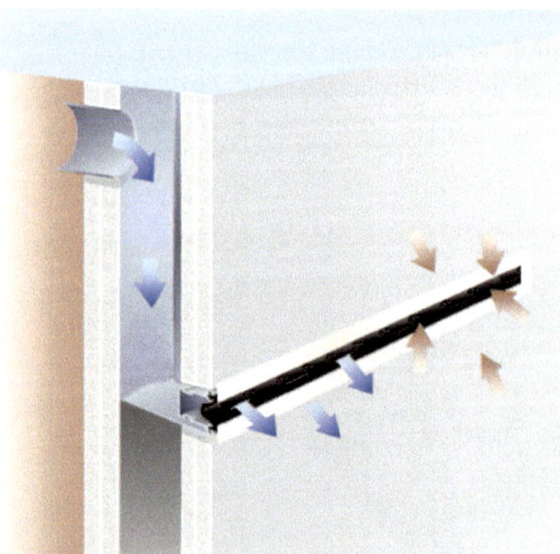

**d** Wandschlitzdurchlass *(Werkbild: Fa. Kiefer)*

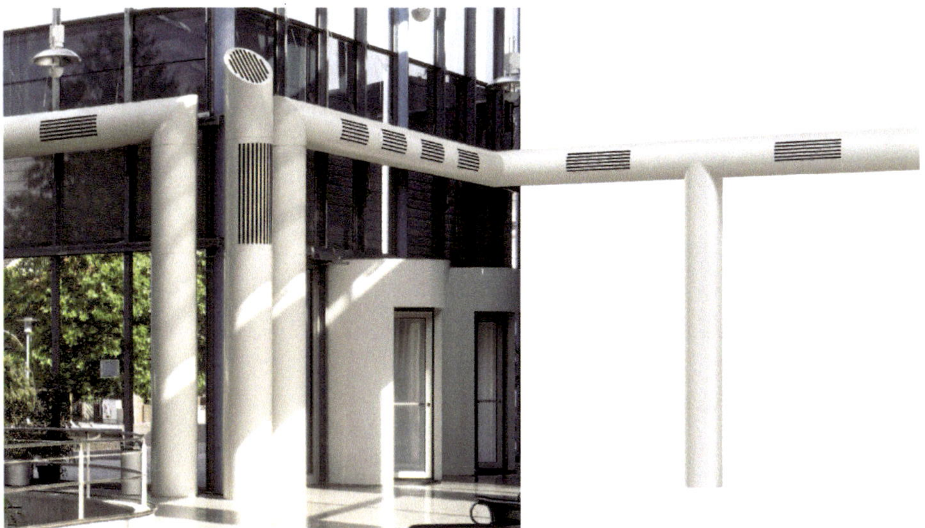

**Abb. 2.5-20** (Forts.)
**e** Rundrohrdurchlässe in Anwendung *(Werkbild: Fa. EMCO)*

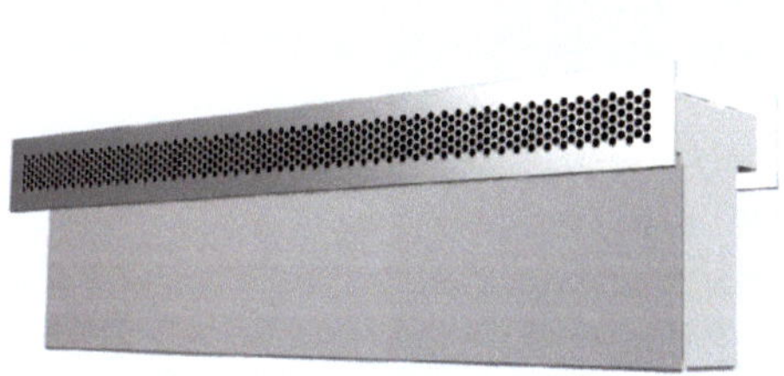

**f** Überströmelement *(Werkbild: Fa. Kiefer)*

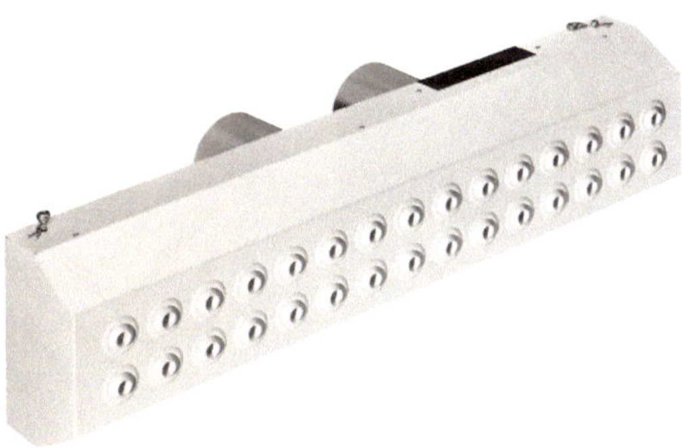

**g** Kugeldüsendurchlass *(Werkbild: Fa. Trox)*

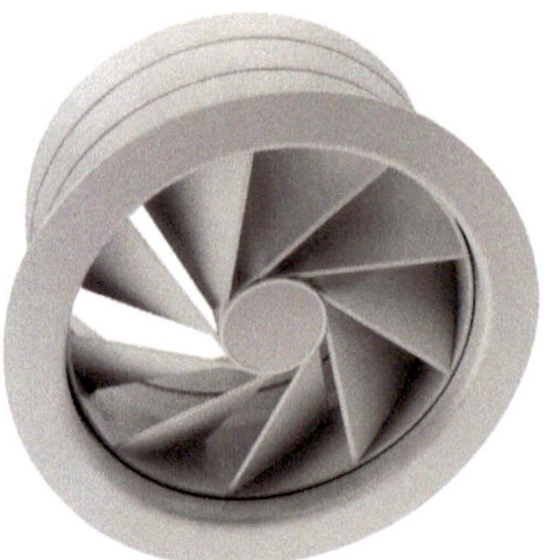

**Abb. 2.5-21**
**a (links)** Deckendralldurchlass *(Werkbild: Fa. Trox)*
**b (rechts)** Deckendralldurchlass *(Werkbild: Fa. Schako Ferdinand Schad KG)*

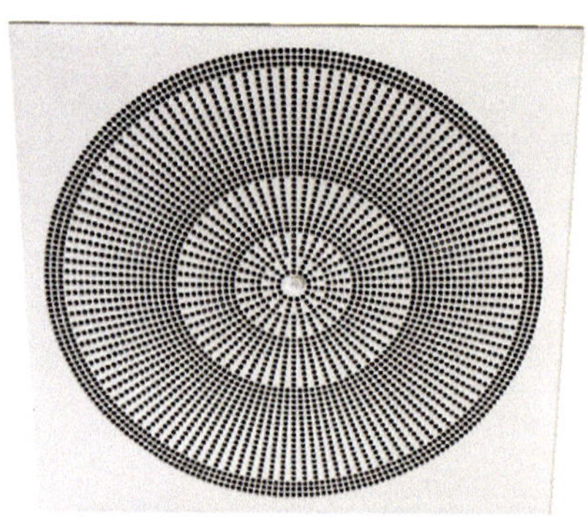

**c (links)** Deckendurchlass *(Werkbild: Fa. Schako Ferdinand Schad KG)*
**d (rechts)** Deckendurchlass *(Werkbild: Fa. Schako Ferdinand Schad KG)*

**e (links)** Deckendralldurchlass *(Werkbild: Fa. Kiefer)*
**f (rechts)** Deckendralldurchlass *(Werkbild: Fa. Kiefer)*

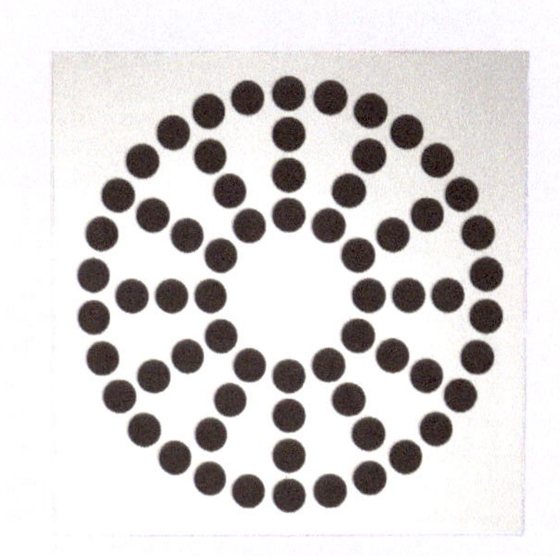

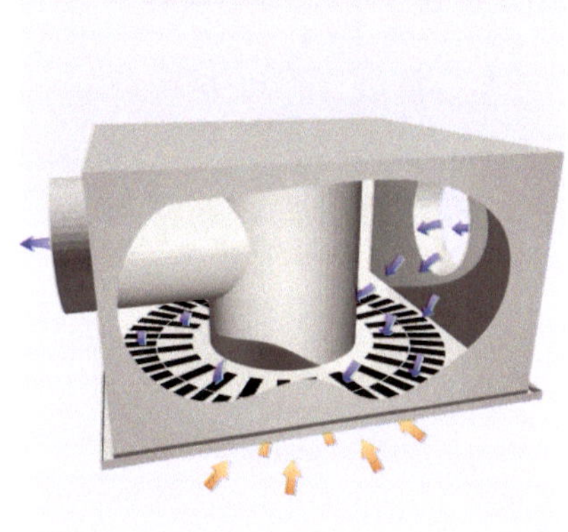

**Abb. 2.5-21** (Forts.)
**g (links)** Deckendralldurchlass *(Werkbild: Fa. Kiefer)*
**h (rechts)** Deckendralldurchlass (Wirkprinzip) *(Werkbild: Fa. Kiefer)*

**i (links)** Deckendralldurchlass *(Werkbild: Fa. EMCO)*
**j (rechts)** Deckendralldurchlass *(Werkbild: Fa. EMCO)*

**k (links)** Deckendralldurchlass *(Werkbild: Fa. Krantz)*
**l (rechts)** Deckendralldurchlass *(Werkbild: Fa. EMCO)*

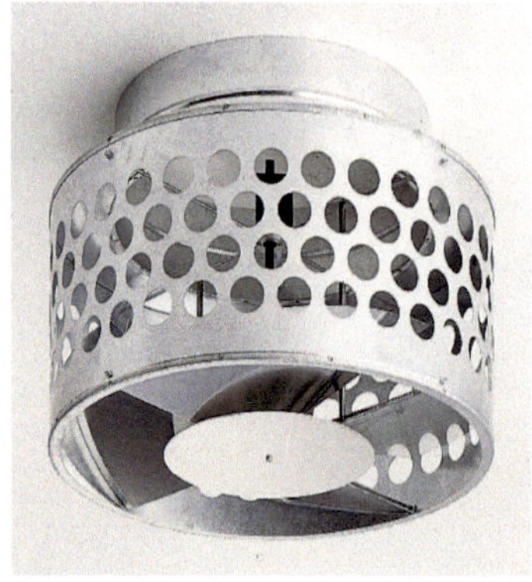

**Abb. 2.5-21** (Forts.)
**m (links)** Industrieluftdurchlass *(Werkbild: Fa. EMCO)*
**n (rechts)** Industrie- oder Verdrängungsluftdurchlass (Heizfall) *(Werkbild: Fa. EMCO)*

**o (links)** Industrie- oder Verdrängungsluftdurchlass *(Werkbild: Fa. EMCO)*
**p (rechts)** Industrie- oder Verdrängungsluftdurchlass (Kühlfall) *(Werkbild: Fa. EMCO)*

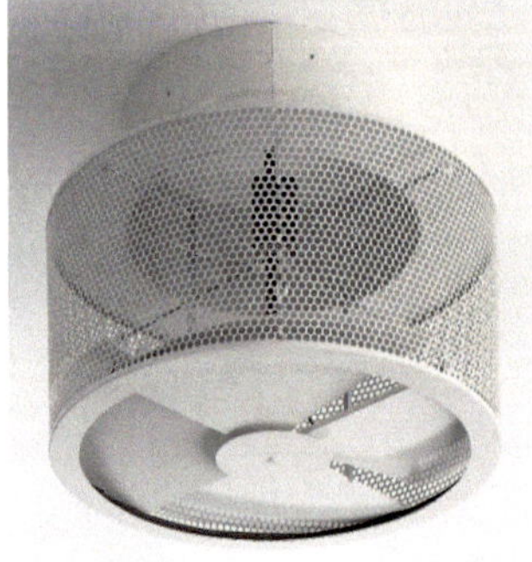

**q (links)** Industrieluftdurchlass *(Werkbild: Fa. EMCO)*
**r (rechts)** Industrieluftdurchlass *(Werkbild: Fa. EMCO)*

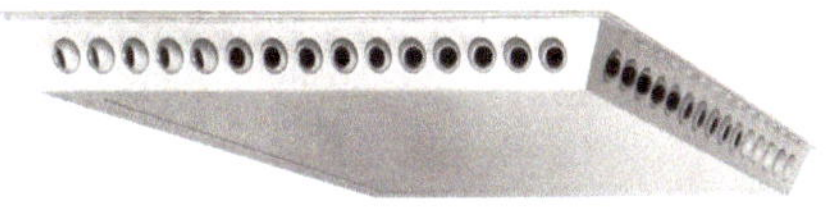

**Abb. 2.5-22**

a Kugeldüsendurchlass
*(Werkbild: Fa. Trox)*

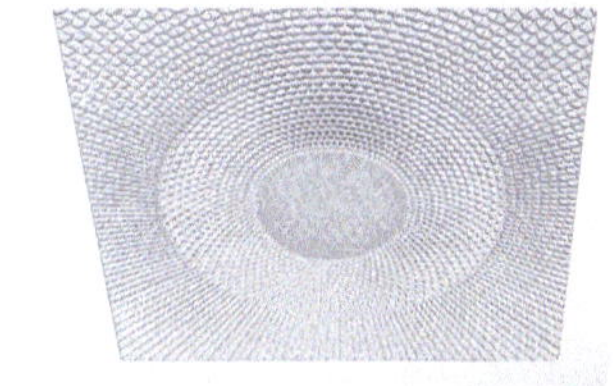

b Kugeldüsendurchlass,
*(Werkbild: Fa. Trox)*

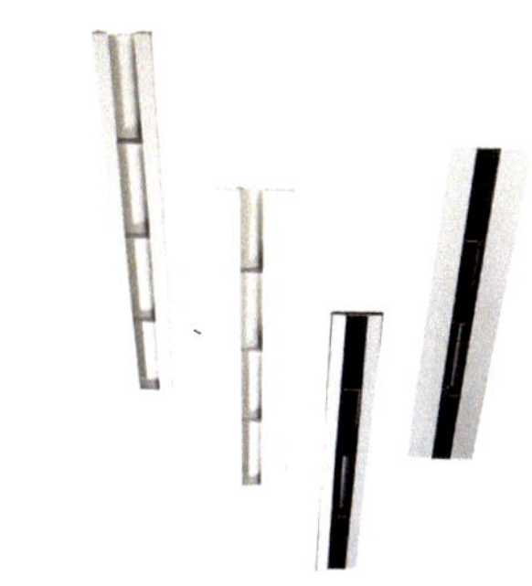

**Abb. 2.5-23**

a Dralldüsenschienen
*(Werkbild: Fa. Schako Ferdinand Schak KG)*

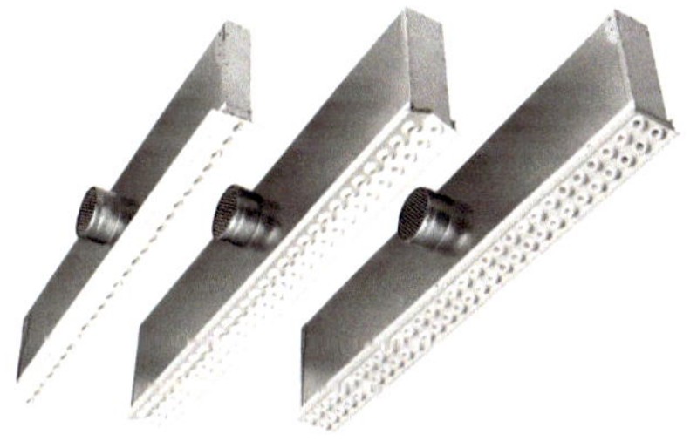

b Kugeldusenschienen
*(Werkbild: Fa. Trox)*

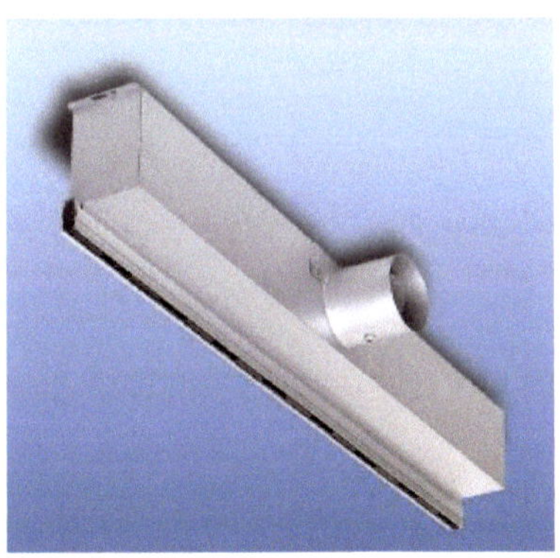

c Schlitzdurchlass
*(Werkbild: Fa. Krantz)*

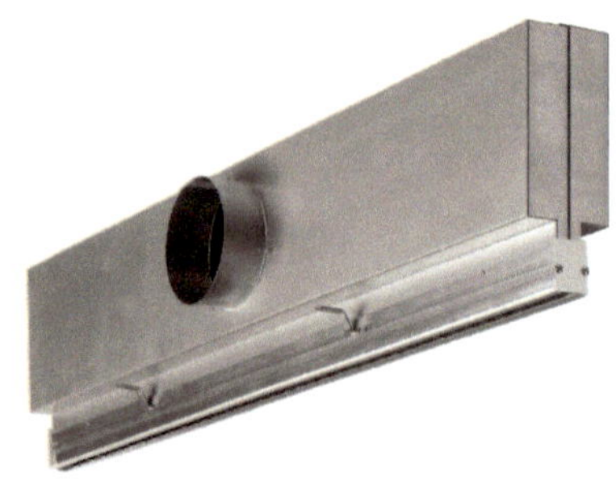

**Abb. 2.5-23** (Forts.)
**d** Schlitzdralldurchlass (SAL 35) *(Werkbild: Fa. EMCO)*

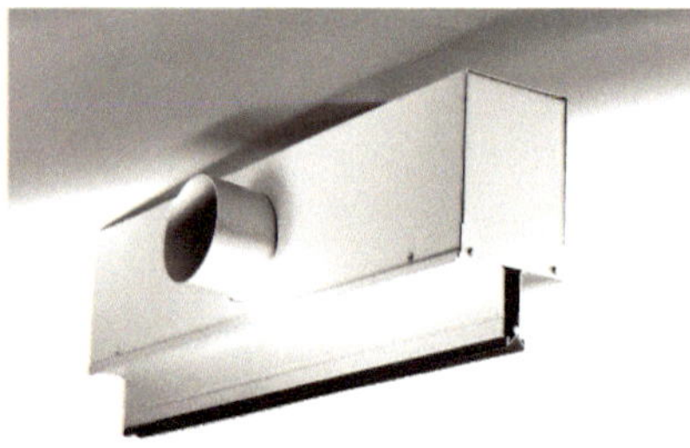

**e** Schlitzdurchlass (INDUL P) *(Werkbild: Fa. Kiefer)*

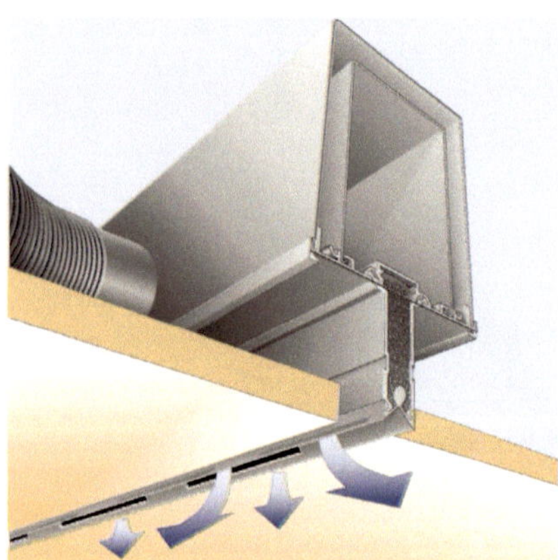

**f** Schlitzdurchlass (INDUL P – Wirkprinzip) *(Werkbild: Fa. Kiefer)*

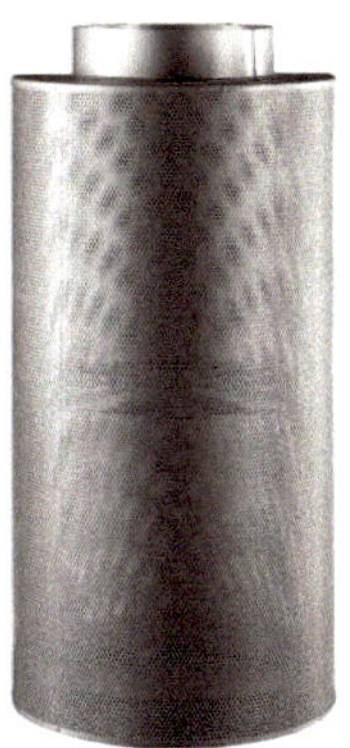

**Abb. 2.5-24**
**a (links)** Wandquellluftdurchlass *(Werkbild: Fa. Schako Ferdinand Schad KG)*
**b (rechts)** Quellluftdurchlass (rund) *(Werkbild: Fa. Schako Ferdinand Schad KG)*

**c (links)** Quellluftdurchlass (halbrund) *(Werkbild: Fa. EMCO)*
**d (rechts)** Quellluftdurchlass (rund) *(Werkbild: Fa. EMCO)*

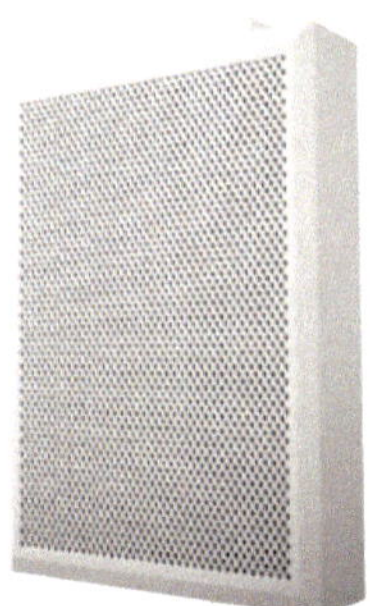

**e (links)** Quellluftdurchlass *(Werkbild: Fa. Trox)*
**f (rechts)** Quellluftdurchlass (halbrund, rund) *(Werkbild: Fa. Trox)*

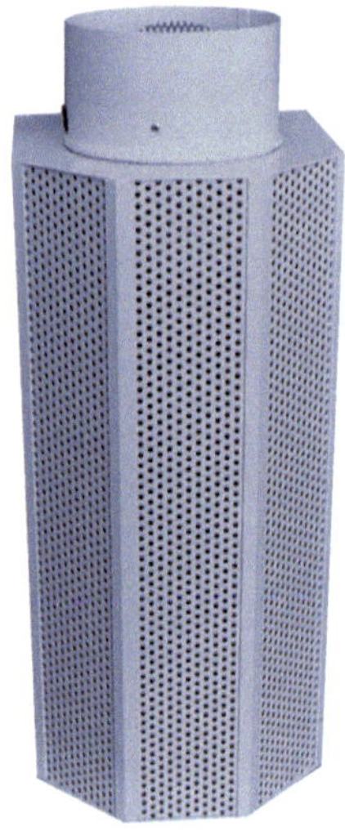

**Abb. 2.5-24** (Forts.)
**g (links)** Quellluftdurchlass *(Werkbild: Fa. Trox)*
**h (rechts)** Quellluftdurchlass *(Werkbild: Fa. Trox)*

**i** Quellluftdurchlass *(Werkbild: Fa. Kiefer)*

**Abb. 2.5-25**
**a (links)** Luftdurchlass in Kombination mit Kühlelement (Prinzipskizze) *(Werkbild: Fa. Kiefer)*
**b (rechts)** Luftdurchlass in Kombination mit Kühlelement (Prinzipskizze) *(Werkbild: Fa. Kiefer)*

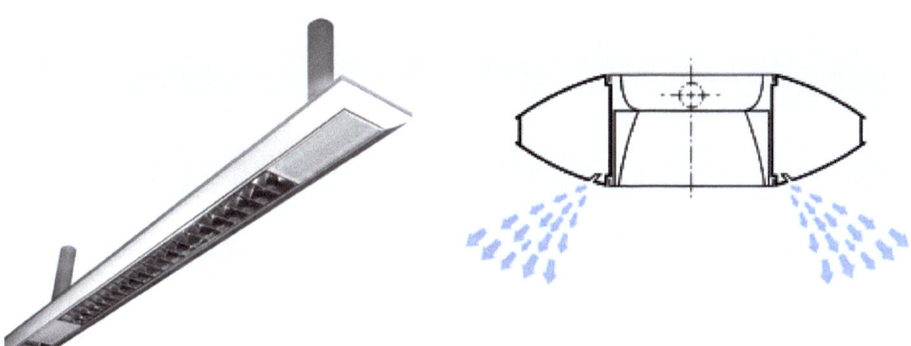

**c (links)** Luftdurchlass in Kombination mit Deckenleuchte *(Werkbild: Fa. Kiefer)*
**d (rechts)** Luftdurchlass in Kombination mit Deckenleuchte (Prinzipskizze) *(Werkbild: Fa. Kiefer)*

**Abb. 2.5-26**
**a (links)** Fußbodenkonvektoren, Heizen und Lüften *(Werkbild: Fa. EMCO)*
**b (rechts)** Fußbodenkonvektoren, Heizen Primärluftanschluss *(Werkbild: Fa. EMCO)*

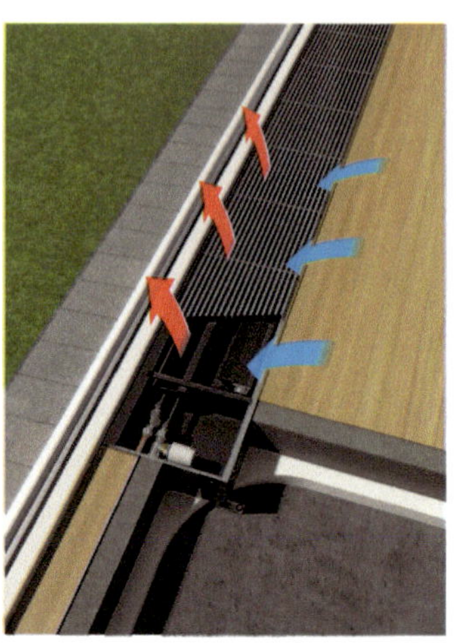

**c (links)** Fußbodenkonvektoren, Heizen und Lüften (Prinzipskizze) *(Werkbild: Fa. EMCO)*
**d (Mitte)** Fußbodenkonvektoren, Heizen, Kühlen und Lüften (Prinzipskizze) *(Werkbild: Fa. EMCO)*
**e (rechts)** Fußbodenkonvektoren, Heizen und Lüften (Prinzipskizze) *(Werkbild: Fa. EMCO)*

**Abb. 2.5-27**
**a (links):** Luftdurchlass: Düse (*Werkbild: Fa. Lindab*)
**b (Mitte):** Luftdurchlass: Kugeldüse (*Werkbild: Fa. Lindab*)
**c (rechts):** Luftdurchlass: Tellerventil (*Werkbild: Fa. Lindab*)

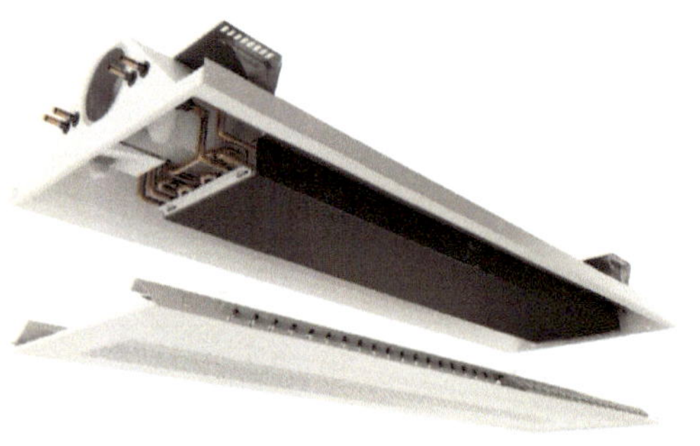

**Abb. 2.5-28**
**a (links):** Kühlkonvektor „Comfort“ (*Werkbild: Fa. Lindab*)
**b (rechts):** Kühlkonvektor „Plexus“ (*Werkbild: Fa. Lindab*)

# 2.6 RLT-Zentrale

## 2.6.1 Raumbedarf

Der Flächen- und Raumbedarf für die Anzahl und Größe der Luftbehandlungsgeräte wird bestimmt durch

- den Luftvolumenstrom,
- die Anzahl der thermischen Aufbereitungsstufen,
- Bauelemente, wie z. B. Schalldämpfer, Filter,
- Anschlusselemente an das Luftkanalsystem.

Die Länge der Geräte $L_{RLT}$ ist eine Funktion der Luftaufbereitung und des Luftvolumenstroms $q_V$. Die Breite $B_{RLT}$ bzw. die Höhe $H_{RLT}$ sind eine Funktion der Anordnung der Bauelemente des Geräts und des Luftvolumenstroms $q_V$.

Bei der Wahl der Raumhöhe $H_{ges}$ und der Grundfläche $A_{ges}$ müssen berücksichtigt werden:

- das Seitenverhältnis ( $L_{ges} / B_{ges} = 1{,}5 \ldots 3{,}0 : 1$),
- Bedienung, Wartung, Instandhaltung,
- die Leitungsführung der Luftkanäle,
- die Leitungsführung der Ver- und Entsorgung,
- eine möglichst vollflächige Ausnutzung der Grundfläche durch die Anordnung der Geräte.

Die Mindesthöhe der Technikzentrale $H_{ges}$ sollte (muss) ≥ 3,00 m sein.

Aus Abbildung 2.6-1 sind schematisch die erforderlichen geometrischen Beziehungen zur Ermittlung der Raumhöhe $H_{ges}$ und des Flächenbedarfs $A_{ges}$ zu entnehmen, wobei sich die Maße $L_{RLT}; B_{RLT}; H_{RLT}$ aus der Geräteauswahl ergeben.

$$L_{ges} \geq L_{RLT} + L_1 + L_3 + L_4$$

$$B_{ges} \geq B_{RLT} + B_1 + B_2$$

$$H_{ges} \geq H_{RLT} + H_4 + H_5$$

$$A_{ges} = L_{ges} \cdot B_{ges}$$

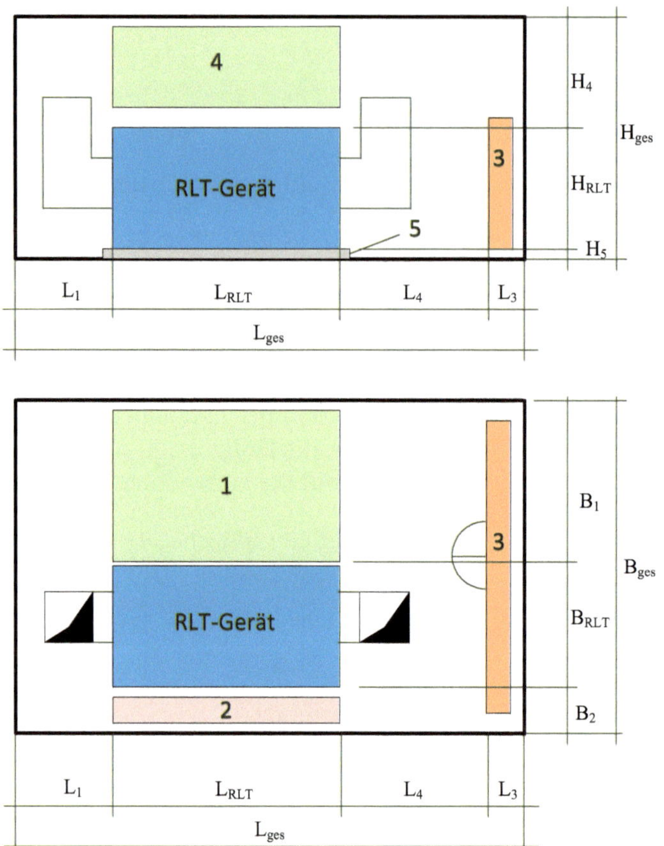


**Abb. 2.6-1** Schematischer Grundriss und Schnitt durch eine RLT-Zentrale

**Legende:**

| | | | | | |
|---|---|---|---|---|---|
| $L_{ges}$ | Länge der RLT-Zentrale | $B_{ges}$ | Breite der RLT-Zentrale | $H_{ges}$ | Höhe der RLT-Zentrale |
| $L_{RLT}$ | Länge des RLT-Geräts | $B_{RLT}$ | Breite des RLT-Geräts | $H_{RLT}$ | Höhe des RLT-Geräts |
| $L_1$ | Abstand zwischen Wand und RLT-Gerät + Kanalanschluss | $B_1$ | Wartungsraum, Abstand zwischen RLT-Gerät und Wand | $H_4$ | Installationsraum für Luftkanalsystem Abstand zwischen RLT-Gerät und Decke |
| $L_3$ | Tiefe der MSR- und GLT-Schränke | $B_2$ | Breite für Anordnung der Versorgungs-leitungen | $H_5$ | Höhe des Fundaments oder Grundrahmens |
| $L_4$ | Abstand zwischen RLT-Gerät und MSR-Schrank + Kanalanschluss | | | | |
| 1 | Platzbedarf für die Wartung | 2 | Platzbedarf für die Versorgungsleitungen | 3 | Schaltbereich für GLT und MSR |
| 4 | Installationsraum für Luftleitsystem + Elektroinstallation | 5 | Grundrahmen | | |

Folgende Mindestwerte sollen eingehalten werden:

$$L_1 \geq 0{,}20\,\text{m} + 0{,}75 \cdot B_{RLT};\; L_3 \geq 0{,}30\,\text{m};\; L_4 \geq 0{,}50\,\text{m} + 0{,}75 \cdot B_{RLT}$$

$$B_1 \geq B_{RLT};\; B_2 \geq 0{,}80\,\text{m}$$

$$H_4 \geq B_{RLT}\; bzw. \geq H_{RLT};\; H_5 \geq 0{,}05.....0{,}10\,\text{m}$$

Die Abschätzung der Gerätehöhe $H_{RLT}$ und der Breite $B_{RLT}$ erfolgt in Abhängigkeit vom Luftvolumenstrom bei einer Geschwindigkeit von 2 (bis 3) m/s.

Die Abschätzung der Gesamtbaulänge $L_{RLT}$ eines raumlufttechnischen Zentralgeräts resultiert aus der Summe der Einzellängen $L_B$ der erforderlichen Bauelemente unter Berücksichtigung des Platzbedarfs für Anströmung, Abströmung und Wartung (Tabelle 2.6-1) nach VDI 2050 Bl. 4 (Entwurf).

**Tab. 2.6-1** Bauteillängen $L_B$ in m (Orientierungswerte, ***!! herstellerabhängig !!***)

| **Bauelement** | $q_V$ **< 10.000 m³/h** | **10.000 m³/h >** $q_V$ **< 30.000 m³/h** | $q_V$ **> 30.000 m³/h** |
|---|---|---|---|
| externe Jalousieklappen | 0,2 | 0,2 | 0,2 |
| Anströmkammer, Abströmkammer | 0,8 | 1,3 | 1,8 |
| Taschenfilter | 1,5 | 1,8 | 2,1 |
| Aktivkohlefilter | 1,2 | 1,5 | 1,8 |
| Mischkammer | 0,8 | 1,3 | 1,8 |
| Wärmeübertrager: Heizen | 0,6 | 1,0 | 1,4 |
| Wärmeübertrager: Kühlen + TRA | 0,9 | 1,3 | 1,7 |
| Ventilatoreinheit | 1,7 | 2,4 | 3,2 |
| Umlaufsprühbefeuchter | 1,5 | 2,0 | 2,5 |
| Dampfbefeuchter | 2,0 | 2,2 | 2,4 |
| Verdunstungsbefeuchter | 1,2 | 1,6 | 2,0 |
| WRG: Plattentauscher | 1,6 | 2,6 | 3,6 |
| WRG: Wärmerohr | 0,9 | 1,3 | 1,7 |
| WRG: KVS (je Wärmeübertrager) | 0,9 | 1,3 | 1,7 |
| WRG: Rotor | 1,6 | 2,1 | 2,6 |
| Schalldämpfer (250 Hz, Dämpf. 15 Hz) | 1,0 | 1,4 | 1,8 |
| Schalldämpfer (250 Hz, Dämpf. 25 Hz) | 1,5 | 1,9 | 2,3 |
| Schalldämpfer (250 Hz, Dämpf. 35 Hz) | 2,0 | 2,4 | 2,8 |
| Schalldämpfer (250 Hz, Dämpf. 45 Hz) | 2,5 | 2,9 | 3,3 |

**Beispiel 2.6-1:**

***gegeben:***

Luftheizanlage, $q_{V,ZUL} = q_{V,SUP} = 12.000\ \text{m}^3/\text{h}$

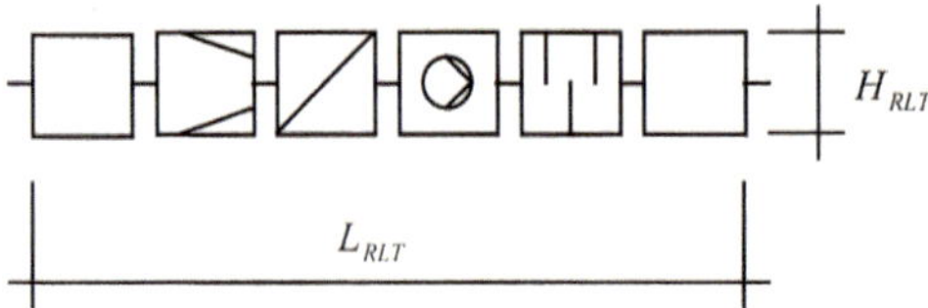


***nach Geräteherstellerunterlagen:***

$L_{RLT} = 6{,}1$ m $\quad B_{RLT} = 1{,}7$ m $\quad H_{RLT} = 1{,}4$ m

| **Berechnung der Teillängen und Mindestvorgaben** | | | **Ergebnis:** |
|---|---|---|---|
| $L_1 = 0{,}20 + 1{,}3 = 1{,}5$ m | $L_3 = 0{,}3$ m | $L_4 = 0{,}5 + 1{,}3 = 1{,}8$ m | $L_{ges} = 6{,}1 + 1{,}5 + 0{,}3 + 1{,}8 = \mathbf{9{,}7\ m}$ |
| $B_1 = 1{,}7$ m | $B_2 = 0{,}8$ m | | $B_{ges} = 1{,}7 + 1{,}7 + 0{,}8 = \mathbf{4{,}2\ m}$ |
| $H_4 = 1{,}4$ m | $H_5 = 0{,}10$ m | | $H_{ges} = 1{,}4 + 1{,}4 + 0{,}10 = \mathbf{2{,}9\ m}$<br>$H_{ges} \geq 3{,}0$ m |
| $L_{ges} / B_{ges} = 9{,}7 / 4{,}2 = \mathbf{2{,}3 : 1}$ | | | $A_{ges} = 9{,}7 \cdot 4{,}2 = \mathbf{40{,}7\ m^2}$ |

Erfahrungsgemäß kann der Flächenbedarf und die Raumhöhe in Abhängigkeit des Luftvolumenstroms nach den Abbildungen 2.6-2 und 2.6-3 zur groben Orientierung ermittelt werden.

Für die Schächte (Steiger) wird in Abhängigkeit vom Luftvolumenstrom und der Luftleitungsform orientierungsmäßig eine Querschnittfläche empfohlen (s. Abbildung 2.6-4). Im Allgemeinen sollten die Steiger, insbesondere wenn noch andere versorgungstechnische Leistungen in diesen geführt werden (in Abbildung 2.6-4 der obere Werte), einen rechteckigen Querschnitt aufweisen (mindestens 1 : 2).

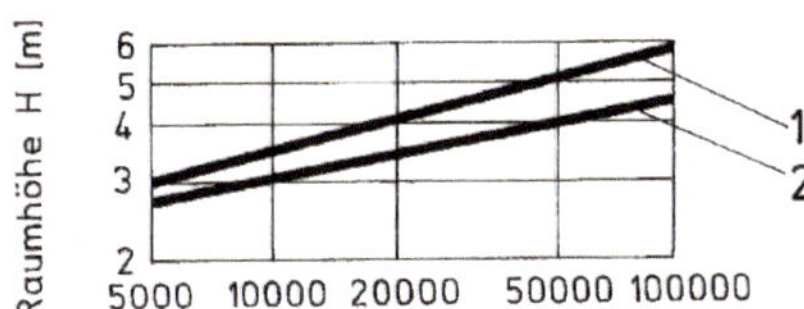


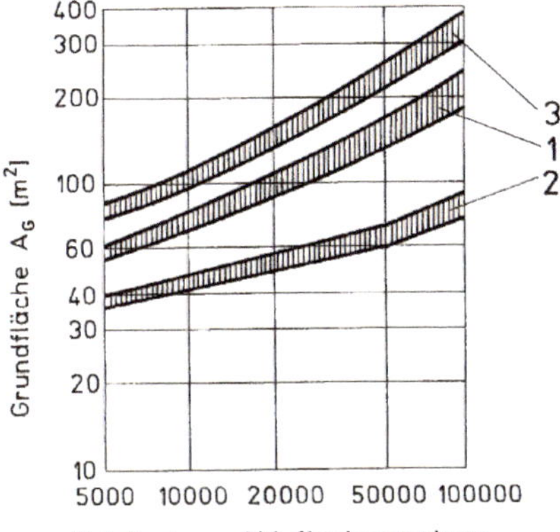


**Abb. 2.6-2**
Raumhöhe und Flächenbedarf einer RLT-Zentrale als Funktion der Luftvolumenstroms $q_V$

*Oberes Bild:*

**1:** Zuluftanlage
**2:** Abluftanlage

*Unteres Bild:*

**1:** Zuluftanlage
**2:** Abluftanlage
**3:** Zuluft- und Abluftanlage

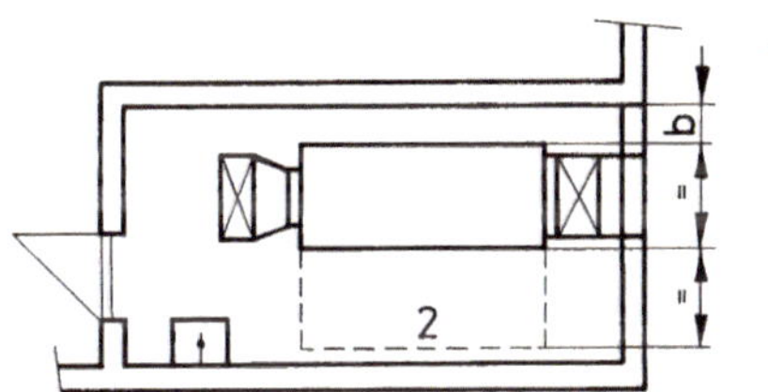


**Abb. 2.6-3**
Platzbedarf für RLT-Gerät in Zentrale

**1:** b = 0,4 · Höhe des RLT-Geräts, jedoch mindestens 0,5 m
**2:** Wartungsbereich, mindestens Breite des RLT-Geräts

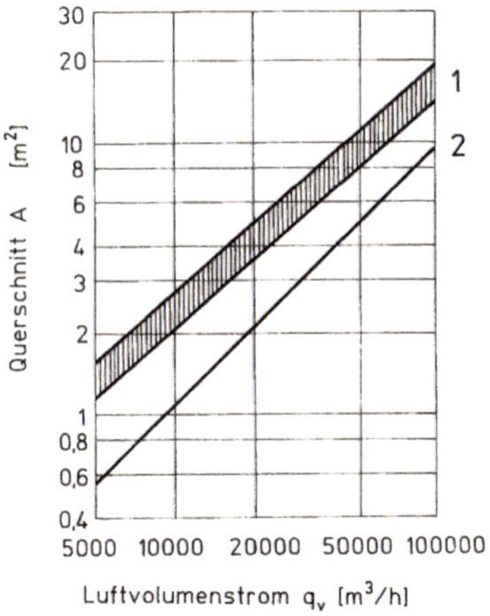

**Abb. 2.6-4**
Schachtquerschnitte für Lüftungsleitungen

1: Schächte für Rohrleitungen und Kanäle
2: Schächte für direkten Lufttransport

Die Tabellen 2.6-2 bis 2.6-4 zeigen nach [16] weitere Orientierungswerte für den Flächenbedarf von RLT-Zentralen und Steigern. Tabelle 2.6-5 weist Mindesthöhen für die Unterbringung von RLT-Anlagenteilen aus.

**Tab. 2.6-2** Flächenbedarf – Mindestraumhöhen – *raumlufttechnische Anlagen* (kleiner Wert: 1 Filterstufe, großer Wert: 2 Filterstufen + Aktivkohlefilter)

| | Luftvolumenstrom in $m^3/h$ bzw. $m^3/s$ | | | | | | |
|---|---|---|---|---|---|---|---|
| | 10.000 bis 15.000 | 15.000 bis 20.000 | 20.000 bis 35.000 | 35.000 bis 50.000 | 50.000 bis 75.000 | 75.000 bis 100.000 | Verhältnis |
| | 2,78 bis 4,17 | 4,17 bis 5,55 | 5,55 bis 9,72 | 9,72 bis 13,89 | 13,89 bis 20,83 | 20,83 bis 27,77 | Länge zu Breite des Raums |
| Grundfläche | $m^2$ | $m^2$ | $m^2$ | $m^2$ | $m^2$ | $m^2$ | |
| **Be- und Entlüftungsanlagen mit Umluft- und Außenluftkammer** | | | | | | | |
| | 26 – 39 | 39 – 52 | 52 – 65 | 72 – 85 | 85 – 104 | 104 – 124 | 1,5 :1 bis 2,0 : 1 |
| **Be- und Entlüftungsanlagen mit Kühlung (ohne Raumansatz für Kältemaschine)** | | | | | | | |
| | 33 – 46 | 46 – 58 | 58 – 72 | 78 – 91 | 91 – 110 | 110 – 130 | 1,5 :1 bis 2,0 : 1 |
| **Klimaanlagen** | | | | | | | |
| | 39 – 52 | 52 – 65 | 65 – 85 | 85 – 104 | 98 – 150 | 117 – 200 | 2,6 :1 bis 3,0 : 1 |
| **Lichte Raumhöhe in m** | 3,0 | 3,2 | 3,5 | 3,5 | 3,5 | 4,0 | |

**Anmerkung:** Werte gelten auch für Zweikanal- und Hochgeschwindigkeitsanlagen inkl. Filterkammer und Wärmerückgewinnung.

**Tab. 2.6-3** Flächenbedarf – Mindestraumhöhen – *raumlufttechnische Geräte* (kleiner Wert: 1 Filterstufe, großer Wert: 2 Filterstufen + Aktivkohlefilter)

| RLT-Geräte | Luftvolumenstrom in $m^3/h$ bzw. $m^3/s$ | | | | | |
|---|---|---|---|---|---|---|
| | bis 5.000 bis 1,38 | | 5.000 – 10.000 1,38 – 2,76 | | 10.000–15.000 2,76 – 4,14 | |
| | Grundfläche in $m^2$ | Mindesthöhe in m | Grundfläche in $m^2$ | Mindesthöhe in m | Grundfläche in $m^2$ | Mindesthöhe in m |
| **Kastengeräte** | | | | | | |
| Abluft | 7–11 | 2,50 | 8–16 | 3,00 | 8–20 | 3,00 |
| Zuluft ohne Heizung | 8–16 | | 9–17 | | 12–23 | |
| Zuluft m. Heizung u. Mischkammer | 9–17 | | 12–20 | | 18–30 | |

**Tab. 2.6-3** Flächenbedarf – Mindestraumhöhen – *raumlufttechnische Geräte* (kleiner Wert: 1 Filterstufe, großer Wert: 2 Filterstufen + Aktivkohlefilter) (Forts.)

| | | | | | | |
|---|---|---|---|---|---|---|
| dgl., aber stehend | 7–14 | | 8–16 | | 12–23 | |
| RLT-Geräte | Luftvolumenstrom in $m^3/h$ bzw. $m^3/s$ | | | | | |
| | bis 5.000<br>bis 1,38 | | 5.000 – 10.000<br>1,38 – 2,76 | | 10.000–15.000<br>2,76 – 4,14 | |
| | Grundfläche in $m^2$ | Mindesthöhe in m | Grundfläche in $m^2$ | Mindesthöhe in m | Grundfläche in $m^2$ | Mindesthöhe in m |
| **Kombinationsgeräte für Zu- und Abluft** | | | | | | |
| liegende Ausführung | 10–18 | | 13–21 | | 17–27 | |
| übereinander angeordnet | 9–17 | 2,50 | 12–20 | 3,00 | 14–26 | 3,00 |
| stehende Ausführung | 8–16 | | 9–17 | | 12–23 | |
| mit Kühlung in liegender Ausführung (ohne Raumansatz für Kältemaschinen) | 12–20 | 2,50 | 16–23 | 3,00 | 20–31 | 3,00 |
| **Klimaanlagen in Kasten- oder Schrankform** | | | | | | |
| liegend | 17–25 | 2,50 | 22–30 | 3,00 | 30–42 | 3,00 |
| stehend | 15–22 | | 18–26 | | 21–33 | |

**Tab. 2.6-4** Flächenbedarf für RLT-Anlagen (Verwaltungsgebäude, Warenhäuser u. Ä.)

| Fläche | Bezogen auf die Bruttogeschossfläche (BGF) in % | Bezogen auf die Nettogeschossfläche (NGF) in % |
|---|---|---|
| Technikfläche | 5 ... 8 | 8 ... 13 |
| Schachtfläche | 1 ... 2 | 1,7 ... 3,3 |

**Tab. 2.6-5** Mindesthöhen für Räume und für die Unterbringung von RLT-Anlagenteilen

| Höhe | | Büro | Hotelzimmer | Warenhäuser |
|---|---|---|---|---|
| Lichte Raumhöhe | m | 2,50 | 2,50 | 3,00 |
| Geschossdecke | m | 0,25 | 0,25 | 0,25 |
| Hohlraumboden | m | 0.15 | 0.12 | 0,15 |
| Deckenhohlraum | m | 0,50 ... 0,60 | 0,25 ... 0,35 | 0,30 ... 0,40 |

## 2.6.2 Anordnung

Die Zentrale sollte schwerpunktorientiert den Versorgungsbereichen zugeordnet werden. Zum Zweck der Instandhaltung ist auf gute Zugänglichkeit aller relevanten Bauelemente zu achten.

Die Lage der RLT-Zentrale soll günstige Ver- und Entsorgungsbedingungen und kurze Entfernungen zum Medientransport gewährleisten. Sie sollte eine wirtschaftliche Energierückgewinnung ermöglichen und darüber hinaus noch den Betriebsbedingungen für verschmutzte und mit Geruchsstoffen belastete Luft Rechnung tragen. Durch die Zusammenlegung von Zu- und Abluftgeräten wird die Energierückgewinnung erleichtert.

Die Lage der Zentrale sowie die Systemwahl (s. a. Abbildungen 2.6-5a bis 2.6-5h) beeinflusst den Raumbedarf für die vertikale Luftleitungsführung sowie die Längen der Wege für die Außenluftansaugung und die Fortluftführung. Weiterhin sind die zugehörigen Ver- und Entsorgungsleitungen für weitere Medien (Wärmeversorgung, Kälteversorgung, Brennstoffversorgung, Kühlung, Trinkwasser, Entwässerung, Stromversorgung etc.) zu berücksichtigen. Über die in den Abbildungen 2.6-5a bis 2.6-5h gezeigten Lösungen hinaus sind weitere Systemkonfigurationen möglich, die auf den Platz- und Raumbedarf und die Investitions- und Betriebskosten entscheidenden Einfluss haben können.

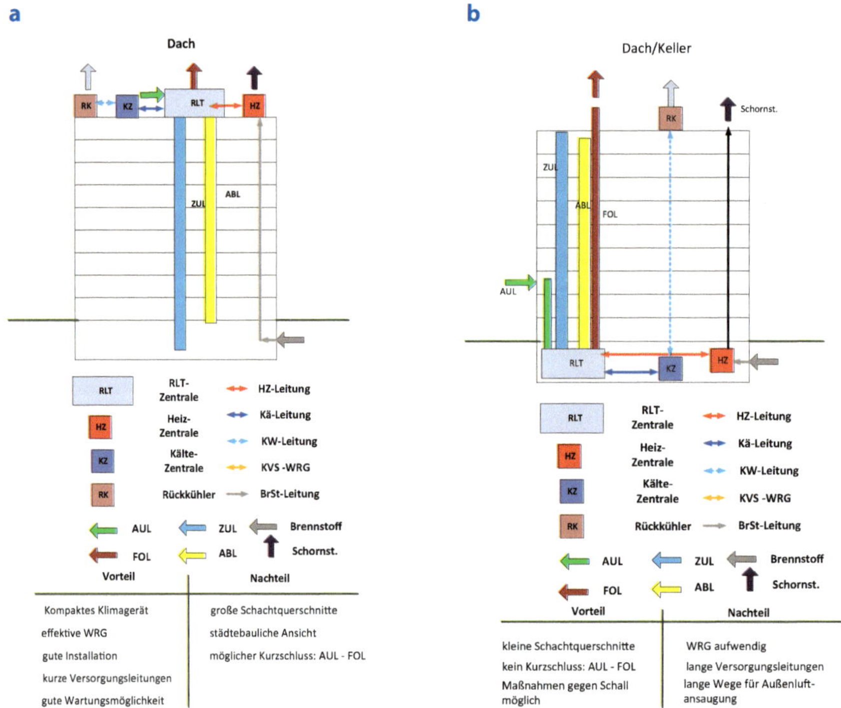


**Abb. 2.6-5** Systemlösungen für die Anordnung einer RLT-Zentrale im Gebäude

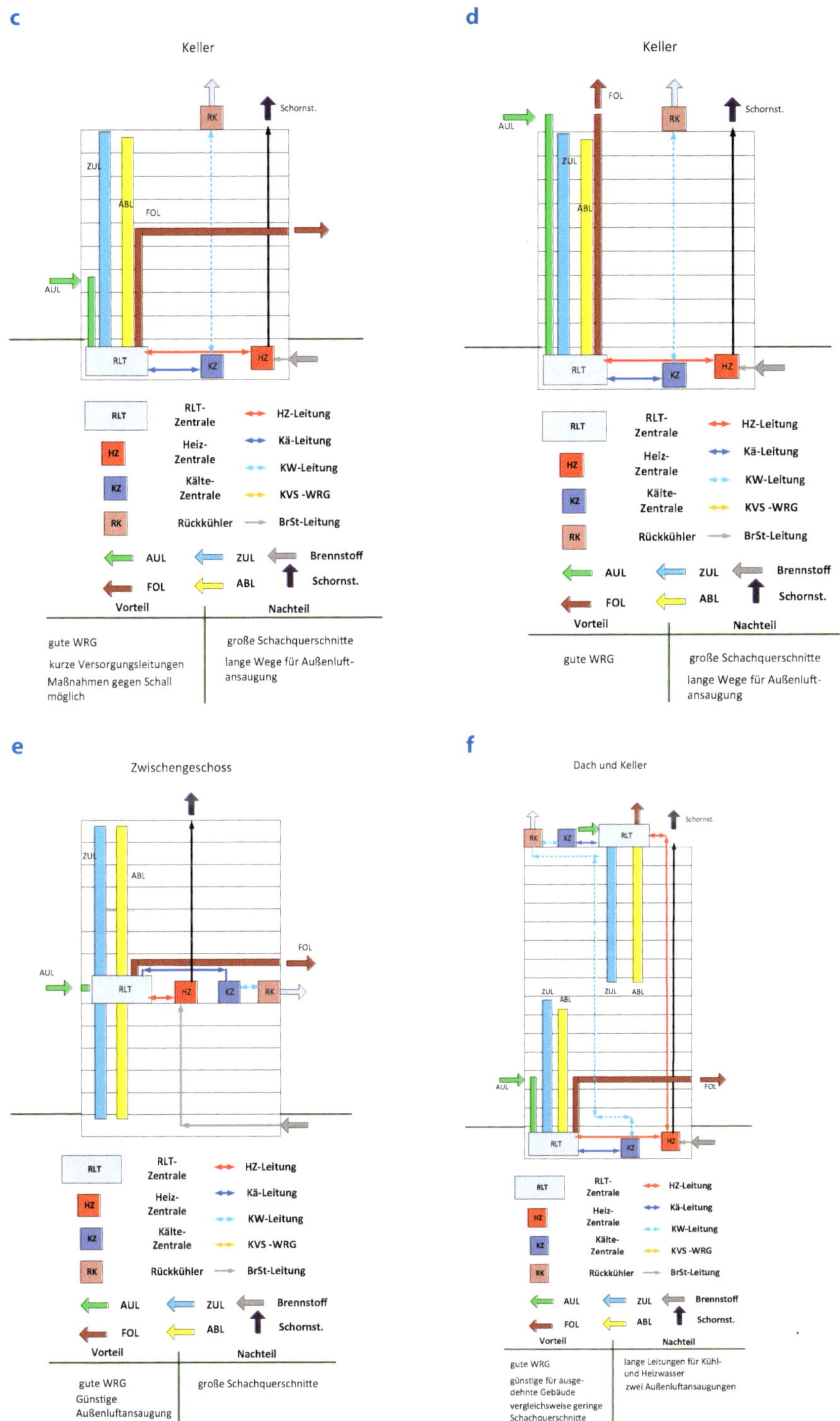


**Abb. 2.6-5** Systemlösungen für die Anordnung einer RLT-Zentrale im Gebäude (Forts.)

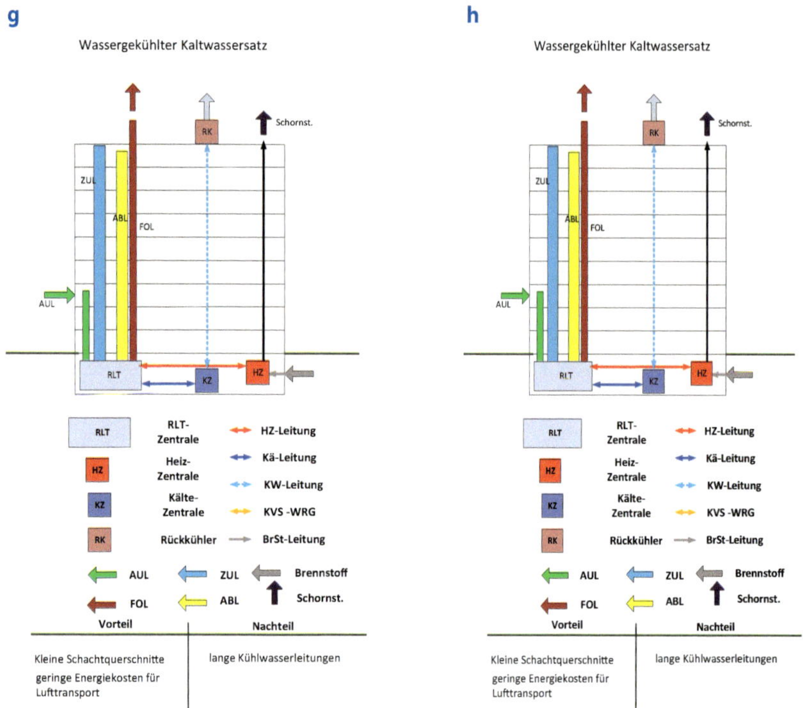


**Abb. 2.6-5** Systemlösungen für die Anordnung einer RLT-Zentrale im Gebäude (Forts.)

## 2.6.3 Kosten für RLT-Anlagen

Zur Orientierung und zur Kostenschätzung können nach [16] für die RLT-Anlagen folgende Kosten in Ansatz gebracht werden, wobei die Genauigkeit in der Größenordnung von ± 10 bis 15 % liegen kann (Tabellen 2.6-6 bis 2.6-8).

**Tab. 2.6-6** Kostenkennzahlen für TGA (Nettowerte) für die Kostenschätzung bezogen auf die Nettogeschossfläche (Nutzfläche), Volumenstrom oder Bezugseinheiten von ausgewählten Gebäuden

| Anlagen-/Objektbezeichnung | | Kostenkennzahlen | | |
|---|---|---|---|---|
| | | **€/m² (Nutzfläche)** | **€/ (m³/h)** | **€/ Bezugseinheit** |
| 1. | Wohn- u. Geschäftshäuser | | | |
| | bis 90 % Läden und Büros<br>Rest Wohnungen<br>einfach bis mittel<br>gehoben | 60 bis 80<br>95 bis 100 | | |
| | bis 65 % Läden und Büros<br>Rest Wohnungen<br>einfach bis mittel<br>gehoben | 25 bis 30<br>35 bis 40 | | |

**Tab. 2.6-6** Kostenkennzahlen für TGA (Nettowerte) für die Kostenschätzung bezogen auf die Nettogeschossfläche (Nutzfläche), Volumenstrom oder Bezugseinheiten von ausgewählten Gebäuden (Forts.)

| Anlagen-/Objektbezeichnung | | Kostenkennzahlen | | |
|---|---|---|---|---|
| | | €/m² (Nutzfläche) | €/ (m³/h) | €/ Bezugseinheit |
| | bis 35 % Läden und Büros<br>Rest Wohnungen<br>einfach bis mittel<br>gehoben | <br>3,5 bis 4<br>4,5 bis 5 | | |
| 2. | Bankgebäude/Sparkassen | | | |
| | kleine Nebenstellen(EG; EG+OG) | 50 bis 78 | | |
| | große Filialen | 118 bis 140 | | |
| 3. | Parkhäuser (Einheit = Stellplatz) | | | |
| | 200 – 500 Stellplätze | | | 35 bis 43 |
| 4. | Lagergebäude (beheizt) | 7,5 bis 60 | | |
| 5. | Bürogebäude (Einheit = Arbeitsplatz) | | | |
| | einfach bis mittel | | | 52 bis 110 |
| | gehoben | | | 142 bis 165 |
| 6. | RLT-Anlagen | | | |
| | Lüftungsanlagen | | 3,0 bis 6,5 | |
| | Klimaanlagen | | 6,5 bis 17,5 | |
| 7. | Anlagenteile | | | |
| | Zu- und Abluftgeräte bis 5 Tm³/h | | 6,3 | |
| | Zu- und Abluftgeräte bis 10 Tm³/h | | 5,0 | |
| | Luftkanal (Einheit = lfd. m) | | | |
| | rechteckig | | | 73 |
| | rund | | | 36 |

**Tab. 2.6-7** Spezifische Kosten – raumlufttechnische Anlagen – als Funktion des Luftvolumenstroms bzw. Luftwechsels – Genauigkeit: ± 10 ... 15 %

| Luftvolumenstrom in m³/h | Kosten in €/(m³/h) | Kosten in €/$m^2_{Bodenfläche}$ als Funktion des Luftwechsels *n* in (1/h) | | | |
|---|---|---|---|---|---|
| | | 2 | 3 | 5 | 8 |
| **Abluftanlagen** | | | | | |
| bis 10.000 | 3 | | 36 | 60 | |
| bis 20.000 | 3,5 | | 31 | 52 | |
| über 20.000 | 6 | | 27 | 45 | |
| **Be- und Entlüftungsanlagen** | | | | | |
| bis 10.000 | 6 | 36 | 54 | 90 | 144 |
| bis 20.000 | 5,5 | 33 | 50 | 83 | 123 |
| über 20.000 | 5 | 30 | 45 | 75 | 120 |
| **Klimaanlagen (Niederdruckanlagen, Konstantvolumenstrom)** | | | | | |
| bis 10.000 | 11 | 66 | 99 | 165 | 264 |
| bis 20.000 | 10 | 60 | 90 | 150 | 240 |
| über 20.000 | 9 | 54 | 81 | 135 | 216 |

**Tab. 2.6-7** Spezifische Kosten – raumlufttechnische Anlagen – als Funktion des Luftvolumenstroms bzw. Luftwechsels – Genauigkeit: ± 10 ... 15 % (Forts.)

| **Luftvolumenstrom in m³/h** | **Kosten in €/(m³/h)** | **Kosten in €/$m^2_{Bodenfläche}$ als Funktion des Luftwechsels *n* in (1/h)** | | | |
|---|---|---|---|---|---|
| | | 2 | 3 | 5 | 8 |
| **Hochdruckanlagen (Konstantvolumenstrom)** | | | | | |
| bis 10.000 | 12 | 72 | 108 | 180 | 288 |
| bis 20.000 | 11 | 66 | 99 | 165 | 164 |
| über 20.000 | 9 | 54 | 81 | 135 | 216 |
| **Hochdruckanlagen (VVS-Einkanalanlage)** | | | | | |
| bis 10.000 | 17 | 105 | 158 | 262 | 420 |
| bis 20.000 | 16 | 96 | 144 | 240 | 384 |
| über 20.000 | 15 | 90 | 135 | 225 | 360 |

**Tab. 2.6-8** Spezifische Kosten – raumlufttechnische Anlagen – als Funktion des Luftvolumenstroms und anderer Bezugsgrößen – Genauigkeit: ± 10 ... 15 %

| **WC-Abluftanlagen** | | |
|---|---|---|
| Luftvolumenstrom in m³/h | €/(m³/h) | €/Ablufterfasser |
| bis 1.000 | 5 | 250 |
| bis 3.000 | 4 | 200 |
| über 3.000 | 3,5 | 125 |
| **Garagenabluft (12 m³/h je m² Garagenfläche)** | | |
| Garagenfläche in m² | €/(m³/h) | €/m² |
| bis 1.000 | 2 | 24 |
| **Garagenbe- und -entlüftung (12 m³/h je m² Garagenfläche)** | | |
| Garagenfläche in m² | €/ (m³/h) | €/m² |
| bis 1.000 | 3 | 36 |

## 2.7 Planerische Hinweise für RLT-Anlagen

In DIN EN 16798-3 und in den informativen Anhängen TR 16798-4 werden wesentliche Aussagen zur Planung von RLT-Anlagen ausgeführt, wie z. B.

- Berechnung und Anwendung der spezifischen Ventilatorleistung $P_{SFP}$
- Hinweise zur Auslegung und Nutzung von RLT-Anlagen mit niedrigem Energieverbrauch
- Hinweis zu Lebensdauer und Instandhaltungskosten
- Richtlinien für fachgerechte Planung

Teilweise wurde auf diese Hinweise in den vorangegangenen Abschnitten Bezug genommen.

Bei Anwendung der genannten Regelungen bzw. Grundsätze in anderen Bereichen, wie z. B. „Freie" Lüftung (Kapitel 2.2), Hybride Lüftung (Kapitel 2.2.8), Kontrollierte Lüftung (Kap. 5), Fassadenorientierte Lüftung (Kapitel 2.2.8) sollten deren spezifische Erfordernisse in entsprechendem Maß berücksichtigt werden.

## 2.7.1 Spezifische Ventilatorleistung $P_{SFP}$

Die spezifische Ventilatorleistung $P_{SFP}$ (spezific fan power) für die gesamte RLT-Anlage ist ein Maß für die Energieeffizienz der RLT-Anlage. Sie sollte möglichst gering gehalten werden, um den Verbrauch an elektrischer Antriebsenergie für die Luftförderung und somit die dominierenden Betriebskosten einer RLT-Anlage minimieren zu können.

Orientierende und zum Teil verbindliche Vorgaben sind sowohl in der DIN EN 16798-3 als auch in den Referenzangaben im Anhang der EnEV 2009 in Verbindung mit der DIN V 18599 enthalten. Die Gewährleistung bzw. Überprüfung des $P_{SFP}$-Werts ist auch Bestandteil der Inspektion von Klimaanlagen bzw. Lüftungsanlagen nach der EnEV 2009 bzw. EPBD 2010.

$$P_{SFP} = \frac{P}{q_v} = \frac{\Delta p_{tot}}{\eta_{tot}} = \frac{\Delta p_{stat}}{\eta_{stat}}$$

Dabei sind:

| | |
|---|---|
| $P_{SFP}$ | spezifische Ventilatorleistung in Ws/ m$^3$ |
| $P$ | elektrische Leistungsaufnahme des Ventilators in W |
| $q_v$ | Auslegungsluftvolumenstrom durch den Ventilator in m$^3$/s |
| $\Delta p_{tot}$ | Gesamtdruckdifferenz über dem Ventilator in Pa |
| $\eta_{tot}$ | Gesamtwirkungsgrad des Ventilators |
| $\Delta p_{stat}$ | statische Druckdifferenz über dem Ventilator in Pa |
| $\eta_{stat}$ | Wirkungsgrad des Ventilators bei statischem Druck |
| | Voraussetzung: u. a. Luftdichte $\rho$ = 1,2 kg/m$^3$ |

In Anlehnung an die Klassifizierung nach DIN EN 16798-2 (s. Tabelle 2.7-1) werden für RLT-Anlagen in VDI 3803 Blatt 1 die Richtwerte nach Tabelle 2.7-2 ausgewiesen.

Zur Reduzierung der externen Druckverluste im Kanalnetz werden nach VDI 3803 Blatt 1 folgende maximale Luftgeschwindigkeiten empfohlen.

- Komfortbereich: 5 m/s
- Industriebereich: 8 m/s (Ausnahme: Abluftanlagen, bei denen Prozess- oder Sicherheitsaspekte entgegenstehen)

Es ist eine generelle Tendenz zu verzeichnen, dass die Luftgeschwindigkeiten sowohl im Kanalnetz als auch in Luftaufbereitungsgeräten zu Werten < 2 m/s tendieren sollen, um den Energieverbrauch für die Luftförderung zu senken. Dies ist sowohl konform mit Forderungen der EnEV 2014 als auch z. B. der Europäischen Ökodesign-Richtlinie für Wohnungslüftungsgeräte ERP 2009. Bezüglich der Druckverluste in Luftkanälen sind die Angaben nach VDI 2087 anzustreben.

Für die Luftgeschwindigkeiten in den RLT-Geräten werden in Anlehnung an DIN EN 13053 Luftgeschwindigkeiten bis maximal 3 m/s empfohlen (s. Tabelle 2.7-3).

**Tab. 2.7-1** Klassifizierung der spezifischen Ventilatorleistung nach DIN EN 16798-3

| **Kategorie** | $P_{SFP}$ **in Ws/m³** |
|---|---|
| SFP 1 | < 500 |
| SFP 2 | 500 – 750 |
| SFP 3 | 750 – 1 250 |
| SFP 4 | 1 250 – 2 000 |
| SFP 5 | 2 000 – 3 000 |
| SFP 6 | 3 000 – 4 500 |
| SFP 7 | > 4 500 |

**Tab. 2.7-2** Richtwerte elektrischer Leistungsaufnahmen für RLT-Anlagen nach VDI 3803 Blatt 1

| **Luftvolumenstrom** $q_V$ | | **Anlagen ohne thermodynamische Luftbehandlung** | **Anlagen mit Lufterwärmung** | **Anlagen mit weiteren Luftbehandlungsfunktionen** |
|---|---|---|---|---|
| **m³/h** | **m³/s** | | | |
| 2.000 bis 10.000 | 0,56 bis 2,78 | SFP 5 | SFP 6 | SFP 6 |
| 10.000 bis 25.000 | 2,78 bis 6,94 | SFP 5 | SFP 5 | SFP 6 |
| 25.000 bis 50.000 | 6,94 bis 13,89 | SFP 4 | SFP 5 | SFP 5 |
| > 50.000 | > 13,89 | SFP 3 | SFP 4 | SFP 4 |

**Tab. 2.7-3** Luftgeschwindigkeiten in Anlehnung an DIN EN 13053

| **Gerät** | **Empfehlung** | **Mindestanforderung** |
|---|---|---|
| ohne thermodynamische Luftaufbereitung | max. 3 m/s (Klasse V4) | Keine Anforderungen (Klasse V5) |
| mit Lufterwärmung | max. 2,5 m/s (Klasse V3) | max. 3 m/s (Klasse V4) |
| mit weiteren Luftbehandlungsfunktionen | max. 2 m/s (Klasse V2) | max. 2,5 m/s (Klasse V3) |

Ergänzend zu Tabelle 2.7-3 weist Tabelle 2.7-4 auf die Zuordnung der $P_{SFP}$-Werte zur RLT-Anlage, der Luftaufbereitung und Zu- und Abluftventilator hin.

**Tab. 2.7-4** SFP-Kategorien und Standardwerte nach [40]

| Kategorie | $P_{SFP}$ | Üblicher Bereich (farbig markiert) / Standardwert (x) | | | |
|---|---|---|---|---|---|
| | Ws/m³ | Zuluftventilator | | Abluftventilator | |
| | | Klimaanlage | Lüftungsanlage ohne WRG | Klimaanlage oder Lüftungsanlage mit WRG | Lüftungsanlage ohne WRG |
| SFP 1 | < 500 | | | | |
| SFP 2 | 500 – 750 | | | | x |
| SFP 3 | 750 – 1.250 | | x | x | |
| SFP 4 | 1.250 – 2.000 | x | | | |
| SFP 5 | 2.000 – 3.000 | | | | |
| SFP 6 | 3.000 – 4.500 | | | | |
| SFP 7 | > 4.500 | | | | |

Der Leistungsbedarf des Ventilators (Wirkleistung) ergibt sich zu:

$$P_{mains} = \frac{q_v \cdot \Delta p_{tot}}{\eta_{tot}} = \frac{q_v \cdot \Delta p_{stat}}{\eta_{stat}}$$

mit:

$P_{mains}$ Wirkleistung bezogen aus dem Stromnetz in kW

Spezifische Ventilatorleistung (SFP) des gesamten Gebäudes:

$$P_{SFP} = \frac{P_{mains,SUP} + P_{mains,,ETR}}{q_{v,\max}}$$

Dabei sind:

$P_{SFP}$ die spezifisch geforderte Ventilatorleistung in kWs/m³

$P_{mains,SUP}$ die Gesamtventilatorleistung der Zuluftventilatoren beim Auslegungsvolumenstrom in kW

$P_{mains,ETR}$ die Gesamtventilatorleistung der Abluftventilatoren beim Auslegungsvolumenstrom in kW

$q_{v,\max}$ Auslegungsluftvolumenstrom durch das Gebäude in m³/s

Dass die hohen Kategorien immer schwierig im Bestand zu erreichen sind, zeigt das folgende Beispiel [40]. Würde man im Sanierungsfall in einem Bürogebäude die noch nach der früher gültigen DIN 1946-2 geplante Lüftungsanlage austauschen und den alten Luftkanalquerschnitt ohne Anpassung weiter nutzen, ergeben sich für den Zuluftventilator die in Tabelle 2.7-5 ermittelten SFP-Werte. Dabei liegt die Annahme zugrunde, dass der Gesamtdruckverlust gleichmäßig auf das Luftkanalnetz und das Lüftungsgerät verteilt ist.

Um die SFP-Standardwerte einzuhalten, kann man ohne Anpassung des Kanalnetzes prinzipiell nur eine mittlere Raumluftqualität nach DIN EN 16798-1 erreichen (IDA 2) oder muss nach DIN EN 15251 das Bestandsgebäude, was in der Regel als nicht schadstoffarm einzustufen ist, mit hohem Sanierungsaufwand in ein sehr schadstoffarmes Gebäude überführen. Im Umkehrschluss bliebt festzustellen, dass es üblicherweise zweckmäßiger ist, das Kanalnetz anzupassen. Das bedeutet jedoch, dass der Technikflächenbedarf in jedem Fall steigt.

**Tab. 2.7-5** Vergleich von SFP-Kategorien nach DIN EN 13779 und DIN EN 15251 nach [40]

| **Lüftungsanlage mit WRG** | | **Volumenstrom $q_V$** | $P_{SFP}$ | **Kategorie** |
|---|---|---|---|---|
| | | **m³/(h, Person)** | **Ws/m³** | |
| DIN 1946-2 (1.000 Pa, $\eta$ = 0,6) | | 40 | 1670 | SFP 4 |
| DIN EN 13779 | IDA 1 | 72 | 3530 | SFP 6 |
| | IDA 2 | 45 | 1890 | SFP 4 |
| | IDA 3 | 29 | 1270 | SFP 3 |
| DIN EN 15251 (Kategorie II) | nicht schadstoffarmes Gebäude | 75 | 3760 | SFP 6 |
| | schadstoffarmes Gebäude | 50 | 2135 | SFP 5 |
| | sehr schadstoffarmes Gebäude | 36 | 1510 | SFP 4 |

**Tab. 2.7-6** SFP-Kategorien nach EnEV 2009

| **Anlagenart** | **Zuluftventilator** | | **Abluftventilator** | |
|---|---|---|---|---|
| | $P_{SFP}$ in Ws/m³ | **Kategorie** | $P_{SFP}$ in Ws/m³ | **Kategorie** |
| Abluftanlage | | | 1.250 | SFP 3 |
| Zu- und Abluftanlage ohne Nachheiz- und Kühlfunktion | 1.600 | SFP 4 | 1.250 | SFP 3 |
| Zu- und Abluftanlage mit geregelter Luftkonditonierung | 1.600 | SFP 4 | 1.250 | SFP 3 |

Während die EnEV 2009 noch eine Nichtüberschreitung der Kategorie SFP 4 fordert, orientiert die EnEV 2014 auf einen SFP-Wert von 3. Für das Referenzgebäude bei den energetischen Betrachtungen für Nichtwohngebäude gelten die Forderungen nach Anlage 2 in EnEV 2009 für die Raumlufttechnik (Tabelle 2.7-6).

***Zu beachten ist:*** Mit der Tendenz zu geringeren $P_{SFP}$-Werten ergibt sich zwangsläufig die Forderung nach:

- kleineren Luftgeschwindigkeiten und somit größere Kanalquerschnitte,
- kleineren Druckverlusten in den einzelnen Komponenten und somit größere Abmessungen,
- Verringerung des notwendigen Luftvolumenstroms auf den hygienisch bzw. behaglich notwendigen Außenluftvolumenstrom $q_{V,ODA}$.

Die ersten beiden Punkte sind jedoch verbunden mit höheren Investitionskosten und einem größeren Platzbedarf.

Weiterhin wird unterschieden in

$SFP_E$ Wert einzelner Luftbehandlungseinheiten bzw. Ventilatoren und

$SFP_V$ Wert zur Validierung.

Der Wert $SFP_V$ ist ein Richtwert, der sowohl bei der Planung festgelegt werden sollte als auch zur Inbetriebnahme und Überprüfung der RLT-Anlage verwendet werden kann. Validierungsbedingungen sind ein sauberer Filter und trockene Bauteile. DIN EN 16798-3 enthält Beispiele zur Ermittlung der $SFP_E$-Werte für Luftbehandlungseinheiten, Ventilatoren und für die gesamte RLT-Anlage.

Zur Überprüfung der $SFP_V$ weist DIN EN 16798-3 im Rahmen der Inspektion für Lüftungs- und Klimaanlagen nach DIN EN 15239 bzw. DIN EN 15240 die aus Tabelle 2.7-7 zu entnehmenden Werte aus:

**Tab. 2.7-7** Beispiele für SFP-Kategorien für die Inspektion DIN EN 16798-3

| Anwendung | SFP-Kategorie für jeden Ventilator | |
|---|---|---|
| | üblicher Bereich | Standardwert |
| **Zuluftventilator** | | |
| Klimaanlage | SFP 1 bis SFP 5 | SFP 4 |
| Lüftungsanlage ohne WRG | SFP 1 bis SFP 4 | SFP 3 |

**Tab. 2.7-7** Beispiele für SFP-Kategorien für die Inspektion DIN EN 16798-3 (Forts.)

| Anwendung | SFP-Kategorie für jeden Ventilator | |
|---|---|---|
| | **üblicher Bereich** | **Standardwert** |
| **Abluftanlage** | | |
| Klimaanlage oder Lüftungsanlage mit WRG | SFP 1 bis SFP 5 | SFP 3 |
| Lüftungsanlage ohne WRG | SFP 1 bis SFP 4 | SFP 2 |

**Tab. 2.7-8** Erweiterte $P_{SFP}$-Werte für zusätzliche Bauteile nach DIN EN 16798-3

| Bauteil | $P_{SFP}$ in Ws/m |
|---|---|
| Zusätzliche maschinelle Filterstufe [a] | + 300 |
| HEPA-Filter | + 1.000 |
| Gasfilter | + 300 |
| Wärmerückgewinnungsklasse H2 oder H1 [b] | + 300 |

[a] Als zusätzliche Filterstufe wird ein zweiter Filter eingesetzt (der erste Filter entspricht mindestens F7 für Zuluft oder M5 für Abluft).

[b] Klasse H2 oder H1 nach EN 13053 von 2012

DIN EN 16798-3 weist anlagenbezogene SFP-Werte aus (s. a. Abbildung 2.7-1).

$$P_{SFP,\text{int}} = \frac{\Delta p_{\text{int},tot}}{\eta_{tot}} + \frac{\Delta p_{add,tot}}{\eta_{tot}} + \frac{\Delta p_{ext,tot}}{\eta_{tot}} + \frac{\Delta p_{\text{int},stat}}{\eta_{stat}} + \frac{\Delta p_{add,stat}}{\eta_{stat}} + \frac{\Delta p_{ext,stat}}{\eta_{stat}}$$

$$P_{SFP,\text{int}} = P_{SFP;SUP,\text{int}} + P_{SFP;EXT,\text{int}}$$

Dabei sind:

$\Delta p_{\text{int},tot}$ der gesamte durch die Lüftungsbauteile (Ventilatorgehäuse, Wärmerückgewinnung und Filter) verursachte Druckverlust in Pa

$\Delta p_{add,tot}$ der gesamte durch die zusätzlichen Bauteile (z. B. Kühlung, Heizung, Befeuchter usw.) verursachte zusätzliche Druckverlust in Pa

$\Delta p_{ext,tot}$ der gesamte durch die Luftleitung und äußeren Bauteile verursachte externe Druckverlust in Pa

$\Delta p_{\text{int},stat}$ der gesamte durch die Lüftungsbauteile (Ventilatorgehäuse, Wärmerückgewinnung und Filter) verursachte innere Druckverlust in Pa

$\Delta p_{add,stat}$ der gesamte durch die zusätzlichen Bauteile (z. B. Kühlung, Heizung, Befeuchter usw.) verursachte statische zusätzliche Druckverlust in Pa

| | |
|---|---|
| $\Delta p_{ext,stat}$ | der gesamte durch die Luftleitung und äußeren Bauteile verursachte statische äußere Druckverlust in Pa |
| $\eta_{tot}$ | Wirkungsgrad basierend auf Gesamtdruck |
| $\eta_{stat}$ | Wirkungsgrad basierend auf statischem Druck |
| $P_{SFP,SUP}$ | der SFP-Wert auf der Zuluftseite |
| $P_{SFP,EXT}$ | der SFP-Wert auf der Abluftseite |
| $P_{SFP,\mathrm{int}}$ | der innere SFP-Wert der bidirektionalen Luftbehandlungseinheit |

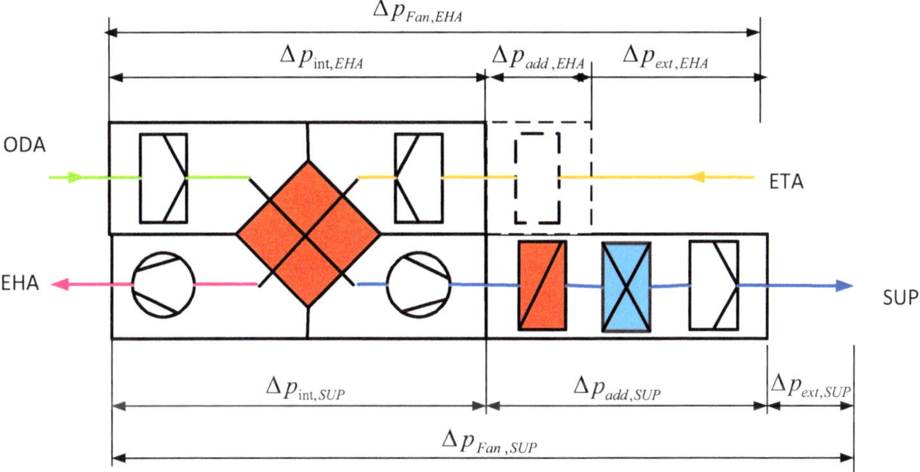


**Abb. 2.7-1** Anlagenbezogene SFP-Werte nach DIN EN 16798-3

Der Gesamt-Wirkungsgrad des Ventilators wird nach DIN EN 16798-3 entsprechend folgender Gleichung ermittelt:

$$\eta_{fan} = \eta_{impeller} \cdot \eta_{motor} \cdot \eta_{drive} \cdot \eta_{control}$$

Dabei sind:

| | |
|---|---|
| $\eta_{impeller}$ | der Wirkungsgrad des Flügelrads |
| $\eta_{motor}$ | der Wirkungsgrad des Motors |
| $\eta_{drive}$ | der Wirkungsgrad des Antriebs, z. B. Riementrieb |
| $\eta_{control}$ | der Wirkungsgrad der Drehzahlregelung, z. B. Frequenzumrichter |

## 2.7.2 Hinweise zur fachgerechten Planung

Die Hinweise beziehen sich auf

- die Verwendung von Filtern,
- die Wärmerückgewinnung (z. B. Druckbedingungen zur Vermeidung einer Verunreinigungsübertragung),
- die Führung der Abluft (s. Tabelle C.14) und Auslegungswerte für Abluftvolumenströme (s. Tabelle C.15),
- die Wiederverwendung der Abluft und Verwendung von Überströmluft (s. Tabelle C.16),
- die Luftdichtheit und Dichtheitsklassen (s. Abbildung 2.7-2)
- die Druckbedingungen innerhalb der Anlage und des Gebäudes,
- die bedarfsgeregelte Lüftung und
- einen niedrigen Energieverbrauch.

***Zu beachten ist:*** Die Dichtheitsklasse ist so zu wählen, dass weder die Infiltration in eine bei Unterdruck betriebene Installation noch die Exfiltration aus einer bei Überdruck betriebenen Installation einen festgelegten Anteil des Luftvolumenstroms für die gesamte Anlage unter Betriebsbedingungen übersteigt. (Dieser Anteil sollte üblicherweise geringer als 2 % sein, was einer Dichtheitsklasse B entspricht.)

Mit der europäischen Normung wurde die Klassifizierung genauer definiert (s.a Tabelle 2.7-9).

**Tab. 2.7-9** Klassifizierung von Abluft (ETA) und Fortluft (EHA) nach DIN EN 16798-3

| Kategorie | Beschreibung |
|---|---|
| ETA 1<br>EHA 1 | Abluft mit geringem Verunreinigungsgrad |
| | Luft aus Räumen, deren Hauptemissionsquellen Baustoffe und das Bauwerk sind; ebenso Luft aus Aufenthaltsräumen, deren Hauptemissionsquellen der menschliche Stoffwechsel, Baustoffe und das Bauwerk sind. Räume, in denen Rauchen gestattet ist, sind nicht eingeschlossen. |
| ETA 2<br>EHA 2 | Abluft mit mäßigem Verunreinigungsgrad |
| | Luft aus Aufenthaltsräumen, mit den gleichen Verunreinigungsquellen und oder durch menschliche Aktivitäten, die jedoch mehr Verunreinigungen als Kategorie 1 enthält |
| ETA 3<br>EHA 3 | Abluft mit hohem Verunreinigungsgrad |
| | Luft aus Räumen, in denen Emissionen durch Feuchte, Arbeitsverfahren, Chemikalien, Tabakrauch usw. die Luftqualität wesentlich beeinträchtigen |
| ETA 4<br>EHA 4 | Abluft mit sehr hohem Verunreinigungsgrad |
| | Luft, die Gerüche und Verunreinigungen enthält, deren Konzentrationen höher liegen, als für die Raumluft in Aufenthaltsbereichen erlaubt ist |

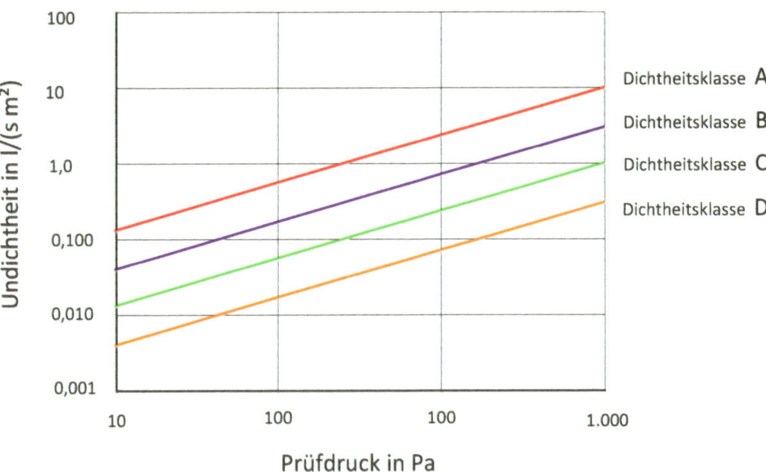


**Abb. 2.7-2** Dichtheitsklassen

## 2.7.3 Checklisten für die Auslegung und Nutzung von Anlagen mit niedrigem Energieverbrauch

Neben den Checklisten für die Planung der Gebäude und die Nutzer der Gebäude (letztere im Zusammenhang mit Inspektion der RLT-Anlagen DIN EN 15239 und DIN EN 15240 (s. a. Kapitel 2.9) sollten die folgenden Hinweise bei der Planung Berücksichtigung finden.

- Planung der Lüftungs- bzw. Klimaanlagen
  - klare und schriftlich festgelegte Definitionen der Planungsgrundlagen (z. B. Raumbuch);
  - bedarfsabhängige Außenluftzufuhr in Fällen wechselnder Nutzung;
  - korrekte Berechnung der Heiz- und Kühllast als Grundlage für die Dimensionierung der Anlage;
  - Anwendung realistischer innerer Kühllasten;
  - direktes Abführen von örtlichen Wärme-, Verunreinigungs- und Feuchtequellen;
  - gute Lüftungseffektivität im Raum durch entsprechende Raumströmung (s. a. Kapitel 2.5);
  - Nutzung der Möglichkeiten der Freien Kühlung;
  - Wärmerückgewinnung und Abwärmenutzung;
  - individueller Betrieb bei individueller Nutzung;
  - Nutzung alternativer Verfahren, wie z. B. adiabate Kühlung, Erdsonden, Lufterdregister (Luftbrunnen, Thermolabyrinth);

- Anwendung von Anlagen mit Wasser als Energieträger (z. B. Flächenkühlung und -heizung, Bauteilkühlung und -heizung (TABS) [43], dezentrale Kühl- und Heizelemente (Kühlsegel));
- Messkonzepte zur Überwachung des Energieverbrauchs;
- Konzepte zur Kontrolle, Reinigung und Wartung der Anlage

- Auslegung einzelner Komponenten
  - niedriger Energieverbrauch bei der Luftförderung (niedrige Geschwindigkeiten, kurze Wege, geringe Strömungswiderstände);
  - gute Wirkungsgrade von Ventilatoren, Antrieben und Motoren unter allen Bedingungen;
  - effektive Regelbarkeit bei Ventilatoren, Antrieben und Motoren (z. B. stufenlose Drehzahlregelung);
  - optimierte Wärmerückgewinnung;
  - geregelte Befeuchtung oder keine Befeuchtung;
  - geregelte Kühlung oder keine Kühlung;
  - Kaltwassertemperatur so hoch wie möglich;
  - Dämmung von Kältemittel- und Kaltwasserleitungen gegen Energieverluste und Kondensation;
  - Möglichkeiten der Kontrolle, Reinigung und Wartung des Luftleitungssystems und der Bauteile;
  - luftdichte Leitungen und Luftbehandlungseinheiten;
  - optimierte Energieversorgung.

## 2.8 Planungsablauf RLT-Anlage

In Ergänzung zu Abbildung 2.8-1 ist für den Planungsablauf folgende Abfolge denkbar (Tabelle 2.8-1). Dabei sollten die Zielvorgaben der VDI 6026 als auch die in [16] und [3] dokumentierten Aspekte zum Planungsablauf berücksichtigt werden.

Ein wichtiger Aspekt bei der Realisierung einer Anlagenlösung ist das sogenannte „Monitoring". Dies bedeutet, dass eine Anlage mindestens 2 bis 3 Jahre überwachend eingefahren bzw. optimiert werden sollte bzw. muss, um vor allem in Zeiträumen außerhalb der Auslegungskriterien (Winterfall und Sommerfall) zu gewährleisten, dass sowohl die vertraglich zu gewährleistenden Behaglichkeitsparameter bzw. technologischen lüftungstechnischen Randbedingungen als auch ein möglichst minimaler energetischer Aufwand nachgewiesen werden.

Im Gegensatz zum deutschen Planungsablauf, der in der HOAI dokumentiert ist und nach der Phase 9 (Abnahme) einer Anlage für den Planer endet, ist beim amerikanischen Planungsablauf (sogenanntes Commissioning, s. a. [3]) der o. g. Zeitraum eingeschlossen (s. a. Abbildung 2.8-1).

Unter dem Aspekt des nachhaltigen Bauens und der Bewertung einer technischen Anlage (s. a. [54]) wird auf die Notwendigkeit des Monitorings verwiesen. Auch die VDI 6012 weist nachdrücklich auf diese Notwendigkeit hin.

Die Ursachen für das Negieren des Montorings liegen eindeutig in der Kostenproblematik und der Verantwortlichkeit. Bis zur Planungsphase 9 ist die Vergütung der Planungsleistung eindeutig, oft jedoch materiell kaum zufriedenstellend, in der HOAI geregelt.

Eine Honorierung dieser „Phase 10“, die neben der Hauptverantwortlichkeit des Betreibers auch noch in der Mitverantwortung des Planers liegen sollte, ist nicht geregelt.

Dies zeigt deutlich die Abbildung 2.8-2.

| Prozessgegenüberstellung | |
|---|---|
| **Planungsprozess nach VDI 6028 und HOAI** | **Cx Prozess nach ASHRAE** |
| 0. Strategische Vorplanung | 1. Vorplanungsphase |
| 1. Grundlagenermittlung | |
| 2. Vorplanung (Projekt- und Planungsvorbereitung) | |
| 3. Entwurfsplanung (System- und Integrationsplanung) | |
| 4. Genehmigungsplanung | |
| 5. Ausführungsplanung | 2. Planungsphase |
| 6. Vorbereitung der Vergabe | |
| 7. Mitwirkung bei der Vergabe | |
| 8. Objektüberwachung (Bauüberwachung) | 3. Ausführungsphase |
| 9. Objektbetreuung und Dokumentation | 4. Betriebs- und Nutzungsphase |
| 10. keine langfristige Phase für Betrieb/Nutzung | |

**Abb. 2.8-1** Planungsprozessgegenüberstellung [3]

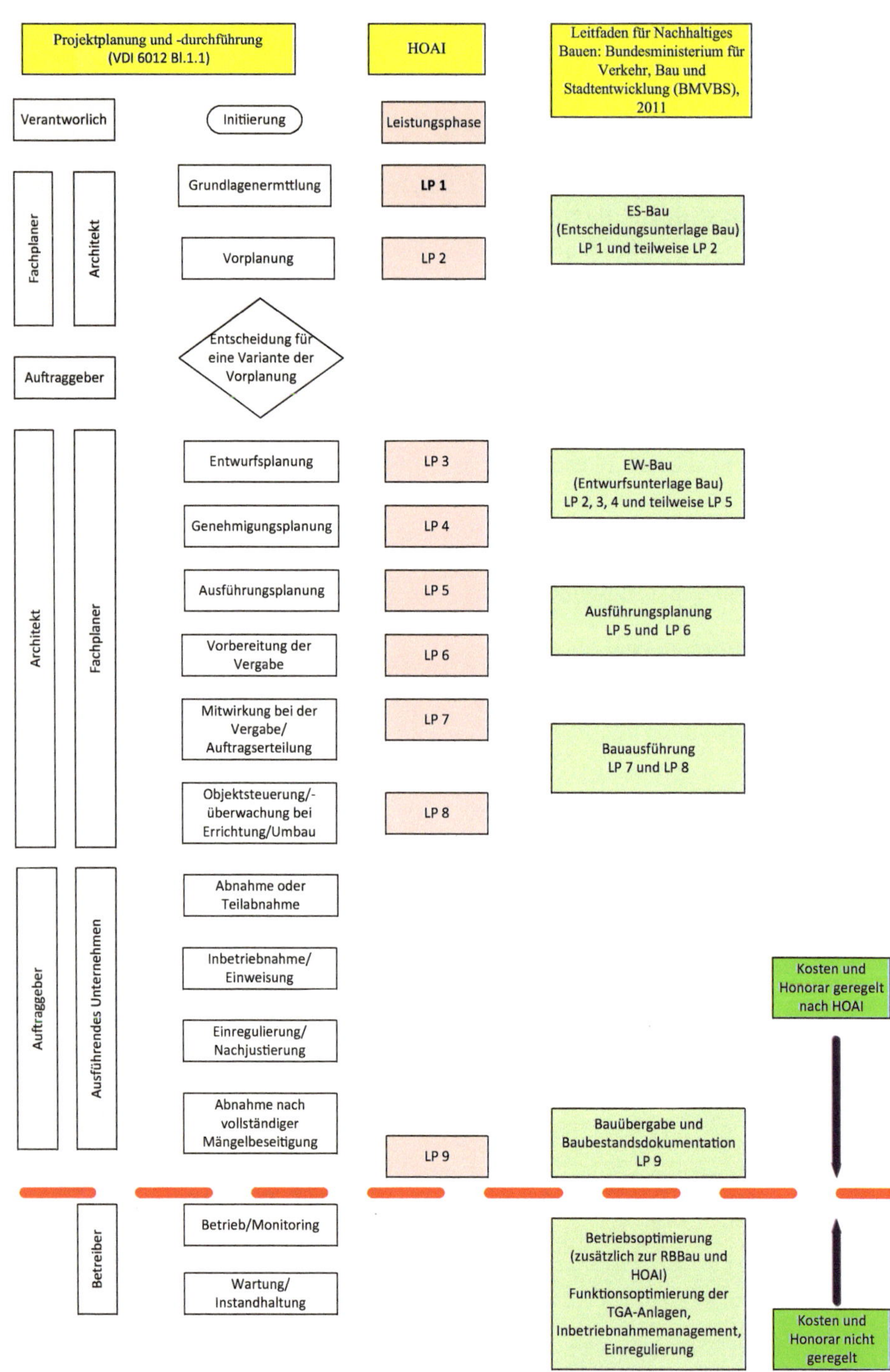


**Abb. 2.8-2** Planungsprozessgegenüberstellung und Verantwortlichkeiten (HOAI, VDI 6012, Nachhaltiges Bauen)

**Tab. 2.8-1** Planungsablauf

| Lfd. Nr. | Beschreibung des Planungsschritts – Planungsphase | Daten (beispielsweise) | Norm/Richtlinie |
|---|---|---|---|
| 1 | Analyse der Raumkonditionen als Funktion der Nutzung entsprechend Vorgabe des Nutzers oder Bauherrn (Raumbuch)<br><br>Grundlagenermittlung | Raumlufttemperatur $\theta_{RAL}$<br>operative Temperatur $\theta_O$<br>Rel. und absolute Raumluftfeuchte $\varphi_D$ und $x$<br>Luftgeschwindigkeiten<br>Schadstoffkonzentration (z. B. $CO_2$, Wasserdampf)<br>Beleuchtung (Tageslicht, Beleuchtungsstärke)<br>Akustik (Schalldruckpegel) | DIN EN 15251<br>bzw. 16798-1 |
| | | Aufenthaltsbereich | DIN EN 16978-3 |
| 2 | Ermittlung der thermischen und stofflichen Belastungen des Raums | Schadstoffbelastung (z. B. Verschmutzung, Feuchte) Beleuchtungsbelastung | DIN EN 15251<br>bzw. 16798-1 |
| | Grundlagenermittlung | Heizlast | DIN EN 12831-1 |
| | Vorentwurf/Entwurf<br><br>Vorentwurf/Entwurf | Kühllast | DIN EN 15255<br>VDI 2078 |
| 3 | Festlegung Lüftungsform | Natürliche Lüftung<br>Mechanische Lüftung<br>Kombination: natürliche – mechanische Lüftung | |
| 4 | Festlegung an die Anforderungen der RLT-Anlage (Lüftungs- bzw. Klimaanlage)<br><br>Vorentwurf/Entwurf | Thermodynamische Aufbereitung<br>Regelung; Fahrweise (KVS, VVS), Außenluft-/Umluftanteil<br>Filterung; Schalldämmung<br>Wärmerückgewinnung zentral, dezentral<br>Kombination mit anderen Systemen (s. a. Abbildung 2.1-2 bzw. Abbildung 2.1-3) | DIN V 18599<br><br>DIN EN 16978-3 |
| 5 | Festlegung der Luftvolumenströme $q_V$<br><br>Vorentwurf/Entwurf | Außenluftvolumenstrom $q_{V,ODA}$<br>Mindestaußenluftwechsel $n_{ODA,\min}$<br>Zuluftvolumenstrom $q_{V,SUP}$ | DIN EN 15251<br>bzw. 16798-1 |
| 6 | Festlegung der Raumströmung<br><br>Vorentwurf/Entwurf | Quelllüftung<br>Mischlüftung | DIN EN ISO 7730<br>DIN 1946-4 |
| 7 | Technische Auslegung<br><br>Entwurf/Ausführungsplanung | Technikzentralen (RLT, Heizung, Kälte, Rückkühler)<br>Schächte (Steiger)<br>Anordnung (Dach, Keller) | DIN EN 16978-3<br>VDI 2050<br>VDI 3803 (RLT)<br>VDI 6026 Bl. 1 |

**Tab. 2.8-1** Planungsablauf (Forts.)

| Lfd. Nr. | Beschreibung des Planungsschritts – Planungsphase | Daten (beispielsweise) | Norm/Richtlinie |
|---|---|---|---|
| 8 | Bewertung der energetischen Effizienz<br><br>Entwurf/Genehmigungsplanung | Anlagengestaltung, Festlegung von Zonen | DIN V 18599 |
| 9 | Abnahme der Anlage | | DIN EN 12599 und DIN EN 16211 |
| 10 | Betreiben der Anlage | Wartung | VDI 6022 |
| | | Energetische Inspektion | DIN EN 16798-17 |
| 11 | Monitoring der Anlage | | z. B.<br>VDI 6012 Bl. 1.1 |

## 2.9 Inspektion und Wartung

Die notwendige regelmäßige ***energetische*** Inspektion von Klimaanlagen wird schon seit 2002 mit der Europäischen Effizienzrichtlinie (EPBD) gefordert, spezifiziert in der Fassung 2010, umgesetzt in die EnEV 2009 und EnEV 2014 und in DIN EN 16798-17.

Abbildung 2.9-1 zeigt die Elemente für einen energieeffizienten Gebäudebetrieb nach EnEV.

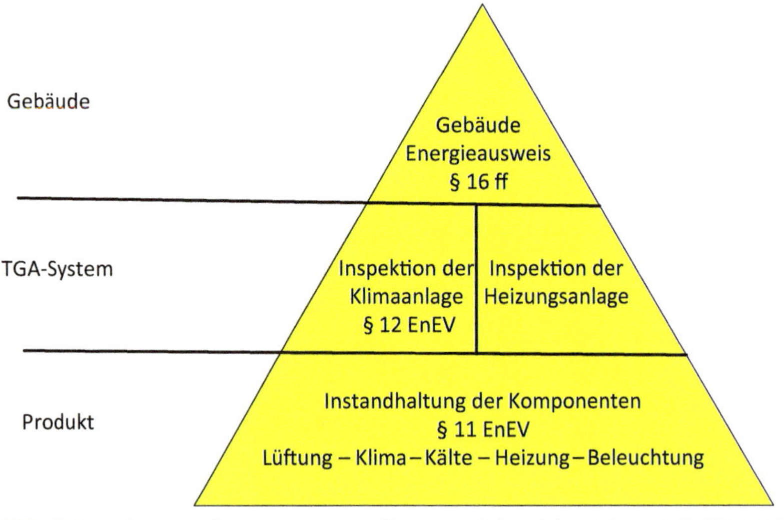


**Abb. 2.9-1** Elemente für einen energieeffizienten Gebäudebetrieb nach EnEV 2009

Die EPBD und die EnEV regulieren bzw. terminieren auch die Prüfungszeiträume (Tabelle 2.9-1), wobei der Beginn der Fristen mit 10/2007 festgelegt und durch die EnEV 2014 bzw. das EEG wurde.

Leider sind nach Erhebungen von [56] nur eine geringe Zahl von Betreibern der Inspektionspflicht nachgekommen (zum Stichtag 2011 nur ca. 2 %), obwohl nach detaillierten Untersuchungen von [56] schon durch geringinvestive Maßnahmen etwa 30 % Energieeinsparungen möglich sind.

**Tab. 2.9-1** Inspektionstermine nach EnEV bzw. EPBD

| Anlagenalter | Prüfungstermin |
|---|---|
| neue Anlagen | 10 Jahre nach Inbetriebnahme |
| zwischen 4 und 12 Jahren | Innerhalb von 6 Jahren |
| zwischen 12 und 20 Jahren | Innerhalb von 4 Jahren |
| älter als 20 Jahre | Innerhalb von 2 Jahren |

Die Inspektion ist in DIN EN 16798-17 geregelt (s. auch Kapitel 1.5). In DIN EN 15240 wird darauf hingewiesen, dass zwischen der Inspektion durch einen unabhängigen Prüfer, der die Anlage in Bezug auf den Energieverbrauch bewertet, und der Wartung, die zur Aufrechterhaltung einer optimalen Leistung der Anlage entsprechend der Forderungen des Betreibers durchzuführen ist, zu unterscheiden ist. Inspektion und Wartung sind Teilaufgaben der Instandhaltung DIN 31051, zu der auch die Instandsetzung und eine Verbesserung gehören (s. a. Abbildung 2.9-2).

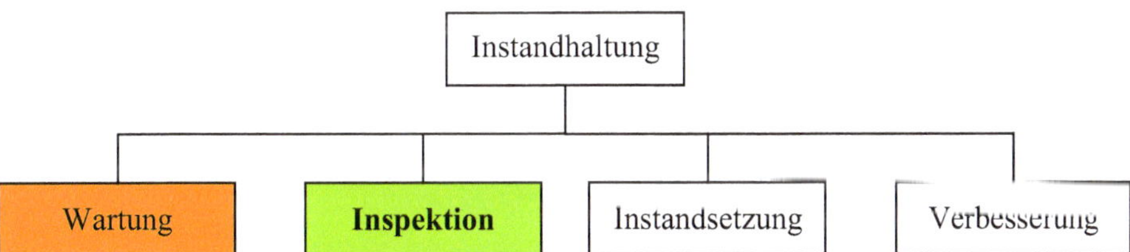


**Abb. 2.9-2** Unterteilung der Instandhaltung nach DIN 31051

Dies wird in der Praxis oft anders gesehen und die Wartung oft aus Kostengründen vernachlässigt.

Nach DIN 31051 ist definitionsgemäß:

1. ***Instandhaltung*** „die Kombination aller technischen und administrativen Maßnahmen sowie Maßnahmen des Managements während des Lebenszyklus einer Betrachtungseinheit zur Erhaltung des funktionsfähigen Zustands oder Rückführung in diesen, sodass sie die geforderte Funktion erfüllen kann“,
2. ***Wartung*** „Maßnahmen zur Verzögerung des vorhandenen Abnutzungsvorrates“ und

3. ***Inspektion*** „Maßnahmen zur Feststellung und Beurteilung des Istzustandes einer *Betrachtungseinheit* einschließlich der Bestimmung der Ursachen der Abnutzung und dem Ableiten der notwendigen Konsequenzen für eine künftige Nutzung".

Inspektions-, Prüfungs- und Wartungstätigkeiten an heizungs-, klima-, kälte- und sanitärtechnischen Anlagen sollten bzw. müssen nach den gültigen gesetzlichen Auflagen, Errichtervorgaben bzw. nach entsprechenden Richtlinien, die u. a. auch als anerkannte Regeln der Technik (aRdT) bezeichnet werden, erfolgen.

Diese Tätigkeiten sind grundsätzlich von fachkundigem bzw. fachkundigen unabhängigem Personal auszuführen.

Die Differenzierung zwischen Wartung und Inspektion verdeutlicht die Abbildung 2.9-3.

Im Bereich der technischen Gebäudeausrüstung ergeben sich in den jeweiligen Gewerken unterschiedliche Betrachtungsgruppen. Die Abbildungen 2.9-4 und 2.9-5. zeigen beispielhaft die zu betrachtenden Systeme und Komponenten auf der Grundlage von VDMA 24186 Teil 1 und 3.

Als Instrument ermöglicht die Inspektion „Schwachstellen" zu erkennen, um frühzeitig mit technisch möglichen und wirtschaftlich vertretbaren Mitteln diese zu vermeiden oder zu beseitigen. Diese Schwachstellen können sowohl technischer als auch energetischer Natur sein.

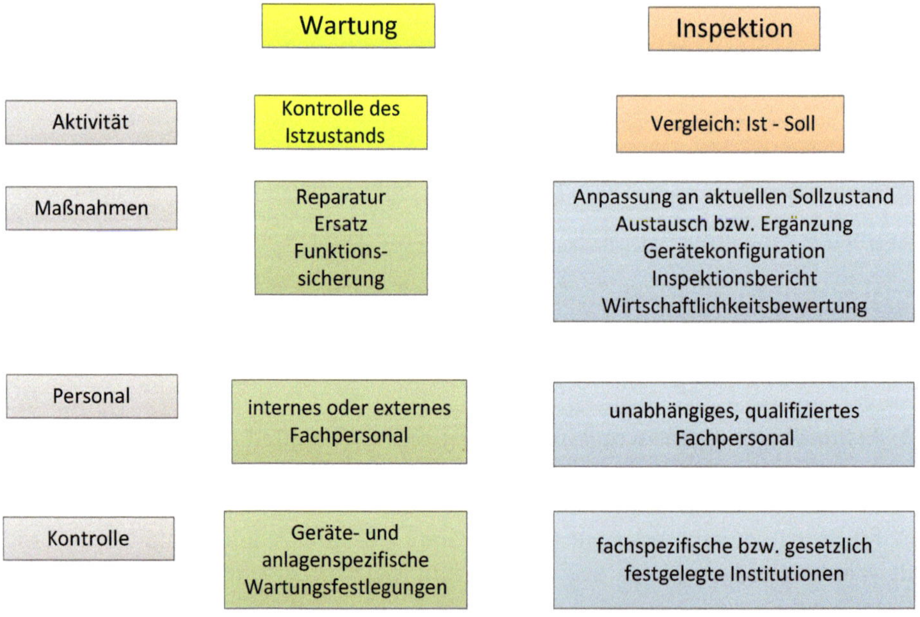


**Abb. 2.9-3** Gegenüberstellung des Inhalts von Wartung und Inspektion

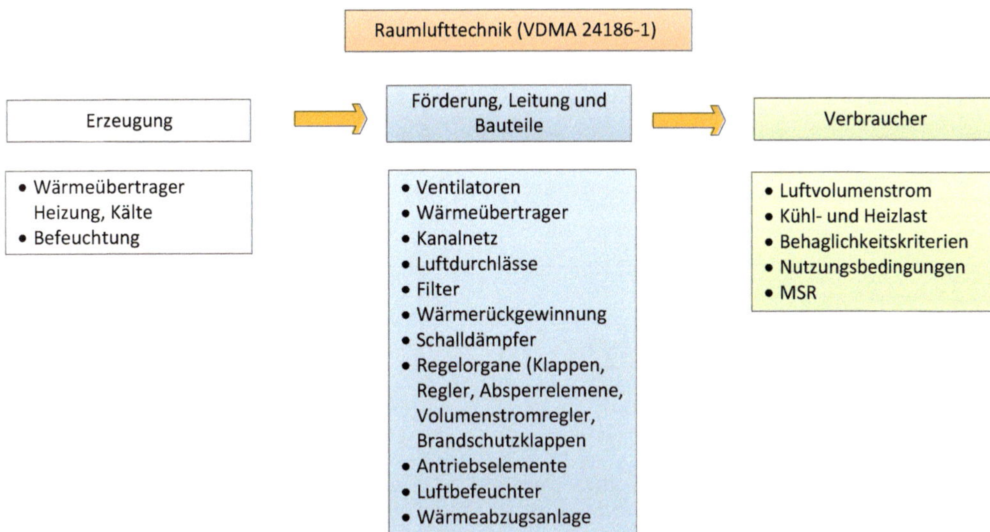


**Abb. 2.9-4** Komponenten von Wartung und Inspektion in der Raumlufttechnik nach VDMA 24186 Teil 1

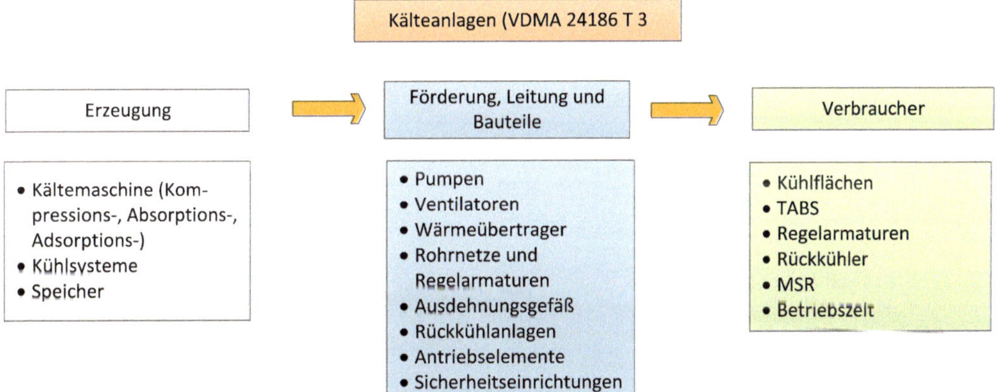


**Abb. 2.9-5** Komponenten von Wartung und Inspektion in der Kältetechnik nach VDMA 24186 Teil 3

Eine Inspektion beinhaltet vor allem:

- die Zustands- und Funktionsprüfung durch einen **Soll-Ist-Vergleich** von planungstechnischen und funktionalen Daten und Messwerten,
- die Beurteilung der Leistungsfähigkeit und Sicherheit,
- die Bewertung der Wirtschaftlichkeit von notwendigen Änderungen sowie
- Implementierung neuer technischer Entwicklungen.

Der „energetischen Inspektion" kommt dabei eine besondere Bedeutung, da durch diese maßgeblich der Energiebedarf und somit die Betriebskosten und vor allem die Belastung der Umwelt maßgeblich beeinflusst werden können.

Abbildung 2.9-6 stellt einen Vorschlag für die Findung dar, ob eine Inspektionspflicht erforderlich ist [134].

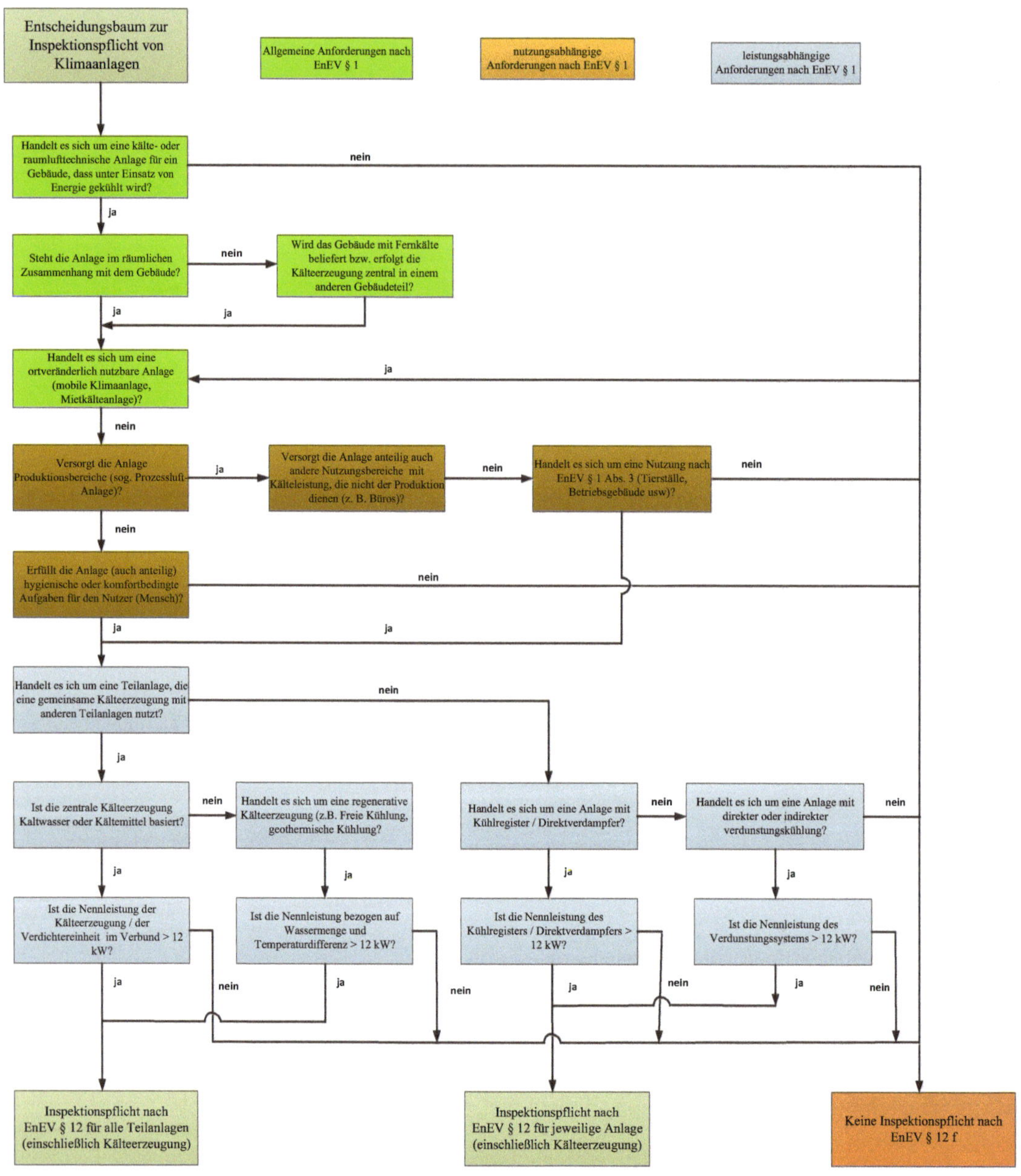


**Abb. 2.9-6** Entscheidungsbaum „Inspektionspflicht" [134]

Der umfangreiche informative Anhang in DIN EN 15239 gibt Beispiele für Inspektionshäufigkeit, Inspektionsumfang, Beispiele für Verbesserungsvorschläge und Hauptauswirkungen auf den Energieverbrauch sowie Formblätter für Beschreibung der Installation, der Berichterstattung und Hinweise zu vorzunehmenden Messungen des Luftvolumenstroms.

Für die Inspektion der Klimaanlagen (s. a. Kapitel 1.5) werden nach DIN EN 15240 sowohl neue Begriffe, Definitionen und Klassifikationen eingeführt.

Diese sind sowohl sehr umfangreich als auch kaum praktikabel, sodass die o. g. Aussage verständlich ist. Deshalb gibt es die nationale Richtlinie DIN SPEC 15240, die in [55] ausführlich im Kontext zur DIN V 18599 dokumentiert wird.

Die DIN SPEC 15240 legt die Mindestanforderungen an die energetische Inspektion fest und gilt für

- Klimaanlagen (über 12 kW thermischer Kälteleistung), dazu gehören:
  - Klimaanlagen mit Luftaufbereitung,
  - Split-, Multi-Split- und VRF-Anlagen,
  - Kühldecken,
  - Betonkernaktivierung,
  - Verdunstungskühlung,
  - Freie Kühlung über Kühlturm
- sowie Lüftungsanlagen in Nichtwohngebäude.

Die energetische Inspektion besteht in ihrer Anwendung in drei Teilen:

- Feststellung der Parameter für die Auslegung und die Betriebsweise,
- Feststellung der Effizienz der wesentlichen Komponenten und
- Beurteilung des Systems.

Gleichzeitig müssen für die aktuellen gebäude-, anlagen- und nutzungsspezifischen Randbedingungen für einen energetischen Betrieb festgestellt und dokumentiert werden.

Bei der energetischen Inspektion wird in drei Tätigkeiten (A, B: verpflichtend; C: optional) unterschieden:

- **Stufe A**: einfache Klimaanlagen (normaler Arbeitsumfang, für kleine Gebäude und nur einzelne klimatisierte Nutzungsbereiche ohne RLT-Geräte zur Außenluftaufbereitung (z. B. VRF-Klimaanlagen)),
- **Stufe B**: Klimaanlagen für klimatisierte Nutzungsbereiche oder Gebäude sowie mit umfangreicher Anlagentechnik mit mindestens 3 oder 4 thermodynamischen Funktionen (normaler Arbeitsumfang) und

- **Stufe C**: optionale Leistungen bei umfassenden Inspektionen, die bei besonderen Problemen oder Verdachtsmomenten berücksichtigt werden können.

Eine Übersicht nach [55] über den Umfang des Inspektionsumfangs ist dem Anhang B zu entnehmen. Die Aktivitäten sind detailliert in [55] nachvollziehbar dokumentiert.

Die DIN SPEC 15240 ist eine gute Ergänzung zur nationalen AMEV-Richtlinie Wartung (gilt nur für öffentliche Gebäude) und bezieht die praxisorientierten VDMA-Richtlinien 24197 Bl. 1 bis 3 mit ein.

Mit den Normen können somit auch die Forderungen den EnEV 2009 und EnEV 2014 umgesetzt werden, da zumindest die Inspektion eine wirkungsvolle Maßnahme sein kann, die energetische Effizienz zu kontrollieren und zu beeinflussen.

Wichtig für eine effektive energetische Inspektion sollten u. a. sein:

- eine ordnungsgemäße Planungs- und Ausführungsdokumentation entsprechend HOAI,
- eine nachvollziehbare Wartungsdokumentation (inkl. Wartungsvertrag),
- zugängige Messstellen in Analogie zur Abnahme der Anlagentechnik und
- Zugängigkeit zur Dokumentation der Gebäudeautomation.

Ergänzende und übersichtliche Informationen hinsichtlich der Inspektion von RLT-Anlagen und Kälteanlagen sind in den FGK-Statusreports [41], [42] dokumentiert. Weitere Aspekte zur Inspektion von TGA-Anlagen, insbesondere Lüftungs- und Klimaanlagen, sind [58] zu entnehmen.

In den Normen wird jedoch der Aspekt der Wartung nicht explizit betrachtet und definiert. Unzureichende Wartung führt im Allgemeinen zu erhöhten Druckverlusten bzw. zur Verschlechterung des SFP-Werts.

Die Problematik der Inspektion wird auch im Rahmen der Wirtschaftlichkeitsbetrachtungen neben der Wartung in der VDI 2067 berücksichtigt.

## 2.10 Museumklimatisierung

### 2.10.1 Allgemeines

Hauptaufgabe der Museumsklimatisierung ist, die natürliche Alterung der Ausstellungsobjekte zu verzögern und konservatorische Eingriffe infolge unzulässiger Aufbewahrungsbedingungen zu vermeiden. Hinzu kommen aber auch Anforderungen aus der Gebäudesubstanz (bauphysikalische Randbedingungen bei der Sanierung historischer Gebäude) und solche, die für das Wohlbefinden der Museumsbesucher und der Museumsmitarbeiter bei der Festlegung der einzuhaltenden Klimaparameter zu berücksichtigen sind.

Für Depots und Restaurierungswerkstätten sind die gleichen Überlegungen anzustellen.

Diese Anforderungen stehen nicht immer im Einklang miteinander. Erschwerend kommt noch hinzu, dass die im Museum ausgestellten Kunstobjekte oft nicht nur einer Materialgruppe zuzuordnen sind. Auch sind oft Exponate vorzufinden, die aus einem Verbund unterschiedlicher Werkstoffe bestehen. Jeder Werkstoff reagiert anders auf das Raumklima.

Letztendlich wird das festzulegende Raumklima immer ein Kompromiss aus den o. g. Anforderungen sein. Demzufolge kann es auch keine Standartwerte für die Raumklimaanforderungen für Museen geben.

Die einzuhaltenden Raumklimawerte sollten deshalb für jeden Einzelfall nur in enger Zusammenarbeit von Museumsfachleuten, Bauherrn, Architekten und dem Planer der Technischen Gebäudeausrüstung festgelegt werden. Verallgemeinerungen sind für bestimmte Einzelfälle sicherlich möglich (z. B. Gemäldegalerien), bedürfen aber ebenfalls einer gemeinschaftlichen Bewertung.

Weitere Aufgaben der „Museumsklimatisierung“ sind die Sicherstellung des hygienisch erforderlichen Luftwechsels und die notwendige Filterung der Zuluft. Bei der Filterung sind, bedingt durch die zunehmende Umweltverschmutzung, nicht nur Staub, Ruß, Sporen u. a. zu berücksichtigen, sondern es ist auch zu entscheiden, ob ein Schutz vor chemischen Luftschadstoffen vorzusehen ist.

## 2.10.2 Forderungen an das Raumklima

In zahlreichen Veröffentlichungen (z. B. [135], [136], [137]) findet man Empfehlungen zur Festlegung der zulässigen Raumklimawerten in Museen und Archiven. Aber auch im deutschsprachigen Normungswerken gibt es Hinweise. Hier wären zu erwähnen die DIN EN 15757, die VDI 3817 und im weitesten Sinne auch die AMEV RLT 2018.

Hierbei werden nicht nur mögliche Zielbereiche für die Temperatur und der relative Feuchte angegeben, sondern auch Betrachtungen von zulässigen Änderungsgeschwindigkeiten durchgeführt.

Konkrete Werte als Grundlage zur Beurteilung der Notwendigkeit des Einsatzes von raumlufttechnischen Anlagen bzw. zur Auslegung der von raumlufttechnischen Anlagen findet man jedoch nicht. Beispielhaft werden zwei Literaturangaben vergleichend in den Tabellen 2.10-1 und 2.10-2 gegenübergestellt. Richtwerte für einzuhaltende Feuchtigkeitswerte für einzelne Materialgruppen findet man auch in Tabelle 2.10-3.

**Tab. 2.10-1** Literaturangaben zur Lufttemperatur

| Quelle | Winter/Sommer | Schwankungen innerhalb einer Stunde | |
|---|---|---|---|
| FGK [135] | Ganzjährig im Bereich 4–28 °C | < 1 K | saisonales Gleiten der Temperatur während eines Jahres, erhöhte Temperaturen zwischen 24 °C und 28 °C max. 150 h pro Jahr |
| Hilbert [137] | 20–24 °C | ±2 K | Saisonales Gleiten |

**Tab. 2.10-2** Literaturangaben zur relativen Luftfeuchte

| Quelle | Winter/Sommer | Kurzzeitschwankungen | |
|---|---|---|---|
| FGK [135] | min./max. Werte während einer Woche:<br>Holz 55–60 %<br>Leinwand 50–55 %<br>Papier 45–50 %<br>Metall 5–40 %<br>Sommer/Winter:<br>+/-5 % vom Bezugswert | < 2,5 % | < 5 % während eines Tages, saisonales Gleiten gegenüber der Wochenwerte ±5 % |
| Hilbert [137] | 45–55 %<br>(50 %, wenn bauphysikalisch notwendig) | ±2 % | saisonales Gleiten |

**Tab. 2.10-3** Empfohlene Werte für die relative Feuchte nach Hilbert [137]

| Objektmaterialien | rel. Feuchte $\varphi$ *in* % |
|---|---|
| Pergament | 55 bis 60 |
| Elfenbein, Lackobjekte | 50 bis 60 |
| Holztafelgemälde, gefasste Skulpturen<br>Anatomische und botanische Sammlungen | 45 bis 60 |
| Holz, Leder, Faserstoffe, Federn, Sisal, Möbel, Glas | 40 bis 60 |
| Leinwandgemälde | 40 bis 55 |
| Papier | ≤ 40 bis 50 |
| Textilien, Kostüme, Teppiche | 30 bis 50 |
| Photographien, Filmmaterial | 30 bis 45 |
| Keramik, Stein (abhängig vom Salzgehalt) | 20 bis 60 |
| Münzen, Waffen, Rüstungen, Metalle, oxidiertes Material | 15 bis 40 |

Im Allgemeinen wird in der Literatur der Konstanz der relativen Feuchte eine höhere Priorität zugeordnet als der Raumtemperatur. Neuere Veröffentlichungen weisen auf die Möglichkeit der Vergrößerung des zulässigen Toleranzbandes bei der relativen Feuchtigkeit und auch der Raumtemperatur hin, was aber teilweise von Restauratoren kritisch gesehen wird.

Es ist u. a. auf das „Bizot Green Protokolls" (verfasst von Direktoren der weltweit führenden Museen) [138] zu verweisen, dass das Ziel determiniert, durch „Passive Methoden, einfache Technologie, die leicht zu warten ist, und energiesparende Lösungen" den energetischen Aufwand für den Betrieb der Museen zu verringern. Die Notwendigkeit von Klimaanlagen ist kritisch zu bewerten, auf die Möglichkeit der Erweiterung der zulässigen Klimawerte (rel. Luftfeuchte im Bereich von 40–60 %, Temperaturen im Bereich von 16–25°C mit zulässigen Schwankungen der Feuchte <10 % in 24 Stunden) wird hingewiesen.

Auch im 2019 ASHRAE Handbook HAVC Applications, Chapter 24, „Museen, Galerien, Archive und Bibliotheken" (ASHRAE – American Society of Heating, Refrigerating and Air-Conditioning Engineers) [136] werden diese Vorschläge aufgegriffen und es findet zu dieser Thematik eine intensive wissenschaftliche Auseinandersetzung statt. Im Ergebnis werden Lösungswege aufgezeigt, wie diese neuen Anforderungen realisiert werden können. Dabei ist weiter das vorrangige Ziel des Erhalts bzw. die Existenz von Kulturgütern zu verlängern. Im Vorfeld der Planungen sind zunächst Risikobetrachtungen im Hinblick auf die zu formulierenden Anforderungen durchzuführen. Bei der Entscheidungsfindung ist insbesondere die intensive Auseinandersetzung mit den restauratorischen Anforderungen durch die beteiligten Nutzervertreter als Grundlage für die Festlegung der notwendigen klimatechnischen Anforderungen Voraussetzung. Besondere Aufmerksamkeit ist bei der Festlegung der Grenzwerte und der möglichen Schwankungsbereiche erforderlich. Bei den Überlegungen sollte auch beachtet werden, wie die Aufbewahrungsbedingungen in der Vergangenheit waren und ob es dadurch nachweislich zu Schäden an den Kunstwerken gekommen ist. Durch weiterführende wissenschaftlichen Untersuchungen, Feldbeobachtungen etc. und ein größeres Bewusstsein für die Nachhaltigkeitserwägungen wurden klimatechnische Anforderungen hinsichtlich saisonaler Anpassungen und kurzfristige Schwankungen für viele Sammlungsumgebungen lt. ASHRAE neu definiert. Weiterhin sollten der Gebäudetyp (Neubau oder historisches Gebäude) und mögliche zukünftige Betriebs- und Wartungskosten berücksichtigt werden. Daraus wird ersichtlich, dass diese Entscheidungsfindung nur als multidisziplinäre Tätigkeit möglich sein kann. In Tabelle 2.10-4 werden am Beispiel für gemischte Dauersammlungen unterschiedliche Bewertungsmöglichkeiten aufgezeigt.

Letztendlich ist dieses von den Museen selbst zu bewerten, da sie am besten wissen, was zu ihren Sammlungen passt. Aber auch Architekten und Ingenieure haben ihren Beitrag zur Senkung der Betriebs- und Energiekosten zu leisten:

- bauphysikalisch optimierte Gebäudehülle
- reale Lastannahmen bei der Entscheidungsfindung für oder gegen eine Klimaanlage bzw. als Grundlage für die Bemessung der technischen Anlagen für Beleuchtung und Besucher
- Außenluftbedarf einschließlich Steuerung

**Tab. 2.10-4** Auszug 2019 ASHRAE Handbook HAVC, Tabelle 13A, Temperatur- und relative Luftfeuchtigkeitsspezifikationen für Sammlungen in Gebäuden oder Sonderräumen [136]

| Art der Sammlung und des Gebäudes | Art der Steuerung | Langfristige Grenzen | Jahresdurchchnitt | Saisonale Anpassungen an den Jahresdurchschnitt | Kurzfristige Schwankungen/ Raumgradient | Vorteile und Risiken |
|---|---|---|---|---|---|---|
| **Museen, Galerien, Archive und Bibliotheken in modernen, zweckgebundenen Gebäuden oder zweckgebundenen Räumen** | **AA**<br>Präzisionskontrolle, keine saisonalen Änderungen der relativen Luftfeuchtigkeit | ≥35 % rh<br>≤65 % rh<br>≥10 °C<br>≤25 °C | | keine Änderung der relativen Luftfeuchtigkeit<br>Temperatur: Erhöhung um 5 K; Verringerung um 5 K | ±5 % rh, ±2 K | Schimmelkeimung und -wachstum, schnelle Korrosion werden vermieden.<br>Keine Gefahr von mechanischen Schäden an den meisten Artefakten und Gemälden.<br>Der Zustand einiger Metalle, Gläser und Mineralien kann sich verschlechtern, wenn rh einen kritischen Wert überschreitet.<br>Chemisch instabile Objekte verschlechtern sich innerhalb von Jahrzehnten bei 20 °C deutlich, doppelt so schnelle Verschlechterung bei jeder weiteren Erhöhung um 5 K. |
| | **A1**<br>Präzisionskontrolle, saisonale Temperatur- und relative Luftfeuchtigkeitsänderungen | ≥35 % rh<br>≤65 % rh<br>≥10 °C<br>≤25 °C | Für permanente Sammlungen: historischer Jahresdurchschnitt der relativen Luftfeuchtigkeit und Temperatur.<br>In öffentlichen Ausstellungsbereichen können menschliche Komforttemperaturen gelten. | Erhöhung um 10 % rh.<br>Verringerung um 10 % rh.<br>Temperatur: Erhöhung um 5 K; Verringerung um 10 K | ±5 % rh, ±2 K | Schimmelkeimung und -wachstum, schnelle Korrosion werden vermieden.<br>Keine mechanische Gefahr für die meisten Artefakte, Gemälde, Fotografien und Bücher; geringes Risiko mechanischer Schäden an Artefakten mit hoher Anfälligkeit.<br>(Aktuelle Erkenntnisse für die Spezifikationen A1 und A2 zeigen das gleiche geringe Risiko mechanischer Schäden bei anfälligen Sammlungen. Die langsame saisonbereinigte Anpassung von 10 % rh verursacht schätzungsweise das gleiche mechanische Risiko wie schnelle Schwankungen von 5 % rh, da innerhalb von drei Monaten nach einem langsamen Übergang eine deutliche Spannungsentspannung auftritt.)<br>Chemisch instabile Objekte verschlechtern sich innerhalb von Jahrzehnten bei 20 °C deutlich, doppelt so schnelle Verschlechterung bei jeder weiteren Erhöhung um 5 K. |
| | **A2**<br>Präzisionskontrolle, nur saisonale Temperaturänderungen | ≥35 % rh<br>≤65 % rh<br>≥10 °C<br>≤25 °C | | Keine Änderung der relativen Luftfeuchtigkeit.<br>Temperatur: Erhöhung um 5 K; Verringerung um 10 K | ±10 % rh, ±2 K | |

**Tab. 2.10-4** Auszug 2019 ASHRAE Handbook HAVC, Tabelle 13A, Temperatur- und relative Luftfeuchtigkeitsspezifikationen für Sammlungen in Gebäuden oder Sonderräumen [136] (Forts.)

| Art der Sammlung und des Gebäudes | Art der Steuerung | Langfristige Grenzen | Jahresdurchschnitt | Saisonale Anpassungen an den Jahresdurchschnitt | Kurzfristige Schwankungen/ Raumgradient | Vorteile und Risiken |
|---|---|---|---|---|---|---|
| Temperatur bei oder in der Nähe von menschlichem Komfort | B<br>begrenzte Kontrolle, saisonale Veränderungen der relativen Luftfeuchtigkeit und große jahreszeitliche Temperaturänderungen | ≥30 % rh<br>≤70 % rh<br>≤30 °C | Für permanente Sammlungen: historischer Jahresdurchschnitt der relativen Luftfeuchtigkeit und Temperatur. | Erhöhung um 10 % rh.<br>Verringerung um 10 % rh.<br>Temperatur: Erhöhung um 10 K;<br>Abnahme bis 3 °C | ±10 % rh, ±5 K | Schimmelkeimung und -wachstum, schnelle Korrosion werden vermieden.<br>Keine Gefahr von mechanischen Schäden an vielen Artefakten und den meisten Büchern. Geringes Risiko für die meisten Gemälde, die meisten Fotografien, einige Artefakte, einige Bücher. Mäßiges Risiko für Artefakte mit großer Anfälligkeit.<br>Objekte aus flexiblen Farben und Kunststoffen, die bei Kälte spröde werden, wie z. B. Gemälde auf Leinwand, müssen bei kalten Temperaturen besonders vorsichtig behandelt werden.<br>Chemisch instabile Objekte verschlechtern sich innerhalb von Jahrzehnten bei 20 °C deutlich, doppelt so schnelle Verschlechterung bei jeder weiteren Erhöhung um 5 K. Die chemische Verschlechterung stoppt in kühlen Winterperioden. |
| Museen, Galerien, Archive und Bibliotheken, die ihre Gebäude (z. B. historische Hausmuseen), je nach Klimazone | C<br>Verhinderung von Extremen bei der relativen Feuchte relative und der Temperature | ≥25 % rh<br>≤75 % rh<br>≤40 °C | innerhalb von 25 % bis 75 % rh das ganze Jahr über.<br>Temperatur, in der Regel unter 25 °C | | nicht ständig über 65 % rh für länger als X Tage.<br>Temperatur selten über 30 °C | Schimmelkeimung und -wachstum, schnelle Korrosion werden vermieden.<br>Winziges Risiko mechanischer Beschädigung vieler Artefakte und der meisten Bücher; moderates Risiko für die meisten Gemälde, die meisten Fotografien, einige Artefakte, einige Bücher; hohes Risiko für Artefakte mit hoher Anfälligkeit<br>Noch mehr Sorgfalt ist erforderlich als in B beim Umgang mit Objekten, die mit flexiblen Farben und Kunststoffen hergestellt werden, die bei Kälte spröde werden, wie z. B. Gemälde auf Leinwand.<br>Chemisch instabile Objekte verschlechtern sich innerhalb von Jahrzehnten bei 20 °C deutlich, doppelt so schnelle Verschlechterung bei jeder weiteren Erhöhung um 5 K.Umgekehrt kann eine kühle Wintersaison ihr Leben verlängern. |

In Auswertung der zahlreichen Literaturquellen lässt sich feststellen, dass die Angaben zu den anzustrebenden relativen Luftfeuchten in den letzten 100 Jahren tendenziell gesunken, aber die anzustrebenden Raumtemperaturen gestiegen sind. Das Ansteigen der zulässigen Raumtemperatur ist auf darauf zurückzuführen, dass bei früheren Literaturangaben vermutlich der Sommerfall überhaupt nicht berücksichtigt wurde und mit zunehmender Technisierung in den Museen auch auf Komfortansprüche der Besucher und Mitarbeitern reagiert wurde.

Für die technische Auslegung von Klimaanlagen ist eine höhere zulässige sommerliche Raumtemperatur ein entscheidendes Mittel, um die Anlagengröße zu minimieren. Grenzen werden hier aber durch Sicherstellung eines Mindestvolumenstroms zur Erzielung der gleichmäßigen Temperatur- und Feuchteverteilung im Raum gesetzt. Da sprunghafte Temperatur- und Feuchtewechsel nicht gewollt sind, ist in Museen das saisonale Gleiten von Temperatur und Feuchte weit verbreitet.

Die praktische Umsetzung der Regelstrategie für die Klimaanlage für das saisonale Gleiten ist beispielhaft in der Tabelle 2.10-5 dargestellt.

**Tab. 2.10-5** Beispielhafter Verlauf beim saisonalen Gleiten des Raumklimas für ein historisches Gebäude

| Monat | Jan. | Feb. | März | Apr. | Mai | Jun. | Jul. | Aug. | Sep. | Okt. | Nov. | Dez. |
|---|---|---|---|---|---|---|---|---|---|---|---|---|
| Temperatur $\theta_{RAL}$ in °C | 20 | 20 | 21 | 22 | 23 | 24 | 24 | 24 | 23 | 22 | 21 | 20 |
| rel. Feuchte $\varphi$ *in* % | 45 | 46 | 48 | 50 | 52 | 54 | 55 | 54 | 5 | 50 | 48 | 46 |
| abs. Feuchte $x$ in g/kg | 6,9 | 7,1 | 7,7 | 8,8 | 9,5 | 10,0 | 10,8 | 9,5 | 9,2 | 8,8 | 7,7 | 7,1 |
| Wasserdampf-Partialdruck $p_D$ in mbar | 10.97 | 11,28 | 12.23 | 13,95 | 15,04 | 15,82 | 17,07 | 15,04 | 14,57 | 13,95 | 11,28 | 10.93 |

Die Notwendigkeit des Gleitens der relativen Feuchte resultiert in der Regel nur aus bauphysikalischen Anforderungen der Außenbauteile (Vermeidung von Schimmelbildung und Taupunktunterschreitungen) bei der Sanierung von historischen Gebäuden. Untersuchungen vom Lampert [139] haben ergeben, dass beim Jahresenergieaufwand zwischen den Varianten „konst. 50 %“ und dem Sollwertprogramm nach Hilbert (20–24°C, 45–55 %) [137] auch nur ein sehr geringes energetisches Einsparpotenzial besteht, sodass aus technischen Gesichtspunkten ein Gleiten der relativen Feuchte im Jahresgang nicht notwendig erscheint.

Bezüglich der zulässigen Schwankungsbreite bei der relativen Feuchte sind kurzzeitige Schwankungen von ±5 % im Dauerbetrieb real erreichbare Werte. Auch Temperaturänderungswerte von 1–2 K sind für den überwiegenden Nutzungszeitraum im Museum praktisch realisierbar. Unberücksichtigt bleiben dabei plötzliche Lastveränderungen durch Besuchergruppen, Ein- und Ausschalten der Beleuchtung u. a. Diese Lastspitzen sind aber im Museumsbetrieb nicht auszuschließen. Die Klimaanlage kann aufgrund ihrer Regelstrategie nicht ohne Zeitverzug ausgleichend regulieren und es kommt zu den nicht gewollten und nicht vermeidbaren Ausschlägen (Spitzen) bei den Raumklimawerten.

Unter diesem Gesichtspunkt sind die in den letzten Jahren geführten Diskussionen zur Aufweitung des Toleranzbands oder die Vereinbarung zulässiger Überschreitungszeiten der Raumklimawerte, insbesondere bei der Raumtemperatur, aus technischer Sicht und unter energetischen Gesichtspunkten zu begrüßen. Auch der zum Beispiel von den Staatlichen Kunstsammlungen in Dresden beschrittene Weg, die vereinbarten Raumluftkonditionen nur bis zu einer bestimmten Außentemperatur zu gewährleisten, folgt dem Ziel, die raumlufttechnischen Anlagen nur auf die absolut erforderliche Größe zu dimensionieren. Über Simulationsrechnungen können im Rahmen von Risikoabwägungen auf dieser Grundlage konservatorische, architektonische und energetisch sinnvolle Lösungen gefunden werden.

Entscheidende Größen sind die Raumtemperatur und die Raumluftfeuchte (s. a. Abbildung 2.10-1). Bei der Bewertung der Raumluftfeuchte ist zu unterscheiden: die „relative Feuchte in %“, die „absolute Feuchte in $g_{H2O\text{-}Dampf}/kg_{trockene\ Luft}$, der „Partialdruck des Wasserdampfs in Pa“. Bei einer Temperaturänderung in einem festen Körper kommt es zu einer Längenänderung bzw. Flächen- oder auch Raumausdehnung. Der lineare Ausdehnungskoeffizient ist eine Funktion des Materials.

Entscheidend für den Energietransport bzw. Feuchtetransport ist der Potenzialunterschied. Besonderes bei der Feuchte ist es die Differenz zwischen dem Wasserdampfpartialdruck der Raumluft und dem im Material

Konservatorisches Ziel bei der Bewahrung von Sammlungsgut ist die Minimierung von Stofftransporten in und aus dem Objekt. Dies ist bezüglich Wasserdampf bei organischen und hygroskopischen Objekten, insbesondere Holz, Textilien und Papier, nur unter strenger Beachtung der Luftfeuchtigkeit in der Umgebungsluft zu gewährleisten, um ein Austrocknen oder Quellen der Objekte zu vermeiden sowie mikrobiologische Prozesse zu reduzieren. Dabei muss es das Ziel sein, den Stofftransport des Wasserdampfs sowohl aus der Luft in das Objekt als auch aus dem Objekt in die Luft zu minimieren, wenn sich zuvor ein gewünschtes Verhältnis eingestellt hat. Voraussetzung dafür ist die Ausgeglichenheit des Wasserdampf-Partialdrucks an der Grenzschicht Fester Körper (Objekt) und Gas (Luft). Der Wasserdampfpartialdruck der feuchten Luft ist gekoppelt mit dem Wert des Wassergehalts in der Luft, der absoluten Luftfeuchtigkeit x. Laut h,x-Diagramm nach Mollier (s. Abb. 2.10-1) verändert sich bei Schwankungen/Änderungen der Temperatur und gleichem Wassergehalt der Luft (konstante absolute Feuchte) auch die relative Luftfeuchtigkeit $\phi$ und umgekehrt. Das heißt für die Museumsanwendung, dass die bisher sehr enge Regelung der relativen Luftfeuchtigkeit durch Be- und Entfeuchtung bei eventuellen Temperaturänderungen dazu führt, dass sich der absolute Feuchtegehalt der Luft verändert und damit infolge des Wasserdampfpartialdruckgefälles ein Stofftransport zwischen Luft und Objekt angestoßen wird. Eventuelle kurzfristige Schwankungen der Raumtemperatur im Tagesgang (zum Beispiel durch äußere Lasten wie Sonneneinstrahlung oder innere Lasten wie große

Besucherzahlen oder Wärmeeintrag durch Beleuchtung) sollten also nicht mit ausschließlichem Blick auf die relative Luftfeuchtigkeit mit der Veränderung des Wassergehalts in der Luft (Be- oder Entfeuchtung) kompensiert werden, sondern es muss betrachtet werden, ob und wie das Wasserdampfpartialdruckgefälle klein gehalten werden kann. Nur unter Minimierung des Wasserdampfpartialdruckgefälles zwischen Luft und Objekt kann der Stofftransport bei organischen und hygroskopischen Materialien auf ein Minimum beschränkt werden.

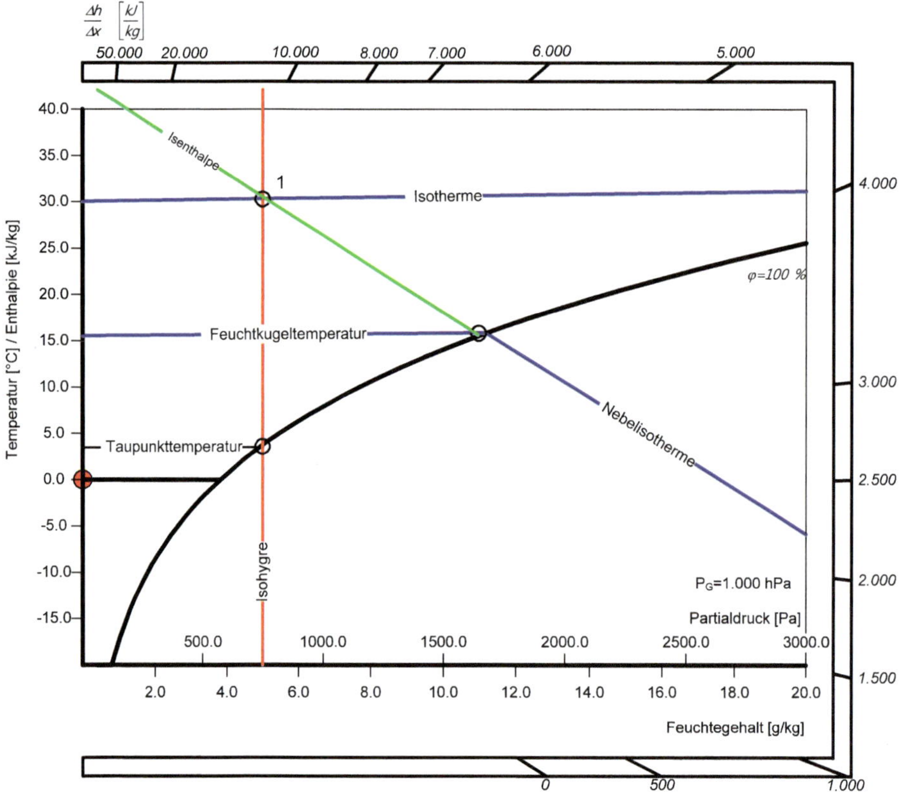


**Abb. 2.10-1** h,x-Diagramm mit wichtigen Bezeichnungen

Unabhängig von der Betrachtung der Frage des Transports von Wasserdampf bei organischen und hygroskopischen Objekten zwischen Luft und Objekt ist die Wirkung der absoluten Feuchtigkeit sowohl bei organischen als auch anorganischen Objekten bezüglich Oxydationsprozessen am Objekt zu beachten. Die Materiallisten in Tabelle 2.10-5 geben dazu Erfahrungswerte wieder.

Entscheidend für den Ausgleich der Potenzialunterschiede ist das Zeitinterwall. Dies wird als Änderungsgeschwindigkeit bezeichnet. Es sollte daher angestrebt werden, diese möglichst gering zu halten. Grundsätzlich ist an den Oberflächen der Objekte und/oder der Raumumschließungskonstruktion eine Unterschreitung des Taupunkts zu vermeiden.

## 2.10.3 Heiz-und Kühllasten

Die exakte Bestimmung der Heiz- und Kühllasten ist im musealen Umfeld die Grundlage einer jeden Anlagendimensionierung. Die Kühllast $\Phi_{KL}$ kann nach der VDI 2078 (s. Abbildung 2.10-2) berechnet werden, die Heizlast $\Phi_{HL}$ nach der DIN EN 12831 (s. Abbildung 2.10-3). Grundlage der jeweiligen Berechnung sind statistische Auswertungen des Deutschen Wetterdienstes zu den Außenluftzuständen z. B. in Form der Testreferenzjahre. Extreme Wetterzustände in Form von Hitze- und Kälteperioden werden dabei nicht berücksichtigt. Es hat sich aber als sinnvoll erwiesen, diese unter dem Gesichtspunkt des thermischen Beharrungsvermögens des jeweiligen Gebäudes ebenfalls zu betrachten, da die statistischen Wetterdaten diese Klimaverhältnisse und damit die im Gebäude vorhandenen Situation nicht abbilden.

Damit die Berechnung von Heiz- und Kühllasten belastbar möglich ist, ist eine genaue Analyse der baulichen, anlagentechnischen und nutzungsbedingten Randbedingungen erforderlich; einschließlich des zeitlichen Verhaltens der Lastkomponenten. Die Anteile der einzelnen Lastkomponenten an der Gesamtlast und der daraus resultierende Lastverlauf bestimmen maßgeblich die Systemwahl (Konvektion/Strahlung, schnell/träge, Quell-/Mischlüftung, usw.).

Lastkomponenten, wie Solarlast und die Transmission durch transparente und opake Bauteile, lassen sich sehr gut berechnen. Für die Lasten durch Personen, Beleuchtung und Technik gilt dies analog. Allerdings beeinflusst die Güte der Zeitpläne für diese Komponenten maßgeblich die Qualität der gesamten Lastberechnung. Schon bei Beginn der Planungen müssen hier gemeinsam mit dem zukünftigen Nutzer Festlegungen getroffen werden. Die Attraktivität der aktuellen bzw. von zukünftigen Ausstellung spielt dabei eine große Rolle (s. Tabelle 2.10-6).

**Tab. 2.10-6** Orientierungswerte für Besucherzahlen in Museen je Besucher/m² Ausstellungsfläche zur Bemessung der hygienischen Frischluftrate und Grundlage der Kühllastberechnung

| | |
|---|---|
| Dauerausstellungen | 1 Besucher pro 10 m² |
| Dauerausstellungsräume < 30 m² | 1 Besucher pro 3-5 m² |
| Ausstellungen mit großer Publikumsattraktivität/ Sonderausstellungsräume | 1 Besucher pro 3-5 m² |

Die Lasten durch Infiltration stellen regelmäßig eine große Herausforderung dar, da sie zeitlich und örtlich stark schwankend sind und neben der thermischen Komponente auch noch die Feuchtelast maßgeblich bestimmen. Die Berechnung der Infiltration mit normativen Ansätzen (DIN 4108, DIN 18599) liefert Mittelwerte, die für geschlossene Gebäude und Neubauten gelten. Historische Gebäude und der reale Museumsbetrieb werden damit in der Regel nicht bzw. nicht ausreichend abgebildet. Dafür sind Untersuchungen auf Basis von Knoten-Maschen-Modellen, die die Berechnung der Gebäudedurchströmung unter Nutzungsbedingungen ermöglichen, notwendig. Solche Modelle sind bereits in einigen Programmen zur thermischen Gebäudesimulation implementiert.

Grundsätzlich gilt es, wie bei jedem Gebäude, die Lasteinträge zu minimieren. Bauliche Lösungen sind anlagentechnischen Ansätzen vorzuziehen. Bei modernen Gebäuden kann diese Thematik infolge gesetzlicher Vorgaben (EnEV) grundsätzlich als gelöst betrachtet werden. Allerdings spiegeln die normativen Vorgaben nicht alle Anforderungen wider. So ist z. B. darauf zu achten, dass keine direkte Strahlungsbelastung der Ausstellungsstücke erfolgt. Zudem ist der lokale Einfluss der Infiltration durch geeignete Zugangsgestaltung (z. B. Drehtrommeltüren) und Wegeführung im Museum zu begrenzen.

In den Tabellen 2.10-7 und 2.10-8 sind die Lastkomponenten von Heiz- und Kühllast für verschiedene Objekte aufgeführt. Es zeigt sich, dass die Lasten gegenüber bisherigen Angaben aus dem Jahr 1983 deutlich gesunken sind. Hier zeigen die signifikanten Verbesserungen bei Isolierung, Verglasung, Sonnenschutz und Beleuchtung ihre Wirkung.

**Tab. 2.10-7** Heizlast und ihre Komponenten für verschiedene Gebäude

| Name | Zielwerte | | Heizlast | äußere Lasten | | | | innere Lasten | | | |
|---|---|---|---|---|---|---|---|---|---|---|---|
| | Temperatur | rel. Feuchte | gesamt | Solarlast | Transmission Bauteile | | Infiltration | Personen | Beleuchtung | Technik | Speicherung |
| | | | | | opaque | transparent | Ventilation | | | | |
| | °C | % | | W/m² | W/m² | W/m² | W/m² | W/m² | W/m² | W/m² | W/m² |
| Militärhistorisches Museum, Dresden | 20-24 ± 2 | 45-50 ± 5 | -26,5 | | -13,0 | -3,5 | -15,5 | | | | 5,5 |
| Museum für Fotografie - Kaisersaal | 20-24 ± 2 | 50 ± 5 | -29,3 | | -3,5 | -5,8 | -16,6 | | | | -3,3 |
| Pergamon-Museum, Berlin | 20-25 ± 1 | 45-50 ± 5 | -44,2 | | -9,7 | -6,7 | -19,2 | | | | -8,5 |
| Sempergalerie, Dresden | 19-26 ± 1 | 48-53 ± 3 | -52,7 | 2,3 | -37,2 | -5,3 | -30,7 | 6,4 | 13,2 | 2,3 | -3,9 |
| Historisches Grünes Gewölbe, Dresden | 20-24 ± 2 | 50 ± 5 | -39,5 | | -3,6 | -9,1 | -21,4 | | 1,8 | | -7,3 |
| Neubau Palais Barberini, Potsdam | 20-24,5 ± 1 | 50 ± 3 | -29,5 | 0,1 | -5,1 | -8,3 | -16,1 | | | | -0,1 |
| Grassi-Museum, Leipzig | 20-26 | 40-60 | -34,5 | | -22,4 | -5,1 | -6,4 | | | | -0,6 |
| August Horch Museum, Zwickau | 20 | | -39,9 | | -36,0 | | -3,9 | | | | |
| Wartburg, Eisenach | 15-28 ± 2 | 50 ± 5 | -66,8 | | -15,2 | -3,8 | -33,1 | | | | -14,7 |

**Tab. 2.10-8** Kühllast und ihre Komponenten für verschiedene Gebäude

| Name | Zielwerte | | Kühllast | äußere Lasten | | | | innere Lasten | | | |
|---|---|---|---|---|---|---|---|---|---|---|---|
| | Temperatur | rel. Feuchte | gesamt | Solarlast | Transmission Bauteile | | Infiltration | Personen | Beleuchtung | Technik | Speicherung |
| | | | | | opaque | transparent | | | (1) | | |
| | °C | % | | W/m² | W/m² | W/m² | W/m² | W/m² | W/m² | W/m² | W/m² |
| Militärhistorisches Museum, Dresden | 20-24 ± 2 | 45-50 ± 5 | 18,7 | 16,3 | 2,7 | -1,8 | -0,9 | 5,5 | 19,9 | 0,1 | -23,0 |
| Museum für Fotografie - Kaisersaal | 20-24 ± 2 | 50 ± 5 | 42,2 | 16,4 | -0,8 | -0,3 | 4,2 | 7,6 | 20,3 | | -5,1 |
| Pergamon-Museum, Berlin | 20-25 ± 1 | 45-50 ± 5 | 42,8 | 28,7 | -5,5 | 1,4 | 8,2 | 11,2 | 2,3*) | | -3,5 |
| Sempergalerie, Dresden | 19-26 ± 1 | 48-53 ± 3 | 17,7 | 19,0 | -15,8 | 0,1 | 7,8 | 6,4 | 18,8 | 2,3 | -21,1 |
| Historisches Grünes Gewölbe, Dresden | 20-24 ± 2 | 50 ± 5 | 43,8 | 27,2 | 1,1 | 1,4 | 7,7 | 15,1 | 21,6 | | -30,3 |
| Wartburg, Eisenach | 15-28 ± 2 | 50 ± 5 | 30,9 | 32,9 | 1,3 | -1,7 | -6,3 | 16,0 | 2,6 | | -14,0 |

(1) im Raum freigesetzte Lasten, nicht identisch mit der tatsächlich installierten Leistung, Beleuchtungsstärke: typisch 200-300lx, lichtempfindlich 50-100lx

*) die Beleuchtung in den sehr hohen Räumen (z. B. Pergamon-Saal (Höhe 18 m) oberhalb der Lichtdecke im Dachraum installiert (65 W(m²), der seinerseits behandelt wird

Die Auswertung der Tabelle 2.10-7 zeigt für unterschiedliche Gebäudetypen eine mittlere Heizlast im Wertebereich von 27 W/m² bis 67 W/m². Die Hauptlastkomponenten sind die Transmission durch opake Bauteile sowie die Infiltration. Als Mittelwert über alle angegebenen Gebäude betrachtet, verursacht die Transmission durch opake Bauteile 40 % der Heizlast, transparente Bauteile 15 % und die Infiltration 45 %. Die Höhe der Kühllast wird im Wesentlichen nur durch Speicherprozesse gedämpft (ca. 48 %). Die jeweilige gebäudespezifische Verteilung differiert entsprechend den baulichen Gegebenheiten. Die gebäudespezifischen Maximalwerte sind für die Transmission durch opake Bauteile 90 %, die Transmission durch transparente Bauteile 25 % und die Infiltration 58 %.

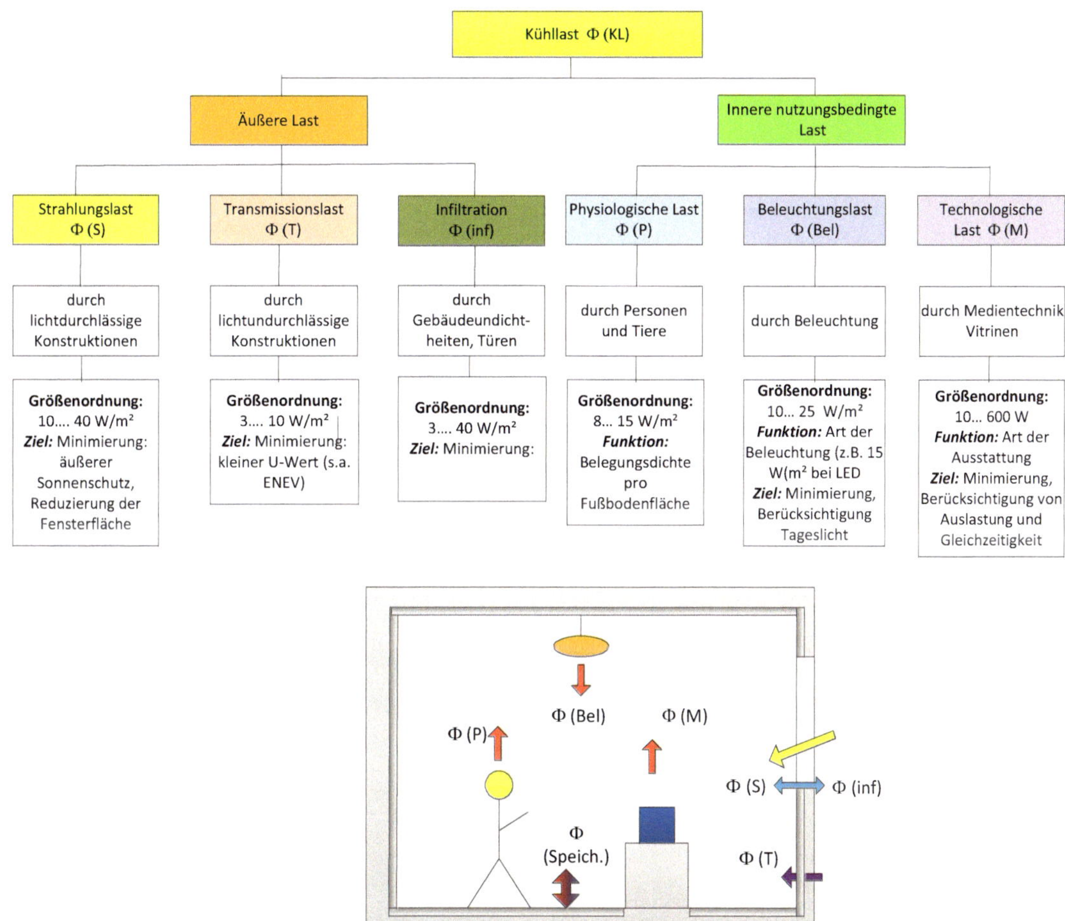


**Abb. 2.10-2** Schematische Übersicht über die Kühllast

Die mittlere Kühllast liegt für die in Tabelle 2.10-8 aufgeführten Objekte bei 18W/ m² bis 44W/m². Die Hauptlastkomponenten sind im Mittel über alle aufgeführten Gebäude mit 72 % der Solareintrag, mit 44 % die Beleuchtung und mit 32 % die Personen. Bezugswert für die zuvor genannten prozentualen Lastangaben ist hierbei die mittlere Kühllast über alle Gebäude von ca. 33 W/m². Die gebäudespezifische Verteilung variiert entsprechend baulicher Gegebenheit und Nutzung.

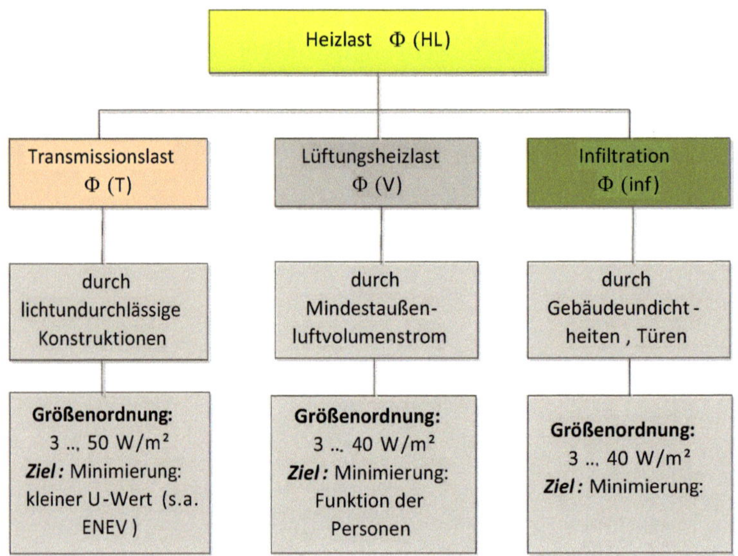


**Abb. 2.10-3** Schematische Übersicht über die Heizlast

Es gilt zu beachten, dass die Angaben in den Tabellen 2.10-7 und 2.10-8 Mittelwerte über alle untersuchten Ausstellungsräume für das jeweilige Gebäude sind. Die jeweiligen raumspezifischen Parameter variieren z. B. auf Grund der Lage z. T. deutlich davon. Zudem ist in die Dynamik von Solarlast, Besuchern und Infiltration unbedingt zu beachten. Diese Lastkomponenten beeinflussen maßgeblich die Systemwahl und dessen Eigenschaften bis hin zum Regelverhalten.

## 2.10.4 Systemlösungen/ Anlagensysteme

### Allgemeines

Grundsätzlich können alle Arten von Klimaanlagen und -systemen im Museum zum Einsatz kommen. Welches System für den jeweiligen Anwendungsfall das am besten geeignete ist, hängt zum überwiegenden Teil von den Nutzerforderungen und den architektonischen Randbedingungen ab.

Bei der Sanierung von Bestandsgebäuden sollten schon im frühen Planungsstadium Machbarkeitsuntersuchungen hinsichtlich der zur Verfügung stehenden Flächen für notwendige technische Zentralen einschließlich der raumweisen Erschließungsmöglichkeiten, durchgeführt werden. Ein gutes Hilfsmittel ist dabei die thermische Gebäudesimulation. Die besondere Schwierigkeit bei Museumsplanungen ist aber, dass schon in einem sehr frühen Planungsstadium die Randbedingungen für die

Besucher- und Beleuchtungslasten festgelegt werden müssen. Insbesondere die Festlegung der Beleuchtungslast steht der allgemeinen Nutzerforderung nach Flexibilität entgegen. Erfahrungen ausgeführter Museen zeigen aber, dass bei üblichen Beleuchtungsanforderungen und Systemen (z. B. Lichtdecken mit Leuchtstofflampen und elektronischen Vorschaltgeräten) der Wärmeeintrag von max. 25 W/m$^2$ einen realen Wert abbildet. Da bei aktuellen Planungen fast ausschließlich nur noch LED-Technik für die Beleuchtung eingesetzt wird, ist von einer weiteren Verringerung dieses Richtwerts auszugehen. Aktuelle Museumsplanungen zeigen, dass sich die Lasteinträge durch Beleuchtung auf ca. 10 auf 15 W/m$^2$ verringern können.

Bei den Besucherzahlen kann auf die vielfach in der Literatur zu findenden spezifischen Angaben als Orientierungswerte zurückgegriffen werden (s. a. Tabelle 2.10-6). Sonderfälle, wie Museums- bzw. Ausstellungseröffnungen, bleiben dabei unberücksichtigt. Es ist davon auszugehen, dass der Nutzer hier über organisatorische Maßnahmen den Schutz des Kulturguts sicherstellen wird.

Der Zeitpunkt für die Machbarkeitsuntersuchung ist so früh wie möglich zu wählen, um Fehlplanungen aufgrund nicht realisierbarer Nutzerforderungen zu vermeiden. In diesem Zusammenhang ist auch durch den Bauphysiker zu klären, welche max. Raumluftfeuchte möglich ist bzw. ob ein Gleiten der Raumluftfeuchte zur Vermeidung von Schimmelpilzen bzw. Taupunktunterschreitungen zum Schutz der Bausubstanz erforderlich ist.

Es ist also mit Beginn der Planungen nicht nur die sicherzustellenden Raumklimabedingungen, sondern auch Besucherzahlen und zulässige Beleuchtungsstärken zwischen den Planungsbeteiligten und dem Nutzer abzustimmen.

Bei Neubauplanungen sind selbstverständlich die gleichen Überlegungen anzustellen, aber es kann baukonstruktiv „leichter" auf technische Anforderungen reagiert werden

### Anlagensysteme

In der Regel werden unterschieden:

1. Nur-Luftsysteme (Quelllüftung, Mischlüftung)
2. Wasser-Luft-Systeme (Kombination aus RLT-Anlage für den Außenluftbedarf und dezentralen wasserversorgten Anlagen)
3. Dezentrale Anlagensysteme

Überwiegend werden in den Museen „Nur-Luftanlagen" ausgeführt. Bei der Anlagengestaltung ist darauf zu achten, dass möglichst Bereiche mit gleichen Lastanforderungen einen Regelbereich bilden. Auf keinen Fall sollten unterschiedliche Nutzungsbereiche wie Dauerausstellung, Sonderausstellung, Werkstätten oder Depot über eine gemeinsame Anlage versorgt werden.

Für größere Museen (Ausstellungen, Depots und Werkstätten) hat sich eine Gerätekombination aus zentralem Außenluftgerät für den hygienischen Luftwechsel und nachgeschalteten Zonengeräten mit gleichen thermischen Luftbehandlungseinrichtungen für die gewählten Regelungsbereiche bewährt. Aus energetischen Gesichtspunkten sollte für den jeweiligen Einsatzfall geprüft werden, ob nur mit der zentralen Außenluftanlage die Be- und Entfeuchtung sichergestellt werden kann. In den Zonengeräten findet dann nur noch die Regelung Zuluft- bzw. Raumlufttemperatur statt.

Ergänzend zu üblichen Anlagenregelungskonzepten bewertet Feustel [140] auf der Grundlage von Lampert [139] zwei mögliche Nur-Luftsysteme. Nachteilig für die Lösung nach Abbildung 2.10-4 ist, dass der gesamte Zuluftvolumenstrom zum Entfeuchten bis z. B. 11 °C abgekühlt werden und dann wieder nachgeheizt muss, während die Lösung nach Abbildung 2.10-5 den Vorteil hat, dass der Zuluftvolumenstrom nur trocken bis zur Zulufttemperatur gekühlt werden muss, der entfeuchtete und auf z. B. 11°C gekühlte Außenluftvolumenstrom muss nicht nachgeheizt werden (nach der Mischung mit Umluft ist dieser warm genug).

Nach EnEV sind grundsätzlich Wärmerückgewinnungssysteme vorzusehen. Aufgrund der abzuführenden Kühllast beträgt der Umluftanteil ca. 70–80 % der Gesamtluftmenge. Weitere energetische Einsparungen sind durch Reduzierung des Außenluftanteils, z. B. während der Schließzeiten des Museums oder durch den Einsatz von Luftqualitätsfühlern (VVS-System) möglich. Dabei gilt es allerdings zu beachten, dass sich dadurch (insbesondere beim Einsatz von VVS-Systemen) die Komplexität der Regelung erhöht. Insofern haben sich variable Volumenströme nur bedingt bewährt.

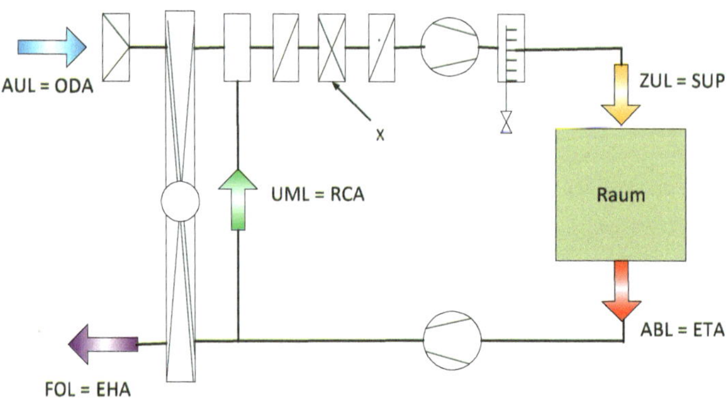


x = mengengeregelter Luftkühler für die Entfeuchtung (Regelung: Zuluft-Wassergehalt)

**Abb. 2.10-4** Zentralgerät mit Wärmerückgewinnung und Umluft (1 Luftkühler, mengengeregelt mit Drosselventil) nach [140]

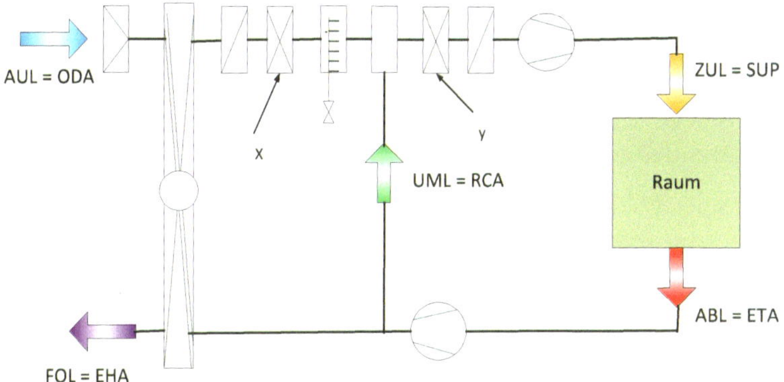


**Abb. 2.10-5** Zentralgerät mit Wärmerückgewinnung und Umluft (1. Luftkühler, mengengeregelt, in der Außenluft, 2. Luftkühler, beimisch-geregelt (3-Wege-Ventil und Pumpe) in der Zuluft mit Drosselventil) nach [140]

Da Museen oft im Rundgangsbetrieb oder im offenen Raumverbund genutzt werden (keine geschlossenen Türen zwischen Sammlungsbereichen, Vermeidung von Schleusen u. a.) wird man sich bei der Festlegung der Raumklimawerte für ein „Einheitsklima“ für das gesamte Haus oder – wenn möglich – für Sammlungsbereiche entscheiden. Für Kunstobjekte, die davon abweichende Klimaanforderungen haben, ist dann die Präsentation der Kunstgegenstände in Vitrinen mit passiver (Einsatz von Feuchte absorbierenden Materials, z. B. Silikagel) oder aktiver Klimatisierung (eigene Klimaanlage) erforderlich.

Bei den Luftverteilsystemen kommen die klassische Mischlüftung und zunehmend häufiger die Quelllüftung zum Einsatz. Vorteil der Mischlüftung ist, dass auch über die Raumhöhe eine weitestgehend gleichmäßige Verteilung von Raumluftfeuchte und Temperatur sichergestellt werden kann. Zu- und Abluftdurchlässe befinden sich überwiegend in der Decke. Die Ablufterfassung kann über verdeckte Schlitze in Deckenbereich, aber auch im Sockelbereich der Wände, erfolgen. Als Zuluftelemente sind Schlitz- und Drallauslässe gut geeignet. Bei der Anordnung sollte unbedingt beachtet werden, dass die Zuluftgeschwindigkeit am Objekt kleiner als 0,3 m/s beträgt, um unnötige Staubverwirbelungen zu vermeiden. Die Austrittsimpulse sollten möglichst nicht auf die Wand gerichtet sein (Coanda-Effekt). Ein wesentlicher Vorteil der Quelllüftung ist die Berücksichtigung zulässiger Temperaturschichtung über die Raumhöhe und damit eine Reduzierung der Kühllast (Warmluftpolster unter der Decke). In Ausstellungsräumen mit hohen Gemälden oder sonstigen Kunstwerken kann der vertikale Temperaturanstieg zu örtlichen Abweichungen der relativen Feuchte führen, die nicht mehr im konservatorisch zulässigen Bereich liegen (1 K Temperaturänderung entspricht 3,6 % Änderung der relativen Feuchte bei üblichen Umgebungsbedingungen). Eine Überprüfung der Temperatur- und Feuchteverteilung im Raum ist dringend anzuraten. Hier hat sich die Strömungssimulation als gutes Planungswerkzeug bewährt. Weitere Vorteile sind die geringere Luftgeschwindigkeit im Raum (< 0,1 m/s) und größere Gestaltungsmöglichkeiten bei der Anordnung der Auslässe. Die Raumheizung sollte dabei von wasserführenden Systemen (Fußbodenheizung oder örtlichen Heizflächen) übernommen werden.

Nach Lampert [139] sind Wasser-Luft-Systeme im Vergleich zu den Nur-Luftsystemen hinsichtlich des Primärenergieaufwands vorteilhafter. Wasser-Luft-Systeme bestehen in der Regel aus einer zentralen Außenluftanlage (Quellluft- oder Mischluftanlage) für den hygienisch notwendigen Luftbedarf und nachgeschalten dezentralen Anlagen zur Kühllastabfuhr.

Als dezentrale Anlagen können eingesetzt werden: Umluftkühlgeräte, Wand-, Fußboden- oder Deckenkühlung und als Sonderfall die Betonkernaktivierung für die dezentrale Kühllastabfuhr.

Der Einsatz der Betonkernaktivierung ist kritisch zu prüfen, da dieses Anlagensystem nur mit größeren Temperaturschwankungen im Tagesgang (6 K bei Bürogebäuden) wirtschaftlich betrieben werden kann. Als Nachteile sind hier die Trägheit und die geringe Kühlleistung anzuführen.

Wasserführende Anlagensysteme über der Kunst werden häufig von den Mitarbeitern der Museen kritisch gesehen und sogar abgelehnt. Technische Lösungen zur Risikominimierung gibt es (Drucksensoren in den wasserführenden Leitungen in Verbindung mit automatischen Absperrvorrichtungen). Deshalb sollten diese Lösungsvarianten nicht von vornherein ausgeschlossen werden. Ausgeführte Anlagen bestätigen die Einsatzmöglichkeit.

Bei dezentralen Anlagen kann ein geringerer jährlicher Elektroenergieaufwand für den Lufttransport erreicht werden als bei den beiden vorgenannten Systemen. Auch baukonstruktive Anforderungen, wie reduzierte Zentralenflächen und die nicht erforderliche Trassierung für Lüftungskanäle, wären als Vorteile anzuführen. Aufgrund der nichtausreichenden Filterungsmöglichkeiten, problematischer Außenluftansaugung und dem enormen Wartungsaufwand für eine Vielzahl von Befeuchtern und Filtern in den Ausstellungsräumen sollte diese Lösung nur der Ausnahmefall sein.

# 3 Dezentrale Klimatisierung mittels VRF-Multisplittechnologie[1]

## 3.1 Allgemeine Vorbemerkungen

Die VRF[2]-Multisplitanlagen, bedeutendster Vertreter der Luft-Kältemittel-Anlagen (s. a. Kapitel 2.1), haben sich seit Mitte der 1990er-Jahre als dezentrale Klimasysteme auch in Europa durchgesetzt [59]. Die Anwendung der VRF-Technik ist besonders in Asien als auch in Europa überproportional zu beobachten. So wurden allein in Deutschland jährlich mehr als 10.000 Außen- und ca. 75.000 Innengräte angeschlossen [88]. Mit der VRF-Technologie ist es gelungen, analog zur Massenstromregelung der Pumpen-Warmwasser-Heizung bzw. der Volumenstromregelung in der Lüftung, den Massenstrom des Kältemittels energetisch effektiv an die jeweiligen Heiz- und Kühllasten des Gebäudes anzupassen. Die VRF-Multisplittechnik setzt dort an, wo die Grenzen der „normalen" Splitklimatechnik erreicht sind. Sie erschließt der sogenannten „anderen Klimatechnik" neue Anwendungsfelder. Komplexe Klimatisierungslösungen, wie in Abbildung 3-1 schematisch dargestellt, sind äußerst wirtschaftlich realisierbar. Die technisch-technologischen Defizite der Mono- und kleinen Multisplitanlagen bezüglich Rohrleitungsführung und -länge, Ölrückführung, Kompaktheit der Anlagenkomponenten und Regelungsmöglichkeiten, um nur einige zu nennen, wurden beseitigt. Zum besseren Verständnis sei an dieser Stelle in Erinnerung gebracht, dass die Verfahrensbasis der Splitklimatechnik die einstufige, luftgekühlte Kompressionskältemaschine ist, wodurch die ***direkte Luftkühlung bzw. Luftheizung*** (Luft-/Luft-Wärmepumpe) realisiert wird. Weitere Ausführungen zu den Grundlagen der Splitklimatechnik finden sich in [60] und [61]. In [88] werden ausführlich Betriebserfahrungen und Anwendungsbeispiele mit der VRF-Technik beschrieben und auch auf die Implementierung in die Regelwerke der DIN V 18599, DIN EN 16798-3 und DIN EN 16798-17, die EnEV 2014 im Zusammenhang mit der Umsetzung der EPBD 2010 verwiesen. Nicht zuletzt durch die optimale Ausschöpfung nachfolgender Entwicklungsfaktoren haben sich Luft-Kältemittel-Anlagen, neben den anderen RLT-Anlagen, auch am deutschen Klimamarkt fest etabliert.

1 In Anlehnung an [60]

2 VRF = Variable Refrigerant Flow = Variabler Kältemittelstrom; fabrikatsbezogen auch VRV = Variable Refrigerant Volume = Variables Kältemittelvolumen

- Einflussfaktor Maschinen- und Anlagenbau:
  - leistungsgeregelte Kältemittelverdichter verfügbar,
  - umfangreiche Rohrnetze für Direktverdampfung durch VRF-Multisplittechnik möglich,
  - drehzahlgeregelte Ventilatoren mit hoher Luft- und niedriger Schallleistung verfügbar,
  - elektronische Einspritzorgane und
  - HFCKW-freie Kältemittel verfügbar (aktuell R410A, Entwicklungstrend zu R32).
- Einflussfaktor Mikroelektronik:
  - Optimierung des Kälteprozesses,
  - hohe Jahresarbeitszahlen im Teillastbetrieb,
  - Einzelraumregelung, DDC, Gebäudemanagement und
  - innovative Regelstrategien z. B. VRT (Variable Kältemitteltemperatur).
- Einflussfaktor Architektur und Bauwesen:
  - bauphysikalische Veränderungen der Gebäude,
  - Energieeinsparverordnung 2014, europäische Gebäudeeffizienzrichtlinie EPBD 2010, EEWärmeG 2009/2011,
  - Luft-Kühl- und Heizsysteme gewährleisten auch bei extremer Gebäudedichtheit optimale Bedingungen, denn Lufterneuerung und Entfeuchtung benötigen das Medium Luft!

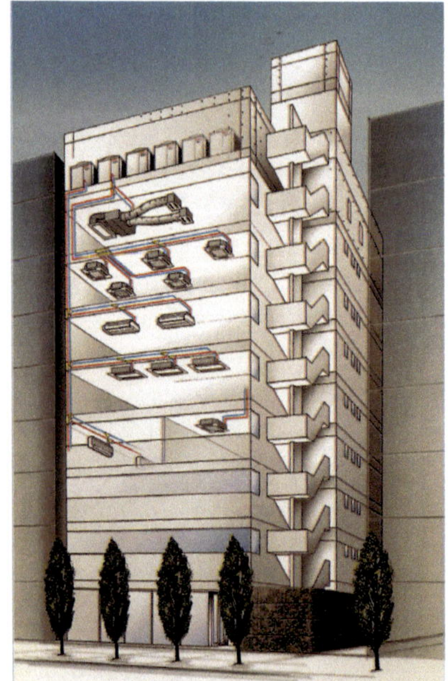

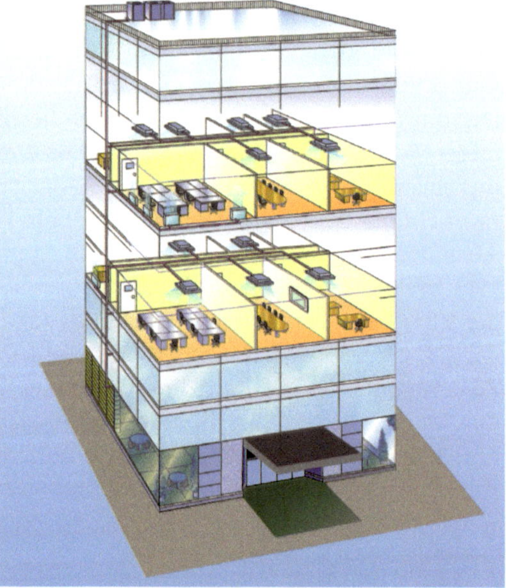

**Abb. 3-1** Anwendungsprinzip für VRF-Multisplitsysteme *(Werkbild: Fa. Kaut)*

Um die Vorzüge der VRF-Systeme ausschöpfen zu können, sind die exakte Planung und Berechnung sowie die kompetente kälte- und klimatechnische Installation unabdingbar. Da die Wärmeübertrager der Inneneinheiten direkt mit Kältemittel beaufschlagt werden, ist die Einhaltung der DIN EN 378-1-4 abzusichern. Das wiederum kann aber nur durch den Kälte-Klima-Fachmann geschehen. Jeder Auftraggeber ist daher gut beraten, hierbei keine Kompromisse einzugehen.

Ausdruck der Vielseitigkeit dieser Anlagentechnik ist das hohe Maß der Anpassungsfähigkeit an alle, auch kompliziertete Gebäudestrukturen. Die geringen Abmessungen und der damit verbundene niedrige Raum- und Grundflächenbedarf ermöglichen die äußerst wirtschaftliche Lösung unterschiedlicher Klimatisierungsprobleme. Die große Vielfalt der Komponenten, Einzelraumregelung und Gebäude-Klimamanagement erfüllen die Anforderungen an Komfort-Klimaanlagen (s. a. [62], [63] und [64]).

Bedingt durch den modularen Aufbau dieser Anlagentechnik sind Auslegungsleistungen bis in den MW-Bereich durchaus realistisch und auch bereits realisiert. Auch in Deutschland wurden inzwischen Großgebäude (u. a. auch Logistikhallen) und Gebäudekomplexe mit VRF-Klimaanlagen ausgerüstet.

Die guten Erfahrungen werden in den ***Thesen zur Dezentralen Klimatisierung mittels Luft-Kältemittel-Anlagen*** überschaubar widergespiegelt.

1. Heiz- und Kühllasten werden direkt, z. B. über das umweltfreundliche, ungiftige und nicht-brennbare Kältemittel R410A (Ozonschädigungspotenzial ODP = 0, Treibhauspotenzial GWP = 1890), durch im zu klimatisierenden Raum installierte lufttechnische Geräte (Inneneinheiten) abgeführt.
   **Hinweis:** Bei einer möglichen Einführung des Kältemittels R32 (ODP = 0) wird aufgrund des sehr niedrigen Treibhauspotenzials, GWP (Global Warming Potential) < 700, eine relativ geringe Entflammbarkeit in Kauf genommen.
2. Dezentrale Lastabführung **und** Dezentrale Heiz- und Kühlenergiebereitstellung.
3. **Eine** Anlage – **3** Luftbehandlungsfunktionen: Heizen, Kühlen, Entfeuchten.
4. Nutzung der Luft-/Luft-Wärmepumpe als Heizkomponente führt zu signifikanter Primärenergieeinsparung und Reduzierung der Schadstoffemission.
5. Hohe Energieeffizienz, da Energietransport und -übertragung nur mit **einem** Wärmeträger erfolgen.
6. Hohe Betriebssicherheit durch modularen Aufbau, optimierte Baugruppen und Komponenten sowie einen spezialisierten Anlagenbau.
7. Die Anlagen bestehen aus Inneneinheiten (Wärmeübertragereinheiten) und elektrisch oder gasmotorisch angetriebenen Außeneinheiten (Wärmeübertrager/Kompressoreinheiten).
8. Eine Außeneinheit kann bis zu 64 Inneneinheiten versorgen.
9. Energietransport zwischen Innen- und Außeneinheiten über Kältemittelleitungen kleinen Durchmessers; keine großdimensionierten Luftkanäle erforderlich.

10. Ausführung als 2- und 3-Rohrsysteme (zeitgleiche Bereitstellung von Heiz- und Kühlleistung) mit Gesamtrohrnetzen von 300 bis 1.100 m je Außeneinheit.
11. Durchgängige dezentrale Bauweise (nicht nur dezentrale Anordnung der Inneneinheiten, sondern auch dezentrale Leistungsbereitstellung durch die Außeneinheiten) garantiert maximale Flexibilität bei Umnutzung der klimatisierten Flächen.
12. Große Versorgungsleistungen werden durch regelungstechnische Verknüpfung einzelner, schnellreagierender Kältekreise bzw. Außeneinheiten problemlos erreicht.
13. Dezentrale Anordnung der Außeneinheiten (dezentrale Bereitstellung der Heiz- und Kühlleistung) führt zur Optimierung und Minimierung der Leitungswege zu den Inneneinheiten.
14. Außenluftzufuhr entweder dezentral oder zentral aufbereitet über kleine Luftkanalquerschnitte.
15. Komfortable Bedienungs- und Gebäudeklima-Managementsysteme gehören zum Anlagen-Know-How. Einzelraumregelung und Energie-Einzelraumabrechnung für jede Inneneinheit sind Standardausrüstung.

Nicht zuletzt ist die Energieeffizienz der VRF-Systeme ein entscheidender Beitrag zur Durchsetzung von Energiesparkonzepten in der Technischen Gebäudeausrüstung (TGA).

## 3.2 Anlagenkonzeption und Komponenten

Die Grundstruktur einer VRF-Anlage (kältetechnisches Anlagenschema s. Abbildung 3-2) beinhaltet folgende Baugruppen:

**a) Außeneinheit(en)**
Hier werden zwei unterschiedliche Antriebssysteme eingesetzt, die das VRF-Prinzip ***„Energetisch effektive Anpassung des Kältemittelmassenstroms an die jeweilige Heiz- bzw Kühlleistung“*** verwirklichen.

1. Elektro-VRF: Die Kältemittelverdichter in den Außeneinheiten werden elektrisch, überwiegend mittels Frequenzumrichter (Inverter), angetrieben.
2. Gas-VRF: Die Kältemittelverdichter in den Außeneinheiten werden mittels Gasmotor angetrieben. Sonderausführung mit Generator.

Je Kältekreis wird eine ***Außeneinheit*** eingesetzt, an die bis zu 64 einzeln geregelte ***Inneneinheiten*** angeschlossen werden können. Jede Außeneinheit besteht je nach Leistungsanforderung aus 1 bis 3 Modulen (s. Abbildung 3-3), wobei bei Ausführungen der neuesten Generation alle Module stetig regelbar sind. Die möglichen, praxisrelevanten Nennleistungsbereiche liegen im Heizbetrieb zwischen 12 kW und 162 kW und im Kühlbetrieb (bezogen auf $t_{tr}$ = +35 °C, $t_f$ = +19 °C und ein Kälteleistungsverhältnis Inneneinheiten/Außeneinheiten von 1,3) zwischen 11 kW und 184 kW. Die Leistungsangaben verstehen sich hierbei je Kältekreis. Bei Anforderung größerer Leistungen werden mehrere Kältekreise über BUS-Systeme regelungstechnisch zu einer Gesamt-Versorgungseinheit zusammengeschaltet. Leistungen > 500 kW sind gegenwärtig kein Problem und wurden weltweit, auch in Deutschland, bereits realisiert (s. Abbildung 3-8). Angesichts der kompakten Bauweise der Module (Grundfläche ca. 0,3 bis 2,1 m$^2$, Höhe ca. 1,2 bis 2,25 m) wird deutlich, welch geringer Platzbedarf erforderlich ist.

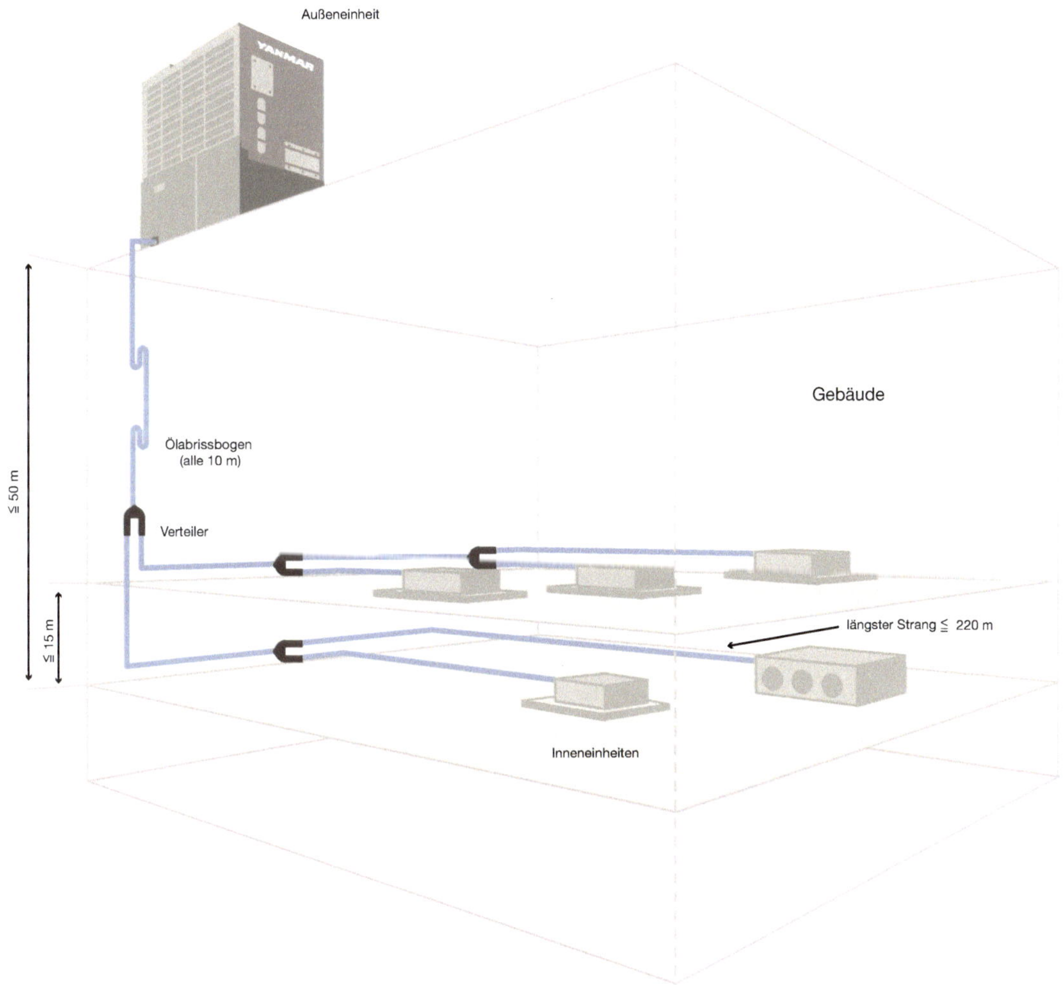


**Abb. 3-2** Kältetechnische Grundstruktur einer VRF-Multisplitanlage (*Werkbild: Fa. KKU Concept*)

**Abb. 3-3** Außeneinheiten unterschiedlicher Bauart; rechts gasbetrieben: Verbund-Nennkühlleistung max. 184 kW, links elektrisch betrieben: Verbund-Nennkühlleistung max. 180 kW *(Werkbild: Fa. KKU Concept/Yanmar/Daikin)*

Da die Außeneinheiten grundsätzlich für die Aufstellung im Freien ausgeführt sind, entsteht auch keinerlei Aufwand für die Einrichtung einer herkömmlichen Klimazentrale, wie etwa bei Nur-Luft- oder Luft-Wasser-Anlagen mitunter erforderlich. Die Außeneinheiten sind mit Kältemittel vorgefüllt. In Abhängigkeit des anzuschließenden Rohrleitungsnetzes muss eine entsprechende Kältemittelmasse bei Inbetriebnahme nachgefüllt werden.

**b) Rohrleitungsnetz** (Grundstruktur nach Abbildung 3-2)

Die Verrohrung erfolgt, wie in der Splitklimatechnik üblich, mittels Kupferrohr nach DIN 8905, einschließlich der erforderlichen Wärmedämmmaßnahmen. Der Anschluss an die Außen- bzw. Inneneinheiten wird über Bördel- oder Hartlötverbindungen hergestellt. Alle anderen Verbindungen werden unter Stickstoff hartgelötet. Für eine möglichst verlustarme Strömungsführung werden spezielle, vorgefertigte Kältemittelverteiler unterschiedlicher Bauart eingesetzt.

Im Falle großer Höhenunterschiede und oberer Aufstellung der Außeneinheit(en) (siehe Abbildung 3-2) unterstützen Ölabrissbögen die Ölrückführung[3] zum Kältemittelverdichter. In Abhängigkeit von Kühl- bzw. Heizleistung können bei Elektro-VRF bis ca. 1.000 m und bei Gas-VRF bis ca. 1.100 m Rohrleitungen je Außeneinheit bzw. Kältekreis verlegt werden. Die größte realisierbare Entfernung zwischen Außen- und Inneneinheit (ungünstigster Strang, in Abbildung 3-2 z. B. bis zu der bezeichneten Inneneinheit) liegt bei ca. 220 m.

**c) Inneneinheiten**

Die Bauform der einsetzbaren Standard-Inneneinheiten kann der Tabelle 3-1 entnommen werden. Im Vergleich zur „normalen" Splittechnik gibt es Ausrüstungsunterschiede. So sind VRF-Inneneinheiten immer mit elektronischen Ein-

3 Außerdem besitzt jede VRF-Außeneinheit ein Ölabscheidesystem.

spritzventilen und vielfach auch mit variabler Volumenstromregelung (VVS-System) ausgestattet. Außerdem bieten sie in der Regel bessere Möglichkeiten für die Außenluftzufuhr, die luftseitige Einbindung in Lüftungsanlagen und die Wärme- und Feuchterückgewinnung aus der Fortluft (siehe z. B. Abbildung 3-5 und Abbildung 3-6).

Wenn höchste Anforderungen bezüglich Luftverteilung, niedriger Luftgeschwindigkeiten und Schalldruckpegel bestehen, sind Zwischendeckengeräte in Verbindung mit Deckenluftdurchlässen (z. B. Drall- oder Schlitzauslässe) besonders gut geeignet (siehe Abbildung 3-7). Auch die Einbindung von Wärmeübertragern bauseitiger Lüftungsgeräte über sogenannte DX-Anschluss-Kits (s. Abbildung 3-4) oder Hydroboxen (siehe Abbildung 3-16) ist möglich [65].

**Tab. 3-1** Bauartenüberblick der gebräuchlichsten Inneneinheiten im Kälteleistungsbereich von 2 bis 35 kW [4]

| **Bauart** | **Kälteleistungsbereich in kW** | **Abbildung** |
|---|---|---|
| Wandmodell | 2 ... 11 | 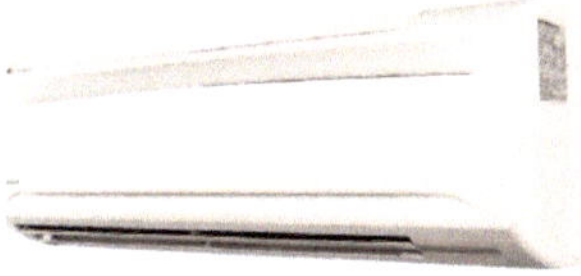 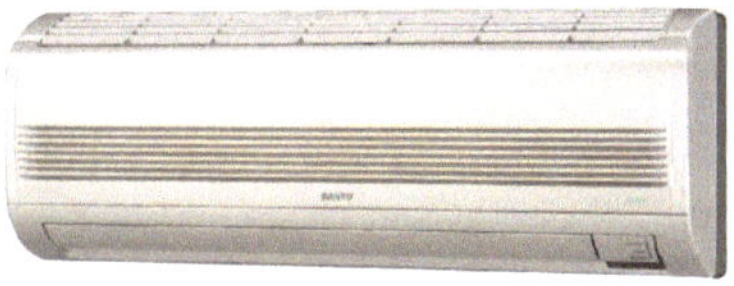 |
| Standmodell | 2 ... 7 | 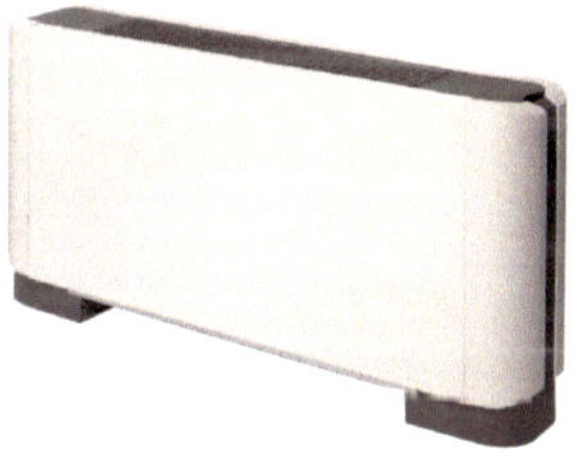  |
| Deckenmodell | 3 ... 14 |  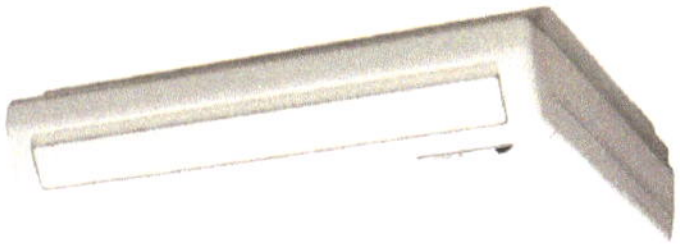 |

4 Alle aufgeführten Bauarten sind von den namhaften Herstellern für Kühl- und Heizbetrieb lieferbar, hinzu kommen Systemkomponenten der Wärme- und Feuchterückgewinnung.

**Tab. 3-1** Bauartenüberblick der gebräuchlichsten Inneneinheiten im Kälteleistungsbereich von 2 bis 35 kW [4] (Forts.)

| Bauart | Kälteleistungs-bereich in kW | Abbildung |
|---|---|---|
| Kassetten-modell | 2 ... 16 |  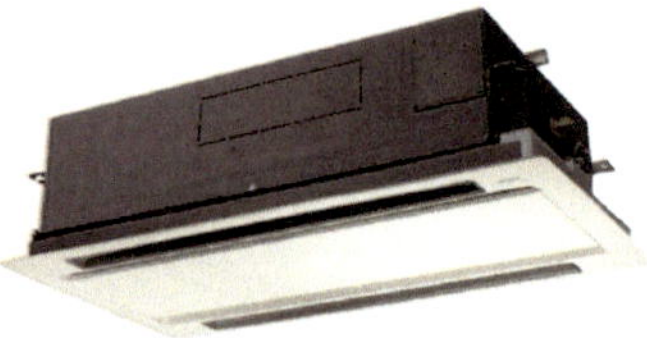  |
| Zwischen-deckenmodell | 2 ... 16 |   |
| Kanaleinbau-modell | 2 ... 28 |  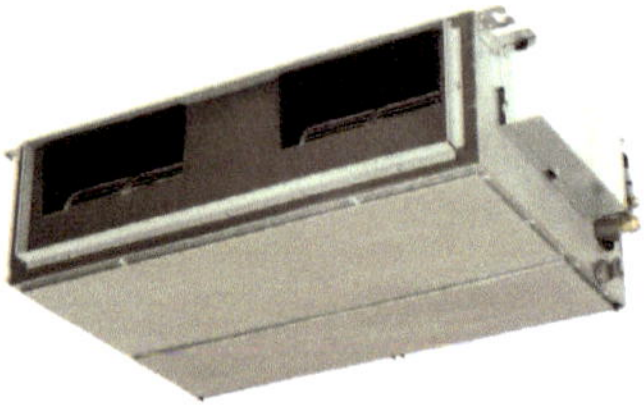 |
| Türluftschleier-modell | Heizleistung 5 ... 38 | 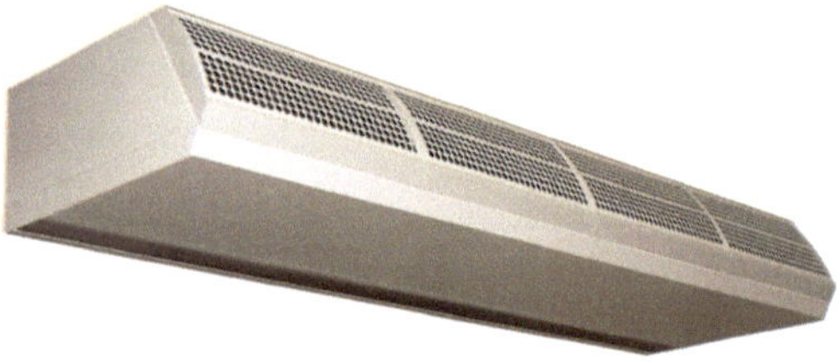 |

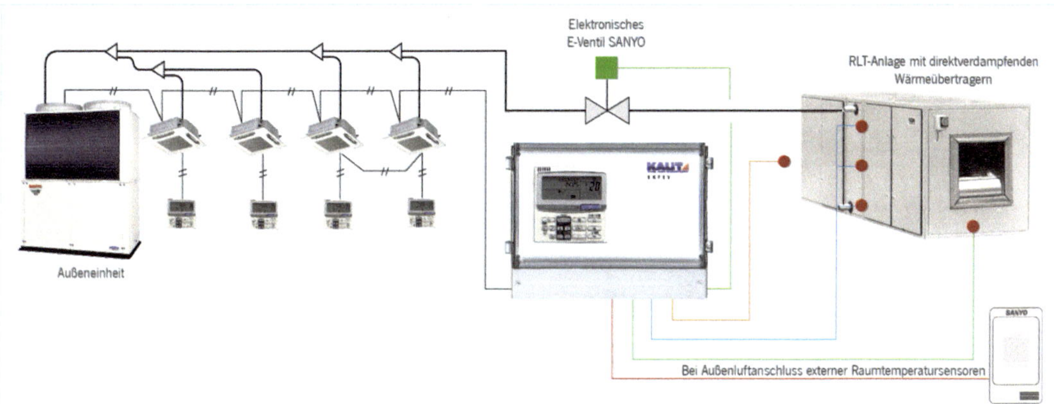


**Abb. 3-4** Einbindung externer Wärmeübertrager in das VRF-Multisplit-Konzept *(Werkbild: Fa. Kaut)*

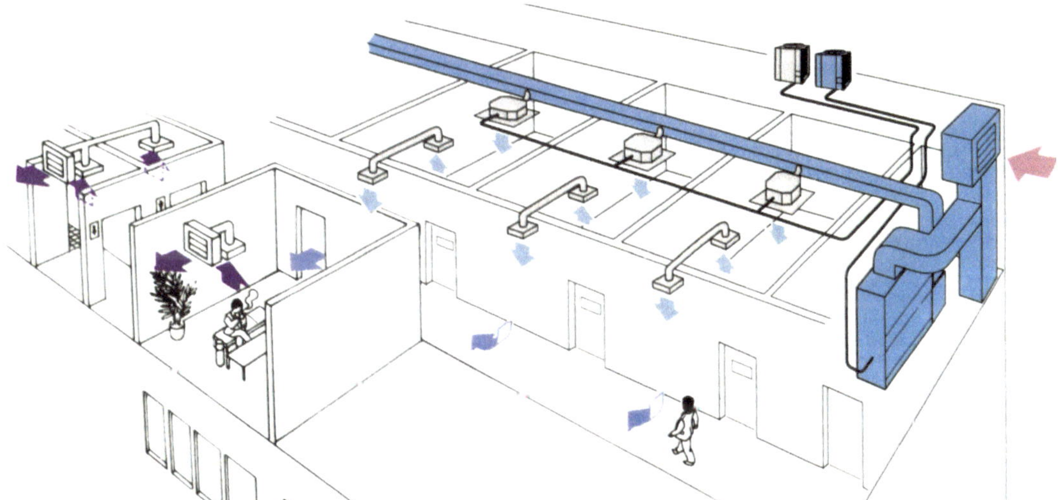

**Abb. 3-5** VRF-Multisplitanlage mit eingekoppelter, zentraler Außenluftaufbereitung [60] *(Werkbild: Fa. Sanyo)*

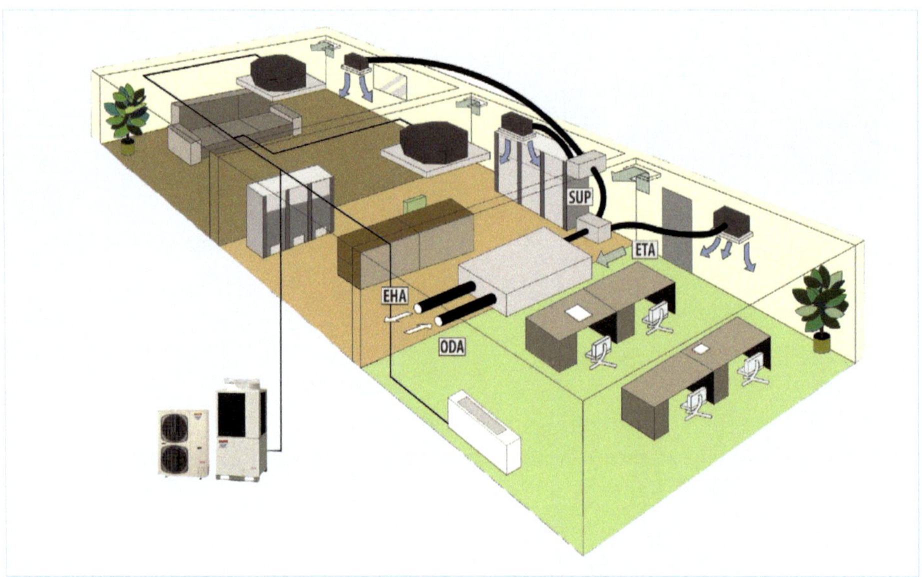


ODA – Außenluft SUP – Zuluft
EHA – Fortluft ETA – Abluft

**Abb. 3-6** VRF-Multisplitanlage mit WRG-Komponente *(Werkbild: Fa. Kaut)*

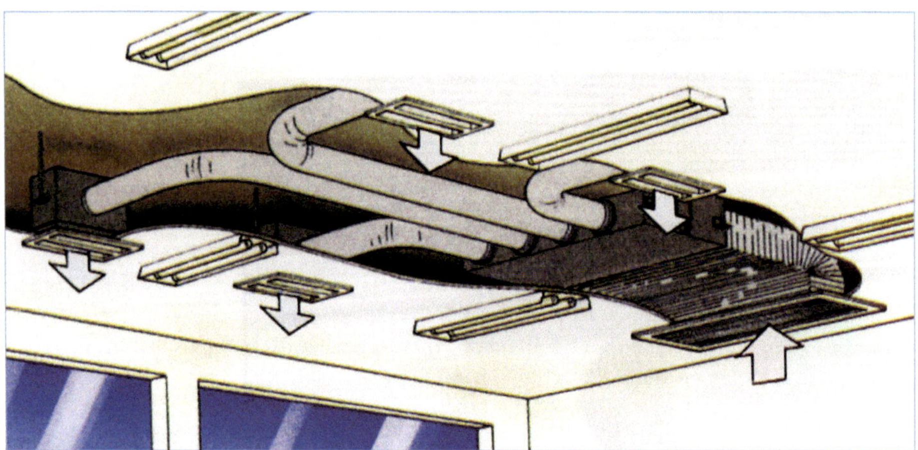

**Abb. 3-7** Zwischendeckengerät mit flexibler Luftführung über Deckenluftdurchlässe [60] *(Werkbild: Fa. Sanyo)*

### d) Mikroprozessorgesteuertes Steuerungs-, Regelungs- und Überwachungssystem (DDC[5]-System)

Die Steuerung, Regelung und Überwachung von VRF-Multisplitanlagen basiert auf der Digitaltechnik, d. h. digitale Informationsverarbeitung[6] mittels Mikrocomputer. Der in der Außeneinheit der VRF-Anlage eingebaute Mikrocomputer ist mit einem Mikroprozessor, der sogenannten Zentraleinheit (CPU = Central Processing Unit), ausgerüstet. Einige Ausführungen arbeiten mit Algorithmen der Fuzzy-Logic[7]. Ein Installations-BUS[8] verbindet den Mikrocomputer mit den anderen Komponenten des DDC-Systems wie elektronische Regler der Inneneinheiten, Bedienelemente usw. Dieses intelligente Konzept der Steuerung, Regelung und Prozessoptimierung kann auf die unterschiedlichsten Anwendungsfälle zugeschnitten werden. Auch nachträgliche Veränderungen und Anlagenerweiterungen sind kein Problem. Nachfolgend soll eine prinzipielle Ausrüstungsvariante dargestellt werden (s. Abbildung 3-8).

Max. 240 Außeneinheiten (AE) und 512 Gruppen von Inneneinheiten (IE) können über Gateways verknüpft und mittels seriellem Interface auf einen IBM-kompatiblen, lokalen Personalcomputer (PC) geschaltet werden. Bedienelemente sind:

- die Fernbedienung (FB) für jeweils eine Inneneinheit (IE) oder als Gruppen-Fernbedienung für den simultanen Betrieb von Gruppen mit bis zu max. 16 Inneneinheiten je Gruppe

  ***mit den Eigenschaften***
  - Kombinationsmöglichkeit mit System-Fernbedienung[9] (S-FB) und Wochentimer (WT),
  - Zwei Fernbedienungen je Inneneinheit anschließbar (Haupt- und Unter-FB),
  - mögliche Länge der Verbindungsleitung zur Inneneinheit ca. 1.000 m

  ***und den Standardfunktionen***
  - Wahl der Betriebsmodifikationen: Kühlen, Heizen, Entfeuchten und Lüften,
  - Temperatur-Einstellung und Anzeige,
  - automatische und manuelle Luftvolumenstrom-Einstellung,
  - automatische und manuelle Einstellung der Luftleitlamellen,
  - integrierte EIN/AUS-Schaltuhr,
  - Filterüberwachungssignal,
  - automatische Wiedereinschaltung nach Spannungsausfall,
  - Selbstdiagnose-Funktion;

5 DDC – Direkt Digital Control, s. a. [66] und [67]
6 Digitale Information = Binär-Information (ja/nein oder 0/1) = bit (Binary Digit)
7 „Unscharfe Logik“, s. a. [68]
8 BUS = Sammelleitung
9 Auch Zentral-Fernbedienung

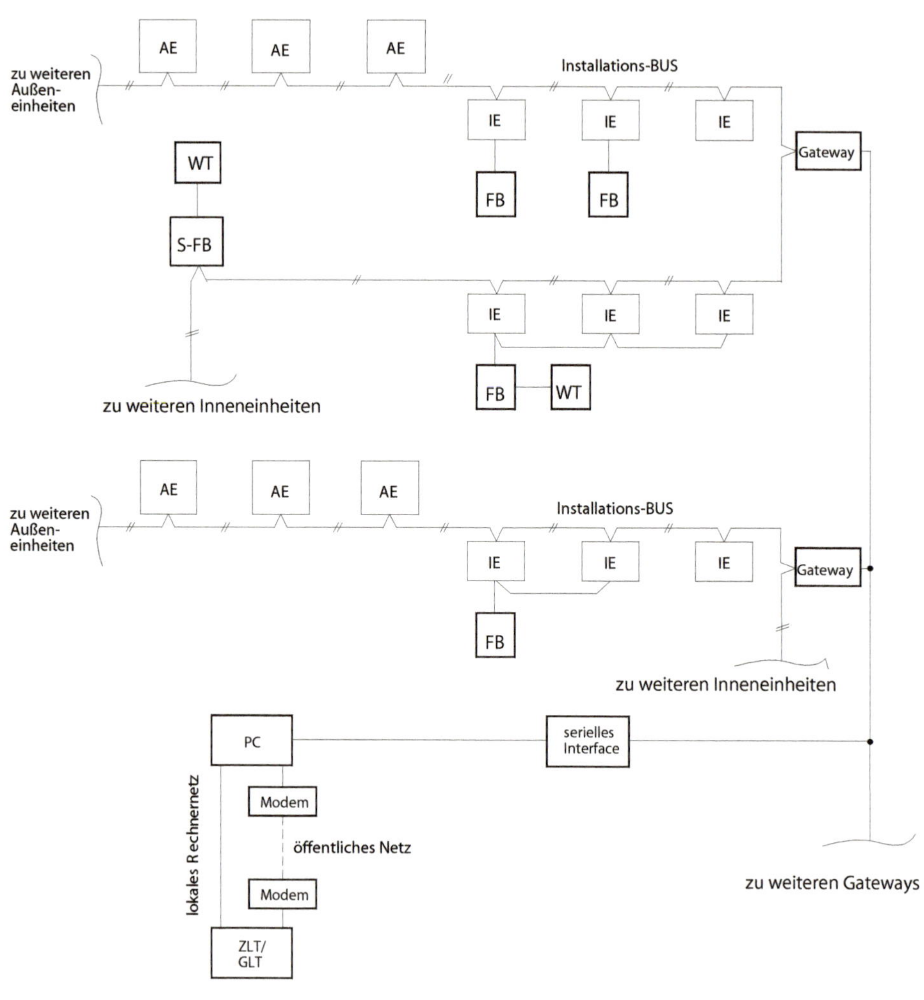


| | |
|---|---|
| AE | – Außeneinheit |
| IE | – Inneneinheit |
| FB | – Fernbedienung für Einzel- oder Gruppenbedienung |
| S-FB | – Systemfernbedienung |
| WT | – Wochen-Timer |
| ZLT/GLT | – Zentrale Leittechnik/Gebäudeleittechnik |
| Installations-Bus | – 2-adriges, unipolares Sammelleitungssystem zur Kommunikation zwischen einzelnen Komponenten, Ausführung und Umsetzung sind herstellerspezifisch. |
| Gateway | – Übergang vom herstellerspezifischen Installations-BUS zu einer anderen (übergeordneten) Kommunikationsebene |
| serielles Interface | – Kopplung der Gateways an serielle Schnittstelle des Personalcomputers (PC) |
| PC | – Personalcomputer |
| Modem | – Baustein für Datenfernübertragung |
| REM-PC | – Remote Control-Personalcomputer = Fernbedienungs-PC |

**Abb. 3-8** Steuerung, Regelung und Überwachung komplexer VRF-Multisplitsysteme (erweitertes Gebäudeklima-Management-System) [60]

- die System-Fernbedienung (S-FB) für bis zu 64 Gruppen (bei Simultan-Betrieb max. 1.024 Inneneinheiten (IE)) in Verbindung mit max. 30 Außeneinheiten (AE)

  ***mit den Eigenschaften***
  - Regelung des Gesamtsystems sowie Gruppen- und Zonenregelung,
  - Bedienung aller Inneneinheiten (IE) unabhängig davon, ob eine Einzel-Fernbedienung (FB) angeschlossen ist,
  - Schnittstelle zur Zentralen Leittechnik bzw. Gebäudeleittechnik (ZLT/GLT) für EIN/AUS-Signal, Betriebs- und Störungsanzeige,
  - Kombinationsmöglichkeit mit Wochentimer (WT),
  - 2-System-Fernbedienungen je Installations-BUS anschließbar (Haupt- und Unter-S-FB),
  - mögliche Länge der Verbindungsleitung ca. 1.000 m

  ***und den Standardfunktionen***, siehe Beschreibung Fernbedienung (FB);

- der Wochentimer (WT)

  ***mit den Eigenschaften***
  - Kombinationsmöglichkeit mit System-Fernbedienung (S-FB) und/oder Fernbedienung (FB),
  - Anschluss über Steckverbinder und ca. 1,2 m lange Leitung an S-FB bzw. FB

  ***und den Standardfunktionen***
  - EIN/AUS-Wochenprogramm mit mehreren EIN/AUS-Zeiten für jeden Wochentag programmierbar (Standard sind drei EIN/AUS-Zeiten),
  - bei Kombination mit System-Fernbedienung (S-FB) werden alle im Installations-BUS verknüpften Inneneinheiten simultan angesteuert,
  - Programmumgehungsfunktion,
  - Datensicherung bei Spannungsausfall durch Programmspeicher;

- der Personalcomputer (PC)

  ***mit den Eigenschaften***
  - Einzel- und Zentralalarmmeldung für jede Inneneinheit (IE) mit Speicher- und Historiefunktion,
  - grafische Filterüberwachung für jede Inneneinheit (IE) mit frei wählbarer Zeit für den Verschmutzungsgrad, Erinnerungs- und Alarmfunktion,
  - freie Zuordnungsmöglichkeit der Kundennamen, Raumbezeichnungen, Zonenzuordnung und tabellarische Bildschirmdarstellung,
  - Bildschirmdarstellung der Betriebszustände für jede Inneneinheit (IE) mit sämtlichen Bedienfunktionen,

- Anschlussmöglichkeit von LON-BUS[10]-kWh-Zählern für die automatische Erfassung des Energieverbrauchs der VRF-Anlage zum Zwecke der Einzelraumabrechnung.

Eine besonders innovative Lösung ist die Bedienung über einen Touch-SCREEN-Bildschirm, der die Bedienelemente FB, S-FB und WT in Original-Format abbildet.

- Hinterlegung von Grundrisszeichnungen für die Bildschirmdarstellung,
- Vernetzung mehrerer Gebäudemanagement-Systeme über TCP-IP[11] Server,
- Anschlussmöglichkeit externer Schalt- und Regeleinrichtungen über LON-BUS-Netzwerk,
- außentemperaturgeführte Regelung,
- Programmbedienung und kundenspezifische Sprachwahl,
- modemunterstützte Fernüberwachung über TCP/IP Protokoll oder über Internet mittels externem Personalcomputer (REM-PC ≙ Fernbedienungs-PC);

- die Zentrale Leittechnik bzw. Gebäudeleittechnik (ZLT/GLT)

  ***mit den Eigenschaften***
  - Schnittstelle für die wichtigsten GLT-Systeme.

Abschließend sollen noch einige Besonderheiten der Regelung, Steuerung und Überwachung von VRF-Systemen auszugsweise am Beispiel der Daikin-VRV-Technik kurz beschrieben werden.

**Abtaubetrieb**
Um während des Heizbetriebs den Komfort an den Innengeräten durch Abtauphasen nicht negativ zu beeinflussen, wird die nötige Abtauenergie aus einem Latentwärmespeicher im Außengerät entnommen. Dies macht die VRV-Multisplitanlage vollständig unabhängig von der Innengeräteauswahl, da trotz Abtauung durchgängig Heißgas ansteht. Das System bleibt immer im Heizmodus, es erfolgt keine Kreislaufumkehr an den Innengeräten.

**VRT-System** (Variable Kältemittel-Temperatur)

- Automatik-Modus: Das Außengerät entscheidet eigenständig in Abhängigkeit von der Außentemperatur und den Innentemperaturen (Soll-Ist-Vergleich), wie viel Leistung zu erbringen ist, um den aktuell besten COP/EER zu erreichen und dennoch Komfort bereitzustellen (Energieeffizienz/Komfort 50 %/ 50 %; Steigerung der saisonalen Effizienz um bis zu 25 %).

10 LON-BUS = Local Operating Network = Installations-BUS mit bestimmten Übertragungseigenschaften
11 TCP-IP = Übertragungsprotokoll für die Kommunikation unterschiedlicher Rechnersysteme

- Manueller Modus: Das Außengerät entscheidet abhängig von den Innentemperaturen wie viel Leistung zu erbringen ist, um den besten Komfort im Raum zu erreichen (Energieeffizienz/Komfort 20 %/80 %).
- ECO-Modus: Das Außengerät wird fest auf eine hohe Verdampfungs- oder niedrige Verflüssigungstemperatur eingestellt und läuft so komfortunabhängig mit dem besten COP/EER (Energieeffizienz/Komfort 100 %/0 %).

# 3.3 Zur Auslegung von VRF-Multisplitanlagen

## 3.3.1 Grundlagen der Leistungsregelung

Das Grundprinzip der VRF-Technik beruht auf der lastabhängigen Variierbarkeit des Kältemittelstroms. Die Umsetzung dieses Verfahrens erfolgt durch das mikrocomputerunterstützte Zusammenspiel von geregelter Verdichtertechnik in der Außeneinheit und elektronischen Einspritzventilen in den Inneneinheiten. Dadurch wird immer gerade soviel verdichtetes Kältemittel bereitgestellt und den jeweiligen Inneneinheiten zugeordnet und eingespritzt, wie es die Einhaltung der mittels Einzelraumregelung eingestellten Soll-Temperatur erfordert.

**a) Elektro-VRF**

Hier kommen ausschließlich hermetische Umlaufkolbenverdichter, Bauart Rollkolben und/oder Scroll zur Anwendung. Im Bereich von 10 bis 16 kW Nennkühlleistung besitzen die Außeneinheiten nur einen Verdichter. Dieser regelt die Leistung der Kältemaschine über den gesamten Arbeitsbereich. Für größere Leistungen werden i. d. R. zwei Verdichter gleicher bzw. 3 ... 9 Verdichter unterschiedlicher Nennleistung eingesetzt, von denen entweder nur einer, mehrere oder alle Verdichter leistungsgeregelt arbeiten. Dieses Konzept wird prinzipiell von allen Elektro-VRF-Geräteherstellern umgesetzt.

Ausgehend von der lastabhängigen, erforderlichen Klemmleistung (Antriebsleistung) eines Hermetikverdichters

$$P_{Kl} \sim \underbrace{n \cdot M}_{Last}$$

n – lastabhängige Drehzahl
M – lastabhängiges Drehmoment

ist es naheliegend, eine Teillast-Anpassung entweder über die Änderung der Motordrehzahl oder des Motordrehmoments vorzunehmen. In beiden Fällen erreicht man einen lastabhängigen Gang der Klemmleistung – also die Verwirklichung des VRF-Prinzips. Auf dieser Grundlage wurden unterschiedliche Technologien entwickelt: die dominierende ***Drehzahlregelung*** mittels Frequenzumrichter (FU) und die auf Rollkolbenverdichter zugeschnittene ***Drehmomentregelung***. Weitere Verfahren ***ohne Frequenzumrichter*** sind unter dem Namen „Power Accumulation Technologie“ bzw. „DVM“ mit Digital-Scrollverdichter bekannt geworden.

Eine detaillierte Betrachtung und Erläuterung dieser unterschiedlichen Regelungsprinzipien und deren Grundlagen ist aus [60], [69], [70], [71], [87] und Herstellerunterlagen zu entnehmen.

**b) Gas-VRF**

Als Antriebsaggregate werden Otto-Motoren mit einem Drehzahlbereich zwischen 600 und 3.000 1/min eingesetzt. Sie treiben offene Drehkolben- oder Scrollverdichter an. Je Außeneinheiten-Modul werden 1 bis 2 Verdichter über Riementrieb von der Kurbelwelle angetrieben. Die Leistungsanpassung erfolgt also immer mittels ***Drehzahlregelung*** und bei mehreren Verdichtern zusätzlich durch Verdichterabschaltung über magnetische Rutschkupplungen (Leistungsstufung). Für Gas-VRF-Systeme ist kennzeichnend, dass im Heizbetrieb neben der Energiequelle Außenluft bei niedrigen Temperaturen die Motor- und Abgasabwärme genutzt wird. Weitergehende Ausführungen findet man in [72], [73], [74], [75], [76], [77], [89] und Herstellerunterlagen.

## 3.3.2 VRF-Verbund-Multisplitsysteme für große Leistungen

Arbeiten mehrere Außeneinheiten-Module in einem kältetechnischen Verbund auf ein Rohrnetz, dann handelt es sich um VRF-Verbundsysteme. Hiermit reagieren die Hersteller auf die große Nachfrage nach immer kompakteren, leistungsstärkeren VRF-Multisplitanlagen. Je Außeneinheit werden so bei Elektro-VRF Nennleistungen bis 180 kW (Kühlen, bezogen auf $t_{tr}$ = +35 °C, $t_f$ = +19 °C und ein Kälteleistungsverhältnis Inneneinheiten/Außeneinheiten von 1,3) und 141 kW (Heizen, bezogen auf −15 °C) bzw. bei Gas-VRF bis 184 kW (Kühlen) und 162 kW (Heizen) bereitgestellt. Die Anzahl der anschließbaren Inneneinheiten liegt zwischen 23 und 64. Des Weiteren kann der Installationsaufwand im Vergleich zu mehreren Einzelanlagen deutlich verringert werden (s. Abbildung 3-9).

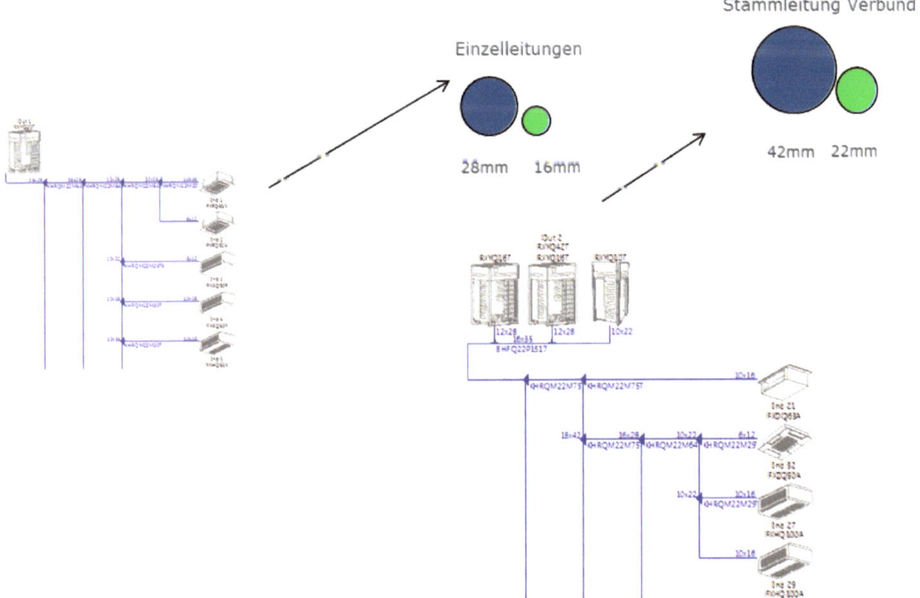


**Abb. 3-9** Kältetechnische Verrohrung der VRF-Verbundanlage im Vergleich zu Einzelanlagen (*Werkbild: Fa. Daikin*)

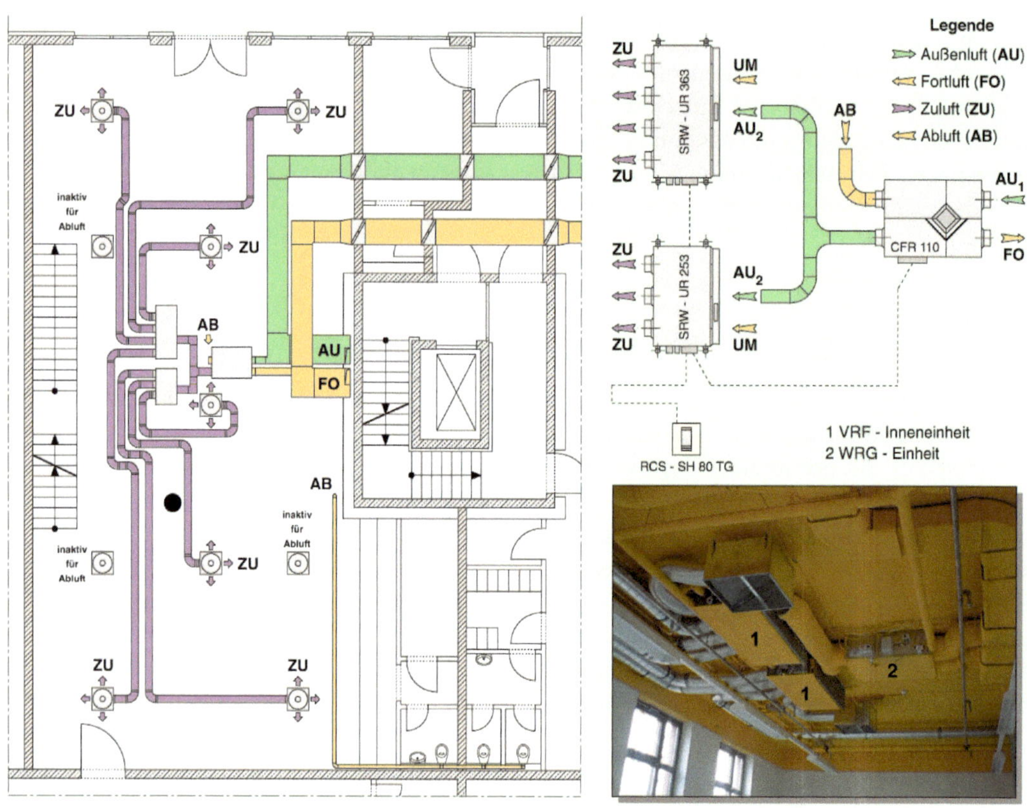


**Abb. 3-10** Luftführung in einem Großobjekt (Auszug) mit VRF-Inneneinheiten, WRG-Komponenten und Deckenluftdurchlässen *(Werkbild: Fa. Biermeier + Partner)*

Mit dieser Technologie lassen sich Großobjekte mit einem Kühlbedarf/Heizbedarf von ≥ 1 MW kostengünstig klimatisieren. Um hierbei auch den Anforderungen an Luftwechsel und integrierter Außenluftaufbereitung adäquat gerecht zu werden, stehen Inneneinheiten für Kanalanschluss mit Nennleistungen bis 28 kW (Kühlen) und 31 kW (Heizen) zur Verfügung. Über diese kompakten Zwischendeckenmodelle (Luftvolumenstrom bis ca. 4.300 m³/h, externe statische Pressung bis 270 Pa) kann in Verbindung mit Wärmerückgewinnungs-Einheiten und konventionellen Deckenluftdurchlässen die komplette lufttechnische Versorgung der Gebäude erfolgen (s. Abbildung 3-10). Natürlich ist auch die Einbindung in vorhandene bzw. unter- oder übergeordnete RLT-Anlagen möglich (s. Abbildung 3-4).

## 3.3.3 Anlagenkonfigurationen

### 3.3.3.1 Kühlen und Heizen im Alternativbetrieb (Zwei-Rohr-System)

Diese Anlagenausführung stellt die Standard-Betriebsversion von VRF-Multisplit-Teilklimaanlagen dar. Kennzeichnend ist die ***Umschaltung*** des Gesamtsystems vom Kühl- auf den Heizmodus durch ein 4-Wege-Ventil ***in der Außeneinheit.*** Das bedeutet, entweder arbeiten alle Inneneinheiten im Kühl- oder im Heizbetrieb (daher Alternativbetrieb). Die Verrohrung zwischen Außen- und Inneneinheiten erfolgt analog den Monosplitanlagen als Zwei-Rohr-System (s. Abbildung 3-11).

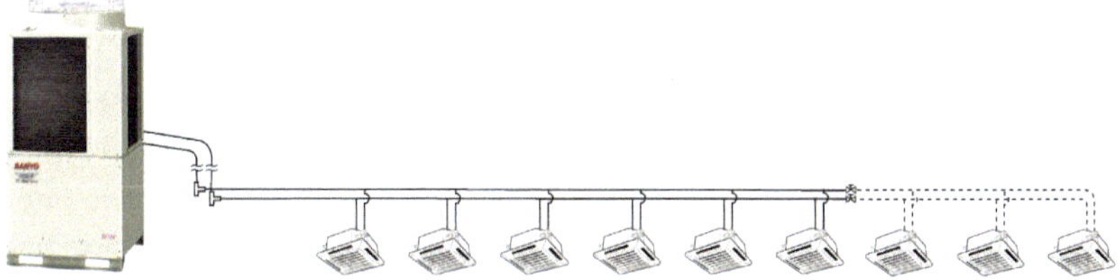

**Abb. 3-11** Funktionsprinzip des Drei-Rohr-Systems für simultanen Kühl- und Heizbetrieb (*Werkbild: Fa. Kaut*)

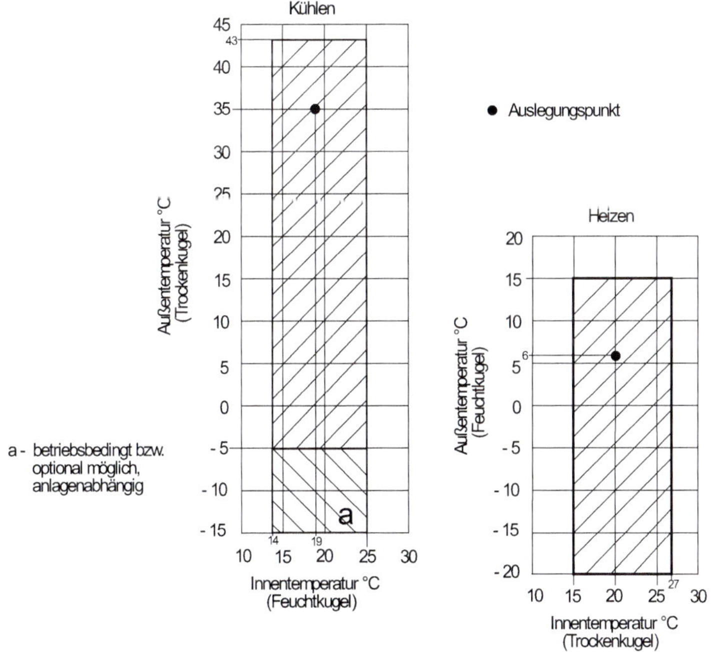


**Abb. 3-12** Einsatztemperaturen für den alternativen Kühl- und Heizbetrieb mittels Zwei-Rohr-System

Zu beachten ist hierbei, dass strömungstechnisch optimierte Verteiler (keine normalen T-Stücke) eingesetzt werden. Nur dann wird die systemtypische Energieeffizienz der VRF-Technologie in vollem Umfang wirksam! Außerdem werden Strömungsgeräusche vermieden.

Die bisherigen Erfahrungen in Deutschland zeigen, dass ca. 90 % aller VRF-Multisplit-Anwendungsfälle mit dem Zwei-Rohr-System ausgerüstet werden. Es erlaubt eine sehr flexible und variantenreiche Ausbildung des Rohrnetzes und den Anschluss von bis zu 64 Inneneinheiten je Außeneinheit. Der in Abbildung 3-12 angegebene Einsatzbereich ist uneingeschränkt nutzbar.

### 3.3.3.2 Kühlen und Heizen im Simultanbetrieb (Drei-Rohr-System)

Es gibt Anwendungsfälle, in denen Heiz- und Kühllasten zeitgleich auftreten, z. B. hat ein Technikraum aufgrund großer, innerer Wärmelasten auch im Winter Kühlbedarf, während benachbarte Büroräume geheizt werden müssen. Die energiesparende Lösung dieser Aufgabe erledigen Drei-Rohr-Systeme, herstellerabhängig auch 3-WAY- oder Energy-Recovery-System, (s. Abbildung 3-13) mittels interner Wärmeverschiebung der durch den Kühlprozess verfügbaren Verflüssigungswärme (s. Abbildung 3-13). Durch Umschalten zwischen der Flüssigkeits- und der Heißdampfleitung ist an den Inneneinheiten wahlweise Kühl- oder Heizkapazität verfügbar.

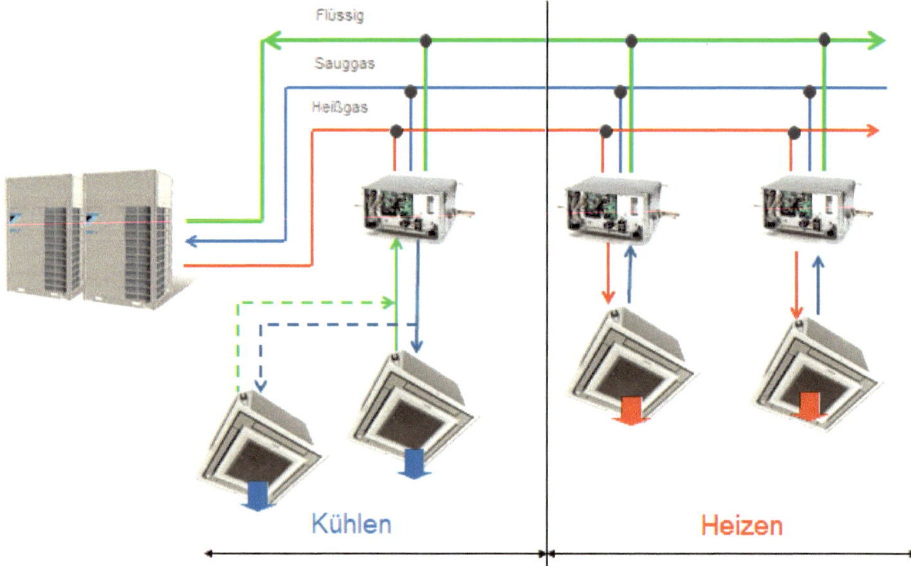


**Abb. 3-13** Funktionsprinzip des Drei-Rohr-Systems für simultanen Kühl- und Heizbetrieb *(Werkbild: Fa. Daikin)*

Eine interessante Anlagenkombination zeigt Abbildung 3-14. Während die Inneneinheiten TLS-Eingang und Aktenraum simultan heizen und kühlen, können die Inneneinheiten Verkauf 1–4, Personal und Lager nur parallel betrieben werden.

Bei einem anderen Verfahren führt man Kältemittelflüssigkeit und -dampf in einer Rohrleitung (Zwei-Phasen-Strömung), sodass ein Zwei-Rohr-System verwendet werden kann. Allerdings benötigt man aufwendigere Umschalteinheiten, sogenannte BC-Controller, in denen das Zwei-Phasen-Gemisch wieder getrennt werden muss.

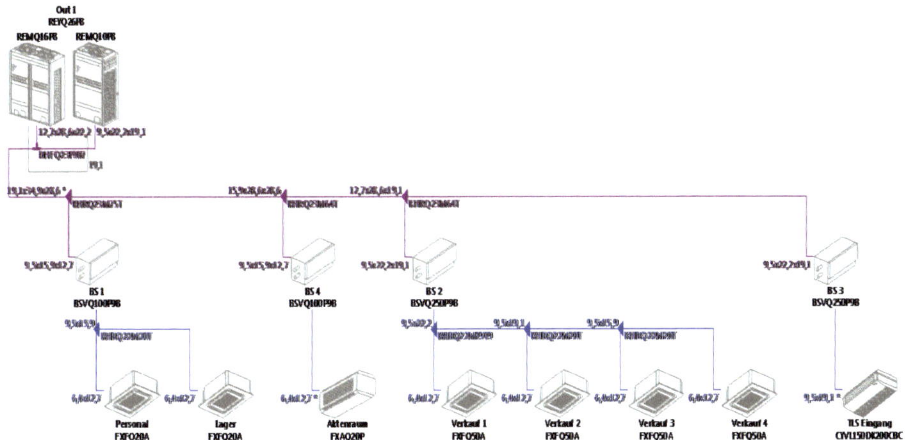


**Abb. 3-14** Anlagenkombination von simultanem und parallelem Kühl- und Heizbetrieb am Beispiel eines Standard-Drogeriemarkts *(Werkbild: Fa. KKU Concept/Daikin)*

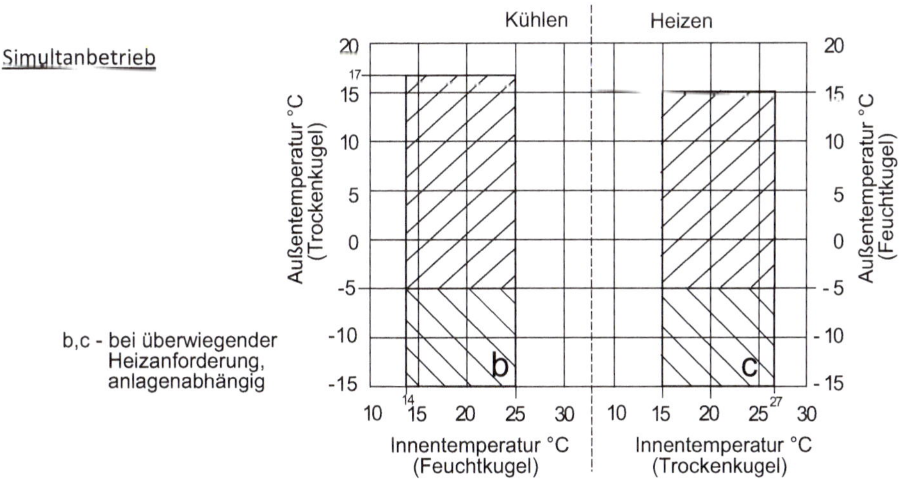


**Abb. 3-15** Einsatztemperaturen für simultanen Kühl- und Heizbetrieb mittels Drei-Rohr-System

Die günstige Energieausnutzung des simultanen Kühl- und Heizbetriebes erreicht die besten Werte bei einer totalen Wärmeverschiebung, d. h., die im Kühlprozess frei werdende Verflüssigungswärme deckt den Heizbedarf zu 100 %. Richtwerte der erreichbaren Leistungszahlen für diesen Sonderfall und andere, sich im Normalfall einstellende Betriebszustände[12] liegen im Bereich von 4,5 bis 6 (s. a. [78]).

Die zulässigen Einsatztemperatur-Bereiche können Abbildung 3-15 entnommen werden. Für Wirtschaftlichkeitsbetrachtungen sind aber auch die erhöhten Investitionsaufwendungen (Umschalteinheiten, Installation usw.) zu beachten. Trotzdem kann davon ausgegangen werden, dass diese Systeme mit steigenden Energiepreisen und wachsendem Energiespar-Bewusstsein an Bedeutung gewinnen.

#### 3.3.3.3 Besondere Einsatzmöglichkeiten für gasbetriebene Außeneinheiten

Durch die Kopplung einer gasbetriebenen Außeneinheit mit einem Wasser-Wärmeübertrager können eine Luft-Kältemittel- (VRF) und eine Luft-Wasser-Anlage parallel betrieben werden (s. Abbildung 3-16). Mit diesem „Mischsystem" sind vor allem bei Modernisierungsmaßnahmen vielfältige Lösungen denkbar.

Mittels Wasser-Wärmeübertrager ist aber auch eine reine Luft-Wasser-Anlage realisierbar, also ein Kaltwassersatz zum Kühlen und Heizen (u. a. für Sole-Betrieb bis −15°C). Der Nennleistungsbereich der verfügbaren Wasser-Wärmeübertrager liegt bei 25 bis 85 kW (Kühlen) und 30 bis 90 kW (Heizen).

Eine weitere, spezielle Ausrüstungsvariante der Außeneinheiten erlaubt darüber hinaus die Brauchwasserbereitung parallel zum Kühl- und Heizbetrieb. Durch einen zusätzlichen Wärmeübertrager in der Außeneinheit wird in diesem Fall die im Kühl- bzw. Heizprozess nicht nutzbare Motor- und Abgasabwärme einer bauseitigen Warmwasserbereitung zugeführt und nicht als Energieverlust über den luftgekühlten Verflüssiger der Außeneinheit an die Umgebung abgegeben. Darüber hinaus gibt es Außeneinheiten, die mit einem 4-kW-Generator für die zusätzliche Stromerzeugung ausgestattet sind. Mit den letztgenannten Maßnahmen wird die naturgemäß gute Primärenergie-Ausnutzungsbilanz gasbetriebener VRF-Systeme nochmals deutlich verbessert.

12 Diese Anlagen arbeiten natürlich auch im Alternativ-Betrieb!

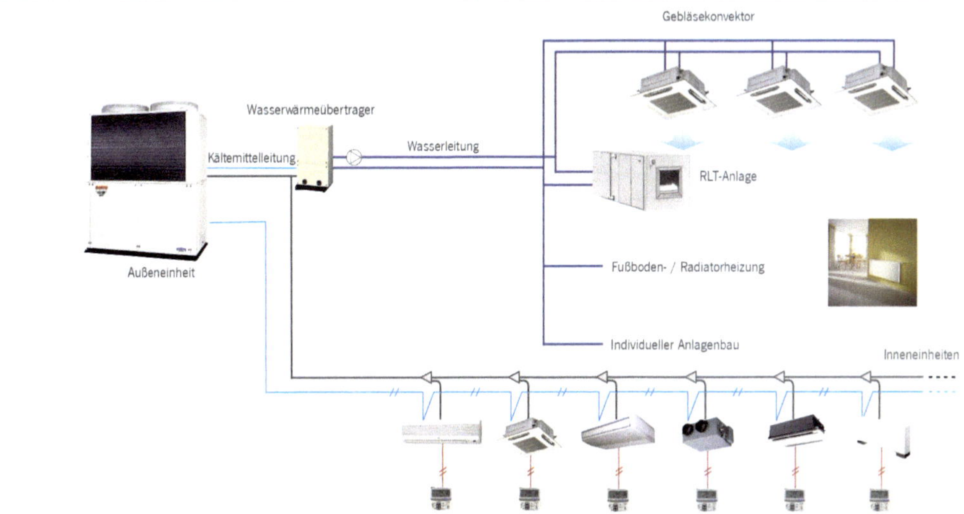


**Abb. 3-16** Multivalente Nutzung gasbetriebener Außeneinheiten *(Werkbild: Fa. Kaut)*

# 3.4 Betriebsverhalten und Wirtschaftlichkeit [79]

## 3.4.1 Allgemeine Betriebseigenschaften

**Luftbehandlungsfunktionen**

- Kühlen,
- Heizen: Heizwärmebedarf kann monovalent abgedeckt werden. Bei –15 °C Außenluft-Ansaugtemperatur sind noch ca. 70 %/100 % der Nennheizleistung verfügbar (herstellerbezogen),
- Entfeuchten,
- Filtern und
- Außenluftzufuhr: Außenluftrate je nach Bauart der Inneneinheiten.

**DDC-Regelung**

- Einzelraum-Temperaturregelung,
- bedarfsgerechte Anpassung der Kühl- bzw. Heizleistung an die Last durch leistungsgeregelte Verdichter und variable Kältemitteltemperatur (VRT-Regelung s. a. S. 402), elektronische Einspritzventile und variablen Luftvolumenstrom an den Inneneinheiten,
- ausgefeilte Sensorik und optimales Abtauregime.

**Bedienkomfort**

- Kabel- oder Infrarot-Fernbedienung,
- System-Fernbedienung für Gesamtanlage,
- Schnittstelle für Einbindung in zentrale Leittechnik und
- Gebäudeklima-Management-System.

**Installation**

- flexibel,
- geringer bauseitiger Aufwand und Platzbedarf (keine Klimazentrale erforderlich usw.),
- für Neubau und Rekonstruktion gleichermaßen vorteilhaft.

**Wartungsaufwand**

- vergleichsweise niedrig.

**Umweltaspekt**

- elektrisch oder gasbetriebene Luft-/Luft- bzw. Luft-/Wasser-Wärmepumpe: geringerer Energieverbrauch im Vergleich zum elektrisch angetriebenen Kaltwassersatz bzw. der PWW-Heizung aufgrund höherer Leistungszahlen,
- Primärenergieeinsparung,
- Reduzierung der $CO_2$-Emission,
- günstiges Masse-Leistungs-Verhältnis und
- HFCKW-freie Arbeitsstoffe.

## 3.4.2 Teillastverhalten und Jahresenergieverbrauch

Kälteanlagen sind in der Klimatechnik besonders großen Lastschwankungen ausgesetzt. Die maximale Kühl- bzw. Heizlast, nach der die Anlagen ausgelegt werden, tritt in Deutschland nur stundenweise an wenigen Tagen auf. Die Anlagen laufen also überwiegend im Teillastbetrieb (s. Abbildung 3-17).

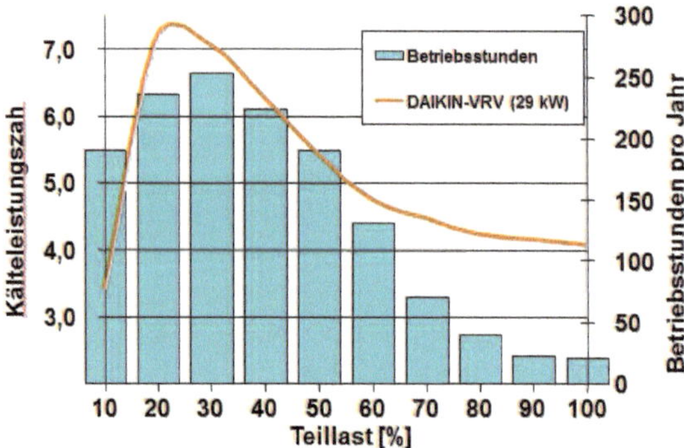


**Abb. 3-17** Lastbezogene Betriebsstundenanteile im Kühlbetrieb für ein Leichtbau-Gebäude (*Werkbild: Fa. Daikin*)

Die richtige Beurteilung des Teillastverhaltens der VRF-Multisplitanlage ist somit für die Findung seriöser Aussagen zur Jahresarbeitszahl und damit zur Wirtschaftlichkeit (Jahresenergieverbrauch) von entscheidender Bedeutung.

Das Teillastverhalten der VRF-Multisplitsysteme kann durch folgende Faktoren beeinflusst werden:

**Anlagenbezogene Faktoren**

a) *Leistungsregelung der Außeneinheiten*
Hier dominieren zz. die Systeme mit 1 bis 9 Verdichtern und den bereits oben erwähnten VRF-Verfahren den Markt.

b) *Elektronische Einspritzventile in den Inneneinheiten*
Mikroprozessorgeregelte elektronische Einspritzventile (EEV) mit Schrittmotor sorgen für eine exakte, raumlastabhängige Dosierung der erforderlichen Kältemittelmasse.

c) *Variabler Luftvolumenstrom an den Inneneinheiten*
Drehzahlgeregelte Ventilatoren an den Inneneinheiten passen den Luftvolumenstrom bedarfsgerecht an.

d) *Einfluss des tatsächlichen Jahresgangs von Verflüssigungs- und Verdampfungstemperatur*
Bekanntermaßen steigt die Nutzkälteleistung einer Kälteanlage mit abnehmender Verflüssigungs- und zunehmender Verdampfungstemperatur. Allein durch diesen Einfluss ergibt sich selbst bei einfachster Leistungsregelung, z. B. durch Zylinderabschaltung, eine Verbesserung der Leistungszahl im Teillastgebiet.

e) *Einfluss der Wärmeübertragungsflächen*
Die für den Volllastfall ausgelegten Wärmeübertragungsflächen werden im Teillastbetrieb nur mit den anteiligen Massenströmen beaufschlagt. Dadurch verändern sich die Temperaturdifferenzen am Verflüssiger und am Verdampfer, was wiederum zu einer Erhöhung der Teillast-Leistungszahl führen kann.

f) *Thermodynamische Eigenschaften des Kältemittels*

**Gebäude- und nutzungsabhängige Faktoren**

Hierbei spielen bauphysikalische Eigenschaften des Gebäudes (Speichervermögen etc.), Anlagenauslastung, wirkliche Betriebsstunden usw. eine entscheidende Rolle.

Es wird deutlich, dass die Erfassung des tatsächlichen Teillastverhaltens einer VRF-Multisplitanlage ein sehr komplexes Problem darstellt und bezogen auf den konkreten Anwendungsfall selbst durch dynamische Simulationsrechnungen (Anlage und Gebäude) nur angenähert vorausberechnet werden kann. Die Leistungsregelung des Verdichters ist zwar eine wichtige Komponente, aber durchaus nicht allein ausschlaggebend für den wirtschaftlichen Betrieb einer Kälteanlage, respektive einer VRF-Multisplit-Klimaanlage.

Nach obigen Ausführungen reichen aber punktuelle Leistungszahlen offenbar nicht aus, um gesicherte Aussagen zur Jahresarbeitszahl, also zum Teillastverhalten, ableiten zu können. So wurde beispielsweise bereits 1997 die Teilklimatisierung mittels Elektro-VRF-Multisplitanlagen für unterschiedliche Gebäudetypen anhand von Modellrechnungen, begleitet durch Experimente, simuliert [78], [80] und [81]. Auf dieser Basis wurden auch die nachfolgenden Wirtschaftlichkeitsbetrachtungen durchgeführt (s. a. [82] und [83]).

### 3.4.3 Kostenvergleich mit Nur-Luft- und Luft-Wasser-Anlagen

Die Entscheidungen für oder gegen eine Klimaanlagen-Technik sollten verschiedene Bewertungskriterien berücksichtigen, so z. B.:

- **Wirtschaftlichkeit**
  - Investitionskosten einschließlich Kapitalkosten
  - Betriebskosten: Energiekosten, Wartungskosten, sonstige Kosten
- **Qualität der Klimatisierung**
  - Teil-/Vollklimaanlage
  - Regelgenauigkeit (beeinflusst Wirtschaftlichkeit), sehr gute Regelung verringert die Energieverbrauchskosten um bis zu 30 %
  - Bedienkomfort
  - Wartungsaufwand (beeinflusst Wirtschaftlichkeit; schwankt zwischen 0,5 bis 5 % der Investitionskosten)
  - Außenluftzufuhr
- **weitere Kriterien**
  - Schadstoffausstoß
  - Herstellungsverfahren und Materialeinsatz, Masse-Leistungs-Verhältnis
  - Wärmerückgewinnung
  - Entsorgung usw.

Die Bewertung einer VRF-Multisplitanlage (Luft-Kältemittel-Anlage) kann auf dieser Grundlage nur im Vergleich mit anderen, modernen RLT-Anlagen herkömmlicher Bauart erfolgen (siehe Tabellen 3-2 und 3-3). Der Vergleich mit einer konventionellen Nur-Heizungsanlage muss immer auf die Energieverbrauchskosten beschränkt bleiben. Unzutreffend sind Gegenüberstellungen zu Monosplitanlagen. Die in Tabelle 3-2 angegebenen Energiekosten gelten für den ganzjährigen, monovalenten Kühl- und Heizbetrieb für ein Nichtwohngebäude, das die Anforderungen der Energieeinsparverordnung EnEV 2014 erfüllt. Alle Aussagen beziehen sich auf ca. 3.500 Betriebsstunden, 3- bis 5-fachen Luftwechsel und eine lichte Raumhöhe von 2,75 m. Tabelle 3-3 zeigt den Gesamtvergleich anhand der angesprochenen Bewertungskriterien. Die Kostenrelationen gelten für Kühl- bzw. Heizleistungen von etwa 50 bis 150 kW. Für andere Leistungsbereiche können Abweichungen auftreten.

Die Energiekostenermittlung für die Elektro-VRF-Multisplitanlage ergibt sich aus

$$K_{\mathrm{E}} = \frac{Q_{\mathrm{a}} \cdot K_{\mathrm{ELT}}}{\varepsilon_{\mathrm{W/K}}}$$

mit den Jahresarbeitszahlen [84]: $\varepsilon_W \approx$ 3,3 ... 3,6 (Heizen) und $\varepsilon_K \approx$ 5 ... 6 (Kühlen).

**Tab. 3-2** Energiekostenvergleich RLT-Anlagen, Klimatisierung ohne Befeuchtung, Stand 08.2014 nach [79]

| Energieart | Raumlufttechnische (RLT)-Anlagen | | | | | | |
|---|---|---|---|---|---|---|---|
| | Nur-Luft-Anlage z. B. mit VVS | | Luft-Wasser-Anlage z. B. mit Kühldecke | | Luft-Kältemittel-Anlage VRF-Multisplitanlage | | |
| | | | | | | Elektro-VRF | Gas-VRF |
| | $Q_a$ | $K_e$ | $Q_a$ | $K_e$ | $Q_a$ | $K_e$ | $K_e$ |
| **Wärme** (Transmission) | 40 | 2,3 | Zwischenwerte entsprechend Nur-Luft-Anlage | | 36 | 2,6 | 1,9 |
| **Wärme** (Lüftung) | 40 | 2,3 | | | 36 | 2,6 | 1,9 |
| **Kälte** | 60 | 4,8 | | | 54 | 2,6 | 2,3 |
| **Hilfsenergie** (ELT) | 35 | 8,4 | | | 28 | 6,7 | 6,7 |
| **Normaltarif** | 175 | 17,8 | 156 | 15,9 | 154 | 14,5 | 12,8 |
| **WP-Sondertarif** | | | | | | 12,6 | |

$Q_a$ in kWh/(m² a) Energieverbrauch, $K_e$ in €/(m² a) Energiekosten.
Energie-Richtpreise (Verbrauch + Fixkosten, ohne Mwst.) für Wärme: Erdgas/HK 0,057 €/kWh , Erdgas/WP 0,04 €/kWh; für Kälte: Strom/KWS 0,08 €/kWh, Erdgas/WP 0,043 €/kWh;
Strom: Normaltarif 0,24 €/kWh, WP-Sondertarif 0,20 €/kWh

Für die Gas-VRF gilt entsprechend

$$K_{\mathrm{E}} = \frac{Q_{\mathrm{a}} \cdot K_{\mathrm{Gas/HK}}}{\zeta_{\mathrm{Gas-WP}}}$$ (Index HK: Brennwertkessel, Heizzahl $\zeta \approx$ 0,9 ... 1,05)

mit den Jahresheizzahlen: $\zeta_{\mathrm{Gas-WP/Kühlen}} \approx$ 1,3 ... 1,45 und $\zeta_{\mathrm{Gas-WP/Kühlen}} \approx$ 1,2 ... 1,4 (ohne Abwärme-Auskopplung, ohne Generator).

**Tab. 3-3** Kostenübersicht RLT-Anlagen , Klimatisierung ohne Befeuchtung nach [79]

| Kosten | Raumlufttechnische (RLT-)Anlagen | | | |
|---|---|---|---|---|
| | Nur-Luft-Anlage z. B. mit VVS | Luft-Wasser-Anlage z. B. mit Kühldecke | Luft-Kältemittel-Anlage VRF-Multisplittechnik | |
| | | | Elektro-VRF | Gas-VRF |
| Investkosten €/m² | 190 ... 200 | 140 ... 280 | 140 ... 150 | 150 ... 200 |
| T€/kW | 1,45 ... 1,55 | 1,1 ... 2,2 | 1,1 ... 1,15 | 1,15 ... 1,55 |
| Energiekosten €/(m² a) | 17,8 | 15,9 | 12,6 ... 14,5 | 12,8 |
| Sonstige Kosten €/(m² a) | 5 | 4 | 1,5 | 2,5 |

*Anmerkungen:*
Investkosten/kW beziehen sich auf eine installierte Kühlleistung von max. 130 W/m².
Weitere Bedingungen analog Tabelle 3-2

Im direkten Vergleich mit einer Nur-Luft-Anlage zeigt sich, dass selbst bei Ansetzung von Normaltarifen mit VRF-Multisplitanlagen bis 30 % der Betriebskosten eingespart werden können, bei Wärmepumpen-Sondertarif sogar bis 40 %! Diese Aussage ist leicht nachvollziehbar, wenn man die Zusammenhänge der unterschiedlichen, thermodynamischen Prozessverläufe analysiert [85]. Aus Abbildung 3-18 lässt sich ableiten: Je mehr zwischengeschaltete Wärmeübertrager eingesetzt werden, desto niedriger muss – bei gleicher Lufttemperatur – die Verdampfungstemperatur gewählt werden. Damit nehmen die Übertragungsverluste und die Querschnitte für den Energietransport zu. Die Energieeffizienz der Klimaanlage nimmt ab.

Leider sind die Energieeinspareffekte für den bivalenten Betrieb mit Pumpen-Warmwasser-Heizungen (PWW-Heizung), bedingt durch die gestiegenen Stromkosten, zz. stark rückläufig. Die Luft-/Luft-Wärmepumpe-Heizkomponente der Elektro-VRF-Anlage arbeitet dann im Heizbetrieb z. B. mit dem Einsatzpunkt +3 °C Außenlufttemperatur (s. a. [86]). Bei Abschluss eines Sondervertrags mit dem Energieversorgungsunternehmen gilt dann für die Energiekosten der Wärmepumpe:

$$K_{\mathrm{E}} = \frac{K_{\mathrm{ELT}}}{\varepsilon_{\mathrm{W}}} = \frac{0{,}013\ €/\mathrm{kWh}}{3{,}4} = 0{,}033\ €/\mathrm{kWh}$$

Gegenüber dem monovalenten Betrieb mit der Pumpen-Warmwasser-Heizung erhält man für den bivalenten Betrieb: Elektro-VRF-Multisplitanlage bis +3 °C, PWW-Heizung unter +3 °C

$$K_{\mathrm{E}} = 0{,}051\ €/\mathrm{kWh} < K_{\mathrm{Gas/Öl}} \approx 0{,}057\ €/\mathrm{kWh}$$

Trotzdem ergeben sich für diesen Einsatzfall einige positive Effekte:

- Grundheizung (PWW-Heizung) fährt überwiegend im Vollastgebiet → Verbesserung des Jahresnutzungsgrads,
- Verbesserung der raumklimatischen Verhältnisse und Senkung des Wärmeverbrauchs durch die Möglichkeit der kontrollierten Außenluftzuführung,
- 2-Komponenten- oder Kombinationsheizung wird der zunehmenden Forderung nach „Bedarfsheizung" (gegenüber traditioneller Bereitschaftsheizung) gerecht und führt generell zur Reduzierung des Wärmebedarfs und
- die globalen Vorzüge der Wärmepumpen-Heizung.

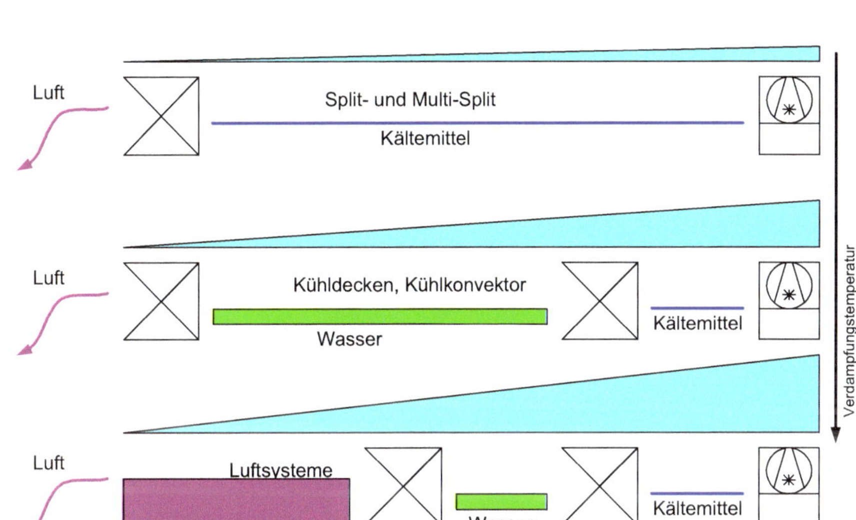


**Abb. 3-18** Veränderung der Verdampfungstemperatur durch zwischengeschaltete Kälteträger [85]

# 4 Dezentrale RLT-Anlagen

## 4.1 Systembeschreibung

Dezentrale RLT-Anlagen (häufig auch „dezentrale Fassadenlüftungssysteme" genannt) weisen eine direkte lufttechnische Anbindung an die Fassaden auf und sind üblicherweise im Fassadenbereich angeordnet. Erfolgt die Anbindung über kurze Luftkanäle, so werden diese innerhalb des zu lüftenden Raums an die Fassade geführt.

Der Transport der Zu- und der gegebenenfalls vorhandenen Abluft erfolgt durch die Fassade. Von einfachen, schallgedämmten Überströmöffnungen (ADL, s. a. Kapitel 5.3) bis zu komplexen Zu- und Abluftsystemen mit Ventilatoren, Filtern, Volumenstromreglern, Wärmerückgewinnungssystemen (WRG), Elektrolufterhitzer zum Heizen, Luft-Wasser-Wärmeübertragern zum Heizen und Kühlen (s. a. Kapitel 7.2) sowie mit der Anbindung an eine zentrale Gebäudeleittechnik sind eine Vielzahl funktional unterschiedlicher Geräte und Systeme realisierbar ([90], [91] und [92]).

Dezentrale RLT-Anlagen können mit einer zentralen RLT-Anlage kombiniert werden. Dabei wird üblicherweise die Zuluft wird vom dezentralen Zuluftgerät durch die Fassade in den Raum eingebracht. Bei der Einbringung der Luft wird diese durch z. T. hocheffiziente Filter gereinigt und thermisch komfortabel aufbereitet, während die Abluft im Gebäudeinneren über eine oder mehrere zentrale Abluftanlagen abgesaugt wird. Eine Wärmerückgewinnung kann in diesem Fall z. B. durch ein Kreislaufverbundsystem (KV-System, s. a. Kapitel 2.4) realisiert werden.

## 4.2 Systemvorteile und -nachteile

Die dezentralen Systeme bieten gegenüber zentralen Lüftungs- und Klimaanlagen folgende Vorteile:

- Reduzierung des Bauvolumens (Lüftungszentralen und Luftkanäle entfallen),
- Reduzierung der Geschosshöhe (Luftkanäle in der Zwischendecke entfallen),
- kurze Luftwege zum Gerät – einfache Reinigung gegenüber den langen Luftkanälen der Zentralanlagen,

- Variabilität bei Nutzungsänderung (Leergehäuse zur Aufnahme weiterer Geräte sowie Wechselboxen zum Austausch von Außenluft- und Sekundärluftgeräten),
- große Redundanz, da beim Ausfall einzelner Geräte nicht das Gesamtsystem ausfällt,
- eine Kombination mit öffenbaren Fenstern ist einfach realisierbar, da eine Geräteabschaltung direkt über Fensterkontakte möglich ist,
- eine große Akzeptanz beim Nutzer, da er „sein" Raumklima selbst bestimmen kann,
- eine einfache individuelle Betriebskostenabrechnung,
- eine ideale Anpassung zur Teilnutzung von Gebäuden, da nur die genutzten Räume belüftet werden,
- geringer elektrischer Leistungsbedarf, da externe Kanaldrücke gänzlich entfallen,
- Verkabelung sowie der zugehörigen Steuerungslogik,
- integrierte bedarfsorientierte Einzelraumregelung sorgt für Individualität, höchste Komfortansprüche und eine hohe Energieeffizienz

Dem stehen im Vergleich zu zentralen Systemen folgende Nachteile gegenüber:

- die große Anzahl von im Gebäude verteilten Kleinventilatoren, Filtern, Wärmeübertragern und Wärmerückgewinnungssystemen,
- Wartungsarbeiten direkt in den Nutzerräumen,
- die für dezentrale Lüftungsgeräte notwendigen Fassadenöffnungen müssen gegen das Eindringen von Wasser und Insekten geschützt werden und gleichzeitig eine möglichst druckverlustarme Luftansaugung gewährleisten,
- eine kontrollierte Be- und Entfeuchtung zur Regelung der Raumluftfeuchte ist nur mit unvertretbar hohem Aufwand möglich und
- unflexibler Ansaugort für die Zu- und Abluft (Außenluftqualität; Maßnahmen gegen direkten Lüftungskurzschluss).

## 4.3 Anwendungsgebiete und Einsatzgrenzen

Bei der Planung dezentraler Anlagen ist es wichtig, schon im Vorfeld Informationen bezüglich des Fassadenaufbaus und der Windverhältnisse auch in Wechselwirkung mit umliegenden Gebäuden zu berücksichtigen. Die Außenluftqualität im Bereich der Ansaugöffnungen muss ebenfalls in die Planung einfließen, denn im Gegensatz zu zentralen Systemen kann man hier den Ansaugort für die Außenluft (s. a. Kapitel 2.3) nicht frei wählen.

Dezentrale Lüftungssysteme eignen sich z. B. für den Einsatz in Bürogebäuden Besprechungsräumen, Wohngebäuden, Patientenzimmern in Krankenhäusern, Arztpraxen, Hotelzimmern, Schulen und Kindergärten.

Nicht geeignet sind diese Systeme für den Betrieb in OP-Räumen, Sportstätten, Versammlungsstätten mit hohem Außenluftbedarf und besonders für innenliegende Räume.

Der Einsatz der dezentralen Technologie ist nur bei außenliegenden Räumen zu empfehlen. Die maximale Raumtiefe kann ein weiterer begrenzender Faktor sein. Die mögliche Eindringtiefe der Luft in den Raum hängt dabei wesentlich von der Zulufteinbringung (Misch- oder Quellluft) und der Positionierung der Geräte ab. Raumtiefen von rund 8 bis 12 m sollten nicht überschritten werden.

Mit dem System sind spezifische Kühllasten bis 50 W/m² bzw. 300 W/m² Fassade und ein 6-facher Luftwechsel problemlos zu realisieren. Bei höheren Kühllasten empfiehlt sich eine unterstützende Kühlung zum Beispiel durch Kühldecken oder Kühlkonvektoren.

## 4.4 Bauformen dezentraler Lüftungsgeräte

Die Einteilung der Geräte in verschiedene Bauformen erfolgt nach ihrer Funktionalität. Es wird zwischen reinen Zuluftgeräten, reinen Abluftgeräten, kombinierten Zu- und Abluftgeräten (s. Abbildung 4-1) sowie Sekundärluftgeräten unterschieden.

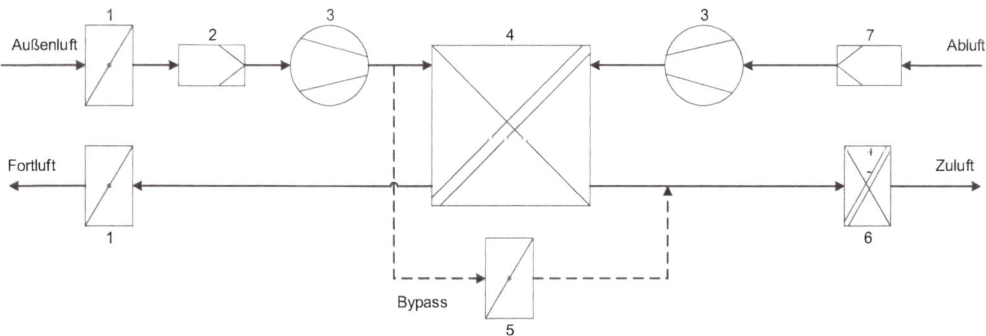


1 Fassadenklappe
2 Außenluftfilter z.B. ISO ePM1 65% (ehem. F7)
3 Venitlator
4 Wärmerückgewinner
5 Bypassklappe
6 Wärmeübertrager
7 Abluftfilter z.B. ISO coarse 55% (ehem. G4)

**Abb. 4-1** Beispielhaftes Schema eines kombinierten Zu- und Abluftgeräts (*Werkbild: Fa. TROX GmbH*)

Zur Steigerung der Kühlleistung können Geräte mit einem Außenluftanschluss (reine Zuluftgeräte oder kombinierte Zu- und Abluftgeräte) zusätzlich zur Außenluft mit einem Sekundärluftanteil betrieben werden. Diese Geräte können dann zwischen Außenluftbetrieb und Sekundärluftbetrieb umschalten oder in einem Mischbetrieb verwendet werden (s. Abbildung 4-2). Wird keine zusätzliche Kühlleistung benötigt, wird der Sekundärluftanteil im Mischbetrieb reduziert oder komplett abgeschaltet und das Gerät funktioniert wie ein kombiniertes Zu- und Abluftgerät.

Ist z. B. die Luftqualität im Raum so gut, dass keine Frischluft benötigt wird, können die Fassadenklappen geschlossen werden und das Gerät wird als Sekundärluftgerät betrieben.

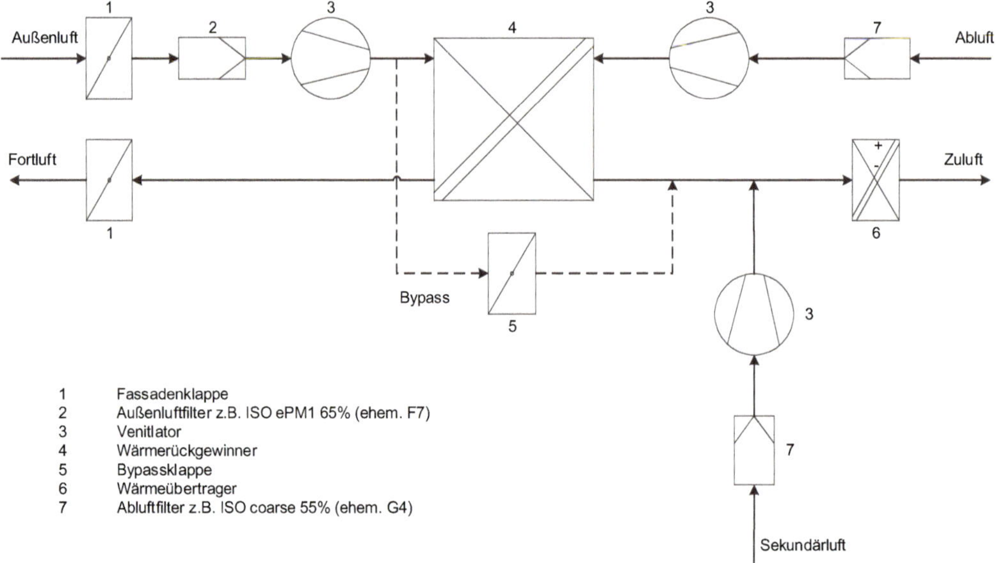


**Abb. 4-2** Beispielhaftes Schema eines kombinierten Zu- und Abluftgeräts mit zusätzlichem Sekundärluftventilator (*Werkbild: Fa. TROX GmbH*)

Reine Zuluftgeräte (s. Abbildung 4-3) können bei Bedarf mit einer zentralen Abluftanlage kombiniert werden (s. Abbildung 4-4). In Bürogebäuden wird die zentrale Abluft dann üblicherweise über die Flure abgesaugt.

Dazu muss eine Überströmöffnung von den Büroräumen in die Flure vorhanden sein, um ein unkontrolliertes „Aufpusten“ oder „Aussaugen“ von Gebäudeteilen zu verhindern. Durch die Überströmöffnung bleibt das Druckniveau zwischen den Büroräumen und dem Flur gleich, sodass Türen weiterhin normal geöffnet und geschlossen werden können (vgl. Kapitel 4.6 zum Thema Winddruck).

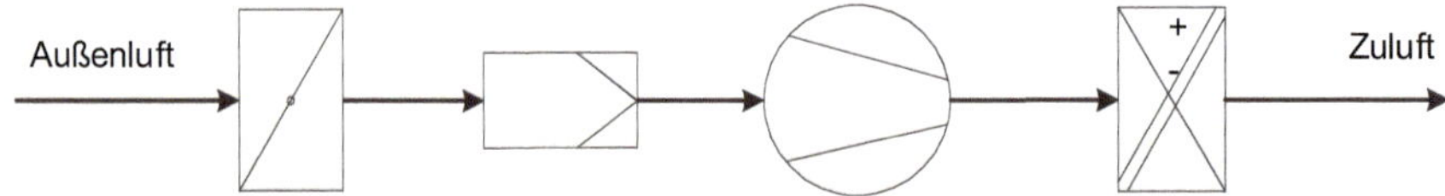


**Abb. 4-3** Beispielhaftes Schema eines dezentralen Zuluftgeräts (*Werkbild: Fa. TROX GmbH*)

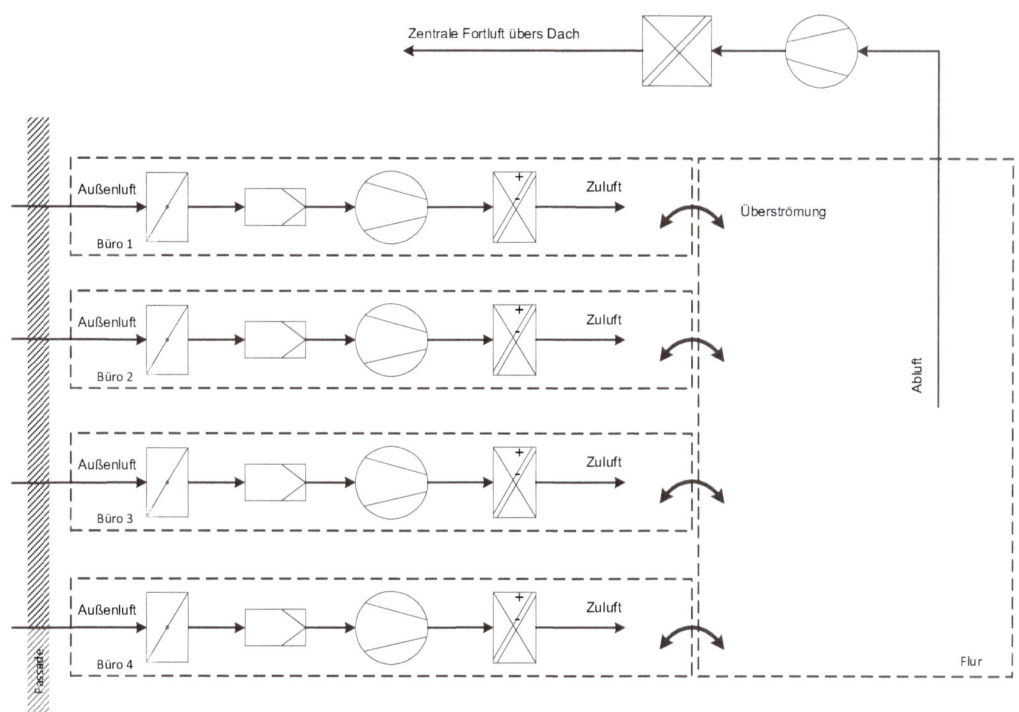


**Abb. 4-4** Systembild eines dezentralen Zuluftgeräts mit zentraler Abluft (*Werkbild: Fa. TROX GmbH*)

Zusätzlich zu den verschiedenen Bauformen dezentraler Geräte unterscheidet man diese nach dem Einbauort. So können die Geräte in der Brüstung (horizontal und vertikal), im Unterflurbereich, oder in der Decke angebracht werden (s. Abbildung 4-5 bis 4-9).

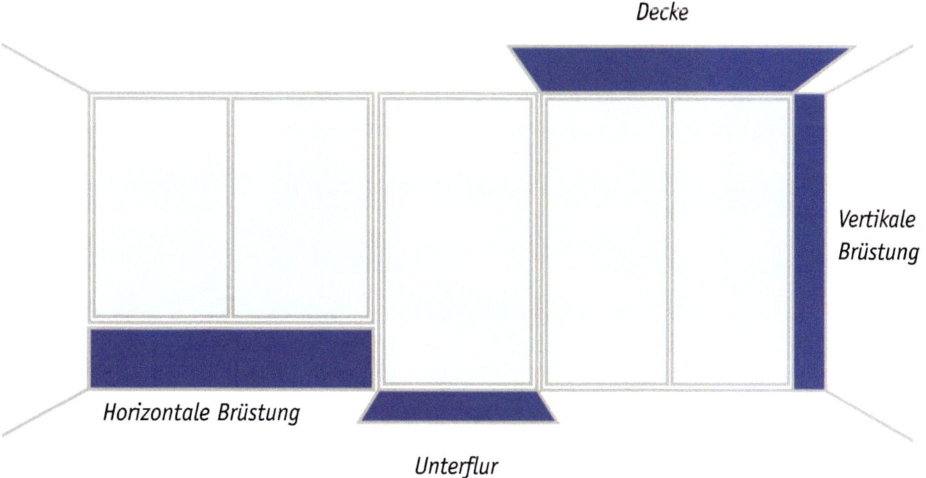


**Abb. 4-5** Einbaupositionen dezentrale Geräte (*Werkbild: Fa. TROX GmbH*)

**Abb. 4-6** Horizontales Brüstungsgerät und Einbaubeispiel (*Werkbild: Fa. TROX GmbH*)

**Abb. 4-7** Vertikales Brüstungsgerät und Einbaubeispiel (*Werkbild: Fa. TROX GmbH*)

**Abb. 4-8** Unterflurgerät und Einbaubeispiel (*Werkbild: Fa. TROX GmbH*)

**Abb. 4-9** Deckengerät und Einbaubeispiel (*Werkbild: Fa. TROX GmbH*)

## 4.5 Anforderungen an dezentrale Lüftungsgeräte

Detaillierte Angaben zu Anforderungen an dezentrale Lüftungsgeräte sind im VDMA-Einheitsblatt 24390 und in der VDI 3803-2 enthalten. Die im Folgenden genannten Anforderungen stellen nur einen Teil der in VDMA 24390 und VDI 3803-2 wiedergegebenen Anforderungen dar.

### 4.5.1 Akustische Anforderungen

In Büroräumen werden Schalldruckpegel von ca. 35 dB(A) gefordert. Das bedeutet bei einer üblichen Raumdämpfung von 6–7 dB, dass die Geräte einen Schallleistungspegel von 42 dB(A) nicht überschreiten sollten (die Pegeladdition mehrerer Geräte ist dabei nicht berücksichtigt).

Betrachtet man die Platzverhältnisse für Unterflur- und Brüstungsgeräte, in die Ventilatoren, Wärmerückgewinner, Volumenstromregler, Filter, Rückschlagklappen, Absperrklappen, Wärmeübertrager mit Regelventilen und die zugehörige Einzelraumregelung integriert werden müssen, so werden die hohen Anforderungen an die kompakten Geräte deutlich.

Anders als bei zentralen Anlagen ist der Einbau von Schalldämpfern zwischen dem Zentralgerät und den Luftdurchlässen kaum möglich. Die geforderten Akustikwerte müssen durch die Auswahl geeigneter Ventilatoren und geschickte Luftführung mit möglichst wenig Druckverlust sowie schallreduzierende Maßnahmen erreicht werden. Abbildung 4-10 zeigt die Platzverhältnisse am Beispiel der Funktionseinheit (Zu- und Abluft mit Sekundärluft) eines Brüstungsgerätes der Länge von ca. 1.200 mm.

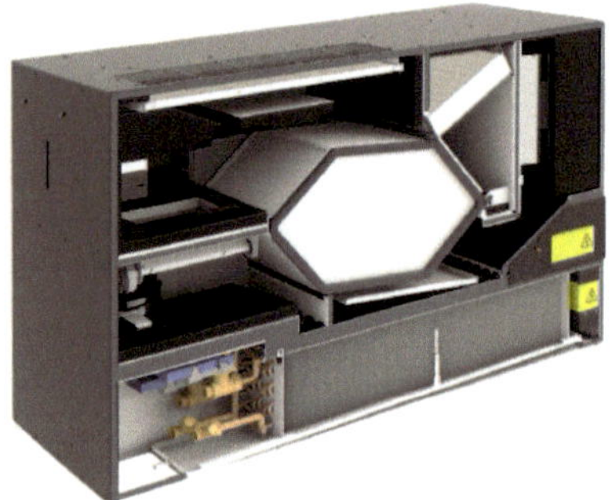

**Abb. 4-10** Geöffnete und geschlossene Funktionseinheit eines Zu- und Abluftgeräts mit Sekundärluftfunktion und hocheffizientem Wärmerückgewinner (*Werkbild: Fa. TROX GmbH*)

Ebenfalls können besonders auf die Strömungsprofile des Ventilators zugeschnittene Schalldämpfer zum Einsatz kommen.

Weiterhin müssen die Geräte über ein ausreichendes Schalldämmmaß verfügen, um den störenden Einfluss von Außengeräuschen zu minimieren. Für den Nachweis dieser Eigenschaften wird auf die DIN EN ISO 10140-2 (Messung der Normschallpegeldifferenz im Labor) verwiesen. Gegenüber einem geöffneten Fenster hat ein dezentrales Gerät in der Normschallpegeldifferenz deutliche Vorteile.

### 4.5.2 Wärmerückgewinnung

In der heutigen Zeit ist eine Wärmerückgewinnung in fast allen Anwendungen gesetzlich vorgeschrieben und auch energetisch sinnvoll. Ob diese innerhalb eines kombinierten Zu-Abluftgerätes oder mit einer zentralen Abluft und dezentralen Zuluftgeräten über ein KV-System umgesetzt wird, hängt von der Anwendung ab (s. a. Kapitel 2.4.2).

#### 4.5.2.1 Arten der Wärmerückgewinnung

Bei kombinierten Zu- und Abluftsystemen kommen entweder regenerative oder rekuperative Systeme zum Einsatz.

Regenerative Systeme wie bspw. Rotationswärmeübertrager haben den Vorteil, dass immer auch Feuchte übertragen werden kann. Das hat zur Folge, dass zum einen die Raumluft im Winter weniger trocken ist und zum anderen zumindest im zentraleuropäischen Raum kein Kondensat ausfällt und das Wärmerückgewinnungssystem nicht einfriert. Wenn der Rotor als Sorptionsrotor ausgeführt wird, kann mit diesem im Sommer auch die Außenluft getrocknet werden, was die erforderliche latente Leistung des Kühlers reduziert.

Rekuperative Systeme wie bspw. Gegenstromplattenwärmeübertrager mit Platten aus undurchlässigen Materialien (z. B. Aluminium) können keine Feuchte übertragen. Bei diesen fällt im Winter zumindest in Nord- und Zentraleuropa in der Regel Kondensat an und es kann je nach Betriebsbedingungen zum Einfrieren des Wärmerückgewinnungssystems kommen. Entsprechende Maßnahmen sind in solchen Fällen vorzusehen. Bei Plattenwärmeübertragern mit feuchtedurchlässiger Membran (Enthalpietauscher) wird immer Feuchte übertragen, wenn sich der Wassergehalt auf beiden Luftseiten unterscheidet. Diese können ebenso wie Rotoren zumindest unter zentraleuropäischen Klimabedingungen ganzjährig kondensat- und damit frostfrei betrieben werden.

#### 4.5.2.2 Bypass für das WRG-System aus energetischen Gründen

Der Einsatz eines WRG-Systems ist im Sommer bei hohen und im Winter bei niedrigen Außentemperaturen sinnvoll. Da jedoch aufgrund der guten Wärmedämmung und hoher innerer Lasten in den Übergangszeiten Bürogebäude vorwiegend Kühlung benötigen, ist es unzweckmäßig, die kühle Außenluft im WRG-System vorzuwärmen, um sie anschließend wieder kühlen zu müssen. Daher ist ein thermischer Bypass innerhalb der EU aufgrund der Ökodesignrichtlinie in den meisten Fällen gesetzlich vorgeschrieben.

Es wird dringend empfohlen, die Geräte darüber hinaus mit einem regelbaren thermischen Bypass auszustatten. Dieser sollte eine Außen- und Raumlufttemperatur geführte Regelung aufweisen, um eine optimalen Energieeinsparung zu ermöglichen. Ein thermischer Bypass wird bei Rotationswärmetauschern meist durch Drehzahlregelung und bei Plattenwärmeübertragern durch einen Bypasskanal mit regelbarer Klappe ausgeführt.

#### 4.5.2.3 Bypass für das WRG-System zum Schutz vor Vereisung

Wie unter Kapitel 4.5.2.1 beschrieben, kann es bei manchen WRG-Systemen und je nach thermischen Bedingungen zu Kondensatanfall und damit zu Frost kommen.

Grundsätzlich kann der thermische Bypass auch als Frostschutzmaßnahme genutzt werden, wenn bspw. bei kritischen Bedingungen die Wärmerückgewinnung zeitweise reduziert oder ganz abgeschaltet wird, sodass diese abtauen bzw. gar nicht erst einfrieren kann.

### 4.5.3 Kondensatanfall

In Abhängigkeit von den Außenluftkonditionen im Sommer und der Wasservorlauftemperatur kann am Kühler Kondensat anfallen und damit die Außenluft entfeuchtet werden. In diesem Fall muss eine Kondensatwanne vorgesehen werden. Die Kondensatwanne kann entfallen, wenn der trockene Betrieb des Kühlers ganzjährig sichergestellt werden kann.

Wie in Kapitel 4.5.2.1 beschrieben, ist bei manchen WRG-Typen auf der Abluftseite mit Kondensat zu rechnen und eine Kondensatwanne zu integrieren. Entfallen kann die Kondensatwanne nur, wenn ganzjährig der Kondensatanfall ausgeschlossen werden kann. Das ist, wie weiter oben beschrieben, bei regenerativen Systemen meist sichergestellt und kann bei rekuperativen Systemen bspw. durch eine Sekundärluftbeimischung vor dem Plattenwärmeübertrager realisiert werden.

### 4.5.4 Hygiene

Für dezentrale RLT-Anlagen gelten die gleichen hygienischen Grundprinzipien wie für zentrale RLT-Anlagen. In der VDI 6022 Blatt 1 wird „die Sicherung einer hygienisch einwandfreien Innenraum-Luftqualität durch fachgerechte Planung, Geräteausführung, Betriebsweise und Instandhaltung“ gefordert.

Die hygienischen Anforderungen an zentrale und dezentrale RLT-Anlagen müssen wegen einiger grundlegender Unterschiede jedoch differenziert bewertet werden. Der Umluftvolumenstrom dezentraler RLT-Geräte wird (wie bei Induktionsgeräten oder Ventilatorkonvektoren) immer in denselben Raum zurückgeführt, aus dem er entnommen wurde. Er kann daher anders als zentrale Umluftströme die Raumluftqualität prinzipiell nicht verschlechtern.

Gemäß DIN EN 16798-3 wird daher diese Umluftart als Sekundärluft bezeichnet. Sekundärluft unterliegt nicht den strengen Anforderungen an die Filterung wie die Umluft zentraler RLT-Anlagen. Die thermodynamischen Luftbehandlungsfunktionen Befeuchten und Entfeuchten sind mit einem erhöhten Investitions- und Instandhaltungsaufwand verbunden. Werden diese Luftbehandlungsfunktionen dennoch vorgesehen, ist auf die hygienisch einwandfreie Planung und Ausführung des Befeuchters sowie der Kondensatwanne des Entfeuchters mit sicherer Kondensatableitung besonders zu achten.

Die Befeuchtung mittels Dampfbefeuchter mit Kondensatrückführung erfüllt die Hygieneansprüche sicherlich am besten. Besondere Relevanz bzgl. der Hygiene hat die Ausführung der Filter. Hier sind Filterbypassleckagen zu minimieren und die Filter sollten zum Geräteschutz immer nah am Lufteintritt des Gerätes platziert werden.

### 4.5.5 Misch- und Sekundärluftbetrieb

Ein Sekundärluftbetrieb sollte mit dezentralen Geräten möglich sein. Wird das Gebäude in der Nacht und am Wochenende nicht genutzt, ist ein Temperaturhaltebetrieb mit Sekundärluft energetisch und wirtschaftlich sinnvoll. Ein gewisser Sekundärluftanteil kann aber auch während der Nutzungszeit des Gebäudes sinnvoll sein, wenn gleichzeitig der Mindestaußenluftanteil der Personen sichergestellt ist.

Wird aufgrund hoher Kühl- oder Heizlasten mehr Zuluft als der Mindestaußenluftanteil benötigt, ist es energetisch nicht sinnvoll, den Außenluftstrom zu erhöhen, denn die benötigte Energie zum Anheben bzw. Absenken der Temperatur auf die Raumlufttemperatur ist für die Heiz- oder Kühlaufgabe verloren. Für den Mindestaußenluftanteil ist sie dagegen erforderlich und sinnvoll. Daher sollten Geräte so konstruiert sein, dass der Sekundärluftstrom ohne Änderung des Außenluftstroms an die jeweiligen Erfordernisse angepasst werden kann.

In jedem Fall ist zu empfehlen, den Außenluftanteil in Abhängigkeit der Luftqualität (bspw. VOC oder $CO_2$) und die Sekundärluft in Abhängigkeit der thermischen Bedingungen bedarfsorientiert zu regeln.

## 4.6 Windeinfluss

Druckdifferenzen zwischen dem Gebäudeinneren und der Umgebung entstehen durch Temperaturunterschiede und Windeinflüsse, wobei die durch Wind erzeugten Druckdifferenzen bei höheren Gebäuden dominieren.

Da die Windgeschwindigkeit höhenabhängig ist, resultieren daraus unterschiedliche Druckverhältnisse in den verschiedenen Geschossen eines Gebäudes. Eine Windgeschwindigkeit von ca. 10 m/s (Windstärke 5, frische Brise) erzeugt auf der Luv- und Leeseite einen Druckunterschied von 30 bis 40 Pa gegenüber dem Gebäudeinneren. Dadurch wird der Zuluftventilator auf der Luvseite „angeschoben“ und der Zuluftvolumenstrom nimmt gegenüber dem bei Windstille zu. Der Abluftventilator hingegen muss gegen den Winddruck fördern und der Volumenstrom nimmt ab. Die Ventilatorcharakteristik bestimmt dabei die Größe der Volumemstromänderung.

Es entstehen innerhalb des Gebäudes Querströmungen von der Luv- zur Leeseite. Dabei wird auf der Luvseite der Zuluftvolumenstrom größer als der Auslegungsvolumenstrom, was unter Umständen zu Zugerscheinungen führen kann (höherer Volumenstrom = höhere Austrittsgeschwindigkeit). Demgegenüber steigt auf der Leeseite der Abluftvolumenstrom und der Zuluftvolumentrom sinkt, sodass aus dieser Wind- und Drucksituation eine Minderversorgung der Räume mit Außenluft resultieren kann.

Ist ein Raum luftdicht ausgeführt, erfolgt ein Druckausgleich zur Außenfassade. Zu- und Abluftventilator fördern den Auslegungsvolumenstrom, die Druckdifferenz verschiebt sich an die Grenzfläche zwischen Raum und angrenzenden Gebäudeteile. Zusätzliche Informationen können dem VDMA Einheitsblatt 24390 entnommen werden.

Ab ca. 50 Pa Differenzdruck über die Tür wird das Öffnen dieser deutlich erschwert. Räume sollten daher nicht luftdicht zu den Flurbereichen ausgeführt werden.

### 4.6.1 Kompensation von Windeinflüssen

Auf der Luvseite stellt ein Volumenstrombegrenzer in der Außenluft sicher, dass der maximale Zuluftvolumenstrom durch den Überdruck nicht überschritten wird. Dort kompensiert der Abluftventilator den Überdruck mit einer Drehzahlerhöhung (Abbildung 4-11 und 4-12).

Auf der Leeseite kompensiert ein volumenstromgeregelter Zuluftventilator den Unterdruck durch selbsttätige Drehzahlanhebung. Der Abluftventilatior kompensiert den Unterdruck mit einer Drehzahlreduktion. Der Volumenstrombegrenzer in der Abluft kann in den meisten Fällen entfallen, weil auf der Leeseite der Differenzdruck zwischen dem Inneren und Äußeren des Gebäudes deutlich geringer ist als auf der Luvseite.

Zusätzliche Rückschlagklappen können die Umkehrung der Strömungsrichtungen verhindern, wenn dies durch die genannten Maßnahmen nicht sichergestellt ist.

Moderne Ventilatoren mit EC-Antrieben zeichnen sich einerseits durch bessere Wirkungsgrade gegenüber AC-Motor-getriebenen Ventilatoren aus und bieten darüber hinaus, durch eine integrierte Software die Möglichkeit der automatischen Drehzahländerung in Abhängigkeit des Winddrucks. Hierbei ist jedoch zu beachten, dass der Volumenstrom, bei dem der Begrenzer wirksam wird, oberhalb des Nennvolumenstroms des Ventilators eingestellt werden muss, da sonst die Systeme gegeneinander arbeiten. Der Volumenstrombegrenzer drosselt und der Ventilator erhöht die Drehzahl.

Bei sehr großen Windgeschwindigkeiten (Sturm) sollten die Geräte abgeschaltet oder zur Aufrechterhaltung der Kühl- oder Heizfunktion im reinen Sekundärluftbetrieb betrieben werden.

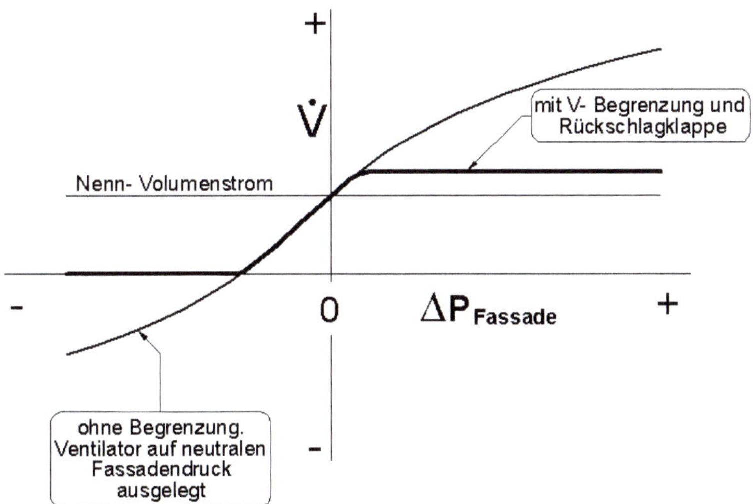


**Abb. 4-11** Einfluss der Windlast auf ein Zuluftgerät mit und ohne Volumenstrombegrenzer (*Werkbild: Fa. TROX GmbH*)

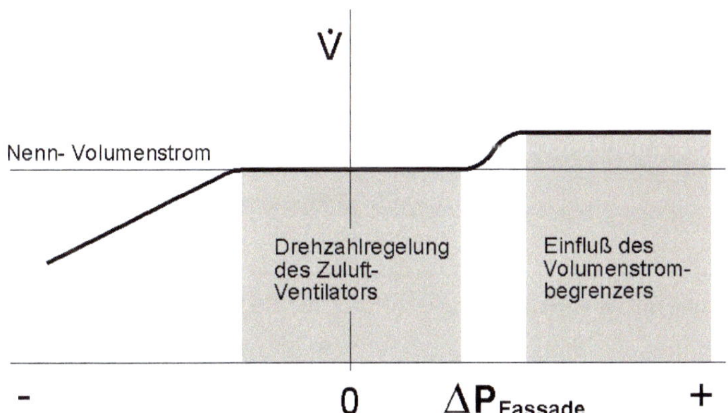


**Abb. 4-12** Einfluss der Windlast auf ein Zuluftgerät mit EC-Antrieb, Drehzahlregelung und Volumenstrombegrenzer (*Werkbild: Fa. TROX GmbH*)

Im ausgeschalteten Zustand müssen die Ansaug- und Ausblasöffnungen der Geräte verschlossen werden, um einen unkontrollierten Luftaustausch und damit z. B. eine ungewollte Nachtauskühlung zu verhindern. Dies kann z. B. durch einen mechanischen oder elektrischen Antrieb realisiert werden, der die Absperrklappen schließt.

## 4.7 Luftführung im Raum

Mit dezentralen Lüftungsgeräten sind Mischluft- und Quellluftsysteme realisierbar (s. a. Kapitel 2.5.4).

Systeme mit Quelllufteinbringung im dezentralen Bereich werden üblicherweise fassadennah als Unterflur- oder Brüstungsgerät installiert. Hierbei muss immer die Nähe zum Nutzer beachtet werden, da Luftgeschwindigkeiten > 0,15 m/s zu Zugerscheinungen führen können. Beim Quellluftsystem bildet sich im Raumkühlfall eine Frischluftschicht im Fußbodenbereich.

Aufgrund der Konvektion an Wärmequellen strömt die Luft an diesen Stellen nach oben und wird quasi zur verbrauchten Luft (s. Abbildung 4-13). Die Ausbildung der Raumströmung ist signifikant von den thermischen Lasten und deren Anordnung im Raum abhängig.

**Abb. 4-13** Quellluftsystem mit dezentralem Gerät (*Werkbild: Fa. TROX GmbH*)

Soll jedoch ein Mischluftsystem verwendet werden, sind einige Einflussfaktoren zu berücksichtigen. Hierbei werden üblicherweise die dezentralen Lüftungsgeräte in Fassadennähe im Deckenbereich eingebaut und können aufgrund dieser Position eine horizontal initiierte tangentiale Raumluftströmungen (s. Abbildung 4-14) erzeugen. Bei solchen Mischluftsystemen muss die Eintrittsgeschwindigkeit der Zuluft hoch genug sein, damit sich die Strömung an der Decke anlegt (Koandaeffekt).

Da bei diesem System im Bereich der Decke Raumluft zusätzlich induziert, werden Luftgeschwindigkeit und Temperaturdifferenzen schnell abgebaut, bevor die Zuluft den Aufenthaltsbereich erreicht.

**Abb. 4-14** Mischluftsystem mit horizontal initiierter tangentialer Raumströmung (*Werkbild: Fa. TROX GmbH*)

Bei kombinierten Zu- und Abluftgeräten ist die Position der Abluftöffnung ein entscheidender Einflussfaktor für die Lüftungseffektivität. Die Abluftöffnung sollte bei allen Systemen so ausgeführt werden, dass ein Lüftungskurzschluss vermieden wird.

## 4.8 Brand- und Rauchschutz

In Hochhäusern darf gemäß der Hochhausrichtlinie in einigen Bundesländern ausschließlich nichtbrennbares Material (A-Material) zur thermischen und akustischen Auskleidung in luftführenden Systemen verwendet werden. Mit einer zentralen Brandfrüherkennung oder mit Rauchmeldern in der Ansaugstrecke der Geräte wird durch Abschalten der Geräte (und damit automatischem Schließen der Absperrklappen) die Rauchübertragung von außen oder aus dem Fassadenzwischenraum wirkungsvoll verhindert.

Dezentrale Systeme bieten weitere besondere Vorteile, da sie Einzelräume be- und entlüften, die keine lufttechnische Verbindung zu anderen Räumen aufweisen. Das reduziert deutlich die Aufwände für den Brand- und Rauchschutz. Die mechanische dezentrale Lüftung wird nach Außen meist als „geöffnetes Fenster“ betrachtet und reduziert damit zusätzliche Maßnahmen für den äußeren Brandüberschlag.

## 4.9 Wartung und Instandhaltung

Aufgrund der meist hohen Anzahl an dezentralen Lüftungsgeräten in einem Gebäude und der damit verbundenen Komponentenanzahl muss die Wartung und die Instandhaltung möglichst wirtschaftlich für den Betreiber gestaltet werden.

Die Wartungsfreundlichkeit ist insbesondere durch einen einfachen Gerätezugriff, wie z. B. durch werkzeuglosen Filterwechsel oder direkte Reinigungsmöglichkeit der Kondensatwanne zu realisieren.

Viele Hersteller von dezentralen Geräten bieten weitere Möglichkeiten an, um eine effiziente Gerätewartung durchzuführen. So werden unter anderem separate Deckel genutzt, um einen Schnellzugriff auf wichtige Bauteile, wie z. B. den Wärmerückgewinner, zu ermöglichen.

## 4.10 Schlussfolgerungen

- Dezentrale Lüftungssysteme sind in vielen Gebäuden eine sinnvolle und wirtschaftliche Möglichkeit zur Be- und Entlüftung von Räumen.
- Bei der Planung sind die Einsatzgrenzen dieser Systeme zu berücksichtigen.
- Eine Vollklimatisierung ist mit den dezentralen Systemen wirtschaftlich nicht zu empfehlen (keine geregelte Befeuchtung).
- Die individuell bedarfsgerechte Regelung führt zu einer guten Energieeffizienz und erhöht den Nutzerkomfort.
- Dezentrale Systeme benötigen im Vergleich zu zentralen RLT-Anlagen oft weniger Platz, weil Kanäle und Kanalkomponenten entfallen (keine Zwischendecken/-böden, keine Volumenstromregler, keine Brandschutzklappen usw.).
- Bei Nutzungsänderungen (Raumänderungen, neue Wände o. Ä.) entstehen bei dezentralen Geräten nur geringe Aufwände, weil es keine umzulegenden Kanäle gibt.
- Bei Sanierungen sind dezentrale Lüftungssysteme häufig die einzige Möglichkeit, eine mechanische Be- und Entlüftung zu realisieren.
- Bei Gebäudenutzung durch mehrere Parteien können Energiekosten (Wärme, Kälte und Strom zur Luftförderung) exakt den Nutzern zugeordnet werden.
- Auch bei hohen akustischen Anforderungen können dezentrale Geräte eingesetzt werden.

# 5 Kontrollierte Wohnungslüftung

## 5.1 Allgemeines

Wohnungen sind aus gesundheitstechnischen und bauphysikalischen Gründen und wegen der Zuführung der u. U. notwendigen Verbrennungsluft zu lüften.

Zu den gesundheitstechnischen Gründen gehören u. a. die Gewährleistung der thermischen Behaglichkeit (Kompensation von Wärme- und Feuchtelasten, die bei der Nutzung der Wohnung auftreten) und der hygienische Behaglichkeit (Kompensation von Schadgasen (wie z. B. $CO_2$), Gerüchen, Ausdünstungen, Schadstoffen (wie z. B. Staub, Bakterien, Pollen, Tabakrauch).

Zu den bauphysikalischen Gründen gehört die Abführung von in der Wohnung anfallender Feuchte, um Taupunktunterschreitung und daraus folgend Schimmelbefall zu vermeiden.

Die frühere DIN 1946-6 legt die Mindestanforderungen an die Lüftung in Abhängigkeit von der Nutzung (Wohnungsgröße, Personenzahl) fest. Dabei wird in Grundlüftung (erforderlicher Mindestaußenluftvolumenstrom $q_{V,ODA,min}$) und Gesamtlüftung (erforderlicher Außenluftvolumenstrom bei normaler Belegung und Nutzung $q_{V,ODA}$) unterschieden (Tabelle 5-1).

**Tab. 5-1** Außenluftvolumenstrom für einzelne Wohnungsgruppen ohne Berücksichtigung fensterloser Räume

| Wohnungs-gruppe | Wohnungs-größe | Geplante Belegung | Grundlüftung $q_{V,ODA,min}$ | Gesamtlüftung $q_{V,ODA}$ |
|---|---|---|---|---|
| | $m^2$ | Personen | $m^3/h$ | $m^3/h$ |
| I | ≤ 50 | bis 2 | 60 | 60 |
| II | > 50<br>≤ 80 | bis 4 | 90 | 120 |
| III | > 80 | bis 6 | 120 | 180 |

Aus energetischen Gesichtspunkten wird gesetzlich (EnEV) und in der DIN V 18599 darauf orientiert, den Lüftungswärmebedarf (Lüftungsheizlast) (s. a. Kapitel 1.4.1.2) gemäß DIN EN 12831-1 so zu minimieren, dass die in DIN 1946-6 geforderten Werte eingehalten und nachgewiesen werden. Dabei sollte ein Außenluftwechsel von $n_{AUL,min} = n_{ODA,min} \approx 0{,}35$ 1/h nicht unterschritten werden (s. a. Kapitel 2.1). Mit der zusätzlichen Forderung nach der Dichtheit des Gebäudes (DIN EN 832), d. h. auch der Fensterfugen, können über eine Fugenlüftung (Fugendurchlasskoeffizient a < 0,3 $m^3/(h\ m\ Pa^{2/3})$ die in Tabelle 5-1 genannten Werte kaum erreicht werden.

Von [93] wurde im Vorfeld der Erarbeitung der DIN 1946-6 vorgeschlagen, den Mindestaußenluftwechsel $n_{AUL,max} = n_{ODA,max}$ zweckmäßigerweise in Abhängigkeit der Wohnraumnutzung und des Gebäudetyps zu determinieren (s. Tabelle 5-2 und Tabelle 5-3).

Dies bedeutet, dass die Wohnungen entweder natürlich oder mechanisch gelüftet werden müssen. Die Möglichkeiten der Wohnungslüftung zeigt Abbildung 5-5. In den skandinavischen Ländern ist deshalb eine kontrollierte Wohnungslüftung mit Wärmerückgewinnung bei Neubauten zwingend vorgeschrieben und in den Niederlanden seit über 15 Jahren gängige Praxis.

**Tab. 5-2** Vorschlag für schimmelpilzvermeidende Mindestlüftung in EFH-Mindestaußenluftwechsel $n_{\mathrm{ODA,min}}$ nach [93]

| | Wohn-zimmer | Schlaf-zimmer | Kinder-zimmer | Küche | Bad | Wohnung |
|---|---|---|---|---|---|---|
| Sanierung | 0,20 | 0,40 | 0,45 | 0,35 | 0,45 | 0,30 |
| Neubau | 0,15 | 0,20 | 0,25 | 0,20 | 0,30 | 0,15 |

**Tab. 5-3** Vorschlag für schimmelpilzvermeidende Mindestlüftung in MFH-Mindestaußenluftwechsel nach [93]

| | Wohn-zimmer | Schlaf-zimmer | Kinder-zimmer | Küche | Bad | Wohnung |
|---|---|---|---|---|---|---|
| Sanierung | 0,25 | 0,60 | 0,70 | 0,40 | 0,60 | 0,40 |
| Neubau | 0,15 | 0,30 | 0,35 | 0,25 | 0,40 | 0,20 |

DIN 1946-6 weist vier Grundlüftungsprinzipien aus:

- Lüftung zum Feuchteschutz (FL)
- Reduzierte Lüftung (RL)
- Nennlüftung (NL)
- Intensivlüftung(IL)

Positiv ist zu werten, dass die Lüftung als Feuchteschutz eindeutig ausgewiesen wird.

Der Bezug auf einen Mindestaußenluftvolumenstrom je Raum (Index: R) $q_{V,\, ges,\, R} = q_{V,\, ODA,\, ges,\, R}$ in Abhängigkeit der Raumnutzung ist im Gegensatz zur der allgemeinen Aussage in der EnEV ebenfalls positiv zu werten (Tabelle 5-4).

Die aus DIN 1946-6 abgeleiteten Lüftungskonzepte in [95] weisen sowohl eine die Infiltration (ohne diese näher zu definieren) als auch bei der Lüftung ein Öffnen des Fensters durch den Nutzer in bestimmten Zeitintervallen aus (Tabelle 5-5).

**Tab. 5-4** Gesamt-Außenluftvolumenströme $q_{v,ges,R}$ bei freier Lüftung für einzelne Räume mit Fenstern in m³/h

<table>
<tr><th rowspan="3">Raum</th><th colspan="5">Gesamt-Außenluftvolumenströme $q_{v,ges,R}$ in m³/h</th></tr>
<tr><th colspan="2">Lüftung zum Feuchteschutz FL</th><th rowspan="2">reduzierte Lüftung RL</th><th rowspan="2">Nennlüftung NL</th><th rowspan="2">Intensivlüftung IL</th></tr>
<tr><th>Wärmeschutz hoch[a)]</th><th>Wärmeschutz gering[b)]</th></tr>
<tr><td>Küche, Kochnische[e)]</td><td rowspan="8">8</td><td rowspan="8">12</td><td rowspan="12">teilweise durch Nutzerunterstützung (manuelles Fensteröffnen)</td><td rowspan="12">teilweise durch Nutzerunterstützung (manuelles Fensteröffnen)</td><td rowspan="12">durch Nutzerunterstützung (manuelles Fensteröffnen)</td></tr>
<tr><td>Bad mit/ohne WC[e)]</td></tr>
<tr><td>Duschraum [e)]</td></tr>
<tr><td>WC[e)]</td></tr>
<tr><td>Hausarbeitsraum, Abstellraum[e)]</td></tr>
<tr><td>Kellerraum (z. B. Hobbyraum)[c),d),e)]</td></tr>
<tr><td>Arbeitszimmer</td></tr>
<tr><td>Gästezimmer</td></tr>
<tr><td>Wohnzimmer</td><td rowspan="4">10</td><td rowspan="4">18</td></tr>
<tr><td>Esszimmer</td></tr>
<tr><td>Kinderzimmer</td></tr>
<tr><td>Schlafzimmer</td></tr>
</table>

a) Wärmeschutz hoch; Neubau nach 1995 oder Komplett-Modernisierung mit entsprechendem Wärmeschutznachweis (mindestens nach WSchV95, schließt die EnEv)
b) Wärmeschutz gering oder teilmodernisierte (z. B. nur Fensterwechsel, dadurch Erhöhung der Dichtheit der Gebäudehülle bei niedrigem Wärmestandard) Gebäude
c) nur innerhalb der thermischen Hülle
d) Räume bei deren Nutzungen erhöhte Feuchte- bzw. Stofflasten verursacht werden, sind gesondert zu behandeln
e) Abluftraum bei Schachtlüftung

**Tab. 5-5** Lüftungskonzepte nach [95]

| Realisierung durch | Feuchteschutzluftstufe | Mindestluftstufe | Grundluftstufe | Intensivluftstufe |
|---|---|---|---|---|
| Freie Lüftung | Infiltration und ALD | Infiltration und Fenster öffnen | Infiltration und Fenster öffnen | Infiltration und Fenster öffnen |
| Fensteröffnungsintervalle | | z. B. alle 4 Stunden je 12 Minuten öffnen | z. B. alle 4 Stunden je 22 Minuten öffnen | bedarfsabhängig |
| ventilatorgestützes Abluftsystem | Infiltration und Abluftsystem | Infiltration und Abluftsystem | Infiltration und Abluftsystem | Infiltration, Abluftsystem und Fenster öffnen |
| ventilatorgestützes Zu- und Abluftsystem | Infiltration, Zu- und Abluftsystem | Infiltration, Zu- und Abluftsystem | Infiltration, Zu- und Abluftsystem | Infiltration, Zu- und Abluftsystem |

Für die ventilatorgestützte Lüftung sind zur Ermittlung und Festlegung der nutzungsunabhängigen Gesamt-Außenluftvolumenströme für die Lüftung der vier oben genannten Systeme die Werte nach Tabelle 5-5 bezogen auf Wohnung bzw. Nutzungseinheit in m² anzuwenden. Die Werte für die Nennlüftung (NL) sind Bezugswerte für die Bemessung der Lüftungskomponenten der freien Lüftung. Als Grundgleichung gilt die zugeschnittene Größengleichung für die Nennlüftung:

$$q_{v,ges,NE} = f_{LSt} \cdot \left(-0{,}002 \cdot A_{NE}^2 + 1{,}15 \cdot A_{NE} + 11\right)$$

Somit ist neben den Tabellenwerten eine Interpolation über die Fläche $A_{NE}$ möglich. Der Bezug zur Nutzfläche ist eine planerische Möglichkeit, wobei sie, wie bei der Ermittlung des Heizenergiebedarfs bei der EnEV, kaum die Tendenzen der tatsächlichen und sich ändernden Wohnraumbelegung wiederspiegelt. Der Faktor $f_{LSt}$ ist aus der Tabelle 5-6 zu entnehmen.

**Tab. 5-6** Faktor $f_{LSt}$ zur Berücksichtigung der Lüftungsstufe nach DIN 1946-6

| | Wärmeschutz hoch | Wärmeschutz gering |
|---|---|---|
| **Lüftung zum Feuchteschutz: geringe Belegung** [a)] | 0,2 | 0,3 |
| **Lüftung zum Feuchteschutz: hohe Belegung** | 0,3 | 0,4 |
| **Reduzierte Lüftung** | 0,7 | |
| **Nennlüftung** | 1,0 | |
| **Intensivlüftung** | 1,3 | |

a) Geringe Belegung liegt üblicherweise in selbstgenutztem Eigentum, wie z. B. EFH, vor

**Tab. 5-7** Gesamt-Außenluftvolumenströme $q_{v,ges,NE}$ in m³/h für Nutzungseinheiten (NE)[a),b)]

| **Fläche der Nutzungseinheit** $A_{NE}$ [c)] m² | | ≤ 20 | 30 | 50 | 70 | 90 | 110 | 130 | 150 | 170 | 190 | 210 |
|---|---|---|---|---|---|---|---|---|---|---|---|---|
| **Lüftung zum Feuchteschutz hoch** $q_{v,ges,NE,Flh}$ | geringe Belegung[d)] | k.A. | k.A. | 15 | 15 | 20 | 25 | 25 | 30 | 30 | 30 | 35 |
| | hohe Belegung | 10 | 15 | 20 | 25 | 30 | 35 | 40 | 40 | 45 | 45 | 50 |
| **Lüftung zum Feuchteschutz gering** $q_{v,ges,NE,Flg}$ | geringe Belegung[d)] | k.A. | k.A. | 20 | 25 | 30 | 35 | 40 | 40 | 45 | 45 | 50 |
| | hohe Belegung | 15 | 20 | 25 | 35 | 40 | 45 | 50 | 55 | 60 | 65 | 65 |
| **Reduzierte Lüftung** $q_{v,ges,NE,RL}$ | | 25 | 30 | 45 | 55 | 70 | 80 | 90 | 95 | 105 | 110 | 115 |

**Tab. 5-7** Gesamt-Außenluftvolumenströme $q_{v,ges,NE}$ in $m^3/h$ für Nutzungseinheiten (NE)[a),b)] (Forts.)

| | | | | | | | | | | | |
|---|---|---|---|---|---|---|---|---|---|---|---|
| **Nennlüftung**[e)] $q_{v,ges,NE,NL}$ | 35 | 45 | 65 | 80 | 100 | 115 | 125 | 140 | 150 | 155 | 165 |
| **Intensivlüftung** $q_{v,ges,NE,IL}$ | 45 | 55 | 85 | 105 | 130 | 145 | 165 | 180 | 195 | 205 | 215 |

a) Die Tabellenwerte sind auf 5 $m^3/h$ gerundet

b) Einschließlich in Infiltration

c) Beheizte Fläche $A_{NE}$ innerhalb der Gebäudehülle, die im Rahmen des Lüftungskonzepts zu berücksichtigen sind:

- bei Flächen der NE $A_{NE} < 20\ m^2$ (je Wohnung bzw. Nutzungseinheit) wird $A_{NE} = 20\ m^2$ gesetzt
- bei Flächen der NE $A_{NE} < 210\ m^2$ (je Wohnung bzw. Nutzungseinheit) sind die planmäßigen Außenluftvolumenströme anzupassen, in dem der für 210 $m^2$ bestimmte Volumenstrom für die Nennlüftung um 4 $m^3/h$ je 10 $m^2$ zusätzlicher Wohnfläche erhöht wird. Eine Verringerung der Luftvolumenströme mit größer werdender Fläche der Nutzungseinheit ist nicht zulässig

d) Lüftung zum Feuchteschutz: Von einer geringeren Belegung kann ausgegangen werden, wenn bei planmäßiger Nutzung eine Nutzfläche von ≥ 40 $m^2$/Person vorhanden ist.

e) Nennlüftung: Eine aus Lüftungssicht planmäßig zulässige Personenzahl in einer Nutzungseinheit kann bestimmt werden, indem der für Nennlüftung angegebener Gesamt-Außenluftvolumenstrom durch ungefähr 30 $m^3/h$ je Person geteilt wird, z. B. Nutzungseinheit mit 110 $m^2$:(120 $m^3/h$)/30 $m^3/(h\cdot Pers.)$ = 4 Personen (gerundeter Wert). Dies entspricht in Bezug auf die NE Kategorie I bis Kategorie II der DIN EN 15251, Tabelle B.5 (gilt sinngemäß auch für DIN EN 16798-1)

In Ausnahmefällen kann bei intensiv genutzten Nutzungseinheiten die aus Lüftungssicht planmäßig zulässigen Personenzahl bestimmt werden, indem der für die Nennlüftung angegebenen Gesamtaußenluftvolumenstrom durch 20 $m^3/h$ je Person geteilt wird. (Dies entspricht in Bezug auf die NE Kategorie III der DIN EN 15251, Tabelle B.5 (gilt sinngemäß auch für DIN EN 16798-1).

Bei erhöhten Anforderungen (z. B. bei über die üblichen Werte hinausgehenden, hohen Schadstofflasten) können die Außenluftvolumenströme erhöht werden. (siehe auch Nationaler Anhang der der DIN EN 15251, gilt sinngemäß auch für DIN EN 16798-1)

Unabhängig von energetischen Maßnahmen, die sich aus der EnEV 2009 bzw. EnEV 2014 ergeben, muss die Priorität bei der **Nutzung** von Räumen und Gebäuden liegen. Die Nutzung von Räumen, deren bautechnische Ausgestaltung und die Lüftungsmöglichkeiten haben sich in den letzten Jahrzehnten entscheidend verändert. Nach [96] sollten einige Beispiele dies untermauern, um zu verdeutlichen, dass einige oft gebrauchte Argumente bezüglich ihrer Wertigkeit hinterfragt werden sollten.

Die Infiltration ist auf jeden Fall zu berücksichtigen. Der wirksame Luftvolumenstrom durch Infiltration (Einfluss der Gebäudehülle) nach DIN 1946-6 ergibt sich zu

$$q_{v,inf,wirk} = e_z \cdot V_{NE} \cdot n_{50}$$

Dabei sind:

$$V_{NE} = A_{NE} \cdot H_R$$

$$n_{50} = n_{50,m} + 2 \cdot \frac{A_{öff}}{V_i}$$

$e_z$ nach Tabellen 5-8 und 5-9

mit

$H_R$ Raumhöhe, Standardwert (2,5 m)

$A_{NE}$ Fläche der Nutzungseinheit in m²

$n_{50}$ Luftwechsel bei 50 Pa in 1/h

$n_{50,m}$ Messwert des Luftwechsels in 1/h

$A_{öff}$ Fläche von kleinen Öffnungen in cm²

$V_i$ Innenvolumen des Gebäudes aus lichten Raummaßen in m³

Bei der freien Lüftung (s. a. Kapitel 2.2) kann der Volumenstromkoeffizient $e_z$ mit Korrekturfaktoren aus der Tabelle 5-9 nach der folgenden Gleichung ermittelt werden:

$$e_z = 0{,}04 \cdot \sqrt{f_{\text{Wind}}^2 + f_{\text{Therm}}^2}$$

**Tab. 5-8** Korrekturfaktoren *f* zur Bestimmung des Außenluftvolumenstroms durch Infiltration für die Auslegung von ALD bei freier Lüftung

| **Korrekturfaktor für den Gebäudestandort $f_{Ort}$** | |
|---|---|
| windschwach | 1,0 |
| windstark | 2,0 |
| **Korrekturfaktor für den Gebäudestandort $f_{Lage}$** | |
| normale Lage | 1,0 |
| offene Lage (z. B. ohne Nachbarbebauung (s. a. DIN EN 16798-7) | 1,4 |
| geschlossene Bebauung (z. B. Stadtzentraum , (s. a. DIN EN 16798-7) | 0,6 |
| **Korrekturfaktor für Höhe der Nutzungseinheit über Grund $f_{Höhe}$** | |
| mittlere Höhe Nutzungseinheit über Grund $H_{NE} \leq 15$ m | 1,0 |
| mittlere Höhe Nutzungseinheit über Grund $H_{NE} > 15$ m | 1,3 |
| Korrekturfaktor für Fassadenanzahl für einseitig orientierte Nutzungseinheiten (1 Fassade) $f_{Fassade}$ | |
| mehr als eine windausgesetzte Fassade | 1,0 |
| eine windausgesetzte Fassade | 0,15 |
| **Korrekturfaktor für Einfluss des thermischen Auftriebs $f_{Therm}$** | |
| Querlüftung in eingeschossigen Nutzungseinheiten (ohne wesentlichen Höhenunterschied zwischen Leckagen und ALD) | 0 |
| Querlüftung in eingeschossigen Nutzungseinheiten (mit wesentlichen Höhenunterschied zwischen Leckagen und ALD) | 0,75 |
| Querlüftung in mehrgeschossigen Nutzungseinheiten | 1,1 |
| Schachtlüftung | 1,7 |

Für ventilatorgestützte Lüftung und für Entlüftungssysteme nach DIN 18017-3 kann der Volumenstromkoeffizient $e_z$ nach Tabelle 5-9 herangezogen werden.

**Tab. 5-9** Faktor $e_z$ zur Bestimmung des Außenluftvolumenstroms durch Infiltration für die Auslegung von ALD bei ventilatorgestützter Lüftung und bei Entlüftungssystemen nach DIN 18017-3

| Lüftungssystem | | | Volumenstromkoeffizient $e_z$ |
|---|---|---|---|
| ventilatorgestützte Lüftung | Abluftsystem | ohne raumluftabhängige Feuerstätte | 0,21 |
| | | mit raumluftabhängiger Feuerstätte | 0,17 |
| | Zuluftsystem | | 0,17 |
| | Zu-/Abluftsystem | | nicht benötigt |
| Entlüftungssystem nach DIN 18017-3 | ohne raumluftabhängige Feuerstätte | | 0,21 |
| | mit raumluftabhängiger Feuerstätte [a] | | 0,17 |
| [a] mit dem verminderten $e_z$ wird sichergestellt, dass bei Betrieb kein größerer Unterdruck als 4 Pa auftritt | | | |

Im Zusammenhang mit der Nutzung von Einzelraumfeuerstätten bei der Wohnungslüftung sind die Forderungen für den Teil 6 die DIN 1946-6 Beiblatt 3 zu berücksichtigen. Um die Leistungsfähigkeit der Wohnungslüftung im Rahmen der Gewährleistung überprüfen zu können, ist die europäische Norm DIN EN 14134 zu beachten.

### a) Bautechnische Ausgestaltung

- Feuchte speichernde Bauteile: Baukonstruktionen von Wohnungen weisen größtenteils in Einfamilienhäusern, ökologisch gestalteten Gebäuden und Gebäuden älterer Bauzeit einen Innenputz (früher Kalkputz, später Kalk-Zement-Putz) auf. Dieser kann Feuchtigkeit aufnehmen. Zu beachten ist, dass die Feuchtigkeitsaufnahme nur in den oberen Schichten stattfindet. Die „Speicherung“ erfolgt relativ schnell, während die „Entspeicherung“ ein Vielfaches der Zeit beträgt.

  Die Abbildungen 5-1, 5-2 und 5-3 zeigen die Probleme der Feuchtespeicherung und der Feuchteaufnahme von unterschiedlichen Materialien.

  In der Mehrzahl der in den letzten zwanzig bis dreißig Jahren gebauten Wohnungen, insbesondere bei mehrgeschossigen Gebäuden, handelt es sich oft um Raumumschließungsflächen (z. B. Beton, Wand- und Fußbodenfliesen), die nur ein sehr eingeschränktes Feuchtespeicheraufnahmevermögen haben. Die Oberflächen werden im Allgemeinen mit Tapeten versehen, die nur in Abhängigkeit ihres Materials Feuchte aufnehmen können. Zusätzlich werden oft abwischbare und diffusionshemmende Farbanstriche aufgebracht. Bei Fußböden findet man häufig versiegeltes Parkett, Fliesen oder Kunststoffbelege und diese stellen kaum ein Speicherpotenzial dar. Einzig und allein können textile Fußbodenbeläge Feuchte speichern, was unter Umständen in Sommermonaten zu Wellungen führen kann.

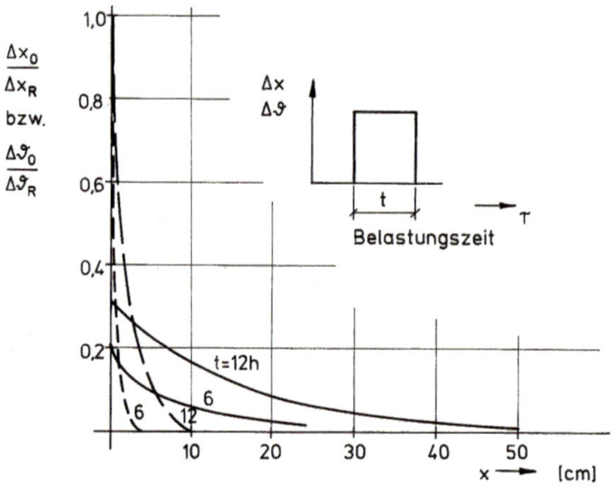


**Abb. 5-1**
Relative Wasseraufnahme und relative Temperaturdifferenzänderung in Abhängigkeit der Belastungszeit *t*

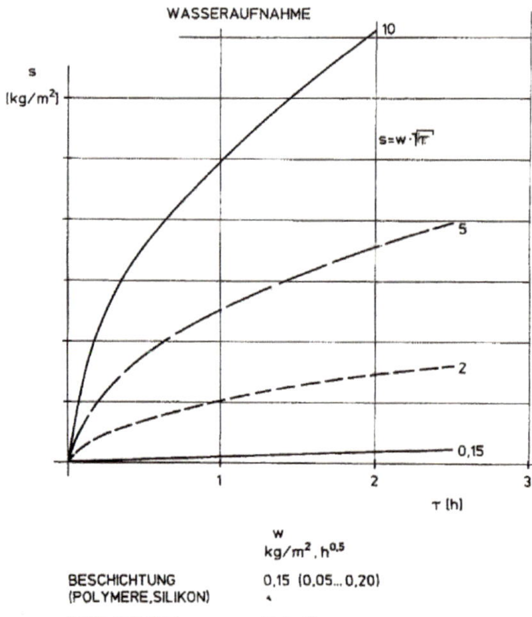


| | w kg/m², h$^{0,5}$ |
|---|---|
| BESCHICHTUNG (POLYMERE, SILIKON) | 0,15 (0,05 ... 0,20) |
| PUTZ (ZEMENT) | 2 (1 ... 3) |
| ZIEGEL, PORENBETON SANDSTEIN | 5 (4 ... 8) |
| KALKZEMENTPUTZ RÖTHEN. SANDSTEIN LOCHPORENBETON UNBEH. GIPS | 10 (8 ... 15) |

**Abb. 5-2**
Wasseraufnahme verschiedener Baustoffe in Abhängigkeit der Einwirkzeit $\tau$

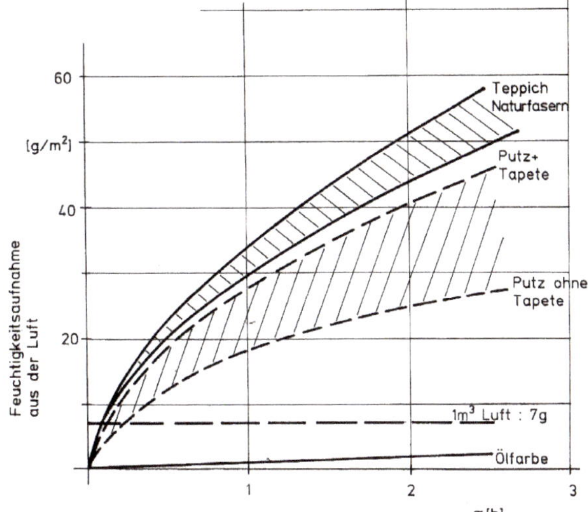


**Abb. 5-3**
Feuchtigkeitsaufnahme aus der Luft bei Erhöhung der relativen Feuchte von 40 % auf 80 %

- Fußbodenabschlussleisten (Scheuerleisten): Neben ihrer Funktion als Abschlusskanten und Reinigungsschutz für die Wände gewährleisten sie einen Abstand zwischen dem aufzustellenden Mobiliar und der Wandkonstruktion. Diese sind kaum vorhanden bzw. nur in sehr schmaler Form als hochgezogener Fußbodenbelag.
- Luftdichtheit der Wohnungen: Wohnungstüren werden im Allgemeinen auch aus akustischen Gründen dicht gestaltet, sodass man nur noch von einem Geschosstyp sprechen kann.
- Raumanordnung: Bei bestehenden Gebäuden kann davon ausgegangen werden, dass einerseits die Raumnutzung wenigsten bei der Küche und dem Bad/WC vorgegeben war, aber andererseits die Nutzung dem Nutzer freigestellt ist und sein sollte.
- Innen liegende WC/Bäder und Küchen erfordern nach DIN 18017-1 (diese gilt unabhängig von DIN 1946-6, während Teil 1 der DIN 18017 in DIN 1946-6 integriert wurde und Teil 3 der DIN 18017 nach wie vor gültig ist) eine Absauganlage und einen Abluftschornstein, wobei wie bei der früher üblichen Einzelraumheizung Luft in die Wohnung nachströmen muss. Luft-Abgas-Schornsteine in unterschiedlichster Form sind autark von der Lage des Wärmeerzeugers.
- Übergang von der Einzelraumheizung zur Sammelheizung mit der vom Nutzer zu beeinflussenden Einzelraumregelung (Thermostatventil).
- Heute übliche große Glasflächen an z. B. an Balkonen oder Fassaden, meist nach Süden orientiert, sind nicht speicherfähig.

- Das Fehlen von Trockenräumen für die Wäsche. Früher wurde der Bodenraum eines Gebäudes dafür genutzt oder in manchen Bundesländern verstärkt Freiflächen.
- Schnelle Nutzung des Gebäudes nach der Fertigstellung, d. h., die Bauteile verfügen über eine erhöhte Materialfeuchte, die wiederum eine erhöhte Wärmeleitfähigkeit verursacht (früher wurden die Wohnungen entweder trocken gewohnt oder während der Winterzeit ruhte der Rohbau).

**b) Ausstattung der Wohnung**

- Die Möbel werden heute oft als komplettierbare Elemente direkt an die Wand angeordnet und besitzen kaum noch „Füße", die ein Zuströmen von Luft zwischen Möbelhinterwand und Wand ermöglichen (bei Heizkörpern orientiert man für die Zuströmung auf einen Abstand von 65 bis 70 mm zur Oberkante (OK) Fußboden).
- Die Küchengestaltung orientiert sich ebenfalls an festeingebauten Unterteilen und wandhängenden Teilen, deren Anordnung von der sanitärtechnischen Erschließung abhängig ist und sich auf eine zweckmäßige Nutzung ausrichtet.
- Die Möbel bestehen oft aus versiegelten Holzwerkstoffen, die kaum eine Feuchtespeicherung zulassen und unter Umständen zu Ausdünstungen (Formaldehyd, organische Weichmacher) neigen. Bei den Polstermöbeln kann in Abhängigkeit der eingesetzten Stoffe mit einer Feuchtespeicherung gerechnet werden.
- Pflanzen unterschiedlicher Art, Form und Größe sind heute in den meisten Fällen Bestandteil der Wohnkultur. Das Gießwasser wird dem Raum nahezu vollständig in Form von Wasserdampf zugeführt. Die Feuchtebelastung kann dabei ein Mehrfaches des von einem Menschen abgegebenen Wasserdampfs (50 bis 70 g/h) betragen.
- Technische Geräte, wie Waschmaschine, Trockner, Spülmaschine oder auch das Wäschetrocknen, können Feuchtequellen darstellen. Die Feuchtebelastung durch die Nutzung der Küchen zur Speisezubereitung wird heute zu geringen Werten hin tendieren.
- Die Heizkörper werden z. T. noch unter dem Fenster angebracht, sind aber oft in ihrer Längenausdehnung kleiner als die Fensterbreite, sodass z. B. der Kaltlufteinfall an den Fensterrändern (Fenstergewand), insbesondere bei gekippten Fenstern, nicht aufgefangen werden kann.

**c) Nutzung der Wohnung**

- Während noch in den siebziger Jahren davon ausgegangen werden, dass zumindest eine Person sich nahezu ständig in der Wohnung aufhielt, so kann heute nur noch sehr eingeschränkt von diesem Ansatz ausgegangen werden.
- Das Öffnen eines Fensters ist im Allgemeinen mit der Anwesenheit von Personen verbunden: Das kontrollierte und bewusste Öffnen kann und darf nicht aus unterschiedlichen Gründen (Außenlärm, Außenschadstoffe, Versicherungs-

schutz) bei der Nutzung einer Wohnung vorausgesetzt werden. Längere Abwesenheiten (z. B. Tätigkeit, Urlaub, Wochenende) von Wohnungsnutzern sind heute nicht mehr die Ausnahme.

- Verständnis der Zusammenhänge der Problematik „feuchte“ Luft: Wenn es oft schon schwierig ist, in der Ausbildung die grundlegenden Zusammenhänge der „feuchten“ Luft zu vermitteln, so kann man von einem Wohnungsnutzer nicht verlangen, dass er weiß, dass warme Luft leichter als kalte Luft ist (am ehesten plausibel), feuchte Luft bei konstanter Temperatur leichter ist als trockene Luft und die absolute Feuchte beim Erwärmen von Luft konstant bleibt, aber die Luft in der Lage ist, mehr Feuchtigkeit aufzunehmen. Auch das Messen der relativen Luftfeuchte hilft hier nicht weiter, denn wenn die Raumtemperatur erhöht wird, sinkt die relative Feuchte und sichtbare Feuchte (im Allgemeinen am Fenster zu erkennen) verschwindet.
- Die Ansprüche an die Behaglichkeit, die Variabilität der Nutzung der Räume und deren Ausgestaltung sind Qualitätskriterien für die Vermietung, aber auch für die Eigennutzung einer Wohnimmobilie.

Die aufgezeigten Aspekte sollten verdeutlichen, dass das Problem der Nutzung und Nutzbarkeit von Wohnungen einem zeitlichen Wandel unterlegen ist, man sehr differenziert an die Beurteilung von Feuchteschäden herangehen sollte und sie nur auf den Mieter bzw. Nutzer (kaum für diesen nachvollziehbar) und sein Lüftungsverhalten oder gar die Reduzierung der Transmissionsheizlast durch Wärmedämmmaßnahmen beschränken darf.

Im Zusammenhang mit der Neufassung der DIN 1946-6 ergeben sich bei der Planung und Abnahme für den Planer, Architekten, Handwerker und Vermieter (bzw. beauftragten Hausverwalter) umfassende Hinweispflichten und Haftungsrisiken [94]. Von Westfeld [94] wird nachvollziehbar und plausibel ausgeführt: „Da die Einhaltung der anerkannten Regeln der Technik (ARdT) zum ***Zeitpunkt der Abnahme*** geschuldet wird, kann nach vorliegenden Rechtsgutachten ein ***Neubau ohne geplante Lüftungseinrichtungen*** bereits einen ***Planungsfehler*** darstellen, sofern er nicht bis zu Mai 2009 abgenommen wurde. Gleichzeitig hat die Norm auch ***Ausstrahlungswirkung*** auf Gebäude, die vor 2009 errichtet und saniert wurden. Sofern Gebäude nach 05/2009 über einen expliziten Nachweis der nutzungsunabhängigen Mindestlüftung verfügen müssen, steht die Frage, warum dies bei einem Gebäude, das 2005 unter gleichen Bedingungen errichtet wurde, nicht erforderlich ist. Einen möglichen Ansatz zur Einbeziehung von Gebäuden ab 2006 stellt der Gelbdruck der Norm da, da hierdurch bereits umfangreiche Hinweispflichten des Planers/Architekten ausgelöst wurden.“

Dies bedeutet auch nach [94], dass ein luftdichtes Gebäude ohne zusätzliche nutzerunabhängige Lüftungseinrichtungen schon mit der Einführung der WSVO 95 nicht mehr den anerkannten Regeln der Technik entsprach.

Somit besteht bei einem Schadensfall (wie z. B. Schimmelpilzbefall) die ***Nachweispflicht***, ob die bauliche nutzungsabhängige Mindestlüftung eingehalten wird bzw. ein rechnerischer Nachweis vorliegt. Kann der Nachweis nicht erbracht werden, so liegt ein bautechnischer Fehler vor.

Unerklärlich und unverständlich ist in diesem Zusammenhang auch die Problematik, dass zwar der Austausch von Fenstern unter dem Aspekt der Minimierung des Heizenergiebedarfs staatlich gefördert wird, jedoch nach gegenwärtigem Erkenntnisstand ***nicht*** die nach der Norm erforderlichen Maßnahmen einer nutzungs***un***abhängigen Lüftung.

Die Aspekte von DIN 1946-6 finden sich auch in der Novellierung der DIN V 18599-6 wieder. Bei der energetischen Bewertung der Wohnungslüftung werden u. a. auch bei der Nutzung der regenerativen Energien der Erdreich-Zuluftwärmeübertrager (s. a. Thermolabyrinth 2.3.4) und der Solarluftkollektor, bei Anwendung von Wärmepumpen die Leistungsregelung und die Problematik der Wohnungskühlung berücksichtigt.

Der oft verwendete Begriff „reversible Wärmepumpe" ist thermodynamisch nicht korrekt, denn Wärmepumpe und Kältemaschine (s. a. Kapitel 7) sind gerätetechnisch identisch. Der Begriff „reversibel" weist nur darauf hin, dass im Winter über die warme Seite (Kondensator) und im Sommer über die kalte Seite (Verdampfer) die Luft konditioniert wird.

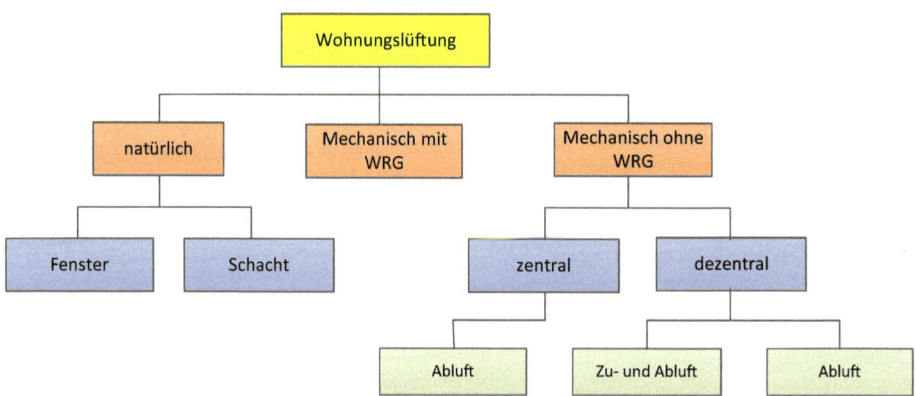


**Abb. 5-4** Systemübersicht Wohnungslüftung [98]

Da im Winterfall die „trockene" Außenluft (s. a. Kapitel 2.4.2) mengenmäßig minimiert werden soll und durch sehr gute Fensterkonstruktionen nur ein geringer Fugendurchlasskoeffizient vorhanden ist, kann die Außenluft bei der Mischung mit der Raumluft nur noch ungenügend zu einer Absenkung der Raumluftfeuchte beitragen. Deshalb ist und sollte die ***„Feuchte"*** heute und zukünftig die ***entscheidende Regelgröße*** für die ***Lüftung*** sein.

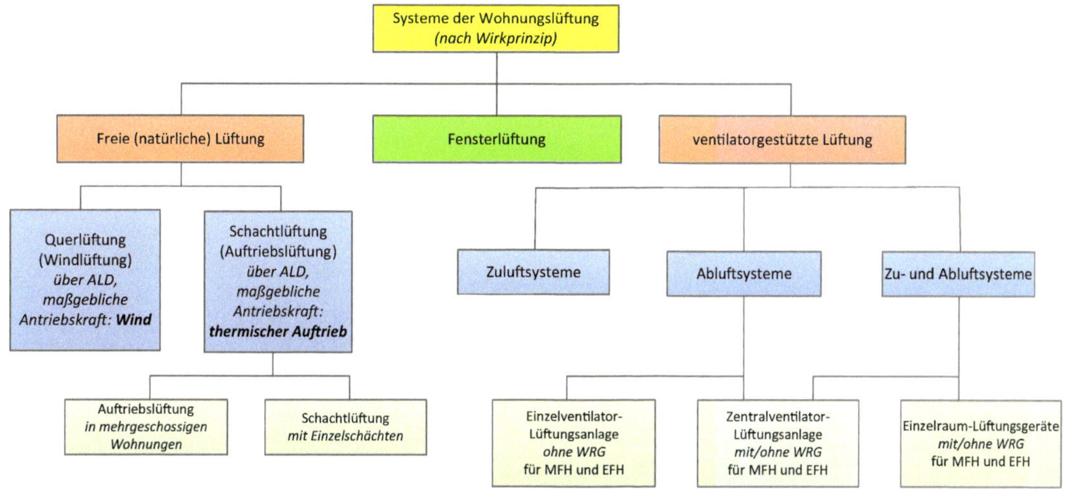


**Abb. 5-5** Systeme der Wohnungslüftung nach DIN 1946-6

Ausführliche Darlegungen zur kontrollierten Wohnungslüftung (KWL) sind [97] zu entnehmen. Es sollte jedoch auf einige positive bzw. negative Argumente der KWL aufgrund längerer Erfahrungen hingewiesen werden.

Wohnungsnutzer wollen auch bei der Fensterlüftung im Allgemeinen Heizenergie sparen, aber sie kennen oft kaum die Zusammenhänge einerseits zwischen richtigem Lüften und Energieeinsparung und andererseits zwischen dem thermodynamischen Aspekt der „feuchten Luft“ und dem Auftreten von Taupunktunterschreitungen, in deren Folge im Allgemeinen Schimmel auftritt. Deshalb gibt es heute umfangreiche, auch allgemein verständliche Publikationen zum „richtigen Lüften und Heizen“, wie z. B. [99] und [100] oder Fachpublikationen bzw. Regeln der Technik wie z. B. DIN 1946-6, DIN 18017-3.

Schon vor mehr als zwanzig Jahren wurde in den nordischen Ländern und auch in den Niederlanden diese Problematik des Lüftens bei Energieeinsparmaßnahmen und der Gewährleistung der Behaglichkeit erkannt und als eine Alternative die kontrollierte zentrale bzw. dezentrale Wohnungslüftung (KWL) favorisiert.

Zu den Vorteilen und Nachteilen der KWL gibt es divergierende Aussagen, die hier keiner Wertung unterzogen werden sollen. Untersuchungen [101] weisen unabhängig von der technischen Lösung einen jährlichen Heizenergiebedarf im Mittel von 60 kWh/(a m$^2$) (zwischen knapp 50 bis etwas über 70 kWh/(a m$^2$)) bei 204 untersuchten Wohnungen aus. Zusammenfassend kommt man plausibel zum Schluss, dass die KWL vom Nutzer verstanden und akzeptiert werden [100]. Dazu gehören u. a. die Kenntnis über die einzelnen Elemente und deren notwendige Wartung, die Regelung und Fahrweise des Systems, den energetischen und hygienischen Nutzen und die zu erwartenden Betriebskosten für die Wartung zumindest der Filter, Ventilatoren und Zu- bzw. Abluftkanäle. Dies bedeutet, dass dem Nutzer mit dem Mietvertrag oder mit dem Kauf eine detaillierte und ihm verständliche Betriebs- und Nutzungsanweisung zur KWL übergeben werden sollte. Ein Beispiel für einen verschmutzten und sauberen Filter nach einmonatiger Wohnungsnutzung zeigt Abbildung 5-6.

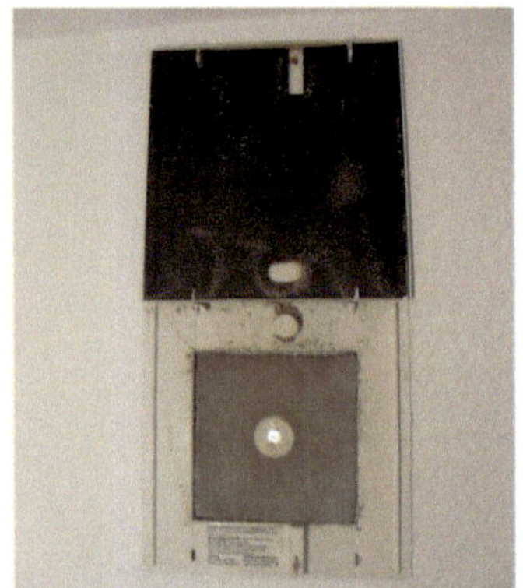

**Abb. 5-6** Filtervergleich in Bad/WC-Absaugung einer Wohnung

Die Wartungs- und Reinigungspflichten für Anlagen der KWL (Geräte und Leitungen), aber auch der Außenluftdurchlässe (ALD) und der Filter in den Abluftdurchlässen sind in entsprechenden hygienischen Standards zusammengefasst worden. In den nordischen Länder, den Niederlanden, Österreich und z. T. in Deutschland liegen unterschiedliche Standards und unterschiedliche Erfahrungen mit der Realisierung und Einhaltung vor. Gegenwärtig wird für die Anlagen der KWL der gleiche hygienische Mindeststandard wie für die RLT-Anlagen gefordert VDI 6022 Bl. 1. Dies führt z. B. zu erhöhten Vorgaben für die Filterstufe (jetzt F7), höheren Leistungen der Ventilatoren, Einsatz hygienegerechter Materialien und insbesondere zu erhöhtem Wartungs- und Inspektionsaufwand durch entsprechend geschultes Personal.

Die Frage, nach dem Einsatz und dere Effektivität von Fensterlüftung, dezentraler oder zentrale Wohnungslüftung kann und sollte zweckmäßigerweise durch praktische Erfahrungen von Nutzern beantwortet werden. Selbstverständlich sind diese Erfahrungen zum Teil subjektiv geprägt und beruhen z. B. auf mangelnder Planung, Realisierung, Wartung der KWL-Anlagen oder auch Unkenntnis der Nutzer über die Anlagen selbst.

In einer Studie in Österreich über Wohnungslüftungsanlagen [101] werden eine Reihe von Fehlern dargelegt, die einerseits nur teilweise auf die KWL zutreffen und anderseits als typische Planungs- und Ausführungsfehler bei RLT-Anlagen gewertet werden sollten.

Wichtig erscheinen solche Mängel, wie z. B.

- akustische Belästigungen durch Strömungsgeräusche,
- ungenügende und ineffiziente Raumströmung bzw. Raumdurchspülung,

- zu geringe, der Raumnutzung (z. B. Schlafzimmer, Küche, Wohnzimmer, Bad) nicht angepassten Außenluft- bzw. Zuluftvolumenströme,
- zu gering oder falsch dimensionierte Überströmöffnungen,
- falsche Ventilatorauswahl,
- keine Filterwechselanzeige und zu geringe Filterqualität,
- mangelnde Reinigungsmöglichkeit aufgrund der Zugänglichkeit und
- unzureichende Steuerung in Anhängigkeit der Luftqualität in Abhängigkeit der Raumnutzung.

Im Ergebnis von [101] wird der Schluss gezogen, dass für eine kontrollierte Wohnungslüftung eine bedarfsgerechte, raumweise Zuluftvolumensteuerung in Abhängigkeit der Luftqualität (dies sollte sich nicht nur auf die Raumlufttemperatur und Raumluftfeuchte, sondern auch auf zumindest den $CO_2$-Gehalt beziehen) erforderlich ist.

In Auswertung der aircontec 2005 verweist [102] darauf, dass die individuellen, d. h. dezentralen Lösungen zukünftig im Gebäudebestand gefragt sind, da diese von der Wohnungswirtschaft als „konfliktärmer" und eindeutiger abrechnungstechnisch (Strom- und Servicekosten) eingeschätzt werden.

## 5.2 Natürliche Lüftung

Die Fensterlüftung (s. a. Kapitel 2.2.3) – entweder durch Öffnen der Fenster oder über die Fugen des Fensters (Fugenlüftung, s. a. Kapitel 2.2.2) – oder die Schachtlüftung (s. a. Kapitel 2.2.4) mit entsprechenden Luftdurchlasselementen (Außenwandluftdurchlasselement – ALD) bewirken sehr unterschiedliche, kaum eindeutig definierbare, unkontrollierbare und oft vom Nutzer und von der Art der Fensteröffnung abhängige Außenluftwechsel $n_{AUL} = n_{ODA}$. Dies führt, insbesondere unter winterlichen Bedingungen, zwangsläufig zu einer erhöhten Lüftungsheizlast.

Die Wohnungslüftung über Schachtlüftung ist öfters in Mehrfamilienhäusern zur Entlüftung von innen liegenden Bädern und Toiletten zu finden (dafür gilt die DIN 18017-3). Um Geruchs- und Schallübertragungen zu verhindern, erfolgt die Ausführung im Allgemeinen als Einzelschachtanlage.

Eine Systematisierung und Kennzeichnung der Lüftungssysteme wird im Anhang A von DIN 1946-6 vorgenommen (Abbildungen 5-7a bis 5-7d), wobei bei DIN 1946-6 Aspekte der Lüftung von innenliegender Räume (DIN 18017-3) eingeflossen sind.

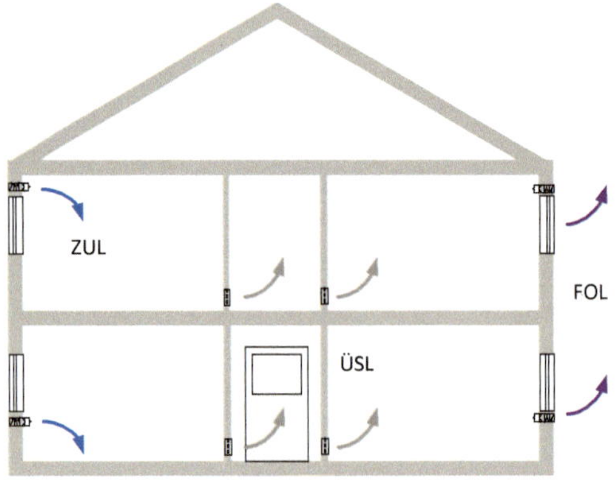


**Abb. 5-7**
**a** Querlüftung in ein- und mehrgeschossigen NE (Nutzeinheiten) mit ALD

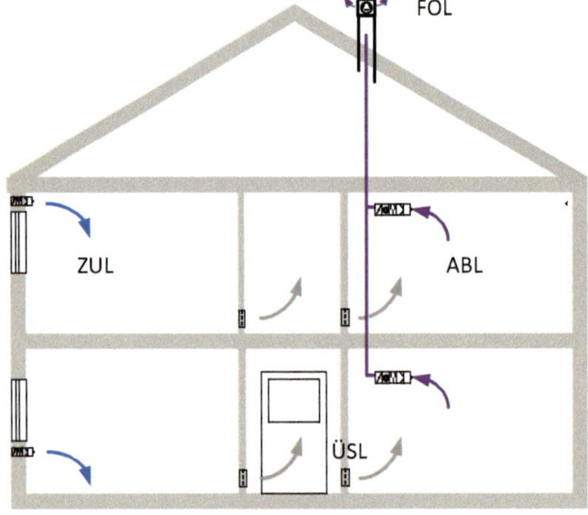


**b** Auftriebslüftung (Schachtlüftung) in mehrgeschossigen NE (Nutzeinheiten) mit ALD

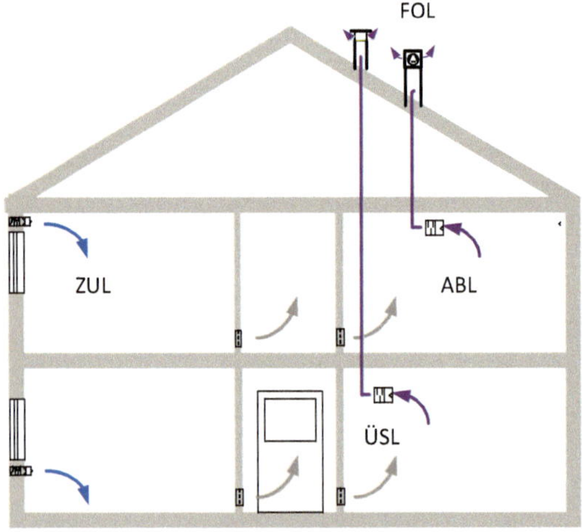


**c** Auftriebslüftung(Schachtlüftung) und hybride Lüftung in mehrgeschossigen NE (Nutzeinheiten) mit ALD

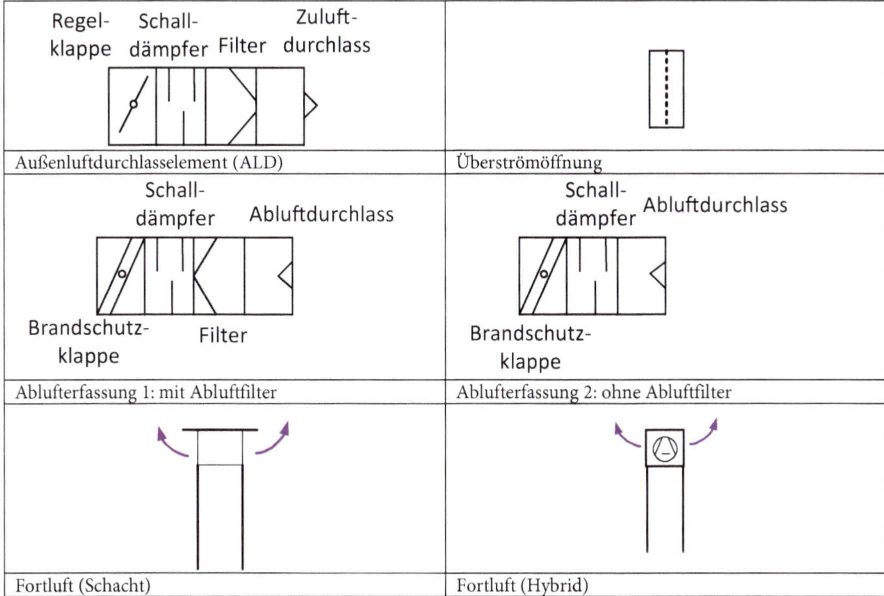


**Abb. 5-7 (Forts.)**
**d** Schematische Darstellung von Außenluftdurchlasselement, Überströmöffnung und Ablufterfassung (1 mit Abluftfilter, 2 ohne Abluftfilter), Fortluft (Schacht), Fortluft (Hybrid)

***Zu beachten ist:*** Ein Indikator für die Notwendigkeit des Lüftens stellte und stellt die Fensterkonstruktion dar. Da der Wärmedurchgangskoeffizient U des Fensters – insbesondere der Fensterscheibe – immer größer war als der der anderen Baukonstruktionen, war und ist ein Beschlagen der Fensterscheibe (Taupunktunterschreitung) ein untrügliches Maß für die Notwendigkeit des Lüftens mit der kalten „trockenen" Außenluft.

## 5.3 Mechanische Wohnungslüftung

Während bei der Fensterlüftung der Luftaustausch im Allgemeinen für den Raum durch eine einseitige oder Querlüftung (s. a. Kapitel 2.2.2) vorgenommen wird, ist sowohl bei der Schachtlüftung als auch der mechanischen Wohnungslüftung ein lüftungstechnischer Verbund zwischen den Räumen notwendig. Dieser sollte durch Überström-Luftdurchlässe realisiert werden. Bei deren Bemessung sollte darauf geachtet werden, dass der Druckverlust möglichst gering und eine Dämpfung der Luftschallübertragung gegeben ist.

### 5.3.1 Mechanische Wohnungslüftung ohne WRG

Die mechanische Wohnungslüftung erfolgt in der Regel in Verbindung mit der Belüftung innen liegender Bäder, WC und Küchen nach DIN 18017-3. Die bedarfsgerechte und witterungsbedingte Steuerung der Abluftventilatoren kann z. B. erfolgen durch

- separate Schalter,
- Lichtschalter oder
- Feuchtefühler.

Die Abluftventilatoren können separat für die Wohnungen installiert werden oder zentral für mehrere übereinander angeordnete Wohnungen. Zu beachten sind vor allem die jeweiligen

- Landesbauordnungen,
- Brandschutzvorschriften,
- Schallschutzvorschriften.

Die Absaugung erfolgt sowohl in den Bädern, WC oder den Küchen. Bei der dezentralen Absaugung sind im Allgemeinen der Abluftdurchlass, die Filterung, der Abluftventilator, Fühler für die Feuchteregelung und u. U. der Brandschutzklappe und die Telefonieschalldämpfer in einer konstruktiven Einheit zusammengefasst. Besonderes Augenmerk ist auf die Wartung der Filter zu legen. Durch erhöhten Druckverlust (Verschmutzung, Verklebung durch Taupunktunterschreitung) kann es vor allem zur Verringerung des Absaugvolumens und zu einem instabilen Arbeitsbereich des Ventilators kommen (erhöhte Schallemission).

Weiterhin sollte unter dem Aspekt der Luftvolumenstrombilanz und des Vermeidens von Falschluft nur ein Einsatz von „Umluft"-Dunstabzugshauben realisiert werden.

Für die Zuführung der Außenluft müssen entsprechende Nachströmöffnungen in der Wohnung vorhanden sein, im Allgemeinen sind dies Außenwandluftdurchlasselemente (ALD). Die Bemessung erfolgt nach DIN 1946-6.

Für die Anordnung der ALD gibt es unterschiedliche technische Lösungen, wie z. B. in der Außenwand über dem Heizkörper, in der Fensterkonstruktion, im Bereich von Jalousiekästen. Beispiele sind in den Abbildungen 5-8 bis 5-10 dargestellt. Die Lage des Luftdurchlass kann u. U. erheblichen Einfluss auf das Zugluftrisiko bei Fußbodenheizungen haben. Nach [104] sollte der Zuluftdurchlass möglichst nahe über der Heizquelle angeordnet werden. Die Anforderungen an die ALD nach DIN 1946-6 sind u. a.:

- Schutz gegen Schlagregen,
- Minimierung von Zugbelästigungen im Raum,

- ausreichende Schalldämmung,
- Schutz gegen Insekten und Staub,
- leichte Wartung und Reinigung,
- Regelbarkeit hinsichtlich Außenluftstrom (Luftvolumenstrombegrenzung),
- Vermeidung von Kältebrücken,
- Schutz gegen Winddruck.

Für die ALD werden unterschiedliche technische Lösungen angeboten. Fraglich erscheint dabei die Nutzerakzeptanz, insbesondere hinsichtlich Wartung, Reinigung und Regelung. Vergleicht man die Anforderungen an die ALD, so können diese ebenso durch bewährte Fensterkonstruktionen (z. B. Kastenfenster, Holzverbundfenster) mit definiertem Fugendurchlasskoeffizienten erfüllt werden.

Eine mögliche Anordnung der Außenluftdurchlässe für eine Wohnung mit der Abluftführung über Küche/WC/Bad zeigt Abbildung 5-11. Hier ist besonders darauf zu achten, dass eine ausreichende Schalldämmung gewährleistet wird.

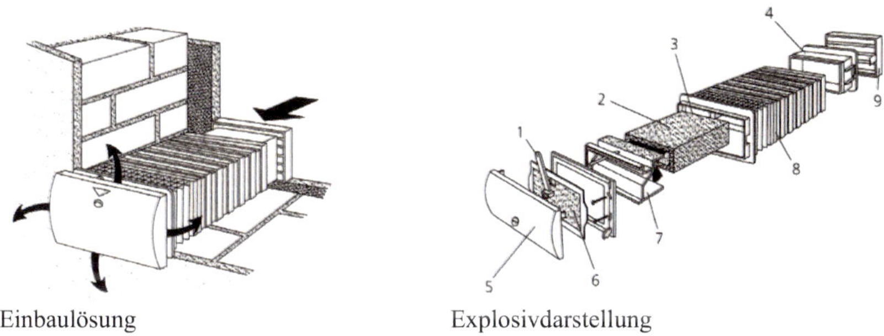


Einbaulösung Explosivdarstellung

1 Stellhebel; 2 Schalldämmeinsatz; 3 Insektenschutz; 4 Übergangsstück; 5 Innenverschluss; 6 Filter; 7 Regelteil mit Winddrucksicherung; 8 Wandeinbaugehäuse; 9 Außengitter

**Abb. 5-8** Außenluftdurchlass (ALD), eckig, in einer Außenwand nach [105]

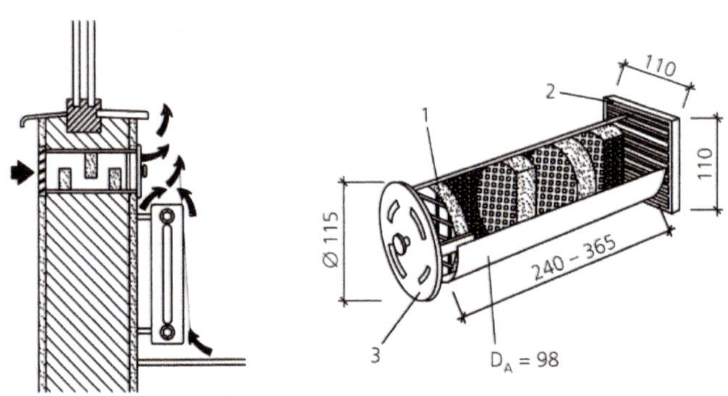


Filterhebel; 2 Außengitter; 3 Blende

**Abb. 5-9** Außenluftdurchlass (ALD), rund, in einer Außenwand nach [105]

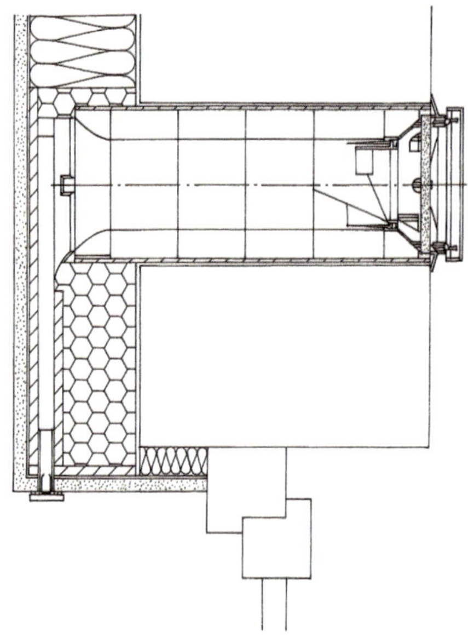

**Abb. 5-10**
Außenluftdurchlass (ALD), oberhalb Fenster in einer Außenwand nach [106]

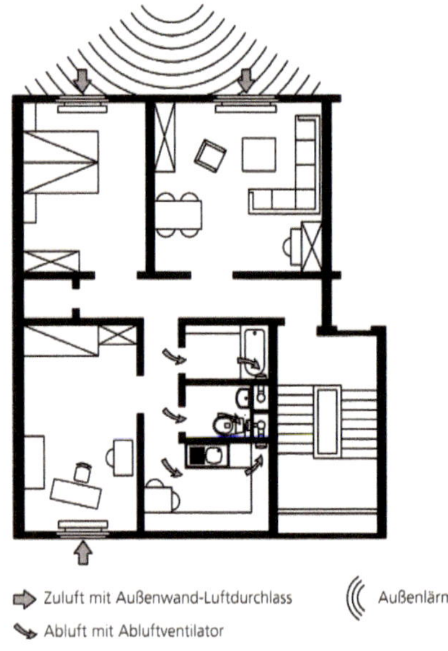


**Abb. 5-11**
Beispiel für die Anordnung von ALD in einer Wohnung

Eine Systematisierung und Kennzeichnung dieser Lüftungssysteme wird im Anhang A von DIN 1946-6 dargestellt (Abbildungen 5-12a bis 5-12b), wobei Aspekte der Lüftung von innen liegender Räume (DIN 18017-3) eingeflossen sind.

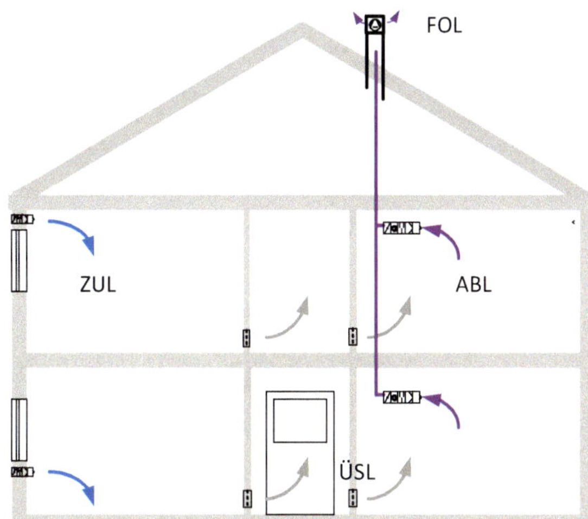


**Abb. 5-12**
**a** Abluftsystem Einzelventilator-Lüftungsanlage mit ALD im EFH

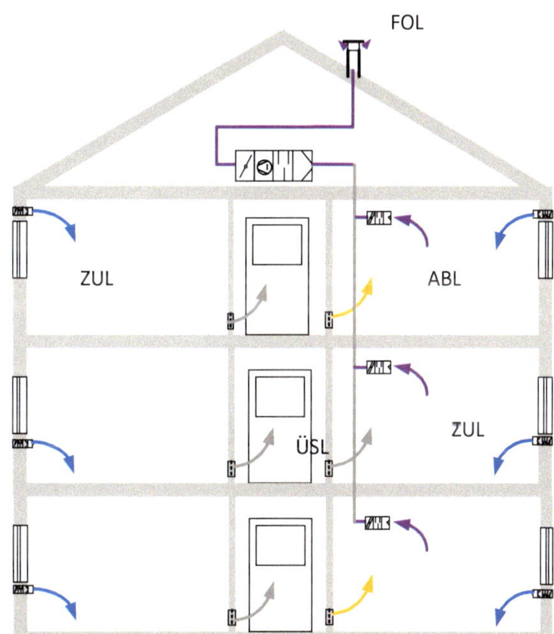


**b** Abluftsystem Zentralventilator-Lüftungsanlage mit ALD im MFH

## 5.3.2 Mechanische Wohnungslüftung mit WRG

Die mechanische Wohnungslüftung mit Wärmerückgewinnung (WRG) (s. a. Kapitel 2.4.2 und 2.4.3) bietet neben einer definierten Nenn-, Feuchteschutz- und Intensivlüftung den Vorteil der Energierückgewinnung aus der Abluft zur Aufbereitung der notwendigen Außenluft und einer definierten Zuluftzuführung, wobei Aspekte der Raumströmung werden sollten (Abbildung 5-13a).

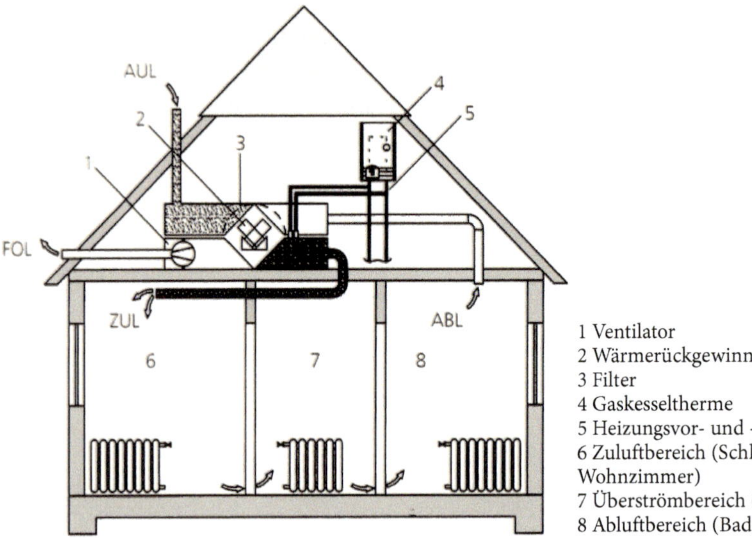


1 Ventilator
2 Wärmerückgewinnung
3 Filter
4 Gaskesseltherme
5 Heizungsvor- und -rücklaufleitungen
6 Zuluftbereich (Schlaf-, Kinder- und Wohnzimmer)
7 Überströmbereich (Diele Flur)
8 Abluftbereich (Bad, WC, Küche)

**Abb. 5-13a** Prinzipdarstellung einer mechanischen Wohnungslüftung mit WRG nach [103]

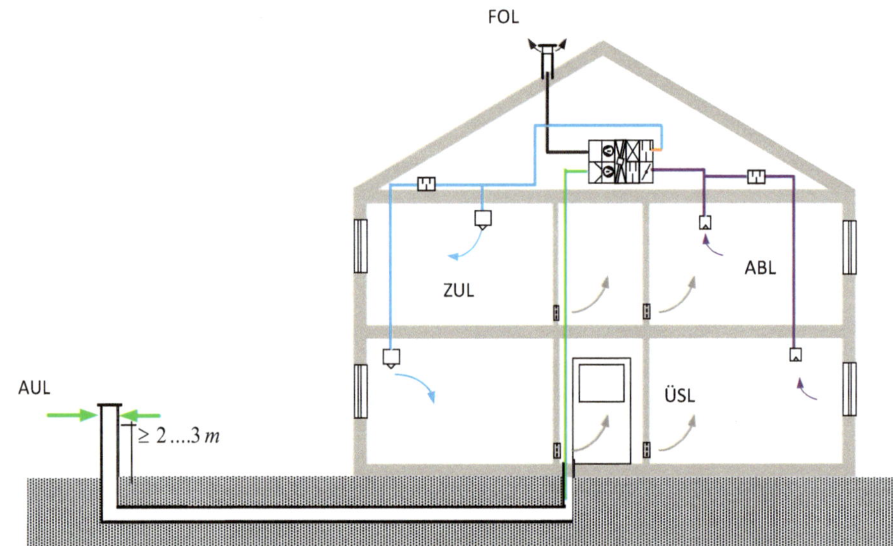


**Abb. 5-13b** Schematische Darstellung einer mechanischen Wohnungslüftung mit WRG und Außenluftansaugung über Luftbrunnen

Eine mögliche Systematisierung unter dem Aspekt der Wärmerückgewinnung zeigt Abbildung 5-14.

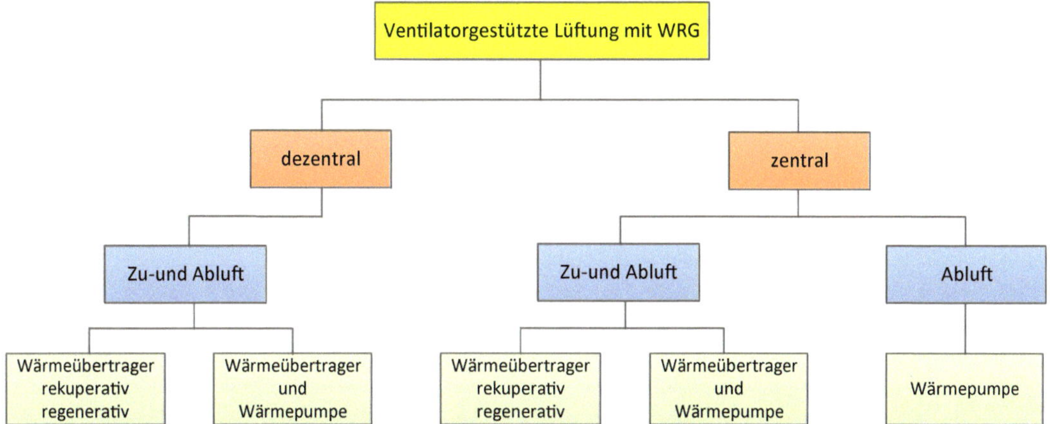


**Abb. 5-14** Systemübersicht Wohnungslüftung mit Wärmerückgewinnung [98]

Unter dem Aspekt der Luftvolumenstrombilanz und des Vermeidens von Falschluft sollte nur ein Einsatz von „Umluft"-Dunstabzugshauben realisiert werden.

Für die Zuführung der Außenluft müssen entsprechende Nachströmöffnungen in der Wohnung vorhanden sein (s. a. Abbildung 5-11). Für das Nachströmen der Luft aus Räumen in die Räume, in denen abgesaugt wird, sind Überströmöffnungen oder weniger dicht schließende Türen, wie sie bei raumluftabhängiger Betriebsweise von Festbrennstofffeuerung und Gasfeuerstätten gefordert werden, erforderlich.

***Zu beachten ist***: Der Problematik der Akustik ist besondere Aufmerksamkeit zu schenken, da sowohl über die Überströmöffnungen als auch die Zu- und Abluftkanäle eine Luftschallübertragung gegeben ist. Deshalb sind bei zentralen Systemen im Kanalsystem Schalldämpfer (i. A. als Telefonieschalldämpfer bezeichnet) anzuordnen, um die Schallübertragung zwischen den Räumen zu minimieren.

Bei der raumluftabhängigen Betriebsweise von Feuerstätten, wie z. B. Öfen, Kaminen, Gasfeuerstätten, mit Wohnungslüftung und unter Umständen einer Dunstabzugshaube wurden nach [107] die in Tabelle 5-10 einzuhaltenden Maßnahmen in Verbindung mit den Abbildungen 5-15a bis 5-15c definiert.

Die Luftaufbereitung und -verteilung kann über zentrale Geräte (z. B. Abbildungen 5-19 bis 5-20) mit einem Luftverteilsystem im Gebäude bzw. in der Wohnung oder über dezentrale Geräte (z. B. Abbildung 5-21) für einzelne Räume erfolgen.

**Tab. 5-10** Einzuhaltende Maßnahmen bei der Kombination Feuerstätte – Wohnungslüftung – Dunstabzugshaube nach [107]

| | Anlagensystem | Maßnahme | Abb. |
|---|---|---|---|
| Feuerstätte | raumluft-abhängig | ▪ Berechnung der gesamten Feuerungsanlage auf 4 Pa Unterdruck im Aufstellungsraum<br>▪ separate Verbrennungsluftzuführung in den Brennraum, Querschnitt nach Angaben des Feuerstättenherstellers<br>▪ einfach belegter Schornstein oder Luft-Abgas-Schornstein mit Berechnungsnachweis<br>▪ Verbindungsstück möglichst dicht ausführen | 5-15a |
| Wohnungs-lüftungs-anlage | zentrale Abluft, dezentrale Zuluft, ohne Wärmerückge-winnung (WRG) | Außenwandventile bzw. ALD sind bei maximalem Luftvolumenstrom des Abluftventilators aus 4 Pa auszulegen. | |
| Dunstab-zugshaube | | Umluftbetrieb | |
| Feuerstätte | raumluft-abhängig | ▪ separate Verbrennungsluftzuführung in den Brennraum, Querschnitt nach Angaben des Feuerstättenherstellers<br>▪ einfach belegter Schornstein oder Luft-Abgas-Schornstein mit Berechnungsnachweis<br>▪ Verbindungsstück möglichst dicht ausführen | 5-15b |
| Wohnungs-lüftungs-anlage | zentrale Zu- und Abluft, mit Wärmerück-gewinnung (WRG) | Frostschutzschaltung des Lüftungsgeräts darf nicht durch eine Zuluftventilatorabschaltung erfolgen, sondern z. B. durch<br>▪ eine Außenluftvorwärmung, Elektro- oder Wasserheizregister,<br>▪ einen Erdrohrwärmetauscher,<br>▪ oder gleichwertige Maßnahmen.<br>Abluftventilator schaltet bei Störung des Zuluftventilators automatisch ab. | |
| Dunstab-zugshaube | | Umluftbetrieb | |
| Feuerstätte | raumluft-abhängig | ▪ separate Verbrennungsluftzuführung in den Brennraum, Querschnitt nach Angaben des Feuerstättenherstellers<br>▪ einfach belegter Schornstein oder Luft-Abgas-Schornstein mit Berechnungsnachweis<br>▪ Verbindungsstück möglichst dicht ausführen | 5-15c |
| Wohnungs-lüftungs-anlage | zentrale Abluft, dezentrale Zuluft, ohne Wärmerückge-winnung (WRG) | Die Maßnahmen gelten bei Einsatz von einem oder mehreren Geräten.<br>Abluftventilator schaltet bei Störung des Zuluftventilators automatisch ab.<br>Sofern eine Frostschutzschaltung für den Wärmerückgewinner installiert ist, darf diese nicht durch eine Zuluftventilatorabschaltung erfolgen, sondern z. B. durch<br>▪ eine Außenluftvorwärmung, Elektro- oder Wasserheizregister<br>▪ oder gleichwertige Maßnahmen. | |
| Dunstab-zugshaube | | Umluftbetrieb | |

FOL
Abgas
ABL
ÜSL
AUL
UML

**Abb. 5-15 a-c**

FOL
Abgas
AUL
ZUL
ABL
UML
ÜSL

**b**

Abgas
FOL
ABL
ZUL
UML
AUL

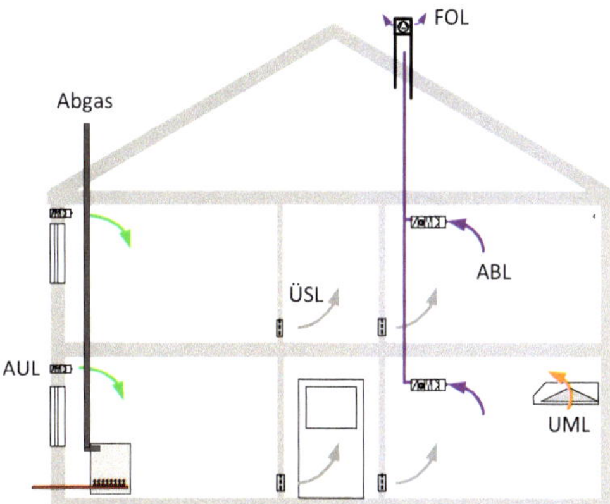

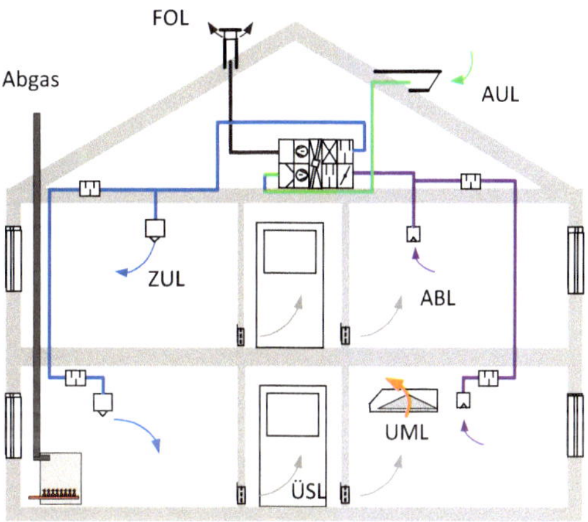

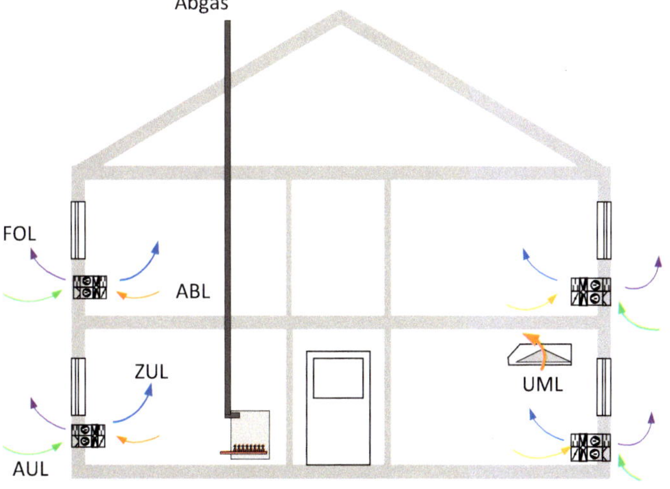

**c**

Bei der kontrollierten Wohnungslüftung werden zur Luftaufbereitung meist rekuperative Wärmeübertrager eingesetzt: Man unterscheidet hinsichtlich der Luftführung und der Wärmetransportrichtung (Abbildungen 5-16 und 5-17).

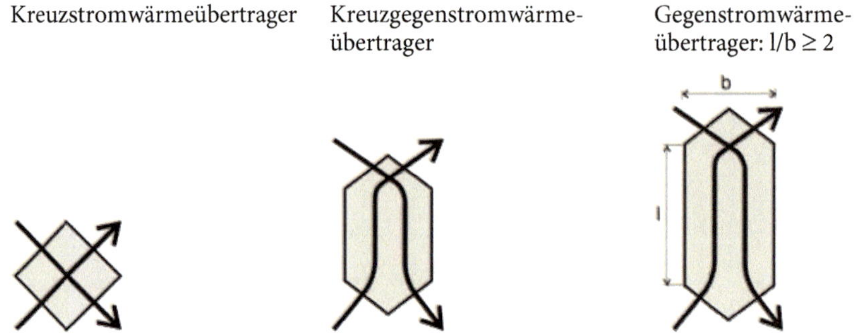


**Abb. 5-16** Übliche Luftführungen bei Luft-Luft-Wärmeübertragern

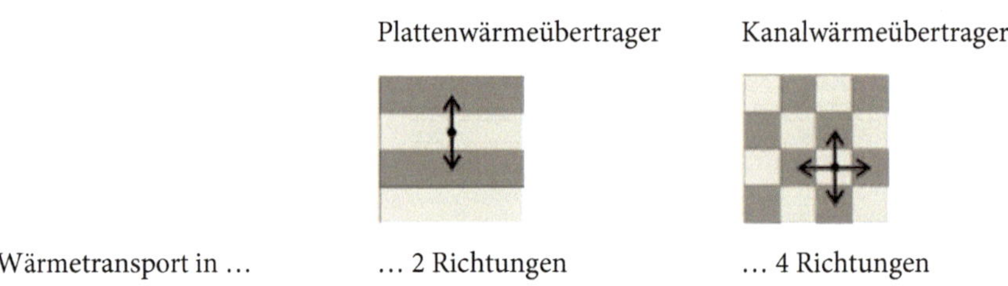


**Abb. 5-17** Typischer Wärmetransport bei Luft-Luft-Wärmeübertragern

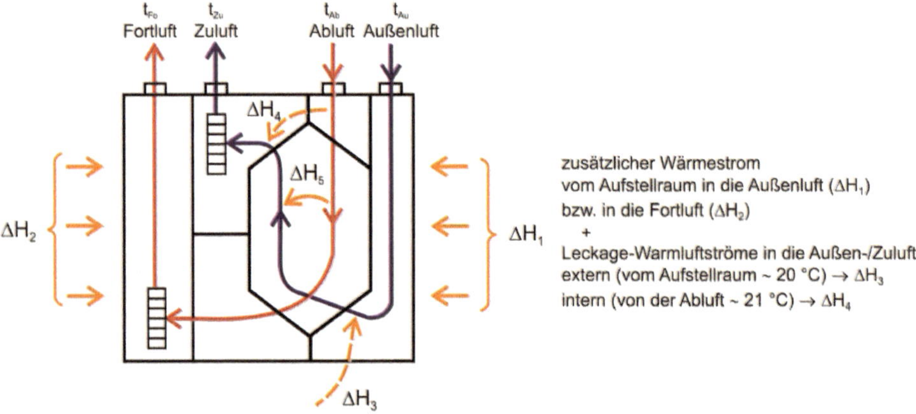


**Abb. 5-18** Prinzipdarstellung der Wärmeströme am Wärmerückgewinnungsgerät *(nach Fa. Paul Wärmerückgewinnung GmbH)*

(Kreuz-)Gegenstromwärmeübertrager als Kanalwärmetauscher können Temperaturänderungsgrade $\Phi_t$ bis zu 95 % erreichen. Übliche Kreuzstromwärmeübertrager erreichen im Allgemeinen Temperaturänderungsgrade $\Phi_t$ im Bereich von 50 bis 70 %.

***Zu beachten ist***, dass besonders bei der Wärmerückgewinnung in Wohnungslüftungsgeräten zusätzliche Wärmeströme (s. a. Abbildung 5-18) bei der Ermittlung des Gesamtwirkungsgrads zu berücksichtigen sind.

Es ist ersichtlich, dass bei der Erwärmung des Außenluft-/Zuluftstroms die Wärmeströme $DH_1$ bis $DH_4$ einen Beitrag leisten – diese Wärmeströme dürfen aber keinesfalls der „Wärmerückgewinnung“ aus dem Abluftstrom ($DH_5$) zugerechnet werden. Beide Temperaturänderungsgrade $\Phi_t$ und $\Phi_{t,eff}$ können sich erheblich unterscheiden, wobei nach DIN EN 308 nur Unterschiede von 5 % erlaubt sind (s. a. Tabelle 5-10).

**Tab. 5-11** Beispiel eines Vergleichs von drei Geräten der Fa. Paul Wärmerückgewinnung GmbH

| | | | Unterschied |
|---|---|---|---|
| Gerät 1 | $\Phi_t = 90\ \%$ | $\Phi_{t,eff} = 58\ \%$ | 32 % |
| Gerät 2 | $\Phi_t = 95\ \%$ | $\Phi_{t,eff} = 78\ \%$ | 17 % |
| Gerät 3 | $\Phi_t = 94\ \%$ | $\Phi_{t,eff} = 93\ \%$ | 1 % |

Sinnvollerweise sollten nur die effektiven (abluftseitig ermittelten) Temperaturänderungsgrade angegeben werden, wie es inzwischen bei der Bewertung von Passivhäusern gefordert wird und z. B. auch bei der Gewährung von Energieetiketten bei Wärmerückgewinnungsgeräten in der Schweiz gebräuchlich ist.

Eine sehr interessante Lösung eines dezentralen Geräts stellt das in den Niederlanden entwickelte und erfolgreich eingesetzte Gerät ClimaRad mit folgenden positiven Eigenschaften dar:

- Das Gerät wird mit einem Flachheizkörper kombiniert und befindet sich zwischen dem Heizkörper, der üblicherweise unter dem Fenster angeordnet wird, und der Außenwand. Dieser über flexible Leitungen angeschlossene Heizkörper kann über ein Gasdruckfedersystem einfach nach vorn geklappt werden, um das Lüftungsgerät zu warten (Abbildung 5-21a).

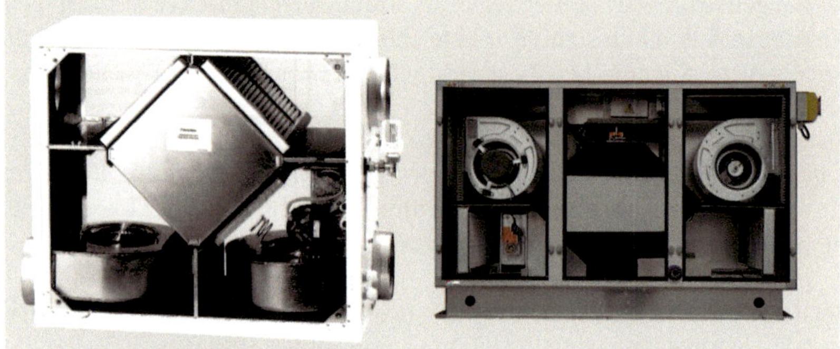

**Abb. 5-19 (links)** Zentrales Wärmerückgewinnungsgerät mit Kreuzstromwärmeübertrager nach [93]

**Abb. 5-19 (rechts)** Wärmerückgewinnungsgerät maxi 2000 D mit Kreuzgegenstromwärmeübertrager *(Werkbild: Fa. Paul Wärmerückgewinnung)*

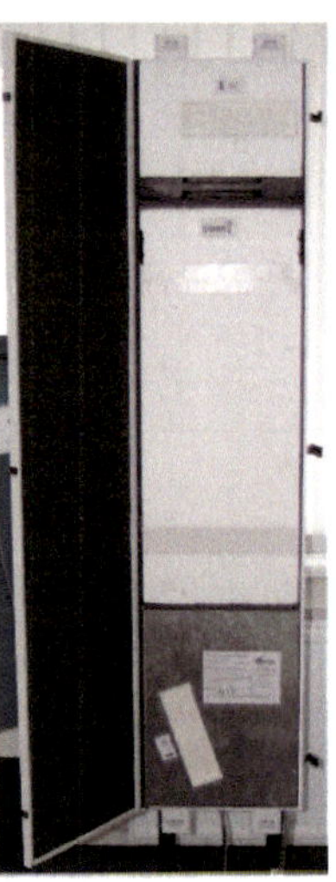

**Abb. 5-20 (links)** Kompaktgerät „compakt 360 D", bestehend aus Gegenstromkanalwärmeübertrager und Wärmepumpe für die Trinkwarmwasseraufbereitung *(Werkbild: Fa. Paul Wärmerückgewinnung)*

**Abb. 5-20 (rechts)** Wärmerückgewinnungsgerät „multi150DC" mit Gegenstrom-Kanalwärmeübertrager *(Werkbild: Fa. Paul Wärmerückgewinnung)*

- Das Lüftungsgerät besitzt einen leistungsfähigen und leicht zu reinigenden Partikelfilter (F7), eine Wärmerückgewinnung, zwei stufenlos regelbare Gleichstromventilatoren für die Zu- und Abluft (Abbildung 5-21b).
- Für die Außenluftansaugung und die Fortluftführung sind Anschlussquerschnitte von ca. jeweils 75 cm² notwendig, die unscheinbar unter der Fensterbank angebracht werden können. Da die Ansaug- und Fortluftöffnung (i. A. Gitter) auf der gleichen Seite angeordnet ist, haben die äußeren Druckverhältnisse nur untergeordneten Einfluss auf die Funktion des Geräts.

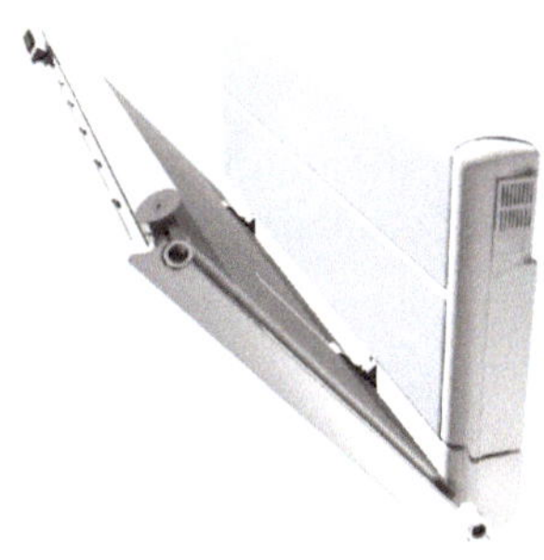

**Abb. 5-21**
**a (links)** ClimaRad mit abgeklappten Plattenheizkörper *(Foto: ClimaRad B.V.)*
**b (rechts)** ClimaRad als Demonstrationsmodell *(Foto: Trogisch)*

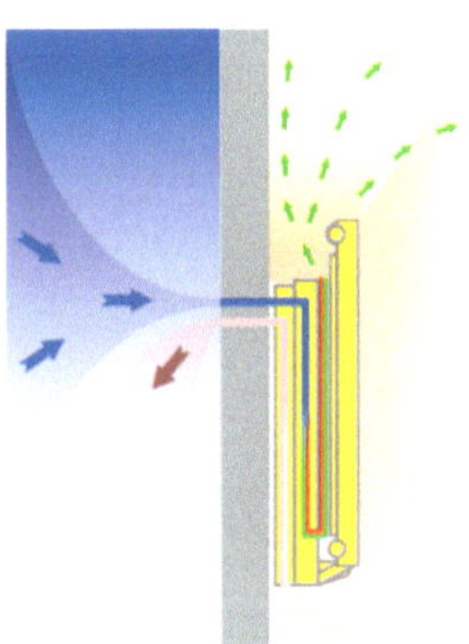

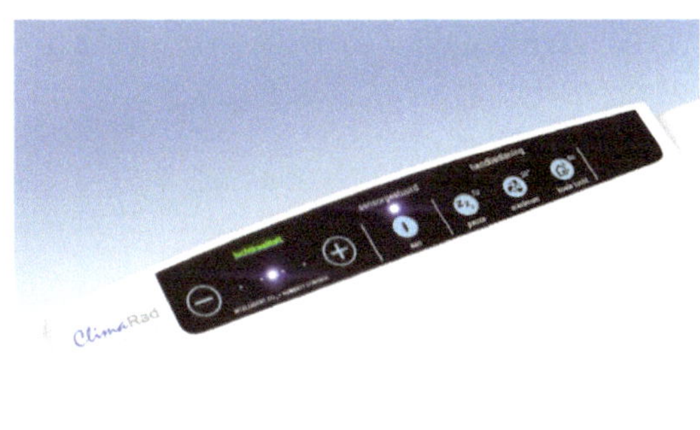

**c (links)** Schema der Luftführung im ClimaRad *(Foto: Fa. ClimaRad B.V.)*
**d (rechts)** Bedientableau *(Foto: ClimaRad B.V.)*

- Der Luftauslass am Gerät ist so angeordnet, dass die Konvektion des Heizkörpers (u. a. zu Schnellaufheizung) unterstützt wird und somit ein ausreichender Zuluftimpuls für eine gute Raumströmung vorhanden ist (Abbildung cc).
- Der maximale Zuluftvolumenstrom beträgt 125 $m^3/h$ je Gerät. Damit kann der hygienische Mindestaußenluftvolumenstrom von 2 bis 4 Personen gewährleistet werden. Die Leistungsaufnahme der Lüftermotoren bei 230V/50 Hz liegt zwischen 20 W (kleinste Lüfterstufe) und 37 W (größte Lüfterstufe) (Standby-Leistungsaufnahme: <1,5 W).
- Der notwendige Filterwechsel wird durch eine Kontrollleuchte angezeigt. Er ist ohne große Mühe ebenso wie die Reinigung der Anschlussrohre und der Ansaugöffnung für die Abluft durchführbar.
- Die Steuerung des Geräts erfolgt im Allgemeinen automatisch über Sensoren:
  - Über einen Infrarot-$CO_2$-Sensor, sich selbst kalibrierend, wird die Qualität der Raumluft erfasst und somit eine personenabhängige Außenluftvolumenstromregelung ermöglicht.

- Über einen Feuchtesensor wird die relative Luftfeuchtigkeit als weitere Regelgröße eingeführt, die bei Überschreitung eines vorgegebenen Grenzwerts Vorrang vor der $CO_2$-Regelung hat.
- Über zwei Temperaturfühler in der Außenluft und der Raumluft kann insbesondere unter sommerlichen Bedingungen über ca. 6 Stunden eine „intensive Nachtkühlung" im Vorrang gefahren werden.
- Ein einfaches Bedientableau (Abbildung cd) am Gerät lässt auch eine individuelle Anpassung zu, wie z. B. Ausschalten der Lüftung, wenn sie nicht notwendig ist (Pause), oder maximaler Luftvolumenstrom für schnelle Lufterneuerung oder Lufterwärmung.

Grundsätzlich sind bei der Planung und Auslegung alle Aspekte der mechanischen Lüftung (s. a. Kapitel 2.3) zu berücksichtigen.

Bei der Außenluftansaugung kann auf konventionelle Lösungen (s. a. Kapitel 2.3) zurückgegriffen oder auch das Prinzip „Luftbrunnen" (s. Kapitel 2.3.4) genutzt werden (Abbildung 5-22).

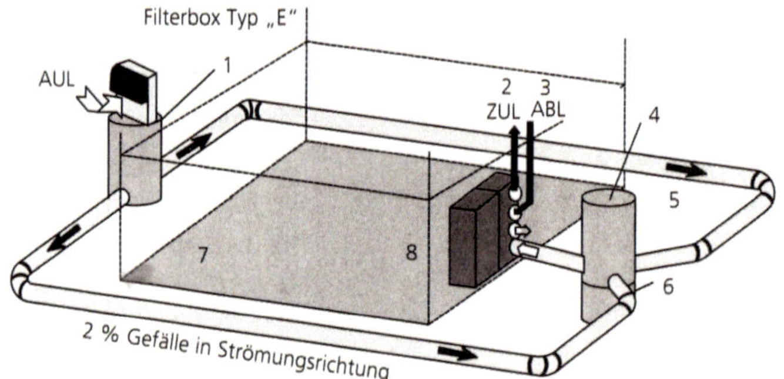


**Abb. 5-22** Prinzipschema: Erdwärmetauscher (EWT) im Zusammenhang mit einem Wärmerückgewinner (WRG) für die kontrollierte Wohnungslüftung *(Werkbild: Fa. Paul Wärmerückgewinnung)*

## 5.3.3 Bewertung

Unter dem Aspekt der kontrollierten Außenluftzufuhr, der Gewährleistung der thermischen und hygienischen Behaglichkeit und der Minimierung des Heizenergieverbrauchs sollte die kontrollierte Wohnungslüftung (KWL) vor allem im Bereich der Ein- und Zweifamilienhäuser zum Einsatz kommen.

Betrachtet man die KWL unter wirtschaftlichen Gesichtspunkten, d. h. unter der Einbeziehung von Investitionskosten und Betriebskosten, so weisen Untersuchungen unterschiedliche Ergebnisse hinsichtlich der Wirtschaftlichkeit aus, wobei sich eine unwirtschaftliche Tendenz abzeichnen kann [108], [109]. Besonders sei darauf aufmerksam gemacht, dass die Wohnungslüftungsgeräte den strengen Anforderungen der VDI 6022 Bl. 1 unterliegen und einen nicht zu unterschätzenden Wartungsaufwand benötigen.

Bei Mehrfamilienhäusern mit innen liegenden WC, Küchen und Bädern sollte nach [108] die KWL ohne Wärmerückgewinnung, d. h. mit ALD und dezentraler Absaugung, als wirtschaftliche Lösung zum Einsatz kommen.

# 6 Alternative Kühlprozesse und -verfahren

## 6.1 Kühlprozesse

Das Potenzial der Außenluft kann zur Kühlung genutzt werden, wenn die Außenlufttemperatur niedriger ist als die Zulufttemperatur bzw. Vorlauftemperatur. Dies wird als „**Freie Kühlung**" bezeichnet (s. a. Kapitel 7, Abbildung 7-8). Die kühle Luft wird direkt (s. a. Kapitel 2.3.5) oder indirekt dem Raum zugeführt (Erzeugung von Kaltwasser – Rückkühler, s. a. Kapitel 7.1). In der Anwendung der Freien Kühlung liegt ein erhebliches Potenzial zur Einsparung von Betriebskosten bei der Kälteerzeugung für die Klimatisierung.

Mit der Verdunstung beim „Befeuchten von Luft" ergibt sich ein Kühleffekt, der auch als **adiabate Befeuchtung** oder als **adiabate Kühlung** bezeichnet wird (s. a. Kapitel 2.4.2).

Dieser Prozess wird vor allem bei der Aufbereitung der Zuluft angewendet, wobei es dafür verschiedene technische Verfahren gibt, wie z. B. Rieselbefeuchtung, Sprühbefeuchtung, Druckluftdüsenzerstäubung, Ultraschallbefeuchtung (Kaltdampfgenerator).

Auch außerhalb des Klimaprozesses ist dieser Prozess anzutreffen (s. a. Kapitel 2.2.6). In wärmeren Klimazonen wird die Druckluftdüsenzerstäubung genutzt, um z. B. vor Eingangsbereichen von Supermärkten oder in Ausstellungsgebäuden lokal eine Kühlung der Luft zu erzeugen.

Zu bedenken ist, dass die Luft Feuchtigkeit aufnimmt, die Taupunkttemperatur $\theta_\tau$ ansteigt und es u. U. an Bauteilen oder Einrichtungsgegenständen zu Tauwasserbildung und möglichen baulichen Schäden kommen kann.

Durch eine sinnvolle Kopplung der in Kapitel 2.4 beschriebenen Luftaufbereitungsverfahren kann mit der Nutzung von externer Wärme (z. B. Abwärme, Solarenergie) die Luft gekühlt werden und somit auf eine traditionelle Kälteerzeugung und vor allem auf den Rückkühler weitestgehend verzichtet werden.

Bei dem **DEC-Verfahren** (Desicative and Evaporative Cooling; auch als **sorptionsgestützte Klimatisierung** (SGK) bezeichnet) [110] werden die Verfahren

- sorptive Luftentfeuchtung,
- Verdunstungskühlung und
- Wärmerückgewinnung

miteinander kombiniert. Abbildung 6-1 zeigt die Anordnung der Verfahrenseinheiten einer einstufigen DEC-Anlage. Zur Verdeutlichung dieses Prozesses ist der Zustandsverlauf der Außenluft in Abbildung 6-2 und der der Abluft in Abbildung 6-3 dargestellt.

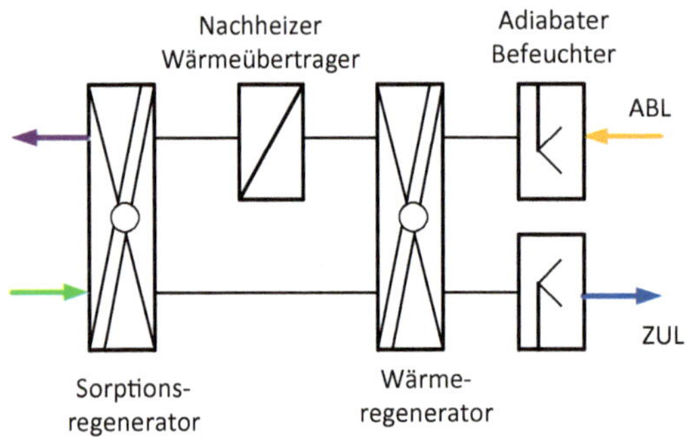


**Abb. 6-1** Schaltschema einer einstufigen DEC-Anlage

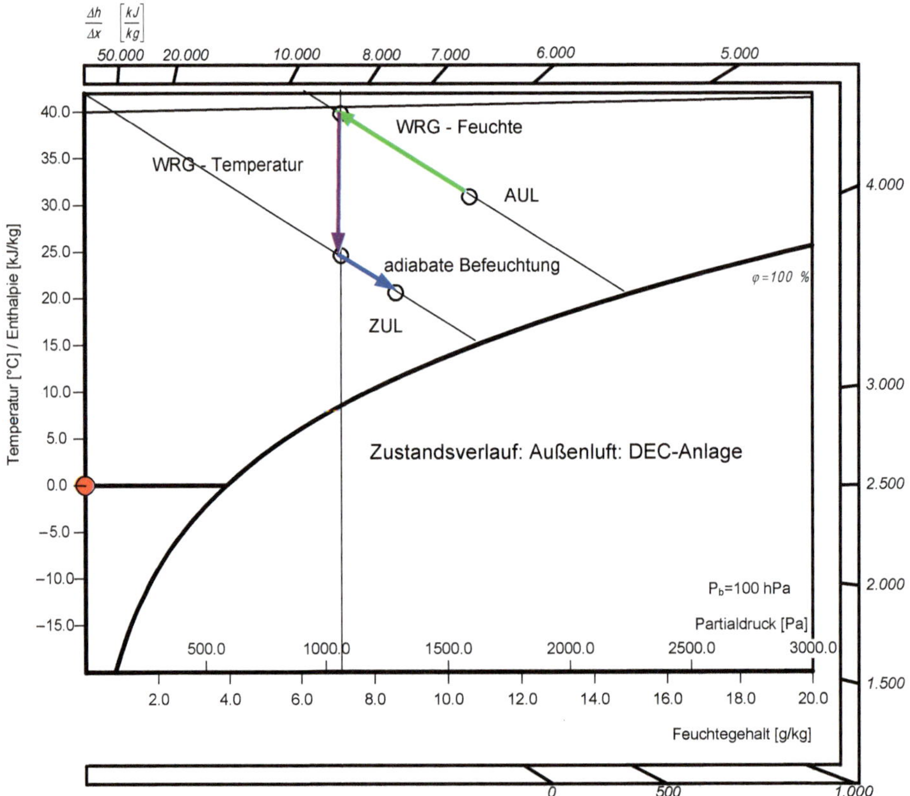


**Abb. 6-2** Zustandsverlauf der Außenluft in einer DEC-Anlage

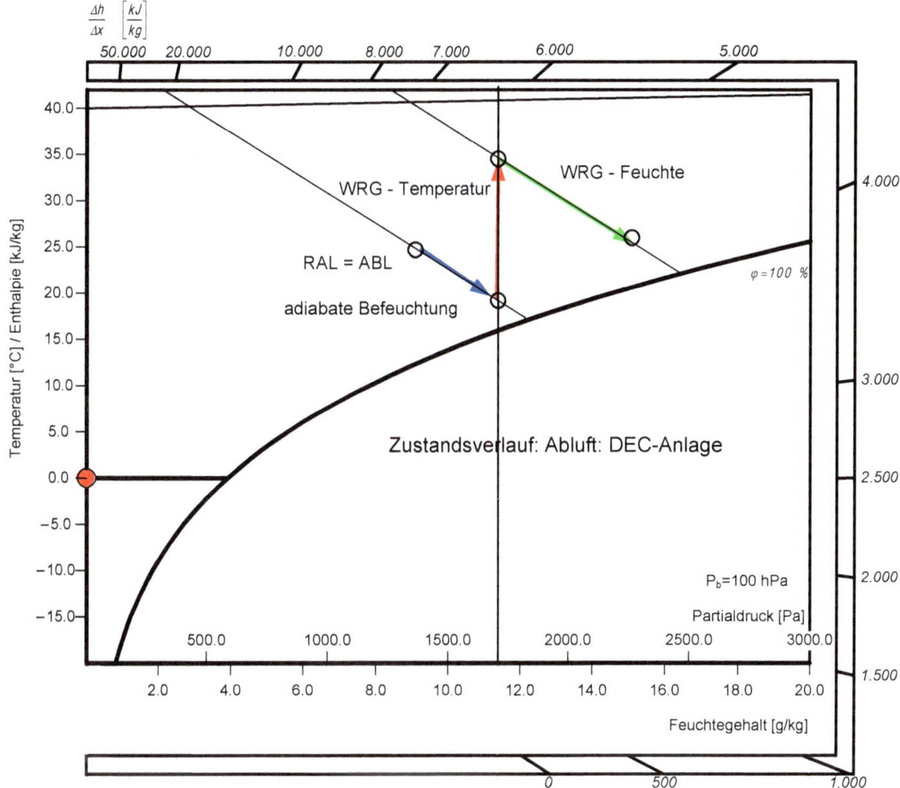


**Abb. 6-3** Zustandsverlauf der Abluft in einer DEC-Anlage

Die Energie für den Nachheizer-Wärmeübertrager kann z. B. über eine thermische Solaranlage, einen Fernwärmeanschluss, einen Kondensator einer Kälteerzeugung bereitgestellt werden. Die Vorlauftemperaturen des Heizmediums sollten dabei im Bereich zwischen 50 ... 90 °C liegen.

## 6.2 Kühlverfahren

In Analogie zur Flächenheizung (Fußboden-, Decken- oder Wandheizung) werden diese baulichen bzw. technischen Lösungen zur „Strahlungskühlung" genutzt.

Bei dieser **Flächenkühlung** werden vorrangig flächenmäßig geschlossene und offene Systeme unterschieden, wobei durch den zusätzlichen konvektiven Anteil bei den offenen die spezifische Kühlleistung größer ist.

Abbildung 6-4 gibt eine Übersicht über die möglichen Anordnungen der Kühlwasser führenden Leitungen und gekühlten Flächen im Deckenbereich. Die spezifische Kühlleistung kann herstellerabhängig zwischen 70 W/m² und 110 W/m² (offene Kühlflächen) liegen.

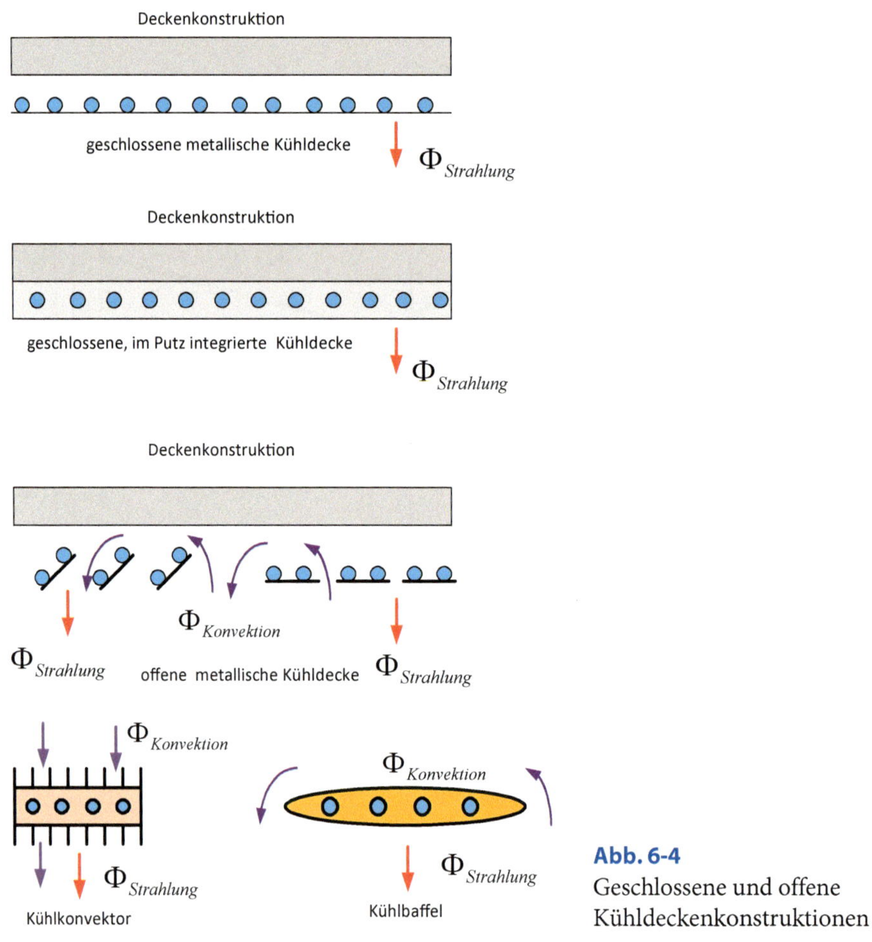


**Abb. 6-4**
Geschlossene und offene Kühldeckenkonstruktionen

Bewährt hat sich auch die Nutzung des Fußbodenheizsystems zur Kühlung des Fußbodens, besonders in thermisch höher belasteten Räumen zur Grundkühlung (s. a. Beispiel in Kapitel 2.2.6).

Zu beachten ist bei der Flächenkühlung, dass Oberflächentemperaturen $\theta_{O,i}$ von ca. 18 °C nicht unterschritten werden sollten, um eine Tauwasserbildung besonders im Sommer auf der Oberfläche zu verhindern. Daraus ergibt sich, dass die Kühlwasservorlauftemperaturen bei ca. 16 ... 17 °C liegen sollen.

Die Nutzung von senkrechten Flächen zur Kühlung ist als äußerst sensibel zu betrachten, da es bereits bei einer Temperaturdifferenz $\theta_{RAL} - \theta_{O,i} \geq 4 ... 5$ K zu unkontrollierten Kaltluftfallströmungen kommen kann [111].

Zur Temperierung von Bauteilen, d. h. der Kompensation einer thermischen Grundbelastung, findet die **Bauteilkühlung** eine Reihe von interessanten Anwendungen ([112], [113], [114], [115]). Als Kühlmittel wird vorrangig Kühlwasser eingesetzt und die Kühlwasser führenden Leitungen werden in die Bewehrungskonstruktion integriert. Daraus ergibt sich vorrangig der Einsatz in horizontalen Bauelementen (Abbildung 6-5).

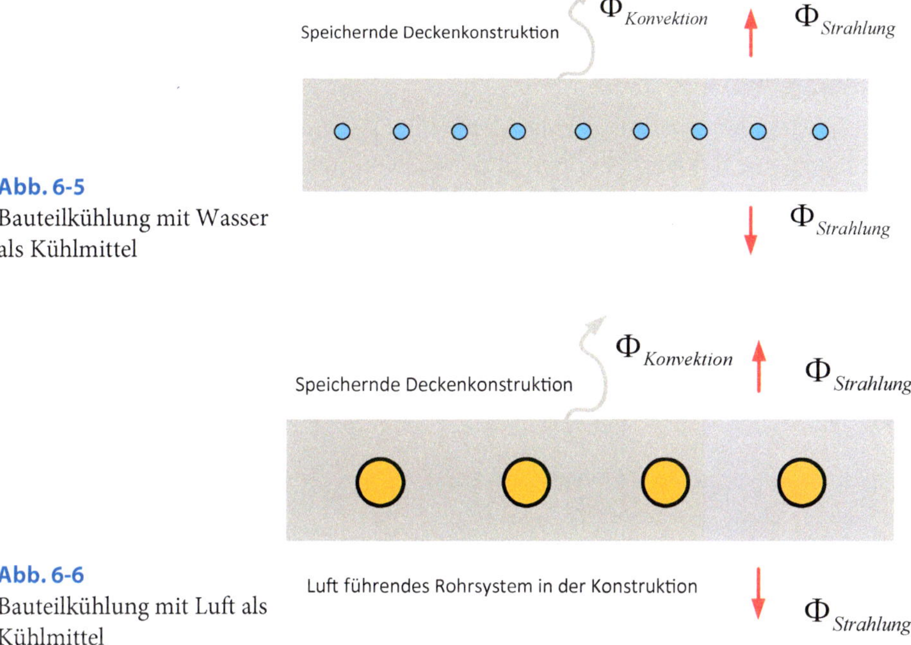


**Abb. 6-5**
Bauteilkühlung mit Wasser als Kühlmittel

**Abb. 6-6**
Bauteilkühlung mit Luft als Kühlmittel

Nach [113] wird die Lösung gemäß Abbildung 6-6 bevorzugt, indem Luft als Kühlmittel verwendet wird. Das Speicherverhalten der Deckenkonstruktion wird analog dem Thermolabyrinth (s. a. Kapitel 2.3.4, Abbildung 2.3-12 bis 2.3-16) zur Glättung der Zulufttemperaturschwankungen und zur Beeinflussung des Mittelwerts (Kühlung oder Vorwärmung) genutzt. Diese so behandelte Zuluft wird dann im Brüstungsbereich dem Raum zugeführt. Zu bedenken sind bei dieser Lösung der im Vergleich zum Wasser geringere Wärmekapazitätsstrom der Luft und die Probleme möglicher Taupunktunterschreitung in den einbetonierten Luftleitungen sowie der konstruktiven und technologisch realisierbaren Anbindung an die Lüftungskanäle.

Bei hohen inneren Wärmelasten (z. B. Fernsehstudios, PC-Kabinette) und/oder hohen akustischen Nutzerforderungen ist die Anwendung der „**Stillen Kühlung**“ bzw. „**Schwerkraftkühlung**“ angebracht (s. a. Kapitel 2.5.4). Der Oberflächenkühler wird so angeordnet, dass durch eine gezielte Fallströmung eine Raumströmung induziert wird. Die Zuführung der gekühlten Luft geschieht in Form der „Quelllüftung“.

Die kalte Luft wird dabei in einem Schacht geführt, dessen eine Begrenzung die Wand und dessen andere eine Vorwandkonstruktion oder auch eine Einbaumöblierung sein kann. Die Austrittsflächen für die kalte Luft sind großflächig zu gestalten, um geringe Luftaustrittsgeschwindigkeiten zu gewährleisten. Es ist auch möglich, kühle Flächen im Raum zu platzieren (Abbildung 6-7) und durch gezielte Fallströmung eine Raumströmung und Kühlung der Raumluft bzw. eine Kompensation der Wärmelast zu erzielen, wobei dadurch die Variabilität der Raumnutzung nur wenig beeinträchtigt wird. Die Temperaturdifferenz zwischen der gekühlten Oberflächentemperatur $\theta_{O,i}$ und der Raumlufttemperatur $\theta_{RAL}$ sollte nicht mehr als 4 ... 5 K betragen.

Kühlverfahren und -systeme können miteinander und mit der konventionellen Kälteerzeugung verknüpft werden. Eine mögliche Kombination von DEC-Anlage, Quelllüftung über Fußbodenauslässe und Kälteerzeugung für eine Büroklimatisierung ist Abbildung 6-8 zu entnehmen. Bei diesen Verknüpfungen bedarf es einer gründlichen Analyse des zeitlichen Anfalls und Bedarfs an Kälte, Kühlung und Wärme unter Beachtung der Nutzung.

Eine Möglichkeit der Vorkühlung bzw. Vorwärmung der Außenluft besteht in der Durchströmung von Speichern in Form von Schotterschüttungen [116] (s. a. Kapitel 7.2) in Analogie zum Thermolabyrinth (s. a. Kapitel 2.3.4).

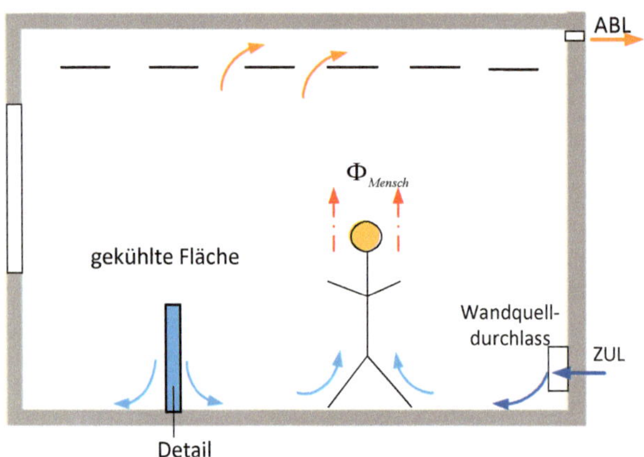


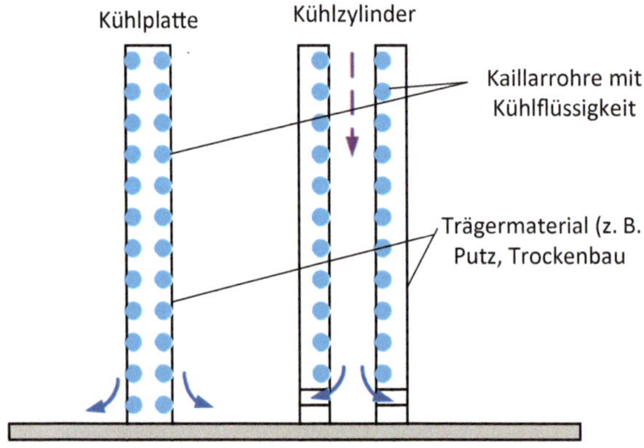


**Abb. 6-7**
Möglichkeit der Anwendung der „Stillen Kühlung“

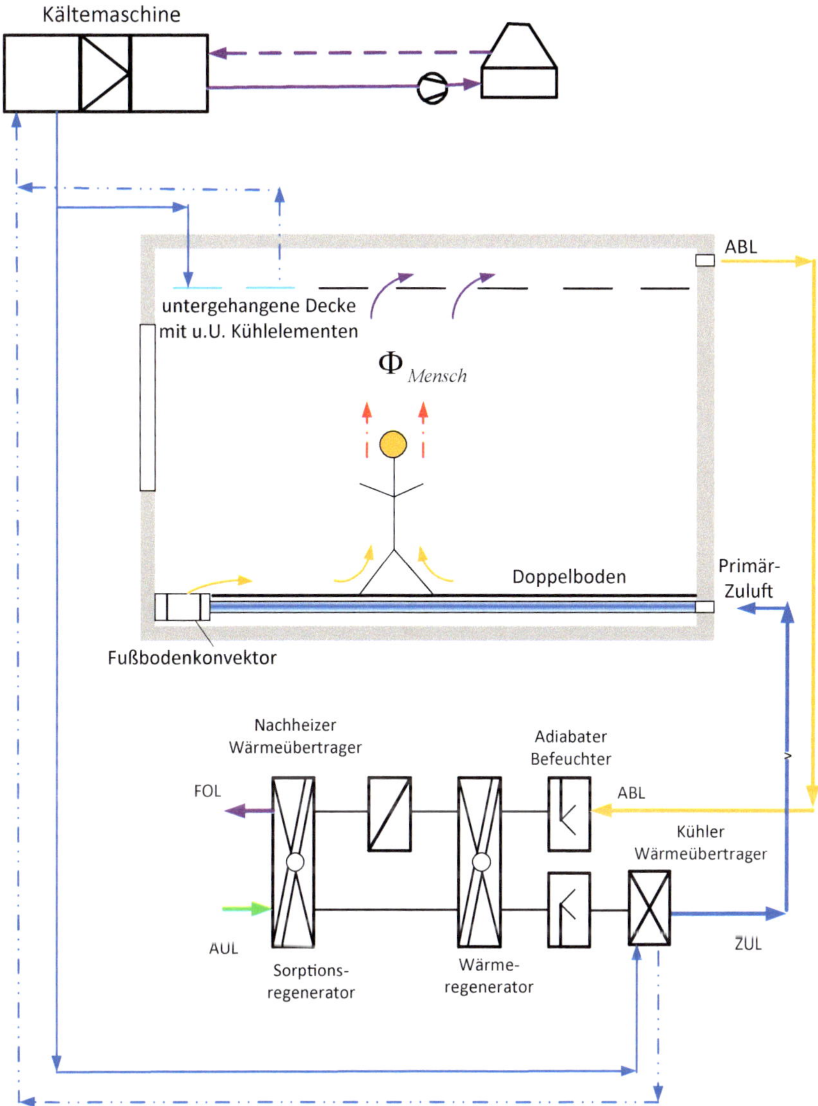


**Abb. 6-8** Bauteilkühlung mit Luft als Kühlmittel

# 7 Kälteerzeugung und Kühlung

## 7.1 Allgemeines zur Kälteversorgung in der TGA

Die VDI-Richtlinie 6018 „Kälteversorgung in der technischen Gebäudeausrüstung – Planung, Bau, Betrieb“ gibt einen guten Überblick, um eine energieeffiziente und umweltverträgliche Deckung des steigenden Kühlenergiebedarfs in der TGA sicherstellen zu können.

Nachfolgend sollen die wesentlichen Inhalte überblicksmäßig dargestellt werden, siehe auch Abbildung 7-1 und Abbildung 7-2.

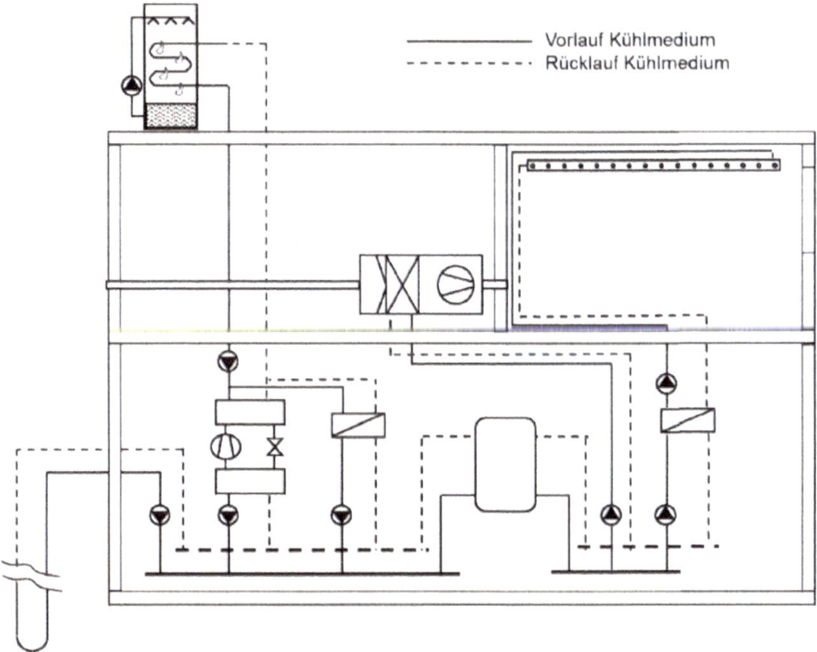


**Abb. 7-1** Übersichtsschema zum Anlagenaufbau mit pumpfähigen Kälteträgern VDI 6018

Einrichtungen zur Raumkühlung sind:

- Luftkühler in RLT-Anlagen
- Raumkühlflächen

- thermische Bauteilaktivierung
- Induktionsgeräte
- dezentrale RLT-Geräte
- Gebläsekonvektoren

Als Kälteträger kommen zum Einsatz:

- Wasser, Sole (Synonym für Wasser-Frostschutzmittel-Gemische), Eisbrei (Slurry)
- Kältemittel als Arbeitsstoff in direktverdampfenden Systemen

Die Speicherung von Kälteenergie erfolgt in:

- sensiblen Speichersystemen (z. B. Kaltwasserspeicher)
- latenten Speichersystemen (z. B. Eisspeicher)

Als Antriebsenergie für die Kältegewinnung stehen zur Verfügung:

- Elektroenergie (Kompressionskältemaschinen)
- Wärmeenergie (Sorptionskältemaschinen)

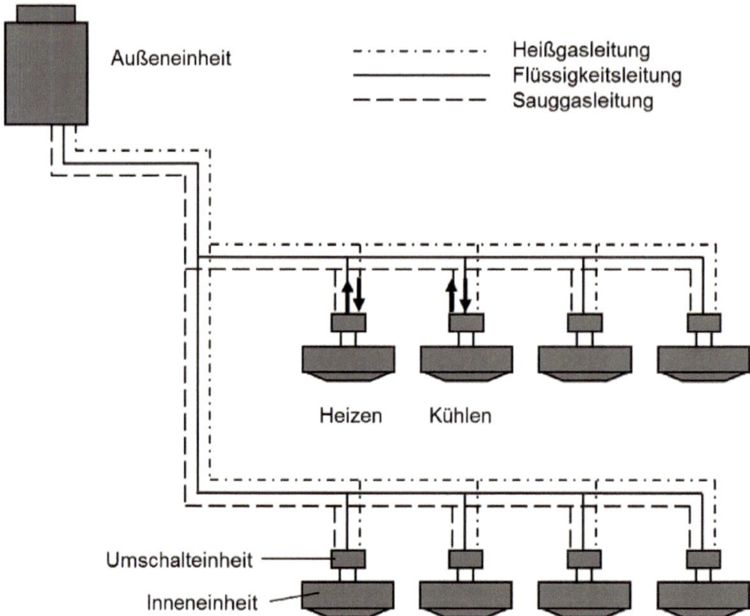


**Abb. 7-2** Übersichtsschema zum Anlagenaufbau von Direktverdampfungssystemen (hier als Dreileitersystem)

Eine Sonderform stellen sorptionsgestützte Klimasysteme dar, die erstrangig zur Luftentfeuchtung dienen und durch Kombination mit Wärmerückgewinnung und adiabatischer Befeuchtung auch zur Kühlung geeignet sind.

Die Richtlinie formuliert weiterhin die Anforderungen und Kriterien für den Einsatz von Kältemitteln sowie von Kälteträgern.

Hinsichtlich der Konditionierungsverfahren von Räumen ist zu unterscheiden zwischen:

- dem Einbringen gekühlter (und ggf. entfeuchteter) Luft
- der Temperierung durch Raumkühlflächen (z. B. Kühldecke) infolge von vorwiegender Strahlungswärmeübertragung
- durch kombinierte Luft-Wasser-Systeme

Bei der Auswahl und Auslegung von Systemen zur Luftkühlung muss stets der Taupunkt der Luft berücksichtigt werden. Die bei Taupunktunterschreitung auftretende Entfeuchtung der Luft muss technisch und hygienisch beherrschbar sein, d. h., im Regelfall ist für die gezielte Abführung des Kondensats zu sorgen sowie Wartung und Inspektion sicherzustellen. Wenn Kondensatanfall durch Taupunktunterschreitung unerwünscht bzw. unmöglich ist, sind die Betriebstemperaturen entsprechend zu wählen; ggf. muss eine regelungstechnisch eingebundene Taupunktüberwachung stattfinden.

Die Verteilungssysteme für Kälteenergie stellen sowohl hohe Ansprüche an die Rohrhydraulik (Netzgestaltung und -auslegung) als auch an die Regelungstechnik. In vielen Fällen ist vor allem auf die Sicherstellung von Mindestvolumenströmen (z. B. am Verdampfer) zu achten.

Typische hydraulische Schaltungen einschließlich Kurzcharakteristik sind:

- Ein-Kreis-Systeme (s. Abbildung 7-3)
  - einfacher Aufbau
  - geringe Investition
  - Sicherstellung des Mindestvolumenstroms im Verdampfer durch Umlenkschaltung oder Bypass-Schaltung
  - instabiles Regelverhalten bei kleinen Wasserinhalten – vermeidbar durch Pufferspeicher
- Zwei-Kreis-Systeme (Abbildung 7-3)
  - hydraulische und regelungstechnische Entkopplung des Erzeugerkreises (Primärkreis) vom Verbraucherkreis (Sekundärkreis)
  - i. A. für komplexere Systeme
  - mehrere Umwälzpumpen
  - höhere Investition
  - Trennung von Primär- und Sekundärkreis durch hydraulische Weiche oder parallel angeordneten Pufferspeicher
  - hydraulische Entkopplung durch einen Wärmeübertrager ist notwendig, wenn unterschiedliche Kälteträger zur Einsatz kommen (müssen) oder wenn der Sekundärkreis kein sauerstoffdiffusionsdichtes Material aufweist

- bei ausgedehnten Systemen sind Verteiler-/Sammler-Schaltungen anzuwenden, wobei die gegenseitige Beeinflussung der Verbrauchergruppen und Kreise zu unterbinden ist
- Sicherstellung von Mindestvolumenstrom und minimaler Temperaturdifferenz im Primärkreis unter allen Lastbedingungen
- Gewährleistung einer energieeffizienten Betriebsweise durch drehzahlgeregelte Pumpen (soweit möglich), durch mehrstufige oder parallel angeordnete Kälteerzeuger (Kaskade) einschließlich einer zweckmäßigen Leistungs- und Laufzeitregelung
- Sicherstellung von Vorkehrungen zur Vermeidung von Kurzschlussströmungen über nicht in Betrieb befindliche Kältemaschinen

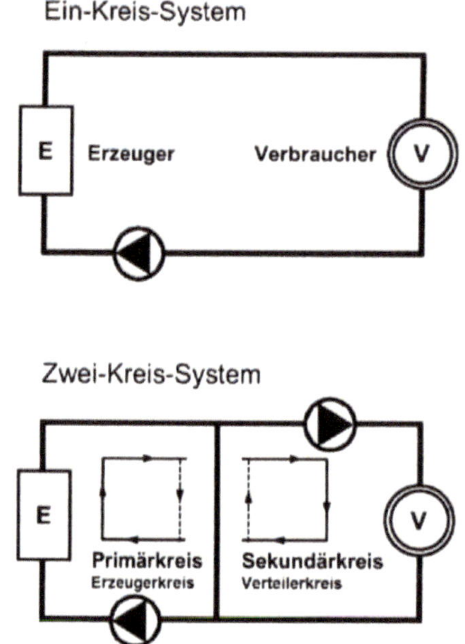


**Abb. 7-3** Hydraulische Grundschaltungen nach VDI 6018

- Sofern verfügbar, sollten natürliche Kältequellen (Wärmesenken) zur Erhöhung der Energieeffizienz in das Kälteerzeugungssystem eingebunden werden (z. B. Freie Kühlung über kühle Außenluft).
- Sensible Kältespeicher sind aufgrund der geringen Temperaturdifferenzen (z. B. 6 °C/12 °C) meist nur als Kurzzeitspeicher sinnvoll nutzbar. Die Dimensionierung richtet sich vor allem nach der Begrenzung der Schalthäufigkeit bzw. der Mindestlaufzeit des Verdichters in der kleinsten Leistungsstufe.
- Latente Kältespeicher in der Kälteversorgung stellen insbesondere Eisspeicher dar. Die höhere Energiespeicherdichte resultiert aus der Schmelz-/Erstarrungswärme des Materials (hier: Wasser). Konstruktiv sind Besonderheiten bei der

Wärmeübertragung mit Phasenwechsel sowie die Anomalie des Wassers zu beherrschen. Im Regelfall befinden sich im Eisspeicher rohr- oder plattenbasierte Wärmeübertrager, die vom phasenwechselnden Wasservolumen umgeben sind. Im Inneren findet der Wärmeübergang durch Direktverdampfung oder durch einen strömenden Kälteträger (Sole) statt, während das phasenwechselnde Wasservolumen u. U. zu bewegen ist (z. B. durch Rührwerke). Als Dimensionierungsbedingung findet i.d.R. der max. Tagesgang des Kälteenergiebedarfs (siehe auch Kap. 7.2) Verwendung, wobei das Ziel der Reduzierung der Kältemaschinenleistung durch Vergleichmäßigung/Verlängerung der Laufzeit angestrebt wird. Dadurch ist im Allgemeinen eine wirtschaftlichere und energieeffizientere Bereitstellung von Kälteenergie möglich. Neben der gespeicherten Kälteenergie ist auch die maximal notwendige Entladeleistung sicherzustellen, um die Bedarfsanforderungen decken zu können.

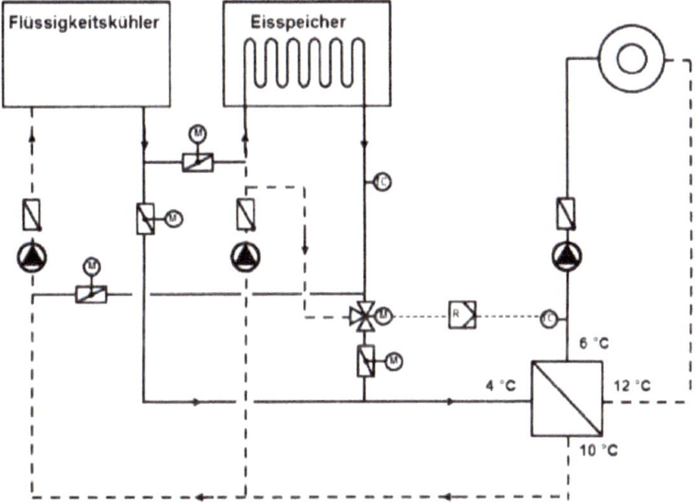


**Abb. 7-4** Prinzipschema für die parallele Einbindung eines Eisspeichers nach VDI 6018

- Die hydraulische Einbindung eines Eisspeichers in paralleler Weise zeigt Abbildung 7-4. Die Kältemaschine (hier: Flüssigkeitskühler) liefert die Grundlast. Besteht keine Kälteanforderung, lädt die Kältemaschine den Eisspeicher durch Umstellen der motorischen Absperrklappen. Ist die Kälteleistung der Kältemaschine nicht ausreichend, erfolgt die parallele Zuschaltung der Eisspeicherentladung, wobei die Umlenkschaltung mittels Dreiwegeventil die Soll-Vorlauftemperatur sicherstellt.
- Bei der Reihenschaltung (serielle Einbindung) von Kältemaschine (hier: Flüssigkeitskühler) und Eisspeicher (Abbildung 7-5) wird der Solevorlauf generell über den Eisspeicher geführt. Der Beladebetrieb erfolgt über die entsprechende Stellung der motorischen Absperrklappen, während im Entladebetrieb mittels Dreiwegeventil die Sollvorlauftemperatur zu regeln ist.

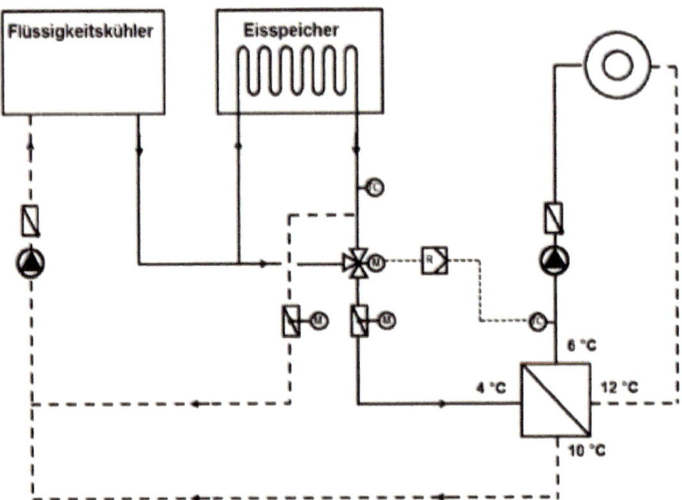


**Abb. 7-5** Prinzipschema für die serielle Einbindung eines Eisspeichers nach VDI 6018

- Die Rückkühlung ist unverzichtbarer Bestandteil jedes Kälteerzeugungssystems (Abbildung 7-6), die die am Kondensator anfallende Abwärme angeführt werden muss, um den Kreisprozess aufrechtzuerhalten.

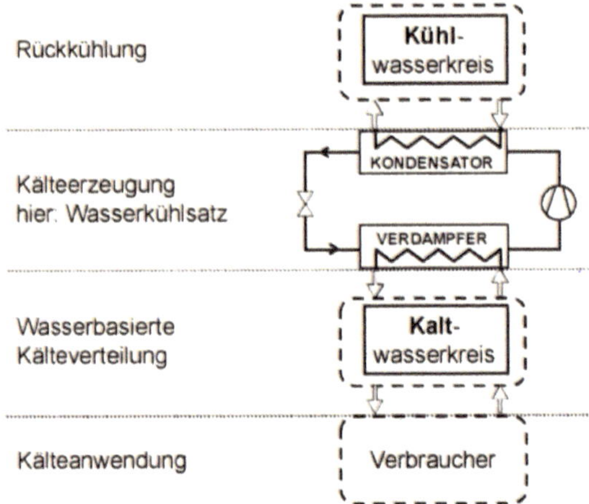


**Abb. 7-6** Aufbau eines Kälteversorgungssystems mit Rückkühlung nach VDI 6018

Die Menge an abzuführender Abwärme ist vom Funktionsprinzip der Kältemaschine sowie deren Betriebspunkt (Effizienz) abhängig. Bei Sorptionskältemaschinen sind größere und aufwendigere Rückkühler erforderlich als bei Kompressionskältemaschinen. Rückkühler werden unterteilt in:

- die direkte Wärmeabführung vom Kondensator an die Umgebungsluft
- die indirekte Wärmeabführung über einen Kühlflüssigkeitskreislauf

Entsprechend sind apparatetechnisch zu unterscheiden:
- luftgekühlte Verflüssiger
- wasser-(sole-)gekühlte Verflüssiger mit Trockenkühler
- wassergekühlte Verflüssiger mit Verdunstungsrückkühler

Gelegentlich ist die Wärmeabführung auch über verfügbare Wasserressourcen möglich bzw. über die Kopplung mit Wärmerückgewinnungssystemen (zur Abwärmenutzung) koppelbar.
Bei der Auswahl / Festlegung des Rückkühlsystems sind die örtlichen Gegebenheiten, zulässige Geräuschemissionen, das Wassermanagement sowie die aufzuwendende Hilfsenergie relevant.

- Bei der Planung und Ausführung von Kälteversorgungsanlagen sollten folgende Hinweise Berücksichtigung finden:
  - Festlegung der Aufgabenstellung und sämtlicher relevanter Randbedingungen
  - Definition der Auslegungsbedingungen
  - Berechnung der erforderlichen Kälteleistung unter Beachtung von Gleichzeitigkeiten
  - Festlegung der/des Temperaturniveaus
  - Auswahl und Dimensionierung der Kälteerzeugungsanlage einschl. -speicherung
  - Prüfung der Nutzungsmöglichkeiten für alternative Kälteerzeuger und -speicher
  - Auslegung der Raumkühlsysteme
  - Festlegung der Leistungsregelung
  - sicherheitstechnische und umweltrelevante Beurteilung (DIN 378 Teil 1 bis 4)
  - Gefährdungsbeurteilung
  - akustische Bewertung
  - Festlegung und Beurteilung des Aufstellortes
  - Winterbetrieb, Frostsicherheit
  - Wassergefährdung
  - Hygiene (z. B. bei Verdunstungsrückkühlwerken, VDI 2047 Bl. 2)
  - Beschaffenheit des Kälteträgers/Befüllen mit aufbereitetem Wasser (VDI 2035)
  - Werkstoffauswahl
  - Korrosionsschutz
  - Genehmigungsverfahren
  - Platzbedarf nach VDI 2050 Bl. 4
  - Systemanbindung, MSR-Konzept – VDMA 24247-7
  - Maßnahmen für Monitoring/Fernüberwachung – VDI 6041
  - prüfen, ob Abwärmenutzung von Kältemaschinen möglich und wirtschaftlich ist

In der VDI-Richtlinie 6018 folgt die detaillierte Untersetzung der vorgenannten Hinweise sowie ergänzende Angaben für die Realisierung bezeichneter Systeme.

## 7.2 Grundlegendes

Für Kühlprozesse (s. a. Kap. 6.4.1) wird „Kälte" benötigt. Für die Kälteerzeugung gibt es eine Reihe von technischen Lösungen. Die Dimensionierung der Kälteerzeugungseinrichtung ist insbesondere eine Funktion des zeitlichen und maximalen Kältebedarfs und der Anwendung (z. B. Klimatisierung, technologische Prozesse). Bei der Klimatisierung wird der Kältebedarf vorrangig durch die Wärmelast (Kühllast) und deren zeitlichen Verlauf (Tages- und Jahresgang) sowie die meteorologischen Bedingungen determiniert.

Ausgehend von der Summenlinie der Außenlufttemperatur $\theta_e$ ist erkennbar (Abbildung 7-7), dass nur in einem geringen Zeitraum technisch erzeugte Kälte benötigt wird, wenn die Außenlufttemperatur $\theta_e$ größer als die behagliche Raumlufttemperatur $\theta_a$ ist.

In einem größeren Zeitraum kann die Temperaturdifferenz zwischen der Raumluft und der Außenluft zur Kühlung („Freie Kühlung") genutzt werden. Wird Kälte zur Kühlung und Entfeuchtung bei inneren Wärme- und Feuchtelasten benötigt, so wird dieser Zeitraum größer werden (Abbildung 7-8).

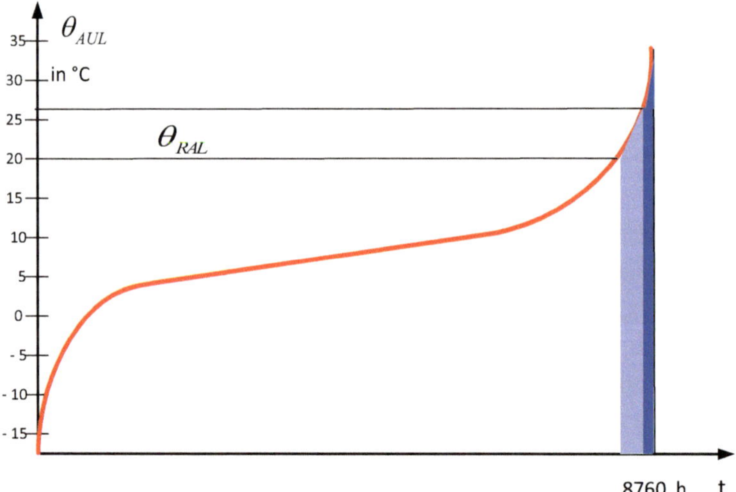


**Abb. 7-7** Summenlinie der Außenlufttemperatur

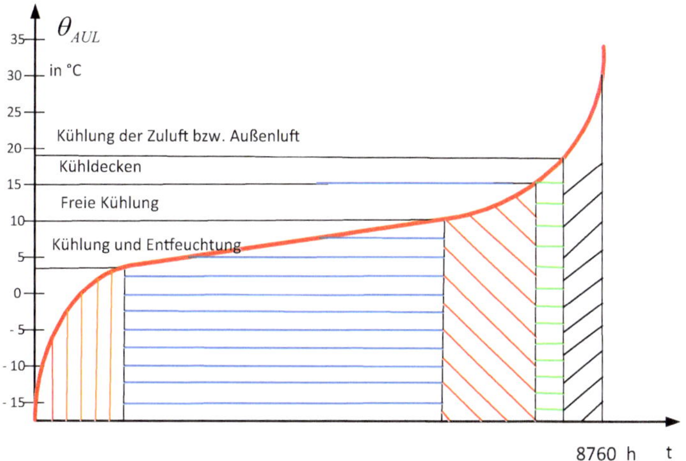


**Abb. 7-8** Anwendungsbereiche für die Kühlung bzw. Kälteerzeugung

Bei dem Kältebedarf $Q_C$ ist im Allgemeinen ein ausgeprägter Tagesverlauf (Abbildung 7-9), aber auch ein Wochen-, Monats- und Jahresverlauf charakteristisch.

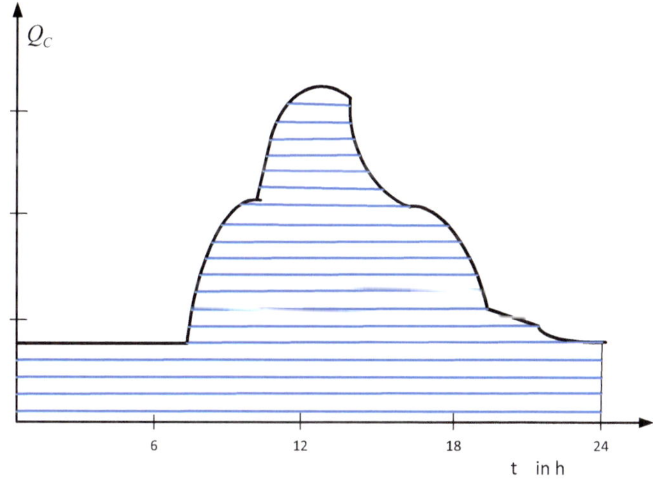


**Abb. 7-9** Tagesverlauf eines Kältebedarfs

Die Kenntnis der Bedarfslinien ist eine entscheidende Größe zur Dimensionierung der Kälteanlage inklusive der Rückkühlmöglichkeiten und des Einsatzes von Kältespeichern (s. a. Kapitel 7.4). Aus der Bedarfslinie kann z. B. die Anzahl und die Leistungsgröße der Kälteerzeuger (KM) abgeleitet werden, um möglichst eine hohe Volllaststundenzahl und einen großen Wirkungsgrad zu erreichen (Abbildung 7-10). Ähnliche Aussagen können zur Kombination „Speicher-Kälteerzeuger" abgeleitet werden (Abbildung 7-11).

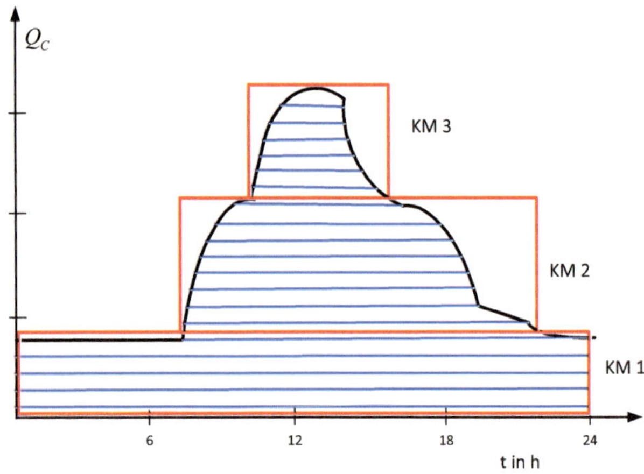


**Abb. 7-10** Zuordnung von Kälteerzeugern (KM) zum Kältebedarf

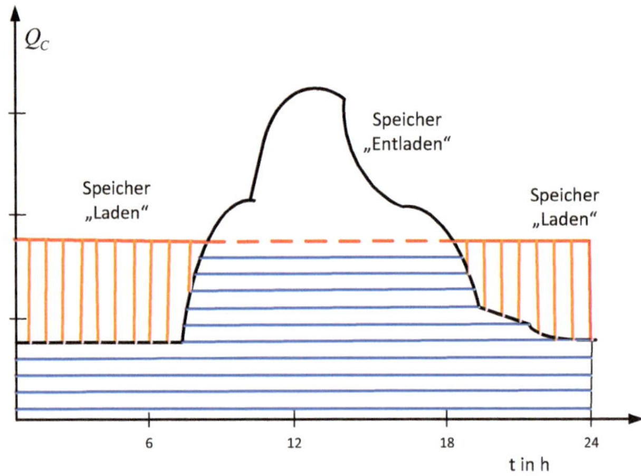


**Abb. 7-11** Zuordnung der Kälteerzeugung und des Kältespeichers zum Kältebedarf

# 7.3 Kälteerzeugung

## 7.3.1 Aufbau

Bei der Kälteerzeugung wird mit einem thermodynamischen Rechtsprozess durch Zuführung von Energie einem Wärmepotenzial Energie entzogen (Kälte) und auf ein höheres Wärmepotenzial gehoben (Abbildung 7-12).

Auf die Wirkungsweise dieses thermodynamischen Prozesses, auf Wärmequellen, auf die energetische Bewertung und auf die technische Beschreibung der Bauteile der Kältemaschine wird hier nicht näher eingegangen (weiterführende Literatur in [117], [118], [28], [14], [119] und [120]).

Interessiert nicht die Erzeugung von Kälte bei der Kältemaschine, sondern die abzuführende Wärme am Kondensator, so spricht man von einer „Wärmepumpe".

Der Begriff „reversible Wärmepumpe" ist irreführend und thermodynamisch „falsch", da bei der Wärmepumpe die „warme" Seite und bei der Kältemaschine die „kalte" Seite von technischem Interesse ist. Selbstverständlich ist es möglich und heute oft angewendet, entweder die „warme" Seite für die Heizung oder die „kalte" Seite für die Kühlung zu nutzen.

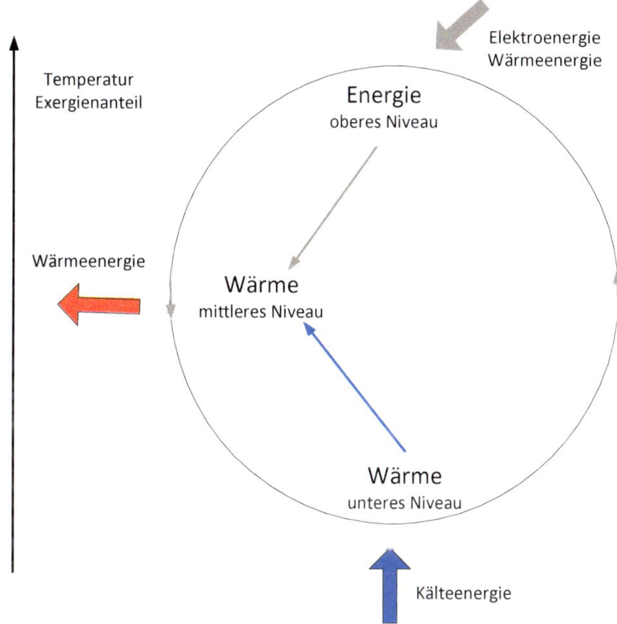


**Abb. 7-12** Schema der Kälteerzeugung

Für diesen Prozess sind folgende Bestandteile notwendig: Verdichter, zwei Wärmeübertrager (Verdampfer, Kondensator), Expansionsventil und Kältemittel. Sie werden in einer konstruktiven Einheit, der Kältemaschine, zusammengefasst (Abbildung 7-13).

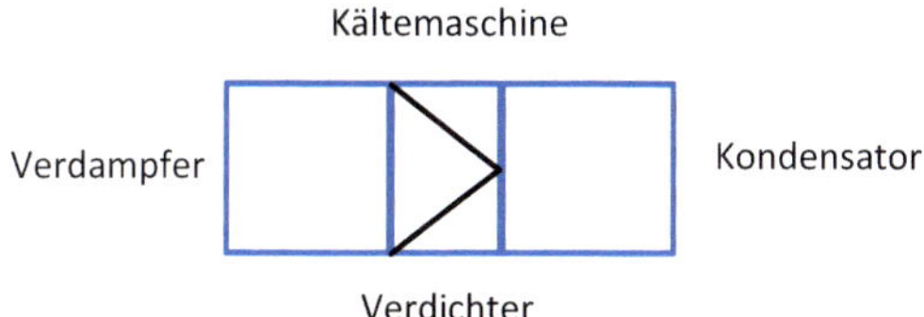


**Abb. 7-13** Symbolschema einer Kältemaschine

Nach dem Prinzip der Verdichtung wird in Kompressions- (Abbildung 7-14) und Absorptionskältemaschinen (Abbildung 7-15 und 7-16) und bei der Kompressionskältemaschine weiter nach der Art der Verdichtung (Kolben-, Schrauben-, Turboverdichter) (Abbildung 7-19 und 7-20) unterteilt. Eine Sonderform stellt die Adsorptionskältemaschine (Abbildung 7-17) dar. Den Unterschied zwischen Adsorption (Anlagern) und Absorption (Einlagern) zeigt Abbildung 7-18.

Die beiden Wärmeübertrager – der Verdampfer zur Übertragung der Kälte und der Kondensator zur Übertragung der Wärme – sind jeweils über eine geschlossene Rohrleitung mit Pumpe (Kühlkreislauf) an einen die Kälte oder Wärme übertragenden Wärmeübertrager (z. B. Oberflächenkühler, Rückkühler) angeschlossen (Abbildung 7-21). Je nach Rückkühlung unterscheidet man in luftgekühlte (Abbildung 7-22) und wassergekühlte Kältemaschinen (Abbildungen 7-19 und 7-20).

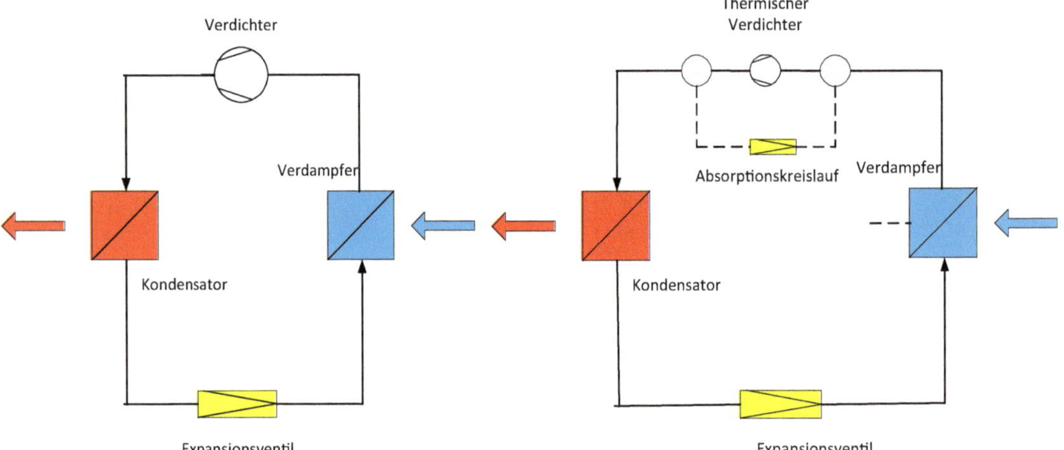


**Abb. 7-14 (links)** Symbolschema einer Kompressionskältemaschine
**Abb. 7-15 (rechts)** Symbolschema einer Absorptionskältemaschine

**Abb. 7-16** Absorptionskältemaschine *(Werkbild: Fa. York/Johnson Controls)*

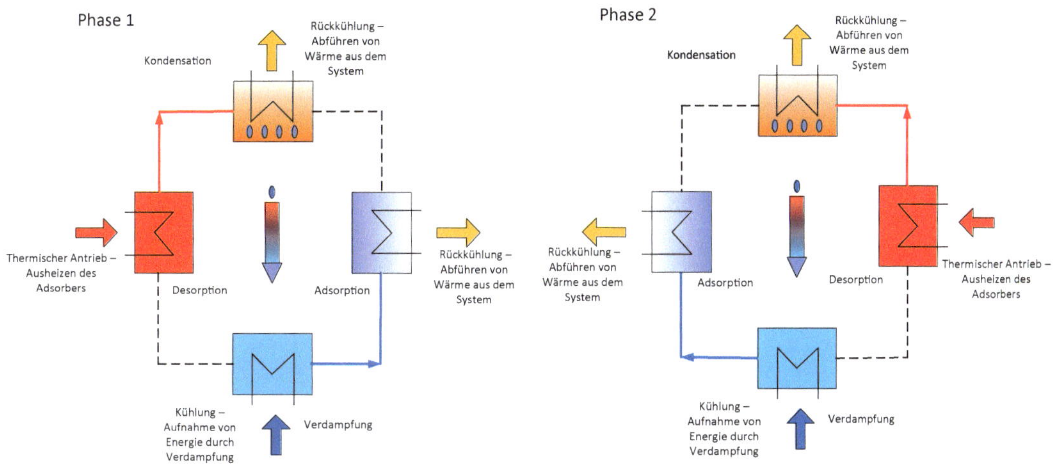


**Abb. 7-17** Betriebszyklen des Adsorptionsprozesses

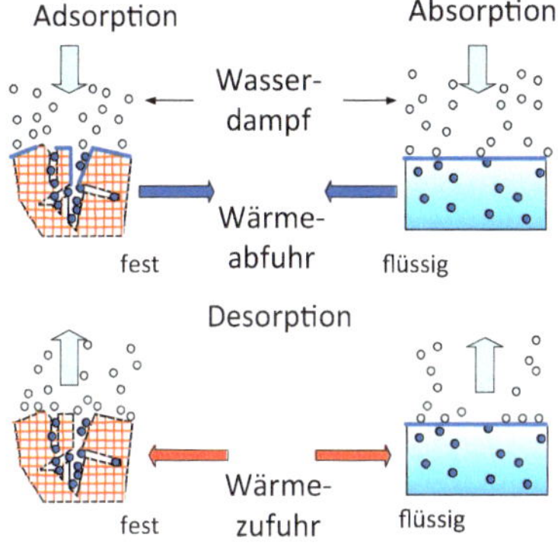


**Abb. 7-18** Funktionsprinzipen von Adsorption und Absorption

**Abb. 7-19** Wassergekühlter Schraubenverdichter *(Werkbild: Fa. Trane)*

**Abb. 7-20** Wassergekühlter Turboverdichter *(Werkbild: Fa. Trane)*

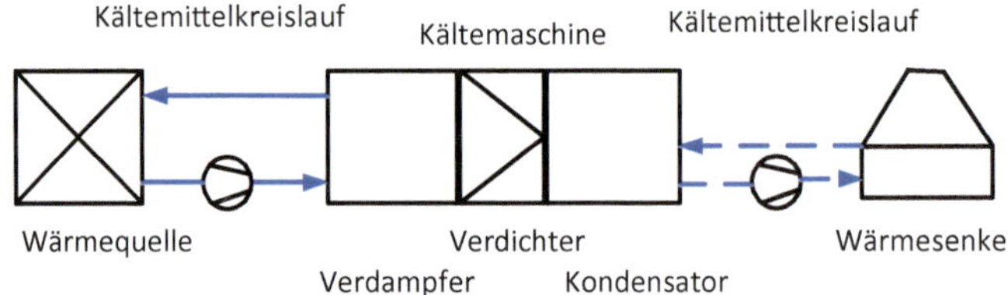


**Abb. 7-21** Symbolschema einer Kältemaschine in Kopplung mit Oberflächenkühler und Rückkühler

**Abb. 7-22** Luftgekühlter Schraubenverdichter *(Werkbild: Fa. Trane)*

Abbildung 7-23 zeigt eine Übersicht über die Anwendungsmöglichkeiten (linke Bildseite) der Kälteerzeugung und die Möglichkeiten der Abführung der erzeugten Wärme (rechte Bildseite) (s. a. Kapitel 7.3)

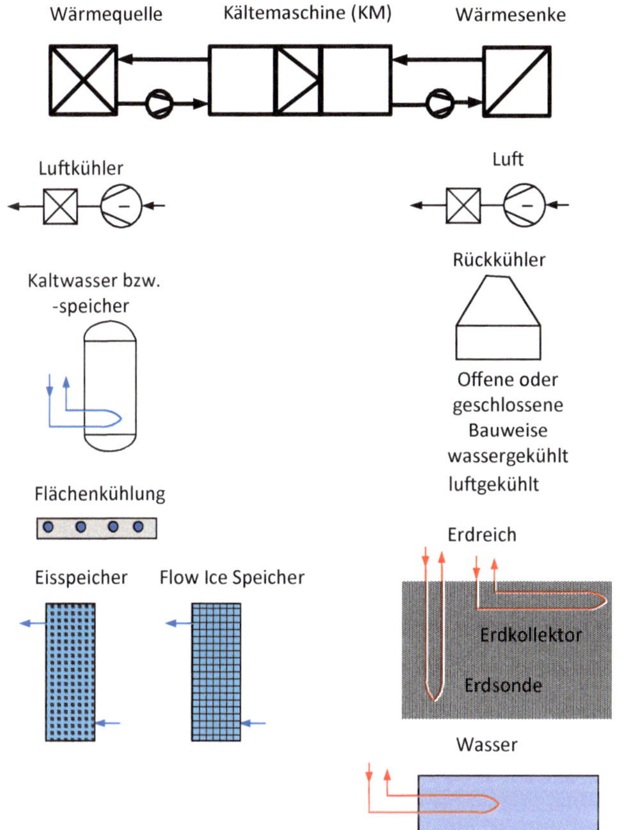


**Abb. 7-23**
Übersicht Wärmequelle – Wärmesenke bei Kältemaschinen

Ist die abzuführende Wärme am Kondensator für die Bereitstellung von Wärmeenergie von Interesse, so wird dies als „Wärmepumpe“ (WP) bezeichnet.

Es wird unterschieden in:

- Wasser/Wasser – Wärmepumpe bzw. Sole/Wasser-WP
- Wasser/Luft – Wärmepumpe
- Luft/Luft – Wärmepumpe

Die Anwendung von Wärmepumpen zum Heizen von Gebäuden bzw. zur Bereitstellung von Trinkwarmwasser hat vor dem Hintergrund der EnEV und der Minimierung des Heizlast bzw. des Heizenergiebedarfs immer mehr an Bedeutung gewonnen.

Abbildung 7-24 zeigt eine Übersicht über mögliche Wärmequellen und -senken.

Als Kältemittel können Sicherheitskältemittel, z. B. R134a, und vor allem Kältemittel mit einem geringen ODP-Potenzial, Ammoniak ($NH_3$), aber auch Wasser eingesetzt werden. Im Kaltwasserkreislauf („kalte“ Seite) und im Kühlwasserkreislauf („warme“ Seite) wird im Allgemeinen Wasser verwendet.

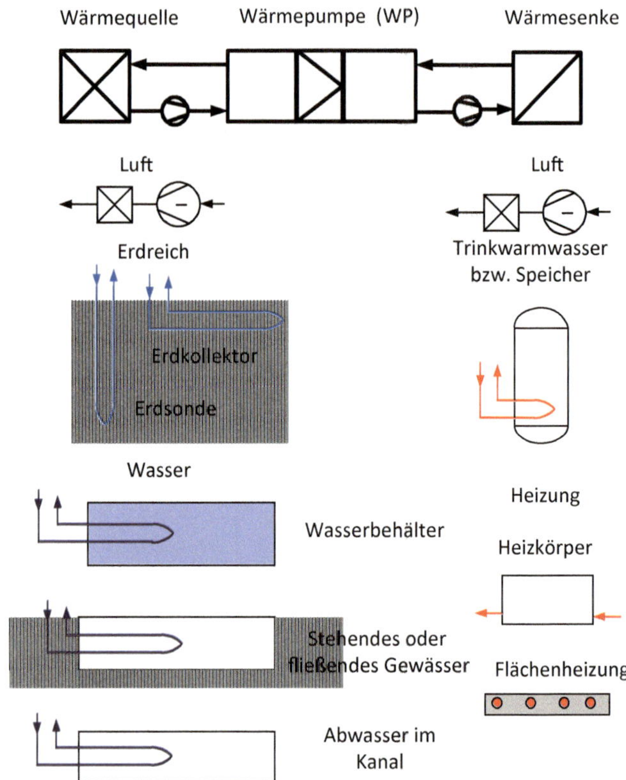


**Abb. 7-24**
Übersicht Wärmequelle – Wärmesenke bei Wärmepumpen

## 7.3.2 Kältezentrale

In der Kältezentrale werden die Kältemaschine, die Ausdehnungsgefäße, die Kaltwasser- und Kühlwasserverteiler und -sammler, die Hauptpumpen, u. U. die Kältespeicher und die notwendigen Regeleinrichtungen zur Aufstellung gebracht.

Der notwendige Platzbedarf inklusive des notwendigen Wartungsraums ist eine Funktion der Art der Kältemaschine und der Kälteleistung $\Phi_C = \dot{Q}_{Kälte}$ VDI 2050 Bl. 4 (Entwurf) (Abbildungen 7-25 und 7-26). Die Anordnung der Zentrale ist idealer Weise im Erdgeschoss, jedoch im Allgemeinen im Kellergeschoss vorzunehmen (s. a. Kapitel 2.6) Dies bedeutet eine gute Zugänglichkeit und ausreichende Einbringmöglichkeiten (Türen, Öffnungen in der Decke, Hebegeräte). Die Raumhöhen sollten höher als 3,00 m sein und sind ebenfalls abhängig von der Kälteleistung $\Phi_C$ VDI 2050 Bl. 4 (Entwurf).

Kältezentralen müssen aus Gründen der Sicherheit und der Abführung von anfallender Wärme belüftet (mechanisch oder frei) sein. Ist das Kältemittel schwerer als Luft, so muss die Absaugöffnung über Oberkante (OK) Fußboden angeordnet werden. Der erforderliche Luftvolumenstrom $q_{V,ABL}$ ist abhängig vom Füllgewicht $G$ ($q_{V,ABL} \approx 50\sqrt[3]{G^2}$) zu bemessen.

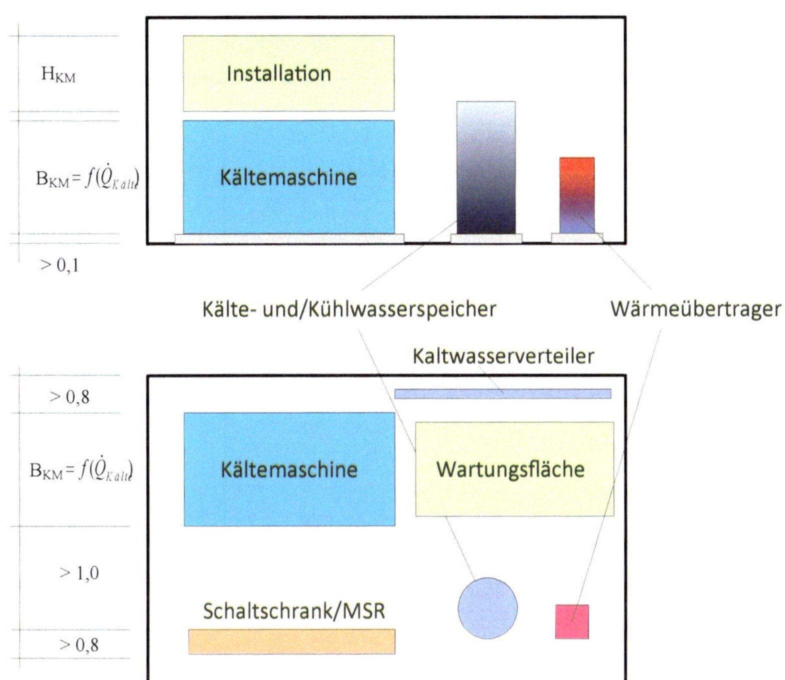


**Abb. 7-25** Platzbedarf und Raumhöhe einer Kältezentrale als Funktion von $\Phi_C$

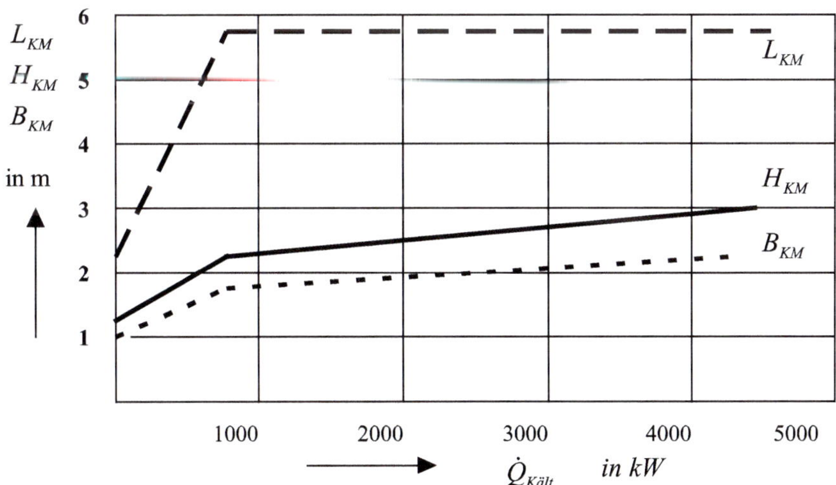


**Abb. 7-26** Geometrie einer Kompressionskältemaschine als Funktion von $\Phi_C$

### 7.3.3 Rückkühler

Kann die anfallende Wärme am Kondensator nicht für andere technische Zwecke (z. B. Speicherung, Heizung, Warmwasserbereitung) genutzt werden, so ist diese im Allgemeinen an die Außenluft abzuführen. Dafür werden Rückkühlwerke verwendet, die als offene und geschlossene Systeme ausgeführt werden.

Die abzuführende Wärme $\Phi_H$ ist abhängig von der Art der Kälteerzeugung. Überschlägig kann davon ausgegangen werden, dass

- bei Kompressionskältemaschinen $\Phi_H \approx 1{,}3..1{,}4 \cdot \Phi_C$ und
- bei Absorptionskältemaschinen $\Phi_H \approx 2{,}0..2{,}2 \cdot \Phi_C$

in Ansatz gebracht werden.

Bei den offenen Systemen kommt das Wasser aus dem Kondensator über Füllkörper rieselnd mit Außenluft in Berührung und wird je nach Temperatur und Feuchtegehalt gekühlt (s. a. *Adiabate Befeuchtung*). Der prinzipielle Aufbau ist in Abbildung 7-27 dargestellt.

***Zu beachten ist***, dass die austretende Luft feucht ist und so u. U. Nebel entstehen kann. Deshalb sollte der Rückkühler so angeordnet werden, dass es zu keiner Belastung der Baukonstruktionen kommt. Des Weiteren ist zu beachten, dass offene Rückkühler u. U. ein Hygienerisiko aufweisen.

In der Regel erfolgt die Aufstellung auf dem Dach oder auch außerhalb des Gebäudes.

***Zu beachten ist***, dass

- der Ventilator eine nicht unerhebliche Schallquelle darstellt (TA Lärm),
- eine Reinigung des Kühlwassers notwendig ist und
- verdunstetes Wasser durch Frischwasser ergänzt werden muss.

Mit den geschlossenen Rückkühlwerken wird versucht, die Nachteile des offenen Systems zu vermeiden. Deshalb sind zwei Kreisläufe erforderlich (Primär- und Sekundärkreislauf) (Abbildung 7-28).

Im Sommer und in der Übergangszeit, wenn die Gefahr der Wrasen- oder Nebelbildung nicht besteht, kann das Rohrschlangensystem des Sekundärkreislaufs mit Wasser besprüht werden, um einen höheren Kühleffekt zu erreichen. Zur Vermeidung des Einfrierens des Wassers in der Wassersammelwanne ist eine Beheizung notwendig.

Die Kühlung des Primärkühlkreislaufs kann auch nur über Luft erfolgen (luftgekühlter Kondensator). Zur Erhöhung des Wirkungsgrads werden die Wärmeübertrager mit Ventilatoren (im Allgemeinen: Axialventilatoren) kombiniert. Die luftgekühlten Kondensatoren gibt es schon für kleine Leistungen (ab 2 kW) (Abbildung 7-29).

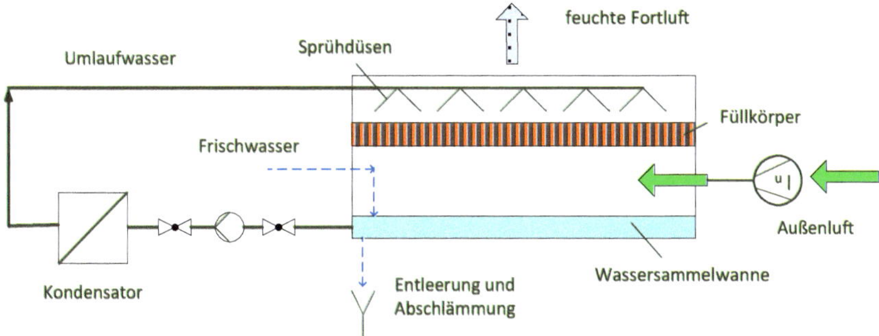


**Abb. 7-27** Kreislaufschema eines offenen Rückkühlers

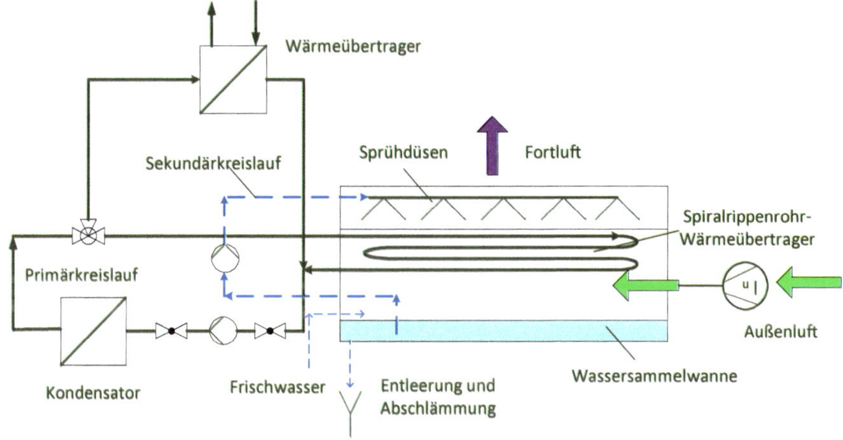


**Abb. 7-28** Kreislaufschema eines geschlosssenen Rückkühlers

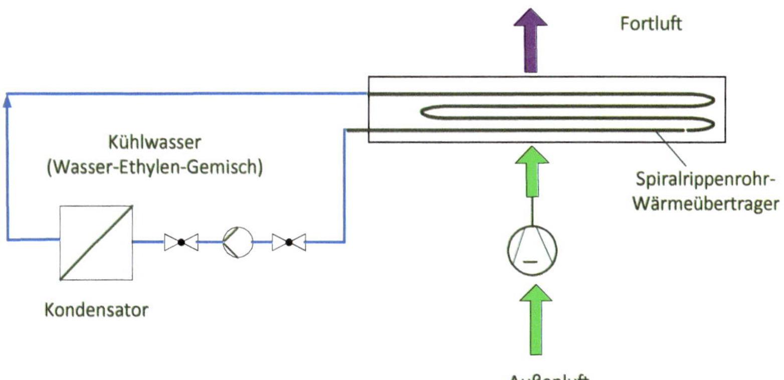


**Abb. 7-29** Kreislaufschema eines luftgekühlten Kondensators

Der erforderliche Platzbedarf für die Rückkühler ist nach VDI 2050 Bl. 4 eine Funktion der Kühlerleistung, d. h. der abzuführenden Wärme $\Phi_H$.

**Tab. 7-1** Orientierungswerte für den Platzbedarf von Rückkühlwerken

| Rückkühler | Platzbedarf in m²/kW |
|---|---|
| offenes Rückkühlwerk | 0,007 |
| geschlossenes Rückkühlwerk | 0,018 |
| luftgekühlte Verflüssiger mit Axialventilatoren | 0,04 ... 0,05 |

**Abb. 7-30** Rückkühler in Freiaufstellung *(Werkbild: Fa. Gohl)*

**Abb. 7-31** Rückkühler mit Wrasenbildung *(Werkbild: Fa. Gohl)*

### 7.3.4 Oberflächenkühler

Die erzeugte Kälte wird im Allgemeinen über Wärmeübertrager (Oberflächenkühler) in Form eines berippten Rohrbündelwärmeübertragers an die zu kühlende Luft übertragen. In Verbindung mit der Bauteilkühlung oder Speicherung kann die Übertragung auch an flüssige oder feste Materialien erfolgen.

Die Dimensionierung dieser Wärmeübertrager ist abhängig von der Spreizung (im Allgemeinen 4 ... 6 K), den einzuhaltenden Vorlauftemperaturen (z. B. Kühlung und Entfeuchtung: $\theta_{VL}$ = 7 ... 8 °C, bei Kühldecken: $\theta_{VL}$ = 17 ... 18 °C (s. a. Kapitel 7.3)), für den jeweiligen Kühlprozess und den Wärmeleitbedingungen in den Materialien.

Die Oberflächenkühler sind im Allgemeinen Bauteile eines Kastengeräts (s. a. Abbildung 2.4-22) zur Aufbereitung der Zuluft oder in einem dezentralen Luftaufbereitungsgerät (z. B. Induktionsgeräten) angeordnet, können jedoch auch in Kanälen zur individuellen Nachkühlung installiert werden.

### 7.3.5 Kaltwassernetz

Die Dimensionierung des Kaltwassernetzes erfolgt nach den gleichen strömungstechnischen Grundbeziehungen wie z. B. die einer Heizungsanlage.

Die Leitungen sind grundsätzlich zu isolieren, um Kälteverluste zu minimieren und um eine Taupunktunterschreitung an der Rohroberfläche zu verhindern.

## 7.4 Kälte- und Wärmespeicherung

Um zeitliche Unterschiede von Bedarf und Verbrauch an Kälte bzw. Wärme zu kompensieren, Spitzen bei der Dimensionierung von Kälte- und Wärmeerzeugern abzubauen und um Betriebskosten (Arbeits- und Leistungspreise für Elektroenergie bzw. Heizenergie) zu reduzieren, sind Speichersysteme notwendig.

Es sind die Phasen Speicherung (Beladung) und Entspeicherung (Entladung) zu unterscheiden (Abbildung 7-32). Der Verlauf entspricht im Allgemeinen einer Exponentialfunktion. Um einen Speicher effektiv nutzen zu können, sollte die Entspeicherung nahezu abgeschlossen sein. Bezüglich der Gesamtzeit (Speicherperiode $\tau_P = \tau_{Speich} + \tau_{Entspeich}$) wird in Tages-, Wochen-, Monats- und Jahresspeicher unterschieden. Für die Speicherung im Bauwerk und bei Einsatz von Speichermaterialien in klimatechnischen Prozessen wird im Allgemeinen davon ausgegangen, dass $\tau_P$ = 24 h ist.

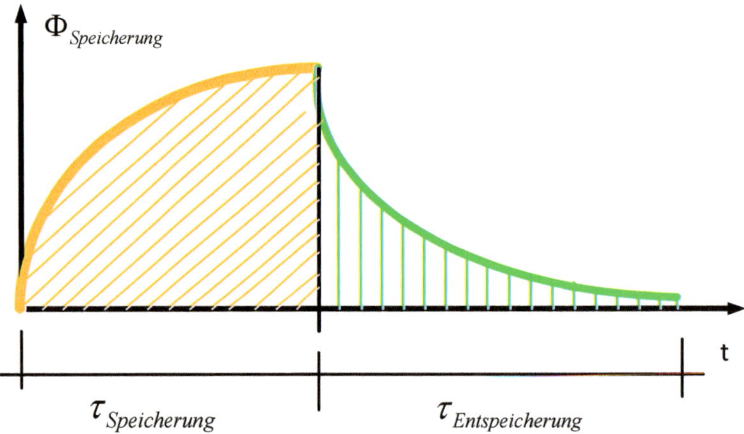


**Abb. 7-32** Schematische Darstellung von Speicherung und Entspeicherung

Als Speichermaterial wird im Allgemeinen Wasser aufgrund seiner hohen spezifischen Wärmekapazität genutzt. Speichermaterialien, die in einem Temperaturbereich einen Phasenwechsel des Aggregatzustands durchlaufen, nennt man ***Latentspeicher***. Das bekannteste Beispiel ist das Wasser, das bei 0 °C vom flüssigen in den festen Zustand übergeht, was mit einem Wärmeentzug verbunden ist. Dieser Vorgang kann als weitgehend reversibel betrachtet werden. Materialien, die in einem bestimmten Temperaturbereich einen Phasenwechsel durchlaufen, werden auch als PCM (Phase Change Materials) bezeichnet. Die in der latenten Phase gespeicherte Energie kann eine zu beachtende Größenordnung erreichen und in Abhängigkeit von der Speicherdichte Werte bis zu 200 kJ/kg erreichen.

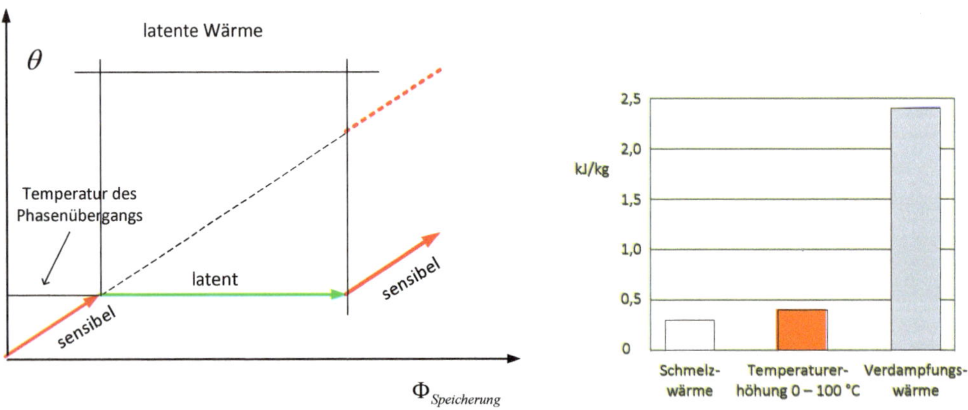


**Abb. 7-33**
**a (links)** Vergleich der Wärmespeicherung durch sensible und latente Wärme nach [122]
**b (rechts)** Vergleich der Schmelzwärme mit Energiemenge zum Erhitzen von Wasser nach [122]

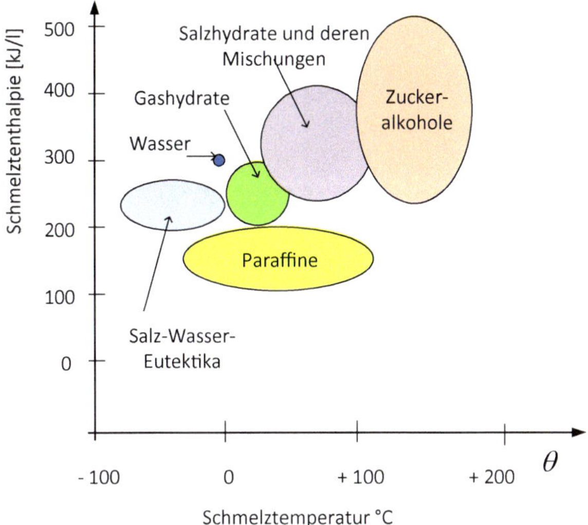


**Abb. 7-34** Typische volumenspezifische Schmelzenthalpien und die dazugehörigen Temperaturbereiche von PCM

Für den Einsatz von PCM in der Raumlufttechnik bzw. im Gebäude zur Erhöhung der thermischen Speicherfähigkeit der Raumumschließungskonstruktion ist vor allem die Temperatur des Phasenübergangs entscheidend, die in einer Größenordnung von 20 bis 22 °C liegen sollte. Viele schon bisher bekannte Latentspeicher wiesen Probleme auf, wie z. B. Entmischung bei Wasser-Salz-Gemischen, Hysterese von Erstarren und Schmelzen sowie Korrosivität, die einen großtechnischen Einsatz kaum erlaubten. Zurzeit stehen PCM in gekapselter Form oder als Verbundmaterial zur Verfügung, die einen verstärkten technischen Einsatz ermöglichen, wobei die Wirtschaftlichkeit im Allgemeinen noch nicht gegeben ist (Kosten ca. 0,5 €/kg nach [122]). Beispiele für die Verkapselung und für Verbundmaterialien sind aus den Abbildungen 7-35a bis 7-35f zu entnehmen.

Bei dem Verbund mit Graphit (Abbildung 7-35f) wurde die Leitfähigkeit des Materials erheblich erhöht. Dieses Material findet auch Einsatz in RLT-Geräten (s. a. Kapitel 6.2).

Bei der ***Eisspeicherung*** wird Wasser in einem Behälter durch Kühlmittel oder Kältemittel so gekühlt, dass sich an den Rohren oder Platten Eis (Abbildung 7-36) bildet. Nach Aufladung, d. h. nach Erreichen einer bestimmten Eisdicke, kann durch Beaufschlagung des Speichers mit Kühlwasser das Eis wieder geschmolzen werden. Bei der Kopplung des Speichers an die Kälteerzeugung ist eine direkte und indirekte Lösung möglich (Abbildungen 7-37 und 7-38).

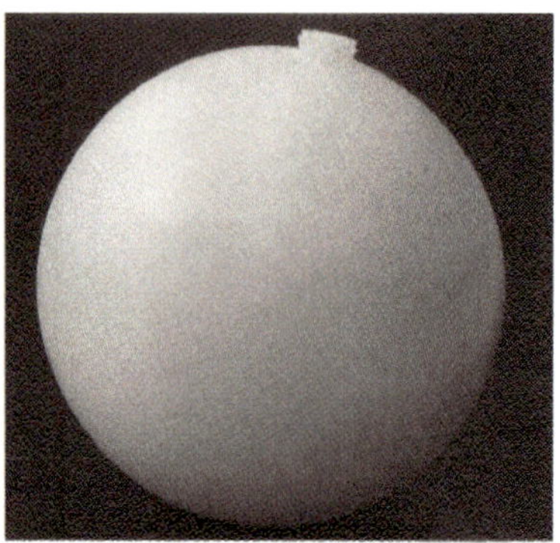

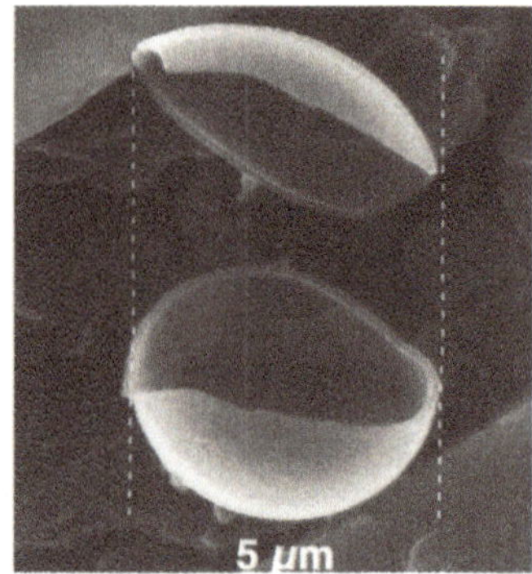


**Abb. 7-35**
**a (links)** Makroverkapselung in Kunststoffkugeln nach [122]
**b (rechts)** Mikrokapseln in Vergrößerung nach [122]

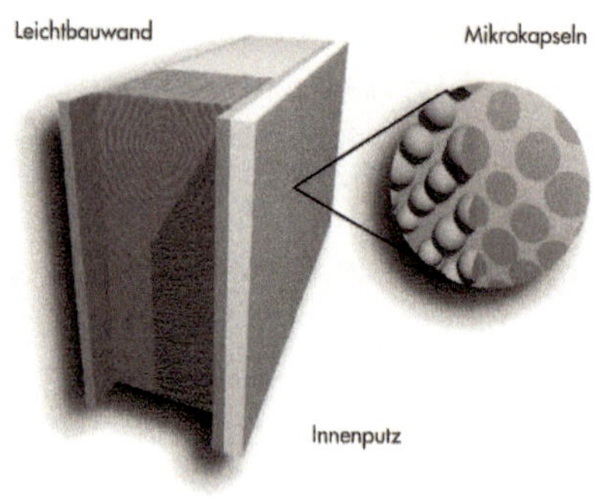


**c (links)** PCM-haltiger Gipsputz (die Mikrokapseln sind zu erkennen) nach [122]
**d (rechts)** Mikroverkapselte PCM im Innenputz nach [122]

**e (links)** Faserplatten mit PCM nach [122]
**f (rechts)** PCM-Graphit-Verbundmaterial nach [122]

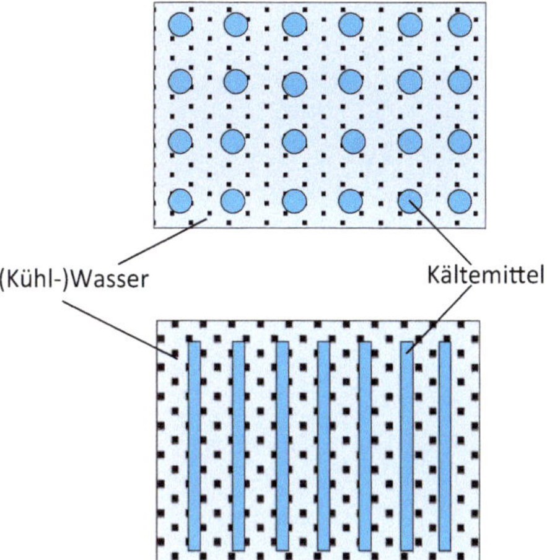


**Abb. 7-36** Wärmeübertrager zur Eisanlagerung

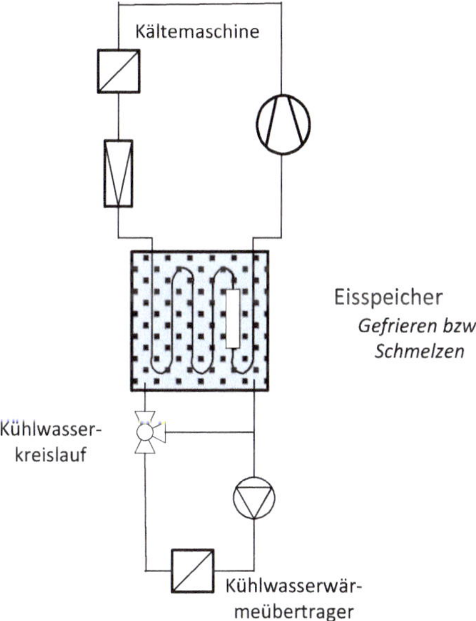


**Abb. 7-37** Direkte Anbindung der Kältemaschine an den Eisspeicher

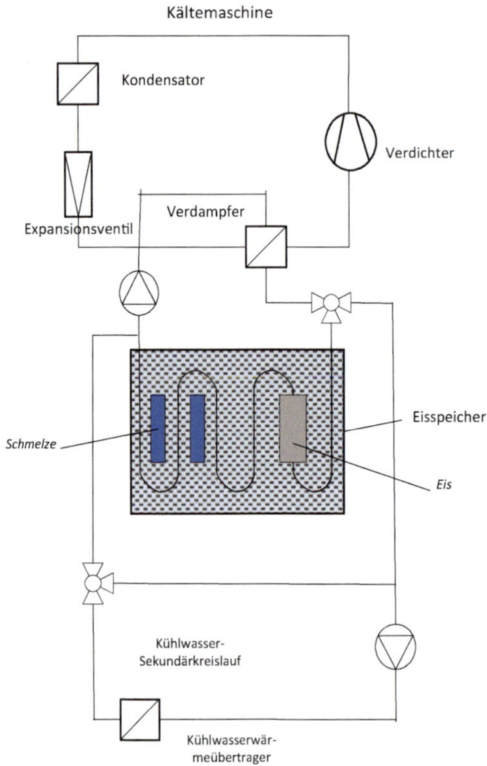


**Abb. 7-38**
Indirekte Anbindung der Kältemaschine an den Eisspeicher

Die im Allgemeinen vorgefertigten Speicherbehälter können sowohl im Gebäude (z. B. in der Technikzentrale, untergeordneten Räumen oder bauseitig erforderlichen Leerräumen) als auch im Außenbereich in der Erde untergebracht sein. Eine gewisse Zugänglichkeit zur Montage und Wartung ist zu gewährleisten.

In praktischen Anwendungen, u. a. in [123] ausführlich dokumentiert, haben sich auch luftdurchströmte Schotterschüttungen als Speichermaterial bewährt. Sie stellen vor allem bei mittleren (ca. bis 10.000 $m^3/h$) und großen (ca. bis 100.000 $m^3/h$) Luftvolumenströmen einen geeigneten Kompromiss dar.

Die wesentlichen Vorteile sind:

- Vorwärmung im Winterbetrieb (reduziertes Frostrisiko an WRG)
- im Sommer Luftkühlung mit sporadischer Entfeuchtung

Weitere Vorteile sind nach [123]:

- einfacher Aufbau und Integration in den Baukörper möglich
- in der Regel preisgünstige Erstellung

- hohe Energiegewinne, geringe energetische Aufwendungen für zusätzliche Lufttransporte

Ein untersuchter Schotterspeicher (Abbildungen 7-39 und 7-40) wird von [117] wie folgt beschrieben: „Er besitzt eine quaderförmige Geometrie. Seine Größe ist abhängig vom Auslegungsvolumenstrom und der geforderten Speicherladedauer. Er befindet sich regelmäßig unter der Geländeoberkante (GOK). Dabei ist darauf zu achten, dass das gesamte Speichervolumen oberhalb des höchsten zu erwartenden Grundwasserspiegels liegt. Der unterirdische Ausbau kann unter freiem Gelände aber auch unter Gebäuden mit thermischer Entkopplung erfolgen.

**Abb. 7-39** Herstellung des Schotterspeichers nach [117]

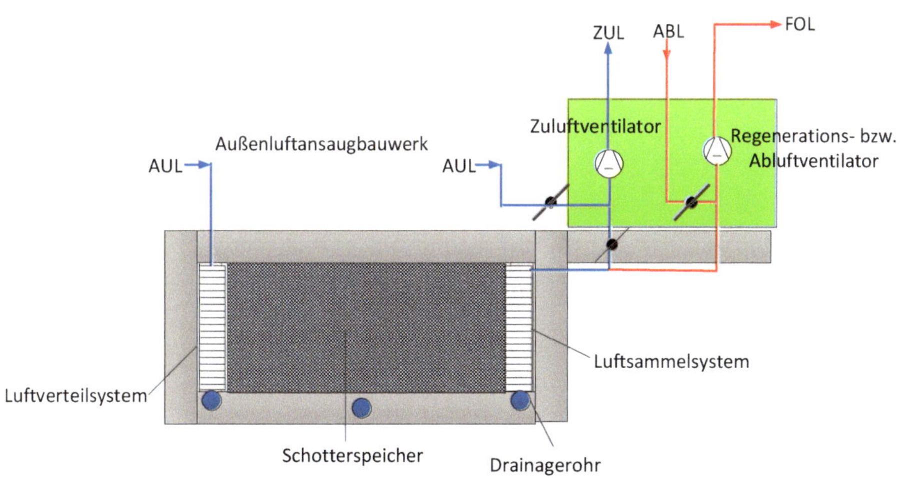


**Abb. 7-40** Prinzipieller Aufbau als Schnittdarstellung nach [117]

Der Schotterspeicher (s. Abbildung 7-40) wird an seinen Seitenflächen durch ein Luftverteil- bzw. -sammelsystem begrenzt. Auf der Oberseite ist der Schotterspeicher mit einer wasserundurchlässigen Folie gegen eindringendes Oberflächen- oder Sickerwasser zu schützen. Die zur Belüftung des Gebäudes benötigte Außenluft wird über eine Außenluftansaugung dem Luftverteilsystem zugeführt, durch die Schotterhohlräume geführt, am Austritt des Speichers als thermisch aufbereitete Außenluft gesammelt und über einen Lüftungskanal dem Lüftungsgerät im Gebäude zugeleitet. Der Zuluftventilator des Lüftungsgeräts kompensiert die Druckverluste. Für die Regenerierung des Schotterspeichers wird ein zusätzlicher Regenerationsventilator benötigt. Während der Speicherregeneration ist der Luftaustausch des Gebäudes über einen Bypass oder eine weitere Außenluftansaugung sicherzustellen. Die Regenerationsluft wird über die Betriebsaußenluftansaugung ins Freie geblasen. Eventuell eintretendes Schichtenwasser fließt im Speicher ab und wird am Boden des Schotterspeichers über Drainagerohre abgeleitet.

Die Abbildungen 7-41 und 7-42 zeigen gemessene, repräsentative Speichereintritts- und -austrittstemperaturen im Sommer- und Winterfall.

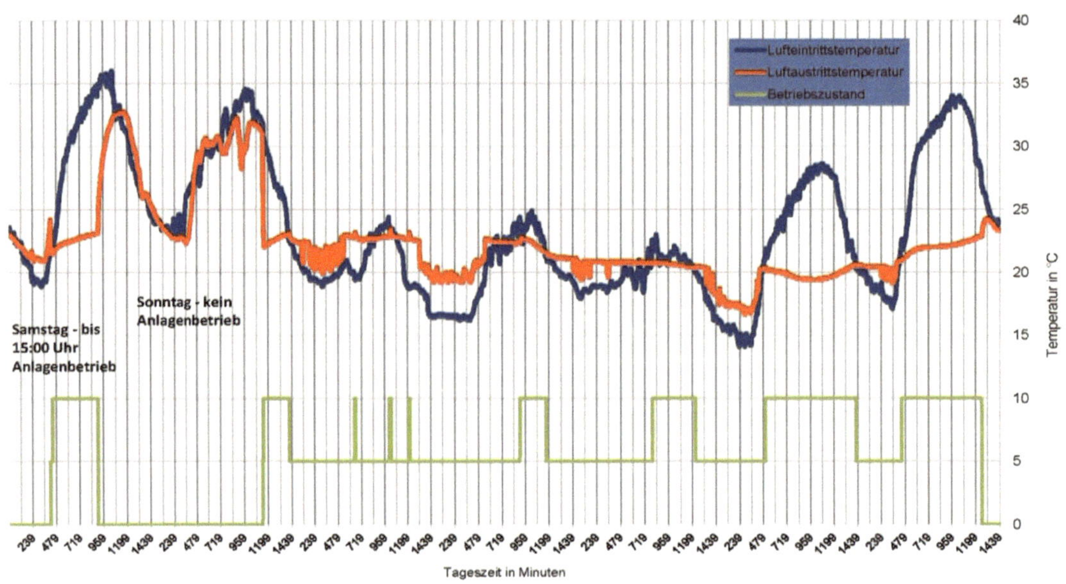


**Abb. 7-41** Gemessene, repräsentative Speichereintritts- und -austrittstemperaturen im Sommerfall

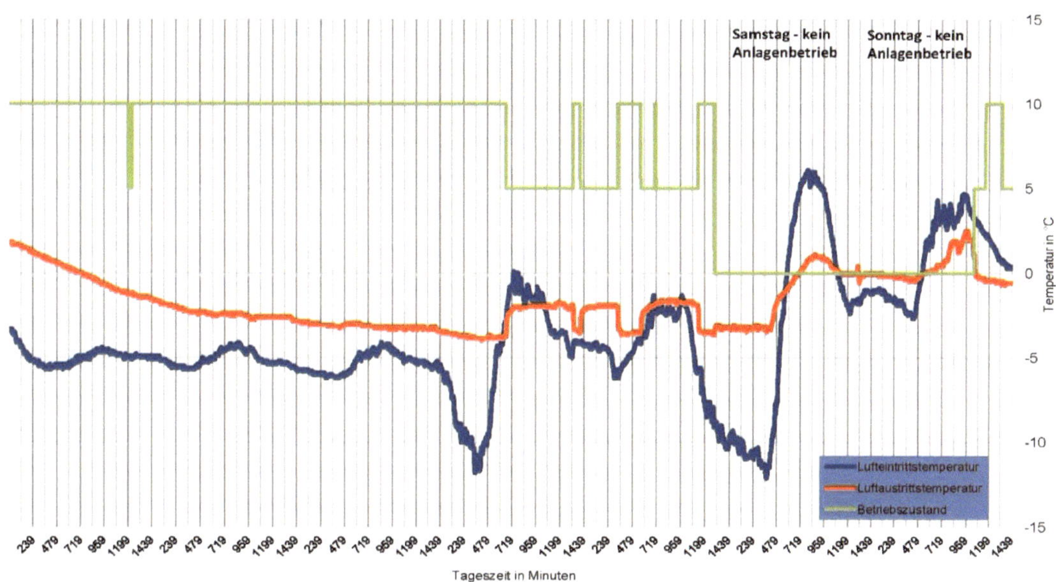


**Abb. 7-42** Gemessene, repräsentative Speichereintritts- und -austrittstemperaturen im Winterfall

Eine optimale Dimensionierung eines luftdurchströmten Schotterspeichers erfordert normalerweise eine rechnergestützte Simulation [124], [125]. In der Anlagenentwurfsphase sollte ein überschlägiges Speicherauslegungsverfahren Verwendung finden, um die Kubatur des durchströmten Schotterbetts zu bestimmen. Dabei werden verschiedene Gesteinsvolumina mit definierten Volumenströmen verglichen [125]. Grundlage der Auslegung im Abschätzverfahren ist die Darstellung der verschiedenen Austrittstemperaturgänge des Speichers bei einem fest definierten Tagestemperaturgang eines extremen Sommertags, wobei für eine genaue Ermittlung des Einflusses abweichender Randbedingungen auf Energiebilanzen die Simulationsberechnung unerlässlich ist.

Berechnungen zum optimalen Speichervolumen mit anderen Gesteinsmaterialen zeigten, dass der Einfluss der Materialeigenschaften von typischen Gesteinssorten, im Gegensatz zum Luftvolumenstrom, auf die optimale Speichergröße von geringer Bedeutung ist [125].

Auslegungsunterlagen für die Dimensionierung eines Systems sind in [125] dokumentiert. Die von [123] genannten Richtwerte für die Vordimensionierung gelten ohne Beachtung von Nutzerbetriebszeiten, Speicherbedarfsdauer, Gesteinsmaterial, Untergrundbedingungen, Klimabedingungen etc.:

Speichergröße:

- Speichervolumen = Luftvolumenstrom in $m^3/h$ / 120
- Speicherhöhe zwischen 1,5 m und 4 m
- Speicherbreite zwischen 1- bis 3-mal Speicherlänge (Speicherlänge ist in Strömungsrichtung definiert)

Speicherinvestitionskosten:

- Investitionskosten netto in € = Speichervolumen in $m^3$ x 300 bis 330 €/$m^3$ (in den Investitionskosten sind Planungs-, Material-, Ausführungs- und die Kosten für die DDC-Regelung enthalten.)

Leistungsfähigkeit:

- zur Lüftkühlung ca. 10 K unter Spitzenbelastung
- zur Luftvorwärmung ca. 5 K über Spitzenbelastung
- Leistungszahl > 10

Energieeinsparung:

- ca. 80 … 90 % des Jahreskälteenergiebedarfs
- ca. 5 … 15 % des Jahresheizenergiebedarfs

$CO_2$- Einsparung:

- ca. 150 kg $CO_2$ pro Jahr auf 1 $m^3$ Schottervolumen

Die Ergebnisse einer Langzeituntersuchung eines Schotterspeichers in einer Produktionshalle mit mechanischer Bearbeitung mit einem Nennluftvolumenstrom von 30.000 $m^3/h$ sind [123] zu entnehmen. Das dafür dimensionierte Speichervolumen hat eine quaderförmige Kubatur (2,5 m Höhe, 10 m Breite, 6,5 m Länge) (Abbildung 7-43).

Als Gesteinsfüllung fand Metagrauwacke mit einer Kornverteilung 45/150 Verwendung. Diese wird von der benötigten RLT-Außenluft direkt durchströmt. Die Regeneration des Speichers erfolgt neben dem erdreichseitigen Wärmetransport mithilfe von durchströmender Außenluft. Der Speicherkörper wurde unterhalb der Bodenplatte der neu zu bauenden Produktionshalle eingebaut.

Er ist weder thermisch noch hermetisch gegen das umschließende Erdreich abgedichtet. Zur stofflichen Trennung des Systems wurde der Gesamtkörper mit Geotextil umschlossen. Die Anbindung an das Luftleitungssystem erfolgt über monolithisch hergestellte Schächte. Abbildung 7-44 zeigt das technologische Verfahrensschema und Abbildung 7-43 den oberen Abschluss des Speichers vor dem Einbau des thermisch entkoppelten Fußbodenaufbaus. Die verwirklichte Regelstrategie ist Tabelle 7-2 zu entnehmen.

Die Abbildungen 7-45 und 7-46 zeigen die Kühl- bzw. Heizenergieabdeckung und verdeutlichen den energetischen Effekt.

**Tab. 7-2** Schotterspeicherregelungsstrategie nach [123]

| Betriebsart | Sommerbetrieb mit Speicher | Winterbetrieb mit Speicher |
|---|---|---|
| Temperaturbereich | $t_{AU} > t_{Soll\,S}$ | $t_{AU} < t_{Soll\,W}$ |
| Anlagenbetrieb | Frischluftbetrieb: Beide Zuluftventilatoren sind in Funktion; Abluft ins Freie; die Leistung der Ventilatoren ist frei regulierbar. | Mischluftbetrieb: außentemperaturabhängige Zuschaltung und Drehzahlregelung der Zuluftventilatoren; Abluft wird als Umluft gefahren. |
| Funktionsweise Schotterspeicher | Kühlfunktion: Ist die Speichertemperatur niedriger als die Außentemperatur, so ist der Speicher in Betrieb. | Vorwärmfunktion: Ist die Speichertemperatur höher als die Außentemperatur, so ist der Speicher in Betrieb. |
| Regeneration Schotterspeicher | Speicher wird regeneriert, wenn die Speichertemperatur höher ist als die Außentemperatur. | Speicher wird regeneriert, wenn die Speichertemperatur niedriger ist als die Außentemperatur. |
| Bemerkung | effektive Kühlung gewährleistet | effektive Vorwärmung gewährleistet |

**Abb. 7-43** Oberer Abschluss des Speichers nach [123]

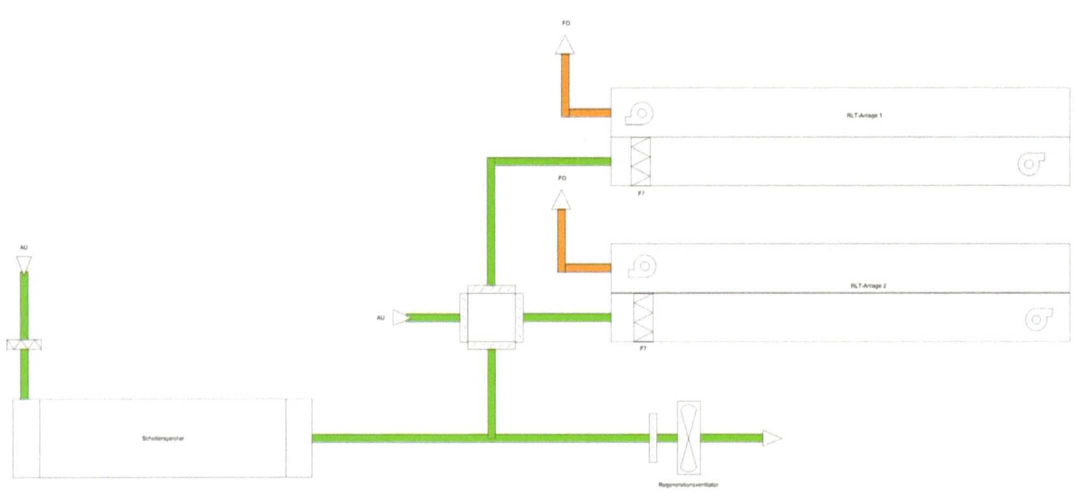


**Abb. 7-44** Technologisches Verfahrensschema nach [123]

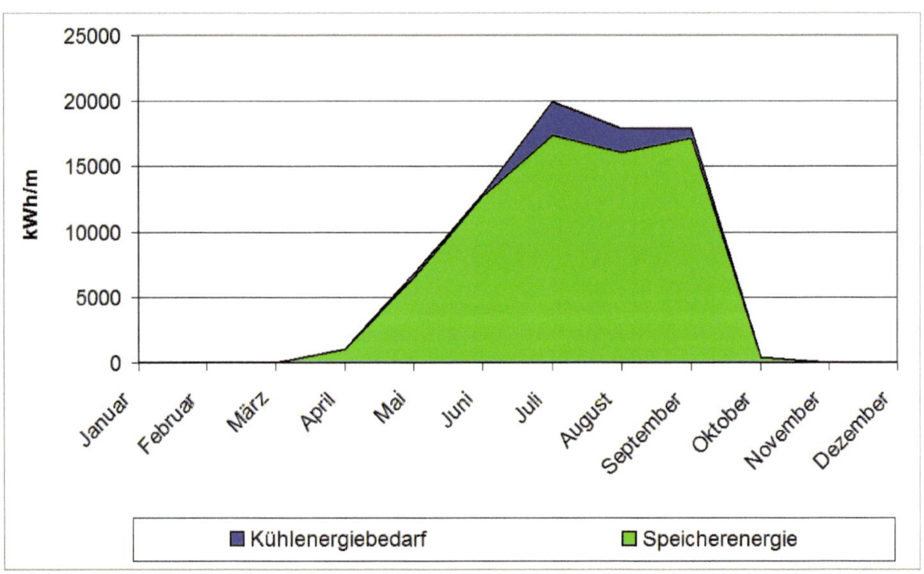


**Abb. 7-45** Jahreskühlenergiebedarf der RLT

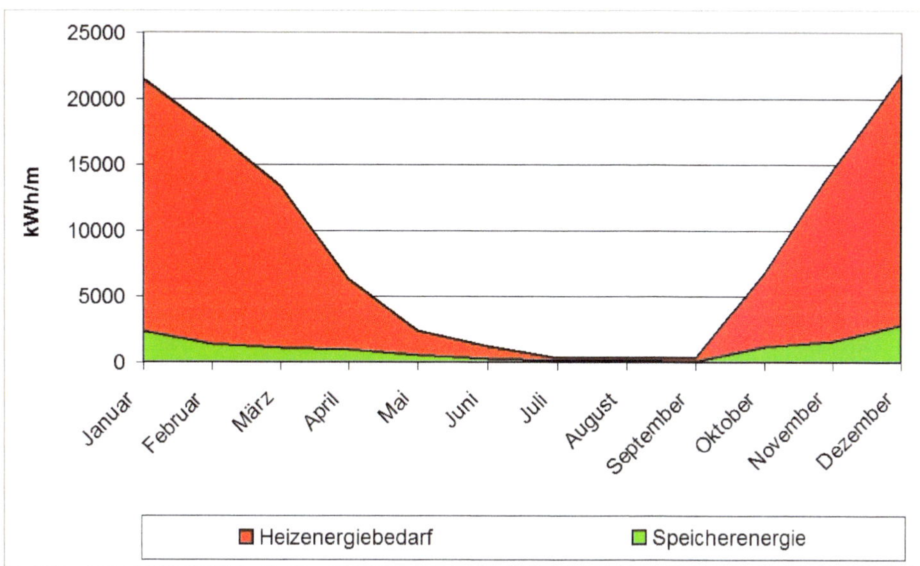


**Abb. 7-46** Jahresheizenergiebedarf der RLT

Erdreich, insbesondere feuchte Materialien, ist aufgrund einer guten Wärmeleitung ebenfalls als „Speicher" nutzbar.

Bei der Nutzung des ***Erdreichs*** als Speicher wird davon ausgegangen, dass einerseits die Außenklimaschwankungen ab einer Tiefe von 3 bis 5 m kaum signifikant sind und anderseits der Einfluss der Grundwassertemperatur mit ca. 7 bis 10 °C dominant ist. Besonders feuchte Erdstoffe zeichnen sich durch eine gute Wärmeleitung aus (Tabelle 7-3): Durch horizontal verlegte Rohre (Erdwärmekollektoren) im Erdreich (s. a. Abbildung 7-47) oder besonders bei für die Standfestigkeit eines Gebäudes erforderlichen Stützen, aber auch durch Betonkerne (Erdwärmesonden) (Abbildung 7-47) kann das Erdreich als Wärme- bzw. Kältespeicher dienen. Nomogramme zur Dimensionierung von Erdwärmekollektoren und Erdwärmesonden zeigen die Abbildungen 7-48 und 7-49. Tabelle 7-4 weist zur Orientierung spezifische Entzugsleistungen von Erdwärmesonden aus.

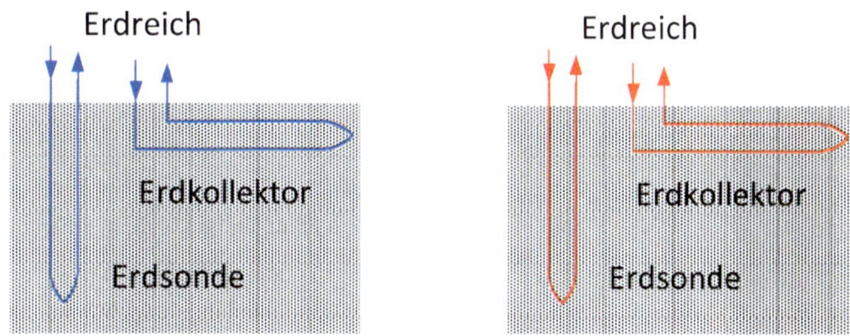


**Abb. 7-47** Direkter Erdkollektor und Erdsonde als Wärmequelle und -senke

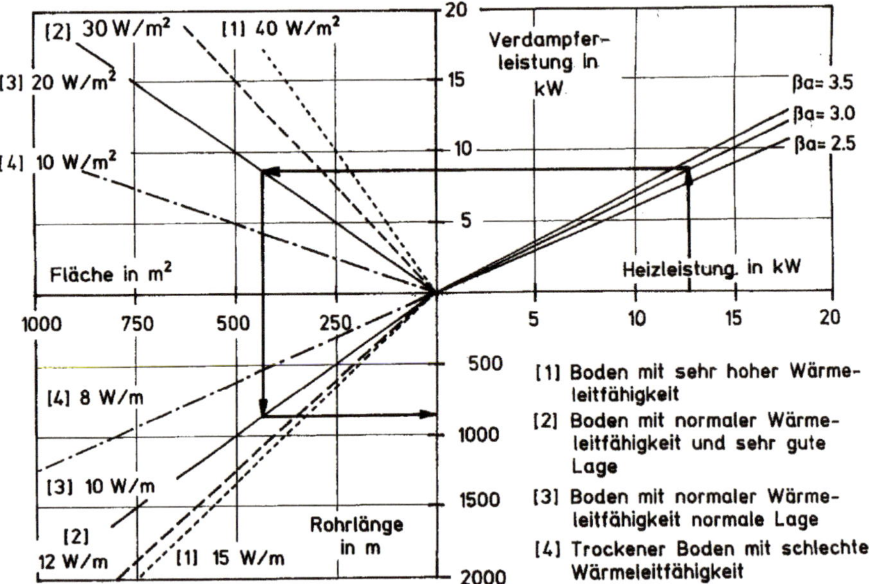


**Abb. 7-48** Nomogramm zur Dimensionierung von Erdwärmekollektoren

**Tab. 7-3** Spezifische Entzugsleitungen von Erdwärmekollektoren in Abhängigkeit der Jahresarbeitszahl $\beta_a$

| Untergrund | Spezifische Entzugsleistung in W/m² | Erdwärmekollektorfläche je 1 kW Heizleistung in m² | |
|---|---|---|---|
| | | $\beta_a = 3$ | $\beta_a = 3{,}5$ |
| trockener, sandiger Boden | 10 – 15 | 44 – 67 | 48 – 71 |
| feuchter, sandiger Boden | 15 – 20 | 33 – 44 | 36 – 48 |
| trockener, lehmiger Boden | 20 – 25 | 27 – 33 | 29 – 36 |
| feuchter, lehmiger Boden | 25 – 30 | 22 – 27 | 24 – 29 |
| wassergesättigter Sand/Kies | 30 – 40 | 17 – 22 | 18 – 24 |

Auch in Deutschland gibt es schon eine Reihe von Versuchsanlagen, wobei der Einsatz von Wärmesonden sowohl von wasserrechtlichen als auch bergbaurechtlichen Randbedingungen abhängig ist. Als Wärmeträger können Wasser, im Allgemeinen ein Wasser-Glykol-Gemisch, aber auch Kältemittel, wie z. B. Ammoniak, zum Einsatz gelangen.

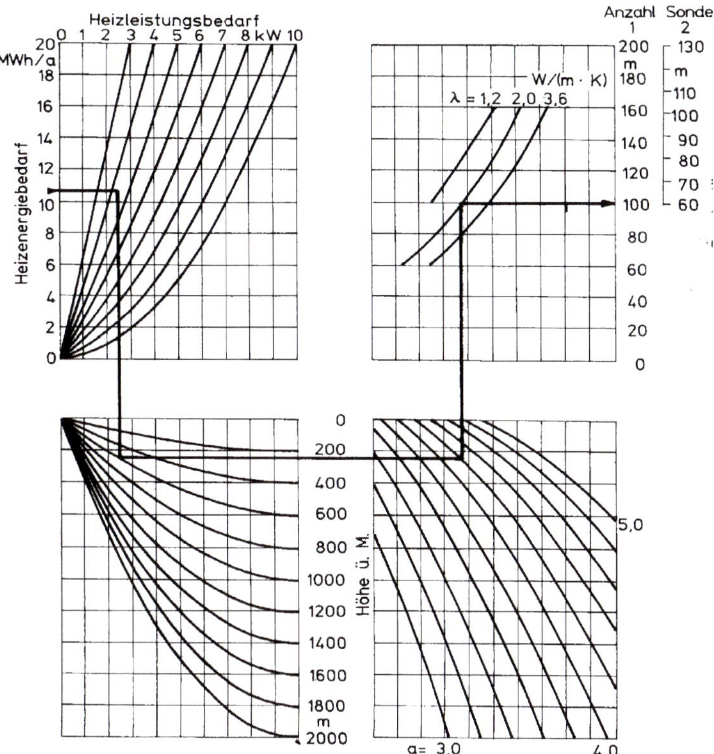


Gültigkeitsgrenzen:
Heizenergiebedarf: 4 ... 16 MWh/a.; Heizleistung: 3 ... 8 MWh/a; Höhenlage: 200 ... 1400 m; Wärmeleitfähigkeit $\lambda$ = 1,2 ... 4,0 W/(m K), Nomogrammeingangswert: a = 3,8 ... 4,6; Sondenlänge: 1 Sonde: 60 ... 160 m; 2 Sonden: 60 ... 100 m

**Abb. 7-49** Nomogramm zur Auslegung von Erdwärmesonden nach [121]

Der Nomogrammeingangswert a ergibt sich zu:

$$a = Q_{Ha} / ((Q_{Ha} / \beta_a) - Q_{pa})$$

mit: $Q_{Ha}$: Jahresheizenergiebedarf in kWh/a

$Q_{pa}$: Jährlicher Energieverbrauch der Nebenverbraucher (z. B. Pumpe) in kWh/a

$\beta_a$: Jahresarbeitszahl

Die Nutzung des Erdreichs bzw. von ***wasserführenden Schichten*** oder Brunnen (Zapf- und Schluckbrunnen bei Wärmepumpenanlagen) zur Speicherung bedarf in Deutschland der Zustimmung durch die zuständige Wasserbehörde bzw. die zuständigen Wasserversorgungsunternehmen.

**Tab. 7-4** Spezifische Entzugsleitungen von Erdwärmesonden in Abhängigkeit von der Jahresarbeitszahl $\beta_a$ für Anlagen mit Heizleistung kleiner 20 kW nach [121]

| **Untergrund** | **Spezifische Entzugsleistung in W/m** | **Erdwärmesondenlänge je 1 kW Heizleistung in m** | |
|---|---|---|---|
| | | $\beta_a = 3$ | $\beta_a = 3{,}5$ |
| schlechter Untergrund ($\lambda$ < 1,5 W/mK) | 20 | 33 | 36 |
| normales Felsgestein und wassergesättigtes Sediment ($\lambda$ = 1,5 ... 3 W/mK) | 50 | 13 | 14 |
| Felsgestein ($\lambda$ > 3 W/mK) | 70 | 9,5 | 10 |
| Kies, Sand, trocken | < 20 | > 33 | > 36 |
| Kies, Sand, Wasser führend | 55 – 65 | 12 – 10 | 13 – 11 |
| Ton, Lehm (feucht) | 30 – 40 | 22 – 17 | 24 – 18 |
| Kalkstein (massiv) | 45 – 60 | 15 – 11 | 16 – 12 |
| Sandstein | 55 – 65 | 12 – 10 | 13 – 11 |
| Granit | 55 – 70 | 12 – 9,5 | 10 – 10 |
| Basalt | 35 – 55 | 19 – 12 | 20 – 13 |
| Gneis | 60 – 70 | 11 – 9,5 | 12 – 10 |
| starker Grundwasserfluss in Sand und Kies für Einzelanlagen | 80 – 100 | 8,2 – 6,7 | 8,9 – 7,1 |

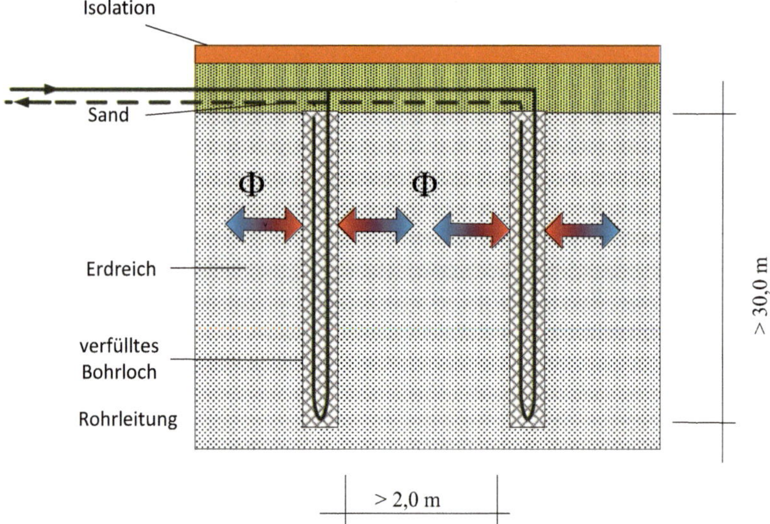


**Abb. 7-50** Betonkern- oder Stützfundamentspeicherung

Eine natürliche oder künstlich erstellte, abgesperrte Wasser führende Schicht im Erdreich wird als ***Aquifer*** bezeichnet. Dieser horizontale Wasserspeicher wird sowohl als Kälte- als auch als Wärmespeicher genutzt (Abbildung 7-51). Erfahrungen im großtechnischen Bereich sind zur Zeit ungenügend bekannt, wobei die Realisierung vor allem abhängig von der Wirtschaftlichkeit (Investitionskosten, Energiekosteneinsparungen) ist.

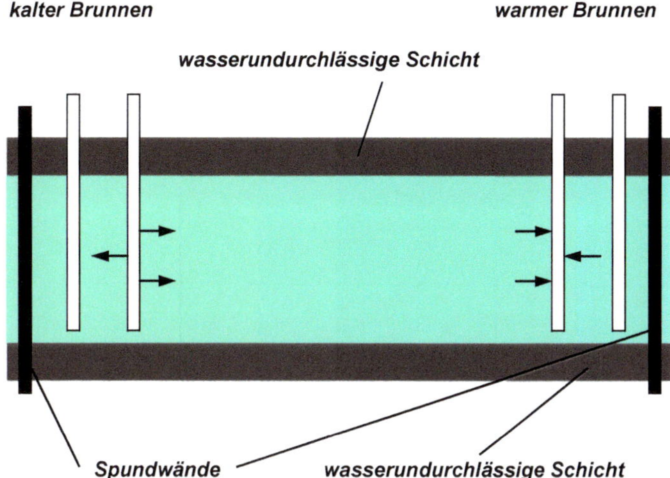


**Abb. 7-51** Beispiel eines Aquifers

Im Berliner Raum sind durch geologische Bedingungen zwei Wasser führende Schichten vorhanden. Diese beiden Schichten werden für die Wärme- und Kältespeicherung der heizungs- und kühltechnischen Anlagen des Reichstags genutzt (Abbildung 7-52).

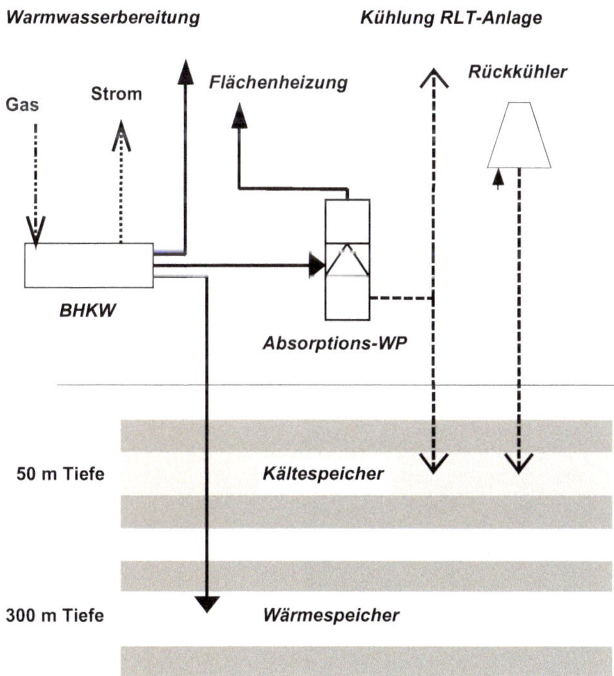


**Abb. 7-52** Nutzung von zwei Wasserspeichern für die heizungs- und kühltechnischen Anlagen im Reichstagsgebäude

# 8 Klimatisierung von Hallenbädern

Verglichen mit anderen öffentlichen Einrichtungen wie Schulen, Büro- oder Verwaltungsgebäuden weisen Schwimmhallen den höchsten spezifischen Energiebedarf auf. Bei nicht modernisierten Schwimmhallen entfällt die Hälfte davon auf die Klimatisierung der Schwimmhalle. Die andere Hälfte wird für die Beheizung des Beckenwassers, zur Erzeugung von Warmwasser für die Duschen, für Filter- und Umwälzanlagen sowie für Verluste bei der Wärmeerzeugung benötigt. Da der Energiebedarf zum Sicherstellen der Raumluftkonditionen mit Abstand den größten Anteil am Energieverbrauch hat, zahlt sich hier eine Optimierung der Lüftungsanlage am schnellsten aus.

**Abb. 8-1** Moderne Hallenbäder gehören zu den Gebäuden mit dem höchsten Energiebedarf (*Bild: Aquaria Erlebnisbad, Oberstaufen, Fa. Menerga*)

Der immer stärker werdende Nachhaltigkeitsgedanke in der Öffentlichkeit und die Bemühungen der Europäischen Union, den Energieverbrauch im Allgemeinen einzuschränken, speziell aber auch für Komponenten der Gebäudeklimatisierung, stellen hohe Anforderungen an die Lüftungstechnik hinsichtlich Energieeffizienz. Daher ist in den letzten Jahren eine Vielzahl an EU-Verordnungen in Kraft getreten, die spezifische Grenzwerte für Energieverbräuche von Produkten und Anlagen definieren. So wurde beispielsweise im Jahr 2014 die EU-Verordnung 1253/2014 veröffentlicht, die Effizienzgrenzwerte für neu produzierte Lüftungsgeräte ab dem Jahr 2016 vorschreibt. Anfang 2018 wurden die Grenzwerte dieser Verordnung noch einmal verschärft. Für die mechanische Kälteerzeugung schreibt die EU-Verordnung 2016/2281 seit 2018 zum spezifische Grenzwerte für die Effizienz und zum anderen eine weitere Verschärfung ab dem Jahre 2021 vor. Dies geht mit der F-Gas-Verordnung einher, die den Einsatz von Kältemitteln mit hohem GWP (Global Warming Potential) sukzessive verbietet.

## 8.1 Anforderungen in einem Hallenbad

Moderne Wellness- und Freizeitbäder bieten den Gästen viel mehr als nur eine Gelegenheit zum Schwimmen. Außerhalb des Beckens laden Liegebereiche zum Entspannen ein. Besucher mit nasser Badebekleidung reagieren empfindlich auf zu niedrige Raumtemperaturen und Zugerscheinungen, da das auf der Haut verdunstende Wasser dem Körper Wärme entzieht und der Besucher somit leichter friert.

Aber nicht nur die Sicherstellung der richtigen Luftkonditionen im Sinne der Behaglichkeit muss durch die Lüftungstechnik gewährleistet werden. Es müssen zudem Schäden am Bauwerk durch zu hohe Raumluftfeuchten (Taupunktunterschreitung) vermieden werden. Außerdem muss der Abtransport von Desinfektionsnebenprodukten, die durch das Verdunsten des Wassers in die Luft gelangen, zuverlässig erfolgen. Themen wie Betriebskostensenkung und bestmögliche Energieausnutzung sind in der heutigen Zeit bei der Planung unbedingt zu beachten.

Zu hohe Raumlufttemperaturen oder zu niedrige Raumluftfeuchten in einer Schwimmhalle haben einen negativen Einfluss auf den wirtschaftlichen und energetischen Betrieb einer Lüftungsanlage. Empfehlungen für Auslegungswerte und praxisbezogene Hinweise für TGA-Planer bzw. Schwimmhallenbetreiber gibt die VDI 2089 Blatt 1. Eine behagliche Lufttemperatur im Hallenbad sollte 2–4 K über der Beckenwassertemperatur $t_W$ liegen. Weiter heißt es, dass aus wirtschaftlichen Gründen eine Raumtemperatur von 34 °C nicht überschritten werden sollte. Die Auslegungstemperaturen für die Schwimmhalle und deren Nebenräume weist Tabelle 8-1 aus.

**Tab. 8-1** Richtwerte für Lufttemperaturen im Schwimmbad nach VDI 2089 Bl. 1

| Raumart | Raumlufttemperatur $t_R$ [$t_R = f(t_W)$] in °C | |
|---|---|---|
| | min. | max. |
| Eingangsbereich, Nebenräume und Treppenhäuser | 20 | |
| Treppenhäuser | 18 | |
| Umkleideräume | 22 | 28 |
| Sanitäts-, Schwimmmeister- und Personalräume | 22 | 26 |
| Duschräume mit zugeordneten Sanitärbereichen | 26 | 34 |
| **Schwimmhalle** | **30** | **34** |

Während zu niedrige Werte bei der Lufttemperatur von dem Menschen als unbehaglich empfunden werden, verursachen zu hohe Werte bei der Luftfeuchtigkeit ein sogenanntes Schwüleempfinden. Nach VDI 2089 Bl. 1 liegt die Schwülegrenze für den unbekleideten Menschen bei einem Wassergehalt von $x = 14{,}3\ g_{Wasser}/kg_{tr.Luft}$. Bei einem Luftdruck von 1.013 hPa liegt der maximale Wert für die relative Luftfeuchtigkeit in der Schwimmhalle bei 53 % und der minimale bei 42 %. Diese Werte dürfen allerdings im Sommer überschritten werden, wenn der Wassergehalt der Außenluft $x \geq 9\ g_{Wasser}/kg_{tr.Luft}$ liegt.

Diese genannten Auslegungsparameter sind der noch gültigen VDI 2089 Blatt 1 entnommen. Zum Redaktionsstand dieses Werks befindet sich diese Richtlinie jedoch in Überarbeitung. Ein neuer Entwurf wurde im September 2019 veröffentlicht. Eine wesentliche Änderung in diesem Entwurf betrifft Angaben zum zuvor genannten Schwüleempfinden der Badegäste. Hierin werden deutlich höhere Feuchten für den Badebereich zugelassen. Zudem wird empfohlen, verschiedene Bereiche der Schwimmhalle zu unterscheiden, in denen sich entweder mit Wasser benetzte oder trockene Badegäste aufhalten. Hier bezieht sich die VDI 2089 auf Berechnung des Passivhaus Instituts Darmstadt nach der Predicted-Mean-Vote-Methode. Es bleibt allerdings noch die Einspruchsfrist und deren Revision abzuwarten, ob anschließend die Grenzwerte der maximal zulässigen Feuchte nach oben verschoben werden.

Damit es in der Schwimmhalle nicht zu Schäden an Metall- und Holzbauteilen kommt, sollte die relative Luftfeuchtigkeit in einem Bereich von $40\ \% \leq \varphi \leq 64\ \%$ liegen. Bei schlechter Baukonstruktion oder ungenügender Verglasung ist es oft erforderlich, die Raumluft bei tiefen Außentemperaturen unterhalb der Grenzwerte zu entfeuchten, wodurch ein erhöhter Energieaufwand resultiert. Diese Vorgabe bleibt im neuen Entwurf der VDI 2089 unverändert erhalten.

Die in den nachfolgenden Abschnitten angesprochenen Auslegungsparameter beziehen sich ausschließlich auf die aktuell gültige VDI Richtlinie 2089 Blatt 1 vom Januar 2010.

## 8.2 Auslegungsdaten für die Schwimmhalle

Als Bemessungsgrundlage für die Bestimmung des maximalen Außenluftstroms im Sommer werden die Werte der Tabelle 8-2 herangezogen. Weitere erforderliche Daten für eine Berechnung sind dem Mollier-h,x-Diagramm zu entnehmen.

**Tab. 8-2** Auslegungsdaten nach VDI 2089

| | x<br>in g/kg | $p_D$<br>in hPa |
|---|---|---|
| Raumluft | 14,3 | 22,7 |
| Außenluft | 9 | 14,4 |

Die Grundlage für die Auslegung einer Lüftungsanlage in der Schwimmhalle stellt die Verdunstung des Wassers von der Beckenwasseroberfläche dar. Durch die Vielzahl der Wasserattraktionen wie Wasserrutschen, Sprudelbecken, Wasserkanonen etc. wird die verdunstende Wassermenge erheblich vergrößert.

Nachfolgend sind die Berechnungsgleichungen nach VDI 2089 Bl. 1 aufgeführt, die für die Ermittlung des für die Entfeuchtung erforderlichen Außenluftmassenstroms $\dot{M}_{A,S}$ herangezogen werden.

$$\dot{M}_{A,S} = \frac{\dot{M}_{D,O,max}}{x_{D,B} - x_{D,A}} \quad \text{in kg/h}$$

mit:

$x_{D,L}$ Wasserdampfgehalt der Schwimmhallenluft in $kg_{Wasser}/kg_{tr.Luft}$

$x_{D,A}$ Wasserdampfgehalt der Außenluft in $kg_{Wasser}/kg_{tr.Luft}$

Der verdunstende Wassermassenstrom $\dot{M}_{D,O,max}$ eines Beckens ist nach dem Grundgesetz des Stoffübergangs bei stationärer Verdunstung zu ermitteln.

$$\dot{M}_{D,B} = \frac{\beta_{u/b}}{R_D \cdot \bar{T}} \cdot (p_{D,W} - p_{D,L}) \cdot A_B$$

mit:

$\dot{M}_{D,B}$ verdunstender Wassermassenstrom eines Beckens in kg/h

$\beta_{u/b}$ Wasserübergangskoeffizient für unbenutztes bzw. benutztes Becken in m/h

$R_D$ spezifische Gaskonstante für Wasserdampf ($R_D$ = 461,52 J/(kg K))

$\bar{T}$ arithmetisches Mittel von Wasser- und Lufttemperatur in K

$p_{D,W}$ Sättigungsdruck von Wasserdampf bei Wassertemperatur in Pa

$p_{D,L}$ Wasserdampfdruck der Schwimmhallenluft in Pa

$A_B$ Bezugsfläche bzw. nutzbare Wasserfläche des Beckens in m²

Der Wasserübergangskoeffizient beschreibt die Geschwindigkeit des entstehenden Wasserdampfstroms beim Durchströmen der Grenzschicht auf dem Wasser (Tabelle 8-3).

**Tab. 8-3** Werte für den Wasserübergangskoeffizienten nach VDI 2089

| Betrachtetes Becken | Wasserübergangskoeffizient $\beta$ | |
|---|---|---|
| | unbenutztes Becken | benutztes Becken |
| Becken mit bedeckter Wasseroberfläche (Verdunstung nur aus der Überlaufrinne) | 0,7 | – |
| Becken im | | |
| – Wohnhaus (Privatbecken) | 7 | 21 |
| – Hallenbad | | |
| Wassertiefe > 1,35m | 7 | 28 |
| Wassertiefe < 1,35m | 7 | 40 |
| Wellenbecken bei Wellenbetrieb | 7 | 50 |
| Rutschen und Rutschenauffangbecken, Wildwasserkanal | – | 50 |

Bei der Nutzung von Wasserattraktionen sind zusätzliche Verdunstungsströme zu erwarten und beim Bemessen der RLT-Anlage zu berücksichtigen.

Der verdunstende Wassermassenstrom eines benutzten Beckens mit Attraktionen in kg/h ergibt sich aus:

$$\dot{M}_{D,B+A,b} = \frac{\beta_{ges}}{R_D \cdot \bar{T}} \cdot (p_{D,W} - p_{D,L}) \cdot A_B \cdot \dot{M}_{D,L}$$

mit:

$\beta_{ges}$ Wasserübergangskoeffizient des benutzten Beckens mit Attraktionen

$\beta_{ges} = \beta_b + \Delta\beta_{A,max}$

$\beta_b$ Wasserübergangskoeffizient des Beckens ohne Attraktionen in m/h

$\Delta\beta_{A,max}$ Wasserübergangskoeffizient der maßgebenden Attraktion bzw. Attraktionengruppe in m/h

$\dot{M}_{D,L}$ Wasserdampfaustrag von Attraktionen mit belüftetem Wasserstrom in kg/h

$$\dot{M}_{D,L} = \dot{M}_L \cdot (x_{D,W} - x_{D,L})$$

$\dot{M}_L$ Belüftungsstrom in kg/h

$x_{D,W}$ Wasserdampfgehalt des Belüftungsstroms in kg/kg

$x_{D,L}$ Wasserdampfgehalt der Schwimmhallenluft in kg/kg

Für einen wirtschaftlich und energetisch sinnvollen Betrieb der Lüftungsanlage sollte ein Einsatzplan für Attraktionen festgelegt werden. Dieser ist mit dem Auftraggeber oder dem Betreiber verbindlich abzustimmen und beschreibt, wie und wann Attraktionen betrieben werden. Mit einer sinnvollen Gruppierung von Attraktionen kann die Verdunstungswassermenge konstant gehalten werden. Außerdem kann durch nicht gleichzeitig betriebene Attraktionen der Außenluft-Auslegungsmassenstrom reduziert werden.

**Tab. 8-4** Werte der relativen Feldverstärkung von Attraktionen nach VDI 2089

| Attraktion | Relative Feldverstärkung |
|---|---|
| Strömungskanal | 30 |
| Wasserpilz | 5 (je m Pilzumfang) |
| Gegenstromschwimmanlage | 20 |
| Nackendusche | 6 |
| Bodensprudler | 4 |
| Brodelberg | 3 |
| Geysir | 3 |
| Kinderrutsche | 3 (bis 10 m Gleitbahnlänge) |
| Massageplatz | 4 |
| Liegemulde | 2 |
| Sitzplatz | 2 |

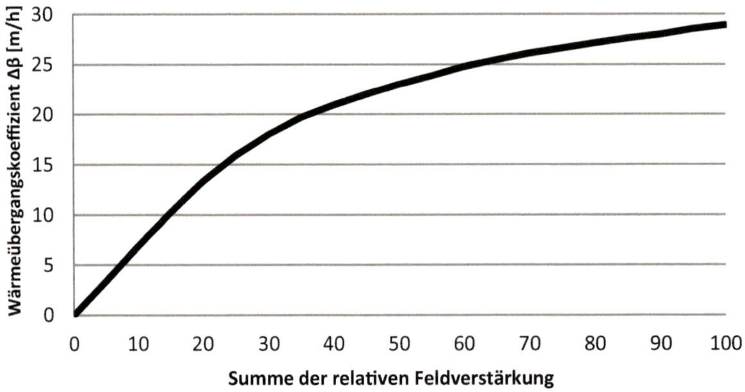


**Abb. 8-2** Wasserübergangskoeffizient gleichzeitig betriebener Attraktionen

Unabhängig vom Feuchtegehalt der Schwimmhallenluft ist der Halle ein Mindestaußenluftanteil von 30 % zuzuführen. Wird der Rechenwert der Massenkonzentration der Trihalogenmethane im Beckenwasser den im Regelwerk DIN 19643 genannten Wert von 0,020 mg/l nicht dauerhaft überschreiten ist, ein Mindestaußenluftanteil von 15 % ausreichend.

Des Weiteren ist ein schadstoffbezogener Außenluftmassenstrom entscheidend. Dieser ist nur erforderlich, wenn zutreffende MAK-Werte überschritten werden. Dieser Massenstrom lässt sich wie folgt berechnen:

$$\dot{M}_{A,G} = \frac{\dot{M}_G}{x_{G,L} - x_{G,A}}$$

mit:

$\dot{M}_{A,G}$ Außenluftmassenstrom, der zur Abfuhr einer Gas- bzw. Schadstoffart erforderlich ist, in kg/h

$\dot{M}_G$ an der Wasseroberfläche austretender Gasmassenstrom in kg/h

$x_{G,L}$ zugelassener Gasgehalt im Raum über der Wasseroberfläche in kg/kg

$x_{G,A}$ Gasgehalt der Außenluft in kg/kg

## 8.3 Anforderungen an die Luftaufbereitung

Bei der Schwimmhallenentfeuchtung ist in der heutigen Zeit der Einsatz eines Wärmerückgewinnungssystems (WRG-System) in Lüftungsgeräten Pflicht. Dieses ist aus wirtschaftlicher und energetischer Sicht absolut sinnvoll. Schließlich wirkt sich der durch die WRG zurückgewonnene Teil der Wärmeenergie der feuchtwarmen Abluft in erheblichem Maße auf die Betriebskosten der Schwimmhalle und deren Energieverbrauch aus.

### 8.3.1 Wärmerückgewinnung in der Schwimmhalle

Gegenwärtig werden hauptsächlich Rekuperatoren (Plattenwärmeübertrager) als WRG-System eingesetzt (s. a. Kapitel 2.4.2), womit sich jedoch lediglich die Lüftungsheizlast minimieren lässt. Möglichst hohe Raumluftfeuchten verringern Energieverluste durch Wasserverdunstung. Jedoch sollten dabei die Behaglichkeitskriterien und der Schutz der Gebäudehülle nicht außer Acht gelassen werden. Die Transmissionswärmeverluste liegen in der Verantwortung des Architekten und sollten so gering wie möglich ausfallen. Dies geht mit einer gut gedämmten Gebäudehülle und Vermeidung von Wärmebrücken einher.

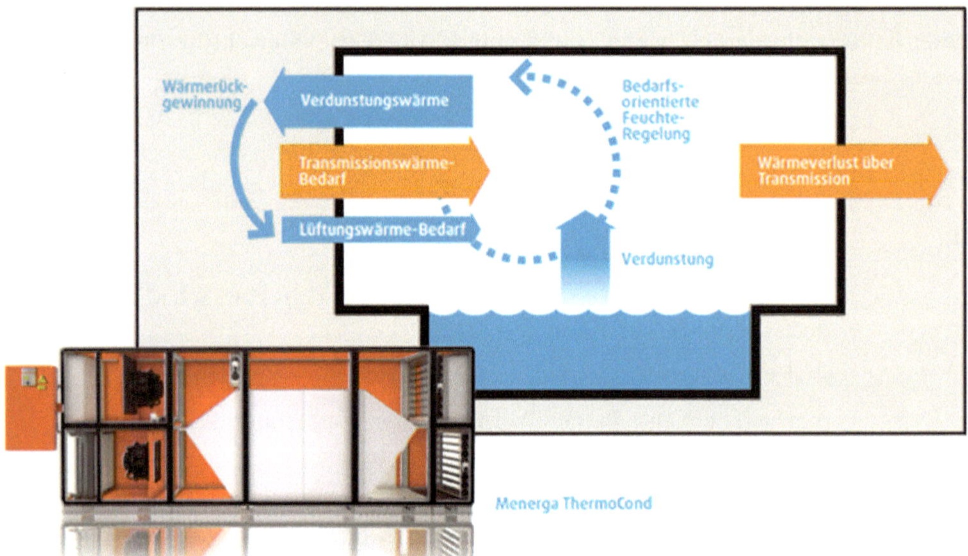


**Abb. 8-3** Wärmebedarf (Heizlast) einer Schwimmhalle in einem klassischen Hallenbad (*Werkbild: Fa. Menerga*)

Die Verdunstungs- und die Lüftungsheizlast können durch ein modernes und hochwertiges Klimasystem mit bedarfsgeführter Regelung erheblich reduziert werden. Deren Effizienz ist allerdings begrenzt. Die für die Wärmerückgewinnung angegebenen Wirkungsgrade beziehen sich nur auf die Lüftungsheizlast, während die im Wasserdampf gebundene latente Energie der Schwimmhalle zusammen mit der Abluft entzogen wird. Selbst ein Hochleistungswärmeübertrager (s. Abbildung 8-4) kann im Wesentlichen nur einen Teil des sensiblen Energieanteils aus der Abluft zurückgewinnen, was den Energiegewinn nur mäßig verbessert. Generell gilt, dass Wärmeübertrager nur bei besonderen Außenluftbedingungen einen kleinen Teil der latenten Wärme aus der Abluft regenerieren können.

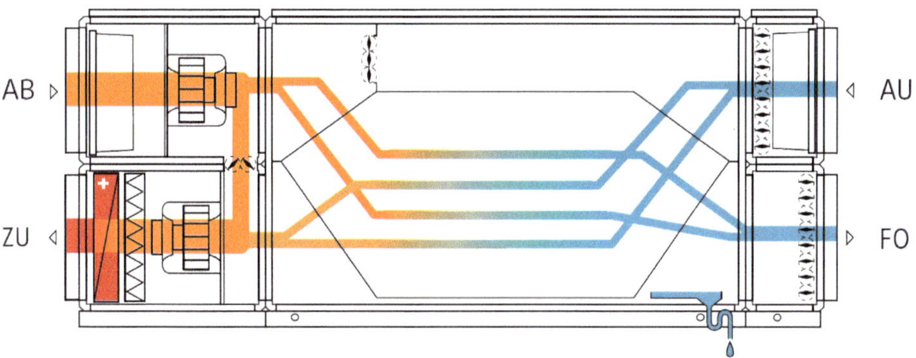


**Abb. 8-4** Wärmerückgewinnung mittels rekuperativen Hochleistungswärmeübertrager (*Werkbild: Fa. Menerga*)

Üblicherweise unterscheiden sich Lüftungsgeräte für die Schwimmhallenklimatisierung in zwei Varianten, wobei die Art der Wärmerückgewinnung den wesentlichen Unterschied macht. Zum einen gibt es Systeme, bei denen ausschließlich ein einzelnes WRG-System eingesetzt wird. Diese Hochleistungswärmeübertrager werden in Klimageräten eingesetzt, welche Rückwärmzahlen von bis zu 98 % im Badebetrieb (≈ 80 % nach DIN EN 308) bereitstellen. Hierbei wird der Umluft die aus hygienischen Gründen minimal vorgeschriebene (VDI 2089) bzw. die für die Entfeuchtung der Schwimmhalle notwendige Außenluftmenge bedarfsgerecht beigemischt. Zum anderen ist eine Kombination aus WRG-System (ca. 60 bis 70 % Wärmerückgewinnung nach DIN EN 308) und einer Wärmepumpe eine weitere Möglichkeit der effizienten Schwimmhallenentfeuchtung. Hier wird ein Teil der sensiblen Wärmeenergie mittels WRG aus der Abluft gewonnen. Um die Gesamtwärmerückgewinnung des Lüftungsgeräts zu steigern, wird eine Wärmepumpe zur weiteren Energierückgewinnung eingesetzt. Teilweise werden diese Geräte mit zusätzlicher Wärmepumpe auch genutzt, um die Schwimmhalle im Umluftbetrieb gänzlich ohne bzw. mit deutlich reduziertem Außenluftanteil zu entfeuchten.

## 8.3.2 Rückgewinnung latenter und sensibler Wärme

Zur Klimatisierung öffentlicher Schwimmhallen werden aus wirtschaftlichen Gründen oftmals Anlagen mit integrierter Wärmepumpe eingesetzt. Das liegt daran, dass die im WRG-System zurückgewonnene Wärme zur Erwärmung der Zuluft nicht ausreicht und diese nahezu ganzjährig nachgeheizt werden muss.

Die feuchte Abluft wird im Rekuperator des Klimageräts vorgekühlt und anschließend in den kalten Verdampfer des Kälteprozesses geleitet. Dabei wird Feuchtigkeit auskondensiert (s. Abbildung 8-5). Die Außenluft wird im Rekuperator vorgewärmt und anschließend im Verflüssiger der Wärmepumpe weiter aufgeheizt. Die latente Wärme des Wasserdampfs bleibt so innerhalb des Prozesses und kommt der Zuluft als sensible Wärme zugute. Die Zuluft wird dadurch erheblich wärmer als die Abluft. Bei günstiger Platzierung der Wärmepumpe lässt sich zusätzlich auch die elektrische Antriebsenergie der Wärmepumpe komplett als Wärmegewinn für das Hallenbad in Ansatz bringen.

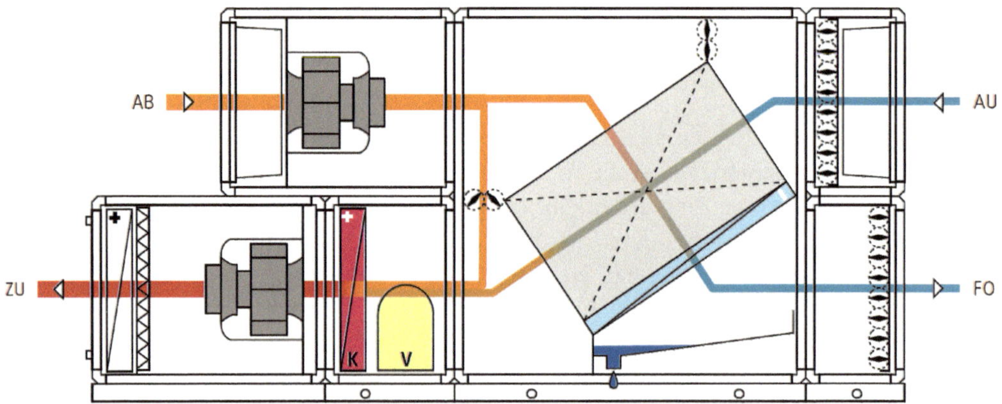


**Abb. 8-5** Kombination von Rekuperator und Wärmepumpe (*Werkbild: Fa. Menerga*)

Energetisch hat der Einsatz der Wärmepumpe große Vorteile. Wirtschaftlich muss jedoch beachtet werden, dass elektrische Energie deutlich teurer ist als thermische Energie. So gibt es Anwendungsfälle, bei denen die Nutzung einer Wärmepumpe aus bestimmten Gründen, wie zum Beispiel Standort bzw. geografischer Lage der Schwimmhalle oder Art der vorhandenen Wärmequellen, nicht infrage kommt oder sich wirtschaftlich nicht lohnt. Für den wirtschaftlichen Betrieb einer Wärmepumpe sind entsprechende Jahreslaufzeiten wichtig.

Grundsätzlich ist der Verzicht auf eine Wärmepumpe dann sinnvoll, wenn überschüssige Wärme anderer Quellen vorhanden ist. Eine solche Quelle kann zum Beispiel thermische Solarenergie oder ein Blockheizkraftwerk (BHKW) sein, dessen im Betrieb anfallende Abwärme zum Nachheizen der Zuluft zur Verfügung steht. Ein Großteil des Elektroenergiebedarfs der Lüftungsanlage kann vom erzeugten Strom des BHKWs gedeckt werden. Beim Einsatz von hocheffizienten, leistungsregelbaren Wärmepumpen in Schwimmbadlüftungsgeräten reduziert sich der Wärmeenergiebedarf bei Außenlufttemperaturen über 15 °C auf nahezu Null. Das heißt der ganzjährige Bedarf an zusätzlich einzubringender Wärme reduziert sich entsprechend und mindert den wirtschaftlichen Betrieb eines BHKWs wesentlich.

Unabhängig von der gewählten Entfeuchtungsstrategie ist eine an die Bedürfnisse angepasste Steuerung und Regelung erforderlich. Die VDI 2089 schreibt zum Beispiel einen für den Badebetrieb notwendigen Außenluftwechsel zur Abführung von Schadstoffen aus der Hallenluft vor. Diese Schadstoffe werden durch die Oxidation des Chlors mit organischen Substanzen frei. Die Steuerung und Regelung muss in der Lage sein, sich den aktuellen Bedürfnissen genau anzupassen. Mit drehzahlgeregelten Ventilatoren oder einem stufenlos regelbaren Wärmepumpenkreislauf kann die Regelung den bedarfsgerechten Betrieb des Lüftungsgeräts einstellen. Denn wird die Lüftungsanlage mit mehr als der notwendigen Außenluftmenge betrieben, ist dies mit einem unnötigen Energieverlust verbunden.

## 8.4 Betriebskosten

Ein Zahlenbeispiel für ein Schwimmbecken mit 400 m$^2$ Wasseroberfläche soll die Größenordnungen der Einsparpotenziale verdeutlichen, die sich durch eine optimierte Klimatisierung ergeben:

Legt man der Berechnung einen Ruhebetrieb von täglich 10 Stunden und einen mittleren Badebetrieb von 14 Stunden zu Grunde, ergibt sich jedes Jahr eine verdunstete Wassermenge von etwa 500 t. Abhängig von dem ausgeführten Gerät und den enthaltenen Funktionen ergeben sich unterschiedlich hohe Jahresenergieverbräuche. Grundlage für den beispielhaften Systemvergleich sind die Wetterdaten des Standorts Essen.

**Tab. 8-5** Übersicht der verglichenen Systeme

| | System 1 | System 2 | System 3 | System 4 |
|---|---|---|---|---|
| WRG-Ausstattung | Hochleistungs-Gegenstrom-Rekuperator | Kreuzstrom-rekuperator | Kreuzstrom-rekuperator | Kreuzstrom-rekuperator |
| WRG-Effizienz nach DIN EN 308 | 81 | 60 | 60 | 60 |
| Wärmepumpe | nein | ja | ja | ja |
| Beckenwasser-kondensator | nein | nein | ja | ja |
| Frischwassererwärmer | nein | nein | nein | ja |

Für den Vergleich wurden die spezifischen Energiekosten als konstant angesetzt, auch ein vergünstigter Wärmepumpenstrom wurde vernachlässigt. Zudem wird bei allen Geräten eine Volumenstromregelung berücksichtigt.

Die Tabelle 8-6 zeigt deutlich den Unterschied der von der WRG erbrachten Leistung. So kann mit einem Hochleistungsgegenstromrekuperator in etwa 30 % mehr Wärmeenergie zurückgewonnen werden als mit einem Kreuzstromrekuperator. Im Gegensatz dazu kann bei Systemen mit Wärmepumpe die erforderliche Nachheizleistung deutlich reduziert werden, womit die hierfür erforderliche Wärmequelle kleiner ausfallen kann.

Unter den genannten Bedingungen stellen sich die folgenden jährlichen Energieverbräuche ein:

**Tab. 8-6** Übersicht der jährlichen Leistungen und Verbräuche

| | System 1 | System 2 | System 3 | System 4 |
|---|---|---|---|---|
| Heizwärmebedarf der Schwimmhalle in kWh/a | 297.000 | | | |
| Lüftungswärmebedarf in kWh/a | 348.000 | | | |
| WRG-Leistung in kWh/a | 334.000 | 249.000 | 249.000 | 249.000 |
| Nacherhitzung durch PWW in kWh/a | 319.000 | 57.000 | 57.000 | 57.000 |
| Heizleistung Beckenwasserkondensator in kWh/a | 0 | 0 | 58.400 | 58.400 |
| Heizleistung Frischwasser erwärmer in kWh/a | 0 | 0 | 0 | 17.500 |
| Elektr. Leistungsaufnahme in kWh/a | 99.500 | 146.700 | 146.700 | 146.700 |

**Tab. 8-7** Übersicht der jährlichen Kosten

| | System 1 | System 2 | System 3 | System 4 |
|---|---|---|---|---|
| Kosten Elektroenergie in € | 18.000 | 26.400 | 26.400 | 26.400 |
| Kosten Wärmenergie in € | 19.100 | 3.400 | 3.400 | 3.400 |
| Kosteneinsparung in € für Wärmeenergie Beckenwasser | 0 | 0 | 3.500 | 4.500 |
| Wartungskosten | 2.500 | 2.750 | 3.000 | 3.000 |
| Gesamtkosten in € | 39.500 | 32.500 | 29.300 | 28.200 |

Für die Berechnung der Verbrauchskosten wurden starke Vereinfachungen getroffen. So wurde für die Kilowattstunde Elektroenergie, unabhängig vom Verwendungszweck, ein Preis von 18 Ct. und für die Kilowattstunde Wärmeenergie 6 Ct. angesetzt. Unter der Berücksichtigung der Investitionskosten, ergibt sich über einen Zeitraum von 10 Jahren ein kumulierter Kostenverlauf gemäß Abbildung 8-6.

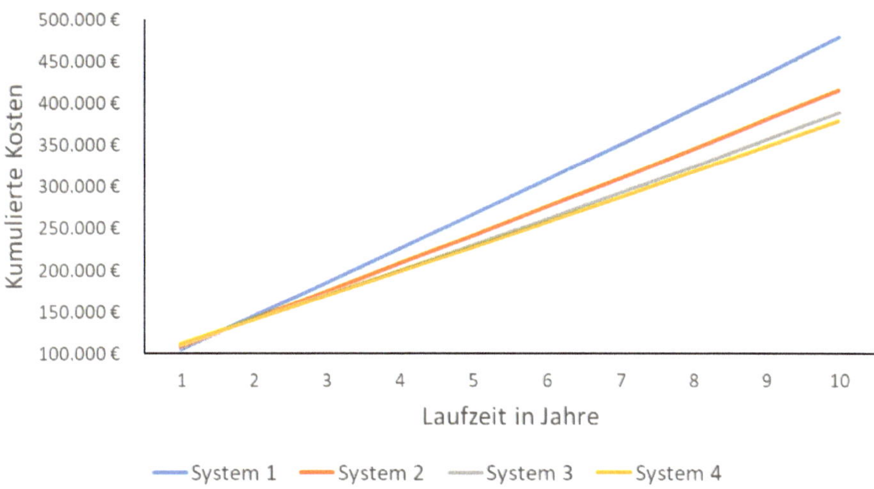


**Abb. 8-6** Kostenvergleich der unterschiedlichen Systeme (*Werkbild: Fa. Menerga*)

Bereits über eine Laufzeit von zehn Jahren zeigen sich signifikante Unterschiede. System 1 hat zwar die geringsten Investitionskosten, verbraucht aber auf das Jahr gesehen mehr Energie und ist kostenintensiver. So ist zwischen System 1 (Hochleistungsgegenstromrekuperator) und System 2 (Kreuzstromrekuperator mit Wärmepumpe) ein Kostenunterschied von ca. 13 % bzw. 20 % verglichen mit System 4 zu erkennen.

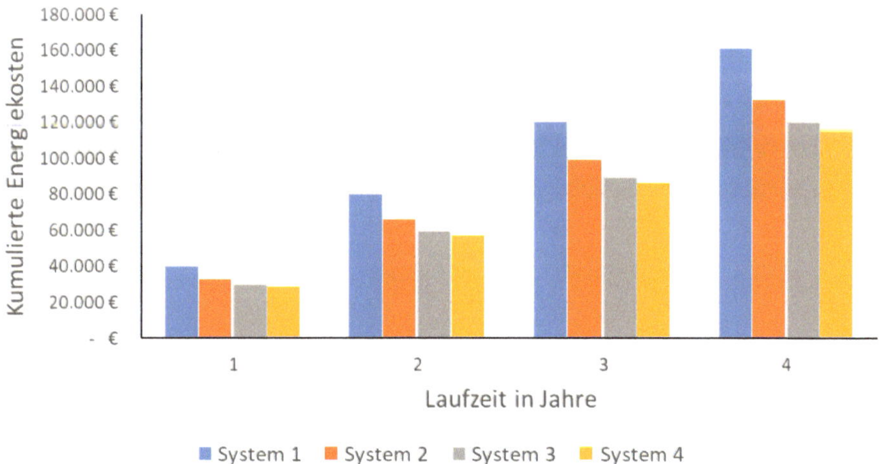


**Abb. 8-7** Kostenvergleich der unterschiedlichen Systeme (*Werkbild: Fa. Menerga*)

Im betrachteten Szenario ist eine Lösung mit Wärmepumpe bereits nach einem Jahr kostengünstiger als die Variante ohne. Der erhöhte Investitionsaufwand für ein Gerät mit Wärmepumpe hat sich in diesem Fall bereits nach kürzester Zeit amortisiert. Wird der Wärmepumpenkreis mit Komponenten wie Beckenwasserkondensator und Frischwassererwärmer zur weiteren Kältemittelunterkühlung eingesetzt, kann zusätzliche Energie eingespart werden. Ein Wärmepumpenkreis mit Beckenwasserkondensator, welcher nicht als Hauptkondensator verwendet wird, sowie mit einem Frischwassererwärmer rechnet sich hier bereits nach 4 bis 5 Jahren.

Die Zahlen des Beispiels gelten für ein einfaches Schwimmbecken in einem Hallenbad. Moderne Freizeitbäder bringen wesentlich höhere Anforderungen an die Klimatechnik mit sich. Badegäste erwarten Attraktionen wie Wasserrutschen, Wildwasserflüsse, Wellen, Wasserfälle oder Sprudler. Diese verursachen allerdings weit höhere Verdunstungsraten und führen zu Aerosolbildung. Unverzichtbar ist es deshalb, die Technik auf diese erschwerten Konditionen abzustimmen. Ein großes Augenmerk sollte hierbei auf den Korrosionsschutz gelegt werden. Es sei auch noch einmal darauf hingewiesen, dass in diesem Beispiel das System mit Wärmepumpe vorteilhaft ist, was allerdings nicht verallgemeinert werden kann. Sind, wie zuvor bereits erwähnt, Wärmequellen wie BHKWs vorhanden, ist der Einsatz von Lüftungsgeräten mit Wärmepumpen abzuwägen und auf Wirtschaftlichkeit zu prüfen. Der Einsatz eines BHKWs in Schwimmhallen ist vorteilhaft, wenn nahezu ganzjährig ein Bedarf an Elektroenergie für das Betreiben von Wasseraufbereitung, Lüftung und Beleuchtung besteht sowie gleichzeitig Wärmeenergie für Lüftung, Beckenwasser und Trinkwasser benötigt wird.

# 9 Lüftung für industrielle Fertigungsstätten[1]

RLT-Anlagen sind für die Gewährleistung technologischer, hygienischer und arbeitsschutztechnischer Raumklimaparameter in Fertigungsstätten eine heute unabdingbare Voraussetzung.

Bei der Planung der RLT-Anlagen sind vor allem Stofflasten und Stoffgrenzwerte TRGS 900, Wärmelasten (Kühllasten VDI 2078) und Behaglichkeitsanforderungen zur Berechnung der erforderlichen Zu- bzw. Abluftvolumenströme eine wesentliche Voraussetzung. Weitere Randbedingungen sind u. a. die Gestaltung der Gebäudehülle (z. B. Stützen, Fußbodenbelastung, Deckenbelastung), produktionsrelevante Systeme (z. B. Kranbahnen), flexible Gestaltungsmöglichkeiten der Produktionsfläche, die Raumströmung (Luftführung), die Anordnung einer RLT-Zentrale und der Zu- und Abluftkanäle bzw. Zu- und Abluftdurchlässe, die Möglichkeit der unmittelbaren Ablufterfassung sowie der Wärmerückgewinnung.

Wie schon in [126] sehr prägnant formuliert, gibt es deshalb nicht „die Lösung“ für raumlufttechnische Anlagen. Jedoch sollten Grundsätze im Sinn von Energieökonomie und Energieeffizienz eingehalten werden:

- Senkung der Absaugverluste durch Verbesserung der Absaugvorrichtungen (s. a. VDI 2262 Bl. 3),
- Volumenstromanpassung durch Drehzahlregelung der Ventilatoren und
- Verbesserung der Raumluftführung durch Anwendung der Schichtströmung (mit Anwendung des Stoffbelastungsgrads nach VDI 2262 Bl. 3).

Die VDI 3802 ist eine weiterhin gültige Regel der Technik. Leider finden die aufgezeigten Grundsätze zur Raumströmung oft nicht die entsprechende Berücksichtigung. Mit der VDI 2262 gibt es ein zweites Kompendium zu lüftungstechnischen Maßnahmen am Arbeitsplatz.

1 Unter Verwendung der Literatur [127] von Dipl.-Ing. D. Makulla (Fa. Caverion)

# 9.1 Systemlösungen

Die Belüftung von industriell genutzten Gebäuden ist vielschichtig und hängt von den durch die Nutzung einzuhaltenden definierten Randbedingungen ab und vor allem von den Möglichkeiten der Luftführungssysteme (s. a. Kapitel 2.5). Die schematischen Darstellungen der Systemlösungen werden in [47] näher erläutert.

## 9.1.1 Turbulente Mischlüftung

Die turbulente Mischlüftung wird häufig über Radial- oder Drallauslässe oder Weitwurfdüsen realisiert.

Charakteristische Merkmale sind die Luftaustrittsgeschwindigkeiten von 4 bis 6 m/s bei Drallauslässen, bei Weitwurfdüsen von 8 bis 12 m/s bzw. bei Düsen oder speziellen Düsen (Dirivent-System) bis zu 20 bis 25 m/s und eine Anordnung und Montage der Luftdurchlässe im Decken- oder im oberen Wandbereich.

Aufgrund der hohen Induktionswirkung der Zuluft wird im Raum ca. das 20- bis 30-fache Luftvolumen im Verhältnis zum Zuluftvolumenstrom ungewälzt und dadurch die Temperaturdifferenz zwischen Zu- und Raumluft schnell abgebaut. Weiterhin ergeben sich im Raum verhältnismäßig gleichmäßig verteilte Wärme- und Stofflasten. Somit ist der Einsatz kaum geeignet, wo Schadstoffe aus dem Produktionsprozess in die Raumluft im Aufenthaltsbereich gelangen können.

Die Abbildungen 9.1-1 bis 9.1-5 zeigen nach VDI 3802 schematisch Beispiele für dieses Lüftungssystem.

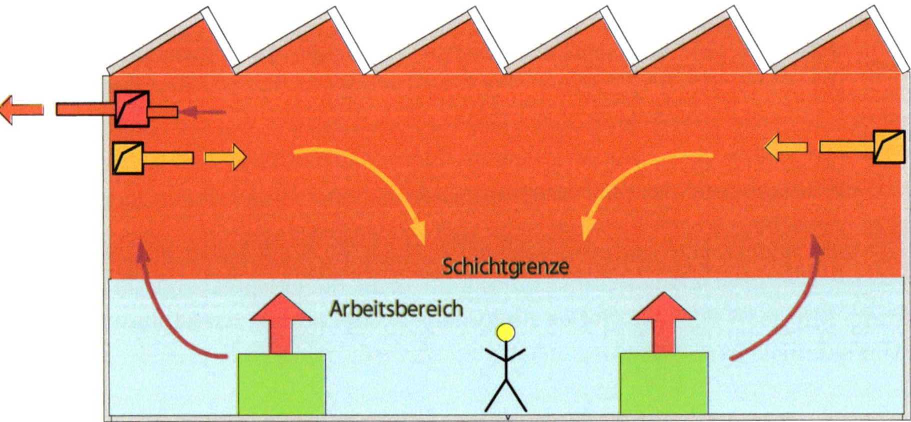


**Abb. 9.1-1** Mischströmung durch Luftzufuhr unter dem Hallendach

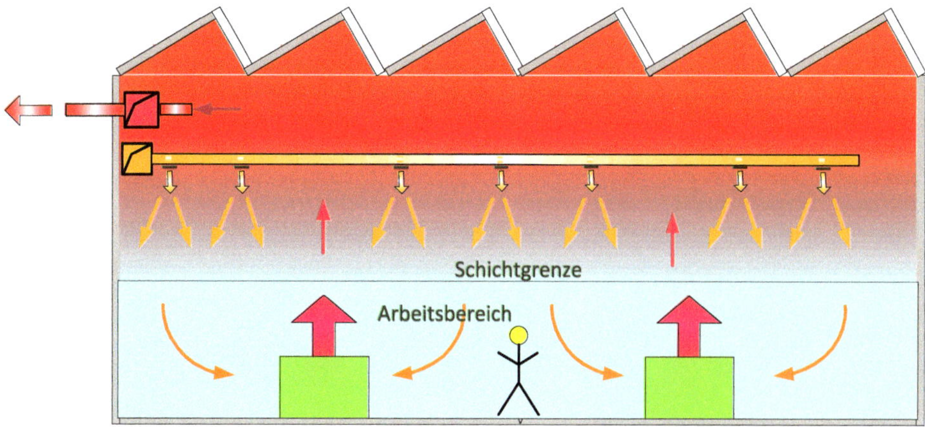


**Abb. 9.1-2** Mischströmung, Luftzufuhr mit Impuls vom Hallendach

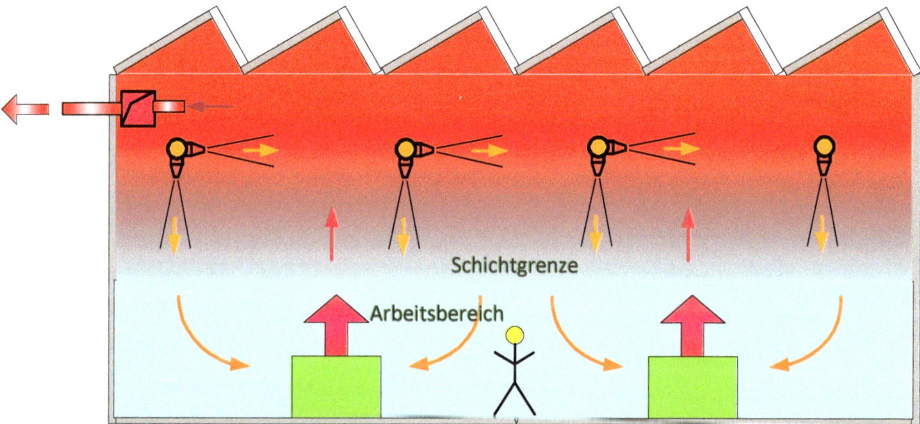


**Abb. 9.1-3** Mischströmung durch Luftverteilung durch Treibstrahlen

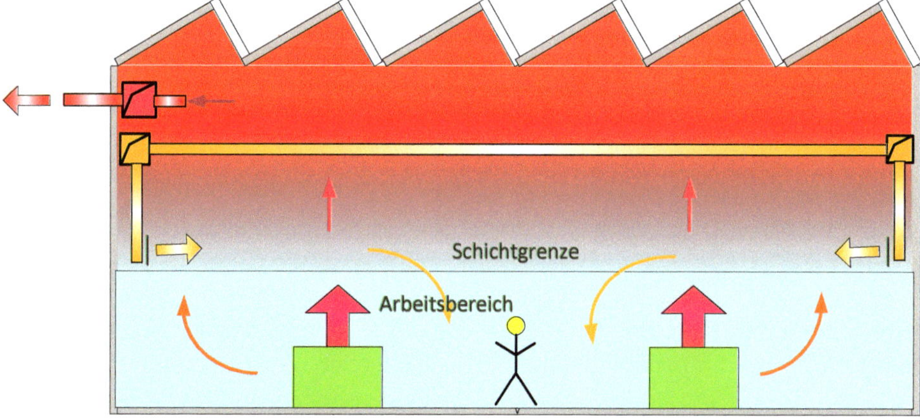


**Abb. 9.1-4** Mischströmung durch Luftzufuhr mit Impuls oberhalb des Arbeitsbereichs

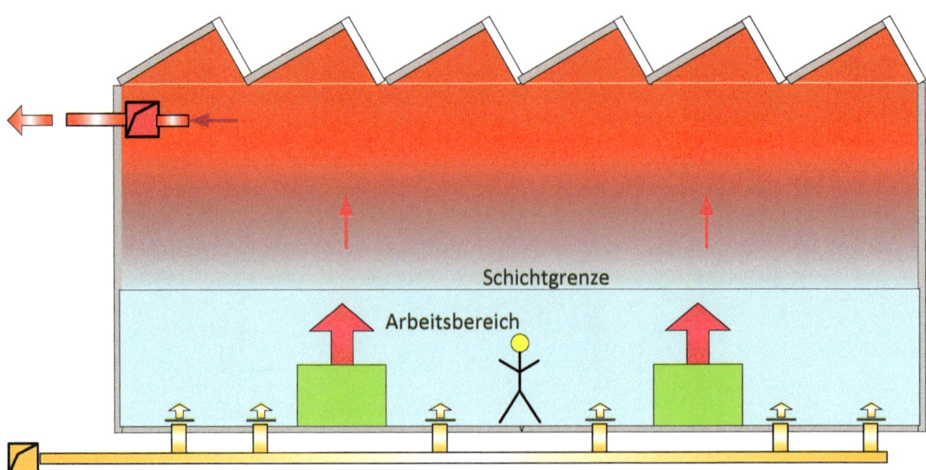


**Abb. 9.1-5** Bereichsweise Mischströmung über dem Fußboden

Der turbulente Vermischungseffekt bei Einsatz von Drallauslässen wird aus Abbildung 9.1-6 deutlich.

**Abb. 9.1-6** Turbulente Mischlüftung unter Einsatz von Drallauslässen (*Werkbild: Fa. Caverion*)

Abbildung 9.1-3 zeigt eine Sonderform, die sich neben Fertigungsstätten (Abbildung 9.1-7 bis 9.1-9) vor allem im Sporthallenbereich (Abbildung 9.1-10) bewährt hat.

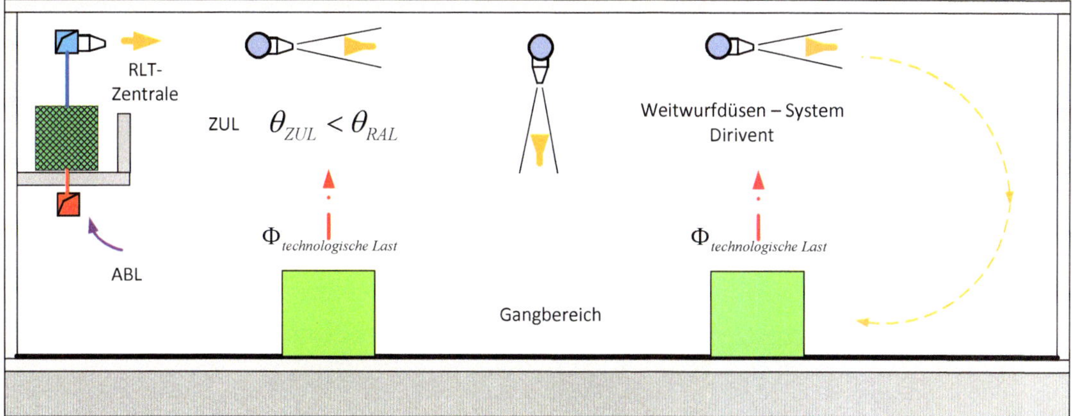


**Abb. 9.1-7** Prinzipdarstellung für ein Weitwurfdüsensystem in einer Fertigungsstätte

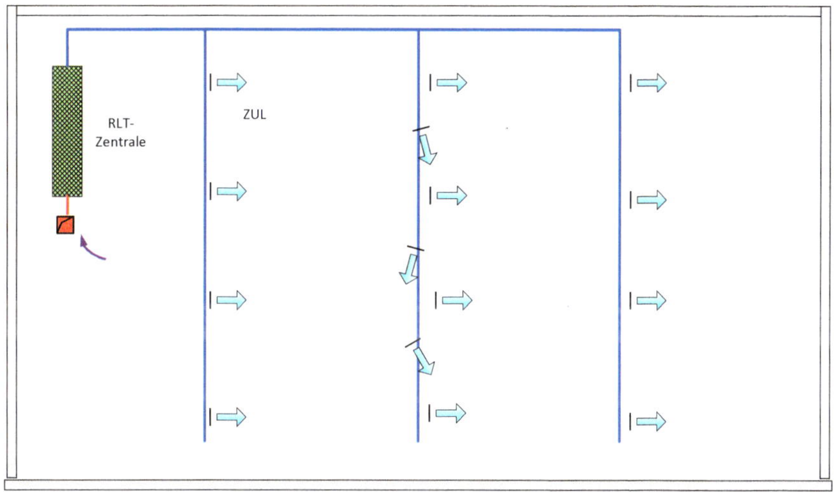


**Abb. 9.1-8** Prinzipdarstellung für die Anordnung des Luftverteilsystems (unter Bezug auf Abbildung 9.1-7)

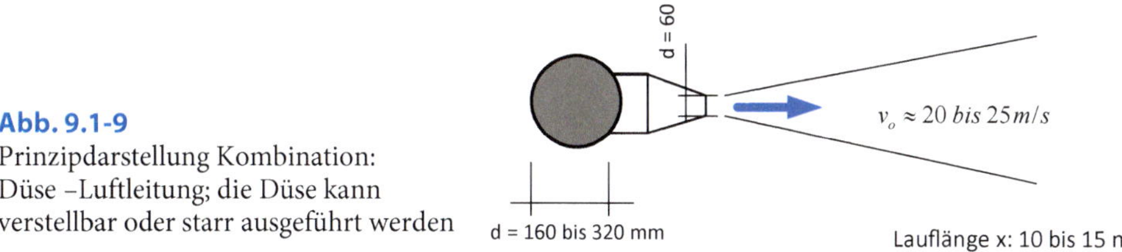


**Abb. 9.1-9**
Prinzipdarstellung Kombination: Düse –Luftleitung; die Düse kann verstellbar oder starr ausgeführt werden

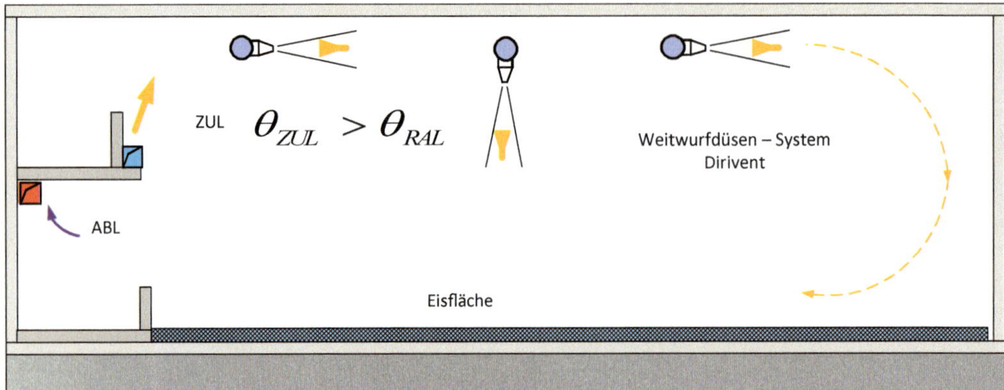


**Abb. 9.1-10** Prinzipdarstellung für ein Weitwurfdüsensystem in einer Eissporthalle

Eine weitere Sonderlösung stellt das intermittierende Verfahren dar [52], [53], bei dem die RLT-Anlage intermittierend den Raum mit Luft versorgt.

Die Anlage wird so betrieben, dass zwischen den einzelnen Zu- und Abluftsträngen mit Unterbrechungen umgeschaltet wird und somit die einzelnen Stränge durch Schließen von Klappen (mittels schneller Stellmotoren) in den Strängen (Schließzeit jeweils ca. 5 Sek.) alternierend betrieben werden, also zeitlich abwechselnd beaufschlagt werden. Dabei werden die Klappen nicht vollständig geschlossen, um Druckstöße zu vermeiden.

Die Stränge werden in einem Zyklus von ca. 60 bis 70 Sekunden umgeschaltet, sodass sich keine stationären Strömungszustände im Raum aufbauen können (Abbildungen 9.1-11 und 9.1-12).

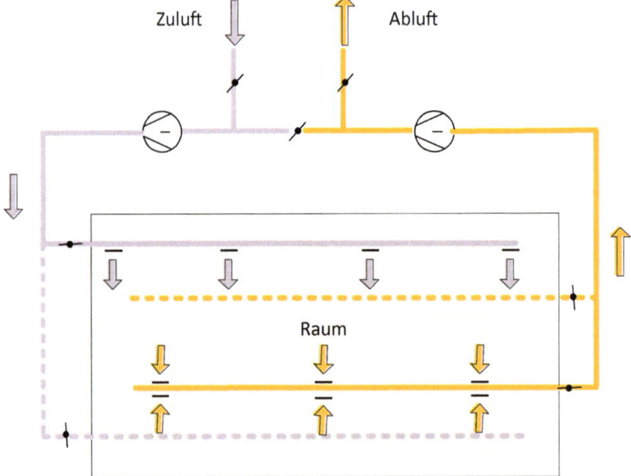


**Abb. 9.1-11** Phase 1: Betrieb über Zuluftstrang 1 und Abluftstrang 2 nach [52]

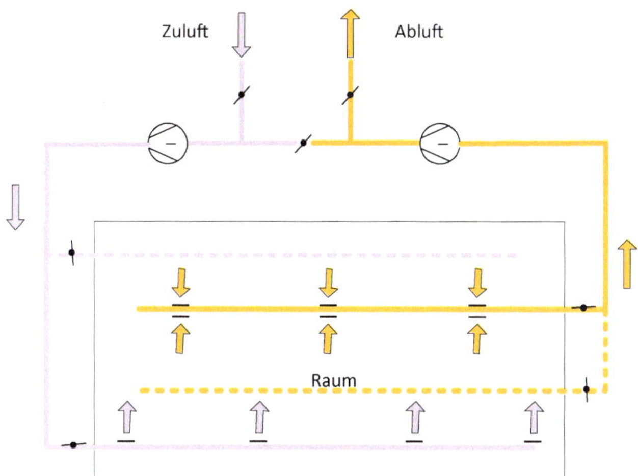


**Abb. 9.1-12** Phase 2: Betrieb über Zuluftstrang 2 und Abluftstrang 3 nach [52]

Trotz alternierendem Betrieb kann sowohl die Zuluft als auch die Abluft im konventionellen RLT-Gerät kontinuierlich aufbereitet werden.

Es besteht u. a. die Möglichkeit, die einzelnen Stränge nicht nur zwischen den Luftmengen 0 % und 100 % umzuschalten, sondern auch in anderen Verhältnissen. Damit können zwischen Volllastzustand und Teillastzustand optimale Betriebszustände durch Festlegung der Strömungsimpulse gewählt werden.

Durch diese Betriebsweise ist es möglich, die benötigten Zuluftwechsel zu reduzieren, wodurch sich die Luftqualität und die Behaglichkeit verbessern kann, und einen energieoptimierten Betrieb der RLT-Anlage (bis zu 40 % Verringerung des Elektroenergieverbrauchs und bis zu 20 % Lüftungswärmebedarf) zu erreichen.

Einsatzbereiche sind große Räume wie z. B. Industrie- und Veranstaltungshallen oder Schwimmbäder. Voraussetzung ist das Vorhandensein von mindestens zwei Kanalsträngen.

## 9.1.2 Verdrängungslüftung

Eine bessere Möglichkeit stellt die Verdrängungslüftung dar, bei der die Luftdurchlässe im Bereich zwischen 3 m und 4 m Höhe vorzugsweise an den Hallensäulen angebracht sind.

Die Abbildungen 9.1-13 und 9.1-14 zeigen nach VDI 3802 schematisch Beispiele für dieses Lüftungssystem bzw. die Abbildungen 9.1-15 und 9.1-16 die Anwendung von turbulenzarmer Verdrängungslüftung.

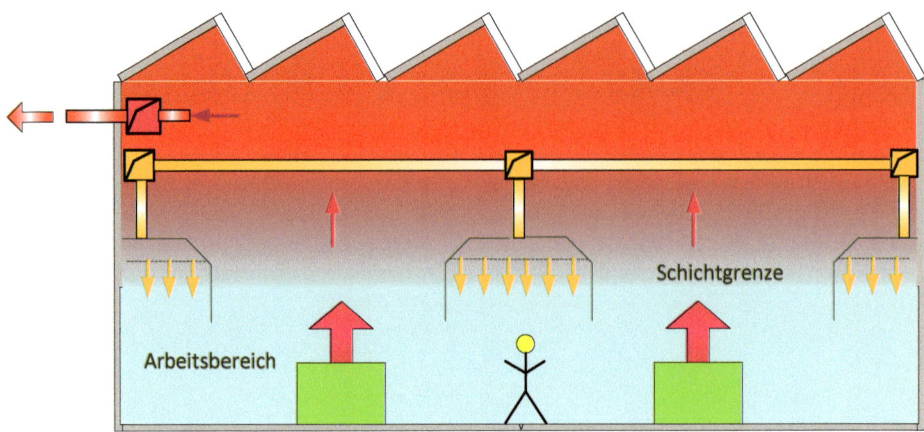


**Abb. 9.1-13** Bereichsweise Verdrängungsströmung

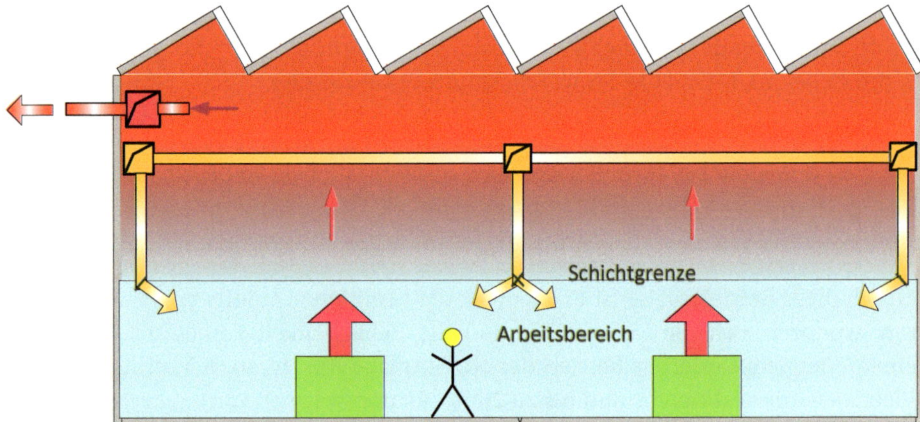


**Abb. 9.1-14** Turbulenzarme Verdrängungslüftung oberhalb des Arbeitsbereichs

**Abb. 9.1-15**
Turbulenzarme Verdrängungslüftung mit Luftdurchlässen mit thermostatischer Verstellung der Zuluftströmung (*Werkbild: Fa. Caverion*)

**Abb. 9.1-16** Turbulenzarme Verdrängungslüftung mit Zuluftzuführung aus 3 m Höhe (*Werkbild: Fa. Caverion*)

Die Austrittsgeschwindigkeit der Zuluft ist mit 0,6 bis 0,9 m/s deutlich geringer als bei der turbulenten Mischlüftung. Dadurch wird weniger Raumluft in die Zuluft induziert und es ergeben sich im Aufenthaltsbereich geringere Temperaturen und Stoffbelastungsgrade als im höheren Hallenbereich.

Die Nähe des Zuluftdurchlasses zum Arbeitsbereich ermöglicht es, manuelle Verstelleinrichtungen an den Säulen zu installieren, um sich u. U. veränderten technologischen Randbedingungen anzupassen bzw. die Akzeptanz im Arbeitsbereich zu erhöhen, da diese selbst beeinflusst werden kann.

## 9.1.3 Schichtlüftung

Bei großen Wärme- und Stofflasten sollten die Luftdurchlässe auf dem Boden und in unmittelbarer Höhe über dem Fußboden an den Stützen angeordnet werden. Hierdurch wird bei einem geringst möglichen Zuluftvolumenstrom die höchste Effizienz erzielt. Die Schichtlüftung wird erreicht, indem die Zuluft mit geringen Zuluftgeschwindigkeiten (ähnlich der Quelllüftung im Komfortbereich) von 0,3 bis 0,4 m/s nahe den Arbeitsplätzen zugeführt wird.

Die Abbildungen 9.1-17 bis 9.1-20 zeigen nach VDI 3802 schematische Beispiele für dieses Lüftungssystem bzw. die Abbildung 9.1-21 ein Anwendungsbeispiel.

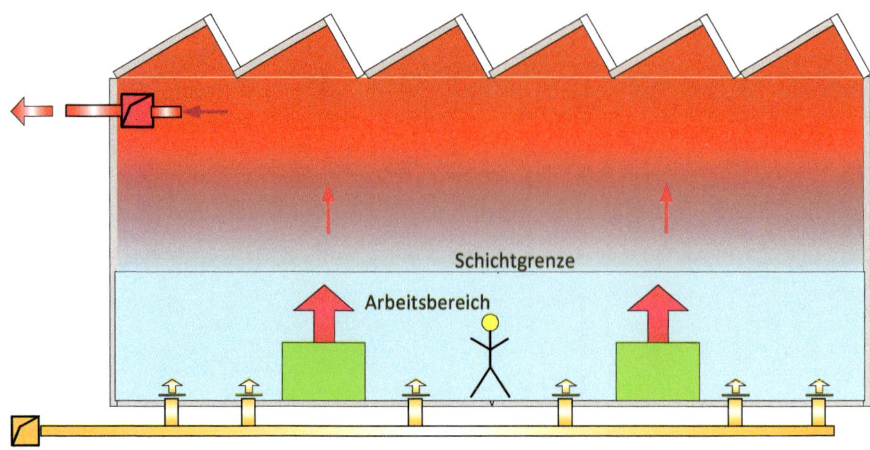


**Abb. 9.1-17** Bereichsweise Schichtströmung über dem Fußboden

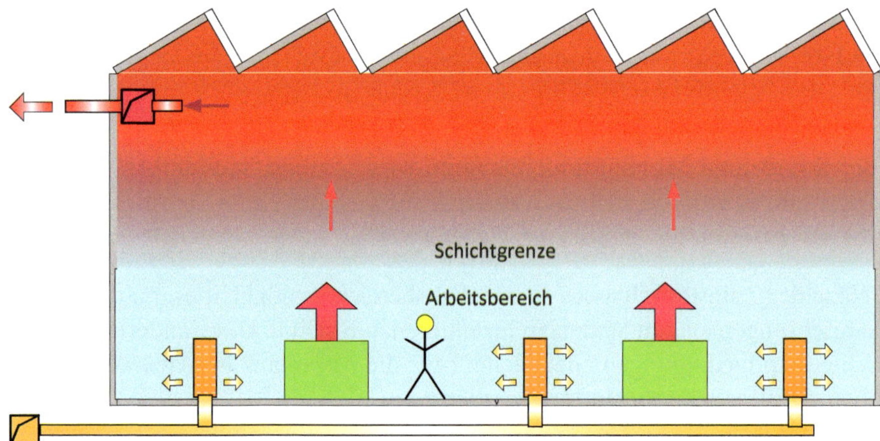


**Abb. 9.1-18** Bereichsweise Schichtströmung mit Querluftdurchlässen

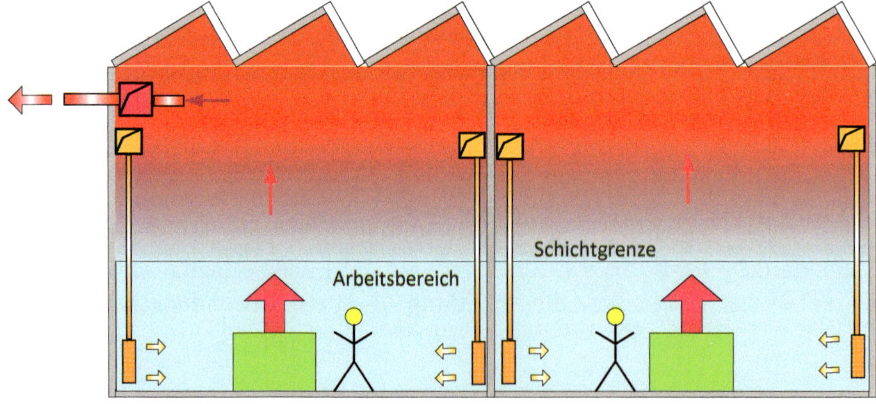


**Abb. 9.1-19** Schichtströmung durch Luftzufuhr mit geringem Impuls im Arbeitsbereich

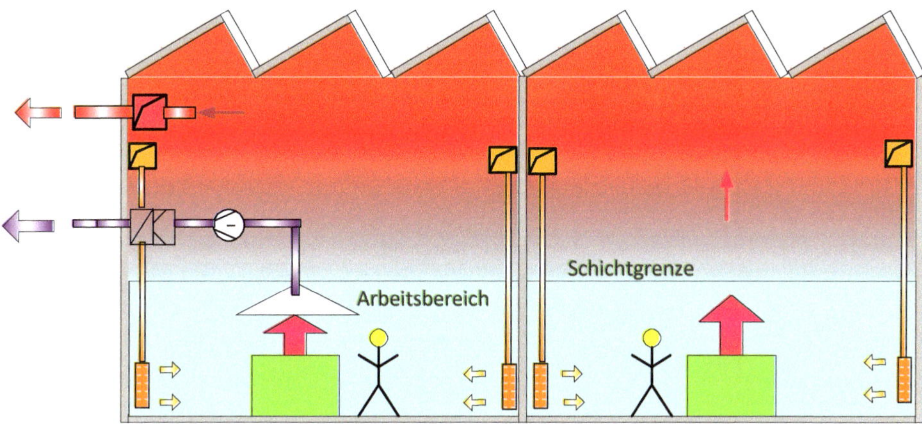


**Abb. 9.1-20** Schichtströmung durch Luftzufuhr mit geringem Impuls im Arbeitsbereich in Kombination mit Erfassungsanlagen

**Abb. 9.1-21**
Die Zuluft strömt aus bodenstehenden Luftdurchlässen in den Raum (*Werkbild: Fa. Caverion*)

## 9.1.4 Vergleich der Systeme

Beim Vergleich der drei Systeme sind zwei wesentliche Parameter, der Wärmebelastungsgrad $\eta_W$ (s. a. Tabelle 9.1-1) und der Stoffbelastungsgrad $\eta_S$, zu berücksichtigen.

$$\eta_W = (\theta_{RAL} - \theta_{ZUL}) / (\theta_{ABL} - \theta_{ZUL})$$

$$\eta_S = c_{RAL} / c_{ABL}$$

mit: $c_{RAL}$ Schadstoffkonzentration im Aufenthaltsbereich

$c_{ABL}$ Schadstoffkonzentration in der Abluft

Der Vergleich der drei Systeme (Basis: spezifische Kühllast $\phi_{KL} = 120\ \mathrm{W/m^2}$, Raumlufttemperatur im Aufenthaltsbereich $\theta_{RAL} = 26\ °C$, Zulufttemperatur $\theta_{ZUL} = 18\ °C$) anhand der erforderlichen Zuluftvolumenströme zeigt deutlich den Vorteil der

Schichtlüftung sowohl aus energetischer als auch anlagentechnischer bzw. investiver Sicht (Tabelle 9.1-1).

**Tab. 9.1-1** Erforderlicher spezifischer Zuluftvolumenstrom $q_{v,ZUL,spez}$ nach [127]

| **System** | **Wärmebelastungsgrad** $\eta_W$ | **Ablufttemperatur** $\theta_{ABL}$ **in °C** | **Spezifischer Zuluftvolumenstrom** $q_{v,ZUL,spez}$ **in m³/(h m²)** |
|---|---|---|---|
| Turbulente Mischlüftung | 1,0 | 26 | 44,6 |
| Verdrängungslüftung | 0,67 | 30 | 29,8 |
| Schichtlüftung | 0,50 | 34 | 22,3 |

Der Stoffbelastungsgrad $\eta_S$ steigt i. A. von unten nach oben (s. a. Abbildung 9.1-22). Deshalb sollte die Abluft immer unterhalb der Hallenecke abgesaugt werden. Bei der Verdrängungslüftung aus ca. 3 m Höhe können je nach Einstellung der Luftdurchlässe im Aufenthaltsbereich Werte von $\eta_S = 0{,}4$ bis 0,6 und bei der Schichtenlüftung mit bodenstehenden Luftdurchlässen Werte von $\eta_S \approx 0{,}25$ erreicht werden.

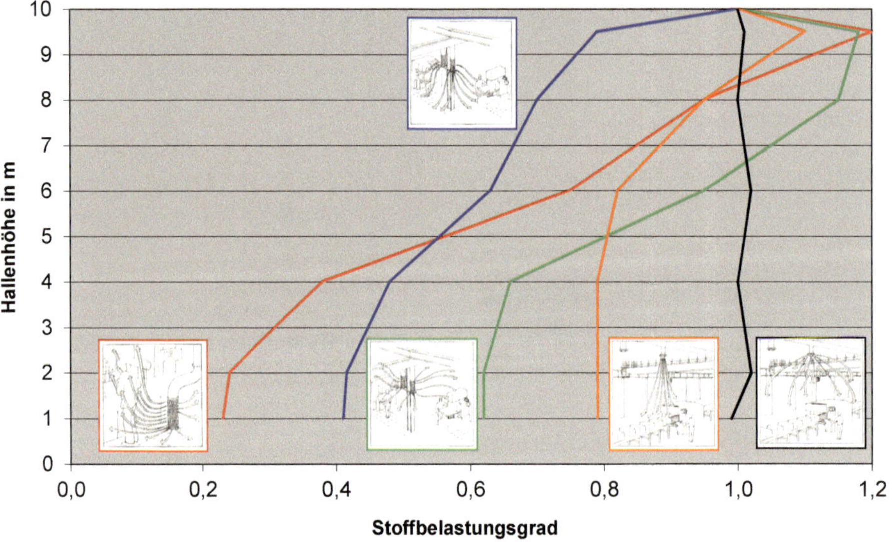


**Abb. 9.1-22** Die lokalen Stoffbelastungsgrade der drei Lüftführungssysteme im Vergleich (*Werkbild: Fa. Caverion*)

## 9.1.5 Dachaufsatzlüftung

Bei wärmeintensiven Fertigungsstätten kommt sehr oft die Dachaufsatzlüftung zum Einsatz (Abbildung 9.1-23) (detaillierte Information dazu in Kapitel 2.2.5). Dabei geht es vor allem um die Abführung von großen thermischen Lasten. Entstehen zusätzlich Stofflasten, so sind diese möglichst über die Erfassungseinrichtung abzuführen (Abbildung 9.1-24) und notfalls so zu behandeln, dass eine Abführung nach außen unproblematisch ist (Einhaltung der zulässigen Emissionswerte)

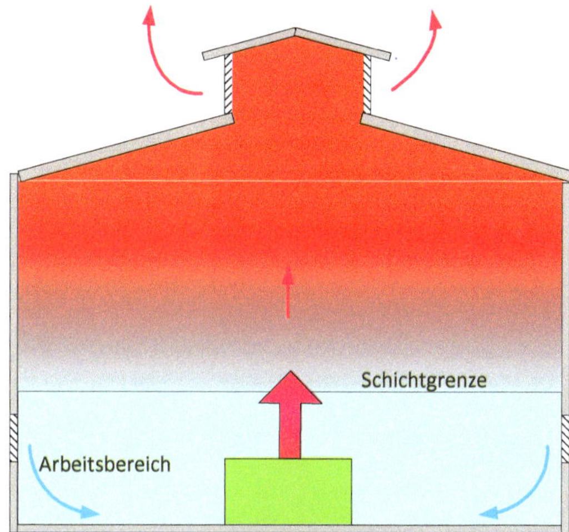


**Abb. 9.1-23**
Freie (natürliche) Lüftung

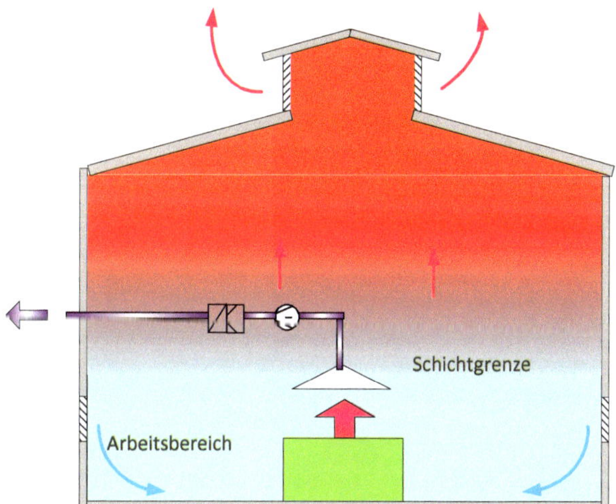


**Abb. 9.1-24**
Freie (natürliche) Lüftung in Kombination mit Erfassungsanlagen

## 9.2 Anlagentechnische Aspekte

### 9.2.1 Anpassung an den thermischen Lastfall

Die Anpassung an den thermischen Lastfall, d. h. den Heiz- bzw. Kühlbedarf, kann auf unterschiedliche Weise erfolgen. Entweder durch Einsatz von Dralluftdurchlässen (s. a. Kapitel 2.5.2), verstellbaren (manuell, automatisch) Zuluftdurchlässen oder Veränderung des Zuluftimpulses aufgrund des unterschiedlichen Strahlverhaltens im Heiz- und Kühlfall (s. a. Abbildung 2.5-8).

Die Abbildungen 9.2-1 und 9.2-2 zeigen beispielhaft den Kühl- und Heizbetrieb mit einem verstellbaren Zuluftdurchlass.

**Abb. 9.2-1** Schichtlüftung im Kühlbetrieb ($\theta_{ZUL} < \theta_{RAL}$) (*Werkbild: Fa. Caverion*)

**Abb. 9.2-2** Schichtlüftung im Heizbetrieb ( $\theta_{ZUL} > \theta_{RAL}$ ) (*Werkbild: Fa. Caverion*)

Die manuelle Verstellung sollte nur bedingt angewendet werden. Die günstigere Lösung ist die automatische Verstellung. Diese kann mit einem elektrischen Stellantrieb oder einem thermischen Antrieb erfolgen. Der Vorteil des thermischen Antriebs ist, dass keine Zuleitung und kein Regler benötigt werden. Als Regelgröße kann die Zulufttemperatur oder eine Temperaturdifferenzsteuerung (Differenz Zu- und Raumlufttemperatur) verwendet werden, wobei letztere den Vorteil der größeren Schwankungsbreite der Raumlufttemperatur hat.

### 9.2.2 Bilanz zwischen Zu- und Abluftvolumenstrom

Ein wesentliches Ziel ist es, die Erfassung und Absaugung von luftfremden Stoffen oder auch thermischen Belastungen bereits an der Entstehung zu erfassen.

Die nachströmende Luft kommt i. A. aus dem Aufenthaltsbereich. Die erfassten Abluftströme können u. U. die Größe des Zuluftvolumenstromes erreichen oder sogar darüber liegen. Somit kann es zu einem Unterdruck bzw. einem unkontrollierten Nachströmen über Undichtheiten (z. B. Türen) aus anderen Bereichen kommen. Weiterhin kann nicht mehr genügend Abluft aus dem oberen Hallenbereich abgesaugt werden, sodass es zu Rückströmungen kommen kann.

Als Richtwert gilt, dass mindestens 50 % der Zuluft als Abluft im oberen Hallenbereich erfasst werden sollen.

### 9.2.3 Lösungsansätze

Da es in Fertigungsstätten oft Bereiche mit unterschiedlichen raumklimatischen Forderungen gibt, ist es zweckmäßig und sinnvoll, auch diese unterschiedlich lüftungstechnisch bzw. heizungs- und kühltechnisch zu behandeln. Es sollten folgende Grundsätze verfolgt werden, wie sie schematisch in Abbildung 9.2-3 dargestellt sind:

- Minimierung des Zuluftvolumenstromes auf das hygienische und technologisch erforderliche Maß bzw. dessen Anpassung an die Lasten durch Volumenstromregelung,
- Zuführung der aufbereiteten Zuluft möglichst im Aufenthaltsbereich (z. B. Quelllüftung),
- Luftführung von „unten nach oben“ unter Nutzung des thermischen Auftriebs,
- Grundbeheizung und -kühlung über Flächenheizungs- oder-kühlsysteme oder TABS,
- Erfassung der Abluft möglichst nahe der Emissionsquelle (wenn möglich, diese kapseln) und Nutzung des Energiepotenzials durch Wärmerückgewinnung,
- Erfassung der Abluft der allgemeinen Lüftung im Dachbereich und Minimierung des Aufwands für das Kanalsystem und

- bei Bereichen, mit relativ konstanten Bedingungen (thermisch, schadstoffmäßig) sollte dies räumlich separiert werden und über ein Umluftsystem behandelt werden. Unter Umständen sollte sowohl durch Überdruck (mehr Zuluft als Abluft) als auch durch Abschottung (Schleusen) eine Verbindung zwischen Hallenluft und „Raumluft" vermieden werden

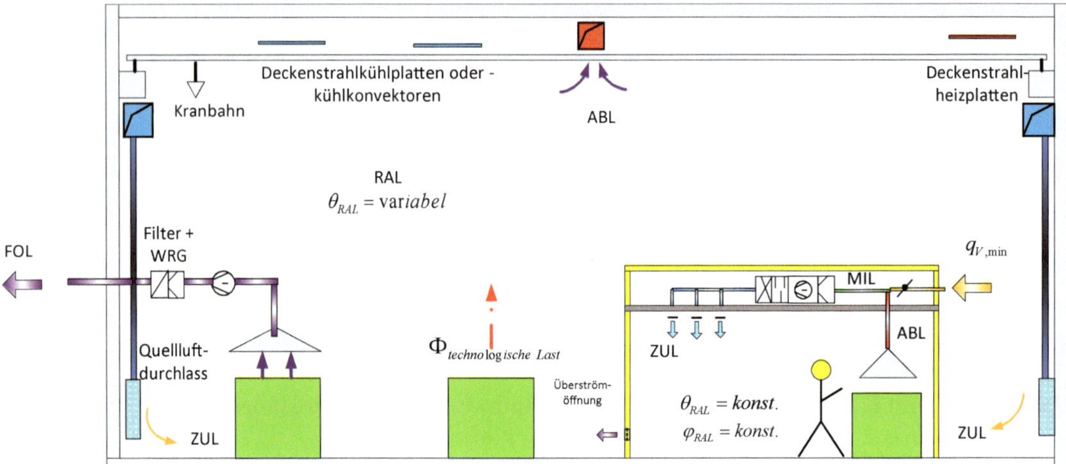


**Abb. 9.2-3** Vorschlag für eine energetisch zweckmäßige lüftungs- und klimatechnische Lösung

## 9.2.4 Anordnung der RLT-Zentrale

Für die Anordnung der RLT-Zentrale gibt es vorrangig folgende Lösungsansätze:

- Integration in den Gebäudekomplex
- Dachaufstellung

Vor- und Nachteile sind in Kapitel 2.6.2 ausführlich behandelt. Die Dachaufstellung (Abbildung 9.2-4) bietet u. a. die Vorteile:

- Verlegung des Luft- und Rohrleitungssystem auf dem Dach und dadurch nur geringfügige Einschränkung im Gebäude und
- relative Unabhängigkeit bei der Erstellung des Gebäudes und hohe Flexibilität sowohl bei Änderungen in den Nutzungstrukturen im Gebäude als auch geringe Beeinflussung der Nutzung bei Instandhaltung, Reparatur und Erneuerung der RLT-Geräte.

Problematisch ist die Ansaugung der Außenluft über Dach, wobei auch eine zentrale Außenluftaufbereitung in einer „Energiezentrale" und Ansaugung der Außenluft über „Luftbrunnen" oder Schottenspeicher sinnvolle Möglichkeiten sein können.

Ein funktionales Schema für eine RLT-Zentrale ist Abbildung 9.2-6 zu entnehmen. Die notwendigen Komponenten sind dabei eine Funktion der geforderten und einzuhaltenden thermischen, hygienischen und technologischen Parameter.

Die „Energiezentrale" sollte zweckmäßigerweise im Randbereich der Halle angeordnet werden (Abbildung 9.2-5) und – wenn möglich – alle notwendigen technischen Anlagensysteme beinhalten, angefangen von der Wärme- und Kälteerzeugung, über die Speicherung, die Aufbereitung von Medien, die Elektroenergieerzeugung bis zur Überwachung der Gebäudeautomation. Auf diesem kompakt zu erstellenden Gebäudeteil kann auch die bei der Kälteerzeugung für technologische Zwecke erforderliche Rückkühlung angeordnet werden.

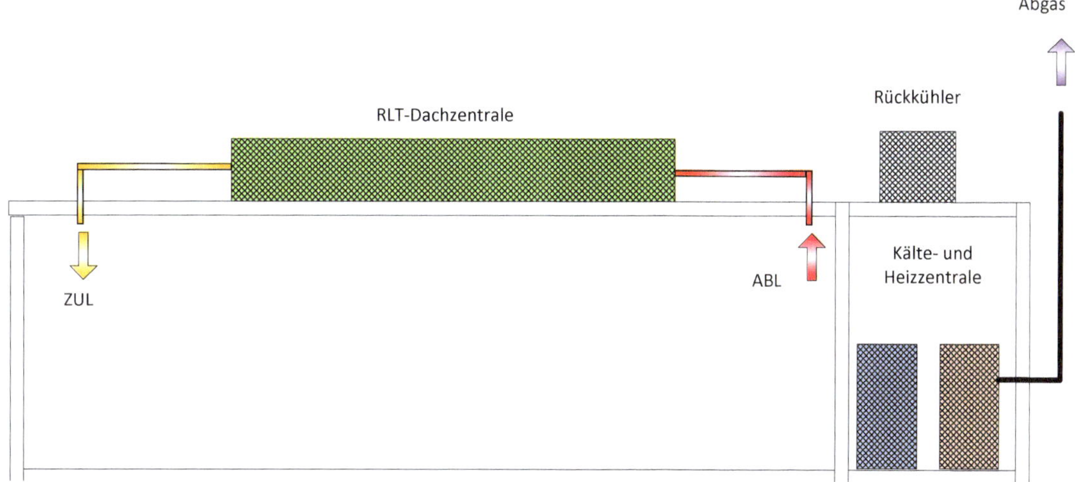


**Abb. 9.2-4** Prinzipskizze für RLT-Dachzentrale und „Energiezentrale"

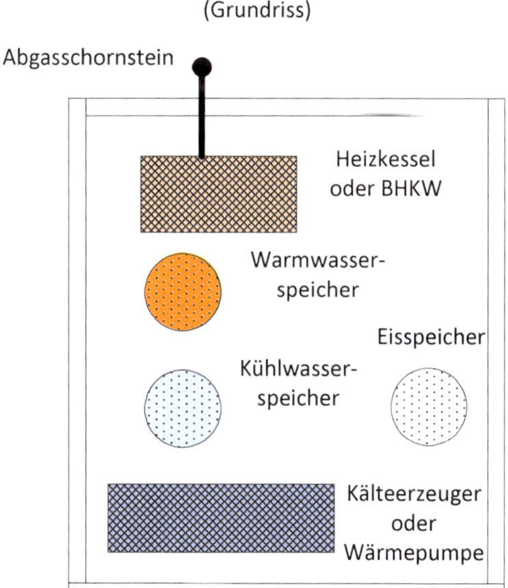


**Abb. 9.2-5** Möglicher Grundriss einer „Energiezentrale"

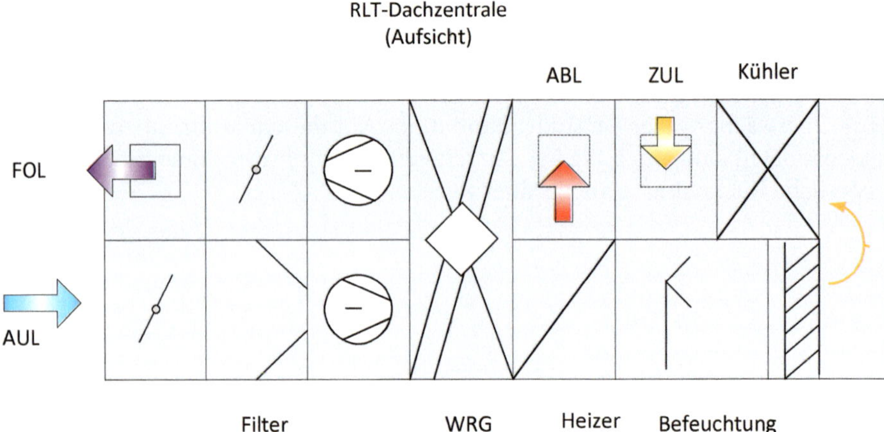


**Abb. 9.2-6** Prinzipdarstellung einer RLT-Dachzentrale

## 9.2.5 Anordnung der Zu- und Abluftkanäle

Die Fertigungsflächen in Fertigungshallen müssen ebenso wie der Aufenthaltsbereich und die Transportwege möglichst flexibel gestaltet werden können.

Weiterhin schränken vorhandene Kranbahnen im Dachbereich als auch die Gestaltung des Dachtragwerkes die Anordnung von Luftkanälen und auch Luftdurchlässen ein (s. a. Abbildungen 9.2-7 und 9.2-8).

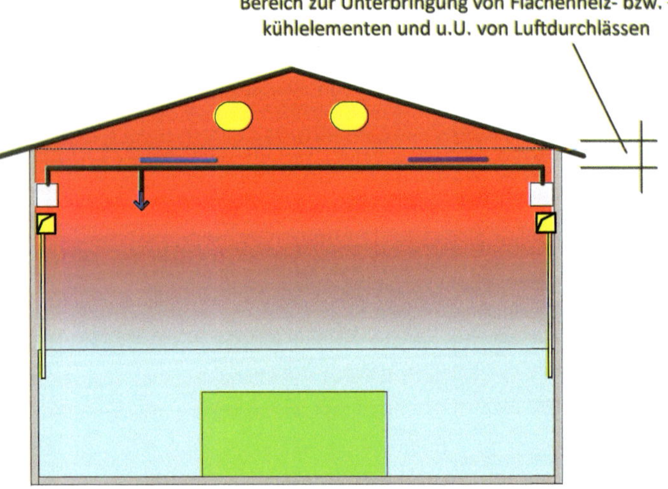


**Abb. 9.2-7** Möglichkeiten der Anordnung von Luftleitungssystemen bei Hallen mit Beton-Bindern und Kranbahn

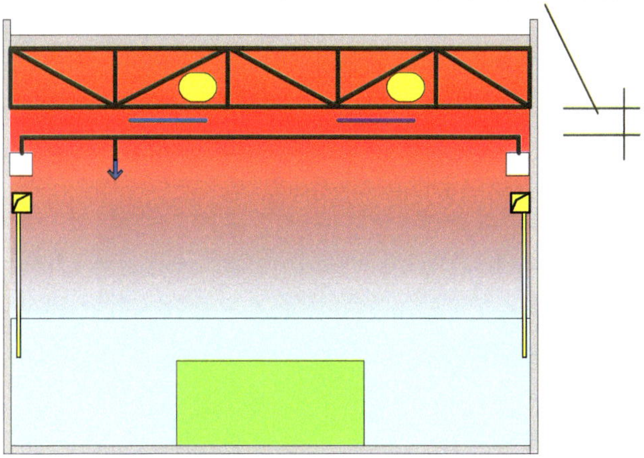

Bereich zur Unterbringung von Flächenheiz- bzw. -kühlelementen und u.U. von Luftdurchlässen

**Abb. 9.2-8** Möglichkeiten der Anordnung von Luftleitungssystemen bei Hallen mit Stabnetztragwerk und Kranbahn

Auch der Fußbodenbereich kann u. U. nur bedingt genutzt werden (Fußbodenkanäle, Fußbodenauslässe) hinsichtlich Belastungen durch technologische Einrichtungen und Transportbelastungen.

So bleibt insbesondere auch für die Schichtenlüftung i. A. nur die Anordnung der Zuluftdurchlässe bzw. der Zuluftkanäle dem Stützen- und Randbereich der Fertigungshalle vorbehalten.

## 9.3 Erfassung und Absaugung

Große Wärme- und insbesondere Schadstoffquellen sollten, soweit es der technologische Arbeitsablauf erlaubt, an dem Ort der Entstehung abgesaugt werden.

Bei Schadstoffen spielt deren Dichte eine Rolle, dass bedeutet, bei einer größeren Dichte als Luft ist die Erfassung und Absaugung über OK Fußboden vorzunehmen.

Ist die Dichte kleiner als Luft, zum Beispiel bei warmer Luft, erfolgt die Erfassung über der Wärmequelle. Dabei muss die Erfassungseinrichtung so nahe wie möglich bei der Quelle angeordnet sein und die gesamte Quellfläche überdecken.

Bei sehr hohen Räumen (z. B. Industriehallen, überdachte Atrien) und intensiven Wärme- und/oder Schadstofflasten ist die Abluftöffnung über der Wärmequelle anzuordnen, wobei bei Wärmequellen der sich bildende „Thermikschlauch" genutzt werden sollte (s. a. Abbildung 9.3-1).

Querströmungen, die diesen Auftriebsmechanismus stören können, sind zu vermeiden.

Auftriebströmungen können auch durch „Schürzen" zumindest an einer Seite durch den „Coanda-Effekt" teilweise stabil gehalten werden.

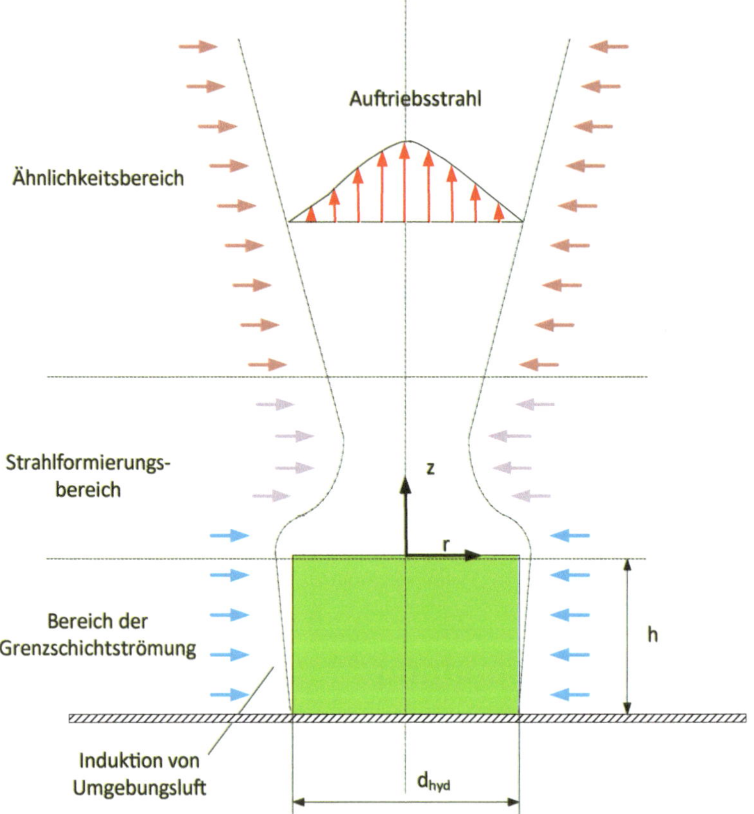


**Abb. 9.3-1** Strömungsbereiche bei Thermikströmungen an wärmeabgebenden Produktionseinrichtungen nach VDI 3802 bzw. VDI 2262 Bl. 3

Abbildung 9.3-2 gibt einen Überblick über die Systematik von Erfassungseinrichtungen, Abbildung 9.3-3 ergänzt diese im Zusammenhang mit der Zuluftzuführung.

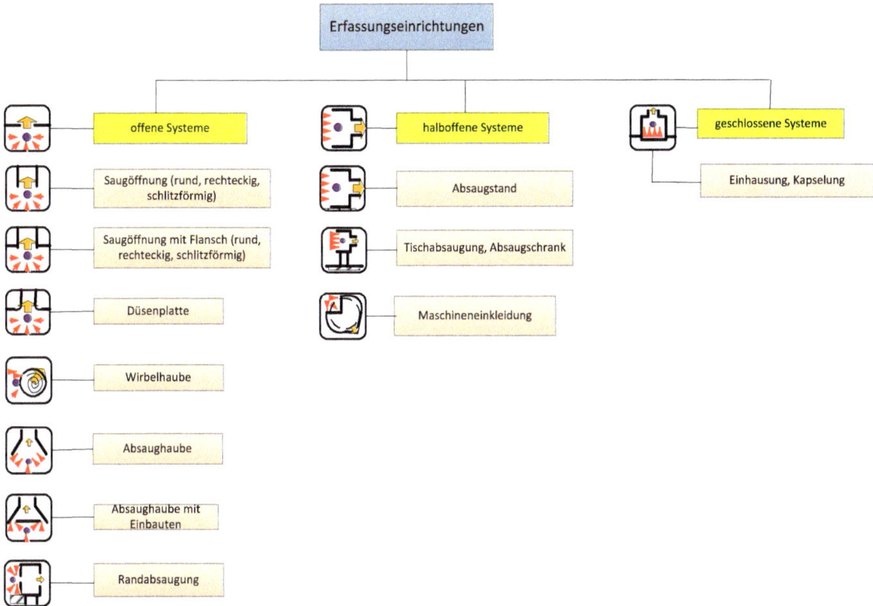


**Abb. 9.3-2** Überblick über Erfassungseinrichtungen

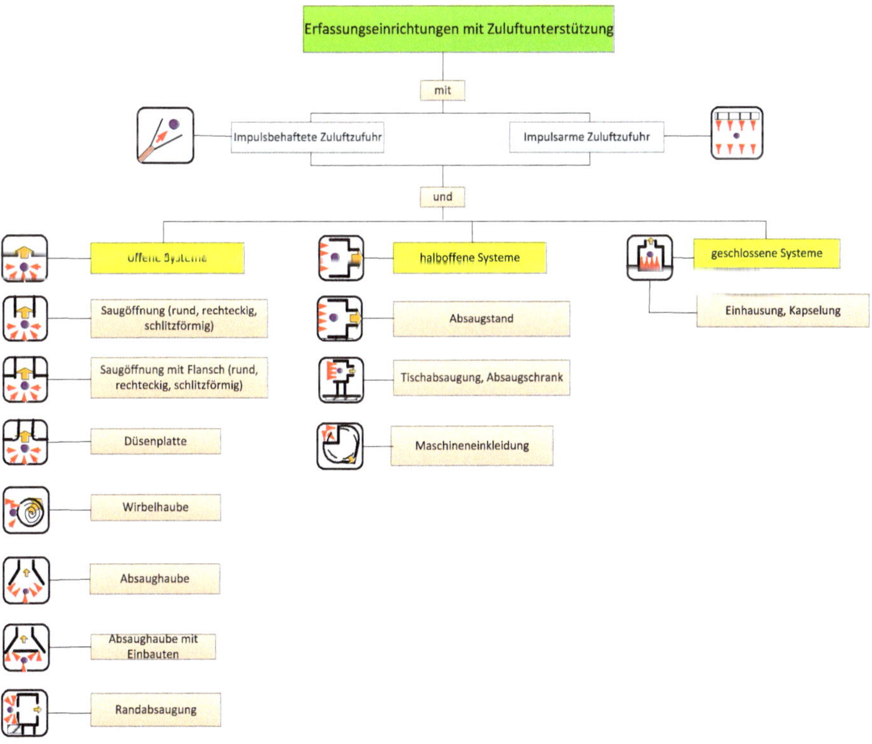


**Abb. 9.3-3** Überblick über Erfassungseinrichtungen in Kombination mit der Zuluftzuführung

Weiterhin ist zu beachten, dass die Zuströmgeschwindigkeit $W_x$ mit zunehmendem Abstand von der Erfassungsöffnung $x$ auf Grund des Zuströmens über die Oberfläche einer „Halbkugel" sehr stark abnimmt. (s. a. Abbildung 9.3-4).

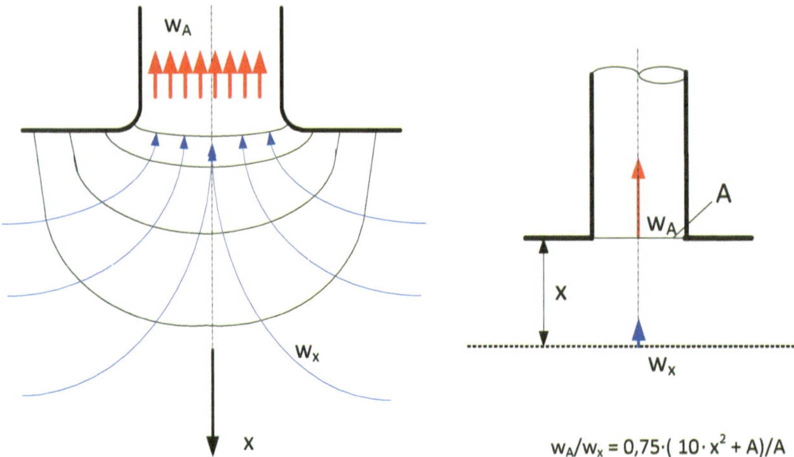


**Abb. 9.3-4** Geschwindigkeitsverhältnisse bei der Absaugung – Einfluss des Abstands x

In VDI 2262 Bl. 3 sind die Möglichkeiten und Berechnungsverfahren detailliert dargestellt. Die mögliche Vielzahl technologischer Absaugung- bzw. Erfassungseinrichtungen mit ihren Vor- und Nachteilen sind in [128] ausführlich beschrieben. Beispiele für Saugöffnungen zeigt Abbildung 9.3-5 und für Saughauben Abbildung 9.3-6.

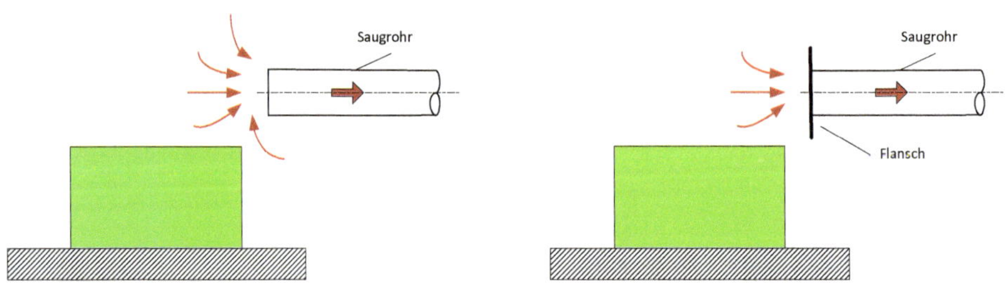


**Abb. 9.3-5** Absaugung bei freier Saugöffnung

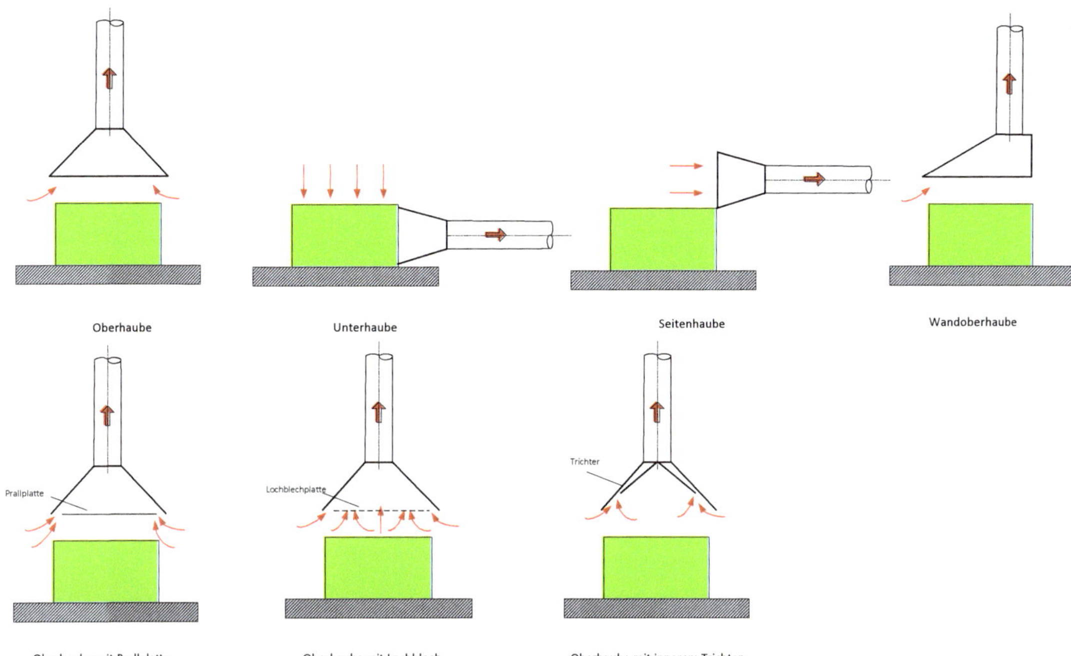


**Abb. 9.3-6** Absaughauben verschiedener Ausführung

# Anhang A

# Standardwerte für Sonnenschutzsysteme nach VDI 2078

**(Bezug: Kapitel 1.4.2.2)**

**Tab. A.1** Erläuterung für die Nummerierung der Tabellen A.2 bis A.10

| **1. Ziffer** | | **2. Ziffer** | | **3. Ziffer** | | **Buchstabe** | |
|---|---|---|---|---|---|---|---|
| **Verglasungsart** | | **Lage des Sonnenschutzes** | | **Art des Sonnenschutzes** | | **Zustand der Durchlüftung** | |
| 1 | Einfachverglasung | 1 | außen durchlüftet | 1 | Lamellenraffstore (45°, cut off) | a | durchlüftet |
| 2 | Zweifachisolierverglasung | 2 | zwischen den Schichten durchlüftet | 2 | Lamellenraffstore verschmutzt (45°, cut off) | b | nicht durchlüftet |
| 3 | Zweifachwärmeschutzverglasung | 3 | innen durchlüftet | 3 | Screen hell | | |
| 4 | zweifach-neutrale Sonnenschutzverglasung | | | 4 | Screen dunkel | | |
| 5 | zweifach-silberne Sonnenschutzverglasung | | | | | | |
| 6 | Dreifachwärmeschutzverglasung | | | | | | |

**Tab. A.2** Standardwerte für Sonnenschutzsysteme mit Einfachverglasung

| | | Gesamtenergiedurchlassgrad *) | Gesamtenergiedurchlassgrad direkte Strahlung | Gesamtenergiedurchlassgrad diffuse Strahlung | Licht-Transmission direkte Strahlung | Licht-Transmission diffuse Strahlung | Konvektiver Anteil | Skizze |
|---|---|---|---|---|---|---|---|---|
| | | $g_{tot}$ | $g_{tot,dir}$ | $g_{tot,diff}$ | $g_{L,tot,dir}$ | $g_{L,tot,diff}$ | $g_{tot,kon}$ | |
| **1** | **Einfachverglasung** | | | | | | | |
| 1.1.1 | Sonnenschutzsystem (1) außen | 0,21 | 0,14 | 0,43 | 0,09 | 0,37 | 0,10 | außen / innen |
| 1.1.2 | Sonnenschutzsystem (2) außen | 0,19 | 0,12 | 0,41 | 0,03 | 0,32 | 0,17 | |
| 1.1.3a | Sonnenschutzsystem (3) außen durchlüftet | 0,23 | 0,23 | 0,23 | 0,18 | 0,18 | 0,09 | |
| 1.1.3b | Sonnenschutzsystem (3) außen nicht durchlüftet | 0,25 | 0,25 | 0,25 | 0,18 | 0,18 | 0,12 | |
| 1.1.4a | Sonnenschutzsystem (4) außen durchlüftet | 0,17 | 0,17 | 0,17 | 0,09 | 0,09 | 0,19 | |
| 1.1.4b | Sonnenschutzsystem (4) außen nicht durchlüftet | 0,21 | 0,21 | 0,21 | 0,09 | 0,09 | 0,22 | |
| | | | | | | | | |
| 1.3.1 | Sonnenschutzsystem (1) innen | 0,53 | 0,45 | 0,74 | 0,09 | 0,37 | 0,43 | außen / innen |
| 1.3.2 | Sonnenschutzsystem (2) innen | 0,66 | 0,59 | 0,88 | 0,03 | 0,32 | 0,50 | |
| 1.3.3a | Sonnenschutzsystem (3) innen durchlüftet | 0,50 | 0,50 | 0,50 | 0,18 | 0,18 | 0,40 | |
| 1.3.3b | Sonnenschutzsystem (3) innen nicht durchlüftet | 0,46 | 0,46 | 0,46 | 0,18 | 0,18 | 0,28 | |
| 1.3.4a | Sonnenschutzsystem (4) innen durchlüftet | 0,61 | 0,61 | 0,61 | 0,09 | 0,09 | 0,52 | |
| 1.3.4b | Sonnenschutzsystem (4) innen nicht durchlüftet | 0,55 | 0,55 | 0,55 | 0,09 | 0,09 | 0,38 | |

*) Anmerkung: hinterlegtes Feld nur zur Information!

**Tab. A.3** Standardwerte für Sonnenschutzsysteme mit Zweifachisolierverglasung

| | | Gesamtenergiedurchlassgrad *) | Gesamtenregiedurchlassgrad direkte Strahlung | Gesamtenregiedurchlassgrad diffuse Strahlung | Licht-Transmission direkte Strahlung | Licht-Transmission diffuse Strahlung | Konvektiver Anteil | Skizze |
|---|---|---|---|---|---|---|---|---|
| | | $g_{tot}$ | $g_{tot,dir}$ | $g_{tot,diff}$ | $g_{L,tot,dir}$ | $g_{L,tot,diff}$ | $g_{tot,kon}$ | |
| 2 | **Zweifachisolierverglasung** | | | | | | | |
| 2.1.1 | Sonnenschutzsystem (1) außen | 0,18 | 0,11 | 0,37 | 0,07 | 0,33 | 0,08 | außen innen |
| 2.1.2 | Sonnenschutzsystem (2) außen | 0,14 | 0,08 | 0,33 | 0,03 | 0,28 | 0,14 | |
| 2.1.3a | Sonnenschutzsystem (3) außen durchlüftet | 0,20 | 0,20 | 0,20 | 0,15 | 0,15 | 0,08 | |
| 2.1.3b | Sonnenschutzsystem (3) außen nicht durchlüftet | 0,22 | 0,22 | 0,22 | 0,15 | 0,15 | 0,11 | |
| 2.1.4a | Sonnenschutzsystem (4) außen durchlüftet | 0,13 | 0.13 | 0.13 | 0,07 | 0,07 | 0,16 | |
| 2.1.4b | Sonnenschutzsystem (4) außen nicht durchlüftet | 0,16 | 0,16 | 0,16 | 0,07 | 0,07 | 0,20 | |
| 2.2.1 | Sonnenschutzsystem (1) zwischen den Scheiben | 0,34 | 0,28 | 0.53 | 0,08 | 0,32 | 0,23 | außen innen |
| 2.2.3 | Sonnenschutzsystem (3) zwischen den Scheiben | 0,34 | 0,34 | 0,34 | 0,15 | 0,15 | 0,21 | |
| 2.2.4 | Sonnenschutzsystem (4) zwischen den Scheiben | 0,37 | 0,37 | 0,37 | 0,07 | 0,07 | 0,30 | |
| 2.3.1 | Sonnenschutzsystem (1) innen | 0,53 | 0,47 | 0,72 | 0,08 | 0,32 | 0,48 | außen innen |
| 2.3.2 | Sonnenschutzsystem (2) innen | 0,66 | 0,59 | 0,85 | 0,03 | 0,28 | 0,54 | |
| 2.3.3a | Sonnenschutzsystem (3) innen durchlüftet | 0,50 | 0.50 | 0,50 | 0,15 | 0,15 | 0,45 | |
| 2.3.3b | Sonnenschutzsystem (3) innen nicht durchlüftet | 0,47 | 0,47 | 0,47 | 0,15 | 0,15 | 0,32 | |
| 2.3.4a | Sonnenschutzsystem (4) innen durchlüftet | 0,61 | 0,61 | 0,61 | 0,07 | 0,07 | 0,56 | |
| 2.3.4b | Sonnenschutzsystem (4) innen nicht durchlüftet | 0,56 | 0,58 | 0,56 | 0,07 | 0,07 | 0,41 | |

*) Anmerkung: hinterlegtes Feld nur zur Information!

**Tab. A.4** Standardwerte für Sonnenschutzsysteme mit Zweifachwärmeschutzverglasung

| | | **Gesamtenergiedurchlassgrad *)** | **Gesamtenergiedurchlassgrad direkte Strahlung** | **Gesamtenergiedurchlassgrad diffuse Strahlung** | **Licht-Transmission direkte Strahlung** | **Licht-Transmission diffuse Strahlung** | **Konvektiver Anteil** | **Skizze** |
|---|---|---|---|---|---|---|---|---|
| | | $g_{tot}$ | $g_{tot,dir}$ | $g_{tot,diff}$ | $g_{L,tot,dir}$ | $g_{L,tot,diff}$ | $g_{tot,kon}$ | |
| **3** | **Zweifachwärmeverglasung** | | | | | | | |
| 3.1.1 | Sonnenschutzsystem (1) außen | 0,13 | 0,08 | 0,27 | 0,07 | 0,32 | 0,08 | außen / innen |
| 3.1.2 | Sonnenschutzsystem (2) außen | 0,09 | 0,05 | 0,23 | 0,03 | 0,27 | 0,12 | |
| 3.1.3a | Sonnenschutzsystem (3) außen durchlüftet | 0,16 | 0,16 | 0,16 | 0,15 | 0,15 | 0,10 | |
| 3.1.3b | Sonnenschutzsystem (3) außen nicht durchlüftet | 0,17 | 0,17 | 0,17 | 0,15 | 0,15 | 0,12 | |
| 3.1.4a | Sonnenschutzsystem (4) außen durchlüftet | 0,09 | 0,09 | 0,09 | 0,07 | 0,07 | 0,15 | |
| 3.1.4b | Sonnenschutzsystem (4) außen nicht durchlüftet | 0,11 | 0,11 | 0,11 | 0,07 | 0,07 | 0,19 | |
| 3.2.1 | Sonnenschutzsystem (1) zwischen den Scheiben | 0,11 | 0,18 | 0,36 | 0,07 | 0,32 | 0,21 | außen / innen |
| 3.2.3 | Sonnenschutzsystem (3) zwischen den Scheiben | 0,24 | 0,24 | 0,24 | 0,15 | 0,15 | 0,20 | |
| 3.2.4 | Sonnenschutzsystem (4) zwischen den Scheiben | 0,23 | 0,23 | 0,23 | 0,07 | 0,07 | 0,29 | |
| 3.3.1 | Sonnenschutzsystem (1) innen | 0,51 | 0,46 | 0,64 | 0,07 | 0,32 | 0,56 | außen / innen |
| 3.3.2 | Sonnenschutzsystem (2) innen | 0,59 | 0,64 | 0,72 | 0,03 | 0,27 | 0,59 | |
| 3.3.3a | Sonnenschutzsystem (3) innen durchlüftet | 0,48 | 0,48 | 0,48 | 0,15 | 0,15 | 0,53 | |
| 3.3.3b | Sonnenschutzsystem (3) innen nicht durchlüftet | 0,45 | 0,45 | 0,45 | 0,15 | 0,15 | 0,38 | |
| 3.3.4a | Sonnenschutzsystem (4) innen durchlüftet | 0,55 | 0,55 | 0,55 | 0,07 | 0,07 | 0,61 | |

*) Anmerkung: hinterlegtes Feld nur zur Information!

**Tab. A.5** Standardwerte für Sonnenschutzsysteme mit Zweifachwärmeschutzverglasung

| | | Gesamtenergiedurchlassgrad *) | Gesamtenregiedurchlassgrad direkte Strahlung | Gesamtenregiedurchlassgrad diffuse Strahlung | Licht-Transmission direkte Strahlung | Licht-Transmission diffuse Strahlung | Konvektiver Anteil | Skizze |
|---|---|---|---|---|---|---|---|---|
| | | $g_{tot}$ | $g_{tot,dir}$ | $g_{tot,diff}$ | $g_{L,tot,dir}$ | $g_{L,tot,diff}$ | $g_{tot,kon}$ | |
| **4** | **Zweifachsonnenschutzverglasung** | | | | | | | |
| 4.1.1 | Sonnenschutzsystem (1) außen | 0,09 | 0,06 | 0,18 | 0,07 | 0,29 | 0,10 | außen innen |
| 4.1.2 | Sonnenschutzsystem (2) außen | 0,07 | 0,04 | 0,16 | 0,02 | 0,25 | 0,15 | |
| 4.1.3a | Sonnenschutzsystem (3) außen durchlüftet | 0,10 | 0,10 | 0,10 | 0,14 | 0,14 | 0,11 | |
| 4.1.3b | Sonnenschutzsystem (3) außen nicht durchlüftet | 0,12 | 0,12 | 0,12 | 0,14 | 0,14 | 0,15 | |
| 4.1.4a | Sonnenschutzsystem (4) außen durchlüftet | 0,07 | 0,07 | 0,07 | 0,07 | 0,07 | 0,18 | |
| 4.1.4b | Sonnenschutzsystem (4) außen nicht durchlüftet | 0,07 | 0,09 | 0,09 | 0,07 | 0,07 | 0,23 | |
| 4.2.1 | Sonnenschutzsystem (1) zwischen den Scheiben | 0,23 | 0,20 | 0,32 | 0,07 | 0,29 | 0,27 | außen innen |
| 4.2.3 | Sonnenschutzsystem (3) zwischen den Scheiben | 0,23 | 0,23 | 0,23 | 0,14 | 0,14 | 0,26 | |
| 4.2.4 | Sonnenschutzsystem (4) zwischen den Scheiben | 0,27 | 0,27 | 0,27 | 0,07 | 0,07 | 0,33 | |
| 4.3.1 | Sonnenschutzsystem (1) innen | 0,30 | 0,27 | 0,38 | 0,07 | 0,29 | 0,53 | außen innen |
| 4.3.2 | Sonnenschutzsystem (2) innen | 0,36 | 0,33 | 0,45 | 0,02 | 0,25 | 0,57 | |
| 4.3.3a | Sonnenschutzsystem (3) innen durchlüftet | 0,28 | 0,28 | 0,28 | 0,14 | 0,14 | 0,50 | |
| 4.3.3b | Sonnenschutzsystem (3) innen nicht durchlüftet | 0,27 | 0,27 | 0,27 | 0,14 | 0,14 | 0,36 | |
| 4.3.4a | Sonnenschutzsystem (4) innen durchlüftet | 0,33 | 0,33 | 0,33 | 0,07 | 0,07 | 0,59 | |
| 4.3.4b | Sonnenschutzsystem (4) innen nicht durchlüftet | 0,32 | 0,32 | 0,32 | 0,07 | 0,07 | 0,43 | |

*) Anmerkung: hinterlegtes Feld nur zur Information!

**Tab. A.6** Standardwerte für Sonnenschutzsysteme mit Zweifachsonnenschutzverglasung, verspiegelt

| | | Gesamtenergiedurchlassgrad *) | Gesamtenergiedurchlassgrad direkte Strahlung | Gesamtenergiedurchlassgrad diffuse Strahlung | Licht-Transmission direkte Strahlung | Licht-Transmission diffuse Strahlung | Konvektiver Anteil | Skizze |
|---|---|---|---|---|---|---|---|---|
| | | $g_{tot}$ | $g_{tot,dir}$ | $g_{tot,diff}$ | $g_{L,tot,dir}$ | $g_{L,tot,diff}$ | $g_{tot,kon}$ | |
| **5** | **Zweifachsonnenschutzverglasung, verspiegelt** | | | | | | | |
| 5.1.1 | Sonnenschutzsystem (1) außen | 0,08 | 0,05 | 0,15 | 0,05 | 0,20 | 0,11 | außen / innen |
| 5.1.2 | Sonnenschutzsystem (2) außen | 0,08 | 0,04 | 0,13 | 0,02 | 0,16 | 0,17 | |
| 5.1.3a | Sonnenschutzsystem (3) außen durchlüftet | 0,09 | 0,09 | 0,09 | 0,10 | 0,10 | 0,12 | |
| 5.1.3b | Sonnenschutzsystem (3) außen nicht durchlüftet | 0,11 | 0,11 | 0,11 | 0,10 | 0,10 | 0,15 | |
| 5.1.4a | Sonnenschutzsystem (4) außen durchlüftet | 0,06 | 0,06 | 0,06 | 0,05 | 0,05 | 0,19 | |
| 5.1.4b | Sonnenschutzsystem (4) außen nicht durchlüftet | 0,08 | 0,08 | 0,08 | 0,05 | 0,05 | 0,24 | |
| 5.2.1 | Sonnenschutzsystem (1) zwischen den Scheiben | 0,20 | 0,18 | 0,27 | 0,05 | 0,20 | 0,27 | außen / innen |
| 5.2.3 | Sonnenschutzsystem (3) zwischen den Scheiben | 0,19 | 0,19 | 0,19 | 0,10 | 0,10 | 0,25 | |
| 5.2.4 | Sonnenschutzsystem (4) zwischen den Scheiben | 0,21 | 0,21 | 0,21 | 0,04 | 0,04 | 0,33 | |
| 5.3.1 | Sonnenschutzsystem (1) innen | 0,25 | 0,23 | 0,32 | 0,05 | 0,20 | 0,53 | außen / innen |
| 5.3.2 | Sonnenschutzsystem (2) innen | 0,29 | 0,27 | 0,36 | 0,02 | 0,16 | 0,57 | |
| 5.3.3a | Sonnenschutzsystem (3) innen durchlüftet | 0,24 | 0,24 | 0,24 | 0,10 | 0,10 | 0,50 | |
| 5.3.3b | Sonnenschutzsystem (3) innen nicht durchlüftet | 0,23 | 0,23 | 0,23 | 0,10 | 0,10 | 0,36 | |
| 5.3.4a | Sonnenschutzsystem (4) innen durchlüftet | 0,27 | 0,27 | 0,27 | 0,05 | 0,05 | 0,59 | |
| 5.3.4b | Sonnenschutzsystem (4) innen nicht durchlüftet | 0,25 | 0,25 | 0,25 | 0,5 | 0,05 | 0,43 | |

*) Anmerkung: hinterlegtes Feld nur zur Information!

**Tab. A.7** Standardwerte für Sonnenschutzsysteme mit Dreifachwärmeschutzverglasung

| | | **Gesamtenergiedurchlassgrad *)** | **Gesamtenregiedurchlassgrad direkte Strahlung** | **Gesamtenregiedurchlassgrad diffuse Strahlung** | **Licht-Transmission direkte Strahlung** | **Licht-Transmission diffuse Strahlung** | **Konvektiver Anteil** | **Skizze** |
|---|---|---|---|---|---|---|---|---|
| | | $g_{tot}$ | $g_{tot,dir}$ | $g_{tot,diff}$ | $g_{L,tot,dir}$ | $g_{L,tot,diff}$ | $g_{tot,kon}$ | |
| 6 | **Dreifachwärmeverglasung** | | | | | | | |
| 6.1.1 | Sonnenschutzsystem (1) außen | **0,09** | 0,06 | 019 | 0,06 | 0,27 | 0,09 | außen / innen |
| 6.1.2 | Sonnenschutzsystem (2) außen | **0,06** | 0,03 | 0,16 | 0,02 | 0,23 | 0,10 | |
| 6.1.3a | Sonnenschutzsystem (3) außen durchlüftet | **0,11** | 0,11 | 0,11 | 0,12 | 0,12 | 0,11 | |
| 6.1.3b | Sonnenschutzsystem (3) außen nicht durchlüftet | **0,12** | 0,12 | 0,12 | 0,12 | 0,12 | 0,13 | |
| 6.1.4a | Sonnenschutzsystem (4) außen durchlüftet | **0,06** | 0,06 | 0,06 | 0,06 | 0,06 | 0,15 | |
| 6.1.4b | Sonnenschutzsystem (4) außen nicht durchlüftet | **0,07** | 0,07 | 0,07 | 0,06 | 0,06 | 0,19 | |
| 6.2.1 | Sonnenschutzsystem (1) zwischen den Scheiben | **0,23** | 0,20 | 0,33 | 0,06 | 0,27 | 0,26 | außen / innen |
| 6.2.3 | Sonnenschutzsystem (3) zwischen den Scheiben | **0,24** | 0,24 | 0,24 | 0,13 | 0,13 | 0,25 | |
| 6.2.4 | Sonnenschutzsystem (4) zwischen den Scheiben | **0,26** | 0,26 | 0,26 | 0,06 | 0,06 | 0,33 | |
| 6.3.1 | Sonnenschutzsystem (1) innen | **0,40** | 0,37 | 0,49 | 0,06 | 0,26 | 0,58 | außen / innen |
| 6.3.2 | Sonnenschutzsystem (2) innen | **0,45** | 0,42 | 0,55 | 0,02 | 0,23 | 0,60 | |
| 6.3.3a | Sonnenschutzsystem (3) innen durchlüftet | **0,38** | 0,38 | 0,38 | 0,12 | 0,12 | 0,56 | |
| 6.3.3b | Sonnenschutzsystem (3) innen nicht durchlüftet | **0,37** | 0,37 | 0,37 | 0,12 | 0,12 | 0,40 | |
| 6.3.4a | Sonnenschutzsystem (4) innen durchlüftet | **0,43** | 0,43 | 0,43 | 0,06 | 0,06 | 0,62 | |
| 6.3.4b | Sonnenschutzsystem (4) innen nicht durchlüftet | **0,41** | 0,41 | 0,41 | 0,06 | 0,06 | 0,45 | |

*) Anmerkung: hinterlegtes Feld nur zur Information!

**Tab. A.8** Anhaltswerte für zweischalige Fassaden, außen ESG, innen Zweifachwärmeschutzverglasung

| | | Gesamtenergiedurchlassgrad *) | Gesamtenregiedurchlassgrad direkte Strahlung | Gesamtenregiedurchlassgrad diffuse Strahlung | Licht-Transmission direkte Strahlung | Licht-Transmission diffuse Strahlung | Konvektiver Anteil | Skizze |
|---|---|---|---|---|---|---|---|---|
| | | $g_{tot}$ | $g_{tot,dir}$ | $g_{tot,diff}$ | $g_{L,tot,dir}$ | $g_{L,tot,diff}$ | $g_{tot,kon}$ | |
| **7.1** | **Zweischalige Fassade - durchlüftet** | | | | | | | |
| **7.1** | **außen ESG, innen Zweifachwärmeschutzverglasung** | | | | | | | |
| 7.1.1 | Sonnenschutzsystem (1) im Luftzwischenraum | 0,12 | 0,08 | 0,24 | 0,06 | 0,28 | 0,09 | außen / innen |
| 7.1.2 | Sonnenschutzsystem (2) im Luftzwischenraum | 0,09 | 0,05 | 0,20 | 0,02 | 0,23 | 0,13 | |
| 7.1.3 | Sonnenschutzsystem (3) im Luftzwischenraum | 0,14 | 0,14 | 0,14 | 0,13 | 0,13 | 0,11 | |
| 7.1.4 | Sonnenschutzsystem (4) im Luftzwischenraum | 0,08 | 0,08 | 0,08 | 0,06 | 0,06 | 0,17 | |
| **7.2** | **Zweischalige Fassade °C nicht durchlüftet °C bzw. Verbundfensterkonstruktion** | | | | | | | |
| **7.2** | **außen ESG, innen Zweifachwärmeschutzverglasung** | | | | | | | |
| 7.2.1 | Sonnenschutzsystem (1) im Luftzwischenraum | 0,20 | 0,16 | 0,32 | 0,06 | 0,28 | 0,21 | außen / innen |
| 7.2.2 | Sonnenschutzsystem (2) im Luftzwischenraum | 0,20 | 0,16 | 0,32 | 0,02 | 0,23 | 0,28 | |
| 7.2.3 | Sonnenschutzsystem (3) im Luftzwischenraum | 0,22 | 0,22 | 0,22 | 0,13 | 0,13 | 0,20 | |
| 7.2.4 | Sonnenschutzsystem (4) im Luftzwischenraum | 0,20 | 0,20 | 0,20 | 0,06 | 0,06 | 0,29 | |

*) Anmerkung: hinterlegtes Feld nur zur Information!

**Tab. A.9** Anhaltswerte für zweischalige Fassaden, außen ESG, innen Zweifachsonnenschutzverglasung

| | | Gesamtenergiedurchlassgrad *) | Gesamtenregiedurchlassgrad direkte Strahlung | Gesamtenregiedurchlassgrad diffuse Strahlung | Licht-Transmission direkte Strahlung | Licht-Transmission diffuse Strahlung | Konvektiver Anteil | Skizze |
|---|---|---|---|---|---|---|---|---|
| | | $g_{tot}$ | $g_{tot,dir}$ | $g_{tot,diff}$ | $g_{L,tot,dir}$ | $g_{L,tot,diff}$ | $g_{tot,kon}$ | |
| **8.1** | **Zweischalige Fassade – durchlüftet** | | | | | | | |
| **8.1** | **außen ESG, innen Zweifachsonnenschutzverglasung** | | | | | | | |
| 8.1.1 | Sonnenschutzsystem (1) im Luftzwischenraum | 0,08 | 0,05 | 0,16 | 0,06 | 0,25 | 0,11 | außen innen |
| 8.1.2 | Sonnenschutzsystem (2) im Luftzwischenraum | 0,06 | 0,04 | 0,14 | 0,02 | 0,22 | 0,17 | |
| 8.1.3 | Sonnenschutzsystem (3) im Luftzwischenraum | 0,09 | 0,09 | 0,09 | 0,12 | 0,12 | 0,12 | |
| 8.1.4 | Sonnenschutzsystem (4) im Luftzwischenraum | 0,06 | 0,06 | 0,06 | 0,06 | 0,06 | 0,19 | |
| **8.2** | **Zweischalige Fassade °C nicht durchlüftet °C bzw. Verbundfensterkonstruktion** | | | | | | | |
| **8.2** | **außen ESG, innen Zweifachsonnenschutzverglasung** | | | | | | | |
| 8.2.1 | Sonnenschutzsystem (1) im Luftzwischenraum | 0,17 | 0,14 | 0,24 | 0,06 | 0,25 | 0,25 | außen innen |
| 8.2.2 | Sonnenschutzsystem (2) im Luftzwischenraum | 0,18 | 0,16 | 0,26 | 0,02 | 0,22 | 0,31 | |
| 8.2.3 | Sonnenschutzsystem (3) im Luftzwischenraum | 0,18 | 0,18 | 0,18 | 0,12 | 0,12 | 0,25 | |
| 8.2.4 | Sonnenschutzsystem (4) im Luftzwischenraum | 0,18 | 0,18 | 0,18 | 0,06 | 0,06 | 0,32 | |

*) Anmerkung: hinterlegtes Feld nur zur Information!

**Tab. A.10** Anhaltswerte für zweischalige Fassaden, außen ESG, innen Dreifachwärmeschutzverglasung

| | | Gesamtenergiedurchlassgrad *) | Gesamtenregiedurchlassgrad direkte Strahlung | Gesamtenregiedurchlassgrad diffuse Strahlung | Licht-Transmission direkte Strahlung | Licht-Transmission diffuse Strahlung | Konvektiver Anteil | Skizze |
|---|---|---|---|---|---|---|---|---|
| | | $g_{tot}$ | $g_{tot,dir}$ | $g_{tot,diff}$ | $g_{L,tot,dir}$ | $g_{L,tot,diff}$ | $g_{tot,kon}$ | |
| **9.1** | **Zweischalige Fassade – durchlüftet** | | | | | | | |
| **9.1** | **außen ESG, innen Dreifachwärmeschutzverglasung** | | | | | | | |
| 9.1.1 | Sonnenschutzsystem (1) im Luftzwischenraum | 0,08 | 0,05 | 0,17 | 0, | 0,23 | 0,09 | außen innen |
| 9.1.2 | Sonnenschutzsystem (2) im Luftzwischenraum | 0,06 | 0,03 | 0,14 | 0,02 | 0,19 | 0,12 | |
| 9.1.3 | Sonnenschutzsystem (3) im Luftzwischenraum | 0,10 | 0,10 | 0,10 | 0,11 | 0,11 | 0,12 | |
| 9.1.4 | Sonnenschutzsystem (4) im Luftzwischenraum | 0,06 | 0,06 | 0,06 | 0,05 | 0,05 | 0,16 | |
| **9.2** | **Zweischalige Fassade °C nicht durchlüftet °C bzw. Verbundfensterkonstruktion** | | | | | | | |
| **9.2** | **außen ESG, innen Dreifachwärmeschutzverglasung** | | | | | | | |
| 9.2.1 | Sonnenschutzsystem (1) im Luftzwischenraum | 0,13 | 0,11 | 0,22 | 0,5 | 0,23 | 0,20 | außen innen |
| 9.2.2 | Sonnenschutzsystem (2) im Luftzwischenraum | 0,13 | 0,10 | 0,21 | 0,02 | 0,19 | 0,26 | |
| 9.2.3 | Sonnenschutzsystem (3) im Luftzwischenraum | 0,15 | 0,15 | 0,15 | 0,11 | 0,11 | 0,20 | |
| 9.2.4 | Sonnenschutzsystem (4) im Luftzwischenraum | 0,13 | 0,13 | 0,13 | 0,05 | 0,05 | 0,28 | |

*) Anmerkung: hinterlegtes Feld nur zur Information!

**Tab. A.11** Einzelwerte der in den Tabellen A2 bis Tabelle A10 aufgeführten Verglasungen. Zweischaliger Fassaden und Sonnenschutzsysteme

| | $g$ | $T_L$ | $\alpha_{kon}$ | $\tau_e$ | $\rho_e$ |
|---|---|---|---|---|---|
| **Daten Verglasung** | | | | | |
| (1) Einfachglas Float | 0,90 | 0,85 | 0,02 | 0,85 | 0,08 |
| (2) Zweifachisolierverglasung | 0.78 | 0,73 | 0,03 | 0,73 | 0,14 |
| (3) Zweifachwärmeschutzverglasung | 0,64 | 0,72 | 0,07 | 0,52 | 0,27 |
| (4) Zweifachsonnenschutzverglasung | 0,40 | 0,66 | 0,05 | 0,34 | 0,27 |
| (5) Zweifachsonnenschutzverglasung, verspiegelt | 0,31 | 0,42 | 0,05 | 0,26 | 0,46 |
| (6) Dreifachwärmeschutzverglasung | 0,48 | 0,59 | 0,09 | 0,37 | 0,28 |
| | | | | | |
| **Daten zweischalige Fassade** | | | | | |
| (7) außen ESG, innen Zweifachwärmeschutzverglasung | | | | | |
| (7.1) belüftet | 0.56 | 0,62 | 0,07 | 0,45 | 0,28 |
| (7.2) unbelüftet | 0,57 | 0,62 | 0,08 | 0,45 | 0,28 |
| | | | | | |
| (8) außen ESG, innen Zweifachsonnenschutzverglasung | | | | | |
| (8.1) belüftet | 0,36 | 0,57 | 0,07 | 0,29 | 0,28 |
| (8.2) unbelüftet | 0,40 | 0,57 | 0,10 | 0,29 | 0,28 |
| | | | | | |
| (9) außen ESG, innen Dreifachwärmeschutzverglasung | | | | | |
| (9.1) belüftet | 0,42 | 0,51 | 0,09 | 0,32 | 0,29 |
| (9.2) unbelüftet | 0,44 | 0,51 | 0,11 | 0,32 | 0,29 |
| | | | | | |
| **Daten Sonnenschutzsysteme** | | | | | |
| (1) Lamellenraffstore (45°, cut-off) | | 0,00 | | 0,00 | 0,60 |
| (2) Lamellenraffstore verschmutzt (45°, cut-off) | | 0,00 | | 0,00 | 0,30 |
| (3) Screen, hell | | 0,20 | | 0,20 | 0,40 |
| (4) Screen, dunkel | | 0,10 | | 0,1o | 0,20 |

# Anhang B

# Übersicht des energetischen Inspektionsumfangs nach DIN SPEC 15240 bzw. [55]

| Nr. | Tätigkeit/ Parameter | Kapitel | Arbeitsliste/ Checkliste siehe | Bemerkungen | Stufe | | |
|---|---|---|---|---|---|---|---|
| | | | | | A | B | C |
| **1.** | **Inspektionsvorbereitung** | **4** | | | | | |
| 1.1 | Prüfung der Dokumentationen | | VDMA 24197 Bl. 1 bis Bl. 3 | | x | x | |
| **2** | **Gebäude-/Zonenparameter** | **5** | | **Begehung und Befragung** | | | |
| 2.1 | konditionierte Flächen | 5.2 | Anhang: C2, C4 und C5 | betrifft nur die mit RLT- und Kälteanlagen versorgten Bereiche | x | x | |
| 2.2 | Nutzung | 5.5 | Anhang: C2, C4 und C5 | prozentuale Zuordnung der Flächen zu den Nutzungsarten nach DIN V 18599-10 | x | x | |
| 2.3 | Verglasung und Sonnenschutz | 5.3 | Anhang: C4 und C5 | | x | x | |
| 2.4 | Beleuchtung | 5.4.2 | Anhang: C4 und C5 | stichprobenhafte Überprüfung im Hinblick auf die Raumlasten | x | x | |
| 2.5 | Geräte und Maschinen | 5.4.3 | Anhang: C4 und C5 | stichprobenhafte Überprüfung und Hinweise im Inspektionsbericht | x | x | |
| 2.6 | Personen | 5.4.4 | Anhang: C2 und C5 | Feststellung und Befragung | x | x | |
| 2.7 | Benchmark Kühllasten | 5.6 | Anhang: C4 | | x | x | |
| 2.8 | Abschätzung der Kühllasten | Anhang D | Anhang: D | VDI 2078 – Abschätzverfahren | x | x | |
| 2.9 | Kühllastberechnung | 5.6.1 | | VDI 2078 – Simulation | x | x | x |

| Nr. | Tätigkeit/ Parameter | Kapitel | Arbeitsliste/ Checkliste siehe | Bemerkungen | Stufe | | |
|---|---|---|---|---|---|---|---|
| | | | | | A | B | C |
| **3** | **Raumklimaparameter** | **6** | | **Definition des Soll-Klimas und Feststellung des Ist-Klima** | | | |
| 3.1 | Außenluftvolumenströme | 6.2.1<br>6.3.1 | Anhang A.1 | Vergleich Soll –Ist<br>Messung Luftvolumenstrom | | x | |
| 3.2 | Raum(luft)temperatur | 6.2.2<br>6.3.2 | Anhang A.1 | Vergleich Soll –Ist<br>Keine Langzeitmessungen, Verwendung von vorhandenen Daten oder Befragung | x | x | |
| 3.3 | Raumluftfeuchtigkeit | 6.2.3<br>6.3.3 | Anhang A.1 | Vergleich Soll –Ist<br>(wenn Befeuchtung vorhanden) | | x | |
| **4** | **Betriebszeiten und Regelung** | **7** | | **Vergleich Verbrauch (Ist) und Bedarf<br>Feststellung Funktion** | | | |
| 4.1 | Betriebszeiten | 7.2 | Anhang: C4 | | x | x | |
| 4.2 | Sollwert RLT | 7.3 | VDMA 24197 Bl. 1 | | | x | |
| 4.3 | Sollwerte Klimakälte | 12.2 | VDMA 24197 Bl. 3 | | x | x | |
| 4.4 | Luftvolumenstromregelung | 7.4 | VDMA 24197 Bl. 1 | | | x | |
| 4.5 | Betriebsmodi | 7.5 | | Vergleich: Soll – Ist | | x | |
| **5** | **Inspektion RLT-Gerät** | **8** | | | | | |
| 5.1 | Ermittlung der Luftvolumenströme | 8.1 | VDMA 24197 Bl. 1 | Zu- und Abluft | | x | |
| 5.2 | Ermittlung der Wirkleistung der Ventilatoren | 8.2.7<br>8.2.8 | VDMA 24197 Bl. 1 | Zu- und Abluft | | x | |
| 5.3 | Statische Druckerhöhung | 8.2.7 | VDMA 24197 Bl. 1 | Zu- und Abluft | | x | |
| 5.4 | Feststellung der Effizienz der Luftförderung | 8.2.7<br>8.2.8 | | Zu- und Abluft | | x | |
| 5.5 | Luftverteilung im RLT-Gerät | | | Zu- und Abluft | | | x |
| 5.6 | Abschätzung WRG | 8.2.9 | DIN V 18599-7;<br>Anhang F 12/2011, | Datenblätter, Typenschild, DIN V 18599-7 | | x | |
| 5.7 | Messung der Effizienz der WRG | 8.2.9 | VDMA 24197 Bl. 1 | Hoher Aufwand, nur bei passender Witterung | | | x |

| Nr. | Tätigkeit/ Parameter | Kapitel | Arbeitsliste/ Checkliste siehe | Bemerkungen | Stufe | | |
|---|---|---|---|---|---|---|---|
| | | | | | A | B | C |
| 5.8 | Feststellung der Nebenantriebe der WRG | 8.2.10 | VDMA 24197 Bl. 1 | Datenblätter, Typenschild | | x | |
| 5.9 | Messung der Nebenantriebe der WRG | 8.2.10 | VDMA 24197 Bl. 1 | | | | x |
| 5.10 | Feststellung der Umluftanteile | 8.2.4 | | Datenblätter, Typenschild | | x | |
| 5.11 | Messung der Umluftanteile | 8.2.4 | VDMA 24197 Bl. 1 | | | | x |
| 5.12 | Feststellung der Dampf-befeuchtung | 8.2.11 | | Datenblätter, Typenschild | | x | |
| 5.13 | Feststellung der Wasser-befeuchtung | 8.2.12 | | Datenblätter, Typenschild | | x | |
| 5.14 | Messung der Befeuchtung | | VDMA 24197 Bl. 1 | | | | x |
| **6** | **Inspektion Luftleitungsnetz** | **9** | | | | | |
| 6.1 | Dichtheit des Luftleitungsnetzes und der Geräte | 9.1 | VDMA 24197 Bl. 1 | visuelle Inspektion auf offensichtliche Leckagen | | x | |
| 6.2 | Dichtigkeitsmessungen | 9.1 | Anhang A.2 | | | | x |
| 6.3 | Wärmedämmung des RLT-Gerätes | 9.2.1 | | visuelle Inspektion | | x | |
| 6.3 | Wärmedämmung des Luftleitungsnetzes | 9.2.2 | VDMA 24197 Bl. 1 | visuelle Inspektion | | x | |
| **7** | **Effizienzkennwert der RLT** | **8** | | | | | |
| 7.1 | Berechnung des Effizienz-kennwertes und des Referenz-kennwertes | 8.2 | Anhang A.2 | für jedes RLT-Gerät | | x | |
| 7.2 | Berechnung des SFP-Wertes | 8.2.7<br>8.2.8 | Anhang A.2 | für jeden Ventilator | | x | |
| **8** | **Inspektion Kälteerzeuger** | **10** | | | | | |
| 8.1 | Überprüfung der Wartungstä-tigkeiten | 10.1<br>10.2 | VDMA 24197 Bl. 3 | Wartungsprotokolle, ChemKlimaschutzVO ChemOzonschutzVO | x | x | |
| 8.2 | Feststellung EER | 12.2 | DIN V 18599-7; Abschn. 7.1; 12/ 2011, | aus Dokumentation, Herstellerunterlagen, Standarddaten DIN V 18599-7 | x | x | |
| 8.3 | Messung EER | | | | | | x |
| 8.4 | Feststellung PLV | 12.5 | DIN V 18599-7; Anhang A; 12/ 2011 | DIN V 18599-7 | x | x | |

| Nr. | Tätigkeit/ Parameter | Kapitel | Arbeitsliste/ Checkliste siehe | Bemerkungen | Stufe | | |
|---|---|---|---|---|---|---|---|
| | | | | | A | B | C |
| 8.5 | Feststellung Rückkühlventilatoren | 11.6 | VDMA 24197 Bl. 3, DIN V 18599-7; Anhang A; 12/ 2011 | Datenblätter, Typenschild | x | x | |
| 8.6 | Messung Rückkühlung | 11.6 | VDMA 24197 Bl. 3 | | | | x |
| **9** | **Inspektion Kaltwasser-hydraulik** | **11** | | | | | |
| 9.1 | Feststellung der Pumpen | 11.2 | VDMA 24197 Bl. 3 | Datenblätter, Typenschild | | x | |
| 9.2 | Berechnung des elektrischen Aufwandes der Verteilung | 11.5 | | | | x | |
| 9.3 | Detaillierte Berechnung der Hydraulik | 11.3 | | DIN V 18599-7 | | | x |
| 9.4 | Feststellung der Wärmedämmung | 11.4 | VDMA 24197 Bl. 3 | Visuelle Inspektion auf offensichtliche Mängel, Anforderungen EnEV | | x | |
| **10** | **Effizienzkennwerte Klimakälte** | **12** | | | | | |
| 10.1 | Berechnung des Effizienz-kennwertes | 12.3 | Anhang A.3 | für jede Kältemaschine | x | x | |
| 10.2 | Berechnung des Referenz-kennwertes | 12.3 | Anhang A.3 | für jede Kältemaschine | x | x | |
| **11** | **Inspektion der Endgeräte** | | | | | | |
| 11.1 | Begehung und Feststellung | 13 | | Datenblätter, visuelle Inspektion und qualitative Bewertung | x | x | |
| 11.2 | Funktion der Regelung | 13 | | stichprobenhafte Kontrolle der grundsätzlichen Funktion | x | x | |
| 11.3 | Messung ausgewählter Komponenten | | VDMA 24197 Bl. 1 | | | | x |
| **12** | **Beurteilung Klimakonzept** | | | | | | |
| 12.1 | Systembetrachtung | 14.2 | | kurz gefasste Bewertung | | x | |
| 12.2 | Energetisches Gesamtkonzept | 14.3 | | kurz gefasste Empfehlungen | x | x | |
| 12.3 | Beurteilung des Gesamtsystems | 16 | | | x | x | |
| 13 | Wirtschaftlichkeitsbewertung | 4.5.2 | | | | | x |

# Anhang C

# Tabellen und Abbildungen nach DIN EN 13779

**Hinweis:**

Im Rahmen der europäischen Normung unter dem Aspekt der Gebäude- und Anlageneffizienz ergaben sich Begriffsbildungen und Wertezuordnungen, die den traditionellen deutschen und zum Teil DIN EN Normen nur noch eingeschränkt entsprechen. Detaillierte Angaben dazu sind in [141] und [142] dargestellt. Dieses betrifft u. a. die Überleitung von der DIN EN 13779 und DIN EN 15251 in die DIN EN 16798-1 und -3. Deshalb werden sowohl einige Wertetabellen aus der DIN EN 13779 in diesem Anhang dokumentiert.

**Tab. C.1** Klassifizierung der Raumluftqualität nach DIN EN 13779:2007-09

| Kategorie | Beschreibung | Differenz zur $CO_2$-Konzentration der Außenluft in ppm (Standardwert) |
|---|---|---|
| IDA 1 | hohe Raumluftqualität | 350 |
| IDA 2 | mittlere Raumluftqualität | 500 |
| IDA 3 | mäßige Raumluftqualität | 800 |
| IDA 4 | niedrige Raumluftqualität | 1200 |

**Tab. C.2** Außenluftvolumenströme je Person zur Gewährleistung der Raumluftqualität IDA nach DIN EN 13779:2007-09

| Kategorie | Einheit | Nichtraucher | Raucher |
|---|---|---|---|
| IDA 1 | $m^3$/(h Person) | 72 | 144 |
| IDA 2 | $m^3$/(h Person) | 45 | 90 |
| IDA 3 | $m^3$/(h Person) | 29 | 58 |
| IDA 4 | $m^3$/(h Person) | 18 | 36 |

**Tab. C.3** Klassifizierung der Außenluft (ODA) nach DIN EN 13779:2007-09

| Kategorie | Beschreibung |
|---|---|
| ODA 1 | Saubere Luft, die nur zeitweise staubbelastet sein darf (z. B. Pollen) |
| ODA 2 | Außenluft mit hoher Konzentration an Staub oder Feinstaub und/oder gasförmigen Verunreinigungen |
| ODA 3 | Außenluft mit sehr hoher Konzentration gasförmiger Verunreinigungen und/oder an Staub oder Feinstaub |
| Anmerkungen:<br>- Luft wird als „***sauber***“ bezeichnet (ODA 1), wenn die WHO-Richtlinie (1999) und alle nationalen Luftqualitätsnormen oder -vorschriften im Hinblick auf die betreffenden Stoffe in der Außenluft eingehalten werden.<br>- Konzentrationen werden als „***hoch***“ bezeichnet (ODA 2), wenn sie die oben angeführten Anforderungen um einen Faktor bis zu 1,5 überschreiten.<br>- Konzentrationen werden als „***sehr hoch***“ bezeichnet (ODA 2), wenn sie die oben angeführten Anforderungen um einen Faktor von mehr als 1,5 überschreiten | |

**Tab. C.4** Hauptverunreinigungen der Außenluft (ODA) nach DIN EN 13779:2007-09

| Schadstoff | Mittelungszeit | Grenzwert |
|---|---|---|
| Schwefeldioxid $SO_2$ | 24 Stunden | 125 µg/m³ |
| Schwefeldioxid $SO_2$ | 1 Jahr | 50 µg/m³ |
| Ozon $O_3$ | 8 Stunden | 120 µg/m³ |
| Stickstoffdioxid $NO_2$ | 1 Jahr | 40 µg/m³ |
| Stickstoffdioxid $NO_2$ | 1 Stunde | 200 µg/m³ |
| Feinstaub $PM_{10}$ | 24 Stunden | 50 µg/m³ |
| Feinstaub $PM_{10}$ | 1 Jahr | 40 µg/m³ |

**Tab. C.5** Beispiele der Außenluftklassifizierung nach DIN EN 13779:2007-09

| | Grenzwert/Richtwert | | Stuttgart | London | Madrid |
|---|---|---|---|---|---|
| $SO_2$ | Jahresmittel | 50 µg/m³ | 5 | 8 | 11 |
| | Maximum 24 h | **125 µg/m³** | **23** | **38** | **37** |
| | Tage über | 125 µg/m³ | 0 | 0 | 0 |
| | **Faktor für Richtwertüberschreitung** | | **< 1** | **< 1** | **< 1** |
| $O_3$ | Jahresmittel | | 63 | 52 | 55 |
| | Maximum 8 h | **120 µg/m³** | **178** | **134** | **123** |
| | Tage über | 120 µg/m³ | 31 | 4 | 1 |
| | **Faktor für Richtwertüberschreitung** | | **< 1,5** | **< 1,5** | **< 1,5** |
| $NO_2$ | Jahresmittel | 40 µg/m³ | 80 | 62 | 52 |
| | Maximum 1 h | **200 µg/m³** | **244** | **176** | **216** |
| | Stunden über | 200 µg/m³ | 21 | 0 | 1 |
| | **Faktor für Richtwertüberschreitung** | | **< 1,5** | **< 1** | **< 1,5** |

**Tab. C.5** Beispiele der Außenluftklassifizierung nach DIN EN 13779:2007-09 (Forts.)

| | Grenzwert/Richtwert | | Stuttgart | London | Madrid |
|---|---|---|---|---|---|
| $PM_{10}$ | Jahresmittel | 40 µg/m³ | 34 | 27 | 29 |
| | Maximum 24 h | **50 µg/m³** | 109 | 78 | 109 |
| | Tage über 50 µg/m³ | 35 Tage | 42 | 20 | 44 |
| | **Faktor für Richtwertüberschreitung** | | **< 1,5** | **< 1** | **< 1,5** |
| | Gesamt | | 3 * <1,5 | 3 * <1,5 | 3 * <1,5 |
| | ODA- Klasse | | **2** | **2** | **2** |

**Tab. C.6** Beispiele für Verunreinigungskonzentrationen in der Außenluft nach DIN EN 13779:2005-05

| Beschreibung des Orts | Konzentration | | | |
|---|---|---|---|---|
| | $CO_2$ in ppm | CO in mg/m³ | $NO_2$ in µg/m³ | $SO_2$ in µg/m³ |
| ländliche Gebiete, keine bedeutenden Emissionsquellen | 350 | < 1 | 5 bis 35 | < 5 |
| kleine Städte | 375 | 1 bis 3 | 15 bis 40 | 5 bis 15 |
| verschmutzte Stadtzentren | 400 | 2 bis 6 | 35 bis 80 | 10 bis 50 |

*Anmerkung:*
Die für die Verunreinigungen der Luft angegebenen Werte sind mittlere Jahreskonzentrationen und sollten für die Dimensionierung der RLT-Anlage nicht angewendet werden. Die maximalen Konzentrationen liegen höher. Entsprechende Werte sind lokalen Messungen zu entnehmen.

**Tab. C.7** Empfohlene Mindestfilterklassen nach DIN EN 13779:2007-09 bzw. nach DIN EN 16798-3

| Außenluftqualität | Raumluftqualität | | | |
|---|---|---|---|---|
| | SUP 1 | SUP 2 | SUP 3 | SUP 4 |
| ODA 1 | M5 + F7 | F7 | F7 | F7 |
| ODA 2 | F7 + F7 | M5 + F7 | F7 | F7 |
| ODA 3 | M5 + F9 | F7 + F7 | M6 + F7 | F7 |

**Tab. C.8** Mögliche Arten der Regelung der Raumluftqualität (IDA-C) nach DIN EN 13779:2007-09 bzw. nach DIN EN 16798-3

| Kategorie | Beschreibung | R: Raum<br>Z: Bereich |
|---|---|---|
| IDA-C1 | die Anlage läuft konstant | |
| IDA-C2 | manuelle Regelung (Steuerung)<br>Die Anlage unterliegt einer manuell geregelten Schaltung. | R<br>Z |
| IDA-C3 | zeitabhängige Regelung (Steuerung)<br>Die Anlage wird nach einem vorgegebenen Zeitplan betrieben. | R<br>Z |
| IDA-C4 | belegungsabhängige Regelung (Steuerung)<br>Die Anlage wird abhängig von der Anwesenheit von Personen betrieben (Lichtschalter; Infrarotsensoren usw.). | R<br>Z |

**Tab. C.8** Mögliche Arten der Regelung der Raumluftqualität (IDA-C) nach DIN EN 13779:2007-09 bzw. nach DIN EN 16798-3 (Forts.)

| Kategorie | Beschreibung | R: Raum<br>Z: Bereich |
|---|---|---|
| IDA-C5 | bedarfsabhängige Regelung (Anzahl der Personen)<br>Die Anlage wird abhängig von der im Raum anwesenden Personen betrieben (Lichtschalter; Infrarotsensoren usw.). | R<br>Z |
| IDA-C6 | bedarfsabhängige Regelung (Gassensoren)<br>Die Anlage wird durch Sensoren geregelt, die Raumluftparameter oder angepasste Kriterien messen (z. B. $CO_2$-; Mischgas-, Luftfeuchte- oder VOC-Sensoren); diese sind festzulegen. Die angewendeten Parameter müssen an die Art der im Raum ausgeübten Tätigkeit angepasst werden. | R<br>Z |
| Anmerkung:<br>Es ist festzulegen, ob die Art der Regelung/Steuerung einzeln für jeden Raum (R) oder zentralisiert für jeden Bereich (Z) erfolgt. | | |

**Tab. C.9** Klassifizierung der Zuluft

| Kategorie | Beschreibung |
|---|---|
| SUP 1 | Zuluft mit sehr geringerer Konzentration an Staub oder Feinstaub und/oder gasförmigen Verunreinigungen |
| SUP 2 | Zuluft mit geringer Konzentration an Staub oder Feinstaub und/oder gasförmigen Verunreinigungen |
| SUP 3 | Zuluft mit mäßiger Konzentration an Staub oder Feinstaub und/oder gasförmigen Verunreinigungen |
| SUP 4 | Zuluft mit hoher Konzentration an Staub oder Feinstaub und/oder gasförmigen Verunreinigungen |

**Tab. C.10** $CO_2$-Konzentration in Räumen nach DIN EN 13779:2007-09

| Kategorie | $CO_2$-Konzentration höher als Konzentration der Außenluft in ppm [1] | |
|---|---|---|
| | üblicher Bereich | Standardwert |
| IDA 1 | $\leq$ 400 | 350 |
| IDA 2 | 400 bis 600 | 500 |
| IDA 3 | 600 bis 1000 | 800 |
| IDA 4 | $\geq$ 1000 | 1200 |

1. 1 ppm (parts per million), 1 $cm^3/m^3$ $\cong$ $mg/m^3$ (molare Masse/Molvolumen)

**Tab. C.11** Außenluftvolumenstrom je Person nach DIN EN 13779:2007-09

| Kategorie | Einheit | Außenluftvolumenstrom $q_{V,ODA;Pers}$ pro Person | | | |
|---|---|---|---|---|---|
| | | Nichtraucher-Bereich | | Raucher-Bereich | |
| | | üblicher Bereich | Standard-wert | üblicher Bereich | Standard-wert |
| IDA 1 | m³/(h, Person)<br>l/ (s, Person) | > 54<br>> 15 | 72<br>20 | > 108<br>> 30 | 144<br>40 |
| IDA 2 | m³/(h, Person)<br>l/ (s, Person) | 38 bis 54<br>10 bis 15 | 45<br>12,5 | 72 bis 108<br>20 bis 30 | 90<br>25 |
| IDA 3 | m³/(h, Person)<br>l/ (s, Person) | 22 bis 36<br>6 bis 10 | 29<br>8 | 43 bis 72<br>12 bis 20 | 58<br>16 |
| IDA 4 | m³/(h, Person)<br>l/ (s, Person) | < 22<br>< 6 | 18<br>5 | < 43<br>< 12 | 36<br>10 |

**Tab. C.12** Außenluftvolumenströme oder Überströmluft je Fußboden-Nettofläche für Räume, die nicht für den Aufenthalt von Personen bestimmt sind nach DIN EN 13779:2007-09

| Kategorie | Einheit | Außenluftvolumenstrom $q_{V,ODA;B}$ oder Überströmluft pro m² Netto-Fußbodenfläche | |
|---|---|---|---|
| | | Nichtraucher-Bereich | |
| | | üblicher Bereich | Standardwert |
| IDA 1 | m³/(h m²)<br>l/ (s m²) | *<br>* | *<br>* |
| IDA 2 | m³/(h m²)<br>l/ (s m²) | > 2,5<br>> 0,7 | 3<br>0,83 |
| IDA 3 | m³/(h m²)<br>l/ (s m²) | 1,3 bis 2,5<br>0,35 bis 0,7 | 2<br>0,55 |
| IDA 4 | m³/(h m²)<br>l/ (s m²) | < 1,3<br>< 0,35 | 1<br>0,28 |
| * bei IDA 1 ist dieses Verfahren nicht ausreichend | | | |

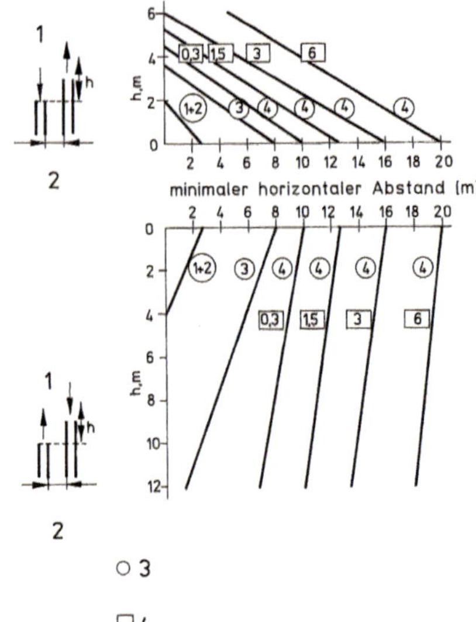


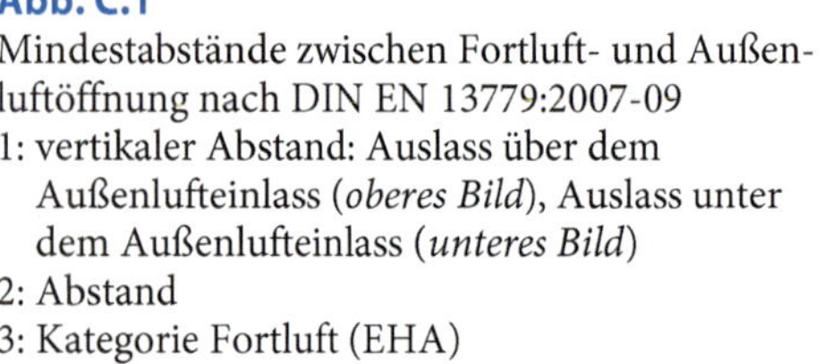

**Abb. C.1**
Mindestabstände zwischen Fortluft- und Außenluftöffnung nach DIN EN 13779:2007-09
1: vertikaler Abstand: Auslass über dem Außenlufteinlass (*oberes Bild*), Auslass unter dem Außenlufteinlass (*unteres Bild*)
2: Abstand
3: Kategorie Fortluft (EHA)
4: Luftvolumenstrom in der Auslassöffnung in m³/s

**Tab. C.13** Mindestabstand zwischen Außenluftansaugung und Fortluftöffnung nach DIN EN 13779:2007-09

| Lfd. Nr. | Darstellung (Vorderansicht) | Beschreibung | Berechnung | Randbedingung | |
|---|---|---|---|---|---|
| 1 | Δh β α | Außenluftansaugung in einer Fassade **unterhalb oder auf gleicher Höhe** mit Fortluftöffnung in benachbartem (Schräg-)Dach. Luftansaugung im Schrägdach ≥ 23° unterhalb der Fortluftöffnung in einem benachbarten Dach mit Winkel ≤ 23° | $0^o \le \alpha \le 15^o$<br>und<br>$0^o \le \beta \le 75^o$<br>oder<br>$15^o \le \alpha \le 67^o$<br>und<br>$0^o \le \beta \le 23^o$ | A<br>B<br>C | $l + 2 \cdot \Delta h > 0{,}308 \cdot \sqrt{q_v}$<br>$l + 2 \cdot \Delta h > 0{,}613 \cdot \sqrt{q_v}$<br>$l + 2 \cdot 3{,}38 \cdot \Delta h > 2{,}051 \cdot \sqrt{q_v}$ |

**Tab. C.13** Mindestabstand zwischen Außenluftansaugung und Fortluftöffnung nach DIN EN 13779:2007-09 (Forts.)

| Lfd. Nr. | Darstellung (Vorderansicht) | Beschreibung | Berechnung | Randbedingung | |
|---|---|---|---|---|---|
| 2 | 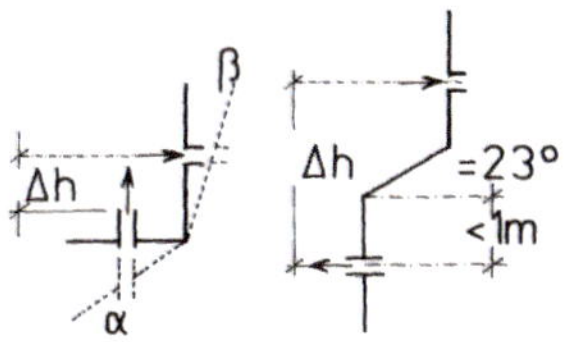 Δh, β, α, Δh, =23°, <1m | Außenluftansaugung in einer Fassade **oberhalb** der Fortluftöffnung in benachbartem (Schräg-)Dach. Luftansaugung im unteren Bereich der Fassade, wobei diese auch durch eine Dachebene geteilt ist. Der Abstand zwischen Fortluftöffnung und Dachkante der vorragenden unteren Fassade sollte kleiner als 1 m sein. | $0^\circ \le \alpha \le 15^\circ$ und $0^\circ \le \beta \le 75^\circ$ | A<br>B<br>C | $l + \Delta h > 0{,}308 \cdot \sqrt{q_v}$<br>$l + \Delta h > 0{,}613 \cdot \sqrt{q_v}$<br>$l + \Delta h > 3{,}030 \cdot \sqrt{q_v}$ |
| 3 | 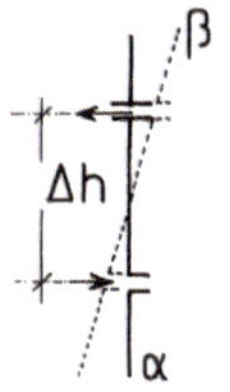 β, Δh, α | Außenluftansaugung in einer Fassade **unterhalb oder auf gleicher Höhe** mit Fortluftöffnung in der Fassade | $0^\circ \le \alpha < 15^\circ$ und $0^\circ \le \beta < 15^\circ$ | A<br>B<br>C | $2 \cdot l + \Delta h > 0{,}308 \cdot \sqrt{q_v}$<br>$l > 0{,}2 \cdot \sqrt{q_v}$<br>nicht zutreffend |
| 4 | 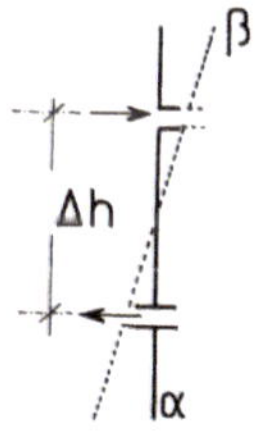 β, Δh, α | Außenluftansaugung in einer Fassade **oberhalb** der Fortluftöffnung in der Fassade | $0^\circ \le \alpha < 15^\circ$ und $0^\circ \le \beta < 15^\circ$ | A<br>B<br>C | $3{,}071 \cdot l - \Delta h > 0{,}613 \cdot \sqrt{q_v}$<br>$1{,}54 \cdot l - \Delta h > 0{,}308 \cdot \sqrt{q_v}$<br>nicht zutreffend |
| 5 | 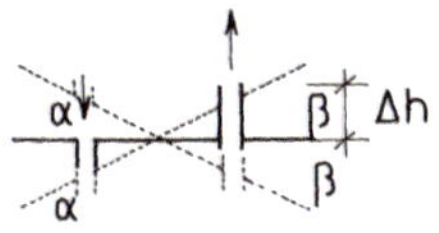 α, β, Δh, β, α | Außenluftansaugung in einer flachen oder leicht schrägen Dachebene **unterhalb oder auf gleicher Höhe** mit Fortluftöffnung im gleichen oder benachbarten Dachbereich, ebenfalls flach oder leicht schräg (maximale Neigung < 23°) | $0^\circ \le \alpha < 23^\circ$ und $0^\circ \le \beta < 23^\circ$ | A<br>B<br>C | $l + \Delta h > 0{,}613 \cdot \sqrt{q_v}$<br>$l + \Delta h > 1{,}250 \cdot \sqrt{q_v}$<br>$l + 2{,}954 \cdot \Delta h > 3{,}030 \cdot \sqrt{q_v}$ |

**Tab. C.13** Mindestabstand zwischen Außenluftansaugung und Fortluftöffnung nach DIN EN 13779:2007-09 (Forts.)

| Lfd. Nr. | Darstellung (Vorderansicht) | Beschreibung | Berechnung | Randbedingung | |
|---|---|---|---|---|---|
| 6 | 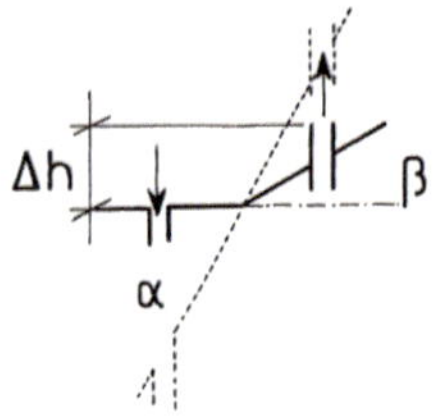 | Außenluftansaugung in einer Fassade **unterhalb oder auf gleicher Höhe** mit Fortluftöffnung in dem gleichen oder einem benachbarten Schrägdach (≥ 23°) | $0^\circ \leq \alpha < 75^\circ$ und $23^\circ \leq \beta < 75^\circ$ | A<br>B<br>C | $l + 2 \cdot \Delta h > 0{,}308 \cdot \sqrt{q_v}$<br>$l + 2 \cdot \Delta h > 0{,}613 \cdot \sqrt{q_v}$<br>$l + 3{,}38 \cdot \Delta h > 2{,}051 \cdot \sqrt{q_v}$ |
| 7 | 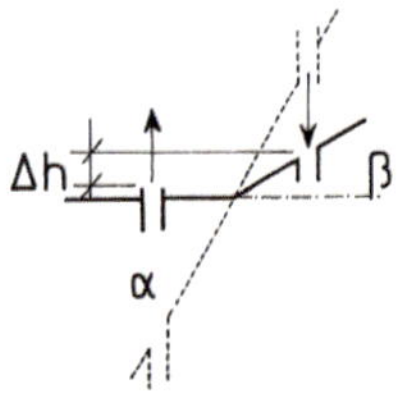 | Außenluftansaugung in einem Schrägdach (≥ 23°) **oberhalb** der Fortluftöffnung in der gleichen oder benachbarten Dachebene | $0^\circ \leq \alpha < 75^\circ$ und $23^\circ \leq \beta < 75^\circ$ | A<br>B<br>C | $l + \Delta h > 0{,}613 \cdot \sqrt{q_v}$<br>$l + \Delta h > 1{,}250 \cdot \sqrt{q_v}$<br>$l + 2{,}954 \cdot \Delta h > 3{,}030 \cdot \sqrt{q_v}$ |
| 8 | 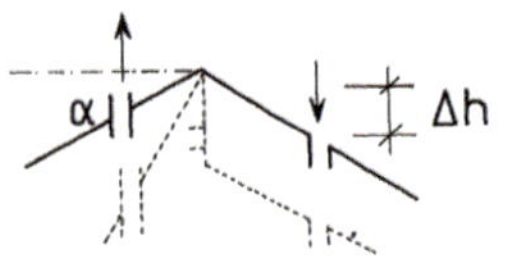 | Außenluftansaugung in einer schrägen Dachebene oder Fassade, Fortluftöffnung an der gegenüberliegenden Dachebene, wobei mindestens eine der Dachebenen eine Neigung von 23° oder mehr aufweist | $0^\circ \leq \alpha < 75^\circ$ | A<br>B<br>C | $l + 2 \cdot \Delta h > 0{,}308 \cdot \sqrt{q_v}$<br>$l + 2 \cdot \Delta h > 0{,}613 \cdot \sqrt{q_v}$<br>$l + 3{,}38 \cdot \Delta h > 2{,}051 \cdot \sqrt{q_v}$ |
| 9 | 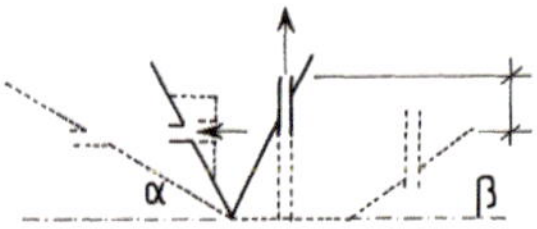 | Außenluftansaugung in einer Fassade oder Dachebene **unterhalb oder auf gleicher Höhe** mit Fortluftöffnung in einer gegenüberliegenden Fassade, einem gegenüberliegenden Schrägdach oder einer benachbarten horizontalen Dachebene, die auf der anderen Seite an ein Schrägdach oder an eine schräge Fassade angrenzt. | $23^\circ \leq \alpha < 75^\circ$ und $23^\circ \leq \beta < 75^\circ$ | A<br>B<br>C | $l + 2 \cdot \Delta h > 0{,}308 \cdot \sqrt{q_v}$<br>$l + 2 \cdot \Delta h > 0{,}613 \cdot \sqrt{q_v}$<br>$l + 3{,}38 \cdot \Delta h > 2{,}051 \cdot \sqrt{q_v}$ |

**Tab. C.13** Mindestabstand zwischen Außenluftansaugung und Fortluftöffnung nach DIN EN 13779:2007-09 (Forts.)

| Lfd. Nr. | Darstellung (Vorderansicht) | Beschreibung | Berechnung | Randbedingung | |
|---|---|---|---|---|---|
| 10 | α β | Außenluftansaugung in einer Fassade oder Dachebene **oberhalb** einer **vertikalen** Fortluftöffnung in einer gegenüberliegenden Fassade, einem gegenüberliegenden Schrägdach oder einer benachbarten horizontalen Dachebene, die auf der anderen Seite an ein Schrägdach oder an eine schräge Fassade angrenzt. | $23° \leq \alpha < 75°$ und $23° \leq \beta < 75°$ | A<br>B<br>C | $l + \Delta h > 0{,}613 \cdot \sqrt{q_v}$<br>$l + \Delta h > 1{,}250 \cdot \sqrt{q_v}$<br>$l + 2{,}954 \cdot \Delta h > 3{,}030 \cdot \sqrt{q_v}$ |
| 11 | Δh α β | Außenluftansaugung in einer Fassade oder Dachebene **unterhalb oder auf gleicher Höhe** mit Fortluftöffnung in einer gegenüberliegenden Fassade oder einem gegenüberliegenden Schrägdach (≥ 23°) | $23° \leq \alpha < 75°$ und $23° \leq \beta < 75°$ | A<br>B<br>C | $l + 2{,}954 \cdot \Delta h > 0{,}455 \cdot \sqrt{q_v}$<br>$l + 2{,}954 \cdot \Delta h > 0{,}909 \cdot \sqrt{q_v}$<br>nicht zutreffend |
| 12 | Δh α β | Außenluftansaugung in einer Fassade oder Dachebene **oberhalb** einer **horizontalen** mit Fortluftöffnung in einer gegenüberliegenden Fassade oder einem gegenüberliegenden Schrägdach (≥ 23°) | $23° \leq \alpha < 75°$ und $23° \leq \beta < 75°$ | A<br>B<br>C | $2{,}954 \cdot l + \Delta h > 0{,}909 \cdot \sqrt{q_v}$<br>$2{,}717 \cdot l + \Delta h > 1{,}667 \cdot \sqrt{q_v}$<br>nicht zutreffend |
| 13 | Δh α | Außenluftansaugung in einem flachen oder leicht geneigten Dach **unterhalb** der Fortluftöffnung in einer angrenzenden Fassade | $0° \leq \alpha < 23°$ und $0° \leq \beta < 15°$ | A<br>B<br>C | $l + 2{,}954 \cdot \Delta h > 0{,}455 \cdot \sqrt{q_v}$<br>$l + 2{,}954 \cdot \Delta h > 0{,}909 \cdot \sqrt{q_v}$<br>nicht zutreffend |

**Tab. C.13** Mindestabstand zwischen Außenluftansaugung und Fortluftöffnung nach DIN EN 13779:2007-09 (Forts.)

| Lfd. Nr. | Darstellung (Vorderansicht) | Beschreibung | Berechnung | Randbedingung | |
|---|---|---|---|---|---|
| 14 | 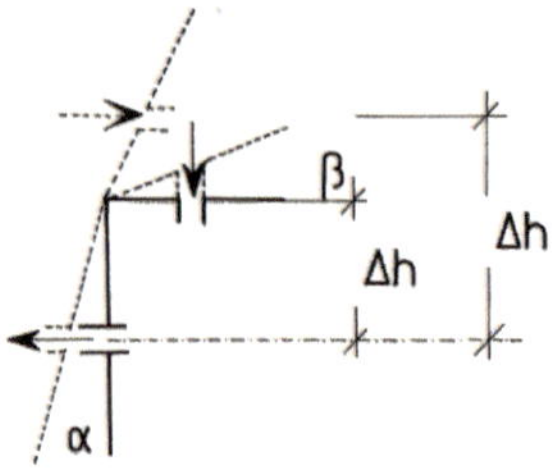 | Außenluftansaugung in einem flachen oder leicht geneigten Dach **oberhalb** der Fortluftöffnung in der Fassade oder oberhalb eines unteren Schrägdachs (≥ 23°) | $0° \leq \alpha < 23°$<br>und<br>$0° \leq \beta < 15°$ | A<br>B<br>C | $1{,}909 \cdot l + \cdot \Delta h > 0{,}613 \cdot \sqrt{q_v}$<br>$2{,}038 \cdot l + \cdot \Delta h > 1{,}25 \cdot \sqrt{q_v}$<br>nicht zutreffend |
| 15 | 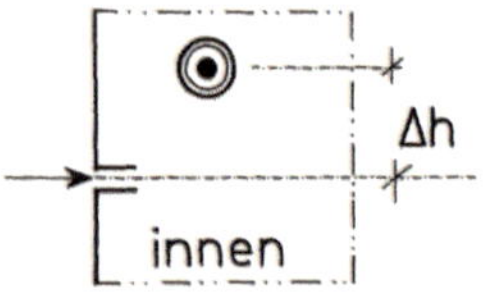 | Außenluftansaugung in einer Fassade **unterhalb oder auf gleicher Höhe** mit der Fortluftöffnung in einer Fassade um die Ecke (Außenwinkel ≥ 180°) | | A<br>B<br>C | $2 \cdot l + \cdot \Delta h > 0{,}308 \cdot \sqrt{q_v}$<br>$l > 0{,}2 \cdot \sqrt{q_v}$<br>nicht zutreffend |
| 16 | 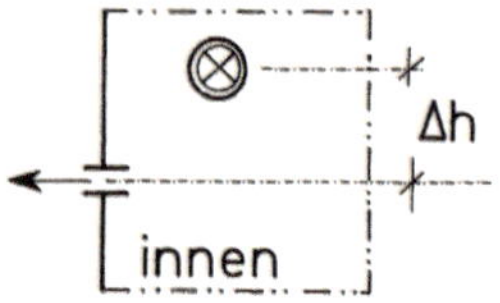 | Außenluftansaugung in einer Fassade **oberhalb** der Fortluftöffnung in einer Fassade um die Ecke (Außenwinkel ≥ 180°) | | A<br>B<br>C | $3{,}071 \cdot l - \Delta h > 0{,}613 \cdot \sqrt{q_v}$<br>$1{,}541 \cdot l - \Delta h > 3{,}308 \cdot \sqrt{q_v}$<br>nicht zutreffend |
| 17 | 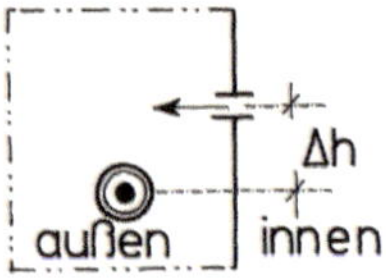 | Außenluftansaugung in einer Fassade. Fortluftöffnung in einer Fassade um die Ecke (Außenwinkel < 180°) (absoluter Höhenwert) | | A<br>B<br>C | $l + \Delta h > 0{,}613 \cdot \sqrt{q_v}$<br>$l + 2{,}954 \cdot \Delta h > 0{,}909 \cdot \sqrt{q_v}$<br>nicht zutreffend |

**Legende zu Tabelle C.13:**

| Zeichen | Bezeichnung |
|---|---|
| $\alpha$, $\beta$ | Winkel eines Schrägdachs oder einer schrägen Fassade (Winkel zwischen gerader und gepunkteter Linie |
| $\Delta h$ | senkrechte Höhe |
| $l$ | Länge der Verbindungslinie zwischen den Mittelpunkten der beiden Öffnungen |
| $q_V$ | erforderlicher Fortluftvolumenstrom in l/s |

**Legende zu Tabelle C.13: (Forts.)**

| Zeichen | Bezeichnung |
|---|---|
| *B* | Leistung des Verbrennungsgeräts in kW |
| A | Situation mit Fortluft aus Lüftung |
| B | mit Abgas (Kessel mit Gasfeuerung) |
| C | mit Abgas (Verbrennung sonstiger Brennstoffe) |
| Vorderansicht | |

**Tab. C.14** Führung der Abluft nach DIN EN 13779:2007-09

| Kategorie | Anforderung |
|---|---|
| ETA 1 | Die Abluft kann in einer gemeinsamen Leitung gesammelt werden. |
| ETA 2 | Die Abluft kann in einer gemeinsamen Leitung gesammelt werden. |
| ETA 3 | Die Abluft wird im Allgemeinen durch einzelne Leitungen oder durch gemeinsame Leitungen aus verschiedenen Räumen derselben Kategorie ins Freie oder in eine Sammelleitung bzw. Abluftkammer geführt. |
| ETA 4 | Die Abluft wird über separate Abluftleitungen ins Freie geführt. |

**Tab. C.15** Auslegungswerte für Abluftvolumenströme nach DIN EN 13779:2007-09

| Nutzungsart | Anforderung | Einheit | Üblicher Bereich | Standardwert für die Auslegung |
|---|---|---|---|---|
| Küche | einfache Nutzung (z. B. Küche zum Zubereiten von Heißgetränken) | l/s<br>m³/h | > 20<br>> 72 | 30<br>108 |
| | professionelle Nutzung | | (a) | (a) |
| Toiletten/ Waschraum (b) | je WC oder Urinal | l/s<br>m³/h | > 6,7<br>> 24 | 15<br>54 |
| | je Bodenfläche | l/(s m²)<br>m³/(h m²) | > 1,4<br>> 5 | 3<br>10,8 |

(a) Die Abluftvolumenströme für Küchen sind entsprechend der jeweiligen Situation auszulegen.

(b) Mindestens 50 % der Zeit in Benutzung. Bei kürzen Betriebszeiten sind höhere Volumenströme erforderlich. Bei Abführung direkt am WC sind niedrigere Werte möglich (3 bis 6 l/s).

**Tab. C.16** Wiederverwendung der Abluft und Verwendung von Überströmluft nach DIN EN 13779:2007-09

| Kategorie* | Anforderung |
|---|---|
| ETA 1 | geeignet als Umluft und Überströmluft |
| ETA 2 | nicht geeignet als Umluft, kann jedoch als Überströmluft in Toiletten, Waschräumen, Garagen oder ähnlichen Bereichen verwendet werden |
| ETA 3 | nicht als Umluft oder Überströmluft geeignet |
| ETA 4 | nicht als Umluft oder Überströmluft geeignet |

* siehe auch Tabelle 2.1-11

# Literaturverzeichnis


[1] Seifert, J.: Zum Einfluss von Luftströmungen auf die thermischen und aerodynamischen Verhältnisse in und an Gebäuden, Der Andere Verlag, ISBN 3-89959-398-7, 2005

[2] Richter, W.: Handbuch der thermischen Behaglichkeit – Heizperiode –, Bremerhafen Wirtschaftsverlag NW 2003, Schriftenreihe der Bundesanstalt für Arbeitsschutz und Arbeitsmedizin: Forschung Fb 991, 2003

[3] Trogisch, A., Dose, St., Käppler, A.: Planungs- und Qualitätsmanagement von RLT-Anlagen, 1. Auflage, 03/2010, VDE VERLAG GmbH Offenbach, Berlin

[4] Glück, B.: Strahlungsheizung – Theorie und Praxis, VEB Verlag für Bauwesen Berlin, 1981

[5] Fanger, P.O.: Thermal Comfort Analysis and Applications in Environmental Engineering, McGraw-Hill-Books New York, 1973

[6] ASHRAE Fundamentals Handbook, Part 1: Heat Transfer, American Society of Heating Refrigeration and Airconditioning Engineers, USA, 1997

[7] Glück, B.: Bewertungsmaßstab zur optimalen Anordnung von Heiz- und Kühlflächen im Raum, Gesundheits-Ingenieur, 1991/2, S.65-71

[8] Fanger, P.O.: VDI Bericht 317, VDI Nachrichten, 1978, S. 37-41

[9] Recknagel et al.: Taschenbuch für Heizung + Klimatechnik, Oldenbourg Industrieverlag, 2007/08

[10] Richter, W.: Handbuch der thermischen Behaglichkeit– Sommerlicher Kühlbetrieb –, Schriftenreihe der Bundesanstalt für Arbeitsschutz und Arbeitsmedizin: Forschung F 2071, 2007

[11] Petzold, K.: Wärmelast, Verlag Technik Berlin, 2. Auflage, 1980

[12] ILKA – Berechnungskatalog, Abschnitt L, Institut für Luft- und Kältetechnik (ILK) gGmbH, Dresden

[13] Jahn, A.: Das Test-Referenz Jahr. Eine Sammlung stündlicher Werte interessierender Wetterelemente, In: Heizung Lüftung Haustechnik (HLH), 28 (1977)

[14] Steimle, F.: Handbuch der haustechnischen Planung, Karl-Krämer-Verlag, Stuttgart + Zürich, 2000

[15] Petzold, K.: Raumlufttemperatur, Verlag Technik Berlin, Bauverlag Wiesbaden und Berlin, 2. Auflage, 1983

[16] Trogisch, A.: RLT-Anlagen – Leitfaden für die Planungspraxis, C.F. Müller-Verlag, Heidelberg, 2001

[17] Hakenschmied, E. Untersuchungen baulicher Möglichkeiten zur Stabilisierung des sommerlichen Raumklimas im Wohnungsbau, Diss. TU Dresden, 1973

[18] Recknagel/Sprenger/Schrameck, Taschenbuch für Heizung + Klimatechnik, Oldenbourg-Verlag, München/Wien, 68. Auflage, 1997/98

[19] Trogisch, A.: Lüftung und sommerlicher Wärmeschutz, In: 11. Bauklimatisches Symposium an der TU Dresden, (2002)9

[20] Dose, St., Käppler, A: Commissioning – Qualitätssicherung von RLT-Anlagen, 11/2008, Masterarbeit (unv.), FH Erfurt

[21] David, R. et al.: Heizen, Kühlen, Belüften & Beleuchten – Bilanzierungsgrundlagen zur DIN V 18599; Stuttgart, Fraunhofer IRB Verlag 2006

[22] Trogisch, A.: Planungshilfen Lüftungstechnik, 4. Auflage, 2011, VDE VERLAG GmbH, Offenbach, Berlin

[23] Trogisch, A.: Was ist eine Klimaanlage?, Sanitär- und Heizungstechnik (SHT), 2011, 5, S. 50-55, Krammer Verlag GmbH, Leipzig

[24] Scholz, R.: DIN EN 13779 – RLT-Anlagenplanung nur mit ODA-Werten; TGA-Fachplaner, 2011, H. 5, S. 52-55

[25] Recknagel/Sprenger/Schrameck, Taschenbuch für Heizung + Klimatechnik, Oldenbourg-Verlag München/Wien, 70. Auflage, 2005/06

[26] http://air-climate.eionet.europa.eu/databases/airbase/

[27] Dietze, L.: Freie Lüftung von Industriegebäuden, Verlag für Bauwesen, Berlin, 1. Auflage, 1987

[28] Hörner, B., Casties, M.: Handbuch der Klimatechnik, Bd. 2, 7. A., VDE VERLAG Offenbach, Berlin, 2018

[29] Lutz/Jenisch u. a.: Lehrbuch der Bauphysik, B. G. Teubner-Verlag, Stuttgart, 4. Auflage 1997

[30] Kircher, F.: Brandschutz im Bild, Rechtsvorschriften, WEKA Bauverlag, 2001

[31] Kircher, F.: Brandschutz im Bild, Stand 08.05, WEKA-MEDIA GmbH & Co KG

[32] Hausladen, G., u. a.: Clima Design – Lösungen für Gebäude, die mit weniger Technik mehr können; 2005, Verlag Georg D.W. Callwey GmbH & Co KG, München

[33] Trogisch, A. Zur Problematik der intensiven Nachtlüftung, 2003, TAB, H. 3

[34] Bolsius, J.: Gebäudekühlung mittels Luft-Erdwärmeübertrager, In: Heizung Lüftung Haustechnik (HLH), 53 (2002), 10, S. 42 ff.

[35] Daniels, K.: Technologie des ökologischen Bauens, Birkhäuser-Verlag, Basel, Boston, Berlin, 2. Auflage, 2000

[36] Firmenschrift „Betonkernkühlung mit Zuluft - CONCRETCOLL“, Fa. Kiefer Luft- und Klimatechnik, Stuttgart, 2006

[37] Schröder. D.: Betonkernkühlung mit Zuluft; Sonderdruck aus HLH für Fa. Kiefer Luft- und Klimatechnik, Stuttgart, 2006

[38] Heinrich, G., Franzke, U.(Hrsg.): Wärmerückgewinnung in lüftungstechnischen Anlagen, C.F. Müller Verlag, Heidelberg, 1993

[39] Hanel, B. M.; Raumluftströmung, C. F. Müller Verlag, Heidelberg 2. Auflage, 1996

[40] Trogisch, A.; Mai, R.: Die Planung von Lüftungs- und Klimatechnik unter Beachtung der europäischen Normung; Ki – Luft- und Kältetechnik (2008), H. 5; S. 30-36 und H. 6, S. 16-22

[41] FGK-Statusreport: Nr. 5, Energetische Inspektion von Lüftungs- und Klimaanlagen, Hrsg.: FGK, Bietigheim-Bissingen, 2007

[42] FGK-Statusreport: Nr. 6, Energetische Inspektion von Kälteanlagen zur Klimatisierung, Hrsg.: FGK, Bietigheim-Bissingen, 2007

[43] Trogisch, A.; Günther, M.: Planungshilfen bauteilintegrierte Heizung und Kühlung, 2008, C.F. Müller Verlag Heidelberg

[44] Schädlich, S., Trogisch, A.: Energetische Inspektion von Klimaanlagen, 2011, 1. Auflage cci Dialog GmbH, Karlsruhe

[45] Seifert, J.: Repetitorium Raumlufttechnik, 1. Auflage, 2014, VDE Verlag GmbH, Offenbach, Berlin

[46] Hansen, M.: Arch. Eisenhüttenwesen, 33, (1962), H. 8, S. 517-525

[47] Trogisch, A.: RLT-Anlagen in Fertigungsstätten – VDI 3802 oder VDI 2262?, 03/2013, TAB, Bauverlag Gütersloh, S. 110-114

[48] De Dear, R.: Adaptive Thermal Comfort in Natural and Hybrid Ventilation. HybVent Forum 1999, The University of Sydney, Sydney, September 1999

[49] Heiselberg, P.: Principles of Hybrid Ventilation. Aalborg University, Denmark, 2002. – ISBN 1395 7953 R0207

[50] Grundmann, R.; Roloff, J.; Meinhold, U.; Rösler, M.: Hybride Lüftungssysteme: Prinzipien, Planung, Berechnung und Beispiele / FIA. 2003. – Forschungsbericht

[51] Trogisch, A.; Franzke, U.: Feuchte Luft – h,x-Diagramm – praktische Anwendungs- und Planungshilfen, 2. Auflage, 2016, VDE Verlag GmbH, Offenbach, Berlin

[52] Kaup, Ch.: Neues Verfahren der Raumlufttechnik zur intermittierenden und instationären Raumlüftung, TAB, 2011, H. 4

[53] Kaup, Ch.: Impulslüftung für bessere Luftqualität – Instationäre RLT-Anlage zur intermittierenden Raumlüftung, TAB, 2012, H. 7-8

[54] Leitfaden für Nachhaltiges Bauen: Bundesministerium für Verkehr, Bau und Stadtentwicklung (BMVBS), 2011

[55] Normen- und Arbeitsbuch zur energetischen Inspektion von Klimaanlagen nach §12 der EnEV (Sonderdruck), 01/2014, Beuth Verlag GmbH, Berlin

[56] Franzke, U.; Schiller, H.: Untersuchungen zum Energieeinsparpotenzial der Raumlufttechnik in Deutschland, Fachbericht ILK-B-31-11-3667, 10/2011, ILK gGmbH Dresden

[57] http://www.fvlr.de/akt_gesetzgebung_normung.htm#22 (Einsicht: am 09.03.2017)

[58] Trogisch, A.; Mai, R.: Energetische Inspektion in der technischen Gebäudeausrüstung; 2016, Verlag: ITM InnoTechn Medien GmbH, Augsburg

[59] Arndt, U.: Schmitz, G.; Wobst, E.:Expertenumfrage „Die Kältetechnik für die Klimatechnik?" KI Kälte-Luft-Klimatechnik 03/2007

[60] Iselt, P. und Arndt, U.: Die andere Klimatechnik. 2. Auflage. Heidelberg: C. F. Müller Verlag 2002

[61] Recknagel/Sprenger/Schrameck, Taschenbuch für Heizung + Klimatechnik, 72. Auflage 05/06, S 1093 ff, Oldenbourg – Verlag München/Wien

[62] v. Brandauer, M.: Viele Anforderungen – eine Lösung. CCI 6/2002, S. 34-35

[63] Trogisch, A. und Arndt, U.: Gebäudeklimatisierung mit VRF-Multisplittechnik. TGA Fachplaner 9/2005, S. 22-26

[64] Trogisch, A. und Arndt, U.: VRF-Multisplit-Klimaanlagen, -Maßgeschneidert, Kostengünstig-. Intelligente Architektur 58/2007

[65] Arndt, U.: Die komfortable Luftbehandlung und Luftführung mittels VRF-Multisplittechnik. KI Luft- und Kältetechnik 06/2004

[66] Arbeitskreis der Dozenten für Regelungstechnik: Digitale Regelung und Steuerung in der Versorgungstechnik (DDC-GA). 2. Auflage. Berlin, Heidelberg, New York: Springer Verlag 1995

[67] Reinhold, Ch.: Mess-, Steuerungs- und Regelungstechnik. 1. Auflage. Würzburg: Vogel Buchverlag 1999

[68] Tilli, T.: Fuzzy – die Lehre vom Unscharfen. MC (11/93), S. 72-75

[69] Wendelborn, H.: Regelungstechnik für Niedrigenergiekälteanlagen. KI Luft- und Kältetechnik 10/97, S. 468-471

[70] Ishii, N. et al.: Mechanical efficiency of a variable speed scroll compressor Proc. of the internat. Compressor. Eng. Conf. at Purdue, West Lafayette, Ind. USA.1 (1990), S. 192-199

[71] Kaiser, H.: System- und Verlustanalyse von Kältemittelverdichtern unterschiedlicher Bauart. Forschungsberichte des Deutschen Kälte- und Klimatechnischen Vereins (DKV) Nr. 14, 1985

[72] Arndt, U.: Gasmotor-Antrieb für innovative Klimasysteme. KK Die Kälte+Klimatechnik 11/2007

[73] Time to turn to gas? In: rac refrigeration and air conditioning magazine, July 2003, S. 25

[74] Brockmann, T. u. a.: Gaswärmepumpen. Broschüre der Arbeitsgemeinschaft für sparsamen und umweltfreundlichen Energieverbrauch (ASUE) e. V., Verlag Rationeller Energieeinsatz, Kaiserslautern, 12/2002

[75] Heizen-Kühlen-Klimatisieren mit Gaswärmepumpen. Tagungsmaterial der Fachtagung vom 15.10.2003 in Göppingen. Veranstalter: ASUE Kaiserslautern

[76] Frigger, R.: Voll-Gas geben! Kaut/SANYO und der Gas-Wärmepumpen-Markt. In: KKA Kälte Klima Aktuell, (2005)2, S. 64-65

[77] Herstellerunterlagen Fa. Kaut/SANYO

[78] Arndt, U.: Mehr als eine Klima-Alternative. CCI 11/2000, S. 85-87

[79] Arndt, U.: ECO-Multisysteme. KK Die Kälte- und Klimatechnik, 51. Jahrgang 1998, S. 908-915

[80] Gebäudesimulation mit VRF-ECO-Multisplitsystemen, ILK Dresden 1998/99. Forschungsvorhaben 211/97 des BMWi

[81] Iselt, P. und Arndt, U.: Untersuchungen von VRF-Multisplitanlagen am Institut für Luft- und Kältetechnik (ILK) Dresden. KK Die Kälte & Klimatechnik 4/2000, S. 46-54

[82] Klinkert,V., Agsten,R., Krause,H.: Gaswärmepumpe zum Heizen und Kühlen, Erfahrungen aus dem ersten Feldversuch. In: Ki Luft- und Kältetechnik 1-2/2005, S. 18-24

[83] Nitschke-Kowsky, P., Schumacher,T., Lenhart,W.: Gas-Wärmepumpe im Feldtest. In: Clima Commercial International (CCI), (2005)11, S. 30-31

[84] Trogisch, A. und Arndt, U.: VRF-Technik nach DIN V 18599, Energetische Bewertung von Gebäuden. Fach.Journal, Ausgabe 2008

[85] Franzke, U.: Sommerlicher Kühlbedarf gut wärmegedämmter Gebäude. KK Die Kälte & Klimatechnik 2/2002, S. 24-32

[86] Frommann, A.; Holzmann, R. und Frigger, R.: Abgerechnet wird zum Schluss. KK Die Kälte & Klimatechnik 10/2001, 24-32

[87] Arndt, U.; Jantsch, U.: Digitale Regelung von VRF-Multisplitsystemen; KI Luft- und Kältetechnik, 10/2002, S. 468 ff.

[88] Stahl, M. (Hrsg.): VRF-Klima – die stille Revolution, 1. Auflage, 2009, Promotor Verlags- und Förderungsges. mbH, Karlsruhe

[89] Arndt, U.: Modernste Klimatechnik für Logistik-Center Rheinfelden – Gasmotorische Klimaanlagen/Wärmepumpen erfüllen neueste Umwelt- und Energiestandards. KK Die Kälte+Klimatechnik 9/2013

[90] Sefker, T.: So funktioniert FSL, Clima Commercial International (CCI), (2002) 5, S. 101-103

[91] Makulla, D.: Vorwärts zurück zum Induktions-Klima, In: Clima Commercial International (CCI), (2002) 5, S. 90-96

[92] Roth, W.: Das Geheimnis der FORKS; In: Clima Commercial International (CCI) (2002) 4, S. 51-55

[93] Hartmann, T.: Ziele der neuen DIN 1946 T6, 1. Symposium der Wohnungslüftung an der Univerität Stuttgart, 2003

[94] Westfeld, H.: Relevanz von Lüftungsanlagen in der neuen Wonungslüftungsnorm DIN 1946 T 6 (Zusammenfassung aus Aufsätzen des Autors in „Sachverständige", 11/08; „NZ-Bau", 06/09 und „NZ-Mietrecht", 12/09

[95] Berhorst, H.: DIN 1946 Teil 6: Konsequenzen für Planer, Bauherren und Nutzer, Moderne Gebäudetechnik, 2006, H. 5, S. 40 bis 41

[96] Trogisch, A.: Zur Problematik des Lüftens von Wohnungen, TGA-Fachplaner, 2005. H. 3, S. 70-76

[97] Mürmann, H.: Wohnungslüftung; C.F. Müller-Verlag, Heidelberg, 5. Aufllage, 2006

[98] Recknagel/Sprenger/Schrameck, Taschenbuch für Heizung + Klimatechnik, Oldenbourg-Verlag, München/Wien, 70. Auflage, 2001/02, S. 1525 ff.

[99] Ewe, T.: Vom Lüften zum Sparen – Leidet die Luftqualität in gut gedämmten Häusern – Ein Diskurs; Bild der Wissenschaften plus; Sonderpublikation der IBZ Initiative Brennstoffzelle, Leipzig, 2004

[100] Meyer, M, u. a.: Zentrale Wohnungslüftung – eine unfertige Technologie?; TAB 9/2003, S. 57 ff.

[101] Leitzinger, W. u. a.: Wohnungslüftungsanlagen in Österreich, Praxiserfahrungen und Forschungsbedarf, KI Luft- und Kältetechnik, 2005, H. 1-2, S. 42-45

[102] Schmidt, W.: Wohnungslüftung auf der ISH – Hygienische Gratwanderung, 2005, SBZ, H. 13, S. 62- 65

[103] Prospektunterlage Fa. Junkers Bosch Thermotechnik

[104] .... Die Suche nach behaglichen Raumverhältnissen; Sanitär- und Heizungstechnik, 2005, H. 7, S. 32-36

[105] Prospektunterlage Fa. Lunos

[106] Händel, C.: Mit kontrollierter Wohnungslüftung sanieren – Frische Luft in alten Mauern, Gebäudeenergieberater, Gentner-Verlag Stuttgart, 2008, H. 9., S 26-31

[107] Berhorst, H.: Gemeinsamer Betrieb von Wohnungslüftungsgeräten und Feuerstätten, Symposium der Wohnungslüftung, Univ. Stuttgart, 2003

[108] Solcher, O.: Dichtheitsanforderungen an moderne Gebäude; Mindestluftwechsel gewährleisten, Fa. Lunos-Lüftung GmbH Berlin, Vortrag, air nova 2002, Pinkafeld.

[109] Woßky, D.: Energetische und wirtschaftliche Optimierung von TGA-Anlagen in einem Ferienobjekt, Diplomarbeit HTW DD, 2002, (unv.)

[110] Heinrich,G., Franzke, U.: Sorptionsgestütze Klimatisierung, C.F. Müller-Verlag, Heidelberg, 1997

[111] Trogisch, A., Franzke, U.: Feuchte Luft und kühle Raumumschließungsflächen, Technik am Bau (TAB), 49(2001), H.12

[112] Meierhans, Olesen: Betonkernaktivierung, Fa. Velta. 1. Auflage, 1999

[113] Firmenschrift Fa. Kiefer: Nachwärmung durch Bauteilkühlung, 1999.

[114] Deeke, H. Günther, M. Olesen B.: velta contec – Die Betonkernaktivierung, 2003, Auflage, Eigenverlag: Wirsbo.VELTA GmbH & Co. KG

[115] Trogisch, A, Günther, M.: Planungshilfen bauteilintegrierte Heizung und Kühlung, 1. Aufl., C.F. Müller-Verlag, Heidelberg, 2008

[116] Firmenschrift Emco/Lingen

[117] Daniels, K.: Gebäudetechnik, Oldenbourg-Industrieverlag, München, 3. Auflage, 2000

[118] Recknagel/Sprenger/Albers: Taschenbuch für Heizung + Klimatechnik, DIV Deutscher Industrieverlag GmbH, München, 78. Auflage 2017/2018, S. 2291 ff.

[119] Hörner, B., Casties, M.: Handbuch der Klimatechnik, Bd. 1, 6. A., VDE VERLAG Offenbach, Berlin, 2016

[120] Heinrich, Najork, Nestler (Hrsg.): Wärmepumpenanwendung in Industrie, Landwirtschaft, Gesellschafts- und Wohnungsbau; Verlag Technik, Berlin, 1982

[121] Reuß, M., Sanner, B.: Auslegung von Wärmequellenanlagen erdgekoppelter Wärmepumpen, Heizung Lüftung Haustechnik (HLH), 51 (2000) 4, S. 50 ff.

[122] Informationsschrift: Latentwärmespeicher, 2002, BINE-Informationsdienst IV/02, Fachinformationszentrum Karlsruhe

[123] Reichel, M.: Effizienzerhöhung in RLT-Anlagen – Luftdurchströmte Schotterschüttungen, 2011, Teil 1: H. 5, S. 38-43; Teil 2: Anwendungsbeispiel, H. 6, S. 58-63, DIE KÄLTE + Klimatechnik, Gentner Verlag Stuttgart

[124] Glück, B.: Luftdurchströmter Schotterspeicher –Wärmetechnisches Simulationsmodell; Interner Forschungsbericht, 2007, F+E TGA B. Glück, Jocketa

[125] Stieber, R.; Reichel, M.: Materialeigenschaften und Eingabegrößen für die Simulation von Schotterspeichern, 2009, HLH, H. 2

[126] Fiedler, E.: RLT-Anlagen im industriellen Umfeld – Hinweise zur energetischen Optimierung,, 2012, TAB, H. 9 S. 50-53

[127] Makulla, D.: Grundlagen: Luftführungssysteme für industrielle Fertigungsstätten, 26.03.2014, CCI Dialog GmbH

[128] Recknagel/Sprenger/Albers: Taschenbuch für Heizung+Klimatechnik, 77. Auflage, 2015/2016; Abschnitt 3.9.8-1.2, Oldenbourg Industrieverlag GmbH, München

[129] Seifert, J; Oschatz, B.; Schinke, L.; Buchheim, A, Paulick, S.; Beyer, M.; Mailach, B.: Instationäre, gekoppelte, energetische und wärmephysiologische Bewertung von Regelungsstrategien für HLK-Systeme, Forschungsbericht, VDE Verlag, Offenbach, Berlin, 2017

[130] Buchheim, A.: Zur Analyse der thermischen Behaglichkeit unter instationären Raumtemperaturbedingungen im winterlichen Heizfall, TUDpress, 2019

[131] Renner, M.: Akustik in der Lüftungs- und Klimatechnik, VDE Verlag, Berlin, Offenbach, 2017

[132] Meyerhoff, J.: Formelsammlung Lüftungs- und Klimatechnik, Kap. 6 (Akustik) – Berechnungsverfahren zur Dimensionierung üblicher RLT-Anlagen, 2. Auflage; Kampmann GmbH, 2015

[133] Hörner, B.; Casties ,M. (Hrsg.): Handbuch der Klimatechnik, Bd. 2: Anwendungen; Kapitel 14, 7. Auflage , VDE Verlag , Berlin, Offenbach, 2018

[134] Trogisch, A.; Mai, R. : Energetische Inspektion in der Technischen Gebäudeausrüstung, ITM InnoTech Medien GmbH, Augsburg, 2016

[135] Raumklima in Museen: eine Informationsschrift des Fachinstituts Gebäude-Klima e.V. (FGK), 1999

[136] ASHRAE; Handbook HVAC Applications; Museums, Galleries; Archives und Libraries; Chapter 24; 2019

[137] Hilbert, G. S.: Sammelgut in Sicherheit, Band 1: Beleuchtung und Lichtschutz, Klimatisierung, Brandschutz, Gebr. Mann Verlag, Berlin 2002

[138] „Bizot Green Protocol“ Ökologische Nachhaltigkeit – Reduzierung des CO2-Fußabdruckes von Museen, 2015

[139] Lampert., J.: Methodische Ansätze zur Energieverbrauchsberechnung bei raumlufttechnischen Anlagen in Museen unter besonderer Berücksichtigung des Lufttransports; Dissertation, TU Dresden, 2005

[140] Feustel, H. E.: www.tga-feustel.de/hydraulik.pdf

[141] Trogisch, A.: Definition des Begriffs „Klimaanlage“, 2013, H. 11, S. 28-33. KI – Kälte-, Luft- und Klimatechnik, Hüthig Verlag, Heidelberg

[142] Trogisch, A,: Lufttechnik oder Lüftungstechnik – Mehr als eine Definitionssache, 2018, H. 9, S. 68 – 69 ; TAB, Gütersloh

[143] Trogisch, A.: DIN EN 16789 – Insbesondere Teil 3 als Ersatz für DIN EN 13779 – impliziert neue Definitionen für die „Klimaanlage“; 2016, H. 8-9; S. 51–55; KI – Kälte-, Luft- und Klimatechnik, Hüthig Verlag, Heidelberg

[144] World Health Organization: Air quality guidelines – global update 2005; https://www.euro.who.int/__data/assets/pdf_file/0005/78638/E90038.pdf

# Normenverzeichnis

## Verzeichnis der zitierten Normen, Richtlinien, Einheitsblätter und Verordnungen

AMEV- Richtlinie „Wartung 2006“: Wartung, Inspektion und damit verbundene kleine Instandsetzungsarbeiten von technischen Anlagen und Einrichtungen in öffentlichen Gebäude. Hrg. Arbeitskreis Maschinen- und Elektrotechnik staatlicher und kommunaler Verwaltungen (AMEV). Lfd. Nr. 092, Berlin 2006

AMEV- Richtlinie „RLT – Anlagenbau 2018“: Hinweise zur Planung und Ausführung von Raumlufttechnischen Anlagen für öffentliche Gebäude. Hrsg. Arbeitskreis Maschinen- und Elektrotechnik staatlicher und kommunaler Verwaltungen (AMEV). Empfehlung Nr. 140, Berlin 2018

DIN 276:2018-12 Kosten im Bauwesen, Beuth Verlag GmbH, Berlin

DIN EN 1946-1:1999-04 Wärmetechnisches Verhalten von Bauprodukten und Bauteilen – Technische Kriterien zur Begutachtung von Laboratorien bei der Durchführung der Messungen von Wärmeübertragungseigenschaften – Teil 1: Allgemeingültige Regeln, Beuth Verlag GmbH, Berlin

DIN 1946-4:2018-09 Raumlufttechnik – Teil 4: Raumlufttechnische Anlagen in Gebäuden und Räumen des Gesundheitswesens, Beuth Verlag GmbH, Berlin

DIN 1946-6:2019-12 Raumlufttechnik – Teil 6: Lüftung von Wohnungen – Allgemeine Anforderungen, Anforderungen an die Auslegung, Ausführung, Inbetriebnahme und Übergabe sowie Instandhaltung, Beuth Verlag GmbH, Berlin

DIN 1946-6 Beiblatt 3:2017-06 Raumlufttechnik – Teil 6: Lüftung von Wohnungen – Allgemeine Anforderungen, Anforderungen zur Bemessung und Kennzeichnung, Übergabe/Übernahme(Annahme) und Instandhaltung – Beiblatt 3: Gemeinsamer und nichtgemeinsamer von Lüftungsgeräten und Einzelraumfeuerstätten für feste Brennstoffe – Installationsregel, Beuth Verlag GmbH, Berlin

DIN 1946-6 Beiblatt 4:2017-06 : Raumlufttechnik – Teil 6: Lüftung von Wohnungen Allgemeine Anforderungen, Anforderungen zur Bemessung, Ausführung und Kennzeichnung, Übergabe/Übernahme (Abnahme) und Instandhaltung; Beiblatt 4: Gemeinsamer Betrieb von Lüftungsgeräten und Einzelraumfeuerstätten für feste Brennstoffe – Installationsbeispiele, Beuth Verlag GmbH, Berlin

DIN 4108-2:2013-02 Wärmeschutz und Energieeinsparung in Gebäuden – Teil 2: Mindestanforderungen an den Wärmeschutz, Beuth Verlag GmbH, Berlin

DIN 4710:2003-01 Statistiken meteorologischer Daten zur Berechnung des Energiebedarfs von heiz- und raumlufttechnischen Anlagen in Deutschland, Beuth Verlag GmbH, Berlin

DIN 18017-3:2020-05 Lüftung von Bädern und Toilettenräumen ohne Außenfenster – Teil 3: Lüftung mit Ventilatoren, Beuth Verlag GmbH, Berlin

DIN 18232-5:2012-11 Rauch- und Wärmefreihaltung – Teil 5: Maschinelle Rauchabzugsanlagen (MRA); Anforderungen, Bemessung, Beuth Verlag GmbH, Berlin

DIN 18232-2:2007-11 Rauch- und Wärmefreihaltung – Teil 2: Natürliche Rauchabzugsanlagen (NRA); Bemessung, Anforderungen und Einbau, Beuth Verlag GmbH, Berlin

DIN 19643-1:2012-11 Aufbereitung von Schwimm- und Badebeckenwasser – Teil 1: Allgemeine Anforderungen, Beuth Verlag GmbH, Berlin

DIN 31051:2019-06 Grundlagen der Instandhaltung, Beuth Verlag GmbH, Berlin

DIN CEN/TS 16628:2014-11; DIN SPEC 18048:2014-11 Energieeffizienz von Gebäuden – Grundlagen für das EPB-Normenpaket, Beuth Verlag GmbH, Berlin

DIN CEN/TS 16629:2014-11; DIN SPEC 18049:2014-11 Energieeffizienz von Gebäuden – detaillierte technische Regeln für das EPB-Normenpaket, Beuth Verlag GmbH, Berlin

DIN EN 308:1997-06 Wärmeaustauscher – Prüfverfahren zur Bestimmung der Leistungskriterien von Luft/Luft- und Luft/Abgas-Wärmerückgewinnungsanlagen, Beuth Verlag GmbH, Berlin

DIN EN 308:2020-06 – Entwurf Wärmeaustauscher – Prüfverfahren zur Bestimmung der Leistungskriterien von Luft/Luft- und Luft/Abgas-Wärmerückgewinnungsanlagen, Beuth Verlag GmbH, Berlin

DIN EN 378-1:2018-04 Kälteanlagen und Wärmepumpen – Sicherheitstechnische und umweltrelevante Anforderungen – Teil 1: Grundlegende Anforderungen, Begriffe, Klassifikationen und Auswahlkriterien, Beuth Verlag GmbH, Berlin

DIN EN 378-2:2018-04 Kälteanlagen und Wärmepumpen – Sicherheitstechnische und umweltrelevante Anforderungen – Teil 2: Konstruktion, Herstellung, Prüfung, Kennzeichnung und Dokumentation, Beuth Verlag GmbH, Berlin

DIN EN 378-3:2017-03 Kälteanlagen und Wärmepumpen – Sicherheitstechnische und umweltrelevante Anforderungen – Teil 3: Aufstellungsort und Schutz von Personen, Beuth Verlag GmbH, Berlin

DIN EN 378-4:2019-12 Kälteanlagen und Wärmepumpen – Sicherheitstechnische und umweltrelevante Anforderungen – Teil 4: Betrieb, Instandhaltung, Instandsetzung und Rückgewinnung, Beuth Verlag GmbH, Berlin

DIN EN 12101-2:2017-08 Rauch- und Wärmefreihaltung – Teil 2: Natürliche Rauch- und Wärmeabzugsgeräte, Beuth Verlag GmbH, Berlin

DIN EN 12599:2013-01 Lüftung von Gebäuden – Prüf- und Messverfahren für die Übergabe raumlufttechnischer Anlagen, Beuth Verlag GmbH, Berlin

DIN EN 12792:2004-01 Lüftung von Gebäuden – Symbole, Terminologie und graphische Symbole, (Berichtigung 1: 2004-05), Beuth Verlag GmbH, Berlin

DIN EN 12831-1:2017-09 Energetische Bewertung von Gebäuden – Verfahren zur Berechnung der Norm-Heizlast – Teil 1: Raumheizlast, Modul M3-3, Beuth Verlag GmbH, Berlin

DIN/TS 12831-1:2020-04 Verfahren zur Berechnung der Raumheizlast – Teil 1: Nationale Ergänzungen zur DIN EN 12831-1, mit CD-ROM

DIN EN 13053:2020-05 Lüftung von Gebäuden – Zentrale raumlufttechnische Geräte – Leistungskenndaten für Geräte, Komponenten und Baueinheiten, Beuth Verlag GmbH, Berlin

DIN EN 14134:2019-05 Lüftung von Gebäuden – Leistungsüberprüfung und Funktionsprüfungen von Lüftungsanlagen in Wohnungen, Beuth Verlag GmbH, Berlin

DIN EN 15251:2012-12 Eingangsparameter für das Raumklima zur Auslegung und Bewertung der Energieeffizienz von Gebäuden – Raumluftqualität, Temperatur, Licht und Akustik, Beuth Verlag GmbH, Berlin

DIN EN 15316-2:2017-09 Energetische Bewertung von Gebäuden – Verfahren zur Berechnung der Energieanforderungen und Nutzungsgrade der Anlagen – Teil 2: Wärmeübergabesysteme (Raumheizung und -kühlung), Modul M3-5, M4-5, Beuth Verlag GmbH, Berlin

DIN EN 15316-3:2017-09 Energetische Bewertung von Gebäuden – Verfahren zur Berechnung der Energieanforderungen und Nutzungsgrade der Anlagen – Teil 3: Wärmeverteilungssysteme (Trinkwarmwasser, Heizung und Kühlung), Modul M3-6, M4-6, M8-6, Beuth Verlag GmbH, Berlin

DIN EN 15665:2009-07 Lüftung von Gebäuden – Bestimmung von Leistungskriterien für Lüftungssysteme in Wohngebäuden, Beuth Verlag GmbH, Berlin

DIN EN 15726:2011-12 Lüftung von Gebäuden – Luftverteilung – Messungen im Aufenthaltsbereich von klimatisierten/belüfteten Räumen zur Bewertung der thermischen und akustischen Bedingungen, Beuth Verlag GmbH, Berlin

DIN EN 15727:2010-10 Lüftung von Gebäuden – Luftleitungen und Luftleitungsbauteile – Klassifizierung entsprechend der Luftdichtheit und Prüfung, Beuth Verlag GmbH, Berlin

DIN EN 15757:2010-12 Erhaltung des kulturellen Erbes – Festlegungen für Temperatur und relative Luftfeuchte zur Begrenzung klimabedingter mechanischer Beschädigungen an organischen hygroskopischen Materialien, Beuth Verlag GmbH, Berlin

DIN EN 16211:2015-09 Lüftung von Gebäuden – Luftvolumenstrommessung in Lüftungssystemen – Verfahren, Beuth Verlag GmbH, Berlin

EN 16798-1:2019-05 Energy performance of buildings – Part 1: Indoor environmental input parameters for design and assessment of energy performance of buildings addressing indoor air quality, thermal environment, lighting and acoustics, Beuth Verlag GmbH, Berlin

DIN EN 16798-1:2015-07 (Entwurf) Gesamtenergieeffizienz von Gebäuden – Teil 1: Eingangsparameter für das Innenraumklima zur Auslegung und Bewertung der Energieeffizienz von Gebäuden bezüglich Raumluftqualität, Temperatur, Licht und Akustik; – Module M1-6, Beuth Verlag GmbH, Berlin

DIN EN 16798-3:2017-11 Energetische Bewertung von Gebäuden – Lüftung von Gebäuden – Teil 3: Lüftung von Nichtwohngebäuden – Leistungsanforderungen an Lüftungs- und Klimaanlagen und Raumkühlsysteme (Module M5-1, M5-4), Beuth Verlag GmbH, Berlin

DIN EN 16798-5-1:2017-11 Energetische Bewertung von Gebäuden – Lüftung von Gebäuden – Teil 5-1: Berechnungsverfahren für den Energiebedarf von Lüftungs- und Klimaanlagen (Module M5-6, M5-8, M6-5, M6-8, M7-5, M7-8) – Methode 1: Verteilung und Erzeugung, Beuth Verlag GmbH, Berlin

DIN EN 16798-5-2:2017-11 Energieeffizienz von Gebäuden – Lüftung von Gebäuden – Teil 5-2: Berechnungsverfahren für den Energiebedarf von Lüftungssystemen (Module M5-6, M5-8, M6-5, M7-5, M7-8) – Methode 2: Verteilung und Erzeugung, Beuth Verlag GmbH, Berlin

DIN EN 16798-7:2017-11 Energetische Bewertung von Gebäuden – Lüftung von Gebäuden – Teil 7: Berechnungsmethoden zur Bestimmung der Luftvolumenströme in Gebäuden einschließlich Infiltration (Modul M5-5), Beuth Verlag GmbH, Berlin

DIN EN 16798-9:2017-11 Energetische Bewertung von Gebäuden – Lüftung von Gebäuden – Teil 9: Berechnungsmethoden für den Energiebedarf von Kühlsystemen (Module M4-1, M4-4, M4-9) – Allgemeines, Beuth Verlag GmbH, Berlin

DIN EN 16798-13:2017-11 Energetische Bewertung von Gebäuden – Lüftung von Gebäuden – Teil 13: Berechnung von Kühlsystemen (Modul M4-8) – Erzeugung, Beuth Verlag GmbH, Berlin

DIN CEN/TR 16798-14:2018-03;DIN SPEC 32739-14:2018-03 Energieeffizienz von Gebäuden – Lüftung von Gebäuden – Teil 14: Interpretation der Anforderungen der EN 16798-13 – Berechnung von Kühlsystemen (Modul M4-8) – Erzeugung, Beuth Verlag GmbH, Berlin

DIN EN 16798-15:2017-11 Energieeffizienz von Gebäuden – Lüftung von Gebäuden – Teil 15: Berechnung von Kühlsystemen (Modul M4-7) – Speicherung, Beuth Verlag GmbH, Berlin

DIN EN 16798-17:2019-09 Energetische Bewertung von Gebäuden – Lüftung von Gebäuden – Teil 17: Leitlinien für die Inspektion von Lüftungs- und Klimaanlagen (Module M4-11, M5-11, M6-11, M7-11), Beuth Berlag GmbH, Berlin

ONR CEN/TR 16798-4:2019-03-15 Energieeffizienz von Gebäuden – Teil 4: Lüftung von Nichtwohngebäuden – Anforderungen an die Leistung von Lüftungs- und Klimaanlagen und Raumkühlsystemen – Technischer Bericht – Interpretation der Anforderungen der EN 16798-3, Beuth Verlag GmbH, Berlin

DIN EN ISO 7730:2006-05 Ergonomie der thermischen Umgebung – Analytische Bestimmung und Interpretation der thermischen Behaglichkeit durch Berechnung des PMV- und des PPD-Indexes und Kriterien der lokalen thermischen Behaglichkeit, Beuth Verlag GmbH, Berlin

DIN EN ISO 10140-1:2016-12 Akustik – Messung der Schalldämmung von Bauteilen im Prüfstand – Teil 1: Anwendungsregeln für bestimmte Produkte, Beuth Verlag GmbH, Berlin

DIN EN ISO 52000-1:2018-03 Energieeffizienz von Gebäuden – Festlegungen zur Bewertung der Energieeffizienz von Gebäuden – Teil 1: Allgemeiner Rahmen und Verfahren, Beuth Verlag GmbH, Berlin

DIN EN ISO 52016-1:2018-04 Energetische Bewertung von Gebäuden – Energiebedarf für Heizung und Kühlung, Innentemperaturen sowie fühlbare und latente Heizlasten – Teil 1: Berechnungsverfahren, Beuth Verlag GmbH, Berlin

DIN EN ISO 52017-1:2018-04 Energieeffizienz von Gebäuden – Fühlbare und latente Wärmelasten und Innentemperaturen – Teil 1: Allgemeine Berechnungsverfahren, Beuth Verlag GmbH, Berlin

DIN SPEC 15240:2019-03 Energetische Bewertung von Gebäuden – Lüftung von Gebäuden – Energetische Inspektion von Klimaanlagen, Beuth Verlag GmbH, Berlin

DIN V 18599-1:2018-09 Energetische Bewertung von Gebäuden – Berechnung des Nutz-, End- und Primärenergiebedarfs für Heizung, Kühlung, Lüftung, Trinkwarmwasser und Beleuchtung – Teil 1: Allgemeine Bilanzierungsverfahren, Begriffe, Zonierung und Bewertung der Energieträger, Beuth Verlag GmbH, Berlin

DIN V 18599-2:2018-09 Energetische Bewertung von Gebäuden – Berechnung des Nutz-, End- und Primärenergiebedarfs für Heizung, Kühlung, Lüftung, Trinkwarmwasser und Beleuchtung – Teil 2: Nutzenergiebedarf für Heizen und Kühlen von Gebäudezonen, Beuth Verlag GmbH, Berlin

DIN V 18599-3:2018-09 Energetische Bewertung von Gebäuden – Berechnung des Nutz-, End- und Primärenergiebedarfs für Heizung, Kühlung, Lüftung, Trinkwarmwasser und Beleuchtung – Teil 3: Nutzenergiebedarf für die energetische Luftaufbereitung, Beuth Verlag GmbH, Berlin

DIN V 18599-4:2018-09 Energetische Bewertung von Gebäuden – Berechnung des Nutz-, End- und Primärenergiebedarfs für Heizung, Kühlung, Lüftung, Trinkwarmwasser und Beleuchtung – Teil 4: Nutz- und Endenergiebedarf für Beleuchtung, Beuth Verlag GmbH, Berlin

DIN V 18599-5:2018-09 Energetische Bewertung von Gebäuden – Berechnung des Nutz-, End- und Primärenergiebedarfs für Heizung, Kühlung, Lüftung, Trinkwarmwasser und Beleuchtung – Teil 5: Endenergiebedarf von Heizsystemen, Beuth Verlag GmbH, Berlin

DIN V 18599-6:2018-09 Energetische Bewertung von Gebäuden – Berechnung des Nutz-, End- und Primärenergiebedarfs für Heizung, Kühlung, Lüftung, Trinkwarmwasser und Beleuchtung – Teil 6: Endenergiebedarf von Lüftungsanlagen, Luftheizungsanlagen und Kühlsystemen für den Wohnungsbau, Beuth Verlag GmbH, Berlin

DIN V 18599-7:2018-09 Energetische Bewertung von Gebäuden – Berechnung des Nutz-, End- und Primärenergiebedarfs für Heizung, Kühlung, Lüftung, Trinkwarmwasser und Beleuchtung – Teil 7: Endenergiebedarf von Raumlufttechnik- und Klimakältesystemen für den Nichtwohnungsbau, Beuth Verlag GmbH, Berlin

DIN V 18599-8:2018-09 Energetische Bewertung von Gebäuden – Berechnung des Nutz-, End- und Primärenergiebedarfs für Heizung, Kühlung, Lüftung, Trinkwarmwasser und Beleuchtung – Teil 8: Nutz- und Endenergiebedarf von Warmwasserbereitungssystemen, Beuth Verlag GmbH, Berlin

DIN V 18599-9:2018-09 Energetische Bewertung von Gebäuden – Berechnung des Nutz-, End- und Primärenergiebedarfs für Heizung, Kühlung, Lüftung, Trinkwarmwasser und Beleuchtung – Teil 9: End- und Primärenergiebedarf von stromproduzierenden Anlagen, Beuth Verlag GmbH, Berlin

DIN V 18599-10:2018-09 Energetische Bewertung von Gebäuden – Berechnung des Nutz-, End- und Primärenergiebedarfs für Heizung, Kühlung, Lüftung, Trinkwarmwasser und Beleuchtung – Teil 10: Nutzungsrandbedingungen, Klimadaten, Beuth Verlag GmbH, Berlin

DIN V 18599-11:2018-09 Energetische Bewertung von Gebäuden – Berechnung des Nutz-, End- und Primärenergiebedarfs für Heizung, Kühlung, Lüftung, Trinkwarmwasser und Beleuchtung – Teil 11: Gebäudeautomation, Beuth Verlag GmbH, Berlin

DIN V 18599-12:2017-04 Energetische Bewertung von Gebäuden – Berechnung des Nutz-, End- und Primärenergiebedarfs für Heizung, Kühlung, Lüftung, Trinkwarmwasser und Beleuchtung – Teil 12: Tabellenverfahren für Wohngebäude, Beuth Verlag GmbH, Berlin

DIN V 18599 Beiblatt 1:2010-01 Energetische Bewertung von Gebäuden – Berechnung des Nutz-, End- und Primärenergiebedarfs für Heizung, Kühlung, Lüftung, Trinkwarmwasser und Beleuchtung – Beiblatt 1: Bedarfs-/Verbrauchsabgleich, Beuth Verlag GmbH, Berlin

DIN V 18599 Beiblatt 2:2012-06 Energetische Bewertung von Gebäuden – Berechnung des Nutz-, End- und Primärenergiebedarfs für Heizung, Kühlung, Lüftung, Trinkwarmwasser und Beleuchtung – Beiblatt 2: Beschreibung der Anwendung von Kennwerten aus der DIN V 18599 bei Nachweisen des Gesetzes zur Förderung Erneuerbarer Energien im Wärmebereich (EEWärmeG), Beuth Verlag GmbH, Berlin

EnEV 2007:2007-07-24 Verordnung über energiesparenden Wärmeschutz und energiesparende Anlagentechnik bei Gebäuden (Energieeinsparverordnung – EnEV), Beuth Verlag GmbH, Berlin

EnEV 2009:2009-04-29 Verordnung zur Änderung der Verordnung über energiesparenden Wärmeschutz und energiesparende Anlagentechnik bei Gebäuden – Energieeinsparverordnung (EnEV) 2009, Beuth Verlag GmbH, Berlin

EnEV 2014:2014-05 Zweite Änderung der Verordnung über energiesparenden Wärmeschutz und energiesparende Anlagentechnik bei Gebäuden – Energieeinsparverordnung (EnEV) 2014, Beuth Verlag GmbH, Berlin

EPBD 2002: Richtlinie über die Gesamtenergieeffizienz von Gebäuden des Europäischen Parlaments und Rates der Europäischen Union (Neufassung), 2002, 2002/91/EU, Brüssel

EPBD 2010: Richtlinie 2010/31/EU des Europäischen Parlaments und des Rates der Europäischen Union über die Gesamtenergieeffizienz von Gebäuden (Neufassung), Brüssel

EPBD 2018: Richtlinie des Europäischen Parlaments und des Rates vom 30. Mai 2018 zur Änderung der Richtlinie 2010/31/EU über die Gesamtenergieeffizienz von Gebäuden und der Richtlinie 2012/27/EU über Energieeffizienz 2018, Brüssel

ERP 2009: Richtlinie des Europäischen Parlaments und des Rates vom 21. Oktober 2009 zur Schaffung eines Rahmens für die Festlegung von Anforderungen an die umweltgerechte Gestaltung energieverbrauchsrelevanter Produkte (Neufassung) 2009, Brüssel

HOAI: Verordnung über die Honorar für Architekten- und Ingenieurleistungen (Honorarordnung Architekten und Ingenieure – HOAI), 17.07.2013

MBO: Musterbauordnung (MBO) 01.11.2002, geändert 13.05.2016

MIndBauRL: Muster-Industriebau-Richtlinie, Amtliche Mitteilungen des DIBt Nr. 1/08.09.2014

M-LüAR: Muster-Richtlinie über brandschutztechnische Anforderungen an Lüftungsanlagen (Muster-Lüftungsanlagen-Richtlinie – M-LüAR); Stand: 29.09.2005, zuletzt geändert durch Beschluss der Fachkommission Bauaufsicht vom 11.12.2015

MLAR: Muster-Richtlinie über brandschutztechnische Anforderungen an Leitungsanlagen (Muster-Leitungsanlagen-Richtlinie – MLAR) Fassung: 10.2.2015 (Redaktionsstand 5.4.2016)

TA Lärm: Sechste Allgemeine Verwaltungsvorschrift zum Bundes-Immissionsschutzgesetz (Technische Anleitung zum Schutz gegen Lärm – TA Lärm), 26.08.1998, geändert durch Verwaltungsvorschrift vom 01.06.2017

TA Luft: Erste Allgemeine Verwaltungsvorschrift zum Bundes-Immissionsschutzgesetz (Technische Anleitung zur Reinhaltung der Luft – TA Luft), 24.07.2002

TRGS 900: Technische Regel für Gefahrstoffe – Arbeitsplatzgrenzwerte, 01/06, Ausschuss für Gefahrstoffe – AGS-Geschäftsführung – BAuA – www.baua.de –

VDI 2047 Blatt 2:2019-01 Rückkühlwerke – Sicherstellung des hygienegerechten Betriebs von Verdunstungskühlanlagen (VDI-Kühlturmregeln), Beuth Verlag GmbH, Berlin

VDI 2050 Bl. 1:2013-11 Anforderungen an Technikzentralen – Technische Grundlagen für Planung und Ausführung, Beuth Verlag GmbH Berlin

VDI 2050 Bl. 4:2011-11 Anforderungen an Technikzentralen – Raumlufttechnik, Beuth Verlag GmbH, Berlin

VDI 2067 Bl. 1:2012-09 Wirtschaftlichkeit gebäudetechnischer Anlagen – Grundlagen und Kostenberechnung, Beuth Verlag GmbH, Berlin

VDI 2078:2015-06 Berechnung der thermischen Lasten und Raumtemperaturen (Auslegung Kühllast und Jahressimulation), Beuth Verlag GmbH, Berlin

VDI 2081 Blatt 1:2019-03 Raumlufttechnik – Geräuscherzeugung und Lärmminderung, Beuth Verlag GmbH, Berlin

VDI 2081 Blatt 2:2019-03 – Entwurf Raumlufttechnik – Geräuscherzeugung und Lärmminderung – Beispiele, Beuth Verlag GmbH, Berlin

VDI 2087:2006-12 Luftleitungssysteme – Bemessungsgrundlagen, VDI 2087 Berichtigung:2008-04 Luftleitungssysteme – Bemessungsgrundlagen – Berichtigung zur Richtlinie VDI 2087:2006-12, Beuth Verlag GmbH, Berlin

VDI 2089 Bl. 1:2010-01 Technische Gebäudeausrüstung von Schwimmbädern – Hallenbäder, Beuth Verlag GmbH, Berlin

VDI 2089 Blatt 1:2019-09 – Entwurf Technische Gebäudeausrüstung von Schwimmbädern – Hallenbäder

VDI 2089 Bl. 2:2009-08 Technische Gebäudeausrüstung von Schwimmbädern – Effizienter Einsatz von Energie und Wasser in Schwimmbädern, Beuth Verlag GmbH, Berlin

VDI 2262 Bl. 3:2011-06 Luftbeschaffenheit am Arbeitsplatz – Minderung der Exposition durch luftfremde Stoffe – Lufttechnische Maßnahmen, Beuth Verlag GmbH, Berlin

VDI 3802 Bl. 1:2014-09 Raumlufttechnische Anlagen für Fertigungsstätten, Gültigkeitsverlängerung: 07/03, Beuth Verlag GmbH, Berlin

VDI 3803 Blatt 1:2020-05 Raumlufttechnik – Bauliche und technische Anforderungen – Zentrale RLT-Anlagen (VDI-Lüftungsregeln), Beuth Verlag GmbH, Berlin

VDI 3803 Bl. 2:2019-06 Raumlufttechnik – Bauliche und technische Anforderungen – Dezentrale RLT-Geräte (VDI-Lüftungsregeln), Beuth Verlag, Berlin

VDI 3803 Blatt 5:2013-04 Raumlufttechnik, Gebäudeanforderungen – Wärmerückgewinnungssystem (VDI-Lüftungsregeln), Beuth Verlag, Berlin

VDI 3804:2009-03 Raumlufttechnik – Bürogebäude (VDI Lüftungsregeln), Beuth Verlag GmbH, Berlin

VDI 3817:2010-02 Technische Gebäudeausrüstung in Baudenkmalen und denkmalwerten Gebäuden, Beuth Verlag GmbH, Berlin

VDI 4640 Blatt 5:2020-07 Thermische Nutzung des Untergrunds – Thermal-Response-Test (TRT), Beuth Verlag GmbH, Berlin

VDI 4700 Bl. 1:2015-10 Begriffe der Bau- und Gebäudetechnik, Beuth Verlag GmbH, Berlin

VDI 6007 Blatt 1:2015-06 Berechnung des instationären thermischen Verhaltens von Räumen und Gebäuden – Raummodell, Beuth Verlag GmbH, Berlin

VDI 6007 Blatt 2:2012-03 Berechnung des instationären thermischen Verhaltens von Räumen und Gebäuden – Fenstermodell, Beuth Verlag GmbH, Berlin

VDI 6007 Blatt 3:2015-06 Berechnung des instationären thermischen Verhaltens von Räumen und Gebäuden – Modell der solaren Einstrahlung, Beuth Verlag GmbH, Berlin

VDI 6010 Blatt 2:2011-05 Sicherheitstechnische Einrichtungen – Ansteuerung von automatischen Brandschutzeinrichtungen, Beuth Verlag GmbH, Berlin

VDI 6012 Blatt1.1:2014-04 Regenerative und dezentrale Energiesysteme für Gebäude – Grundlagen – Projektplanung und -durchführung, Beuth Verlag GmbH, Berlin

VDI 6018:2018-09 Kälteversorgung in der technischen Gebäudeausrüstung – Planung, Bau, Betrieb, Beuth Verlag GmbH, Berlin

VDI 6022 Blatt 1:2018-01 Raumlufttechnik, Raumluftqualität – Hygieneanforderungen an raumlufttechnische Anlagen und Geräte (VDI Lüftungsregeln), Beuth Verlag GmbH, Berlin

VDI 6026 Blatt 1:2020-07 Dokumentation in der technischen Gebäudeausrüstung – Inhalte und Beschaffenheit von Planungs-, Ausführungs- und Revisionsunterlagen, Beuth Verlag GmbH, Berlin

VDMA 24186-1:2019-09 Leistungsprogramm für die Wartung von technischen Anlagen und Ausrüstungen in Gebäuden – Teil 1: Lufttechnische Geräte und Anlagen

VDMA 24186-3:2019-09 Leistungsprogramm für die Wartung von technischen Anlagen und Ausrüstungen in Gebäuden – Teil 3: Kältetechnische Geräte und Anlagen zu Kühl- und Heizzwecken

VDMA 24197-1:2012-07 Energetische Inspektion von Komponenten gebäudetechnischer Anlagen – Teil 1: Klima- und lüftungstechnische Geräte und Anlagen, Beuth Verlag GmbH, Berlin

VDMA 24197-2:2012-07 Energetische Inspektion von Komponenten gebäudetechnischer Anlagen – Teil 2: Heizungstechnische Geräte und Anlagen, Beuth Verlag GmbH, Berlin

VDMA 24197-3:2012-07 Energetische Inspektion von Komponenten gebäudetechnischer Anlagen – Teil 3: Kältetechnische Geräte und Anlagen zu Kühl- und Heizzwecken, Beuth Verlag GmbH, Berlin

VDMA 24390:2007-03 Dezentrale Lüftungsgeräte – Güte- und Prüfrichtlinie, Beuth Verlag GmbH, Berlin

# Verzeichnis der zitierten Normen, die zurückgezogen wurden

Dieses Verzeichnis enthält Normen, die inzwischen zwar zurückgezogen wurden, jedoch relevant für diejenigen Anlagen sind, die zur Zeit der Gültigkeit die Normen errrichtet wurden. Die im Zusammenhang mit diesen hier aufgelisteten Normen gemachten Angaben sind nicht unbedingt auf neu zu errichtende Anlagen zu übertragen, ohne die jeweils aktuell gültigen Normen zu berücksichtigen!

DIN 1946-1:1988-10 Raumlufttechnik; Terminologie und graphische Symbole (VDI-Lüftungsregeln), Beuth Verlag GmbH, Berlin (Dokument zurückgezogen)

DIN 1946-2:1994-01 Raumlufttechnik; Gesundheitstechnische Anforderungen (VDI-Lüftungsregeln), Beuth Verlag GmbH, Berlin (Dokument zurückgezogen)

DIN 4108-2:2013-02 Wärmeschutz und Energieeinsparung in Gebäuden – Teil 2: Mindestanforderungen an den Wärmeschutz, Beuth Verlag GmbH, Berlin (Dokument zurückgezogen)

DIN EN 832:2003-06 Wärmetechnisches Verhalten von Gebäuden – Berechnung des Heizenergieverbrauchs – Wohngebäude, ersetzt durch: DIN EN ISO 13790:2008-09, DIN EN ISO 52016-1:2018-04, Beuth Verlag GmbH, Berlin (Dokument zurückgezogen)

DIN EN 13779:2007-09 Lüftung von Nichtwohngebäuden – Allgemeine Grundlagen und Anforderungen für Lüftungs- und Klimaanlagen und Raumkühlsysteme, ersetzt durch DIN EN 16798-3:2017-11, Beuth Verlag GmbH, Berlin (Dokument zurückgezogen)

DIN EN 15239:2007-08 Lüftung von Gebäuden – Gesamteffizienz von Gebäuden – Leitlinien für die Inspektion von Lüftungsanlagen, ersetzt durch DIN EN 16798-17:2017-11, Beuth Verlag GmbH, Berlin (Dokument zurückgezogen)

DIN EN 15240:2007-08 Lüftung von Gebäuden – Gesamteffizienz von Gebäuden – Leitlinien für die Inspektion von Klimaanlagen, ersetzt durch DIN EN 16798-17:2017-11, Beuth Verlag GmbH, Berlin (Dokument zurückgezogen)

DIN EN 15241:2011-06 Lüftung von Gebäuden – Berechnungsverfahren für den Energieverlust aufgrund der Lüftung und Infiltration von Nichtwohngebäuden, ersetzt durch DIN EN 16798-5-1:2017-11 und DIN EN 16798-5-2:2017-11, Beuth Verlag GmbH, Berlin

DIN EN 15242:2007-09 Lüftung von Gebäuden – Berechnungsverfahren zur Bestimmung Luftvolumenströme in Gebäuden einschließlich Infiltration, ersetzt durch DIN EN 16798-7:2017-11, Beuth Verlag GmbH, Berlin

DIN EN 15243:2007-10 Lüftung von Gebäuden – Berechnung der Raumtemperaturen, der Last und Energie von Gebäuden mit Klimaanlagen, ersetzt durch DIN EN 16798-9:2017-11, DIN EN 16798-13:2017-11 und DIN CEN/TR 16798-14:2018-03;DIN SPEC 32739-14:2018-03, Beuth Verlag GmbH, Berlin

DIN EN 15255:2007-11 Wärmetechnisches Verhalten von Gebäuden, Berechnung der wahrnehmbaren Raumkühllast, Allgemeine Kriterien und Validierungsverfahren, ersetzt durch DIN EN ISO 52016-1:2018-04 und DIN EN ISO 52017-1:2018-04, Beuth Verlag GmbH, Berlin

DIN EN 15603:2013-05 (Entwurf) Energieeffizienz von Gebäuden – Gesamtenergiebedarf und Festlegung der Energiekennwerte, ersetzt durch DIN EN ISO 52000-1:2018-03, Beuth Verlag GmbH, Berlin

DIN EN ISO 13791:2012-08 Wärmetechnisches Verhalten von Gebäuden – Sommerliche Raumtemperaturen bei Gebäuden ohne Anlagentechnik – Allgemeine Kriterien und Validierungsverfahren, ersetzt durch DIN EN ISO 52016-1:2018-04 und DIN EN ISO 52017-1:2018-04, Beuth Verlag GmbH, Berlin

DIN V 18599 Beiblatt 3:2015-07 Entwurf Energetische Bewertung von Gebäuden – Berechnung des Nutz-, End- und Primärenergiebedarfs für Heizung, Kühlung, Lüftung, Trinkwarmwasser und Beleuchtung – Beiblatt 3: Überführung der Berechnungsergebnisse einer Energiebilanz nach DIN V 18599 in ein standardisiertes Ausgabeformat, Beuth Verlag GmbH, Berlin

VDI 2071:1997-12 Wärmerückgewinnung in Raumlufttechnischen Anlagen, Gültigkeitsverlängerung 07/2003, Beuth Verlag GmbH, Berlin

VDI 2071:1997-12, Wärmerückgewinnung in Raumlufttechnischen Anlagen, ersetzt durch VDI 3803 Blatt 5:2013-04, Beuth Verlag GmbH, Berlin

VDI 4706:2011-04 – Entwurf Kriterien für das Raumklima, ersatzlos zurückgezogen, empfohlen wird DIN EN 15251, Beuth Verlag GmbH, Berlin

VDI 6035:2009-09 Raumlufttechnik – Dezentrale Lüftungsgeräte – Fassadenlüftungsgeräte (VDI-Lüftungsregeln), ersetzt durch VDI 3803 Blatt 2:2019-06, Beuth Verlag GmbH, Berlin

# Stichwortverzeichnis

## G



## H



## I



## J



## K



## L



## M



## N



## O

## P



## Q



## R



## S



## T



## U



## V



## W

## Z